U0175065

黄河变迁史

HUANGHE BIANQIANSHI

岑仲勉 著

青海人民出版社

图书在版编目（ＣＩＰ）数据

黄河变迁史 / 岑仲勉著 . -- 西宁 ：青海人民出版社，2024.1
ISBN 978-7-225-06441-3

Ⅰ . ①黄… Ⅱ . ①岑… Ⅲ . ①黄河—水利史 Ⅳ . ① TV882.1

中国版本图书馆 CIP 数据核字（2022）第 209965 号

黄河变迁史

岑仲勉　　著

出 版 人　樊原成
出版发行　青海人民出版社有限责任公司
　　　　　西宁市五四西路 71 号　邮政编码：810023　电话：（0971）6143426（总编室）
发行热线　（0971）6143516 / 6137730
网　　址　http://www.qhrmcbs.com
印　　刷　青海西宁西盛印务有限责任公司
经　　销　新华书店
开　　本　787 mm×1092 mm　1/16
印　　张　32.5
字　　数　620 千
版　　次　2024 年 1 月第 1 版　2024 年 1 月第 1 次印刷
书　　号　ISBN 978-7-225-06441-3
定　　价　98.00 元

目 录

1

导　言

在我未发动这回写稿之先，总认为明、清两朝的治河工作，比之前代大大展开，河员们、学者们对河的历史、河的变迁，早已有了综合性、系统性的讨究和报导，无需乎尤其是于黄河未曾作过实地视察的我，来参加这一项工作。

当一九五○年春间我初授隋唐史课，讲到隋炀帝开通济渠那个节目，略为参考前人的批判，晓得那一回的工程，不过承袭古代遗迹，再加扩大。我于是检阅到郦道元《水经注》和南北朝的交通史料，似乎对古代黄河的真相，获得进一步的认识。然而事实究嫌模糊，我于是再追溯而上，细读《史记·河渠书》和战国杂说，同时把向来认为黄河权威作品的《禹贡》，参用近人新释，施以解剖，上古黄河的真相，至是才得一线光明。总之，它的历史、变迁，还夹杂着许多难解难分的问题，要待我们来发掘，这却出乎最初意料之外。

同年七月，毛主席以英明领导，决定大力治淮。我从报上读悉之后，细想一下，黄是淮的邻人，又是它的敌人，治淮成功，继以大力治黄，那只程序先后的事。然而淮系我们比较安靖的伙伴，黄系捣乱的伙伴，治黄方案应从多方面着手，并不像治淮那么单纯。我受了前项消息的鼓励，越觉得我个人在可能范围内，应该继续向黄河变迁史努力发掘，庶可略尽一部分为人民、为广大群众服务的责任。中间格于赶写两课讲义，又不断地学习改造，工作只能抽暇的间歇进行，幸而今天终于把我的研究写成了。最遗憾的是：广州方面自抗战以后，图书散失，近二三十年来各种水利杂志登载过的建议和评论，不能广泛参考，坐井观天，势难避免。

冶河的技术，古代靠经验，如靳辅说："守险之方有三：一曰埽；二曰逼水坝；三曰引河。三者之用，各有其宜。"[1] 都属于这一类。近世尤要靠科学，如李协（即李仪祉）说："以科学从事河工，一在精确测验，以知河域中丘壑形势，气候变迁，流量增减，沙淤推徙之状况，床址长削之原由；二在详审计划，如何而可以因自然，以至少之人力代价，求河道之有益人生而免受其侵害"[2]，就属于这一类。我既未做过河务工作，又未读过水文学，无论旧识、新知，都是门外汉。然而黄河的自然规律性，有几分总从河的历史暴露出来，要懂得它，便不能完全丢开河的历史。

张含英说："今日之治河，纵有科学之方法，新式之利器，如无科学之张本，长期之研究，而冒然设计，率尔从事，亦犹医者对于久病之人，尚未察其病源，检其身体，而欲遽施以医药，难乎其为治矣！"[3] 我不是说有了比较深入的黄河变迁史，就能马上决定治河的方案；反过来说，黄河史就是张本的一件，没有较准确的黄河史，那就缺去一件很重要的张本了。

研究黄河变迁，也要晓得上古跟近世情形有些不同。李协说："夫使地球上无人类，则固无治河者，而河亦无所谓治不治也。盖河出山泉以汇于海，中途或滞或湍，或潴或泻，或歧或一，其于床址崖岸，或蚀或积，一皆本乎自然。河之有治有不治，则自有人类之关系始。"[4] 那无非见得时代越后，人类的劳动跟水斗争越烈，黄河的本性或多或少地被掩盖着；时代越前，则黄河越能暴露出它的天真。即如上古的河决，不一定堵塞，自明代中叶以后，才持有决必塞的主义，那末，可变的却被人类弄成不变。又如铜瓦厢之决，在无事时候，必会设法堵住，可是清廷当日困于人力、物力，经过二十年后，新道已经深通，旧道不易恢复，只可听其自流，那又本可不变，因受环境限制而造成其变徙的。我们对于这些，切不可机械地看作具有决定性的事变，我在本书中说明弘治八年筑断黄陵冈不能列为大变之一，也属于这一类的例子。

《锥指》四一下说："以书御者不尽马之情，以古制今者不达事之变"，这两句话是很不错的。我们有了理论，还须要实践，要随着事势的发展、环境的变迁而加以改进。比方墨守着《禹贡》的残篇，用经义来治河，以为但使能够恢复"禹河故道"，便可安枕无忧，那真是食古不化的书呆子，在二十世纪的崭新时代，必被淘汰无疑。但这并不是意味着我们连古书也不用读；古书里面包含着许多已往历史的进展，前人的经验。好的固可奉为后事之师，不好的也可取作前车之鉴。尤其是黄河自有史文以来，表现过甚么变化，透露过甚么特性，都值得我们注意及研究。

　　"治河即以治淮"，是黄、淮会流时代，明人所提出的口号。自去今约百年前，铜瓦厢溃决，黄河改向山东出海，黄、淮两系离立，这个口号好像已不复适用；其实黄河对淮系各支流，随时都带着威胁性，二千余年来的历史已明显地写下不断的记录，并非我们过于杞人忧天。黄河怎样威胁淮系，本书随处都有揭出，这里无须作详细叙述。

　　黄河的问题，无论时间、空间，在我国都影响太大了。单就水灾来说，多发生在河南和山东；左可以威胁河北，右可以残害苏、皖。究竟哪一方较为吃紧，各人的看法不同。像元余阙说："南方之地，本高于北，河之南徙难而北徙易。"【5】清孙嘉淦疏："顺治、康熙年间河之决塞，有案可稽，大约决北岸者十之九，决南岸者十之一；北岸决后，溃运道半，不溃者半，凡其溃运者，则皆由大清河以入海者也。"【6】又翁同龢等疏："或谓山东数被水害，遂以河南行为幸；不知河性利北行，自金章宗后河虽分流，有明一代北决者十四，南决者五，我朝顺、康以来，北决者十九，南决者十一。"【7】大致是说南方的地势比北方高，所以河喜欢北行，北决的次数比南决特多。

　　反之，如胡渭说："河一过大伾而东，不决则已，决则东南注于淮，其势甚易。"【8】又以为南决很容易。

　　我们首先要区别的，他们所说的"北"都针对着黄、淮合流时的情况，现在既经改道，就略有不同了。其次，孙、翁的统计怎样得来，可不得而知，但试就明朝的重要河决覆按一下：

　　洪武二十四年　　　　决入颍。

　　永乐十四年　　　　　决入涡。

　　正统十三年　　　　　决入颍。

　　弘治二年　　　　　　决入颍、涡。

　　十一年　　　　　　　决入白河。

　　嘉靖十三年　　　　　决入白河。

　　十九年　　　　　　　决入涡。

　　万历四十四年　　　　同上。

　　崇祯十五年　　　　　同上。

其非决入颍、涡、白河的不计，也已有了九次，何尝是"南决者五"？又清一代在咸丰五年以前，决入大清河或张秋的只得六次，而决入贾鲁河、涡河的却九次之多（参第十四节上），用历史统计来作证，绝不见得"南徙难而北徙易"。

　　综黄、淮混流及黄、淮合流来论，则自周定王五年前直至咸丰五年，实际上可说并未停止过。反之，从弘治七年（一四九四年）至咸丰五年（一八五五年），北流已大概断绝了三百五十年，固然北流断绝的原因，一部分是受人工压迫的。

就现下的黄河流道来说，"北"应该指河北省，据我所推计，历史时期当中，黄河流向天津附近出海的凡三回：

第一回 周定王五年（元前六〇二年）或后定王五年（元前四六三年）至战国止，最多不过二百五十年，少或止一百一十年（见第五及第八节）。

第二回 汉武元光三年（元前一三二年）至王莽始建国三年（一一年），计一百四十二年。

第三回 宋仁宗庆历八年（一〇四八年）约至金世宗大定二十年（一一八〇年），除去"东流"时期外，实约一百十五年。

三回合计，可能不足四百年。又第一、二两回和第三回的前期，南方尚有汴河分流，第一、二两回，北方也有漯川分流，专从天津附近出海的时期，实计只得五十年上下。至于决向河北的出事地点，第一回系宿胥口，今浚县西南；第二回系顿丘，今清丰西南；第三回系商胡，今濮阳东北。换句话说，即不出豫、冀之交一百里的地方。

由上面所叙，可见河患因乎地域（或空间）的理论，固非毫无影响，也不能过分主张。此外还有别一套河患依乎时间的理论，如程大昌说："利之所存，惟人希土旷，则河壖得以受水；稍经生息，则遥堤之外，展转添堤，固其所也。则何怪乎汉、唐以及我宋，平治久则河决益数也。"[9]他的结论系从"不与水争地"得来。相反的，张含英却看成"水灾与国难"相联系，他说："多难之世，则必有河溢决漫之厄。盖以人事不和，则私欲横流，各利其私，互相争夺，民生凋瘵，救死不暇，天灾之来，既未能防患于无形，更无力拯救于当时，及其溃决，只有听诸天命，任黄流之汹涌，扫田庐，成丘墟。"又说："河道迁徙之变，几无不在国家多难之时也。水灾之原因固多，然人事不减，必其大者。以上所述，略就历次大患言之耳。若细考每次之泛决，亦可得同样之结论。"[10]

那些话虽不无片面理由，双方却都忽略了黄河本身的利病。王莽始建国三年之决，咸丰五年之决，虽当国家多事时期，可是，西汉文、武二帝，正鼎盛之世，宋真宗时算不得"国体衰弱"。六朝、五代最为撩乱，人所皆知，但黄河并没见甚么大变。说河患跟治、乱相联系，证之往事，颇难成立。

治河比同医病，策略比同处方，医病要晓得病的经过，治河也要晓得河的历史。病状同而病因不同，用药就须酌量加减，溃决同而溃决的成因不同，防备就须随时制宜。医生如不取临床证单——检阅，是很难药到回春的，黄河变迁的历史就是河患的临床证单了。黄河自有它的特殊性，我们谈治河，如果能够详审它的病源所在，虽然不可能一劳永逸（治河断没有一劳永逸的），但比较长治久安的方法，未必定做不到。又假使不检阅临床证单，唯是脚痛医脚，头痛医头，病是暂时好了；然而今年堵塞，明年复决，明年堵塞，后年复决，这样来处治，哪能一日安宁呢？

在前并非没有人研究黄河的变迁，可惜的他们浅尝辄止，不能把它赤裸裸地表现出来，结果使得一般人对于黄河的危险性，加以低估，进一步更会影响到策略错误；现在试举治河很有能名的潘季驯为例。

潘季驯的《河议辩惑》曾说："自宋神宗十年七月，黄河大决于澶州，北流断绝，河遂南徙，合泗、沂而与淮会矣。自神宗迄今六百余年，淮、黄合流无恙。"【11】要把他的话仔细分析起来，不知包含着多少错误：（一）宋代所谓"北流"，系专指流向沧州那一条河道，和"东流"的专名对立，并不是泛泛指流向山东、河北的河道。（二）《宋史》所称熙宁十年（一〇七七年）"北流"断绝，只系极短时间的断绝，明年河即复归北道（见第十节）。（三）熙宁十年之河决，系从山东之梁山泊，分为两股：一股合南清河（泗水）入淮，一股合北清河入海，会淮的途径，跟明代黄河会淮的途径迥然不同（明代由阳武出徐、邳会淮，系金大定六年即一一六六年以后之变局），而且北流（即普通称不会淮之河流）还未断绝。（四）熙宁十年河虽一度入淮，翌年即已断绝，具见前文，自此以后，直至大定八年，才再发生由宋代的"北流"改为南北两清河分流的变局（见第十一节）。（五）贾鲁治河后十余年，河屡决东平，一度分入大清河（一三六六年），这应该是潘季驯所谓北流（非宋代的"北流"），而他却没有算及。总之，在那五百多年当中，黄河不知经过多少变迁，一般人不能晓得，还可原恕，但出自治河著名的潘季驯口里，实在太过疏略了，这不是会令人低估黄河的危险性吗？

再如清初的学者胡渭，也是知识界中尽人皆知的，他在《锥指例略》里面指出截至康熙三十六年止，黄河曾发生过五次大变：

> 河自禹告成之后，下迄元、明，凡五大变，而暂决复塞者不与焉。
>
> 一、周定王五年河徙，自宿胥口东行漯川，至长寿津与漯别行，而东北合漳水，至章武入海，《水经》称大河故渎者是也。
>
> 二、王莽始建国三年河决魏郡，泛清河、平原、济南，至千乘入海，后汉永平中，王景修之，遂为大河之经流，《水经》所称河水者是也。
>
> 三、宋仁宗时商胡决河，分为二派：北流合永济渠至乾宁军（今青县）入海、东流合马颊河至无棣县（今海丰）入海，二流迭为开闭，《宋史·河渠志》所载是也。
>
> 四、金章宗明昌五年（实宋光宗之绍熙五年）河决阳武故堤，灌封丘而东，注梁山泺，分为二派：一由北清河（即大清河）入海，一由南清河（即泗水）入

淮是也。

五、元世祖至元中河徙出阳武县南，新乡之流绝。二十六年会通河成，北派渐微。及明弘治中筑断黄陵冈支渠，遂以一淮受全河之水是也。

但在《锥指》四〇下里面，他把五期改作四期，对最末一期的说法又略有改变，现在也把它全录如下：

定王五年岁己未，下逮王莽始建国三年辛未而北渎遂空，凡六百七十二岁。

自王莽始建国三年辛未河徙由千乘入海……下逮宋仁宗景祐元年甲戌有横陇之决，又十四岁为庆历八年戊子，复决于商胡，而汉、唐之河遂废，凡九百七十七岁。

自仁宗庆历八年戊子，下逮金章宗明昌五年甲寅，实宋光宗之绍熙五年，而河决阳武，出胙城南，南、北分流入海，凡一百四十六岁。

自金明昌甲寅之徙，河水大半入淮，而北清河之流犹未绝也。下逮元世祖至元二十六年己丑会通河成，于是始以一淮受全河之水，凡九十五岁。

最不同的，前头说一淮受全河之水在明弘治中（一四九四年），后头又说在至元二十六年（一二八九年），计提早了二百零六年。其实，一淮受全河之水，最早应在金大定十九年（见第十一节），至元二十六年以前，黄河的北流早断，与会通开河无关（参第十一、十二两节），胡氏任一种的说法，都有错误，而《例略》的说法更坏。后人不详看《锥指》的正文，所以仍把弘治七年（一四九四年）列作第五次。至于后来黄河再次分支北流，系从至正二十六年（一三六六年）起，但这一年究在某处决口？计到弘治七年（约一百三十年）中间北流的情势怎样？历史上没有明白或系统的揭示，我们只从下列的记事可以看出：

洪武六年八月，河水自齐河溃商河、武定境南。

二十四年，河水由旧曹州、郓城两河口漫东平之安山。

宣德六年，金龙口渐淤。

正统二年，决濮州范县。

十三年七月，决新乡八柳树口，由故道东经延津、封丘，漫曹、濮、阳谷，抵东昌，冲张秋，溃寿张沙湾，东入海。

十四年三月，修沙湾堤，不敢尽塞，置分水闸，放水自大清河入海。

景泰元年五月，河决寿张。

二年，河决濮州。

三年六月，决沙湾北岸，掣运河之水以东。

六年七月，塞沙湾决口。

弘治二年五月，一支决入金龙等口，经曹、濮，冲张秋；至冬，决口已淤。

五年，河冲黄陵冈，犯张秋，掣漕河与汶水合而北行。

八年，筑断黄陵冈、金龙等口。[12]

　　由此约略晓得，宣德以前，河水仍或断或续地向北方分流，自是以后，金龙口渐淤。正统十三年、弘治二及五年都是特决，景泰元、二、三年决口系因沙湾置分水闸，如把弘治七年作为时期的分划，不单止不切合实际，而且当日入泗、入涡或入颍，河流的大势很乱，只呆守着前人不正确的观点——即南北地域性，因人工筑断了北方支流的决口，便算一大变（或大徙），那末，同时黄河自动地在南方另辟支流算不算大变呢？有大变必有"小变"，大、小的分别，恐怕不容易获得满意的界说。如认为时间长的便算大，则长、短又是相对的名词，凭甚么来规定。

　　话还不止，胡渭列为四次大变的金明昌五年，照现有史料来寻究，简直没有那么一回事。这年的河决只是离开汲、胙城两县，经阳武取直线冲出，毫无分流于北清河的痕迹。像这样的水道移动，在黄河变迁史上实司空见惯，[13]即如河离开浚、滑，胡氏以为在宋隆兴之前（参第十一节），但胡氏并没有把隆兴时代列作一变，依同样的推理，明昌五年便不能算为"大变"。奈向来读黄河史的人们都奉他为权威学者，无条件地接受他的考定，我的初稿写毕之后，也还一样接受他的话，后来修改过程中，才偶然发现他的错误。再后，我又检得《明史》八三有过"金明昌中北流绝，全河皆入淮"的话，更见得我的推定，并不是个人臆测。

　　而且所谓"河变"，与胡渭同时的学者已有不同的分析，如阎若璩《四书释地续》列举出的河变是：（一）周定王五年河徙邺东。（二）汉武帝元封二年至宣帝地节元年河决馆陶，分为屯氏河，东北至章武入海。（三）宋神宗熙宁十年河分为二派：一合南清河入淮，一合北清河入海。（四）明洪武二十四年河全入淮，永乐九年虽复疏入故道，而正统十三年终合并于淮。只有四次，又不数始建国三年、明昌五年及弘治八年那三次，和胡氏相同的仅周定王、宋神宗那两次，可见学者之间，意见很不一致。也就是说，我们很难作出一个界说，规定怎样才算大变，怎样便不算大变。

　　胡氏的分析固然缺点很多，阎氏也是鲁、卫之政。首先而且最重要的，阎氏没有数到邺东故大河之断流。其次，河全入淮并非始于洪武二十四年，永乐九年之复故道又不是把贾鲁的故道整个恢复；即使让一步来说，贾鲁的故道何尝不是河全合淮。反之，正统十三年之决，一支从大清河入海，一支由颍入淮，哪能说河终合并于淮？由这来看，阎氏对于黄河变迁的研究，大致实比胡氏为荒疏；虽然他认周定王五年系徙向邺东，这一点确比胡氏棋高一着。

谭其骧说："虽其（胡渭）分次的办法，划分每次改道的标准年代，都还存在着问题，有待进一步研究，但暂时仍不妨沿用其说。"【14】话又来了，科学研究之目的，是运用合理的方法，求取个中的真象，适合目前的需要，如果明知它是错，只因没有别的说法来代替，就因陋就简，沿袭着而不改，假如老年还作不出新的说法，我们是不是终久沿袭着错误的解释呢？不破不立，唯其先把错的旧观点扫清，才能激起真的新观点出现。还有一层，我们进行研究时，如果仍遵循错误的道路走去，那末，得出的结论必定同是错误的，这种流弊，不必征引甚么例子，只取谭氏同一篇文章来看，就可得到一个明显的教训了。谭氏说："从十世纪往上追溯到有史记载的开始，至少有二千年之久，大改道只有两次。"他所谓两次，无疑是守着胡渭周定王五年与王莽始建国三年的划分；按邺东故大河是周代河徙后的主要出海道，也是我国史册上所见唯一最左倾之黄河故道，这一故道行走不久，即已断绝，转向山东出海，还能不算入大改道之内吗？汉武元光三年河决瓠子，通于淮、泗，流行了二十余年，比蒋介石集团所挖的花园口时间还要长，而他却不算是一回事，可见关于河徙的胡氏误说，真深入人们的脑筋，非大加澄清不可。"不妨沿用"的说法是我们所万万不敢同意的。

现在再由元至正二十六年起直至明末为止，作一个河变的大概统计以作示例：

洪武元年（一三六八年），决入鱼台，徐达引河入泗。

二十四年（一三九一年），入颍，贾鲁河故道淤。

永乐九年（一四一一年），宋礼引河复行鱼台会汶。

十四年（一四一六年），入涡。

正统十三年（一四四八年），改流为二道：一溃寿张沙湾东入海；一入颍。

景泰三年（一四五二年），复决沙湾东行。

四年（一四五三年），徐有贞引河复由涡入淮。

弘治二年（一四八九年），南北大决后并为一大支，由祥符出商丘丁家道口下徐州。

三年（一四九〇年），白昂引河入汴，汴入睢，睢入泗，泗入淮。

五年（一四九二年），犯张秋，掣汶水北行。

八年（一四九五年），刘大夏导河经兰阳、考城，由曹出徐，又分由宿迁、亳州达淮。

十一年（一四九八年），大量由宿迁入淮，徐州水流渐细。

正德三年（一五〇八年），西北徙三百里，由徐州东北小浮桥入漕河。

四年（一五〇九年），再西北徙一百二十里，至沛县飞云桥入漕河，兰阳、考城故道淤塞。

嘉靖十三年（一五三四年），决宁陵北赵皮寨入淮；又忽自夏邑东北冲，经萧县下徐州东北小浮桥。

十九年（一五四〇年），决睢州野鸡冈，由涡入淮；经考城入徐、吕者仅十之二。

二十四年（一五四五年），由野鸡冈南决，至泗州会淮。

二十六年（一五四七年），决曹县，冲鱼台之谷亭，南流故道尽塞。

三十七年（一五五八年），曹县新集淤，河由单县析为六派，又由砀山析为五派，俱下经徐洪。

四十三年（一五六四年），河统会于丰县东之秦沟，余派皆淤。

万历二十一年（一五九三年），决单县黄堌口，分两支：一支出白洋河；一小支出小浮桥。

二十九年（一六〇一年），决商丘萧家口，全河东南注，趋邳州、宿迁，单县黄堌口断流。

三十一年（一六〇三年），决单县、沛县，灌昭阳湖，全河北注者三年。

三十四年（一六〇六年），曹时聘挽河由砀山朱旺口出小浮桥。

四十四年（一六一六年），决开封陶家店，经陈留入涡。

四十五年（一六一七年），决阳武脾沙岗，由封丘、曹、单至考城，复入故河。[15]

"徙"的意义犹"改道"，洪武时承贾鲁河故道，至清河县东北会淮，二十四年忽改行颍水，至寿州正阳镇会淮，永乐十四年又改行涡水，至怀远会淮，难道还算不得"改道"吗？这不是咬文嚼字的争执，于事实上确有很重要的关系，因为正阳、怀远均在淮水上游，坡度较大，淮自然不易被河水挡住以至逆流，反有助黄刷沙的力量。但会点在淮水下流之清河，情势便大大不同了；清河地方的坡度当然很小，淮流到这里，已丧失了建瓴之力，加以黄强淮弱，黄水倒灌极其容易，清口一塞，淮更受制，因而随处泛滥，淮扬七州县被灾。简单地说，黄河分入淮水的地点，愈在淮河上游，则淮受到黄害较少，愈在淮河下游，则淮受到黄害较大，这一个重点，明、清治河的人们大都没有抓着，贾鲁、潘季驯无比较持久的功绩，缺点也就在此处。季驯尝称赞贾鲁河为铜帮铁底[16]，其实贾鲁治河（一三五一年）后未够十年，河便分支向北方冲去，仅四十年（一三九一年），更夺颍而出，故道遂淤；直至万历四十五年（一六一七年）黄河所行才算大概恢复了贾鲁的故道，但至清代初期（也未够三十年）又屡屡溃决，贾鲁河为甚么不安其居？我以为从这些事实，便可寻出它的最重要原因了。

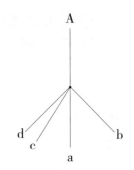

话又回头，大徙的"大"拿甚么作标准呢？如单拿方向来说，则如图由 Aa 转作 Ab、跟 Aa 转作 Ac 或 Aa 转作 Ad，有甚么不同的特征？

如论时间长短，则洪武二十四年入颍有二十年历史，永乐十四年、景泰四年两回入涡都有三十年历史，时期可不能算短。根于这样论证，我们试把前表审查一下，便觉得明代配称作"变"或"徙"的总有许多次，单拿弘治八年筑断黄陵冈来代表明代黄河的大事，是多么不切合实际！而更要声明的，我们不能承认自有史以来配称作"大徙"的只有六次，我以为即使依照他们的分划办法，次数也尽可加至两倍或三倍。我们如果不顾及实际，把"变"或"徙"的次数减少，是掩蔽了真相，引起了错觉，其流弊使得：（甲）一般人以为经过二三千年，黄河大变才发生六次，平均每四五百年才有一次，就会错估了黄河的危险性而减低了对它的警戒。（乙）以为某一个长时期当中确没有甚么河患，因而高估了那期治河的成绩，更进一步误信当日某种治河方法确属有效，失却了纠正错误、改变方针的勇气。比方从东汉永平直至唐末，经过八百多年，黄河没有怎样大异动，人们都信是王景治河的功绩，大家推崇他为治河名人，那多半是对的——固然中间还靠着计不出的劳力继续维持住他的成绩——；贾鲁、潘季驯却不同了。贾鲁治河的后果，前文早批评过。季驯还在总河任上，已感到无法解除泗州积水的僵局，[17] 怎奈河官、学者多数对他抱有好感，不把他的后果详细审查，只听见表扬，不听见批评；一般人更无暇细读河渠史，相率信奉"束水刷沙"为治河不二的法门，清代河防搞不出大进步，是很受这种错觉所阻塞的。而造成了这种错觉的原因，就在于学者们任意减少了河变的次数，没有把黄河变迁的真相和盘托出。

根于以上所举各种原因，如果我们还谨守胡渭的方法，把河徙一一编列为第几第几次，事实上将不胜其烦，有时且无法分划，结果必定钻入牛角尖去。为便于整理及避免镠辖起见，我曾提议废除胡氏的数字编号法，对于每次河变，只估计其影响，[18] 这里不必再烦絮了。

还有一点，夺颍、夺涡的事，明、清两代屡屡发生，以前却没听见，未钻研过黄河史的人，一下不会明白。为甚么呢？那正是说明我前头所称自周定王五年（元前六〇二年）以前，直至清咸丰五年（一八五五年），计二千四五百年或且不知多少年，黄、淮混流或黄、淮合流，在实际上未曾停止过，并非言过其实。上古有"济"，东汉以后常称作"汴"，它并不是一个独立的水系，它只是周定王五年以前的"黄河故道"，周定王五年以后的"黄河分流"。它的尾闾一部分会入于淮，但它当中途经行时，又可分泌于淮水的支源——颍水、涡水。换句话说，元代以前，黄河并不是跟颍、涡毫无关系，而是经常入颍、入涡的。进入了元代，可就不同，汴渠中段已被黄河侵占（见十二节），于是首演黄河夺涡的变局（约一二三五——一二五一年，见十一节）。后到洪武十五年（一三八二年），汴渠首段也完全沦入黄河（见十二节），旧日之"黄河故道"即汴渠，至是又再恢复为"黄河新道"，直到清末，夺涡、夺颍之事乃层见叠出，那就是今昔情形不同，其变动方式也发生差异了。今将元初至今黄河入涡、入颍，分列两表如下：

（甲）黄河入涡表（至某年为止，历史常无明了之记载，又往往有间断，故只记起年。乙表同）

元初（约一二三五——一二五一年期间）。

明永乐十四年（一四一六年）。

景泰四年（一四五三年）。

弘治二年（一四八九年）。

嘉靖十九年（一五四〇年）。

万历四十四年（一六一六年）。

崇祯十五年（一六四二年）[19]。

清雍正元年（一七二三年）[20]。

乾隆二十六年（一七六一年）。

乾隆四十三年（一七七八年）。

乾隆五十二年（一七八七年）。

嘉庆三年（一七九八年）。

嘉庆十八年（一八一三年）。

嘉庆二十四年（一八一九年）。

道光二十一年（一八四一年）。

道光二十三年（一八四三年）。

同治七年（一八六八年）。

光绪十三年（一八八七年）。

（乙）黄河入颍表

明洪武二十四年（一三九一年）。

正统十三年（一四四九年）。

弘治二年（一四八九年）。

清光绪十三年（一八八七年）。

按元代史志虽未明著入颍，然由至元二十五（一二八八年）、二十七（一二九〇年）及延佑三年（一三一六年）的河患记录来看，显有入颍的事实（见十二节）。入颍的次数仅及入涡的四分之一，而且入颍（贾鲁河）往往同时入涡，单称入颍的只有洪武、正统两次，大约颍水的地位较西而路曲，且海拔也较高的缘故。现在除去同时分入两水及人工溃决不计，即七百年中，平均每约四十年发生一次。又入涡的次数，不单止比入颍为多，历史也比较长久，据史志所昭示，洪武入颍走了二十年，永乐入涡走了三十余年（见十三节），元代入涡最少也有八十年以上（即宪宗初至后至元三年，见十二节）；总而言之，豫东若有溃决，走涡那条路是最可能而易见的。

其次，黄河史材料怎样搜采和整理，也应带说几句。像金代的初期，金、元交替的时期，历史上都留着模糊或空白的页面，我们首先应该尽各人的力量，剖解残存的材料，加以申明、补充。又像《金史·地理志》，县名下面间有附注"黄河"字样，很容易令人误会那些县是金代黄河经行的地方，但试跟北宋末《元丰九域志》一比，才晓得两本实是一样，所差的，金志较为简略。我再把《九域志》跟《元和志》一比，又晓得《九域志》的来源，系直接或间接抄自《元和志》，不过把已废的县名，改头换面。我们一不小心，以为金志必记金代后期黄河的经行，宋志必记宋代后期黄河的经行，拿它作讨论根据，那就大糟而特糟了。由这，我们得到了教训，就是前人辑地志的方法，大约只把隶属名称，照当代的制度略为更改，其各县所辖的山川，则大致抄袭旧文，记不起黄河的河道是随时改变，没有顾虑到时间、空间，我们千万提防着别要上它的当。

文件比较可靠的，是地方官报导当日该管辖地的情形，和治河官陈述当日河务进行的状况，即使片鳞半爪，总不至十分脱离现实。但这个条件的适用，也有一定限度，比如周金是嘉靖十五年的督漕，漕和河密切相关，河道的变迁，他应该时刻留心，试观他所奏"自嘉靖六年河流益南……"比勘当时章拯、潘希曾、戴时宗各督河的奏报情形，恰恰相反（参第十三节上注83）。又如一些官吏或学者记述多年前的往事，我们就须审查他们的话有无错误，才可利用；属于这类的例子，只参看前头我对于《河议辩惑》的批评，和第十四节上纠正陈世倌、包世臣等的错误，便可促起我们的注意，无须多所列举。

纂辑的书，则常犯重复的毛病。如《行水金鉴》二二，嘉靖五年下引《明会典》："是年，黄河上流骤溢，东北至沛县庙道口，截运河，注鸡鸣台口，入昭阳湖"（同书一五六引《明副书》同）；同书二三，嘉靖六年下又引《续文献通考》："是年，决徐州及曹、单、城武、丰、沛等县，杨家口、梁靖口、吴士举等处，冲入鸡鸣台……东溢逾漕，入昭阳湖"（同书一五七引《治水筌蹄》同）。今考《明世宗实录》称五年六月，"徐、沛河水溢"，又六年十月下称"先是六月间黄河水溢，奔入运河，沛县地方沙泥淤填七八里……给事中张嵩等言去秋河塞，皇上特命章拯……并力修浚"。比较了这几条记事，便觉得横截运河、注鸡鸣台都应发生在五年，也许修治还未好，因而六年水涨的时候，仍跟着上年的决路灌入，但断非开始在六年。编《行水金鉴》的没有经过细心研究，至把这件事重复地叙述。简单地说，参考的书本越多，越易犯这类毛病，只有随时小心，或可减少错误而已。

如上所述，因为传闻异辞或转录错误，两书不相符的例子固然很多，甚至同一作品也犯此弊，其致误原因仍不外是根据或错解两种不同的史料。例如《南河全考》既称万历二十一年"五月，河决单县之黄堌口"【21】，又称二十五年"河复决单县之黄堌口"【22】；其实二十一年黄堌决后，总河杨一魁不主张堵塞，黄河水仍时时从决口通过，并无所谓"复决"。

依于这种种矛盾，初次阅读河史的人们就很难掌握，以前既没有专工校勘的作品，如果我不把我所见到的地方一一拈出，或替它作个考证，听任后来的人再次捉摸，显然未有尽我所应担负的义务。就说我所考证不一一正确，也未尝不可打下一个基础。困难可又来了，全数考证都放入正文，势必喧宾夺主，因之不能不扩大附注，最后几节中间有附注比正文还多，那是不得已的办法，相信对参考方面总会有多少补助的。

还有一点值得声明的，一般历史以朝代断期，已属勉强，黄河变迁史当然更无这样划分的必要。可是黄河史较有详细的记载，只起自西汉，从三国起至六朝末叶，关于正流的消息，几可说绝无仅有，李唐一代也消息不多。由北宋递到金，由金递到元，又各有长时间的空页，非依朝代分节，就界限不清。近世明、清两代材料丰富，考证的附注特别多，为便于检查，故一节之中，再分作上、下。

前人记载所用的"河"字，往往不指或不专指黄河。如《金史·地理志》的"河仓"，《元史·五行志》的"河溢"，我将在第十一、十二两节有所说明。明人这样的用法尤多，现下我只拈出几件来示例：如洪武十七年正月，"彰德府奏临漳县河决"；十八年九月，诏"去年河决临漳"【23】；永乐元年八月，"修河南安阳县河堤"，"工部言山东福山县河决护城堤"；十年六月，"河南鄢陵、临漳二县骤雨，河水坏堤岸"；十三年六月，"山西布政司言辽州淫雨，河水暴溢"，十二月，"山东馆陶县、北京南乐县民自陈今夏河水泛溢"；十六年七月，"大名府魏县言河决堤岸"【24】。我们晓得除去鄢陵一县之外，其余临漳、安阳、福山、辽州、馆陶、南乐、魏县等地方，都非当日黄河正流、支流或支源所经，而编《行水金鉴》的号称专家，却把那些材料完全收入黄河史里面，是多么可怪的事。

由这，可见我们研究黄河变迁，对前人搜得的材料，还须先下一番选择工夫，不能无条件接受。

关于上述的种种困难，有时就不能不应用详细的剖析方法，希望可以解决未经解决的问题，写作上于是弄成繁复而无法精简；甚至令人看去，几若离题万里。然而在最近以前，我们没有一部完整可靠的黄河历史，我浪费些无谓笔墨，总会得到阅者的同情和原谅的。

同时为要补救刚才揭出的缺陷，我再把每一节的内容，在节末写出简单的结论，使阅者易得明了其大概。

涉写作问题，本篇内属于著者叙述、批评的部分，都尽量利用语体，以便通俗。唯在两种场合下，却不能不保留文言：其一，凡引用前人的建议、记载、考证等等，如一一翻作语体，工作是非常困难。著者的麻烦还系次要问题，古人文字简奥，偶不小心，便失去真意，甚至与原文相反；例如贾让的三策，著者的解释就跟前人迥然不同，假使依照任一方面的意见来翻译，都犯了抹煞另一方面的偏差，那是不能不照引前人文言的理由。其二，关于历朝的河事编年表也是一样，例如《金史》的河决阳武、贯封丘而东，《元史》的黄河复于故道，可能有不同的解释，译作语体，也不能怎样改变。原文既有点含糊，如果插入别的字样，不单止失去本来面目，而且会引起读者的误会，这又是不能不保留文言的理由。

一九五二年七月二十三日，广州中山大学北轩，修正去年底的写稿。

一九五五年七月全稿再度补完。

注释

【1】《皇朝经世文编》一〇一。

【2】《科学》七卷九期八九六页。

【3】《治河论丛》七二页。

【4】《科学》，同前九〇〇页。

【5】《禹贡锥指》四〇下。

【6】《经世文编》九六。

【7】《清史稿·河渠志一》。

【8】《锥指》四〇下。

【9】傅寅《禹贡说断》四。

【10】《治河论丛》八二及八七页。

【11】《图书集成·山川典》二二七。

【12】均详十三节上。

【13】据谭其骧说，北洛水本来是入渭的，明成化年间（一四六五——一四八七年）因黄河一小段偏西流，洛遂改道入河。到清咸丰间（一八五一——一八六一年）河的一段复偏东，洛又入渭。约光绪二十年（一八九四年）左右，河流再偏西，洛再入河。一九三四年大水，河流回向东，洛仍然入渭。又说，古代河套方面，以北河为正流，南河为支流，北河近河口处原有屠申泽，清人叫它做腾格里海。清初北河河口淤塞，河的主流改行南河；中叶后腾格里海变成沙阜，北河也缩小为今日的五加河。现在河套区以河为界，河南叫套内，河北叫后套，秦汉时总名"河南地"（《地理知识》一九五五年八期《黄河与运河的变迁》）。可见潼关以西的黄河也有改道。

【14】同上引文。

【15】见十三节上。

【16】《明史》八四

【17】同上。

【18】《历史教学》十六号，拙著《历史教学上应怎样掌握黄河的材料》（一一一一一四页）。

【19】这一次是人工的决水。

【20】史料只称南入贾鲁河。接贾鲁河下游本会入颍河，但考乾隆二十六年决出尉氏贾鲁河，分入涡、沱会淮，又四十三年归贾鲁新河，下达亳州之涡河，均不称入颍，故这里作为入涡计算。

【21】《行水金鉴》三六。

【22】同上三九。

【23】均同上一八引《太祖实录》。

【24】均同上引《成祖实录》。

第一节　黄河重源说的缘起

黄河重源，现在我们总知道绝对不可信的了。[1]黄河非重源，算是已经解决，但黄河重源说是怎样发生起来？还未有人加以"合理"的解释；中国人，尤其是中国学人，向来做事都不彻底，这是最著的一个范例。解释黄河重源的缘起虽于治黄无如何直接关系，惟是黄河重源说是黄河历史未解决的第一个环节，所以必得先从这儿说起。何况这里面含着多少玄秘，有若干我国历史上极重要的问题，如上古的西北交通、周族从甚么地方迁来等等，都可借此得到启示或因而解决呢。

汉以前遗文如《山海经·海内西经》称："海内昆仑之虚……河水出东北隅以行其北，西南又入渤海，又出海外，即西而北入禹所导积石山。"又《尔雅·释水》："河出昆仑虚，色白，所渠并千七百一川，色黄，[2]百里一小曲，千里一曲一直，河曲。"都曾说及河源，可是与今地的对照还不十分清楚，能够明白地叙述黄河上源出自西域的首先要算张骞对汉武帝的奏记，他说：

> 于阗之西，则水皆西流注西海，其东水东流注盐泽；盐泽潜行地下，其南则河源出焉，多玉石。河注中国，而楼兰、姑师邑有城郭，临盐泽，盐泽去长安可五千里。匈奴右方居盐泽以东至陇西长城，南接羌，隔汉道焉。（《史

记》一二三《大宛传》)

　　根据《史记》，张骞当日出使的经历，去时系"出陇西，经匈奴，匈奴得之"，回时系"并南山欲从羌中归，复为匈奴所得"，留了一年多，趁匈奴内乱，始逃亡归国。依匈奴当时领域（"居盐泽以东至陇西长城"）的情形来审度，可信骞本人并未尝经行塔里木河的正流，也不晓得罗布泊（即盐泽）是怎么样子，他报告里面这一段话完全得自传闻。比方"其南则河源出焉"那一句当然意味着青海的"重源"，但"多玉石"一句事实上却指于阗的"初源"，由此可见张骞的河源知识是很模糊的。后来便有进步了，汉朝派赴西域的使人越来越多，所以《史记》同传又说："而汉使穷河源，河源出于阗，其山多玉石，采来，天子案古图书，名河所出山曰昆仑云。"前人对于《史记》这一段记载，往往以为昆仑的名称，由武帝所臆定；但《淮南子》那本书写成于武帝初期（也就是在张骞归国之前），它已称，"河水出昆仑东北陬，贯渤海"，又"河水九折注海而流不绝者，有昆仑之输也"，这可说明即使没有武帝的考定，人们也懂得那方的山脉就是相传的昆仑山。

　　江浦青以为河和昆仑，各有两个的原因，"可以说汉武帝重通西域，定昆仑于阗南山后，便将整套本部的地名搬西域用去"。这个解释有好几点讲不通，已由郑德坤驳去。[3]但郑氏自己所说："河水流域有两道大水，同名河，他们发源的山又同名昆仑，他们流注的海又同名渤海。这是很清楚的。历来的学者不知有这样的'凑巧'的现象，闹出许多笑话呢！"[4]他所谓"笑话"系指《山海经注》《水经注》等。殊不知西方的（塔里木）河系因东方的（黄）河而得名，上古人只看成是一道水的两段；"青海的昆仑"又因真河源显露而被后世所层化，郑氏对演变的过程条理不清，所以说是"凑巧"。

　　综合前引《史记》，吾人可取得三种观念：（一）张骞未出使以前，西域那方面早就有塔里木河是黄河上源的传说。（二）我国上古图书也有黄河出自昆仑的记载，武帝所以晓得这些山名叫昆仑。[5]（三）黄河或被认为和黄河有关的流域，上古人只单称作"河"（又如《河图始开图》："河凡有五，皆始开于昆仑之墟"），后人因为"河北得水为河，塞外得水为海"[6]，始加上"黄"字以示区别。

　　武帝检查的是哪种图书，我们无从晓得。[7]现世所传的《山海经》，并非同一时代同一个人的作品，像前引的《海内西经》，写成时期最早似不能早过战国。侥幸地我们还保存着一部较古的游记，即《穆天子传》，在卷四里面记着周穆王（元前十世纪）西行的里数：

> 自宗周瀍水以西北，至于河宗之邦，阳纡之山，三千有四百里。自阳
> 纡西至于西夏氏，二千又五百里。自西夏至于珠余氏及河首，千又五百里。
> 自河首襄山以西南，至于舂山、珠泽、昆仑之丘，七百里。

又《初学记》六引《穆天子传》：

> 河与江、淮、济三水为四渎，河曰河宗。（今本没见这一段，且文气不相类，疑
> 是后人的附注。）

我们首先要知道，从周代[8]到最近以前，地志的记里，大致系以实际旅程为标准，不跟历代的尺度而改变，所以周里、汉里，无甚差异（参注10及15）。其次，宗周瀍水即后世之浐水，[9]不是成周（或洛阳）的瀍水。根据这两种决定来进行比勘，那末，在宗周（今西安附近）西边七千四百里的"河首"，应相当于塔里木正流之某一点，这一点西南至昆仑丘七百里。[10]换句话说，河出昆仑或黄河重源的传说，最少可追溯到元前十世纪了。

黄河出现在陕、甘通道上面（今兰州地面），和塔里木河的终点罗布泊，直距也有二千多里，前人何以将黄河与塔里木河联为一起，这可循两种途径去寻求解释：

（甲）假定上古时代有些种族从西方沿着塔里木河向东移徙，行到罗布泊时候，只见一片汪洋，别无出路，塔里木河天天向东流，为甚么积年累月罗布泊总没表现过涨溢的征象？这是古人所无法解决的疑问。[11]及后再向河西走廊行去，忽然遇见一条同样东流的巨川，因而认定黄河的上源，是从罗布泊潜行而出；《汉书》九六《西域传》所说，"蒲昌海，一名盐泽者也。去玉门、阳关三百余里，广袤三百里，其水亭居，冬夏不增减，皆以为潜行地下，南出于积石为中国河云"，就是这个道理。[12]

（乙）指向和（甲）的假定恰恰相反，即是说，有些种族从我国内地向西北方面行去，因而认罗布泊为黄河的上源。

从表面看，两种假定似皆有其可能，但沿黄河从东而西的时候，似应转入羌地，渐了解黄河真源的方向，不应牵涉到西北二千余里外并无关连的罗布泊。再看近世考古学在我国所发见青铜、彩陶等遗物，和西方的很相类似，而我国的青铜遗物，都是精制，未见粗制，[13]处这种种情状之下，都很难令人主张（乙）项上古种族西徙的假定，即使有，也是西汉以后的事。[14]此外，有人想应用地质学来解释重源的现象，但须知重点在地下能否渗透那么远，单凭两处的地质观察，依然是不能解决问题的。

由此，我们可以体会到因我国文化系发源黄河流域，黄河重源问题的解答，跟上

古史有着密切的关联，研究时如不结合这个问题作总检讨，也探不到上古史的秘密。现在，试举出我所认识的三点：

第一，我国内地对天山方面，甚而吉尔吉思草原，[15]当元前十世纪时，早已有了交通，近世外人在天山山脉道上发见移民遗迹，即可作为一个解释；殷墟之有软玉，[16]亦可藉此而解决。

第二，最可注意的《穆天子传》二说："赤乌氏先出自周宗，太王亶父之始作西土……封丌璧臣长季绰于舂山之虱，妻以元女，诏以玉石之刑，以为周室主。"太王亶父相传是文王的祖父，文王享寿九十七岁；又据《穆天子传》四，昆仑丘再西三百里才是赤乌氏舂山，由于周家有亲串住落昆仑丘那边，我们敢相信黄河重源的说法，系随周族东来而输入。张含英在他所著的《治河论丛》屡屡说："我族沿黄河而东，开拓华夏"（四一页），"我华民族沿河东来"（四六页），又"吾华民族自西徂东，沿河而下"（九一页），黄河问题总与我汉族一部分的祖先的移徙有关，所不同的，看各人怎样解释罢了。

第三，黄河重源说与上古伊、印族的地理知识，完全从一个模型冶铸出来，例如《佛经》说：

> 此无热池东有银牛口，出殑伽河，即古所谓恒河也，右绕池匝流入东南海。南有金象口，出信度河，即古辛头河也，右绕池匝流入西南海。西有瑠璃马口，出缚刍河，即古博义河也，如上绕池入西北海。北有颇胝师子口，出徙多河，即古私陀河也，如上绕池入东北海。[17]

那四条水就和《海内西经》昆仑墟下的赤水、弱水、黑水及河水各各相当。又《山海经·西山经》说：

> 西南四百里曰昆仑之丘……河水出焉，而南流东注于无达。赤水出焉，而东南流注于汜天之水。洋水出焉，而西南流注于丑涂之水。黑水出焉，而西南流于大杅。

把洋水、黑水分而为二，和《海内西经》洋水就是黑水有点冲突，那是古代传说所常见的。依我的见解，汜天就是内典的梵天，印度人称恒河之一支雅鲁藏布江（发源于我国之西藏）为 Brahmaputra，字义是"梵子"，汜天之水即恒河的别名。信度河的原名作 Sindhu，急读便可变作丑涂。上古有 Dahce 族人住落于里海附近，大杅即 Dahce

的音写。这不是我个人的附会，清乾隆时，王绍兰早就以无达比阿耨达，[18] 近人吴廷锡考黑水在今藏、卫之间，[19] 张鹏一又以缚刍河为古弱水，[20] 可见无论旧学家或新学家，都觉得我国上古关于昆仑山下各水的叙述，和佛教的传说息息相通，而佛教的传说又必接受于吠陀，即印度人尚住在五河流域的时代（元前十世纪以上）[21]。

黄河不单止说重源，而且说有三源；如《水经》称河水"又出（渤）海，南至积石山，下有石门，又南入葱岭山"（这个积石不是甘青方面的积石）。又《初学记》六引《水经注》及《山海经注》："河源出昆仑之墟，东流，潜行地下，至规期山，北流，分为两源：一出葱岭，一出于阗。"是葱岭之外，还有一个最初的潜源。

中国之水，有重源的又不单止黄河；除济水重源，下文第七节别有详论外，《水经注》一三记桑干水的发源："耆老云，其水潜承太原汾阳县北燕京山之大池。……古老相传言，尝有人乘车于池侧，忽过大风，飘之于水，有人获其轮于桑干泉，故知二水潜流通注矣。"是桑干水有重源。又《史记》一二三《索隐》："积石本非河之发源，犹《尚书》导洛自熊耳，然其实出于葱岭山，乃东经熊耳；今推此义，河亦然矣。"是洛水也有其重源。

然则重源光是我们汉族的玄妙理想么？不，西方的河川也有相类似的传说。蒙古初期马黎诺里（Marignolli）游记称，"河流至 Caffa 对岸，[22] 没于沙中，后乃再出，过 Thana 而潴成巴库海（Sea of Bacue）。"张星烺说："河流入沙中，似指阿母河而言。[23] 马黎诺里由 Sarai 至阿力麻里时，或尝经过之，当彼在 Sarai 时，又必尝见窝尔加河，故谓潴成巴库海也；巴库海为里海之别名。……中国人自昔即有以黄河发源于葱岭，流经喀什噶尔，成塔里木河，入罗布淖尔，再地下潜行，复出于青海而成黄河之说；新疆之人，亦有谓喀喇沙尔附近诸水来自西海（即里海）者。马黎诺里经过诸地时，或得闻此异说，故有此误会也。"[24] 拿西方的传说来比黄河重源，正所谓读书得间。又十四世纪教士巴斯喀尔（Pascal）的遗札，曾提及梯格里斯（Tygris）河，张星烺说这一条河"即窝尔加河，《马哥孛罗游记》亦称窝尔加河以是名。盖中世纪人误信窝尔加河为即梯格利斯河上流，入里海后，经地下而与梯格利斯本身合"。[25] 又亚塞尔拜然（Azerbaijan）之 Daitya Araxes 河，相传系潜行里海的地下，于海之它侧，复出为乌浒（Oxus）河。[26] 这些都是流行于西方的潜源传说，跟我国的传说没有甚么差别。究竟这种理想最初发生于哪一个区域，值得我们来检查一下。据我个人的意见：

（1）从历史的发展性来看，如果假想汉族的祖先去追寻河源，则实际上黄河系打甘肃的南方流来，他们自然地要向羌人住区追求它的上流。为甚么循着跳跃式的发展，无缘无故，忽然指向数千里外的罗布泊，而羌地里面河源的真状，反延至千余年后（唐代）才略露曙光。重源说不像发生于我国内地，前头已经有所揭示，且葱岭之外，还说有潜源，这一层更显然是当地土人的传说，没有理由可以承认为东方人的推想。

（2）也许有人以为汉族文化，曾向西域传播；从历史时间性来审查，这更难以成立。汉化西行，是西汉以后的事；依前文所引《穆天子传》，则西周初期，人们已将塔里木河和黄河联系着。即使撇开这一段史料，而《山海经》的一部分总是战国时期写成的，它和汉武帝所检的古图书，司马迁所见的《禹本纪》，都说河出于昆仑，张骞回来时的报告也是一样；这些都在汉武开通西域以前，很难认为汉族文化所影响。

（3）人类思想的引生，都有其当前的背景，山顶的泉池，崖边的瀑布，经年不涸，滔滔不绝，初民当然会寻测它的来龙。但在结实实一块大陆上面，说从数百里甚而数千里之外，有水泉潜行地下，因而再露出地面为大河，究属是难以理解的事实。惟住在沙漠或沙漠边缘的民族，因环境关系，他们的领悟可有点不同了。沙漠的性质，最易渗透，水于地面渗入，却从数十里外再行涌出，并不是稀奇的事；[27] 初民的脑筋究属简单，应用演绎的方法，便不难推想到数百里或数千里之外，都是一样。然而依据空间性来窥探，我国内地没有沙漠，这种理想不会创始于内地的。清康熙帝曾说："沸水伏流三处，其实不止沸，凡水发源处多是伏流，尝问蒙古人，言之甚详。"[28] 塞外蒙古人的汉化程度很浅，尤其是我国古典里面那种玄奥的理论，不会输入于一般蒙古人，为甚么他们也说多是伏流呢？要理解这个问题，须晓得蒙古族的文化多自突厥族接受得来，而亚洲西北的草原及沙漠，正是突厥族的摇篮，所谓草蛇灰线，不难踪迹而知。再由于上古传说的散播或近古蒙、藏两族的交通，即在西藏的群众中，最近还表露出这种理想，周鸿石说："（雅合拉达合泽）山下的水向北都流入了柴达木盆地，向南都流入了长江上源的通天河，两者对黄河都毫无关系，可是藏民们，所以把这个山叫作黄河源头，他们的意见是说，雅合拉达合泽与约古宗列只有一小土岭之隔，约古宗列的水，是由这里经地下渗流过来的。"[29] 我们如果把这种意见和《山海经》《内典》联系在一起，岂不是黄河、长江和柴达木河都是同源吗？

总括前举三点，便见得黄河发自昆仑和罗布泊潜通于河西那两种理想，显然带着西北边民思想的色彩。其他如济水、桑干水、洛水的重源，都是后来的话，是从黄河重源说产生出来的。

还有人怀疑着重源说不会来自西域，我更要提出一种佐证，就是蒲昌海的名称及情况，在《汉书》之前，早已传入希腊人的耳鼓，给他们记载下来，这虽然不是直接证明，究竟是个间接证明。希腊末期地理学家马利奴斯（Marinus）从马其顿商人梅斯（Maes）方面（约六八—一八〇年），获悉今新疆省内的湖泊情形，到公元一五〇年左右（东汉桓帝时），希腊学者拖雷美（Ptolemy）著书，把它搜采进去。在拖氏的地图上，我们看见丝国（Serica）境内有两道大川：北边的名俄科达斯河（OEchordas），由两支河源合成，向东行很远，流入大山脉下的湖泊；南边的名包谛萨斯河（Bautisus），也是两水合成，流入一个湖泊。在前，许多地理考证家都把南边的当作雅鲁藏布江。独斯文赫定以为无论马利奴斯或拖雷美，都绝不知道有西藏那个区域，拖氏的地图只是把塔里木河和罗布泊重复绘出；重复的原因也很简单，当日那一类的报告，必有两种来源，马利奴斯或拖雷美没有想到实是同一的材料。

赫定认为湖只是一个，那是对的。关于两道河的解说，却未能使人满意。我们晓得罗布泊最远的一源，是叶尔羌河会合着喀什噶尔河，与两支河源合成向东行很远的话相合；玄奘一出葱岭，便到乌锻国，这个名称至今没有好好地还原，省去希腊语尾，OEchord 可能与之相当。又蒲昌，高本汉切韵还原为 B 'uotə 'iang 西方语言很少见—ng 韵母，而我国则特多，例如突厥古文字的 Qoto，我国翻作高昌，依此推测，Baut(i)su 实相当于"蒲昌"的音写。喀什噶尔河跟于阗河的会点，在沙漠深处，容或旅行商队所未知，或以国名为河名，或以湖名为河名，编纂家只据传闻，无法统一，遂弄出两河、两湖了。最要的是天山一带的地理名词，在汉以前，几乎全数是西北方的本语，不是"汉"语，那末，该地当日及以前流行着西北族的传说，就可想而知。

总之，周、秦两族本来是西方种族之一支，并参杂突厥族的血统，[30] 我在讨论历史分期的各篇更有所引申，这里不必细述。

本节的研究，归纳起来，结论是：

重源说系黄河史的第一个环节，须得从这个环节解起。那种玄想显从西方输入，所根据的理由：

一、水泉渗入地下，于不远处再行涌出，是沙漠常见的现象，也就是重源说的胚胎。当西方种族向东移徙时，目击罗布泊不增不减，再沿河西走廊朝东而行，看见黄河，就以为潜源复出。如果由于东方人追寻河源，必会沿岸左转入羌地，无缘硬指西北二千余里外的罗布泊。又据西方传说，葱岭之外，再有重源，也是一个旁证。

二、河出昆仑，与承接吠陀之佛教传说相同。

三、说重源比较详细的，如《穆天子传》《汉书·西域传》，都是旅行西方的记事。汉以前天山南路的地名，几全数是西北族的语言，没有丝毫汉化痕迹。

四、西域各大河流几于都有重源的传说。

注释

【1】还有极少数人是相信的，参看第二节。

【2】邢昺疏读"所渠并千七百，一川色黄"为句，是错的；《尔雅》的本意原说河的初原为白色，下流收纳了一千七百零一个支川，变为黄色。如以七百断句，说只有"一川色黄"，在文义和事实上，

都属难通。

【3】《燕京学报》十一期二三一九—一二三二一页，层化的河水流域地名及其解释。

【4】同上二三一四页。

【5】《史记》又说：《禹本纪》言河出昆仑，昆仑其高二千五百余里，日月所相避隐为光明也，其上有醴泉、瑶池。今自张骞使大夏之后也，穷河源，恶睹《本纪》所谓昆仑者乎？"司马这一段批评，有应该辨明的三点：（一）司马所见到的《禹本纪》，是否即汉武帝所检的图书，吾人无从断定。（二）司马以为张骞曾穷河源，是未加考实而信笔写出的，已辨见本文。（三）乌睹昆仑一句，古人多未了解，《史记集解》说："邓展曰，汉以穷河源，于何见昆仑乎？《尚书》曰，导河积石，是为河源出于积石；积石在金城河关，不言出于昆仑也"，认黄河不出于昆仑，就现在来看，是正确的；可是太史公的文章，毫未含有这样意思，太史公的真意，更未尝说西域无昆仑山，去驳正汉武帝的考定，邓展的解释，可谓两层误会。其次，《索隐》说："言张骞穷河源至于大夏、于阗，于何见河出昆仑乎？谓《禹本纪》及《山海经》为虚妄也"，仍脱不了同样误会。这皆由前人推测太史公的意旨，不外"疑河不出昆仑"或"疑世无昆仑"（见《史记志疑》三六）两层，所以说来说去，总搔不着头脑。据我所见，能了解《史记》这段文字的，古今来只有陶葆廉一人，他著《辛卯侍行记》卷五说："论者谓误始于《史记》恶睹昆仑一语，其实不然。详审《史记》原文，司马迁因当时君臣好谈神仙，于此文隐寓讽谏，恶睹昆仑一语，意在表明醴泉、瑶池怪物之必无，非谓无昆仑也。下又言'《尚书》近之'，意若曰：昆仑者《尚书》所谓西戎，安睹仙人瑶池之说乎。此节与五帝纪书黄帝崩葬桥山以辟乘龙上升之诬，用意相同，班固（张骞传赞）抄录《史记》，不察寓意，删去瑶池怪物等句，若《史记》专辩昆仑者，后儒承班氏之误，令司马迁受诬，兹特揭而出之。"我试将陶氏说再为引申一下：《史记》这句话原是"恶睹《禹本纪》所谓日月相避，上有醴泉瑶池之昆仑者乎"的略出，古人写文务求简约，遂致二千年后始有人作出正确的解答，那可见读古人书之难了。

【6】同前《史记索隐》引《太康地记》。朱熹《释河》也说"北方流水之通名"，惟胡渭《禹贡锥指例略》说："江、河自是定名，与淮、济等一例，非他水所得而冒。"这段话还要斟酌，参看下文第七节。

【7】《通典》疑即《禹本纪》，见下文第二节引文。

【8】甲骨文尚未发见"里"字。

【9】见拙著《穆天子传地理考实》（未刊）。

【10】《汉书·西域传》，于阗"去长安九千六百七十里"，拙著校释（未刊）以为应作七千六百七十里；昆仑山还在于阗的南方，所以七千四百加七百，得八千一百里，大致与汉传相合，也是周里、汉里无甚差异之一个确证。

【11】《河源纪略》二二说："于阗河北合葱岭河，东流三千余里，受水大小十数，而尽注于广袤三百里之蒲昌海，果使其下无伏流，亦得以容之乎？"仍带着这种疑问。

【12】杜佑《通典》以为因张骞从大夏回，看见两道河流入蒲昌海，因疑其潜出积石（引见下文第二节），说甚中肯；不过猜测的不是张骞，而是再前千余年自西向东迁徙的种族。

【13】参《东方杂志》四一卷五号五五页拙著。

【14】斯坦因在罗布泊附近掘出的人骨，经专家鉴定与汉族相近，有人即引此以为上古汉族西徙的凭证；但这批人骨的时代，我们尚未能测定，安知非西汉及以后之徙民。

【15】沈曾植《穆天子传书后》："卷四末，里西土之数，与《汉书·西域传》《魏书·西域传》大略相符，所谓自宗周至西北大旷原万四千里，以今里法减折算之，大旷原盖今里海、咸海之间大沙漠，东迤北至乌拉岭东吉里吉思高原也。"（据《阿母河记》四七页转引）年前我试写《穆天子传考实》，也得到同样结果，可谓不谋而合。顾实乃以为"大乖谬"（《穆天子传西征讲疏知见书目》三四页），则因他误认周里＞六国里＞汉里＞现代里。遂将周穆王西行终点，延伸到波兰平原，同时又强解宗周瀍水为洛阳瀍水，说穆王未出国以前先在国里面兜了一个大圈子，有这种种错觉，所以反而妄诋他人了。

【16】参《六同别录中》一页李济研究中国古玉问题的资料。

【17】据《释迦方志》一转引。

【18】王绍兰说："阿耨者，华言无也，《西山经》曰，昆仑之丘，河水出焉，而南流东注于无达，无达即阿耨达矣。"（见《重论文斋笔录》六）按阿耨达之梵文原语作 Anavatapta＝an＋avatapta 义为"无热"，阿利安结合语之冠首 a，等于汉语之"无"，但下连母音时便作 an，音义兼译，在古代译文里面，例子不少。惟《佛经》说河水从阿耨达池流出，《西川经》说河水流入无达，究不尽同，所以无达是否指阿耨达，还有疑问。明弘治年间（一四八八——一五〇五年）扬子器绘的《全国地图》，于星宿海再西记阿耨达山名称，注明是"黄河源"，李元星以为阿耨达山就是现在的雅合拉达合泽山；河源出自山的西南方（一九五五年《科学通报》六期七八页），这一点须得加以讨论。内典的阿耨达山大致指今印度库施山一带，与真河源相隔很远，河源在它的东南，不是西南。河源出火敦脑儿即星宿海的西南，早详于元朱思本的译文（引见第二节），不是子器创见。图将河源绘作两个分支，更无非承袭史汉"河有两源"之旧说。综括来论，扬子器的图是综合史汉、内典和朱思本的书说而作成的，相信他对于河源并没有甚么真认识。

【19】据《阿母河记》叙。

【20】见所著《阿母河记》一页。西人又说，徙多即巴利文 Sidā，系"弱水"的意义；有时亦称药杀水为徙多河。

【21】一三七五年（洪武八年）喀塔兰（Catalan）地图所绘中国各个河流都发源于一处（《中西交通史料汇编》二册一六七页），依然受着古说的影响。

【22】据《中西交通史料汇编》二册一五六页。Caffa 在黑海的东岸。

【23】阿母河在里海的东边，依上条注 Caffa 在里海的西方，是这一条河并非指阿母河；而且

阿母河当蒙古初期尚直接流入里海，咸海之构成是后来的事，张说误。

【24】同前引《汇编》一六八——一六九页。

【25】同上二六一页。

【26】印人 Nagen.Ghose 著 *The Aryan Trail in Iran and India* 二五八页注。

【27】参看第二节所引阎文儒的话。

【28】《康熙东华录》一七，康熙四十八年十一月下；沸水即济水。

【29】《新黄河》一九五三年元二月号五〇一五一页。

【30】参看《东方杂志》四一卷三号拙著。

第二节　重源说经过长时期而后打破

从近世地文学者的眼光来看，黄河重源确不值一辩。可是，经过了三千多年，直至十九世纪末，我国颇有名的地理学者像陶葆廉，依然保持着"河有重源，均出昆仑，稽古证今，一一吻合"[1]的成见，这可说明流行已久的传说，要打破它，是一件极不容易的事。

黄河的重源发在哪里呢？一般都以为《禹贡》"导河积石"的积石。然积石又在哪里呢？这个问题到现在还没搞清楚。大约河源真相呈现的程度，可以积石的搬动作指标，用术语来说，就是积石的地理层化越向东或东南方移来，河源的真相就跟着越为明白。

积石的名称，也见于《穆天子传》《水经》和《山海经》的《西山经》《海内西经》《海外北经》及《大荒北经》，今将《穆天子传》和《西山经》较为重要那两段文字引述如下：

> 乙丑，天子西济于河，爰有温谷、乐都，河宗氏之所游居。丙寅，天子属官效器，乃命正公郊父受敕宪，用申八骏之乘以饮于枝洔之中，积石之南河。（《穆天子传》）

又西三百里曰积石之山，其下有石门，河水冒以西流。（《西山经》）

先就《西山经》来说，昆仑丘西三百七十里为乐游山，西水行四百里为流沙，二百里至蠃母山，西三百五十里为玉山，即西王母所居，西四百八十里为轩辕丘，又西三百里才是积石山；试把里数加合起来，知道这个积石山在昆仑丘西边二千一百里，[2] 在西王母所居的玉山西边七百八十里。换句话说，这个积石山显然在现时中亚地面，和我国一般所谓"积石"完全无关。[3]

其次，说到《穆天子传》，据我的研究，居延海附近水草丰美，对于沙漠的长途旅行极有关系；上古人为供给利便起见，从陇右向沙漠行去的就拣此地为出发点，或由沙漠向陇右行来的也取此地为到达点。后至秦、汉时代，匈奴逐渐南侵，居延海地点太过暴露，而且是当着敌人南下路线的一个重要场所，旅行西方的出发点，遂不得不改移于供给较为困难之敦煌，即玉门、阳关两处。再后，因沙漠向南方展拓，西通于阗的旧路，一天一天的难行，同时，匈奴右臂的威胁又渐渐解除，人们遂宁愿抛弃较迅速的旅途，改从供给最称困难的安西，向伊吾（即今哈密）进发，汉代原有的玉门关，也随着时势的需要，移向北边安置（即隋、唐直至现在的玉门关）。这一连串的发展、变化，都是结合着环境、人事而转变的。

上面一大段的话，无非表明周穆王开始向沙漠旅行的时候，系从居延海附近出发，就是河宗氏的所在，也就是"积石之南河"的所在。自罗布泊向东来的人们，忽遇着蓄水颇多的居延海及其上源的张掖河，因而臆测为罗布泊潜水复见的现象，这是自然不过的简单理想。顾实不从客观方面体察，既认定"河宗之邦实奄有今河套之北岸"[4]，继又将积石安置"在今青海土尔扈特南前旗"[5]；但我们试细读《穆天子传》卷一，自戊寅（顾改作戊申）日起下至丙寅日止，穆王都是留连于河宗附近，如果依顾实的考定，穆王正循着河套进发，忽又跑去西南约二千里之青海，这种倏南倏北的状况，是否适合乎古今交通路线的条件？又是否预备作长途旅行的人所应有？我们对顾氏那种考证，不能不认为偏于唯心方面了。

《穆天子传》的南河积石应在居延海附近，[6] 既如上说，然而脑袋的玄想，终敌不过事实的昭示，张掖河是由南向北的流水，黄河是由西向东的流水，很难把这两水结合而为一。[7]《禹贡》的"导河积石"，虽然没有明确的指标，可能意味着移向东南。汉到昭、宣之后，西北边郡已经建置，羌地亦渐开通，《汉书》二八下《地理志》金城郡河关县载，"积石山在西南羌中"，将积石转移到南方来，系古代地理层化中常见之事，这可算是国人对于黄河真源的初步认识。此后，如《后汉书》九五记段颎向羌人追击，"且斗且行，昼夜相攻，割肉食雪，四十余日，遂至河首积石山，出塞二千余里"。《水经注》二:"(积石)山在西羌之中,烧当所居也,延熹二年,西羌烧当犯塞,护羌校尉段颎讨之,追出塞至积石山,斩首而还。"又《隋书》二九河源郡有"积石山,河所出"。说法跟《汉书》都没有甚么不同。

积石虽然一再迁移,而积石所在,仍可任人指定,所以唐人又生出大积石、小积石的区别。[8]《史记·夏本纪》《正义》引《括地志》:"积石山今名小积石山,在河州枹罕县西七里,河州在京西一千四百七十二里。"(枹罕今临夏)在下游平空添出一个小积石,《史记正义》也依照它的说法(参看注8)。《通典》一七四鄯州龙支县:"积石山今县南,[9]即《尚书·禹贡》云导河积石。"又"自积石山而东,则今西平郡龙支县界山是也"(龙支今乐都南)。更直称下游的山作积石,不复作大、小之别,[10]对于汉后唐前的羌中积石,却根据古典替它安上"昆仑"的名称。由是,"河源的昆仑"也向东南方层化,这是"积石"和"昆仑"相替换的经过。

自西汉末至唐代初期,足足过了六百年,"黄河之水天上来"的上流真相,仍然蒙在鼓里。之后,唐跟吐谷浑发生接触,又因吐蕃吞并了吐谷浑,唐、蕃来往多经由河湟,所以黄河的实际情形,陆续传入我们的耳鼓。最先是贞观九年(六三五年)吐谷浑屡屡入寇,李靖统兵出讨,侯君集为积石道行军总管。"靖等进至赤海,遇其天柱王部落,击大破之,遂历于河源。……侯君集与江夏王道宗趣南路(即东路),登汉哭山,饮马乌海。……经涂二千余里,空虚之地,盛夏降霜,多积雪,其地乏水草,将士啖冰,马皆食雪。又达于柏梁,北望积石山,观河源之所出焉"(《旧书》一九八《吐谷浑传》)。《旧君集传》大致相同,但多"转战过星宿川、至于柏海"一句(《新吐谷浑传》及《通鉴》一九四同)。我们首先要知道这一回战役,李靖从西边进军(今新疆东南),君集、道宗从东边河湟进军,故两路都到达河源。其余几个地名,据事理求证,我疑心乌海即现在喀拉海,蒙古语喀拉,黑也。[11]柏梁,《太宗实录》作柏海(柏海也见《会要》九七及前引《新传》),据《通鉴考异》十引唐人《十道图》,乌海、星宿海、柏海并绘在青海子的西边,《河源纪略》一八疑柏海即扎凌和鄂凌,[12]藤田原春直谓柏海即河源,[13]我还不敢断定,因《新传》又有"柏海近河源,古未有至者"的话。星宿川,唐《十道图》别作"星宿海",万斯同以为古今同地,惟《纪略》一八独持异议。[14]就事实而论,河源的初步发见,应归功于这一回战役许多群众的力量,贞元宰相贾耽曾著《吐蕃黄河录》四卷,相信他已收集了贞观间许多异闻,可惜片纸不传,传下来较详细的消息还要在李靖辈二百年以后。

不过,刘元鼎[15]未往吐蕃之前,我们对黄河的真相已相当明了,这可拿杜佑最先驳黄河重源说为例,他的名著《通典》一七四曾说:

其《汉书·西域传》云，河水一源出葱岭，一源出于阗，合流东注蒲昌海，皆以潜流地下，南出积石为中国河云；比《禹纪》《山经》，犹较附近，终是纰缪。案此宜唯凭张骞使大夏，见两道水从葱岭、于阗合流入蒲昌海，其于阗出美玉，所以骞传遂云穷河源也。按古图书名河所出曰昆仑山，疑所谓古图书即《禹本纪》，以于阗山出玉，乃谓之昆仑，即所出便云是河也；穷究诸说，悉皆谬误。孟坚又以《禹贡》云导河自积石，遂疑潜流从此方出；且汉时群羌种类虽多，不相统一，未为强国，汉家或未尝遣使诣西南羌中，或未知自有河也。宁有今吐蕃中，河从西南数千里向东北流，见与积石山下河相连，聘使涉历，无不言之，吐蕃自云昆仑山在国中西南，则河之所出也。

因为河出昆仑，所以杜佑主张昆仑在吐蕃，《河源纪略》二二曾有一大段话驳他：

> 自古言昆仑者，但闻在中土之西北，不闻在中土之西南。……且昆仑者，产玉之山也，故《尔雅》云，西北之美者有昆仑虚之璆琳、琅玕焉，《史记·大宛传》云，汉使穷河源，河源出于阗，其山多玉石……今吐蕃无玉而于阗多玉，岂得反以在吐蕃者为昆仑，在于阗者为非昆仑乎？

要审查两方的理由，先须问昆仑的原语。昆仑本是于阗文"南"的意义，[16]古籍所说的昆仑虚或昆仑山，都在于阗的南边。杜佑因为知道黄河的的确确来自吐蕃，旧日书本又总说河出昆仑，为求事实与书本配合，遂称吐蕃的山为昆仑；万斯同《昆仑河源考》说："唐书之昆仑，汉语既曰紫山，番语又曰穆穆哩，何以知其为昆仑而称之？刘元鼎虽身履其地，不过因古书河出昆仑之言，从而附会之，非其实也"（穆穆哩即后引《新唐书》的闷摩黎），就是意味着"吐蕃的昆仑"系出于后人附会。换句话说，"吐蕃的昆仑"是后起的、层化的，吐蕃土人对于这座河源所出的大山，并没有"昆仑"那种称谓（参看拙著《昆仑一元说》），近世学者称河源附近的山脉为"中昆仑"，只因脉络连系而立名。杜佑知黄河非重源而不解古说之何以离奇，清人（即纂修《河源纪略》的人）知昆仑在西北而不知河出昆仑之确无根据，双方都各有其理由，也各有其缺陷。

到唐穆宗长庆元年（八二一年），特派大理卿刘元鼎前去吐蕃做会盟使，明年他回国，给我们带来一份极可宝贵的材料，今将《新唐书》二一六下《吐蕃传》所记撮录于后：

> 元鼎逾湟水至龙泉谷，西北望杀胡川，哥舒翰故壁多在。湟水出蒙谷，抵龙泉，与河合。河之上流，繇洪济梁西南行二千里，水益狭，春可涉，秋、

夏乃胜舟。其南三百里，三山，中高而四下曰紫山，直大羊同国，古所谓昆仑者也，虏曰闷摩黎山，东距长安五千里。河源其间，流澄缓，下稍合众流，色赤，行益远，它水并注则浊，故世举谓西戎地曰河湟。河湟东北直莫贺延碛尾殆五百里，碛广五十里，北自沙州西南，入吐谷浑寖狭，隐测其地，盖剑南之西。元鼎所经见，大略如此。

文内的河湟"东北直莫贺延碛尾"无疑是"西北"字的错误。其余地名、里距也有两三点应加以说明的：

一、洪济梁 《通典》一七四廓州达化县，"又有洪济镇，后周武帝逐吐谷浑筑，在县西二百七十里是"。又《元和志》三九廓州，"金天军在积石军西南一百四十里洪济桥"。按"桥""梁"的意义相同，荒僻之区尤其黄河上游，有桥梁的地方便是市镇，所以洪济镇、洪济桥、洪济梁必同为一地。廓州旧址，据《通典》，东南到安乡郡河州三百九十里，西北到西平郡鄯城县（今西宁）二百八十里，则可能在现时通化桥[17]的附近。复据《元和志》三九，达化县东去廓州三十里，再加二百七十里，则洪济镇在廓州西约三百里；积石军在廓州西南一百五十里，再加一百四十里，则洪济桥在廓州西南二百九十里，与前数可说相当，这也是洪济镇、洪济桥同为一地之的证。由是，再依里距向西推之，吐谷浑王阿豺所筑的浇河城在达化县西一百二十里（据《通典》一七四），不可能是现时的贵德，[18]贵德却有点像唐的洪济梁。吴景敖错认"桥梁"作"山梁"，谓洪济梁即札梭拉大山口，[19]显然不确。

二、西南行二千里 这似指沿着上流水道而行的里数，所以揭明"河之上流"。按《河源纪略》一二："河源重发至甘肃河州西界共二千九百里，以经纬度按鸟飞图法计之，实一千四百余里。"清代的河州西界大约即唐代的廓州西境，又元朱思本称河源至兰州四千五百余里，依此相比，元鼎计作二千里，未为过量。而且，段颎"遂至河首积石山，出塞二千余里"，侯君集等"经途二千余里"（均见前引），"二千里"，是旧日一般计算所得数。吴氏既把洪济梁位置于偏西，又误会是元鼎本人陆行的道里，遂有"倘非迷途绕行，或迂回沮洳"的误解。[20]董在华说："走两千多里遇到黄河是很有可能（虽然比现在湟水、黄河间的距离几乎远了一倍）……"[21]也未尽了解《新唐书》的文义。

三、闷摩黎山 《纪略》一八以巴彦哈拉山当之，吴氏谓蒙古人撤帐去后，巴彦哈拉的名称已消失，藏人再度迁入，又通称为察拉。[22]依言音转变之理，可能即"抹必力"（见下文）的异译，必力又疑与满洲语"必拉"（河也）有关。

此外，《新唐书》四〇，鄯州鄯城县下记着入吐蕃的路程，也说及黄河，其路程的前段如下：

　　西六十里有临蕃城，又西六十里有白水军绥戎城，又西南六十里有定戎
城，又南隔涧七里有天威军，军故石堡城，开元十七年置，初日振威军。**[23]**……
又西二十里至赤岭，其西吐蕃，有开元中分界碑。自振武经尉迟川、苦拔海、
王孝杰米栅，九十里至莫离驿。又经公主佛堂、大非川，二百八十里至那录驿，
吐浑界也。又经暖泉、烈谟海，四百四十里渡黄河。

　　这段记程显系抄自贾耽《通道记》，据藤田原春说，乃现在西宁、青海横断入藏
之道。从鄯城至黄河渡计九百九十七里，里面的地名多不可考，较可认识的惟赤岭（那
一段占一百八十七里）和大非川（那一段约占三百里）；赤岭就是现时青海子东边的日月山，大
非川，依吴氏说应为现时共和县南的切吉旷原。**[24]**再取《西藏图考》四入藏路程比之，
自西宁至黄河渡计一千零七十里，与九百九十七里的数目大致相当，吴氏认唐时黄河
渡即今黄河沿渡口，**[25]**其说当不误。以此为定点，再结合清代入藏里程来看，则唐
代若干地名，已可约略推得其今地。例如《西藏图考》四，自西宁出口二百九十里至
夥儿，又七十里至柴吉口，柴吉即切吉的异译，故知莫离驿应在今夥儿附近。夥儿至
朔罗口三百里，即西宁至朔罗口五百九十里，故知那录驿应在今朔罗口附近。朔罗口
一百八十里至得伦脑儿（《西藏考》作"得命"，"命"当是"仑"的误字），四百八十里至黄河渡，
得伦脑儿无疑即唐的烈谟海；又据《西藏考》，得仑脑儿东六十里为哈隆乌索，"有热
水"，更可证实其为唐的暖泉。总的来说，清代这一段路程，跟唐时交通无大差异。

　　唐人为了和吐谷浑、吐蕃接触，经过许多来来往往的人，把黄河上流的真相传入
中国，我们已知道有星宿海，且知道河源委实出自羌中，头一次打开黄河重源的迷信，
这是唐代国人对于黄河真源进一步的认识。

　　继元鼎之后约过四百六十年，至元世祖的"至元十七年（一二八〇年），命都实为招
讨使，佩金虎符，往求河源。都实既受命，是岁至河州……四阅月始抵河源，是冬还报，
并图其城传位置以闻。其后，翰林学士潘昂霄从都实之弟阔阔出得其说，撰为《河
源志》"**[26]**。蒙古在当时是落后部族，为甚么发生探求河源的动机，《元史》未有拈出；
据我的揣测，世祖曾崇奉西番僧为帝师，这回的壮举，无疑是番僧直接或间接地推动
的。**[27]**今先略引《河源志》的一节如下：

　　河源在吐蕃朵甘思西鄙，有泉百余泓，沮洳散涣，方可七八十里，履高
山下示，灿若列星，故名火敦脑儿，火敦译言星宿也。群流奔凑，近五七（？十）里，
汇二巨泽，名阿剌脑儿。自西徂东，连属吞噬，马行一日程，迤逦东骛成川，
号赤宾河。二三日程，水西南来，合流入赤宾，共流寖大，始名黄河；然

水犹清，人可涉。

"黄河"是汉族的称呼，羌语并不是这样子叫，"始名黄河"一句，大约系当时考察人所参加的意见。[28] 阿剌脑儿，藤田原春以为即今之札陵二湖。同时有一位临川人朱思本，他从八里吉思的家里取得帝师所藏梵文图本，翻成华文，比诸《河源志》各有详略，[29] 唯举出河源怎样涌出和全河的大致里数，是其特点。

河源在中州西南直四川马湖蛮部之正西三千余里，云南丽江宣抚司之西北一千五百余里，帝师撒斯加地之西南二千余里，水从地涌出如井，其井百余，东北流百余里，汇为大泽曰火敦脑儿。大概河源东北流，所历皆西番地，至兰州凡四千五百余里，始入中国。又东北流过达达地，凡二千五百余里，始入河东境内。又南流至河中，凡一千八百余里，通计九千里。[29] 里数计算和近代的记录所差无几，涌井百余，又恰合约古宗列渠的情状，对河源已达到真的认识。《河源志》又说："史称河有两源，一出于阗，一出葱岭；于阗水北行合葱岭河，注蒲类海，伏流至临洮出焉；今洮水自南来，非蒲类明矣。询之土人，言于阗、葱岭水俱下流，散之沙碛"（两个"蒲类"都是"蒲昌"的错误），也多少解除河有重源的锢蔽，但又引伏流出于临洮，所辨实有不太透彻之处。

旧的翳障正在逐渐清除，新的翳障却又突然兴起，唐人把昆仑移至真河源方面，把积石往下推，元人虽省了一个积石，却又把昆仑往下推去，元、明人书说抱持这种见解的实在不少，如《河源志》说：

> 朵甘思东北鄙有大雪山名亦耳麻不莫剌，其山最高，译言腾乞里塔，[30] 即昆仑也；山腹至顶皆雪，冬夏不消，土人言远年成冰时六月见之。自八九股水至昆仑，行二十日，河行昆仑南半日，又四五日至地名阔即及阔提，二地相属。……又四五日至积石州，即《禹贡》积石，五日至河州安乡关。

朱思本说：

> ……又折而东流，过昆仑山下，番名亦耳麻不剌，其山高峻非常，山麓绵亘五百余里，河随山足东流，过撒思加阔即阔提地。

梁寅（元明间人）《河源记》说：

> 世多言河出昆仑者，盖自积石而上望之，若源于是矣。而不知星宿之

源在昆仑之西北，东流过山之南，然后折而抵山之东北，其绕山之三面如玦焉，实非源于是山也。

《明一统志》说：

> 昆仑山在朵甘卫东北，番名伊拉玛博罗山，[31] 极高峻，雪至夏不消，绵亘五百余里，黄河经其南。

又洪武十五年（一三八二年）僧宗泐《望河源诗》自记：

> 河源出自抹必力赤巴山，番人呼黄河为抹处，[32] 牦牛河为必力处，赤巴者分界也。其山西南所出之水则流入牦牛河，东北之水是为河源；其源东抵昆仑可七八百里，今所涉处尚三百余里，下与昆仑之水合流，中国相传以为源自昆仑，非也。

《河源纪略》二三—二四对于上引各说，加以一系列的驳论，并称："巴彦哈拉之东北七百余里，有山曰阿木柰玛勒占木逊，此即《禹贡》所谓导河积石山，非古所谓昆仑山也。……然则阿木柰玛勒占木逊即亦耳麻不莫剌，或蒙古语古今异耳。"按《纪略》所提示那个山，《水道提纲》五称为 "阿木麻缠母孙大雪山"，谓即古积石山，而《元史》误指作昆仑，（它又说："番语以祖为阿木你，以险恶为麻禅，以冰为母孙，犹言大冰山也。"）欧人译作 Amnemachin，《申报地图》音写为阿尼马卿，元人认是昆仑，《提纲》认是积石，都属于创说。元人为甚么把它当作昆仑，也自有其现实的动机。昆仑是一座伟大的山岭，古来传说已深深印入人们的脑筋，事实上亦确然不错。现在，都实在河源附近眼见到的山势并非恁样瑰奇，独阿尼马卿周年积雪，挡住黄河去路，由于相形见绌的心理作用，遂使他相信古人观察错误，断然地把昆仑向下游推去。河非源自昆仑，就字面说是对的，但最初的昆仑不指阿尼马卿，梁寅、宗泐所驳还是落空。乾隆朝的君臣呢，他们一面株守着重源出昆仑的旧说，一面又觉得 "小积石" 气势平常，值不得古人特记，于是恢复唐人的说法，把昆仑依旧推回河源，而把很为特出未便闲置的阿尼马卿派充旧说的积石。因之，他们的结论 "从河源之所出以定昆仑而昆仑得矣，不从河源之所出以定昆仑而昆仑失矣"（《纪略》二四），在事实上乃恰恰相反；所因河出昆仑只古人的理想，专从真河源以定昆仑，不独迷失昆仑本来的位置，且反会因此而错定真河源的起点，即是说，错定假河源为真河源，如《纪略》所犯的错误。

来到清初，青海已收入版图，康熙四十三年（一七〇四年），命侍卫拉锡、舒兰等往查河源，四月初三日请训，康熙帝谕以黄河之源，虽名古儿班索而嘛，其实发源处从无人到，若至其地，可进则进，不可则止。他们六月初九日至星宿海，十一日自星宿海回程。[33]拉锡回来时绘有河源图。[34]《东华续录》康熙七四摘录他们的回奏如下：

> 于四月初四日自京起程，五月十三日至青海，十四日至呼呼布拉克。……六月初七日至星宿海之东，有泽名鄂陵，周围一百余里。初八日至鄂陵西，又有泽名札陵，周围三百余里。鄂陵之西，札陵之东，相隔三十里。初九日至星宿海之源，小泉万亿，不可胜数；周围群山，蒙古名为库尔滚，即昆仑也。南有山名古尔班吐尔哈，西南有山名布胡珠尔黑，西有山名巴尔布哈，北有山名阿克塔因七奇，东北有山名乌兰杜石。古尔班吐尔哈山下诸泉，西番国名为噶尔马塘，巴尔布哈山下诸泉名为噶尔马春穆朗，阿克塔因七奇山下诸泉名为噶尔马沁尼；三山之泉流出三支河，即古尔班索罗谟也。三河东流入札陵泽，自札陵泽一支流入鄂陵泽，自鄂陵流出，乃黄河也。

同时，舒兰也写了一篇《河源记》[33]，除译音有时略异之外（如库尔棍、古儿班吐而哈、阿克塔因凄奇、古儿班索而嘛等），内容大致相同，惟鄂陵作"周围二百余里"，《东华续录》的"一百"想是铅印本的错误。其中以库尔滚为昆仑，显出附会。若布胡珠尔黑山即《水道提纲》的布呼吉鲁肯，巴而布哈山，《提纲》同，阿克塔因七奇山即《提纲》的阿喀塔齐钦，乌兰杜石山即《提纲》的乌蓝得齐，噶尔马塘即星宿滩藏名 Karnatang 的音译，古尔班索罗谟即蒙名 Gurban Soloma 的音译，是河源附近的情况，他们已晓得大概。他们也知道札陵以西有三支河，不过似乎没有溯流上去。归结来说，他们并不以星宿海为黄河的极源，只因报告弄得不清楚，所以当日的谕旨就错认鄂敦他腊为黄河的发轫。后到康熙末年，屡遣使臣往穷河源，[35]故当日印行的《皇舆全览图》，在星宿海以西的一条河上已标出"黄河源"的字样。[36]乾隆元年（一七三六年）齐召南参加《乾隆一统志》的编纂工作，二十六年（一七六一年）写成《水道提纲》一书，据他自序，显然是吸收了康熙实测的结果。[37]《提纲》五记载河源情况，大致如下：

> 黄河源出星宿海西巴颜喀喇山之东麓，二泉流数里，合而东南，名阿尔坦河。……（当河源南岸……又有拉母拖罗海山，稍崇峻，北岸有噶达苏七老峰，高四丈，亭亭独立，石紫赤色，俗传为落星石。）……又东，有拉母拖罗海山水自南，有西拉萨山水自北，俱来会。又东，有七根池水自北来会。又东流数十里，折东

北流百里至鄂敦他拉，即古星宿海，《元史》所谓火敦脑儿也。自河源至此，已三百里。（巴颜喀喇山即昆仑山，其脉西自金沙江源犁石山蜿蜒东来，结为此山。……源处西二十度，极三十五度也。山石黑色，蒙古谓富贵为巴颜，黑为喀喇，即唐刘元鼎所谓紫山者；又名枯尔坤，即昆仑转音也。阿尔坦河，虽元人寻源，但知起星宿海，未知其西尚有本源，蒙古谓金为阿尔坦，言水色微黄而流甚急，真河源也）

以巴颜喀喇为昆仑，无非承袭唐人的误解。之外，傅乐焕认为它所谓河源即一九五二年探出的约古宗列渠，[38]考订是不错的，我们只看它说河源至星宿海已三百里，比朱思本所记里数还远，大致上确已符合。拉母拖罗海山即德人台飞图的Lamatolghoi-ĭn-ūla。《提纲》又继续描写星宿海周围的情况，它说：

星宿海于群山围绕中，平地有泉千百泓并涌，望若列星，阿尔坦河自西南来皆汇。（自巴颜喀喇山，东北连亘为布呼吉鲁肯山，阿喀塔齐钦山，乌蓝得齐山，马尼图山，巴尔布哈山，东南盘折为都尔伯津山，哈喇答尔罕山，巴彦和硕山，众山环绕，中间地可三百余里，泉源大小无数，蒙古谓星为鄂敦，水滩为他拉也。阿克塔齐钦及巴尔布哈山高大异常，一则两峰如马耳，正当其北，一则两崖壁立，当其东北，蒙古称为枯尔坤，与源西之巴颜喀喇同名，以三山皆昆仑也。……）阿尔坦河东北会诸泉水，北有巴尔布哈山西南流出之一水，南有哈喇答尔罕山北流出之水，东会为一道（土人名此三河曰古尔班索尔马），东南流注于查灵海。

其中哈喇答尔罕（还原应为 Xara-tarkan）山流出之水，无疑是一九五二年所探的喀喇渠了。

再到乾隆四十七年（一七八二年），派阿桂的儿子阿弥达"恭祭河源"，据奏二月二十一日自北京起程，三月初六抵西宁，初十出口，四月初三至鄂敦他拉东界，初六日望祭玛庆（machin，危险之意）山。以下说：

查看鄂敦他拉共有三溪流出；自北面及中间流出者水系绿色。从西南流出者水系黄色，即沿溪行走四十余里，水遂伏流入地，随其痕迹，又行二十余里，复见黄流涌出，又行三十里，至噶达素齐老地方，乃通藏之大路。西面一山，山间有泉流出，其色黄，询之蒙、番等，其水名阿勒坦郭勒，此即河源也。当已虔诚恭祭后，遂于十一日由星宿海起程回京覆命等因。

以上一段见《湟中杂记》[39]，似从西宁官署的档案录出，后附同年七月二十二日（《河源纪略》卷首作"七月十四日"）的上谕，与阿弥达原奏流露出多少异同，应在附录二另行讨论。这里首先声明的，阿弥达的奏覆是"恭祭河源"，上谕开首也说："今年春间因豫省青龙岗漫口合龙未就，遣大学士阿桂之子乾清门侍卫阿弥达前往青海，务穷河源，告祭河神，事竣覆命，并据按定南针绘图具说呈览。"[40]是阿弥达奉使之主要任务系因决口未塞而祷告河神，祭河必须在它的源头，"务穷河源祭告河神"应该一气读下；换句话说，察视河源只是附带任务，并不是原来的目标，唯其如此，我们便明白阿弥达为甚么在星宿海以西仅仅耽搁数日，便即回去。如果不然的话，他总不能这样匆忙的，黄盛璋没有抉出此回遣使的动机，所以不太了解事情的曲折。[41]董在华根据实地查勘所见，曾作出比较说："阿弥达探河源的路线……所见鄂敦他拉上的三溪，中、北两溪清绿，南溪色黄，并且伏流入地的情形，与我们查勘所见的是很相同的。他们既然是随痕迹上行，那就是沿喀喇渠上去的，复见黄水涌出，也是我们在查勘喀喇渠所见到的。入藏大路在喀喇渠的左岸也是很显明的。"[42]以为阿弥达的"阿尔坦河"就是喀喇渠。康、乾两朝所探，从前被人们认作实际同一的，至是渐被揭发出来，一九五二年的查勘队是有其相当收获的。至于乾隆上谕所说："元世祖时遣使穷河源，亦但言至青海之星宿海，见有泉百余泓，便指谓河源，而不言其上有阿勒坦噶达素之黄水，又上有蒲昌之伏流，则仍得半而止"[43]；未免抹煞元人的发见而夸大自己的创获。元人不追溯蒲昌海，倒是现实的观察；当日的上谕仍然坚持着"盐泽之水，入地伏流，至青海始出，而大河之水独黄，非昆仑之水伏地至此，出而挟星宿海诸水为河渎而何？济水三伏三见，此亦一证"[44]，却反被古人所愚弄。

近世丁谦对黄河重源，曾提出如下的讨论：

> （罗布）泊水潜行，复出积石，古说相传已久；惟西人不之信，谓用实测法测得罗布泊高于海平线二千六百尺，鄂凌泊[45]高一万四千尺，至潜源重出之噶达素齐老，[46]更高至一万四千七百尺，水即能潜流千五百里之遥，岂能上涌千数百丈之高？此亦古人一大问题矣。[47]

总之，重源的说法，拿西方各河古代的传说和近代地文学实际的测量比合起来，便知其事出无稽，只略看前引杜、潘、丁数家的话，已够明白，更无详细辩论之必要。可是有名的学者如陶葆廉，终不能冲过这道藩篱，近人阎文儒还说："有永宁乡人雷仁者告予曰：彼曾去青海金厂掏金，过马连河，即见黄河河水于戈壁中忽渗入地下，顺其方向，行一日程，又见黄河由戈壁中流出，其水淙淙，声如牛吼，然后汪洋直下。不知与李同知所勘查者（党河）是否为一？惟河水出昆仑，重源潜发……昔颇疑之，今履其地，方识戈壁中确有此种漏隙处，先贤所云不诬也。"[48]我们对于这个问题，须分作两件事来看。沙漠经渗透而水复涌现，是有的（参前第一节；又塔里木下流有潜水湖 *Groundwater lake* 三十五，见一九三一年《地学杂志》二期三〇二页），但认青海的黄河自罗布泊潜行而来，是错误的。

　　总括来说，自汉至清，黄河尤其河源的地理状况，根于实践的经过，可算是一级一级地渐趋明朗化；惟书本（或传说）对现实的矛盾，却没能应用唯物辩证方法，予以充分说明，故寻究虽历二千余年，然时而前进，时而后退，始终得不到完满的解答。因而昆仑和积石两地点，也跟着移来移去，没有固定的位置。现在把它们的地理层化，列成简表，我们通过细心观察后，总可明白这问题的症结了。

昆仑、积石的地理层化简表

名称	昆仑	积石
古说	于阗	昆仑西
穆天子传	同上	居延海
汉至隋	同上	羌中
唐	同上	大积石（羌中） 小积石（河州）
杜佑、刘元鼎	吐蕃，即"大积石"	河州，即"小积石"
元、明	阿尼马卿山	同上
清	于阗	阿尼马卿山

说明：在每一个时代，学者间的意见总未必全体一致，表内所揭示，只就较为流行的而言。

　　清末以来，资本主义帝国觊觎我国西边的土地和宝藏，纷纷遣队借探险为名（像近年廓而喀的登山队），深入勘测，河源因亦成为他们目标之一。其已经发表的消息，兹就所知，摘录后方，供研究河源的参考之用。

　　一八七九——一八八二年（光绪五—八年），英国印度政府派遣测量队潘底特（Pundit A. K.）横断西藏，出金沙江上流，越昆仑山脉，入柴达木盆地，更越阿尔田塔克（Altin-taq）以至肃州。归途则横断南山山脉，达黄河上游之玛楚河，通过札陵湖西岸，越山以至河源。探测结果，见一八八五年英国《地理杂志》（*Geographical Journal*）所刊西藏图中。

　　一八八四年（光绪十年）五月，帝俄的蒲瑞哇尔斯基（Prejevalsky）第四回中亚探险，达于河源，同年八月，归柴达木，其大略亦曾揭载于一八八五年《地理杂志》；他于柴达木南边的布尔汗布达山脉越过一万五千七百尺之隘口，南进七十里，便达星宿海；海为一片盆地，东西四十里，南北十三里又三分之一，海拔一万三千六百尺。黄河在此，分作极小的二三支流，阔约七十至九十尺，水深二尺，支流汇合，从盆地西南流出，形成十二里程之沼泽地，是为札陵（Jarin-nor）、鄂陵（Orin-nor）二湖，海拔一万三千五百尺。

一九〇六年（光绪三十二年）六月十三日，帝俄的科兹洛夫（Kozloff）行至鄂陵湖出口处，测得札陵湖海拔一万三千九百尺，鄂陵湖一万三千八百九十尺，两湖相隔十俄里（每俄里等于三千五百尺），鄂陵湖周一百二十俄里，札陵湖周一百俄里。湖水之周围尚有八小湖，水含盐分，两湖则否。札陵湖中有岛，岛与西岸之间水特别浅，牦牛可渡；鄂陵湖较深，出口处锤测得一百〇五尺。两湖相连的川长十五俄里，阔一〇五——一三五尺，分布成网状，水带黄色。札陵湖北岸展开为平坦的广谷，可远望闷古渣沙陀乌拉（Munku-tsasato-ula）和可敦哈剌（Xatuin-xara）山脉，有札浑鄂勒（Jaquin-gol）河自东南来，流入黄河，溯此河而上，可到长江上源。[49]

一九〇七年（光绪三十三年）八月，德人台飞（Albert Tafel）探河源，摄有阿勒坦噶达素巨石照片，测定其地为北纬三十五度六点五分，东经九十六度四分。源头处"地当广数公里向斜谷中……谷中又有无数无出口水潭散布，其中最大之湖状盆地，流出一极狭小溪，宽只一步，惟深及一公尺"。星宿海上游为阿勒坦郭勒（Altan Gol）。星宿海，藏名噶尔马塘（Karma Tang），意犹"星的平原"。海又东约四十公里，有楚尔莫札陵水（Jsulmo Jsaringbhu）由西南流入，会口以下二三公里即星宿海鄂傅（Obo-Odontala，海拔四、三一〇公尺），同时，北岸亦有大水来会。由此至札陵湖二十余公里间，殆无支流。[50]按台飞所见"无数无出口水潭"断即朱思本的"水从地涌出如井，其井百余"，当日由梵文译出，容有词不达意之弊。

一九二六年，美国人洛克（J.F.Rock）探险阿尼马卿山和青海南河源。[51]

一九三三年，德国出版的 *Patermanns Mitteilungen* 载，札陵的藏名为 Jso-tsarag，鄂陵为 Jsochoora。

之外，到过河源的还有德人费士勒（Wilhelm Filchner）、俄人喀士纳可夫（Kasnakov），惟未详何年。据费士勒说，蒙语称札陵为瑟克淖尔（Ceke Nor），意为透明的沙岸，鄂陵为瑟格淖尔（Cege Nor），意为透明的水。[52]

本节的结论如下：

河源复出的地方，人依着《禹贡》的叙述以为是积石。然而"积石"所在，却跟着环境和认识而层化；《山海经·西山经》的积石，应在今中亚，《穆天子传》的在居延海附近，《汉书·地理志》渐联系现实，说在西南羌中，唐人为调和新旧两说，又有大积石、小积石之区别。

人们过分重视书本，为要求现实与书本相配合，昆仑也跟积石一样，经过层化。上古所称河源的昆仑，本在新疆，自明了真河源在吐蕃以后，唐人如杜、刘等遂把昆仑的名称，转移到吐蕃去。元、明人更把它向东推移。清人知道昆仑应在新疆，因而深信河出昆仑的古说，再度恢复其原来位置。

河水究从哪方面进入中国，汉或汉以前已有明确认识。事隔七八百年，李靖等征吐谷浑，数在万千以上的人曾到过星宿海及河源，贾耽著《吐蕃黄河录》，是为河有专书之始，以后，杜佑驳河非重源，刘元鼎再把旅途闻见写出，关于黄河真相，唐人实已得其具体。元朝潘昂霄著《河源志》，朱思本翻梵文图本，记出星宿海西南百余里涌井百余，河源所始，已算明白。清朝两次派员探查，尤其末后乾隆一次，考其成绩，不过作细节上的补充，河源发见之功，仍当归之唐、元两代。

河源问题，就物质上说，自汉以后是逐渐进步的；若就理论上说，则是倏进倏退，徘徊歧路的，其唯一的障碍，实由于保守性过强，不能冲破上古传下的假设。

注释

【1】《辛卯侍行记》五。

【2】郝懿行《山海经笺疏》二作一千九百里，系漏计嬴母山二百里。

【3】《河源纪略》二二："又《水经》云，出海外，南至积石山，下有石门，然后南流入葱岭；据此，则积石山当在葱岭之北。"也见到这一层。

【4】前引《讲疏》二五页。

【5】同上四六页。

【6】《山海经笺疏》二以为《山海经》和《穆天子传》的积石都即《括地志》所谓大积石山"，非也，参看下注8。

【7】《水经》二："又东入塞，过敦煌、酒泉、张掖郡南"，显然误把张掖河与黄河连合而为一。《通典》一七四："自葱岭、于阗之东，敦煌、酒泉、张掖之间，华人来往非少，从后汉至大唐，图籍相承，注记不绝，大碛距数千里，未有桑田碧海之变，陵迁谷移之谈，此处岂有河流？"即专驳《水经》此项记述；《纪略》二二以为"不信蒲昌以下伏流之说"，颇未了解《通典》的文义，虽然，《通典》是不信伏流的。

【8】《史记》二《正义》："《括地志》云：'黑水源出伊吾县北百二十里，又南流二十里而绝。三危山在沙州敦煌县东南四十里。'按南海即扬州东大海……其黑水源在伊州，从伊州东南三千余里至鄯州，鄯州东南四百余里至河州，入黄河，河州有小积石山，即《禹贡》浮于积石、至于龙门者。然黄河源从西南下，出大昆仑东北隅，东北流经于阗入盐泽，即东南潜行入吐谷浑界大积石山，

又东北流至小积石山。"张守节引《括地志》的文，只至"东南四十里"句为止，以下是守节申明自己的见解（参看《纪略》二一，又孙星衍辑《括地志》佚文，亦未收大积石山一段），《山海经笺疏》八认黄河源从西南下数句为《括地志》之文，实是误读《正义》。又《元和郡县志》三九河州，"按河出积石山，在西南羌中，注于蒲昌海，潜行地下，出于积石为中国河，故今人目彼山为大积石，此山为小积石"，谓河由羌地注入蒲昌海后，再出于河州，说更离奇；求其致误的原因，无非积石一名之层化，致生枝节。复次，《纪略》二一说："《水经注》云，河北有层山甚灵秀，严堂之内，时见神人往还，俗不悟其仙者乃谓之神鬼，彼羌目鬼曰唐述，因名之为唐述山云云；是此山本名唐述，不名积石，其谓之积石，不知始自何人"，已悟出积石名称之层化；但又拘执地认积石在西南羌中，则所见仍未彻底。

【9】《元和志》三九河州枹罕县，"积石山一名唐述山，今名小积石山，在县西北七十里"。又鄯州龙支县，"积石山在县西九十八里，南与河州枹罕县分界"。与《括地志》和《通典》相比勘，《括地志》的"七里"应是"七十里"之夺文，《通典》的"县南"亦似作"县西"较合。

【10】宋蔡沈《尚书集传》把大、小积石混而为一，那是再后的事。

【11】参拙著《唐史讲义》五九节注一四。

【12】同上注16。

【13】本段以上所引，多见《支那学》三卷十二期《说河源》（大正一四年）。

【14】同前引拙著《讲义》注一五。

【15】《唐会要》九七《新吐蕃传》，《通鉴》二四二及《舆地广记》均作刘元鼎，惟薛季宣《书古文训》、吴澄《书纂言》及《元史》六三《地理志》皆误作薛元鼎。

【16】《新疆论丛》创刊号七五—七六页，拙著华族西来说得到第一步考实。若乾隆上论所说："于贵德堡之西，有三支河名昆都伦，乃悟昆都伦者蒙古语谓横也，横即支河之谓。此元时旧名，谓有三横河入于河，蒙古以横为昆都伦，即回部所谓昆仑山者亦系横岭"（《纪略》卷首）。据我看来，已晓得注重空间性，但同时却忽略了时间性。它主张"昆仑自在回部"，见解是相当正确，但回部在上古时代，并非蒙古语流行的地面，蒙古语之行用于贵德堡一带，也是蒙古人南迁以后的事。而且昆仑的各种异译，像阮喻、昆陵、混沦、祈沦，中间均未含有"都"字的音，"昆都伦"和"昆仑"无关，也就显而易见了。《纪略》一二又以枯尔坤为昆仑之音转，更不可信。

【17】据沈焕章氏《青海概况》说："通化桥，此桥为木架成，长二十丈，宽丈余，在化隆与循化两县间，黄河上游最大之桥也。"按朱思本说："……又折而东北流，过西宁州、贵德州、马岭，凡八百余里，与邋水合。……又东北流，过土桥站、古积石州来羌城，廓州构米站界都城，凡五百余里，过河州，与野庞河合。"是积石州、廓州都在贵德以东之确证。复次，《新书》四〇廓州米川县，"贞观五年置，又以县置米州，十年州废，隶河州，永徽六年来属"，据《元和志》三九米川西至廓州一百里，构米站可能是唐代米川的遗址。

【18】吴景敖《西陲史地研究》说："贵德系浇河故址"（三页）。

【19】【20】同上一一一一二页。

【21】黄河河源初步研究（一九五三年《科学通报》七期一五页）。

【22】同前《西陲史地研究》一二页。

【23】《新书》四〇及《通典》一七二都化作"振武"，兹据《元和志》三九及《旧书》三八校正。

【24】参拙著《唐史讲义》一二节注四。

【25】同前《西陲史地研究》书一二页。

【26】《元史》六三《地理志》。昂霄写《河源志》时系延祐乙卯（一三一五年）。

【27】同上引朱思本说，有"河源在……帝师撒思加地之西南二千余里"的话，也是一个旁证。

【28】清高宗《河源诗》注："自此合流东下，屈曲千七百余里，至贵德堡，抉沙激浪，水色全黄，始名黄河"，比较还近于事实。

【29】《元史》六三《地理志》。

【30】按腾乞里塔即突厥语 Tangri taP，犹言"天山"。

【31】即亦耳麻不莫剌之异译。

【32】即"玛楚"的异译，黄懋材《西徼水道》："吐蕃呼水为楚，或译作楮。"

【33】《小方壶斋舆地丛钞》四峡舒兰河源记。

【34】同上吴省兰《河源图说》。

【35】《淮系年表》一一康熙四十七年下称，"再遣使穷河源"，没有注出它的本据，或引《续行水金鉴》卷一作证，但考《续金鉴》只说屡遣使，并未叙明年份。惟《嘉庆一统志》五四七曾说："本朝康熙五十六年（一七一七年），遣喇嘛楚儿沁藏布、兰木占巴、理藩院主事胜住等绘画西海、西藏舆图。……使臣测量地形，逾河源，涉万里。"

【36】一九五四年《科学通报》十月号傅乐焕关于黄河河源的问题。

【37】参同上傅氏文。但傅以为《提纲》成于乾隆三二一三三年即一七六七一一七六八年间则不合，据齐氏自序，实成于乾隆辛巳。

【38】同上八八页。我另专文讨论，见附录二。

【39】傅氏说："民族学院另藏抄本一种，末有《那彦成记》一行，可能是原书曾经那彦成读过，并不一定是那彦成所作"（同上八五页注二）。我曾检阅玉简斋本，记有年号的最迟为青海各旗户口条之"嘉庆十五年"，其历任西宁办事大臣衔名条，最末两人为"三等侍卫那彦成，副都统文孚"。据《国朝先正事略》二三，那于嘉庆十二年授三等侍卫，仍充伊犁领队大臣，五月调西宁办事大臣，十三年擢江南副总河，那么，这一书似是那彦成的后任或即文孚抄录官署里成案，豫备参考之用，算不上甚么著作。惟那彦成是阿桂的孙，也不无关系。

【40】《河源纪略》卷首。

【41】一九五五年《地理学报》二一卷三期《论黄河河源问题》。

【42】《黄河河源初步研究》，见一九五三年七月号《科学通报》。

【43】【44】均《河源纪略》卷首。

【45】据《纪略》一二，河自星宿海"东南流一百三十里为札陵淖尔……东南流，折而南五十里为鄂凌淖尔"。

【46】古文重声不重形，王念孙父子及俞樾已郑重地提出这项原则，昭示吾人，积石的名称经过几次移转，可见不能仅就字面求解释。丁谦说："山称积石，玩一积字，已有人力所成之意，而《提纲》记噶达苏齐老仅高四丈，正与人力所成情形相合。况《山海经》两言禹所积石，是成于人力，尤觉显然"（《穆天子传考证》一）。我们试从事实观察，噶达苏齐老之发见，晚在康熙末年，上古人何曾记出？禹不过神话中的人物，更从何处找出他所积的石？《水道提纲》明言石高四丈，哪能是人力所成？清代考据家往往有胶泥字面的弊病，丁谦所说，恰是这类考据的典型例子。

【47】《汉书西域传地理考证》。

【48】《文物参考资料》二卷五期一一二页。

【49】以上均据一九三一年《地学杂志》二期二九四—二九五页。

【50】以上据一九四八年十二月《地理学报》十五卷二三四期合刊徐近之文引。

【51】《地学季刊》一卷二期。

【52】同前引徐近之文。

第三节 《禹贡》是甚么时代写成的?

毛主席的《矛盾论》说:"神话中的许多变化,例如《山海经》中所说的'夸父追日',《淮南子》中所说的'羿射九日',《西游记》中所说的孙悟空七十二变和《聊斋志异》中的许多鬼狐变人的故事等等,这种神话中所说的矛盾的互相变化,乃是无数复杂的现实矛盾的互相变化对于人们所引起的一种幼稚的、想象的、主观幻想的变化,并不是具体的矛盾所表现出来的具体的变化。"由于这个昭示,我们可以了解到旧日传说所称鲧能变化,禹能变化,鲧和禹都应属于神话的阶段。又可以进一步觉悟到《禹贡》篇所说禹能导山、禹能导水,都符合于马克思所称:"任何神话都是用想象和借助想象以征服自然力,支配自然力,把自然力加以形象化……"根于那些认识,我们就可相信大禹治水的传说,确属于神话性质了。[1]

《周髀算经》:"故禹之所以治天下者,此数之所由生也。"汉赵君卿注:"禹治洪水,决疏江河……使东至于海而无浸溺,乃勾股之所由生也。"近人撰文,乃有勾股始于大禹的说法,某同志对于我在《历史教学》所发表的文字,曾提出这一点,征询我的意见。《论语》说得好:"纣之不善,不如是之甚也……天下之恶皆归焉",反面就是"禹之善而天下之善皆归焉"了,这倒没有甚么难解的地方。

既说到禹,也要说一下鲧。鲧相传是禹的父亲,《尚书·尧典》称:"帝曰:'咨,四岳，汤汤洪水方割，荡荡怀山襄陵，浩浩滔天，下民其咨，有能俾义.'金曰：'於！鲧哉.'帝曰：'吁！咈哉，方命圮族.'岳曰：'异哉，试可乃已.'帝曰：'往，钦哉。九载续用弗成.'"又《洪范》称："我闻在昔，鲧陻洪水。"洪水是东半球上一件很普遍的传说，我们现在犯不着去追究它的缘起。禹既是神帝，鲧也必无其人，这亦不在话下。所值得讨论的，只是陻洪水一节。陻，《孔传》解作"塞"，《正义》引《左传》襄公二十五年陈国伐郑的"井陻木刊"为证；又《礼记》祭法说："鲧障洪水而殛死"，后世儒家遂以为鲧取障塞，故失败，禹主疏导，故成功，这种错误观念，历传到近年还未被打破。张含英说："盖自鲧筑堤以障帝都而功弗成，后之人鲜有敢言筑堤以障水者。"又说："鲧以堤而失败，后则取放任之策。"【2】就是一个例子。今且退一步依据旧说（当然是不确），尧是公元前二千余年的人物，都城在平阳，即今山西临汾县，试问那个时候，黄河怎能淹浸到汾水流域？上古丁口稀疏，人类积有长期的经验，懂得最高的水位，他们总会依靠着丘陵来居住。即使万不得已，要移到较低的平原，他们也会趁着涨水快要来到之前，拆迁去别的地方，农作物也拣着泛前可以收获的来种植，不至受很大的损失（抗战时期，我见四川沿江的住民还是如此）。到人烟渐渐稠密，情况可不同了。春秋、战国时代受着地域的约束，孟津以下的平原，已筑起了许多都会，人类为要保存他们的生命、财产，就不能不想尽方法，对抗无情的洪水，堤防那一类工具，便应运而兴。试看西汉时屡次记录各地的金堤，都可信是春秋、战国传下来的防水设备，潘季驯引战国人作品《禹贡》（说见后文）"九泽既陂"，以为禹已用堤，那是相对的事实。我们从社会发展史的原理来观察，就知道上古时，人类可尽量适用居高、迁地等消极方法来应付洪水，所以无需乎堤，并不是不敢筑堤。到了后来，消极的方法或不能用，或用之不方便，于是进一步想出较积极的方法，与洪水作殊死斗争。洪水来得越凶狠，人类的智慧、劳动跟着越为启发；以斗争求存在，堤是极其需用的东西，更毫无不敢筑堤的观念。我们再看一下近年山东下游的人民，仍愍不畏死，相率于堤内【3】筑埝，那就可反映出古代一般人的心理。怕筑堤只是面壁的书呆子，不是农村的群众。惟是张氏也说过："只有堤防，仍不足以治河。"【4】现代的治河，万万不能偏执一种方法，我们不要误信"堤"是失败，"导"是成功那种传说及错解，而奉作决定将来方案的金针，那是读史联系实际最要紧的一着。

　　稍为系统地记载我国的山川脉络，无疑是《禹贡》一篇为最古，我国经学家对之，向来都以为一字不能移易，它的权威可想。然而禹是人格化的神帝，【5】江河都是天然水道，没有丝毫人工疏导的痕迹，江尤其如此，【6】就是要用现代的技术来疏导长江，都是不可能的，石器时代的禹哪能有这样能力？【7】既无禹那个人，何能有禹写的书？反过来说，它所运用的却是多少现实的材料，如果我们不把《禹贡》著作时代作一个正确的决定或比较合理的解释,那末关于上古河道的变迁,就无从谈起;我们现在的目标,并不是专为《禹贡》来做考证。

对于《禹贡》写成时代的问题,有人主张春秋,[8] 有人主张战国,[9] 有人主张战国末年,[10] 讨论已很为详尽,无须博引,在这里,我只想附加一两点小小的意见。

第一、古代的宝货,无过于金类,尤其是青铜;《禹贡》扬州、荆州皆说"惟金三品",《孔传》"金、银,铜也",通观各州所贡,无论大小,都列举名称,何以对最贵重的金而反含糊其词?《孔传》之说,似乎近于臆测。梁州贡"璆铁银镂",《孔传》"镂,钢铁",是拿镂比现在之钢,与铁相复。我颇怀疑镂即青铜,璆应作镠,即后世之铅。[11] 又青州贡"岱畎丝枲,铅松怪石",《孔传》"岱山之谷,出此五物",《正义》"铅,锡也",我以为"铅松""怪石"对举,皆两字一名,与"峄阳孤桐"文义相类,"铅"是状况词而不是金属名称。[12] 如果我的见解不错,写《禹贡》的人已知道有铅、铁、银及青铜四种金属。

关于此事,我们又不可不拿周金的文字来比较一下。大约春秋中叶以前,对于金属的称呼,自有他们的一套,称青铜为镥铅、铩铅、镈铅或镏,铜为鈇镱或镱鎏;又见鉁的名称,颇疑指锡而言,[13] 无论如何,总是金属,但《禹贡》都没有。反之,"铜"是战国以后最通用的称呼,《禹贡》也没有。我曾根据别的材料,证明战国是汉语称谓大转变的时代,[14] 现在依照前头所指出的特状,《禹贡》没有较古的金属名称,也没有较后的金属名称,其写成时代,就只可假定为春秋、战国之交或者战国初期了。

其次,主张战国末年的是许道龄,他的根据是:铁之出现,也许始于春秋之世,但它的产地,起初是在荆、扬一带(引《战国策》《荀子·议兵篇》等作证),从未有说梁州在战国中叶以前出产铁的。梁州之大量产铁,依《史记·货殖列传》,是在战国末年。[15] 理由似乎颇充足,但我的见解却有不同。

为甚么呢?《列子·汤问》说:"周穆王大征西戎,西戎献锟铻之剑,火浣之布;其剑长尺有咫,炼钢赤刃,如切泥焉。"这种剑恁样锋利,当是铁剑,因为来自昆吾(即今于阗),故以昆吾为名,而别加金字偏旁来会意。[16] 又《列子》总写成于战国,[17] 比之许氏所引各书,时代似尚较早,那末,我国的铁,最先系由雍州输入。

从这,我们再进一步来探索,《禹贡》称梁州贡铁,更有其特殊原因。自唐以来,研究过石鼓遗文的学者们,统计不下百余家,究竟石鼓是甚么时代的制品,到最近还未得到一个切实的结论。前些时,我曾承认"秦之先世"的考证,最为可信,刻石的技术系由伊兰方面输入。[18] 广州解放后一两个月,我再把前人的讨论,加以详细检讨,觉得郑樵因秦惠文君始称王,到始皇改称皇帝,而庚鼓里面残存着"嗣王"字样,断为惠文后、始皇前的制品，固然有相当理由；但据我看来，壬鼓的"公谓天子"一句（天或作大），也应给以注意。《史记》五《秦本纪》，孝公"十九年，天子致伯。二十年，诸侯毕贺，使公子少官率师会诸侯逢泽，朝天子"，又《后汉书》一一七，"孝公使太子驷率戎狄九十二国，朝周显王"，孝公正是惠文王的父亲；又由现在传世的两周铜器来看，"王"字的称号并不十分严格，所以我颇相信石鼓是秦孝公末年（相当于周显王二十六年，即公元前三四三年）的制品。

我们再要问，石鼓是用甚么工具来雕刻的呢？关于石鼓时代的考定，我们不能像往日单搞文字、搞历史，还要根据社会发展史及生产工具加以批判，这一点从来没得到考古家的注意。据现在所见，石鼓的雕琢及刊字，如非应用铁制的工具，断不能那么精细。我国古书里面，如某人创作或发见某种事物，多有记载下来（即所谓事物纪原），唯铁的起原不明，春秋时期才应用铁兵，[19]比诸亚洲某些国家，为时较晚，那末，石鼓的雕刻也一样不会过早。其次，突厥语呼铁为 tämur, timur（法国学者 Blochet 曾指出其与希腊语 tomuris 相像），第一音组的 tä，跟汉语呼"铁"的发声相同。根据这两种情形来推测，我们不免要怀疑铁的应用，也和青铜一样，都是打西北向东南扩展。

《禹贡》的作家是关东人（参下文第六节），对于雍、梁二州的境界，有点弄不清，所以误把最初从西北来的铁，编到梁州去。我曾说过，读我国更古的史，越要周知世界上各个古老民族的文化发展史，[20]突厥族的祖先相传是铁工，[21]向来以产铁著名，[22]这是我们应该注意的。许氏立论不完，就在偏重国内的情况而忽视了外围的环境。

即使让一步说，依许氏所引《史记·货殖列传》：

> 蜀卓氏之先，赵人也，用铁冶富，秦破赵，致之临邛，即铁山鼓铸，运筹策倾滇、蜀之民。程郑，山东迁虏也，亦铁冶，富埒卓氏，俱居临邛。

是铸铁在周末、秦初，已进入兴盛时期。但冶金业务之发展，总须经过一个长远年代，假说上推二百年（约元前四二五年，即春秋、战国之交），那末，卓、程两家住在赵及山东时候，早就晓得铸铁。所以拿梁州贡铁来证定《禹贡》作于战国末年，也未见得真确。

《禹贡》著作之目的，许道龄以为"是在鼓吹统一和减免租税"[23]，论虽崭新，但我终觉得内藤虎次郎"《禹贡》实战国末年利用极发达之地理知识而行编纂"[24]的说法，较为平易近理（但非战国末年）。印度人记世界四洲，不见得定是谋世界统一，同样，战国人记中国九州，不见得定是谋中国统一；作者的意旨，无非搬演当日大九州、小九州的地理知识而已。

本节的解释，志在阐明《禹贡》所叙河道，并不是商代以前的河道，而是春秋、战国之交的河道。往日经生家把《禹贡》看作神圣不可侵犯的宪章，复禹故道为治河唯一无二的方法，贺长龄曾批评胡渭的《禹贡锥指》说："主河北流，书生考古之恒习，姑存以备源流变迁之局"【25】，他的批评是不错的。现在，我们晓得上古并无禹王其人，《禹贡》只是多少现实的地理教科，绝非经过一番疏导的成绩，自今以后，总可破除无为之迷信，免去论争之障碍了。我们固不能成见地主张黄河南流，我们更不应随便地主张必须遵照《禹贡》使黄河北流；简括说一句，治黄问题，首须抛弃其"复禹故道"的包袱，才可以自由讨论，发见真理。

解释既明，关于《禹贡》的河道，自应按时代先后，移向下文再谈。现在，且试看商代史料，有甚么属于黄河的消息。

依以上之辨证，我们得到如下之结论：

《禹贡》一篇，往日奉为圣经，大家相信确有治过黄河的禹王，无论经生家或治河人员，多主张"复禹故道"，甚而说鲧以障塞失败，禹以疏导成功。这种错觉在实际上直大大妨害了二千余年来治黄政策之取舍，非把它尽量廓清不可。

《禹贡》开篇便说："禹敷土……奠高山、大川"，依《矛盾论》的指示，纯属幻想的变化，禹为神帝，已无可疑。《禹贡》写成时代，近人多主战国之说，它没有用周金所见的金属名称，又有"铁"而无"铜"，大约最早不过战国初期的作品。换句话说，它是多少现实的"地理课本"，所概描的黄河，只是周定王五年河变后之河道。上古地广人稀，无需乎堤，不是不敢筑堤；到人口日繁，群众迫得与水作殊死斗争，更没有不敢筑堤的观念，这才是社会发展史的其实经过。总之，揭穿禹或《禹贡》传说的内幕，系暴露上古黄河真相的最要关键。

注释

【1】最近赵光贤关于大禹治水的传说（《历史教学》一九五五年四号一二——一五页），历引了《墨子·兼爱》中篇、《孟子·滕文公》篇和《荀子·成相》篇之后，跟着说："所谓泄、注、漏、疏、瀹、决、排、通这些字眼都是指的浚疏河道，使淤塞的河道能畅通，使横流的洪水能纳入河道，流入大海，并掘挖黄河两岸的许多湖泊如孟诸、大陆等等使能容纳洪水，减少灾害。……相传禹时水患和治水的年岁很长，有五年、七年、八年、十年、十三年等等说法……是说治水所需的时间，虽然免不了有所夸大。"又"禹的治水是使水流到海里去，是大公无私的"。殊不知通过近世科学的研究，冀鲁豫大平原是冲积而成，上古时黄河正在天天向那方面填充，淤塞及疏浚的话恰得其反。因流势关系而填充不及的地方便形成湖泊，无所用乎挖掘。川流必找海洋或洼处作尾闾，更是必然之性，无需多借人力纳入大海。如果真要疏浚、挖掘和逼纳的话，那末，五年以至十三年倒不是夸大，

实感到时间大大不敷了。他又说："有人对大禹治水的传说表示怀疑，理由是大禹之时没有铜制或铁制的工具……《庄子·天下》篇说：'禹亲自操橐耜而九杂天下之川……'，橐耜就是农具，当时不可能于农具之外，另有治水的工具，但是禹能组织多数的人民，且亲自带头拿着农具来治水，因此发挥了无比的力量。这种怀疑，包含着对于劳动者的伟大力量的忽视，不免陷入唯工具论的错误。"但无论如何，我们总要顾到唯物辩证的社会发展史，比方茹毛饮血时代，我们是不能够设想其炼铜冶铁的，那么伟大的工程，断非石器时代可以做到，不应乱扣"唯工具论"的帽子。总之，这个问题必需合各种科学作统一观察，光靠历史方面的片断材料是不可以作出决定的。

【2】《治河论丛》四二—四三页。

【3】"堤内"那个名词，清代官文书常用以指近河那一面。

【4】同前引一〇页。

【5】这个问题当另作考证。

【6】《古史辨》一册二〇八页。

【7】《禹贡》一卷四期一八页。

【8】白鸟库吉以为是春秋作品，见《塞外论文译丛》二辑。

【9】如《支那学》三卷十二期藤田元春说河源（《禹贡》为战国古地学者之作品）《古史辨》（一册二〇六—二〇七页）均是。又钱穆《周官著作时代考》说：《禹贡》一篇，五服有蛮夷无戎狄，又有岛夷、嵎夷、莱夷、淮夷、和夷，有三苗，而西戎只一见，狄则无。……盖自春秋晚期以后，东南方的外族渐渐占主要地位，比以前西北的戎狄给人注意得多，所以战国时代的人多言蛮夷，少言戎狄，恰恰同《诗经》《左传》相反"（《燕京学报》十一期二二九一—二二九二页）。

【10】《禹贡》一卷四期一八页及五期二页。

【11】《东方杂志》四一卷六号四四—四五页拙著《周铸青铜器所用金属之种类及名称》。

【12】同上四五页。

【13】同上。

【14】同上二一号四一页拙著《何谓生霸死霸》。

【15】同前《禹贡》四期一九—二〇页。

【16】同前《新疆论丛》七七页。旧铁器时代在东方约为公元前一八〇〇—前一〇〇〇年。

【17】《东方杂志》四四卷一号五二页拙著。最近听说杨伯峻还极力主张《列子》是旧书，应另行讨论。

【18】重庆《真理杂志》一卷一期二二页拙著《秦代已流行佛教之讨论》。

【19】《山堂肆考》："黄帝之先不用铁，至帝始炒铁铸锅釜，造干戈军器之物。"按古史虽说黄帝用干戈，但并未说明是铁制，后世学者不知上古有铜兵，故生出这种臆说。

【20】《东方杂志》四一卷三号四一页拙著。

【21】《周书》五〇《突厥传》。

【22】《西突厥史料》一六八页。

【23】同前《禹贡》四期二〇页。

【24】同前《禹贡》五期二页转引。顾颉刚说:"我以为《禹贡》作于战国,不过是战国时人把当时的地域作一整理而托之于禹"(同前《古史辨》二一〇页),好像是根据内藤的话。

【25】《经世文编》九六《河防一》。

第四节　商族的"迁都"对黄河有甚么关系?

从前我曾发表过,不单止商代以前旧日中国境内并无所谓夏朝,即夏桀、成汤的联系,也大有疑问;[1]根于这种原因,现在研究黄河的变迁,只好由商代开始。

未进行讨论商代河患之前,我们尤应搞清楚甲骨文里面是否已发见了从氵从可的"河"字。到现在为止,甲文只有从水从乃的汿字(见孙海波《甲骨文编》一一),近年某些考证家抱着商、周言文同一的观念,大约以为黄河的"河"怎么重要,于是把"汿"认为"河";引用者自己没有去翻看原文,以一传百,于是甲文已有"河"字的拟议,不知不觉间转而渐趋于固定了。商承祚兄对我说,这字从"乃"不从"可",还不能认是"河"字,我觉得如此判断,比较稳当。我们对这问题的讨论,首先要清除几点误会:(一)商、周言语并不同一,这里不能展开讨论,假如不错的话,则周代有"河"字,商代未必有"河"字。(二)黄河的存在当然可追溯到商前不知多少万年,然由于(一)点的假设,商族可能不是叫它作"河"。(三)所谓"商书"的《盘庚》,虽有"河"字,但那是周人的作品(说见下文十项),它只用自家的言语来表达异族的行动。(四)即就周金来论,我们也只见过一个类似"河"字的"澗"字(见下文第七节五项戊),证"汿"为"河",实冒着多少危险。(五)就让一步认"汿"是"河"字,但河字直至后世还常常用作通名(参下文"洹"可称"河"及第七节),不定是指黄河。考《礼记·礼器》,"晋人将有事于河,必先有事于恶池。"郑注:"恶当为呼,声之误也。"《释文》:"池,大河反。"汉语往往两音简缩为一声,如"不可"为"叵","之乎"为"诸"等,前人已有揭示,恶池,中古音 Xuo d'â,汉语的 d- 很容易丢失,故急呼即变为 râ 即"河"(发声受浊 d- 的影响)。换句话说,正呼为"恶池"两音,俗呼简为"河"一音,《礼器》文系正俗兼用,周金少见"河"字,也因为它在当时尚是俗呼之故。以上所谈,只属于文字和语言问题,就便"汃"确不是"河",商代有没有黄河为患,我们仍然可以展开讨论的。

其实,周定王以前或商代的河患(除去传说的洪水),古典里面几乎没有说及,稍为透露这种意味的只有《尚书·孔传》,它说:"圮于相,迁于耿,河水所毁曰圮","圮"的真义是否如此,留待下文八项再论。《孔传》那本书,一般人都认为晋人所作,信值并不大。

其次,《盘庚》中有过"惟涉河以民迁"一句话,然而"涉河""迁民"都是常有的行动,不见得定是河患。它又说"殷降大虐","虐"的种类也很多,全篇并没透露水灾的意味。还有一层,谁都害怕洪水的无情,即使没有统治者督率,人们也会各顾生命,跑去别的安全地方来躲避;假说盘庚当日系为河患而迁,又迁到较能避水的地方,他们总不至于口出怨言,用不着再三告诫,因为水患的厉害一般人都自然地懂得,并不是深奥难明的理论。

据我所见,坐实商族因河患而迁徙的不过始自晚明,以前经史家都未尝立说。明万历中,黄克续撰《古今疏治黄河全书》,首载"上起祖乙之圮耿,下终万历三十二年"的话。[2]清胡渭说:"殷人屡迁,大抵为河圮"[3],同时,靳辅《论贾让治河奏》:"在大禹神功之所治,仅四百年而商已五迁其国都以避河患"[4]。逐渐地把河患看作商族迁徙的唯一原因。[5]丁山曾说:"《周语》有云……河竭而商亡……《御览》引《纪年》云,'文丁三年,洹水一日三绝',洹水三绝,即所谓河竭也。"[6]称洹水为"河"正是"北方有水便是河"的习惯,也就是古文中的"河"字非必指黄河之证。我们为要再深入了解商族的移居究竟是否由于黄河为患,就须得对商都或商都的迁徙先作一回缜密的研究,而在施行研究的当中,还须随时惦记着下举那三个要点。

(1)行国的习俗跟住国不同

最要紧的是随逐水草而居,无一定住处。由于近年社会分期的研究,有人主张商族仍停留在氏族社会阶段,充其量也是商朝末年才进入奴隶制初期,那末,在古人毫无判别的情况之下,自会浑而言之曰"迁都",若应用近世科学的观点,那不过牧地移转,跟迁都的性质大异。张了且说:"(近年)虽有人谓商代系游牧生活,逐水草而居,屡次迁都自属必然,然既不否认避河患亦迁移原因之一……"[7]李斐然说:"自古论者皆曰殷都多迁，实以河患；予谓河患或为迁都之一部原因，而不得谓殷迁都即因河患也。不然，无河患处而仍迁者何哉。"【8】郭沫若因商族祭祀时用的牲数很多，以为"这和传说上的盘庚以前殷人八迁，盘庚（以后）五迁的史影颇为合拍。这样屡常迁徙，是牧畜民族的一种特征"【9】。又侯外庐说："史称汤以前凡八迁，而阳甲前后五迁，这说明阳甲以前的游牧生活，固不能发生都市。"【10】都已晓得向这方面注意。其实《盘庚》篇的"不常厥邑，于今五邦"，前此无一定住处，已跃然纸上，唯前人不知就里，用后世的眼光去了解商族的"迁"，因而多所臆测。现在既明白商、周习俗有别，即不应粗率地承袭前人的错觉。

（2）古典上许多复出的地名

就举商史中最著名而又争执最多的"亳"为示例。皇甫谧三亳之说（引见下文三项），前人驳它的很多，王国维尤为详尽，他说：《立政》说文王事，时周但长西土，不得有汤旧都之民与南、北、西三亳之地，此三亳者自为西夷，与《左氏传》之肃慎、燕、亳，《说文》京兆杜陵亭之亳，皆与汤都无与者也。又《春秋》襄十一年同盟于亳（？京）城北，则为郑地之亳。《史记》五帝本纪《集解》引《皇览》云，帝喾冢在东郡濮阳顿丘城南亳阴野中，则为卫地之亳。《左氏传》公子御说奔亳，则为宋地之亳。【11】与皇甫谧所举三亳，以亳名者八九。"【12】同名"亳"的地点那么多，相信断不是任一个"亳"都和商族的"都城"有着直接关系，研究家对此，就应有所抉择和取舍。亳是如此，别的地点遇着有同名的也应该如此。更进一步说，又不止地名相同，甚至和地名联系着的人名有时也一样相同，例如《水经注》二三《汳水》："汉哀帝建平元年，大司空史郤长卿按行水灾，因行汤冢，在汉属扶风。……按《秦宁公本纪》云：二年，伐汤；三年，与亳战。亳王奔戎，遂灭汤。然则周桓王时自有亳王号汤，为秦所灭，乃西戎之国葬于徵者也，非殷汤矣。"按《史记》五秦本纪称宁公二年，"遣兵伐荡社，三年，与亳战，亳王奔戎，遂灭荡社"，《集解》引徐广，"荡音汤，社一作杜"，又引皇甫谧，"亳王号汤，西夷之国也"，《水经注》的见解正和皇甫谧一样。至如《史记索隐》以为"西戎之君，号曰亳王，盖成汤之胤"，有点近于臆测。然无论怎样解释，可见得称"汤"的人，有时还和称"亳"的地方相联系，而称"亳"的地方又不止一处，我们要追求商族最初的"亳"，就须再找其他的旁证，不能单因"亳"的名称相同，便以为条件符合；前人对于商族最初的"亳"究在何处，没有做出完满的解答，就因为犯了这个毛病。提到"汤"的名字，可又引起了别的问题，卜辞中的先公名字，有大乙而没见过"汤"，复别有一个"唐"，其中一条系"唐、大丁、大甲"连文，王国维的考证是："《说文》口部：'啺，古文唐，从口昜。'与汤字形相近。《博古图》所载《齐侯镈钟铭》曰：'虩虩成唐，有严在帝所，专受天命。'又曰：'奄有九州，处禹之堵。'夫受天命，有九州，非成汤其孰能当之。《太平御览》……引《归藏》曰："昔者节筮伐汤而枚占荧惑，曰不吉'；《博物志》六亦云。按唐亦即汤也，卜辞之唐，必汤之本字，后转作喝，遂通作汤。"[13] 按汤、唐是清浊声字，由于方音不同，唐变为汤固有其可能；唯是一等史料的卜辞和金铭都作唐不汤，西边却别有"亳王号汤"，我禁不住要问一下，是不是因商王"唐"的名称和"亳王汤"太过类似，后人混而为一，把"唐"改作"汤"呢？这并非纯出臆测，试看司马迁把商之亳放在关中（引见下文三项）。邵长卿按行扶风的汤冢，郑玄《诗笺》称商国在太华之阳，那一连串的书说都暴露着糅混的痕迹啊。

（3）商族最强时的势力范围

前文已拈出地名重复的那么多，我们须要抉择，但凭甚么方法来抉择呢？我以为注意商族势力范围就是方法之一。殷墟出土遗物非常丰富，无论商族自己制造或从外边收集得来，[14] 似乎表现出在那时期它是个堂堂大国。然而依初期卜辞研究，商族的活动地域似不出乎豫中、豫东和其相邻的冀、鲁地带[15]（配合发掘的成绩来看，也证明大致不错），奈近年把它越推越广，单凭后世有某些地名和甲文相同，没提出别的证佐，便断定其地点无异；我们试着覆看一下前条所说"亳"的同名那么多，总觉得这样的考证地理不单止十分危险，而且近于卤莽。求其致误的原因，就由于还未发见上古史的秘密，心目中总认为商族势力很大，黄河中下游已给他们完全统一着，所以他们可随地迁徙；而不知经过近年考古发现，这种观点已须大大修正。换句话说，我们讨论商族的迁徙，同时就应考虑到商族活动的可能范围。

注意点阐述既毕，斯可以进而讨论商族之"迁"。

一、自契至于成汤八迁

《尚书序》："自契至于成汤八迁，汤始居亳，从先王居。"《史记》三殷本纪同，这是八迁的孤证。《孔传》："十四世凡八徙国都；契父帝喾都亳，汤自商丘迁焉，故曰从先王居。"据《史记》，契以下的世系是这样：

契——昭明——相土——昌若——曹圉——冥——振——微——报丁——报乙——报丙——主壬——主癸——天乙（汤）

都说是父死子继，十四世系连本身计入，因此就引生很大的疑问。《尚书正义》说：

"孔言汤自商丘迁焉，以相土之居商丘，其文见于《左传》，因之言自商丘徙耳；此言不必然也。何则？相土，契之孙也。自契至汤凡八迁，若相土至汤都遂不改，岂契至相土三世而七迁也？相土至汤必更迁都，但不知汤从何地而迁亳耳，必不从商丘迁也。"三世不会七迁，固然极好的疑问，但我们又可怀疑到"八迁"并非事实（《释文》说："八迁之书，史唯见四。"）；《正义》深信八迁不误而断定"相土至汤必更迁都"，只片面的理由。何况甲骨文没见过"契"字，董作宾疑 ✖ 是契，也没有确证。尤其传世之数，很为荒唐，商族的契跟周族的后稷相传同隶于帝尧部下，而契的十四世孙汤和后稷的十四世孙季历相去乃最少四百年，这是多么不合理的事！此点前人已有驳诘（《诗·公刘正义》），今且不论，只把较古的书本上所记自契至汤的迁事写在下边（见于伪《竹书纪年》的不采）：

契 "郑玄云，契本封商，国在太华之阳；皇甫谧云，今上洛商是也"（《书正义》引）。封商亦见"史记中候"。

又《水经注》一九引《世本》，"契居蕃"。

昭明 《世本》"昭明居砥石"（同上《正义》引）。《荀子·成相》篇："昭明居砥石，迁于商。"杨倞注："或曰，即砥柱也。"哪怕因为字面相似和西亳在偃师而作出的推测。丁山疑砥是泜讹，砥石或在今宁晋西南。 **[16]**

相土 《左传·襄公九年》"陶唐氏之火正阏伯居商丘……相土因之"。《世本》"相土徙商丘，本颛顼之墟"（《太平御览》一五五引）。《诗·商颂正义》："经典之言商者皆单谓之商，未有称为商丘者"，主张商与商丘不同。

微 《史记索隐》引皇甫谧云，"微字上甲"，《路史·国名纪》称，上甲微居邺。

亳 汤始居亳，见前文。

那些不过零零碎碎的记录，连同晚出的南宋《路史》，也只有五六迁，所以八迁的问题直至清代才有人作出具体讨论。梁玉绳《史记志疑》二说：

所云八迁者，《本纪》止言汤之一迁，余皆不载。考《书疏》曰，《世本》，昭明居砥石；《荀子·成相》曰，昭明居砥石，迁于商；《左传》，相土居商丘，是三迁也（商与商丘不同，见《左传·襄公九年》疏）。《竹书》，帝芒三十三年，商侯迁于殷（冥之子振也）。帝孔甲九年，殷侯复归商丘（不知何世），是五迁也。《路史·国名纪》云，上甲居邺，是六迁也。而《水经注》十九又引《世本》云，契居蕃，是七迁也，并汤为八。

冯景《解春集》说：

> 契始居商，一也。昭明居砥石，二也。相土居商丘，三也。冥离商丘，
> 奉命治河，四也。子亥迁殷，【17】五也。孔甲之时，复归商丘，六也。汤自
> 商丘迁亳，七也。又迁景亳，八也。最后迁偃师，则所谓从先王居也。

王国维又与上两说不尽同，以契自亳居蕃为一迁，昭明居砥石又迁于商为二迁、三迁，相土东徙泰山下复归商丘为四迁、五迁，帝芬三十三年商侯迁于殷为六迁，孔甲九年复归商丘为七迁，汤始居亳，从先王居为八迁。【18】按这种研究方法有不少可议之处，比方（1）有的书本说契居商，有的说契居蕃，可能是"商"或"蕃"任一错误，又可能"商"和"蕃"同地异名，我们如果无缘无故，便串连为契先居商而后来迁蕃，或契先居蕃而后来迁商，都是极不稳定的断论。我国古代史家往往把平行的社会发展，结合为直线的历史继承，上古史弄得纠缠不清，这是最重要原因之一，司马迁也要负多许的责任。（2）依传说，昭明是契的儿子，如果契本来居商，则昭明的"迁于商"可能是"入承大统"，不定是迁都。宋忠说："相土就契封于商"（《史记集解》），虽隔一代而意义恰是一样。（3）《礼记》称"冥勤其官而水死"，只奉命治河，怎能就说他迁离商丘？（4）今本《竹书纪年》出于明人伪撰，王国维本人既有详考，应该不录，但他对于帝芬（即帝芒）、孔甲两条却称，"《山海经》郭璞注引真本《纪年》有殷王子亥，殷主甲微，称殷不称商，则今本《纪年》此事或可信"【19】。我们须晓得旧日通行称商民族为"殷"，到近年甲骨文大量发见，才知他们自己没有用过那个名号，王氏只为要凑成八迁，遂不惜降格以求，仅据"殷"字相同，便认为可信，态度殊不忠实。总括一句，梁、冯、王三家之说，只能看作八迁数字的拼凑，所以彼此无法取得统一的结论。

还有蕃，王国维疑心它是《汉书·地理志》鲁国的蕃县（蕃音皮，今滕县），即相土的东都，【20】此点下文再有论及。丁山以为番、蕃古今字，蕃无疑是战国时的番吾（番又作蒲），汉常山郡的薄吾，今属平山县地。【21】上甲微居邺一条，不知罗泌根据甚么古典，如果可信，则邺和殷墟相隔不过三四十里，【22】就是说，汤以前商族已在今殷墟附近活动着，这是研究商史时应该特别注意的。至于商丘和亳，系商史地理两个重要问题，必须分条讨论。

二、商丘

（1）"宋"即"商"之音转

杜预《春秋释地》说："宋、商、商丘三地一名"。顾炎武《日知录》更拈出宋、商同名的例证："平王以下，去微子之世远矣，而曰孝惠娶于商，曰天之弃商久矣，曰利以伐姜，不利子商，吾是以知宋之得为商也。"（《国语》，吴王夫差阙为深沟，通于商、鲁之间。《庄子》，商太宰荡问仁于庄子。《韩非子》，子圉见孔子于商太宰，商太宰使少庶子之市。《逸周书·王会》篇，堂下之左，商公、夏公立焉。《乐记》，商者五帝之遗声也，商人识之，故谓之商；郑氏注曰：商，宋诗也。）为甚么商改作宋呢？王国维说："余疑宋与商声相近，初本名商，后人欲以别于有天下之商，故谓之宋耳。然则商之名起于昭明，讫于宋国，盖与宋地终始矣。"【23】考《吴语》，韦昭注及《庄子·天运》司马注都说，"商，宋也。"又《列子·仲尼篇》释文，"商，宋国也。"商、宋发声相近，周人略改其音及字以示区别，王说是不错，但他只看见片面而没有看见全面。商朝末期的"商"，在朝歌附近，经过武庚一次反抗，周朝把微子改封于东南区域，地点已不同，自有改"商"为"宋"的必要，方不至名称混乱。南朝时代有所谓侨州，事因五胡乱华，许多北方人民跟随着东晋南迁，所住地方仍依他们的旧日家乡来命名，比如打冀州南迁的叫作南冀州，打雍州南迁的作东雍州。又如近世英国约克郡（Yorkshire）迁居美洲的人叫他们的住地作新约克（New York）。这种把旧居的地名移作新居地名的习惯，古今中外，大致相同，商族既被战胜者周族将他们迁往东南，他们于是把旧日主要的地名都带到新迁的宋国，所不同的，上古语言简质，没有加上"东""西"……"新"等字样以资识别而已。

（2）商跟商丘同地还是不同地

由前条所说，似商为国号而商丘为地名，《正义》认商与商丘不同（引见前）是有其理由的。但我们试看《左传·襄公九年》，"陶唐氏之火正阏伯于居商丘，祀大火而火纪时焉，相土因之，故商主大火。"又昭公元年，"后帝不臧，迁阏伯于商丘，主辰，商人是因，故辰为商星。"又似——最少是《左传》的作者——对商丘和商没有甚么区别；这可能因为古人的言文逻辑性不太严紧，否则从名号而言谓之商，从地点而言谓之商丘，郑玄、杜预以为商与商丘同地，也不能说是错误。《左传·昭公九年》，詹桓伯说："蒲姑、商、奄，吾东土也。"这个"商"当然属于商族的领地，它之得名远在殷墟"大邑商"之前。又《左传·定公九年》，祝鮀论周封卫康叔事件时，有"取于相土之东都以会王之东蒐"的话，王国维说："则相土之时，曾有二都，康叔取其东都以会王之东蒐，则当在东岳之下，仅如泰山之祊为郑有者，此为东都，则商邱乃其西都矣。疑昭明迁商后，相土又东徙泰山下，后复归商邱，是四迁、五迁也。"[18]泰山下的猜疑，没有凭据，这且不论；我们试检讨上古，甚至中古民族的习惯，就晓得"都"和"迁"是两件事，唐代以太原为北都，但并没有迁都到太原去。那末，"东土的商"可能就是相土的东都，因而取得"商"的名号。

（3）宋之商丘是不是帝辛以前的商丘

商族初期的历史，现在所知，还很蒙昧，未易作出细致的分析，我们可能做到的步骤，只相土的商丘是不是如"杜预云，今梁国睢阳"而已。考《水经注》二四《瓠子河》条说：

> 河水旧东决迁濮阳城东北，故卫也，帝颛顼之墟；昔颛顼自穷桑徙此，号曰商丘，或谓之帝丘，本陶唐氏火正阏伯之所居，亦夏伯昆吾之都，殷相土又都之，故《春秋传》曰，阏伯居商丘，相土因之，是也。

这就说明古代地名叫"商丘"的不止一处，杜预只拈出他之所知；梁国睢阳的系"宋国的南丘"（今商丘县），并不是商朝未灭以前及旧有的商丘，王国维说商之名与宋终始，实在是不对，而且他也没注意到《水经注》那一条史料，这条史料比较可信，下段再为论及。依我的意见，相土的原住地可能是"相"（说见下文七项），商丘只是他的东都。

（4）从"丘"的意义来认识商丘

《尔雅·释地》："高平曰陆，大陆曰阜，大阜曰陵，大陵曰阿。"又《释丘》："绝高为之京，非人为之丘。""丘""陵"都是高地的通名。上古风俗质朴，制度简陋，还没有像"县""州""府"等人为的区划，只按着地文的性质作称谓，故丘有帝丘、楚丘，陵有二陵、穆陵。洪水的恐慌，上古时在亚洲很为普遍，人们的住所或都邑，自然拣靠近山岭的高地，后来人口繁殖，才迫得降落平原。李协说："惟（汉）明帝使人随高而处，则适合欧人都邑择地之旨，而可为吾华人居住简之针砭。……《管子》曰，凡立国都，非于大山之下，必于广川之上，高毋近旱而水用足，下毋近水而沟防省。试观欧洲建立都会，无不合乎此旨，而吾华人反忽之。"[24]其实这并不纯是华人居住的苟简，多半是由于生齿日繁。现时归德商邱地面一望平阳，很难意想为"丘"的所在。惟《禹贡·兖州》说："桑土既蚕，是降丘宅土。"《孔传》："地高曰丘，大水去，民下丘居平土就桑蚕"；就是描写上古社会发展的实况，初民择居的常识。兖州一带称作"丘"的为数不少，《禹贡锥指》三〇曾指出："兖少山而丘颇多；其见于经传者曰楚丘（今在滑县东北）、帝丘（今开州……）、旄丘（在开州西）、铁丘（在州西南）、瑕丘、清丘（并在州东南）、廪丘（在今范县东南）、敦丘（在今观城县南。又顿丘在今浚县西……），皆在濮水之滨。"按开州即今濮阳，也就是《水经注》所称"商丘"的地方，比较适合于"商代初期的商丘"的条件。换句话说，商民族的聚落应该先住高地，后来才降落到平原。如果认为最初住在归德的平原，遇着水患，才转上高地去，则有点不合于社会发展的顺序。总言之，商代（不是周代）的商丘，就现时所知，应在濮阳而不在归德。[25]

三、亳

亳的解释比商丘复杂得多，要把古今各说进行分析，又须连带涉及商族老家的问题。

说明亳地所在，较早的为《史记·六国表》，它说："夫作事者必于东南，收功实者常于西北，故禹兴于西羌，汤起于亳，周之王也以丰镐伐殷，秦之帝用雍州兴，汉之兴自蜀汉"。钱大昕《廿二史考异》二依文推测，谓"史公固以关中之亳为汤之亳"。此后，许慎《说文》称，"亳，京兆杜陵亭也"（杜陵，今咸宁东南），徐广说："京兆杜（陵）县有亳亭"（据《史记·六国表集解》引，原漏"陵"字），都承用司马迁的见解。《考异》又根据皇甫谧和《水经注》亳为西戎之国（引见前），辨徐广释地之误。

大约因为关中有汤亳的讹传，逐引起郑、皇甫两家商国也在关中（引见前）之误会。朱右曾《诗地理征》说："《补传》曰，地有商山，因是得名。右曾按《六典》，山南道名山曰商山，亦曰商阪，《战国策》苏秦曰，韩西有宜阳，商阪之塞是也，今在陕西商州九十里。"如果这里的"商"确因山而立名，则与"大邑商"无涉。[26]李斐然谓相土之商丘即契之商山，[27]无非为亳在偃师说所影响。

时间再后，又有蕃在关中的提出，《水经注》一九《渭水》注："渭水又东迳峦都城北故蕃邑，殷契之所居，《世本》曰，契居蕃，阚骃曰，蕃在郑西，然则今峦城是矣"（郑县在今华县北）。

以上三说，都把商人发祥地放在关中，可是最难令我们相信的，被近人认为商族特殊文化的黑陶，始终没有在陕西大量发见过，所以暂时可撇开不论。

亳地考证，后世流行的计有四说：

（1）《汉书》二八上"河南郡偃师县"，"尸乡，殷汤所都"，但并未指明是"亳"[28]，郑玄说："亳，今河南偃师县有汤亭。"皇甫谧始称"偃师为西亳"。

（2）同上《汉书》注："臣瓒曰，汤居亳，今济阴县是也。今亳有汤冢，己氏有伊尹冢，皆相近也。师古曰：瓒说非也；又如皇甫谧所云汤都在谷熟，事并不经，刘向云殷汤无葬处，安得汤冢乎？"按晋无济阴县，只有济阴郡，（今本《晋书》一四只有济阳郡，洪亮吉《东晋疆域志》一以为"此济阳实济阴之讹"。）《尚书·盘庚正义》曾称，"其亳，郑玄以为偃师，皇甫谧以为梁国谷熟县，或云济阴亳县"。所谓"或云"显指臣瓒注而言，然则今本《汉书》注实误落一字，应作"今济阴亳县是也"方合。可是济阴郡也没有亳县，比照《汉书》二八上山阳郡薄县下臣瓒另一条注称，"汤所都"，才知"亳""薄"通用（参下文引徐广说及《元和志》七），"济阴亳县"即"济阴薄县"的异写，有《水经注》二三"崔骃曰，汤冢在济阴薄县北"可证。唯西汉的薄属山阳不属济阴，那恐怕是短时的改隶（如汉时的成武、单父，晋时改隶济阴）或臣瓒误记。

（3）杜预说："梁国蒙县（西）北有亳城，城中有成汤冢，其西又有伊尹冢"（《书正义》引）。皇甫谧《帝王世纪》："蒙有北亳，即景亳，汤所盟处"（《后汉书·郡国志》注引）。又《水经注》二三大蒙城，"自古不闻有二蒙，疑即蒙亳也，所谓景薄为北亳矣，椒举云，商汤有景亳之命者也。"《括地志》以为即宋州北五十里的大蒙城，因景山为名（《史记》三《正义》引）。

（4）《尚书·立政》，"三亳阪尹"，皇甫谧"以为三亳、三处之地皆名为亳，蒙为北亳，谷熟为南亳，偃师为西亳"（《书正义》引）；又说："孟子称汤居亳，与葛为邻，葛伯不祀，汤使亳众为之耕，葛即今梁国宁陵之葛乡也。若汤居偃师，去宁陵八百余里，岂当使民为之耕乎？亳今梁国谷熟县是也"（同上）。《括地志》更申称，南亳故城在谷熟县西南三十五里（《史记》三《正义》引）。

复次，《史记》一二九，"汤止于亳"，《集解》引"徐广曰，今梁国薄县"，是徐广对亳地所在有偃师及薄两说。这种纠纷，一方面表示旧史家无法确立考证，故随时立说，另一方面却引起尽量保存不问事实之故智，把它们勉强牵缀在一起，如《史记》三《正义》，"汤即位，都南亳，后徙西亳也"，就是最典型的例子。[29]

征引既毕，应该提出批评的意见。

首先是西亳，胡天游《石笥山房集》及孙星衍《外集·汤都考》皆以为后起之亳，我对这一点完全同意。次为北亳及南亳，颜师古辨汤都在谷熟事属不经，又清人毕亨《汤居亳考》说："北亳、南亳之名，于古无征，惟至皇甫谧始创为异说……以附会三亳阪尹之文。"[30]按一九三六年李景聃在商丘县四面搜访南亳遗址，毫无线索，[31]准今测古，颜、毕之说也没有错误。商族被徙去东南，必携带着他们固有文化——地名，前头已有详论，只看《左传·哀公十四年》载宋景公"薄宗邑也"的话，[32]就是一个铁证。至于梁国的蒙县,当因蒙城而得名,《竹书纪年》称殷墟为“北蒙”(参《史记》七《索隐》)。照此来看,“蒙”原在北方,南方之蒙也是商族迁宋后的地理层化,“新蒙”又不知何时建筑了两座城池,土人以它们规模不同,复有“大蒙”“小蒙”之别。总而言之,那些亳和蒙只是周代宋国的,不是商代的。

再次为山阳郡的薄,王国维的《说亳》谓“即皇甫谧所谓北亳,后汉以薄县属梁国,至魏、晋并罢薄县,以其地属梁国之蒙县。……蒙之西北,即汉山阳郡薄县地也(今山东曹州府曹县南二十余里)”[33]。按李贤《后汉书注》,薄故城在唐代曹州考城县的东北,王氏据《地理韵编》曹南二十里的地望,似与李贤注相符,但他说薄县并入蒙县,我检两汉至六朝地志,都没见到,怕是出自臆测。而且《元和志》七谷熟县下又说:“本汉薄县地……亦殷之所都,谓之南亳,汉于此置薄县,属山阳郡,薄与亳义同字异,后汉改置谷熟县,属梁国。”认薄是南亳(不是北亳),并入谷熟(不是并入蒙县),与王说异。今姑无论薄是北亳或南亳,或是南北两亳之外别为一亳,皆与商代之亳无关,因为那些都属于商族迁宋后层化的新地,如前所论及。又北亳果即山阳之薄,则汤都之亳只有三说,王氏以为四说,也是不对。

王氏特认北亳为汤都,虽然提出了许多相对的证据,但那些都不是重点所在。如所周知,佛教系发源中印,但自推展至北印之后,中印有四大塔,北印也有四大塔,伽耶城有佛影,那竭城也有佛影,这并非古人立心作伪,而只是因事附会,为甚么我国全国记载下来的尧陵有十处以上,拿来一比,就可恍然。依同样的道理,商族被徙到南方,跟着他们便把“宋”即“商”的名称一起带到新居而去,他如商丘、亳、汤冢等等也自然地应时发生,过了几百年后,一般人数典忘祖,以层化之地理为原始之地理,本无足怪。我们后人承继着累积的记载,绝不能因为某处有某些古迹,便无条件地信以为真。换句话说,这一类的古迹还出现于别的地方,我们要从各方面加以合理的衡量,才能作出可信或不可信的决定。

上述三或四个亳既然都不认是商代的亳,那末,汤都的亳究应在甚么地方呢?现在且将我的意见提出来。

亳字见于卜辞的,据学者考定,有下列数条:[34]

癸酉□贞其□亳汉在甲祐王(前二、二、四)

癸丑亳今月(前二、二、五)

梦印(御)亳于妣乙[illegible](后上六、四)

甲寅王卜在亳贞今日××隹(鸿)亾巛

(上阙)商贞(中阙)于亳亾巛(后上九、一九)

末一条"商"与"亳"对举,似乎两地相隔不远。检近世地图,内黄县的南方有亳城,在前人所说的各亳之外;亳城集见《图书集成·职方典》一三六,同书一四二称:

> 亳城在(内黄)县西南二十五里,按《书》,殷有三亳,蒙为北亳……此为北亳,中宗陵寝近焉(按中宗即太戊)。
> 商中宗陵在(内黄)县西南二十五里亳城东。

又同书一四〇称:

> 商中宗庙在内黄西南二十里塚上。
> 汤王庙有三。一在内黄天一村,金章宗泰和四年所建也。

我在未找到这些材料之前,已很怀疑亳应该在黄河的北边,现在,我的理想最少可得到一个实证了。《图书集成》所采辑的,无疑是明代方志,则亳在黄河北边,金、明时代早有这样的传说。

《史记》三《殷本纪》:"主癸卒,子天乙立,是为成汤。"王国维说:"汤名天乙,见于《世本》(《书·汤誓》释文引)及《荀子·成相》篇,而《史记》仍之。卜辞有大乙,无天乙,罗参事谓天乙为大乙之讹,观于大戊卜辞亦作天戊(《前编》卷四第二十六页),卜辞之大邑商,《周书》多士作天邑商,盖天、大二字形近,故互讹也。"[35]内黄的天一村又天乙村的异称,可见来源颇古。唯《尚书序》:"伊陟相大戊,亳有祥桑、谷共生于朝。"《正义》说:"仲丁是太戊之子,太戊之时仍云亳有祥,知仲丁迁于嚣去亳也。"如果太戊陵的古迹有它相当的信值,则天乙(汤)的亳,应跟太戊陵同在内黄;再加"天一"村之保存古称,河亶甲(即仲丁的弟弟)城与亳城集相隔不过三数十里(见下文)。将这几点互相比勘,使我觉得商族最初的"亳",以内黄一处最为可信。

这一推定,在古典里面并非绝无凭证:第一,《左传·昭公九年》周王的使人詹桓伯说:"及武王克商,蒲姑、商、奄,吾东土也,巴、濮、楚、邓,吾南土也,肃慎、燕、亳,吾北土也。"那些都指武王灭商后所征服的地方,商似即商丘的省称(说见前二项),肃慎相传在东北,燕为今河北省的北部,依此来推理,亳应在河北省的南部或其邻近,[36]既曰北土,断不是皇甫谧的三亳。桓伯的话发表于春秋末期,亳的释地,就现在所知,应推为最早,王国维竟以为与汤都无关(引见前),实未尝深入了解。

第二,《皇览》称,"帝喾冢在东郡濮阳顿丘城南亳阴野中"(引见前),帝喾之冢无疑是附会，但附会也有其环境的背景，顿丘在今清丰西南二十五里，正与内黄的东南相接，野称亳阴，相信由亳城而得名。《皇览》辑于三国时代，由此知"亳阴""亳城"的名称最迟起自东汉；即是说，内黄亳城之历史，比南亳还要早。王国维不知它与"肃慎燕亳"之亳有密切关系，另标为"卫地之亳"（引见前），那是王氏又一点的疏略。

第三，王国维据《竹书》和《天问》证明王亥（即振，参注17）、王恒（《史记》世系未见）、上甲微皆与"有易"发生关系，亥被有易所杀，有易国当在大河之北，或在易水左右（依孙之禄说），古易、狄二字通，故知即《天问》之《有狄》[37]。按晋南的狄族，据我前时所考，早在商末周初，已住在该地；[38]周人的文法往往于族名、国名的上方冠以"有"字，像"有夏""有周""有扈"等，例子很多，然则《有狄》就是狄族，我们应向"狄"字着眼，与易水无关。春秋时期狄灭卫、灭邢，其侵略势力系由太行山区向东或东北冲出，商时想也一样。上甲微是王亥的儿子，又依王氏考订，恒是王亥的弟弟，如果上甲微居邺那条史料确有信值，则他的父叔想已住在邺地（今临漳西南四十里），当着狄族东侵之路，故狄人得而杀其酋长，夺其牛羊了。自此经数世至汤，稍移向东南，以古史勘古迹，认汤都亳在现时内黄，实比其他各说最为可据，惟能否成立则尚有待于发掘的判定。

后世称"亳"的地方为甚么那样多，我还有个疑解。据最近陈梦家说，"卜辞的社，或泛称土，或称亳社"；按《左传·哀公四年》，"亳社灾"，又《周礼·士师注》，"周谓亡殷之社为亳社"，依此理解，有社的地方便可省略"社"字而单称作"亳"，后人不暇深究，于是见着名"亳"的地方就拟为汤之所都，这种误会是很容易发生的。

四、自汤至盘庚五迁

《盘庚》上："不常厥邑，于今五邦。"是不是从汤起计，篇内没有明文，上古游牧民族并不像后世那样区别严密，即使我们相信汤灭了夏朝，也是部落中常有发生的兼并，不见得便要把一系传下来的汤特别推为开朝始祖，甚么事都从他数起。惟《史记·殷本纪》以为"五邦"系由汤起计，[39]张衡《西京赋》遂有"殷人屡迁，前八后五，居相圮耿，不常厥土"的话。再据《尚书序》说："仲丁迁于嚣，作《仲丁》。河亶甲居相，作《河亶甲》。祖乙圮于耿，作《祖乙》。"又"盘庚五迁，将治亳殷，民咨胥怨，作《盘庚》三篇。"《尚书》文与迁事可能有关的所见只此，不过如果把汤居亳和祖乙圮耿各算作一迁，也未尝不可凑成五数。怎奈后人解释各异：（1）有以为汤之前也应算上去的，马融是也。（2）有以为汤居亳不应算的，《路史》是也。（3）有不数盘庚迁殷的，《尚书序正义》是也。（4）连汤和盘庚都数入，又或不止五数，如《古本竹书纪年辑校》载，汤之后外丙、仲壬、[40]沃丁、小庚、小甲、雍己都居亳；仲丁即位元年，自亳迁于嚣，外壬同；河亶甲自嚣迁于相；祖乙居庇，开甲、祖丁同；南庚自庇迁于奄，阳甲同；盘庚自奄迁于北蒙曰殷，至纣之灭，更不徙都；依照它的话，汤以后商都计有亳、嚣、相、庇、奄、殷凡六处。兹按时代先后，胪列不同之说，略成下表：

马融（《释文》引）	商丘、亳、嚣、相、耿	
郑玄、王肃（《盘庚正义》）	商、亳、嚣、相、耿	郑奉马说，可见郑也认商丘和商为同地
《孔传》	亳、嚣、相、耿、亳	最末之亳指盘庚
《尚书序正义》	亳、嚣、相、耿、亳	
《路史》	嚣、相、耿、庇、奄	

大抵注疏家都泥解"五邦"的"五"，不要它多过五，也不要它少过五，不知不觉间钻进牛角尖去。其实上古人喜欢用"五"作虚数，五邦、五迁不过"累迁"的异文。而且，迁的多少次不是我们研究的重点，我们只要求知道有没有迁和迁到甚么地方去。

五、上司马

《帝王世纪》引《世本》："太甲从上司马，在邺西南。"（《御览》一五五）孙海波谓"从乃徙之讹"[41]，以文义验之，孙说可信（今武陟西南也有大司马的地名）。

六、嚣

《史记·殷本纪》作隞，《水经注》七作敖。李颙以为在陈留浚仪县（《书正义》引）。"皇甫谧云……今河北也，或曰今河南敖仓"（同上）。关于这一地点，很难作出决定。[42]

七、相

学者间的解释都还一致,《孔传》说在河北,陆德明《释文》:"在河北,今魏郡有相县"[43]。《括地志》:"故殷城在相州内黄县东南十三里,即河亶甲所筑都之,故名殷城也"[44]。到北宋时又相传有河亶甲墓,《考古录·足跡罍下》说:"此器在洹水之滨、亶甲墓旁得之"[45],与《括地志》所载非同地。至如《河朔访古记》:"安阳县西北五里四十步洹水南岸,河亶甲城有冢一区,世传河亶甲所葬之所也",系将河亶甲墓误作河亶甲城;董作宾根据《安阳县志》,认近年发掘之小屯村地方,正是《访古记》河亶甲冢的所在。[46] 今试依《元和志》计算,内黄县西北至安阳县八十里,则河亶甲城与河亶甲墓相去不过百里,无论是否河亶甲所居或所葬,可信这两地的历史总有关联的。《史记》七《项羽本纪》:"项羽乃与期洹水南,殷墟上",秦时的传说当然比较可信。除此之外,我还提出一个疑问:用人名作地名,古今所常见,河亶甲所居之"相",是不是因相土而得名呢?《元和志》九"宿州苻离县","故相城在县西北九十里,盖相土旧都也";以为相土之都,无疑是地理层化,但这条史料却意味着"相"可能因"相土"而得名,或者"相土"因"相"而得名。卜辞没见过"相土",先公中唯有"土",王国维谓即相土,"相土或单名土"[47],假使王氏所疑为合,则后一说更近于事实。现在对此且不必深求,只看相土的商丘在濮阳,上甲微及太甲的邺在临漳,天乙至太戊的亳和河亶甲的相皆在内黄,又河亶甲的墓在安阳,总不出二三百里范围之外。换句话说,商族活动的圈子,从相土数至河亶甲,似乎局限于三数县的地方,系氏族部落牧地的随时转移,跟住国的迁都性质迥异。由这,殆更可进一步推定仲丁之嚣,以河北说较近于事理。

八、耿或邢

说到祖乙圮于耿,问题可复杂得多了,为求易于明了起见,应先分开四点来讨论:

第一,"圮于耿"的"圮"字怎样解?《孔传》:"圮于相,迁于耿,河水所毁曰圮"。《正义》对它的驳论是:"若圮于相,居于耿,经言圮于耿,大不辞乎?且亶甲居于相,祖乙居耿,今为水所毁,更迁他处,故言毁于耿耳,非既毁乃迁耿也。"如果相地被水漂没,迁往耿地,而写作"被毁于耿",古今中外都无这样文法,《正义》

所驳，是正确不过的。《正义》引郑玄说："祖乙又去相居耿，而国为水所毁，于是修德以御之，不复徙也"；去相居耿，完全出于臆测，也是《正义》所本据，但郑只称为水所毁，并未指明黄河为患。

司马迁和班固都信禹是商以前的上古人帝，但司马写《史记·河渠书》，班写《汉书·沟洫志》，总没有把商族迁徙和黄河相关联。《尚书序》是现在我们所能见到解释商族迁徙较古的典据，它的叙述却很含糊，没有标出黄河字样，只有后起的《孔传》才说："河水所毁曰圮"，我们不妨将《尚书序》的文义，再来讨论一下。

《孔传》为甚么解"圮于耿"为"圮于相、迁于耿"？《正义》曾替它想出一个道理；《正义》说："上云迁于嚣谓迁来向嚣，居于相谓居于相地，故知圮于耿谓迁来于耿，以文相类，故孔为此解。"但这样解释实是不对，《正义》已有驳论（引见前），不过从这，我们可以看见《尚书序》的文义，确有比较研究之必要。"序"前文的"仲丁"是主格，"迁"是自动词，又"河亶甲"是主格，"居"是自动词，依例来推，《祖乙》应是主格，"圮"应是自动词。如果依《孔传》解"圮"为"河水所毁"，则应以"河"为主格而"圮"是它动词，其文当写作"河圮于耿"（可以《说文》圮字下引《尧典》的"方命圮族"或《新唐书》三六的"河圮于滑州"为例），尤其是"祖乙"止系时间性的附属词，万不能用作"圮"字的主格。假使说"祖乙河水所毁于耿"，文字是不通的；《正义》曾说："古人之言，虽尚要约，皆使言足其文，令人晓解。"为甚么前文"仲丁迁于嚣""河亶甲居（于）相"那两句文字都显浅，单是"祖乙圮于耿"一句偏偏难通呢？我们对此，就不能不抱着一种疑问。

认"圮"是"河水所毁"，在较古的义解上只见于《孔传》。《尔雅·释诂》的释文："圮，岸毁也"，无非引申孔说。考《尔雅·释诂》上，"亏、坏、垝，毁也"，《正义》引马融《尚书注》、又许慎《说文》都称，"圮，毁也"，是"毁"不定由于河水，人事也可称毁。《尔雅·释言》又著"圮、败，覆也"一条，邢昺作《尔雅疏》，既于《释诂》称"圮者岸毁也，《书叙》曰，祖乙圮于耿"，于《释言》又称，"圮、毁、败、坏，皆倾覆也，《书》曰，祖乙圮于耿"。是圮于耿的"圮"字，究应怎样解释，邢昺持游移不定的态度，比方依照后一解说"祖乙倾覆于耿"，不单止文字可通，更与《尚书·尧典》的"方命圮族"用法相合（圮可作自动词，也可作它动词）。唯是"倾覆"的范围很广，是不是确指黄河为患呢？我们还要追问。

前头一大堆的话，正想利用辩证方法，探求旧籍所谓迁都、圮耿等等与黄河有无相关，商族的习俗凡事都要问卜，而黄河的水汛是每年都有的，每次汛期又是固定的，何以总未见他们卜问河水能否成灾？卜辞已见过洹水，[48] 而洹水也可称作"河"（见本节节首引丁山说），即使认为有"河患"，也不定指黄河（可比观最近漳水为灾），故因黄河决而迁都的说法，很难成立。我们对这个疑团，似只可作两种假定：（一）像中古经师的理想，自"禹平水土"之后，隔了一千余年，黄河都没闹过甚么大岔子，至周定王五年始有河徙之事。（二）商族自相土以后，多跼处于目下安阳及其稍东的地带，少受黄河泛滥的影响。从近世科学的眼光来观察，第一个假定是纯属玄想的、违背现实的，我们暂时只有相信第二个假定的可能性。总之，认祖乙时代有黄河为患是《孔传》的创说，文义又不可通，可断其没有信值。

第二，耿是现在甚么地方？皇甫谧以为"在河东皮氏县耿乡"（《正义》引），与《括地志》所说"绛州龙门县东南十二里耿城，故耿国也"同是一地。王国维说："仲丁迁隞，河亶甲居相，其地皆在河南北数百里内，祖乙所居，不得远在河东。且河东之地，自古未闻河患；耿乡距河稍远，亦未至遽圮也。"【49】

第三，耿和邢是不是同地？《史记》三《殷本纪》全没见"圮""耿"字样，只称"祖乙迁于邢"。如所周知，司马很好用自己的意见改古书的字，在这里是否表现他经常的作风，用"迁邢"来替代"圮耿"，抑或他别有所本，前人没作过详论。唐司马贞的《索隐》才替它作出"邢音耿，近代本亦作耿"的注解，还只算作一件事。后世人不信《索隐》的话，却把耿和邢连缀起来，于是《皇极经世》一二有"祖乙践位，圮于耿，徙居邢"的说法，《路史》和《困学纪闻》二也是一样，末一书更辩称"《索隐》邢音耿之说非"。《正义》曾说："上有仲丁、亶甲，下有盘庚，皆为迁事作书，述其迁意，此若毁而不迁，《序》当改文见义，不应文类迁居，更以不迁为义"；胡渭拾其牙慧，遂在《锥指》四〇中下说："仲丁、河亶甲、盘庚皆为迁事作书，祖乙但圮而不迁，何用作书？其为迁邢而作无疑矣。"认作书必是迁徙，理由实极不充分，难道政治方面除了迁徙就无别的事可以作书吗？还有一点须记得，无论是"耿"是"邢"，卜辞都没有见过。

第四，邢是现在甚么地方？即使承认圮耿迁邢全是事实，而邢地所在，仍有不同之两说。《通典》一七八邢州，"古祖乙迁于邢，即此地，亦邢国也"。又《元和志》一五邢州，"亦古邢侯之国，邢侯为纣三公，以忠谏被诛；周成王封周公旦子为邢侯，后为狄所灭，齐桓公迁邢于夷仪。按故邢国，今州城内西南隅小城是也。夷仪，今龙冈县界夷仪城是也。……隋开皇……十六年，割龙冈等三县置邢州，以邢国为名也。"又于所属龙冈、平乡、内丘三县，均称为古邢国地，其地大略相当于现时邢台、平乡、内丘三县。考《汉书·地理志》赵国下称，"襄国，故邢国"，襄国县在今邢台县西南，《元和志》以为故邢国在邢州城内西南隅，与《汉地志》合，而且都认周公子所封在河北不在河内。陈奂说："《说文》，邢，周公子所封，地近河内怀；许与班说不同。……凡班志言故国，皆是始封国矣。"【50】

王国维独祖述段玉裁,以为迁邢之邢应在邢丘,他说:"段氏《古文尚书撰异》引《说文》,邢,郑地,有邢亭,疑祖乙所迁当是此地。然《说文》邢字下云,地近河内怀,则又指《左传》(宣六年)……之邢丘(杜注:在河内平皋县)也。邢丘……正滨大河,故祖乙圮于此也。"[51]按《水经注》七《济水》"又东迳平皋城南,应劭曰,邢侯自襄国徙此。……瓒注《汉书》云:春秋狄人伐邢,邢迁夷仪,不至此也,今襄国西有夷仪城,去襄国百余里。平皋是邢丘,非国也"。王氏的论据系从河水所圮出发,平皋在今黄河北岸温县之东边,似乎颇合事理,但"河水所毁"的本身已大有疑问,王氏的论据也跟着而削弱,且去商族的活动地带较远,实不如邢州说之相对的可信。据《后汉书·西羌传》称,幽王被杀"后二年,邢侯大破北戎",北戎的领域大家都知道靠近燕国,也是邢在河北之证(一九五六年八月七日新华社保定电称,邢台市发见商代遗址,可比观)。

还有许慎何以会把郱和邢分作两字和两处地方,也应给以相当的说明。《说文》:"郱,郑地,有郱亭,从邑,井声"。段玉裁《说文解字注》不以为然,他说:"云郑地恐误;盖京兆之郑,则篆文宜次于郑之后。若河南之新郑,则宜次于下文郐、郑、郔之伍。此上下文皆河内地,不宜忽羼以河南地名也。疑即二志常山郡之井陉县,赵地也,郱、井盖古今字,井陉山,《穆天子传》作铏山,《地理志·上党郡》下谓之石研关,师古曰,研骨形。《玉篇》,郱,子省切。《广韵》,子郢切。大徐,户经切。"揭出郱不是郑地,"郱"即"井"之繁文,又"井"字可以通"郱"(邢),实段氏的卓识。今金文只见"井"无邢,但邢、铏、陉同音(户经切),是知"井陉"系两个音的地名,呼上一音则写作"井"或"郱"(子省切),呼下一音则写作"邢"或更繁变而为"邢"(《说文》开声,开亦户经切),《广韵》读"邢"如"牵",只由方言的差异,这是"郱"和"邢"代表两音所以分作两字的原因。《括地志》:"太行山在怀州河内县北二十五里(《史记·夏本纪正义》引)。"又"太行连亘河北诸州,凡数千里,始于怀而终于幽"。按太行,《列子》作太形,则太行亦即"太陉",太行有八陉,随处可以陉(邢)为名,平皋在怀州武德县(《史记·魏世家正义》引《括地志》),位居太行的南端,故又得邢丘之名,这是邢被分作两处地方的原因。

以上汇集的解释,无论专采一说或兼采数说,都各有其缺陷。我初时本偏向于"邢音耿"的看法,认定司马迁是改字,后来因观察商代大局,有所领悟,再通过王国维的有狄即狄族的考定,对圮耿的观点,跟着也完全改变,下面即我的新解。

甲文没有"耳"字,金文作𦔮(取字的偏旁),小篆作𦔮,跟甲文的𤞞(犬)和𤜭(易)都有点相像,"耿"可能是"狄"字之讹,其理由:(1)今本《尚书》如"宁王"即文王,"天邑商"即大邑商,"治亳,"即始宅,颇有错字。(2)商先王亥被狄族所害,想亦由于两族战争。(3)商族西北有好几个强敌,屡生战事,已为甲文家所证实。如我所见不错,则"圮于狄"即败于狄的意思,用"于"来表示被动之词,是金铭和古典所常见的句法。

其次,邢是否应读作耿呢? 我以为也不一定见得,春秋时有狄灭邢和卫人灭邢,可见邢地总是狄、卫外侵的途径。败于狄应有其地点,司马可能曾见异本,但无法掌握,遂误写作迁于邢了。今如了解为"祖乙被狄败于邢",只删却"迁"字,改正"耿"字,不单切合于商代环境,文章无格格不通之弊,而且与《竹书纪年》的"居庇"毫无冲突,除此之外,怕再没有更为完善的解答了。秦穆公败于殽而作《秦誓》,《祖乙》一篇想当是失败后自我检讨的作品。

九、庇和奄

现时殷墟掘出的卜辞,系盘庚至帝乙时所刻,[52] 这也许祖乙、祖辛、沃甲、祖丁、南庚、阳甲那几个商王的住地(阳甲是盘庚之兄),的确不在安阳。然而祖乙既不是迁耿和迁邢,则《竹书纪年》所载祖乙至祖丁居庇,南庚、阳甲居奄(引见前),自大增其信值。李斐然曾提出过庇即《毛诗》之邶:奄即《毛诗》之言,[53] 可惜未见详说。

庇,中古音 pji,邶音 bʻuâi,在言音上有转变之可能。邶又作鄁,《说文》:"鄁,故商邑,在河内朝歌以北是也。"郑《诗谱》:"自纣城而北谓之鄁",《后汉书·郡国志》也称朝歌北有邶国;按《诗·伯兮》,"言树之背",《毛传》,"背,北堂也",则邶实以在北方而得名。唯其居在朝歌的北方,便会和狄族发生冲突,庇即邶的解释是跟前项败于邢地的解释相应的。复次,《孟子杂记》:"王子干封于此,故曰比干"(程大中《四书逸笺》四引)。按"比""庇"同音,也许是"邶"的音转。

奄在甚么地方,据《尚书·多方》郑玄注说,"在淮夷之旁",《说文》《后汉书·郡国志》和《括地志》都以为在鲁国或即曲阜。李斐然所提之"言",应即《邶风·泉水》篇之"出宿于言",据上一章"出宿于泲"来看,泲即济字,则"言"可能在济水流域,[54] 但"言""奄"古读的发声和收声均不相同,很难牵合。詹桓伯说:"蒲姑、商、奄,吾东土也。"拟为安阳地域之东南,似不致大误,或者商族因受狄人压迫暂时将牧地转移到东南方去吧。至王国维《北伯鼎跋》谓邶即燕,鄘即鲁,鄘、奄声相近,引成王克殷践奄,乃封康叔于卫,封伯禽于鲁,封召公子于燕以证。[55] 按践奄而封卫、鲁、燕三国,不能作为卫、鲁、燕即卫、鄘、邶之有力证佐。如果鄘就是鲁,春秋时的鲁国人及吴季札应该晓得,为甚么季札听着歌邶鄘卫的时候,只说"吾闻卫康叔、武公之德如是,是其卫风乎?"光把"卫"来概括"邶鄘",那可见王氏这一宗翻案没有多大信值。

十、盘庚之迁及以后

后人泥于《尚书序》(引见前)的文字,多误会《盘庚》三篇是盘庚自作;然《史记》说:"帝盘庚崩,帝小辛立,是为帝小辛。帝小辛立,殷复衰,百姓思盘庚,乃作《盘庚》三篇。"早已申明为后人的作品。《索隐》讥司马迁"不见古文",其实开首第一句便说"盘庚迁于殷",已足证明司马之说了。近人何定生将三篇文义细为分析,更进一步认识这三篇纯是周人作品,[56]我很赞成其说,在这里不必详引,我所想补充的是,"盘庚迁于殷",甲骨文没有"殷"字,周人何以称商为殷,学者间也未尝引起热烈的研究。[57]我数年前,曾揭出汉族语汇掺杂多少突厥(或涂兰)族语言的主张;古突厥语 il 或 el,义为王国,[58]汉以前华人读如 in 或 en,和"殷"的中古音 iěn 很相像。当商末周初,自陕东以至太行山脉,住着许多属于涂兰系的狄人(如鬼方),把商、周两族隔离,[59]狄人称商族为"王国"(殷),周人因而借用,[60]那是古代称谓上常见的事(如汉族最初对佛教的了解通过龟兹语和于阗语,又俄语旧称我国为"契丹",因而流行于欧洲,都是极好的例子)。后来真义失传,一般人遂误会为朝号。这些话如果不能取信,我可再提一个比照的例子,如殷红的"殷"中古音为 an(鸟闲切),而突厥语 al 的意义是"红",汉语读 al 如 an,复与 an 同,将这两个例子相比照,更证明汉语的"殷"一般作"王国"解,转读作鸟闲切则作"朱红"解,都与突厥族语有其关系。[61]唯《盘庚》篇有"殷"字,只此已够证明它非商人的作品,"五邦"或只周人尚五的表现,亦即周人的虚数。

盘庚从甚么地方迁到甚么地方,旧日有极相抵触之两说:《竹书纪年》,"盘庚自奄迁于北蒙曰殷墟,在邺南三十里"[62](据王国维说,末句是《竹书纪年》的旧注),是由河南渡河而北;《史记》三"盘庚渡河南,复居成汤之故居",是由河北渡河而南。末一说显系根据《书序》"将治亳殷"(引见前)的结果,但晋束皙所见孔子壁中《尚书》作"将始宅殷"[63];王国维认"治亳"是"始宅"之误,且以为《竹书纪年》的自盘庚至纣更不徙都为独得其宝。[64]唯《史记》既误信盘庚迁往商丘之亳,而纣的都又在河北,于是不得不插入"子帝武乙立,殷复去亳徙河北"一段来自完其说;可是,武乙之徙,毫无根据。《史记》卷十三的《三代世表》又称,武乙的父亲帝庚丁时"殷徙河北",则司马迁自己已发生矛盾,也反映着"治亳"确是误字。

盘庚之后是小辛、小乙和武丁。《楚语》上:"昔殷武丁,能耸其德,至于神明,以入于河,自河徂亳";韦昭注:"迁于河洛。从河内徙(原作"往")都亳也。"又《水经注》九朝歌,"《晋书·地道记》曰,本沫邑也……殷王武丁[65]始迁居之为殷都也,纣都在禹贡冀州大陆之野,即此矣"。由前引王国维的考证,再参考近年考古发掘,自盘庚至帝辛,商族大本营皆在殷墟,那末,入河,徂亳,不过临时游幸一类的事,韦昭以后世住国的眼光来读古史,无怪乎有点隔膜。我们再拿武丁这段史料的实在情形,跟迁嚣、居相等相比照,更使我们研读上古史时,不至过于呆板。

《史记》三《正义》说:"纣时,稍大其邑,南距朝歌(《元和志》一六,朝歌在卫县西二十一里,约当今之浚县),北据邯郸及沙丘,皆为离宫别馆。"邯郸正当邢台与安阳间之中点,又沙丘在今邢台之东,春秋时属邢国;[66]试比观前文的论证,这种扩大情况,想商朝中叶早已存在,并非始自纣时。我们又来看,周人的都城有宗周、成周;汉代的康居有冬居、夏居;唐、宋、辽、金均建立几个都城或帝京;蒙古汗分四季住地;满洲人受汉人影响甚深,而热河也有避暑山庄。这一串的习惯,实即前文所谓"离宫别苑",然则迁嚣、居相或五邦等我们或可用同样眼光去理会它,不必执泥着"迁"字。尤其"相"与"殷"相隔不过百里,商族尚处于半畜牧时代,与其说是迁徙,毋宁说是转移牧地。上头的观察如果不误,则商族自相土以后,直至纣之灭亡,并无甚么大举远迁。如后人所想象。

十一、商族移徙的范围及其与河患有无关系

冯景《解春集》称,"自相以下疑皆在河北"(指相、耿、庇、奄),商族活动的中心,除一两处不确知者外,余以为都可适用这一个原则。现在把前头已讨论过的地点,按其时序,列成一表以证成拙见。

王名	居地	今地	备考
相土	商或商丘	濮阳	
上甲微	邺	临漳	
天乙（汤）	亳	内黄	
太甲	上司马	临漳	
仲丁	嚣	?	

续表

河亶甲	相	内黄	可能原为相土的居地
河亶甲墓		安阳	
祖乙	邢（?）	邢台	
	庇	安阳	
南庚	奄	?	
盘庚	北蒙（殷墟）	安阳	
帝辛	朝歌	浚县西南	《史记》八《正义》称，在北蒙殷墟之南一百三十六里
	邯郸	邯郸	
	沙丘	平乡东北	

如以安阳为中心，则东南至濮阳，南至浚县，北经邯郸至邢台各不出二百里，有史后商族活动的区域，相信实以此为中心，再前则不可知。南庚两朝或者因狄族压逼太甚，东南移至"济水流域"（即黄河），则"惟渡河以民迁"一句亦找得着落。吕振羽说："商民族在其建国后之主要根据地，在今日之河南东部、山东西部"[67]；我个人研究的结果大致与他相同。又翦伯赞说："殷族最初的出发点，是在今日河北平原西北之易水流域。……近来，考古学家在易水流域之易州，发现了商代之三种句兵，又确切地证实了这一部分殷族，直至青铜器时代，还是继续定住于易水流域一带"（三句兵即大且、大父、大兄三戈）。"在传说中之契、昭明的时代，应该还在河北平原以至河北境内之渤海海岸一带活动，因而所谓契居蕃之蕃，昭明居砥石之砥石，乃至相土之东都，都不应该在山东境内。依据其他传说的暗示，殷族之迁徙，既非整族出动，亦非全部南徙，其中有一部分，始终停留于河北。"[68]按易州句兵是否商族遗物，还有疑问，定住易水流域之说似受王国维的考证所影响，除此之外，翦氏所说，我极之赞同。若说商族屡迁，其范围很广，且纯为河患，都未得到明据。（1）近人绘禹河图或将内黄置于河的东边，但所谓"禹河"只是周定王以后的河，不是商代以前的河（说见第六节）。（2）有史时代所见的豫省河患，很少冲到内黄。[69]所称"邺东"究未知相隔邺多远（参看下文第八节二项乙）。如要用事实来证明，那非靠大量的考古发掘不可。

不过，灾害是人类尤其半开化民族所最害怕的，假如说商族屡迁，都为避河患而起，那末，前车可鉴，自应远远搬走，为甚么转来转去，总不出二三百里的范围，只就这一点设想，我们已很难坚持"河患"的论调了。

自盘庚至帝辛经过十二世不迁，从黄河变迁史来看，固可认作黄河没通过那边，另一方面从社会发展史，又觉得前朝所谓屡迁，只是游牧部落转移牧地，后朝的不迁则是渐变为城市生活。换句话说,这些片断材料就是由氏族社会转入奴隶社会的表示,由这,我们也可以设想商朝末叶才转入奴隶制初期。

这里更须作必要的补充。旧说商丘在梁国睢阳即现时的归德,前文二项已有过详细辨正,可是最近研究卜辞的还株守着这种解释,对商、宋的地理层化,没给以相当注意,我们不能不再作一个总括的申明。论到商族居地,比较显著的为商丘、亳、相和北蒙,今将其层化痕迹揭露如下:

临近安阳一带的	临近归德一带的
商丘　濮阳东北	商丘　商丘
亳　内黄西南	南北亳　商丘南及东北
相　内黄东南	相　宿县西北
北蒙　临漳南	大蒙　商丘

只消看安阳一带有这四个古迹,同时,归德一带出现这四个古迹,正跟前头三项所举中印有四大佛塔、北印也有四大佛塔的例子一样,其间显露出后先层化的迹象。再看在北边邻近殷墟的商丘、亳和北蒙(相除外)分布于数百里之间,而南边那三个古迹,却集中于现时商丘一县,尤不像民族徙居而却近于古迹复制,这是很可疑的间隙,考古者却没注意来比较。其他无可置疑的邺,命名颇为普通的上司马(现时豫东鲁西的村乡还多以"司马"为名),都在临漳,而商丘附近却找不到亳的故址(见前文),据最近陈梦家说,商祀始于上甲,其历史时期的帝王,以上甲微为第一个,两相比观,归德的商丘不是商族发祥地,当无可疑了。

还有须揭出的,裘曰修《治河论》:"至商仲丁河决商丘,则分睢入淮以归海矣,河亶甲决器,则又分颍以入淮矣,武乙浚偃师,则且分汝以入淮矣。"[70]古代虽有分睢、分颍的事实(参看下文第七节),但他所征引的史料,多数错误,尤其是黄河并无入汝的痕迹,用不着我们作多余的驳论。

根于前头复杂的考证,这里可简化为如下之结论:

既知禹非人帝,跟着就要看商史有无黄河消息。《尚书序》及《史记·殷本纪》都说商族屡迁,但并未举出迁的原因,后起的《孔传》才解祖乙圯于耿为"河水所毁",明末清初的人更进一步怀疑或坐实屡迁由于河患,那是研究上古河变很重要的问题。

游牧民族为要随逐水草,避寒就暖,一年之内,屡移其地,商族初期还是半畜牧社会,我们不应把行国的迁居和住国的定都等量齐看,这是第一点。上古地理层化,前节已有说明,依卜辞及地势来看,商丘即商族的祖居,应在今濮阳,我们不要把层化的名称看作原来的住址,这是第二点。从这出发来作地理考古,知道商族当日活动的中心,北起邢台,南至安阳,东南达于内黄、濮阳,不出数百里之地,所谓"迁",恐怕只是描写游牧民族的习惯而词不达意,未见得定与黄河溃决有关。

注释

【1】参《新疆论丛》创刊号七七页拙著及郭沫若《奴隶制时代》三页。

【2】《四库全书总目》七五。

【3】见《锥指》邺东故大河图。同书四〇中下又拈出十五事以证该河为禹河,今摘录其有关的二事:"《书序》,河亶甲居相,相城在今安阳,内黄二县界,而其后为河所圮,证一也。《楚语》,武丁自河徂亳,注云,从河内徙都亳,河内即邺南殷墟,自河徂亳,皆亦为河所圮,证二也。"按相城为河所圮,全是《孔传》的臆测。今《安阳县志》一三《古迹志》禹河故滨条:"今案安阳县东南四十余里,接内黄县界,中有沙衍绵亘,皆禹导河所经。"这条史料是否有旧本据,殊难详考,但检《图书集成·职方典》卷四〇七并无其文,相信系近世人据《锥指》四〇中下(禹河历内黄、汤阴、安阳)之文所附会。但宋代河曾决内黄,则沙衍绵亘不定是宋以前的古迹。《职方典》只说:"黄河故道在汤阴县东夏庄、小张等处。"再让一步说,即有"禹河",也是东周后的遗迹,还未能证商族因河患而徙。武丁事说见下文十项。

【4】《经世文编》九六。

【5】李济在分析小屯地面下的情形时说:"安阳城的附近洹河经过的地方为第四纪黄土区。出甲骨文的殷墟,现代的小屯,离城不过五里,就在洹水的西南岸。……在这时代(南北朝及隋唐)以前及以后,这地方总被洹水冲过好些次数"(《安阳发掘报告》一期三七一三九页)。又"我们可以不带踌躇地说,淹灭殷商都城的那一次洪水是极巨大的"(同上四四页)。前后所指都是洹水。同时董作宾却据《锥指》,以为"考殷墟淹没之由来,实录大河流经其地"(同上一八四页)。可见商都受河患说之愈演愈奇。但理想究战不过事实,故殷都淹没说到第四次发掘时便予修正(《中国考古学报》二册一三页)。

【6】《历史语言所集刊》五本一分九七页。

【7】《禹贡》四卷六期五页《历代黄河在豫泛滥纪要》。

【8】《新亚细亚》十二卷五期三七页《中国民族古代之迁考》。

【9】《十批判书》一三页。

【10】《中国古代社会史》八七页。

【11】王氏下文说:"是宋之亳即汉之薄县",则固认这个"亳"即"北亳",不应复举。

【12】《观堂集林》一二。

【13】同上九。

【14】参拙著《西周社会制度问题》九二页。

【15】参看朱芳圃《甲骨学商史篇》一第六页的附图。

【16】《历史语言所集刊》五本一分九八页。

【17】《史记志疑》二："案（振）《索隐》引《世本》作核，人表作垓，《竹书》又作子亥，未知孰是"。

【18】【19】【20】均《观堂集林》一二。丁山曾驳称："其引今本《纪年》，未可依据，所谓商侯迁殷，殷侯复归商丘，六迁七迁，殊难置信。商丘与商，本为一地，昭明阏伯，疑即一人，相土所居，名异而实不殊。王氏所考。唯契居蕃，昭明迁商，与相土东都，可以补苴《孔疏》耳"（《历史语言所集刊》五本一分九四页《由三代都邑论其民族文化》）。

【21】同上引文九九页。

【22】参本节注46。

【23】《观堂集林》一二。

【24】《科学》七卷九期九〇一页。

【25】杨向奎说，今河北、山东交界之"濮"，古音读 b'wak，亦当为"亳"之音转（一九五四年《文史哲》十一期五三页《试论先秦时代齐国的经济制度上》）。按名亳的地方颇不少，尤其是商族所到的范围，商丘既在濮阳，认"濮"是"亳"的音转，也有可能。杨氏又说，"蒲姑实即亳的音转"，这可有点难题了；依詹桓伯的说法，蒲姑是东土，亳是北土，是否为同音之转，还要再加以考虑的。

【26】《观堂集林》一二也不赞成上洛之说。

【27】同前引《新亚细亚》三六页。

【28】《国策地名考》一九引张琦说："《汉书》偃师下亦未云西亳也"。

【29】金鹗《求古录礼说》十《汤都考》："亳即商丘，商丘其本名，后改称亳也"，他的"亳"指南亳，也是这种例子之一。

【30】但华氏却仍主张亳在今商丘县。

【31】《中国考古学报》二册八七页。

【32】洪亮吉《春秋左传诂》二〇以为指南亳，王国维以为指北亳，那是无关紧要的。

【33】《观堂集林》一二。

【34】托商承祚兄代为写定。

【35】《观堂集林》九。

【36】丁山称，"契所居亳，以情势言，当在河北"（同前引文九八页），是合于事理的；但他又连读"燕亳"为一地，拟以今之北京，则极不稳当。

【37】《观堂集林》九。主张这一说的无非因易县会发见三句兵，都以日干命名；但须知器

物可以流动，如非获有大宗物证，不能遽然肯定为某族住区。其次，据郭沫若考定，日干命名之俗，沿用至周代，也不能必其为前商期的遗物。简单地说，这样孤单的考古物证还未具有决定性作用。

【38】《东方杂志》四一卷三号四一页拙著揭出中华民族与突厥族之密切关系。

【39】《本纪》说："帝盘庚之时，殷已都河北，盘庚渡河南，复居成汤之故居，适五迁无定处。"丁山谓《史记》"以五迁为盘庚一身之事"（同前引文九四页），我初时亦有此误会。但细读《史记》，前文说汤始居亳，继而叙迁嚣、迁邢，再补盘庚时已都河北一句，连同盘庚复居亳恰成五数，可决《史记》确系自汤起计，不过它说来模糊，遂至引生误会。

【40】卜辞仲壬作中壬，仲丁作中丁。

【41】《禹贡》四卷六期二三页。

【42】丁山引《穆天子传》："终丧于嚣氏，己卯，天子济于河嚣氏之遂。"证嚣在敖仓之说（同前引文一百页），尚待考虑。其他各地，他也有所考，以其未必能确立，不复多引。

【43】《隋书》三〇《魏郡安阳县》，开皇"十年，复名城阳，分置相县……大业初废相入焉"，又《旧唐书》三九武德元年，相州所领八县有相，五年省。

【44】据《史记》三《正义》引，《元和志》一六同;《通典》一七八："相州，殷王河亶甲居相，即其地也"，只说相在相州境内，本与《括地志》无异;胡渭"邺东故大河图"以殷城、相城分作两地，完全出于误会。

【45】据《历代钟鼎彝器款识》四转引。

【46】同前《甲骨学》一〇转引。按依前引《河朔访古记》，河亶甲冢在安阳西北五里四十步，依后引《竹书纪年》，殷墟在邺南三十里，又古邺城在唐的邺县东五十步，唐的邺县南至安阳四十里（均见《元和志》一六），那又间接证明河亶甲之活动，已在殷墟附近。

【47】《观堂集林》九。

【48】同前《甲骨学》四引罗振玉说。

【49】《观堂集林》一二。

【50】据汪远孙《汉书地理志校本》引。

【51】《观堂集林》一二。

【52】同前《甲骨学》二引王国维。

【53】同前引《新亚细亚》杂志。

【54】赵一清《水经注释》："《元丰九域志》邢州古迹干言山引《水经注》云，泜水又经干言山，邢《诗》曰，出宿于干，饮饯于言是也。"按我所见《元丰九域志》二（金陵局本）并无《水经注》引文，只于内丘县下著录干言山和泜水，内丘今同名，如果言邑确在内丘，就很难认为是东土之奄的。

【55】《观堂集林》一八。

【56】中大《语言历史周刊》四九—五一期。

【57】郭沫若说，殷即卜辞所屡见之衣。《水经注》所谓殷域，其地在今河南沁阳县，殷王每田猎于此，盖其地有殷之离宫别苑在焉，故周人避其国号而称之为殷也（据《甲骨学》四略引）。按商族不自称为殷，近年已有定论，则非避其国号（《水经·谷水》注："昔盘庚所迁，改商曰殷"，是错的）。《礼记·中庸》郑注："衣读如殷，声之误也，齐人言殷声如衣"；"衣"和"殷"不过方音的转变。呼"王国"如"衣"是否商族本语，我还不敢断定，我所能肯定的，即郭氏的考订给拙说以极有力的佐证是也。郭氏的意见，近年又略有修补，他在《奴隶制时代》（五页）说："根据卜辞的记载看来，殷人自己自始至终都称为商而不自称为殷的。在周初的铜器铭文才称之为殷，起先是用'衣'字，后来才定为殷。……周人称商为衣、为殷，大约是出于敌忾。"按"衣"只见卜辞，不是周人对他们的称谓，说"出于敌忾"，也不见得；《墨子·备城门》篇，"诸侯畔殷周之国，甲兵方起于天下，大攻小，强执弱。"毕沅说，"殷，盛也。"孙星衍说，"殷，中也，言周之中叶。"固然所释不当；苏时学说，"殷、周皆天子之国，言世衰而诸侯畔天子也。"孙诒让《墨子间诂》以为"苏说是也，此盖通称王国为殷周之国"。按《墨子》所言是战国时事，与商何干，华、孙（星衍）两家岂不知周之前为"殷朝"，他们所以不如此解释，正因为有点说不通。《墨子》这里的"殷周"犹言"王周"，亦即孙诒让所谓"王国"。周人称商为"殷"，并无敌忾的意味。

【58】《东方杂志》四一卷一七号四二页拙著《误传的中国古王城》。

【59】《东方杂志》四一卷三号三六及四一页拙著《中华民族与突厥族之密切关系》。

【60】周之先世也曾臣属于商族，见《禹贡》一卷六期二一三页孙海波的文。

【61】我曾说："依突厥语 al，红色，末缀 chi 作 a1chi，则义为'染红品'，今俄语犹称红曰 a1yǐ，恰可相证。烟脂，切韵 ien tsi，汉人读收声 -l 如 -n，故 alchi 为胭脂之语原。"（《民族学研究集刊》六期四九页拙著《阐扬突厥族的古代文化》）按 alyǐ 即 arolǔ。

【62】《水经注》九："洹水出山，东迳殷墟北。《竹书纪年》曰：盘庚即位，自奄迁于北蒙曰殷。洹水又东，枝津出焉，东北流迳邺城南"。《盘庚》的《正义》引《竹书》作"盘庚自奄迁于殷，殷在邺南三十里"，《史记》七《集解》引作"殷墟南去邺三十里"，同卷《索隐》又引作"盘庚自奄迁于北蒙曰殷墟，南去邺州三十里"，文字虽详略不同，方位并无冲突。唯唐以前无邺州，"州"字是衍文。本篇所引，系参合改定。

【63】据《尚书正义》。

【64】《观堂集林》一二。至《禹贡锥指》四〇中下的拟解，殊为迂曲，此处不复引。

【65】《禹贡锥指》四〇中下指《地道记》"误以武乙为武丁"，系由于过信《殷本纪》而没有详细探讨。王应麟《诗地理考》引《帝王世纪》"帝乙徙朝歌"，《齐乘》引《三齐记》平阴"是帝乙之都"，这些单文孤证，都不再讨论。

【66】《汉书·地理志》巨鹿县，"纣所作沙丘台在东北七十里"。巨鹿即今平乡。

【67】《中国社会史纲》一六二页。

【68】《中国史论集》七五—七七页。

【69】参有《禹贡》四卷六期张了且《历代黄河在豫泛滥纪要》。

【70】《经世文编》九六。

第五节　周定王时的河徙
还存着疑问——不是春秋时代

　　王莽时，大司空掾王横奏称："禹之行河，水本随西山下东北去，《周谱》云，定王五年河徙，则今所行非禹之所穿也。"[1] 记定王时代的河徙，这是古书上唯一的孤证，而在前人的看法，又以为这是黄河第一次的改道。《汉书》三〇《艺文志》只著录"《周考》七十六篇"，"臣寿《周纪》七篇"，"《虞初周说》九百四十三篇"，古代人同引一书，名称往往不尽一致，王横所援据的《周谱》，是否即在其内，我们已无从追究。但黄河在这次未徙以前，经行甚么地方？既徙之后，又经行甚么地方？因为"禹"本来并无其人，《禹贡》又经证明为战国人的作品（见上文第三节），所以王横的解释，是不能作准的。尤其是唐初颜师古所搜集的《汉书注》，对于这次黄河如何徙道，大家都毫无说明，现在要从新估定其实在情况，显是极为困难的一回事。

　　班固《汉书·叙传》虽然说"商竭周移"[2]，也没有指实，直至宋人程大昌始有"周时河徙砾玲，至汉又改向顿丘"的话（据王应麟《河渠考》引），蔡沈作《书传》，即承用程说，胡渭以为"妄谈"[3]。关于这问题，且留待第七节讨论，现在先把旧日学者的意见，汇集如下：

　　（一）《水经注》五："河之入海，旧在碣石，今川流导，非禹渎也；周定王五年河徙故渎，故班固曰商竭周移也。"郦道元的真意，显然以为禹河本从碣石入海，自周定河徙，才不从碣石入海，换句话说，周定河徙只是下游海口的变迁。焦循不能领悟郦氏的辞旨，误会这里的"故渎"，系指《水经注》前头的"河水故渎"（引见下文），殊不知郦道元常用"故渎"字作通名，任何地方凡水已经离开的旧道，都可称作"故渎"，它的意义，要前后文理，才能决定。这里的"周定王五年河徙故渎"，显系承接"旧在碣石"一句，指"碣石的故渎"（关于这个问题，应参看下文第六节）。何况《水经注》同卷别一段：

　　《述征记》曰，凉城到长寿津六十里，河之故渎出焉。《汉书·沟洫志》曰，河之为中国害尤甚，故导河自积石，历龙门，二渠引河：一则漯川，今所流也；一则北渎，王莽时空，故世俗名是渎为王莽河也。故渎东北迳戚城西……

道元分明承用《汉书》孟康注的解释（引见第六节），以"河水故渎"或"北渎"（即王莽河）为禹河二渠之一，他何尝像焦循所说，以"故渎"为定王时所徙。更如《水经注》同卷别一段："又有宿胥口，旧河水北入处也"，那无疑是指"邺东故大河"；但道元并没有说它是"禹河"，也没有说明是甚么时代留下的"旧河"，试合观前头所引一段及《水经注》九"清、漳二渎，河之旧渎"，便很明白。戴震校《水经注》乃以为"案此所谓旧河即禹贡古河也"，那又是另一方面的误会。

（二）胡渭说："禹釃二渠自黎阳宿胥口始；一北流为大河，一东流为漯川。周定王五年河徙，自宿胥日东行漯川，右迳滑台城，又东北迳黎阳县南，又东北迳凉城县，又东北为长寿津，河至此与漯别行而东北入海，《水经》谓之大河故渎。"[4]他的基本主张系推翻六朝以来孟康、郦道元的解释，采用程大昌的说法（引见第六节），认定"邺东故大河"即禹河故道。这样一来，《水经注》详细描写的"河水故渎"即北渎便变成没有着落，他于是假定这故渎是定王时河变所冲成。

（三）阎若璩不赞成胡渭的解释，他根据《汉书》六《武帝纪》，元光"三年春，河水徙从顿丘东南，流入渤海"，以为"与《水经注》北渎所行合，[5]元光三年始徙顿邱，则北渎非周定王时所徙"[6]，所以他就认"邺东故大河"为定王时徙出的河道。[7]焦循对于前一点，也跟阎氏意见相同，他在《禹贡郑注释》说："王莽河即武帝时顿邱之徙河，孟康谓出贝邱南南折，杜预谓出元城县界，皆指此，不必周定王五年徙也。"唯胡渭应用主观的臆测，所以在《锥指》四〇中下说："顿丘东南之决河，未几即塞，安得以河水为元光改流之道？"又在《锥指》四〇下说："及武帝塞宣房，道河北行二渠，则正流全归北渎，余波仍为漯川，顿丘之决口，不劳而塞，故《志》略之。"至"邺东故大河"的问题，将在第六、第七节再行讨论。

（四）焦循著《禹贡郑注释》，又于胡、阎两说之外，另创新解，大致注重驳阎，他说：

> 今以定王五年后考之，邺东之河不徙于定王五年，其证亦有九。

文字太长，不必多引（并参注2），他跟着说：

> 周定王五年，鲁宣公七年也。河徙，非常之事，《春秋》不书，一也。

进一步疑惑着定王五年河徙之并非事实。这一回的河徙，我们诚然未能从先秦古典上拈出第二个实证，但像焦循上面的驳论，也不过片面的理由；《春秋》，人们都知是鲁国的史记，所以《左氏传》有"不赴不书"的说明，河患如于鲁国无关，《春秋》不把它记下，是一件很寻常的事。试问，我们能够肯定二百四十二年之间，中国境内发生的大事，《春秋》都毫无遗漏吗？何况"定王"实不是春秋的定王呢（说见下条）。《金史》九五《移剌履传》："初河决曹州，帝问曰：《春秋》二百四十二年不言河决，何也？履曰：《春秋》止是鲁史，所以鲜及他国事"。焦氏的认识，还不能够赶上移剌履。焦循又说：

> 而定王河徙，《史记》纪、表、书、传无一言及之，盖考之不得其实，宁从其缺耳。且《谱》言河徙，未言徙何地，郦道元以故渎实之，胡朏明乃以北渎为定王时所徙，则《周谱》所未言，七也。

郦道元一句，前文已有辨正。河徙向何地，固然应有的疑问，唯其有了疑问，我们越要从多方面推究，以谋取得合理的解决。自汉武帝起，直至近代咸丰五年（一八五五年）铜瓦厢之决，约二千年，黄河的重要崩溃发生不下数十起；再由武帝上溯至商朝又约千余年，我们持甚么理由，能相信这一段长时间，黄河偏偏永远安澜呢？尤其是有史文记载之前，并未有过大量的人工导河，像旧日所传禹王的故事；是不是定王五年，这一点倒无关紧要。

（五）胡克家《资治通鉴外纪注补》六："（河徙）亦见《水经注·河水》下及《意林》引《新论》，皆作定王五年河徙。按《竹书》，贞定王六年，河绝于扈，河徙而《春秋》不书，疑是贞定王之时也。"注重《春秋》不书而怀疑，见解跟焦循相同，只是片面的理由。复次，现下所传的《竹书纪年》，系后人搜集残余材料而伪造，不过这一条确有所本。《水经注》五于"河水又东过荥阳县北，蒗荡渠出焉"之后，继称："河水又东北迳卷之扈亭北……《竹书纪年》，晋出公十二年，[8]河绝于扈，即于是也。"关于这一问题，有三个考订是先须解决的：

（1）《史记》四《周本纪》："敬王崩，子元王仁立；元王八年崩，子定王介立……二十八年定王崩"。是周代有两个定王，"前定王"约相当于元前六〇六—前五八六年，"后定王"约相当于元前四六八—前四四一年(这只据近人王洲的计算)。可是徐广引《世本》，敬王之子为贞王介，贞王之子为元王赤，并无"(后)定王"这个名称。晋皇甫谧因提"岂周家有两定王，世数又非远乎"的疑问，而谓"后定王""应为贞定王"。《索引》非之，它说："皇甫谧见此，疑而不决，遂弥缝《史记》《世本》之错谬，因谓为贞定王，未为得也。"可见"贞定王"一名实皇甫臆改，本无别据，反过来说，汉人所见某种周史，确有前后两个定王，古代简朴，隔数世而尊号相重，是很可能遇见的事。《伪竹书》的"贞定王六年"，无疑系从"河绝于扈"出发而伸算其相当年代，故沿袭皇甫臆定的"贞定王"名称，因之，"六年"之伸算，更毫无信值。

（2）依前引《史记》，元王在位八年，定王在位二十八年。依皇甫则贞定王在位十年，元癸亥，崩壬申，元王在位二十八年，元癸酉，两王年数与《史记》不同，合计且多了二年，但不知他有甚么根据。

（3）《史记》一四《十二诸侯年表》，敬王崩于四十三年甲子；一五《六国表》，元王在位八年，徐广说：元年乙丑。又定王在位二十八年，徐广说：元年癸酉。据梁玉绳《史记志疑》三，敬王应在位四十四年，则元王元年应为丙寅，定王元年应为甲戌，定王五年戊寅恰是晋出公之十二年，也就是"河绝于扈"那一年，可算巧合不过的事。

前三点的考订，我们既取得相当了解，则东周河徙究应在"前定王"五年己未（元前六〇二年）抑或"后定王"五年戊寅（元前四六三年），我们可以进行试作决定了。按"绝"有断灭、截渡二义，河水不断绝，断绝必由于横决，截渡则与冲过无异，那末"河绝于扈"可信是"河水在扈"溃决的古文。再次，《水经》称渎水"又东过荥阳县北，又东至砾溪南"，又《汉书》二九"荥阳漕渠"下如淳注称："今砾溪口就是也"，荥阳漕渠就是蒗荡渠，综合这几条史料来比看，更见"扈"跟"砾溪"大概可认为同一地点。然而砾溪固程大昌、蔡沈认为周定王五年河决的地方，由是，我们可以信河徙砾溪（没有古典根据）实即古典中河绝于扈的异文。我们再向"前定王"审查一下，古文献中绝无涉及河事的记载，而"后定王"五年确恰有"河绝于扈"的记录，当然不能诿为巧合的。自皇甫私改"贞定"的名称之后，人们只知有"前定王"，不复知有"后定王"，刘恕《通鉴外纪》遂把"河徙"记在"前定王"五年之下，经生家像胡渭等没有向历史深入探讨，贻谬承讹，铸成大错。胡克家的疑问也只用皇甫的"贞定"伪称来提出,不用《史记》"定王"的名称来提出,更不易得到一般注意。经过这回辨证,东周河徙实应在元前四六三年,不是元前六〇二年,似已毫无疑义。更详细一点来说,《周谱》的"定王"系指"后定王",有古本《竹书纪年》可作旁证,《史记》称元王的子为"定王",与《周谱》相同,并不是司马迁的创说。把《周谱》的"定王五年"和《纪年》的"晋出公十二年"结合伸算,又可替梁玉绳的敬王在位四十四年说作强力支持,所谓一举而数善备了。

(六)傅泽洪《行水金鉴》五说:"《禹贡》原无分渠之说……《史》《汉》皆言引河,不言引漯,何得遽以漯川实之?盖周定王五年河徙,自宿胥口东行漯川,太史公遂错认为禹之故迹,班氏从而附会之。"现在,我们晓得上古没有大禹治河的实事,所谓"禹河",只是周时徙出的新河,如果依傅氏说,"邺东故大河"又安置在甚么时代呢?

(七)裘曰修《治河论》:"……固不独周定王五年河始南徙也"【9】,以周定王时河决为南徙,是毫无根据的。

归结上边的话,我们相信周时总有过河徙,至于从甚么地方,将于下节汇合讨论之。又最近以前的书说,都认定王五年为禹治河后第一次改道(或初徙),现在既晓得大禹治河是神话性质,定王五年实是后定王五年,我们就应该改正错误,称定王五年河徙为有史文时期可知的第一次改道。

本节所叙述,得简括为结论如后:

王莽时王横称定王五年河徙,是古史上的孤证,清焦循始以《春秋》不书而疑其非真,胡克家又据《竹书纪年》而疑不是定王。按《竹书纪年》是魏国史,不用周王年次来编纂,胡氏所据的系伪本,如依《水经注》所引皆出公十二年河绝于扈,实相当于后定王五年(因为《史记》的年表有问题)。

单就定王五年来讨论的,郦道元以为徙于下游碣石,胡渭以为徙于长寿津,阎若璩以为徙于宿胥口,徙出的新道,虽三说不同,但同认河口在今天津附近。唯傅泽洪独以为徙出漯川,至千乘(今高苑县北)入海。

注释

【1】《汉书》二九《沟洫志》。阎若璩据《梁书·刘杳传》:"桓谭《新论》云,太史三代世表,旁行邪上,并效《周谱》",以为横所引即此谱(《锥指》四〇中下)。

【2】焦循《禹贡郑注释》:"齐桓时,九河既塞,乃变而为清河等水,是所谓移也",这样解"移"字,是不全面的。

【3】《锥指》,《禹河初徙图》。并参《锥指》四〇下。

【4】《禹贡锥指》四〇下。

【5】《水经注》五："河水又东北迳伍子胥庙南，初在北岸顿丘郡界……河水又东北为长寿津，《述征记》曰：凉城到长寿津六十里，河之故渎出焉。"据《地理韵编今释》，凉城县在今滑县东北，顿丘在今清丰县西南，都可以证明顿丘的徙道与《水经注》的北渎相合。司马光《通鉴》一八省去"入渤海"三字，他举出省略的理由："《汉书》武纪云，东南流入渤海；按顿丘属东郡，渤海乃在顿丘东北，恐误，今不取贡"(《通鉴考异》)。《禹贡锥指》四〇下对司马光的错误，曾有辨正，它说："河水徙从顿丘东南是一句，《通鉴考异》……盖误以东南二字属下读也。"

【6】据焦循传引。

【7】《四书释地续》。

【8】戴震校注称："案近刻讹作二十二年。"按《史记》一五，《六国表》作出公在位十八年，又《史记》三九《晋世家·集解》引徐广，"或云二十年"，似出公无二十二年。但《史记》三九《索隐》称："《纪年》又云，出公二十三年奔楚"，如果《纪年》之说不错，出公也并非无二十二年。

【9】《经世文编》九七。

第六节 "禹河"是甚么？经行哪些地方？

一、禹河即东周所徙的河，在北方分作两支（二渠）

前节已说明东周时期即战国以前总有过一次河徙，过去都认为是周定王五年（元前六〇二年）。但最近我根据胡克家的异议，经过一次检查，也可能是后定王五年或六年（元前四六四—四六三年），比之旧说较后一百三十八年。然而定王五年也好，后定王五年也好，对于我们研究的进行，倒没发生甚么大障碍。现在所急要追求的，只是河在哪一点溃决？溃决后冲成甚么新道？

本节展开讨论时，牵涉到好几个流域名称，有的是古典上著其名而没说出它的经行，有的是经行已大略晓得而名称却任人赋予，更有的名称近于臆想而经行也很为模糊，对这些杂乱无章的书说，如不先行取得一个概念，读时就很难了解，因之无从辨别其是非。为要减少那种困难，先作出些概括描写，相信是必需的。

（1）邺东故大河

见《汉书·地理志》，但没说明是哪时代的河和经过甚么地方。程大昌、胡渭都断定它为禹河故道，程以为夺漳水而通过澶、相、贝、冀、棣、景、沧等州，胡更详细地说明其当的今地（见下文）。

（2）漯

见《禹贡》及《孟子》，都"济漯"连言。《汉书·地理志》东郡东武阳，"《禹贡》，漯水东北至千乘入海，过郡三。"《水经注》所叙，它通过今禹城、平原、陵、德平、乐陵、商河、惠民、青城、蒲台、高苑、博兴等县而入海。自孟康起都认它是二渠之一，独程大昌以为它只是汉代的黄河（即河决顿丘时所徙，胡渭同），傅泽洪又认为定王五年所徙（傅说见前节）。

（3）北渎

也称"河水故渎"，见《水经注》。因它于王莽时枯竭，又呼作王莽河。孟康、郦道元认它为二渠之一，胡渭认它为定王五年所徙，两说都不对。其实它系汉武元光三年河决顿丘东南（长寿津），冲向东北之新道。

（4）禹河

这个名称本意味着《禹贡》所描写的黄河，可是《禹贡》导河一节的文字非常空洞，酿成许多争执。《史记》称"北载之高地"，跟王横的"水本随西山下东北去"语气相同，或者司马迁系以邺东故大河为禹河。孟康、郦道元则认北渎即王莽河为禹河。惟程大昌、胡渭复提邺东之说，比较可信。

（5）二渠

首见《史记》，但没说出它们的名称和经行地方，无疑其一渠应是指"禹河"而言。所余一渠，孟康以为漯川，理由是相当充足的。还有人提出二渠应南、北各一（南边的为鸿沟），或应在修武、武德界中，与汉时的"二渠"不同，最极端的如晁补之、林之奇更因《禹贡》未见"二渠"的名称，不肯相信。

其次，我们在第三节已晓得上古时代没有大禹治水那一回事，《禹贡》只是战国人的作品，因之，它描写的也只是战国当日即东周河徙后的黄河新道，后来两汉人臆想中的"禹河"也就是那一条新道。换句话说，"禹河"和东周时的徙河，是统一的，非殊异的。抓着这条线索来进行研究，便清除了许多障碍。然则从《禹贡》入手以推求禹河真相，岂不容易得多吗？却又不然。《禹贡》的描画是很模糊的，辞句很含混的，系统又没有明了联系的。人们要了解《禹贡》的真义，费尽许多工夫，现还得不到彻底解决，如果从它入手，就钻入牛角尖去了。所以我们头一步的做法，还是检讨汉人的书说。

《史记·河渠书》："于是禹以为河所从来者高，水湍悍，难以行平地，数为败，乃厮二渠以引其河，北载之高地，过降水……"[1] 又《汉书·沟洫志》引王横说："禹之行河，水本随西山下东北去。"[2] 汉人所称的二渠，我们在未展开讨论之前，须记得东周时有过一次河徙，《史记》完全没有提及，所以司马迁的"禹河"，实即东周时所徙之新道。有人问我，班固的叙传曾说过"商竭周移"，而《汉书·沟洫志》也记录禹酾二渠，那岂不是"禹河"和"东周时徙河"有区别的证明吗？我们又须知道《沟洫志》关于二渠的叙述，完全系抄自《河渠书》一字不改的，而"商竭周移"那一句又系根据别种材料的，班固著《汉书》，常常有自己不可相照应的地方，如果他确信得那两种河道不同，就应在《沟洫志》里面分说明白了。王横本同时知道禹河随西山下及周时河徙的人，但他对于周时怎样徙法，仍是模糊不明，所以没法把这两种河统一起来。

二渠虽见于《史》《汉》，后人却有不信的。《禹贡》没说二渠，宋晁补之（一〇五三———一一〇年）的《河议》早已提出，[3] 因之，林之奇（一一一二———一一七六年）的《尚书全解》也以为"此说不然"[4]。司马迁写《河渠书》，取材既不专限于《禹贡》，可他对于《禹贡》的估价，并非认为记载无漏及一字不可易。晁、林持《禹贡》之无，疑《史记》之有，我难道不可执《史记》之有而疑《禹贡》之无吗？

还有《行水金鉴》五说："《禹贡》原无分渠之说……《史》《汉》皆言引河，不言引漯，何得遽以漯川实之。盖周定王五年河徙，自宿胥口东行漯川，太史公遂错认为禹之故迹，班氏从而附会之；注家既知二渠一为漯川，而又不能明正其非，均失之矣。"傅氏不认禹河有二渠，见解跟晁补之、林之奇相同，然禹河与"定王五年"的徙河，是一非二，既认"定五"东行漯川，则禹河也东行漯川了。济、漯两川均见于《禹贡》，济实河的分支（见下第七节）而《禹贡》没有明说，那末，单执《禹贡》无分渠而否认漯川为禹河故迹，不过是片面的理由。更重要的反证，则邺东故大河很像西汉前早已断流（详下文第八节），如果禹河当日在北方没有二渠，黄河又从哪处出海呢？假使邺东大河断流后才东行漯川，则战国时期却没见过黄河东决的记载，而《燕策》苏秦死章，"齐有清济，浊河，足以为固。"又是战国初期的话。根于这些剖辨，以前各家所提禹河没有二渠及漯川非禹河故迹那两项疑案，都可宣判结束了。

《史记》虽首先提出二渠，但二渠的名称和经行地方，却没有完全交代清楚。话虽如此，我们拿《河渠书》"北载之高地，过降水"的记载，和《禹贡》的"北过降水"、王横的"水本随西山下东北去"相比观，可信司马迁的意见系以"邺东故大河"为二渠之一。唯这大河的经途不明，郑玄以为北接屯氏河，张泊以为经过浊漳（均见下文），胡渭以为"《水经》所叙漳水自平恩以下，皆禹河之故道"[5]。胡氏的解释，系从《水经注》九"清漳二渎，河之旧渎"生发出来，可是郦道元并未认作"禹河"，说已见前第五节。

现在可能见到最先对二渠作概括解明的，就是魏孟康。《汉书》孟康注："二渠，其一出贝丘西南二[6]折者也；其一则漯川也。河自王莽时遂空，唯用漯耳。"《水经注》五即遵守孟氏的解释，称王莽河作北渎，以后经生们都认王莽河为"禹河"。独程大昌著《禹贡论》及《山川地理图》始对旧说翻案，主张邺东故大河为禹的旧迹。[7]《山川地理图》上说：

> （河）分派旁出者凡二：在南为济，少北为漯。……周定王时河徙故渎，[8]则已与《禹贡》异；汉元光河又改向顿邱东南，流入渤海，则汉河全非禹河故道矣。司马迁、班固虽能言禹河之在降水、大陆者别为一枝，而又杂取汉世新河，亦附之禹，其曰禹酾为二渠者是也。孟康顺承迁、固此语，以汉河为漯川。[9]……然自此说既行，历世儒者误认汉河以为禹河。……历世讹误以为王莽故河，而不知其真禹河也。

他们俩的意见，我们现在试来审查一下。其一，孟康承认北渎为禹河正道，依前节所引阎若璩说。是错误的。但孟康系以北渎为王莽河，程大昌批评孟氏不应指邺东故大河为王莽河，那是由于程氏自己的误会。[10]

其二，程大昌主张邺东故大河为禹河旧迹，也不是他的创见，他是融会着《汉书·地理志》"邺，故大河在东，北入海"和《水经注》九"清、漳二渎，河之旧渎"[11]而贯通出来的。他受当时环境的限制，不懂得禹河就是东周的徙河，这种错误，倒可饶恕。然而《河渠书》的二渠，没有明白指出哪二渠，孟康的注是否代表《史记》的真意，还有疑问（参看前文），所以程氏对于司马迁的批评，是应该保留的。

最后该论到胡渭了，他对于"禹河随西山下东北去"，曾提出十五个证据，又对于"漳水自平恩以下为禹河之故道"，亦提出五个证据，[12]他认禹河的故道是：

> 以今舆地言之，浚县（属直隶大名府）、汤阴、安阳、临漳（并属河南彰德府）、成安、肥乡、曲周（并属直隶广平府）、平乡、广宗、巨鹿（并属顺德府）、南宫、新河、冀州（并属真定府）、束鹿（属保定州）、深州、衡水、武邑、武强（并属真定府），皆禹时冀东濒河之地。[13]

和程大昌所说禹河经过澶、相、贝、冀各州（引见后文及注2），虽比较分析得清楚，但大致相同。胡氏又说：

> 汉、魏诸儒皆以北渎为禹河；司马迁知禹引河北载之高地矣，而不知

当时所行者非禹河。王横知禹河随西山下东北去矣，而不能实指其地名。班
固知有邺东故大河矣，而不知其上承宿胥口。[14]

那又与程氏之责备迁、固同一样口吻。可怪的胡对于程，偏偏极力攻声，他以为
程氏：

> 盖唯不知汉时漳水自平恩以下皆禹河之故道，故谓巨鹿去古河绝远，
> 而以枯绛应降水，移大陆于深州，种种谬误，皆由此出也。[15]

其实这不过枝叶问题，[16] 大陆也不见得必是巨鹿，他总脱不掉文人相轻的习气。
此外，他本身仍犯有若干错误：如（一）"顿丘东南之决河，未几即塞"[17]。这一道
决河，应依阎若璩说，即《水经注》之北渎，经过一百四十余年，至王莽时始行枯竭，
并不是"未几即塞"。（二）同上的决河，他以为"河夺漯川之道，至千乘入于渤海"[18]，
这因为他把北渎误会作定王时徙河，元光的新河无可安插，遂不能不诬为夺漯入海，
大致仍系采用程大昌的说法，所不同于程氏的，只是顿丘的决口，他以为不久即塞（可
参看前第五节引文）。但漯川在西汉初期，已是黄河的分支（见第八节），河水从原有的而且
未曾断流的分支出海，哪能叫作"徙"？

再次，二渠，旧说以为俱在北方，但又有人以为应分指南北二渠。例如，张燧《千百
年眼》说："至秦河决魏都，始有二流，子长盖误指秦时所决之渠以为禹迹也。"[19] 按《史
记》《汉书》除指出北载之高地外，都没有说明别一渠所在，二渠也许指南、北各一，
张燧的话，我们不能完全排斥；唯是，秦决河灌大梁，虽然通入淮、泗（见下文第七节引《汉书》
如淳注），但另一方面据《史记·河渠书》的记载，则通入淮、泗的鸿沟，春秋时期早
已存在（参下文第七节），并非始自秦代，张氏疑司马因秦代决河才发生二渠的误会，却
大大不对。此外尚有毕亨的说法，他以为二渠之迹，"当在修武、武德界中，非汉之
二渠"[20]，我将在下面及第八节有所说明。

由于《禹贡》《史记》及王横所说，"邺东故大河"无疑是"禹河"即东周时决河
的一支。又由于前文对《行水金鉴》的辨正，我们也无法不认漯川属于"禹河"的系统。
《禹贡·兖州》："浮于济、漯，达于河"，漯字或写作"濕"[21]，济可通河，将于第
七节得到证明，依这来推理，漯在战国时代，也应该跟黄河通流。再由《孟子》"论济、
漯而注之海"来看，漯又是战国时入海的川流；那末，我们更不能不承认漯是禹河入
海的一渠了。

附带着些漯的问题，是值得顺便揭出的。胡渭在《禹河再徙图》第二十七里面

注称：

> 河至故高唐县界，与漯合，复分为二；漯由漯阴故城北，河由平原故城东。
> 盖自高唐以西至武阳，河在南而漯在北，自高唐以东至海，则漯在南而河
> 在北矣。

这无疑是根据《水经注》五的编配而不是胡氏的创解，但我们试深入检讨，郦道元能够自完其说吗？《水经注》曾称："二渠以引河，一则漯川，今所流也。"已承认汉前河水的一支系经漯而出海。换句话说，在那个时代，漯水就是黄河的支流。入后叙到河水经过东武阳县（今朝城县西）时，《水经注》称"又有漯水出焉"，"出"的意义，即是由河水分流，自身本无来源之谓。[22] 更后河水东北过高唐县时，《水经注》又称，"河水于县，漯水注之，《地理志》曰，漯水出东武阳，今漯水上承河水于武阳县东南"（北魏的武阳即汉的东武阳）。漯水既有自河水分出，后来又注入河水，照这样看，漯是黄河的分支，更无庸疑了。就算漯在东武阳的地方，曾接纳了若干本土的溪流，可认为独立的水川；[23] 但在高唐县河、漯交流后，再度分为两股，又有甚么方法辨别出哪股是河、哪股是漯呢？《水经注》五："《竹书·穆天子传》称，丁卯，天子自五鹿东征，钓于漯水，以祭淑人，是曰祭丘。己巳，天子东征，食马于漯水之上。"如果西周时黄河不经鲁北，漯曾独立出海，那末，黄河再度侵入后，漯自然可保留其旧称。然即使是如此，实际上也不是单纯的漯水。例如，咸丰前有大清河，自咸丰五年河夺大清入海之后，一般人都不再认它是大清了。济水绝河而为"出河之济"，已是古人的玄想（见下文第七节），道元再构成河先南后北，漯先北后南的 ×（交叉）臆说，更属玄想之玄想。我们试再让一步，认为"十字交流"说可以成立，那末，漯水非流量极旺，断不能造成这种特殊现象。然而《水经注》对于入海的漯川，却称"河盛则通津委海，水耗则微涓绝流"，这更说明从千乘入海的漯水，在汉、魏、六朝时无疑是黄河入海较弱的一股。[24]

较盛的一股即黄河的正流，据《水经注》五，它经过高唐（今禹城西南）、平原（今同名）、安德（今陵县）、般县（今德平）、乐陵（今同名）、朸乡（今商河）、厌次（今惠民）、漯阳（今青城）、漯沃（今蒲台）、千乘（今高苑）、利（今博兴）等县，近海处复与南股乱流；这一条河道，试取《元和郡县志》所记唐代黄河经行（详下文第九节）来比勘，并没有发见甚么大变动。

归纳前头冗长的辨证，我们可以得到一个结论：禹河就是东周时所徙的河道，初时在北方约分为两道，即二渠出海：一北支，即邺东故大河，越过郾县（今临漳县西南），合着浊漳、清漳，向章武（今沧县东北）流入渤海；又一东支，东出长寿津（约今滑县东北），

经高唐至千乘县入海,别号漯川。两支当中,在古典派的眼光看去,当然以北支为正流,但两支流水量的比较,是无法使其复现眼前来供我们判定的。至东周时河在甚么地方溃决?北支到何时方始断流?留待下文第七、第八节再行讨论。

二、《禹贡》导河一节的正解

我们即明了了禹河是哪个时代的河,对于《禹贡》导河一节的辞义,自然较易领会。但从客观来看,我们试释的时候,仍有应该注意的两点:

战国是七雄角立的时代,以私人资格,当然不能自由出入列国境界,作广泛的深入的调查。而且山脉连络,水源弯曲,即在二十世纪科学发达、旅行方便的时代,仍有许多蒙昧不明的地方,上古人对于各地山川的认识,能发展至如何程度,也就可想而知了。《禹贡》的材料,纵许有若干出自作家亲身的履探,但试考察一下,后世写的许多地记、方志,往往辗转抄袭,并非通通经过实际上的调查,由今推古,我们仍可无疑地断定《禹贡》的材料为采集与传闻的综合结晶,这是试释《禹贡》时候应该注意的第一点。

《禹贡》是圣经,无一字无来历,无一字无着落,这种连续两千年累人不浅的束缚,终于被解除了。然而有人还在问,《禹贡》的水名、山名以至地名,到后世差不多一一都可指实,它的记载不是十分真确吗?关于此项问题,尤不可不细加剖析。后世使用的地名,当然有一部分传自上古;同时,也有一部分只系模仿古书而命名的,是不是古名如此,那可说不定。比方,《禹贡》"至于大伾",《汉书》二九注:"郑氏曰:[25]山一成为伾,在修武、武德界。张晏曰:成皋县山是也。臣瓒以为今修武、武德无此山也,成皋县山又不一成也,今黎阳山临河,岂是乎?"又《汉书》二八上注:"山再重曰伾,大伾山在成皋。"大伾山所在,最少有不同的三说,反映出"大伾"犹之现代俗语的"大山",作家的本意并未尝指实某一处的山岭,我们对三处的山都称作大伾,也无所不可。换句话说,《禹贡》里面的名称,被后人认作专名的,在古代可能只是一个通名,这是试释《禹贡》时候应该注意的第二点。

我既提出读《禹贡》的方法,现在就把导河一节,作简略的解释:

> 导河积石,至于龙门,南至于华阴,东至于底柱,又东至于孟津,东过洛汭,至于大伾。北过降水,至于大陆,又北播为九河,同为逆河,入于海。

自洛水以西，河道向未发生过甚么大变动，可不必讨论。惟关于底柱的险阻，明朱国桢《涌幢小品》说："河中砥柱有三门：南曰鬼门，中曰神门，北曰人门。鬼门、神门尤为险恶，其中有山，号曰米堆。"康熙四十三年三月，博霁等奏，中流为神门，水势甚溜，南为鬼门，水更汹涌，北为人门，水势稍缓。三门之下百余步为砥柱，再下二里有卧虎滩。[26]又道光二十三年麟魁等奏："渑池以上为三门山，即《禹贡》底柱，南北皆危崖峭立，河流盘涡旋洑，南岸突起小阜，土山戴石……石迤逦而下，壁立水涯，东西数十丈，河中二大石对峙，河出二大石之间者为神门，南为鬼门，北为人门。神门宽三十余丈，深不能测。人门宽二十余丈，水深约二丈余。鬼门宽仅二十丈，水深亦不过五六尺。隆冬时惟神门之水如故，余皆干涸，其河底俱整石相连。"[27]

大伾所在，除前文已提出几种不同的解释之外，程大昌《禹贡山川地理图》上又说：

> 自大伾以下，不论水道难考，虽名山旧尝凭河者，亦便（复？）不可究辨。此非山有徙移也，河既迁变，年世又远，人知新河之为河，不知旧山之不附新河也，辄并河求之，安从而得旧山之真欤？

他未免思之过深，却也言之有理，"自大伾以下，水道难考"，他已觉得《禹贡》对黄河下游的叙述，太过模糊了。其次，"导河积石"一句，作家的本意究指昆仑附近或指河关附近的积石（详前文第二节），或甚而空空洞洞，仅转录从前的旧说，我们难以判定。但试略为统计，导河全节共十二句，叙黄河上游的只得一句，而河曲、河套之特状，完全未有提及；叙黄河下游的共五句；独中游（即龙门至大伾）占了六句，作家的知识似乎偏富于今陕东至河南一带。对于上游的简略，下游的模糊，表现出作家在这两方面的认识甚为贫乏。李素英论《禹贡》的地位说："从前人信《禹贡》为虞夏时书，又信为禹的治水作贡时亲笔记载，它的地位自然很高。""为了时代过早，知识有限，自然是有好些地方免不了谬误和模糊。"[28]蒙文通论《禹贡》内容时曾说："《禹贡》记山川泽地，独著济泗渭洛，亦此道最详，于东河西河江淮汉之域皆略。远者仅著其名山大川，或更误谬不可究诘。盖密者知其为人物萃聚之区，略者则人稀地旷，其谬误者，更人迹罕至，仅有传闻焉耳"[29]（东河即指北过降水以下五句）。马培棠曾试说明《禹贡》与梁惠王之关系，[30]又劳榦说："《禹贡》一书完成的时代，至晚当在战国之世，从他记载的详略看去，的确是关东人所作"[31]，我从导河一节来推测，或者是魏、韩两国人的作品，亦未可定。

（1）北过降水

自此以下四句的正解，至今仍是聚讼纷纭。《汉书》二八上"上党郡屯留县"称："桑钦言绛水出西南，东入海。"[32]又二八下"信都国信都县"称："《禹贡》绛水亦入海。"郑玄的《尚书注》则说：

> 《地说》云：大河东北流，过绛水，千里至大陆为地腹。如《志》之言，[33]大陆在巨鹿，《地理志》曰，水在安平信都，[34]巨鹿与信都相去不容此数也。水土之名变易，世失其处，见降水则以为绛水，故依而废读，或作绛字，非也。今河内共北山，淇水出焉，东至魏郡黎阳入河，近所谓降水也。降读当如郱降于齐师之降，盖周时国于此地者恶言降，故改云共耳。又今河所从，去大陆远矣，馆陶北屯氏河其故道与？[35]

郦道元对郑说提出一大段驳论：

> 余按郑玄据《尚书》有东过洛汭，至于大伾，北过降水，至于大陆，推次言之，故以淇水为降水，共城为降城，所未详也。稽之群书，共县本共和之故国，是有共名，不因恶降而更称。禹著《山经》，淇出沮洳，淇澳卫诗，列目又远，当非改绛，革为今号。但是水导源共北山，玄欲成降义，故以淇水为降水耳。即如玄引《地说》，黎阳、巨鹿非千里之迳，直信都于大陆者也。[36]惟屯氏北出馆陶，事近之矣。按《地理志》云，绛水发源屯留，下乱漳津，是乃与漳俱得通称，故水流间关，所在著目，信都复见绛名而东入于海，寻其川脉，无他殊渎，而衡漳旧道与屯氏相乱，乃书有过降之文，《地说》与千里之志，即之途致，与书相邻，河之过降，当应此矣。

同时，又申明信都的绛渎即《禹贡》的绛水：

> （衡漳故渎）又迳南宫县故城西……又有长芦淫水之名，绛水之称矣。今漳水既断，绛水非复缠络矣。又北，绛渎出焉，今无水……绛渎又北迳信都城东，散入泽渚，西至于信都城，东连于广川县之张甲故渎，同归于海，故《地理志》曰，《禹贡》绛水在信都，东入于海也。

这一条无水的绛渎，唐时呼作枯泽渠，[37]此后，宋张洎以为降水即浊漳，[38]实不出班、郦两说的范围，胡渭即主张张洎的解释，而又谓：

> 然《汉志》，信都之绛水，则又有别；《志》云，故章河在北，东入海，《禹贡》绛水亦入海，盖县北故漳即禹河之改道，而绛水出其南则漳水之徙流，郦道元所谓绛渎者也。……而郦道元云绛渎今无水，唐人遂谓之枯泽，《通典》云，清河郡经城县界有枯泽渠，北入信都郡界是也。此渠乃漳水二（汉？）时之徙流，《汉志》以为《禹贡》之绛水，大谬。而杜佑据以分冀、兖之界，自后说经者动称枯泽以证导河之所过，皆班固《禹贡》二字误之也。【39】

后世经生只把枯泽渠一小段的河道，以为即《禹贡》的绛水，固然犯了执滞的毛病，但胡渭的辨证，本身仍具有两种缺陷：其一，今河北省内枝流交错，胡氏哪能晓得绛渎必非汉前原有的枝流而必为汉时漳水的徙流？　其二，胡氏也说"《汉志》杂采古记，故漳、绛二水并存，实一川也。漳、绛本入河，及河徙之后，漳、绛循河故道而下，故郦道元云，水流间关，所在著目，信都复见绛名而东入于海也"。【40】胡氏所持漳水徙为绛渎之理由，即缺乏确据，剩下的不过全与分之争点，哪能批评《汉志》为"大谬"？

郑玄降水为淇水的假定，已引起郦道元的驳论，而郦氏所提降水为漳水那一说，我觉得也不稳当。因为《禹贡·冀州》下曾说过"至于衡漳"【41】。衡又作横，郑玄注："横漳，漳水横流"，前文既呼作衡漳，为甚么这里又改作降水？【42】

降水是甚么？　现在，我拟另行提出一个新解释，然就严义来说，也不能算作完全新解，不过由我综合起来，重新提出而已。

《尚书·大禹谟》："降水儆予。"降或作洚，蔡沈《集传》："洚水，洪水也，古文作降。"按《孟子·滕文公下》："《书》曰，洚水警余，洚水者洪水也。"又《告子下》："今吾子以邻国为壑，水逆行谓之洚水，洚水者洪水也。"（逆行犹谓不顺水性，针对白圭的雍水立言，朱熹注以为"水逆流"，太泥。）这正是战国时代"洚水"的正解。古书重音不重形，凡同音的字，随便可以通用，王念孙、引之两父子及俞樾已经屡屡揭出，所以古文只写作降，后世取氵旁的会意，遂改作洚，洚乃后起的字。降水的本义，犹谓泛滥之洪水，因当日河北东部地面低下，各水的枝派互相通贯（直至现代仍然如此），《禹贡》的作家即未能分别津流，只可用"洪水"两字包举一切。及后来转为"洚水"或"绛水"，人们遂误会是河流的专名，尤其是经生家把《禹贡》作者的知识特别抬高，以为是禹王遗下的史记，这种误会，愈加牢不可破。

这样子解释降水，并不是我的私见，如果不信，试再举出几个例子来：

《尚书·禹贡》曰,北过降水,不遵其道曰降,亦曰溃(《水经注》五《河水》)。

漳水东迳屯留县南……有绛水注之……谓之为滥水也(同上一〇《浊漳水》)。

又有长芦淫水之名,绛水之称矣(同上)。

由是益可证"降"的意义往往与"溃""滥""淫"等相联系,近世称徒骇河的下游为绛河,大约也含孕着这一个意义。

还有一点,郑玄疑屯氏河为禹河故道,郦道元以为"近之"(引见前)【43】。胡渭的驳论:"然邺县故大河在东北入海,《地志》有明文,禹河既自宿胥口北行至邺,岂复东行至馆陶而与屯氏相接哉?其非禹迹亦明矣。"【44】还嫌未得彻底。《汉书·沟洫志》:"(武帝)自塞宣房后,河复北决于馆陶,分为屯氏河,东北经魏郡、清河、信都、渤海入海",又同书《地理志》魏郡馆陶县:"河水别出为屯氏河,东北至章武入海,过郡四,行千五百里",是屯氏河系汉武帝末年所决成,《地理志》也未加上"故大河"的字样,它显然不是战国时代的河道。

(2)至于大陆

大陆有以为泽名的,如《尔雅·释地十薮》称,"晋有大陆"。《尔雅》多是释经的文字,这无疑是指《禹贡》的大陆,所以《汉书》二八上巨鹿郡巨鹿县称,"《禹贡》,大陆泽在北。"

有以为地名的,如《水经注》九,"纣都(朝歌)在《禹贡》冀州大陆之野",同书一〇,"自宁【45】迄于巨鹿,出于东北,皆为大陆。"宋叶梦得说:"高平曰陆,大陆曰阜,大陆以地形得名也。"【46】又程大昌《禹贡山川地理图》上说:"《春秋》,魏献子尝田大鹿,焚焉,还,卒于宁。杜预亦不能定大陆所在,第疑巨鹿与宁太远,遂意大陆当在河内修武县也。……河内远在澶、魏上方,未为大河北流之地。……隋氏改赵之昭庆以为大陆,唐人又割鹿城置陆泽县【47】……后世亦不坚信也。……《尔雅》广平曰陆,大陆云者,四无山阜,旷然而皆平地,故以名之。……禹河自澶、相以北,皆行西山之麓……及其已过信都古绛而北,则西山势断,旷然四平,遂本其事实而用大陆命之。……自大陆以北,为唐之棣、景、沧三州,地则益下,故河于是播裂为九,则其地不复平衍而特为卑洼故也。"人们拿巨鹿来比大陆,无非因"巨"与"大"同一样义解,但其读音则绝不相同;况且《吕氏春秋》的九薮,既有赵之巨鹿,又有晋之大陆,可见这两个名称不一定发生联系。胡渭说:"要之广平曰陆,是处有之,其大者则谓之大陆;犹之高平曰原,亦是处有之,其大者则谓之太原耳。"【48】我以为最合《禹贡》的原义。

如果离开《禹贡》的立场，则泽名和地名两种解释都可以通。但就《禹贡》来说，大陆无疑是指一块广漠的平原，《水经注》说南起朝歌，北至巨鹿东北，"皆为大陆"，最得其的。胡渭的"大陆，地也，非泽也"【49】，虽然不错，但又说："然自禹河徙后，去古日益远，大陆不知所在"，仍以为某一点的专名，未免太过拘泥。《禹贡》前文冀州节，"恒、卫既从，大陆既作"，即谓某某两水已不复泛滥，平原地方已可以耕作，跟本节的大陆同属冀州区域，则取同样的解释，较为合理。总之，"北过降水，至于大陆"两句，其意义是非常浮泛的，并无专指的，后人定要向那方面找寻一点实地，遂至浪费了不少工夫。

（3）又北播为九河

自从汪中揭出古书上的"三"和"九"是虚数之后，【50】已打破了书痴的迷信不少，可惜他的举例只限于某某部门，未能大量揭发，比方《尧典》的九族，《禹贡》的九江，就是最显著的例子。因其是虚数，所以哪些人属于九族，哪条水谓之九江，从汉代至今，各有各的见解，从未达到彼此妥协和大众公认的地步。说到九河问题，也是不能例外。

《尔雅·释水》，"徒骇、太史、马颊、覆釜、胡苏、简、絜、钩盘、鬲津，九河"，把九河名称一一胪列，似乎煞有介事。《汉书·沟洫志》记成帝鸿嘉四年，"许商以为古说九河之名，有徒骇、胡苏、鬲津，今见在成平、东光、鬲界中，自鬲以北至徒骇间，相去二百余里，今河虽数移徙，不离此域"，九河只举得三个。班固修《地理志》，也找不出新的材料。

中古的经生既认定"九"是实数，同时又信奉《禹贡》为圣经，于是不能不另求解围的方法。《春秋纬保乾图》："移河为界在齐吕，填阏八流以自广。"【51】又郑玄《尚书注》："周时齐桓公塞之，同为一河，今河间弓高以东，至平原鬲津，往往有其遗处。"【52】然而要填塞八个河流，不是一件容易的事，就算做得到，为甚么西汉时代仍然留着三个？元于钦《齐乘》说得好，"禹后历商、周至齐桓时千五百余年，支流渐绝，经流独行，其势必然，非齐桓公塞八流以自广也"【53】。

《水经注》一〇："遗迹故称，往往时存，故鬲、般列于东北，徒骇渎联漳、绛。"又同书五称笃马河"故渎川脉东入般县为般河，盖亦九河之一道也"。已认钩盘河汉平原郡的般县【54】。此后九河的所在，至明代而全数陆续出现：

简在贝州历亭县界（《史记正义》）。

德州安德县，古马颊、覆鬴二河在此（《通典》一八〇）。

沧州南皮县有洁河，《禹贡》九河之一也（宋欧阳忞《舆地广记》一〇）。

太史河在南皮县北（《明一统志》，据《锥指》三〇引）。

古人所未知的事，留待后人发掘，在研究上是屡屡碰见的。但我们同时要顾虑到地理称谓，"或一名而更两出，或新河而载旧名"[55]，"平当云，九河今皆阒（与填同）灭；冯逡云，九河今既灭难明；王横云，九河之地已为海所渐。……而近世学者又患求之太详，凡后人所凿以通水而新河以号者，悉据以为禹之九河……以汉人所不能知而一一胪列如此，可信乎，不可信乎？"[56]于钦"尝往来燕齐，西道河间，东履清、沧，熟访九河故道"，著成《齐乘》一书，于九河所在，好比按图索骥；胡渭以为"求九河者……亦不必取足于九"[57]，这可算是一语破的。

我们依据汪中的发见，再参以唯物辩证方法，可信作《禹贡》的人的意思不过说"分为好几道河"，当日的俗语系习惯用"九"以代表多数。凡在海平下入海的川流，往往有许多港汊，状类丝网，这是世界上任一大河所常见的事。水流如果非挟着大量泥沙，这些港汊就可以长久不变；但假使淤垫太多，就很容易埋塞。今河北东部一带地势低下，河流近入海地方分为无数港汊，纯属于自然现象。播是自动词，郑玄注，"播，散也。"魏应场《灵河赋》，"播九道于中州"（播是"播为"的省文），《水经注》二二，"渠溢则南播"，用法一样。又北播为九河，即是说黄河至此，自己分为几道，"今河在利津入海，尚分多股，当时情形，应无大异。故黄河自播为九河后，即分途入渤海，无合九为一之事"[58]，自然的趋势古今相同。后人误解为他动词"使其分散"，张含英所称，"乃顺当时自然之情势以导引之"[59]，立论犹未能彻底。简单地说，"又北播为九河"的意义也是极其空洞，人们必要把徒骇等列为九河，不单止徒劳无功，且有点食古不化。

胡渭对大陆的解释（见前文），确是恰到好处，奈何论到大陆的地域时候，他又依然陷入泥淖。他说："傅同叔云，凡广河泽以东，其地平广，绵延千里，皆谓之大陆，是瀛、沧亦大陆矣。河自大陆又北，始播为九河，诚如傅言，则许商所谓九河自鬲以北徒骇间相去二百余里者，将何所容其地乎？"[60]他的错误完全因为不知九河应指近河口的地方，傅寅所说是对的。

（4）同为逆河入于海

甚么为"同"，甚么为"逆"，前人的解释，也多数搔不着痒处。《吕氏春秋》："巨鹿之北，分为九河，又合为一河而入海。"郑玄说："下尾合名为逆河，言相向迎受。"

王肃说："同逆一大河，纳之于海。"【61】又《孔传》："同合为一大河，名逆河而入于渤海。"都以为九河至下游地方，复合为一而后出海。但我们如果相信河已分作九派，依常理而言，多各走一途，越去则相距越远，除非遇着山岭夹束等大力阻碍，很难设想其尾闾再合而为一的。尤其是依照许商的话，鬲至徒骇相去二百余里，【62】怎能发生这样变化，九道河都同归一道出海呢？

郑以"逆"为相向迎受，孔以"逆"为专名，都未可信。唯徐坚《初学记》六："逆，迎也，言海口有朝夕潮以迎海水。"【63】解释最确。明末夏允彝《禹贡合注》："今九河之下，即为逆河，殆谓自此而下，即海潮逆入矣，盖名虽为河，其实即海也。"【64】又靳辅《治河工程》："夫河也而以逆名，海涌而上，河流而下，两相敌而后入，故逆也。"【65】那些话都是对的。因为淤淀越多，河口便越向外伸展，同时，海水也往后退。广州人呼"过河"作"过海"，北方人听不惯，其实，现在的河边，好久以前就是海边，不过保存古语罢了。

最奇的，"同为"的"同"字，历来都解作"合"，从未有人解作"相同"的"同"，那可见的教条主义，在学术上流害不浅。"同为逆河"的真义，就是"一样变作有海潮逆上的河"，而郑派的经生竟解作"合并为一道互相灌输的河"，如风马牛不相及，无怪乎难通了。

此外，还有一类逆河陷海的论调，尤不可不趁此辨明。汉王横说："往者天尝连雨，东北风，海水溢，西南出，浸数百里，九河之地，已为海所渐矣。"【66】是造成误会的原因之一。

《禹贡·冀州》："夹右碣石，入于河"，又导山"至于碣石，入于海"，《孔传》："碣石，海畔山"，未指明山的所在。《汉书》二八下右北平郡骊成县已有"大揭石山在县西南"；而同书五文颖注："碣石在辽西絫县，絫县今属临榆，此石著海旁"，复别出一碣石，是造成误会原因之二。

西晋的臣瓒说："《禹贡》曰，夹右碣石，入于海，【67】然则河口之入海，乃在碣石，武帝元光三年河徙东郡，更注渤海，禹时不注渤海也"，是造成误会的原因之三。

积累着种种误会，于是引起宋儒们一串特殊的理解，现在只拈出一两家作例子。如薛季宣《书古文训》："河入海处旧在平州石城县，东望碣石……其后大风，逆河故处皆渐于海，旧道埋矣。"

又黄度《尚书说》："逆河、碣石今皆沦于海。"【68】清初的有名学者们像阎若璩、胡渭，均以为说得有理。胡氏更大加赞赏，他说："按经所谓海乃东海，在碣石之东，而说者以为渤海，由不知渤海故逆河，后为海所渐耳。"批评《史记·河渠书》及《汉书·沟洫志》作"入于渤海"为错误；他又有驳臣瓒的一段话，以为"不知汉人所谓渤海者，其北一半即逆河之故道也，河岂能越渤海而至碣石哉？"[69]这种论调出自有名学者的口吻，不禁令我大为惊讶。

他们的理论里面带着好几个疑问，是很难解答的：第一，西伯利亚的东北风，固然是有名厉害，渤海湾里的西南方海岸，也许因此而时有坍塌，但说在有史时期之内，九河或逆河都完全陆沉，那须从地文学上提出实据。[70]

第二，"夹右碣石，入于河"，《史记》二作"入于海"，《集解》引徐广注"海一作河"，可证徐广所见本是"海"字，不是传刻的错误。同卷《集解》引臣瓒注也作"入于海"，是原本作"海"或作"河"，我们先有考虑之必要。胡渭并没注意到这一点，便强调《冀州》之作"河"为别有意义。他在《锥指》四〇中下说："冀州云夹右碣石入于河，则逆河在碣石之西可知，导山云至于碣石入于海，则海在碣石之东又可知矣。导河不言碣石，以行至逆河而止耳，非省文也。碣石者河海之限，渤海者逆河之变也。"这样来分析古史，实是非常曲解，单据"入于河"这一句，我们哪晓得逆河在碣石的西边呢？《尚书正义》根据《孔传》，以为"河入海处远在碣石之南，禹行碣石，不得入于河也，盖远行通水之处，北尽冀州之境，然后南回入河而逆上也。"我引了他们许多话，已是比较唠叨，而经生家的真意，依然不易明了。现在我再替他们来一个申明，使得读者晓得旧日经生家的思想是如何不联系实际的。他们的大意，以为禹系于不同时间分做三项工作：（1）考察区域的工作。禹在考察冀州时，并非循着黄河下去，只是绕出该州的北境，东达碣石，再由河口沿河行向上游，"入于河"就是说从东海进入河口。（2）考察山脉的工作。禹系经碣石行至东海的海滨。（3）考察水流的工作。这一回禹只行至逆河（胡氏以为即现在的渤海）而止，并没有出到碣石和东海。照这样说，导河节之末，为甚么要添上"入于海"那一句呢？他们的理解是多么迂阔难通啊！让一步说，认禹是人帝，则他所写的《禹贡》应是工作的"总结"，不是工作的"日记"，调查区域和山川情状，实际上更须同时并举，不会查山时不查水，查水时又不查山那样单调的。不意旧日经生家竟表现如此奇想，无怪乎经学作品尽管汗牛充栋，而能使人满意的却非常之少了。

第三，《汉书·地理志》的大揭石山，上头未著《禹贡》字样，如果认班固以为即《禹贡》之碣石，那就出于臆测。

第四，碣石的命名也许是取音而非取义，那末，臣瓒的"此石著海旁"，胡渭的"此山不过一海滨之巨石"，[71]只能是片面的解释。

第五，郑玄说《战国策》的碣石在九门县；[72]《太康地理志》说乐浪遂城县有碣石山，长城所起；[73]郭璞《山海经·海内东经注》："今济水自荥阳卷县东经陈留……东北经济南，至乐安博昌县入海，今碣石也。"[74]《水经注》一四《濡水》："文颖曰，碣石在辽西絫县……汉武帝亦当登之以望巨海而勒其石于此，今枕海有石如甬道数十里，当山顶有大石如柱形，往往而见，立于巨海之中。潮水大至则隐，及潮波退，不动不没，不知深浅，世名之天桥柱也。状若人造，要亦非人力所就，韦昭亦指此以为碣石也。《三齐略记》曰，始皇于海中作石桥。"[75]《隋书》三〇龙县有碣石。又明人刘世伟称山东海丰县北六十里有马谷山，一名大山，高三里，周六七里，疑即古之碣石，为河入海处。[76]试将各家的注解联系今地，则：

骊成 　乐亭西南。

九门 　藁城西北。

遂城 　平壤南。

博昌 　博兴南。

絫 　　昌黎南。

卢龙 　今同名。

文登 　今同名。

海丰 　今改无棣。

他们臆想中的地点在实际上虽然有些是复出，但被呼作碣石的仍不下五六处。再如秦始皇、秦二世、汉武帝、曹操、后魏文成帝等所登的碣石，究在甚么地方？又未能确切考定。郦道元根据张氏"碣石在海中"之记载，[77]屡称碣石"苞沦洪波"，胡渭深信他的话，以为"有其故，有其时，有其证，有其状，凿凿可据"[78]。但《水经注》一四固说："昔在汉世，海水波襄。"是早在汉朝，碣石已沦入海里，为甚么曹操、文成帝还可登临？ 胡氏似亦觉得理不可通，因又作"此山虽沦于海，而去北岸不远，犹可扬帆揽胜"的转圜之语。[79]今查《魏书》五，太安四年（四五八年）二月，"登碣石山，观沧海……改碣石山为乐游山，筑坛记行于海滨"，而郦道元著书约在延昌至孝昌年间（五一二—五二七年）[80]，相差不过五六十年，那会短短时间就无遗迹可寻？ 何况郦道元死后二十六年（五五三年），齐文宣尚登碣石山一次。[81]胡氏又说："道元家郦亭，距临榆才五六百里，所谓碣石苞沦洪波者，乃以目验知之。"[82]无论时间、空间都这么相近，为甚么他对于本朝的巡游重典，竟至于毫无闻见？ 胡氏也晓得"今昌黎县南，海中无一山，自抚宁以东更二三百里，海中亦无一山"，因推诿为"不知至何时复遭荡灭"[83]，在事实上那是很难说得通的。[84]总括一句，《水经注》的记载是否像胡氏所称"凿凿可据"？因为道元把骊成、絫县两个碣石合而为一，已被胡氏指出他的错误。[85]

第六，王横说渤海湾的西南地面被海水侵陆，也许理之所有。但薛、黄、胡等又进一步认为逆河已变成了渤海，是整个渤海湾都在有史期内被海水所侵蚀而形成的了。但近代大沽口外一带，却一天一天地淤浅，那又怎么样说呢？

第七，薛季宣认河入海处旧在平州石城县（引见前），依《锥指》四〇中下，唐石城县在滦州南三十里；胡渭认碣石为河、海之限（引见前），主张用文颖的注，在今昌黎县东絫县故城之南。

他更进一步肯定："以经言之，河乃自章武东出为逆河，迳骊成至絫县碣石山入海，又过郡二，右北平、辽西。"【86】就是说，禹河经现在沧县的东北，乐亭县的西南，至昌黎县之东而后入海。那末，古时鲍丘水、濡水（滦河）等都须汇入黄河而后出海了，是多么不可信的事！而且乐亭县地方远在渤海湾里面，胡氏以为东海，也是不对的。胡氏在《锥指》四〇中下亦曾引别人的驳论说："碣石在卢龙县南二十三里，离海七八十里，而河欲至此入海，则必自今天津北行，历宝坻界，转东自丰润迳滦州废石城县南，又东过卢龙县南而南入于海，取道迂远，地势益高，无是理也。"他的反驳只是："诚知渤海即逆河，而碣石负海，当逆河之冲，则纷纷诸说，不攻而自破矣。"然而逆河变为渤海，依他们的说法，是后世的事，空洞的理论终战胜不过明确的事实，正像苏辙所称："契丹之水皆南注于海，地形北高，河无北徙之道"，黄河哪能经过右北平、辽西两郡而后入海呢？

回头再说正文。《禹贡》北过降水以下五句，试依照上面我提出的新解，把它完全转为语体，就是说："黄河向北方经过泛滥的地面之后，到达了平原一带，又再向北方分为好几个支派，流入海去，那些支派都一样的有海潮来往。"这种空空洞洞不着边际的话，我们实在无从根据着它来定战国时代——即东周河徙以后的黄河流域。

根据《禹贡》来治河或作出治河论，至近代甚而最近，仍然有人抱着这等迷信，现在只拈出一两件作例子。如嘉庆十六年六月，勒保等奏："近年筹河诸臣皆执《禹贡》同为逆河之说，谓海口之水，宜合而不宜分，又请将旁泄之路，皆行堵闭；又执靳辅束水攻沙之说，请筑新堤，逼溜入海。但《禹贡》同为逆河之上，尚有播为九河一语，可见黄河入海处非一路可容，而向日王家营减坝，马家港支河，皆合于播为九河之义，非可概行堵闭。"【87】又如《中国水利史》说："河自此（大伾）大折而北，行东、西两山之间，沛然而下，河道稳畅，此为成功之第一关键。……又同为逆河以敌海，流聚则力强，海口畅利，经久不淤，此为成功之第二关键。"【88】我们即晓得《禹贡》非治河之书，他们的是非原可不必论列，最要的是以后再不可陷入经义治河的圈套。

前头各节已揭出上古没有大禹治河，《禹贡》只是战国时期的作品，本节即跟着指出它所描写的"禹河"，就是"东周河徙后的新河"，把那过去看作不同的两种河道统一起来，便消除了许多错误的观点，得出结论如后：

《史记》说"禹河"有二渠，根于司马迁、王横随西山下东北往高地的简单指示，显然以"邺东故大河"为二渠之一，其他一渠却难于揣测。到魏（三国）孟康才首作二渠一为"王莽河"、一为漯川的说明，以后经生家便信奉不变。至宋程大昌始推翻"王莽河"的旧说，再次提出"邺东故大河"为禹河，清胡渭的观点相同。但邺东的河道很早就已断绝（说见下文第八节），譬如说当日北边没有漯川那一渠，试问黄河从哪处出海？结论我们应得承认漯川就是其他的一渠。

《禹贡》导河一节关于下游那四五句，往日经生家都看成是研究"禹河"的最要关键；但经过分析，易为现在的语体，则它的意义只是说："向北方经过泛滥的川流（北过降水），到达平原一带（至于大陆），再北分派为好几道支流（又北播为九河），同是有海潮逆入的（同为逆河）"，所用的都是通名。《禹贡》作家对于当时下游的实况，没见得有甚么真切认识。

注释

【1】《锥指》四〇中下："高地非谓高于河之上流也。……特以大伾之东地益卑，以彼视宿胥口，则宿胥口之地较高耳，高地对上文平地而言。"对"高地"两字，似乎已获得满意的解答；但我们须知那时候黄河是自流的，非禹导的，水性就下，"高地"二字不过是司马迁一辈子的臆想。《中国水利史》以为"禹河能流行最久而后变"，就在载之高地（三页），所见反出胡渭之下，何况邺东故大河称不上"流行最久"呢。

【2】杜佑说："西山者，太行恒山也。"程大昌说，"禹河自湾、相以北，皆行西山之麓。"又"古河之在贝、冀以及枯泽之南，率皆穿西山踵趾以行。"《锥指》四〇中下以为他们的话都不对，应指黎阳之上阳三山。据我所见，"西山"不过泛指西边的山地，必要找一个或几个山来作说明，可信非王横的原意。

【3】据《困学纪闻》一〇转引。

【4】据《行水金鉴》五转引。

【5】《锥指》四〇中下。

【6】此据《史记》二九《集解》所引；《汉书》二九注引作"西南南折"。按古代重文的写法，系于字下作二（例如子二孙，二即子子孙孙），所以"西南二折"转讹为"西南南折"。复次，《锥指》四〇下："《沟洫志》宣帝地节中，光禄大夫郭昌使行河北曲三所水流之势，皆邪直贝丘县。……成帝初，清河都尉冯逡言：郭昌穿直渠后三岁，河水更从故第二曲间北可六里复南合，今其曲势复邪直贝丘……盖即孟康所谓出贝丘西南二折者也，二折疑当作三折。"

【7】据《锥指》四〇中下引。

【8】程氏这一句，只是引用《水经注》五的话（引见前文第五节），他的意思是空空洞洞的，犹之乎说，"周定王时河离开旧道"，并没有指明徙往哪一处。依据前文第五节所引王应麟《河渠考》，程氏系认"周时河徙砱砾"的，说详下文第七节。

【9】这一句文义很晦，可参看《锥指》三〇所引陈师凯的解释，文面是说，"认汉代的黄河为《禹贡》之漯。"又李惇《群经识小》："程大昌言此乃汉河者，亦谓漯受河于武阳，乃汉河而非禹河也。若禹时之河由宿胥口北行，东武阳、高唐皆非河所经之地，漯固不得云出自高唐，其受河亦不始于东武阳矣。"

【10】参看《锥指》四〇中下。

【11】但《水经注》并未说明是甚么时代的旧渎（参看前文第五节）。

【12】《锥指》四〇中下。

【13】同上二九。

【14】【15】均同上四〇中下。

【16】他的详细驳论，可参看《锥指》四〇中下；但我们如认降水、大陆是通名，逆河是海潮，他的驳论，是无关紧要的。

【17】【18】均《锥指》四〇中下。

【19】据《金鉴》五转引。

【20】《九水山房文存》上。

【21】朱枫《雍州金石记》一："古人以湿为漯者不一；《说文》，湿水出东郡东武阳，入海，从水湿声，他合切。《汉书·王子侯表》，湿成侯忠，师古曰，湿音它合反；《功臣表》，驷望侯冷广以湿沃公士，师古曰，湿音它合反；《功臣表》有湿阴定侯昆邪，《霍去病传》《王莽传》并作漯阴；《地理志》，平原有漯阴县，而《水经》湿余水亦漯字之异文。"燥湿的"湿"字，《说文》本作㶟，后世变㶟为"湿"，两字遂混乱而无别（参《锥指》三〇）。

【22】李惇《群经识小》称："然则《地志》言漯水所出者，谓漯水至高唐出河而东也，其所谓出，乃复自河出，非别由山泉及平地而出也。"我以为《水经注》漯水出东武阳之"出"也应同样解释，参下一条注。

【23】《汉地志》，东郡东武阳："《禹贡》，漯水东北至千乘入海，过郡三，行千二十里。"似乎可算得独立的川水。但无论如何，班固修志时河的一部分已东行漯川，《地志》所说，充其量只能是以前某一时期的情形。

【24】《锥指》三〇，"渭按漯上承河水，非山源也"，又同书四〇中下，"凡河所经之地，纳山源大川，则河徙而渎不空"，唯其不是山源，所以有"河盛则通津委海，水耗则微涓绝流"（《水经注》五引《地理风俗记》）的现象。但《锥指》三〇又说："其实河行漯川，独武阳以上则然，而武阳以下，河、漯仍自别行。应劭曰，河盛则通津委海，水耗则微涓绝流，谓漯自高唐以东，以河之消长为盈

涸，非谓河行漯以入海也。"然而漯既非山源，哪能成一独立的流域？漯川既靠河水而消长，更哪能说河不行漯？这都是胡氏的大矛盾处。

【25】郑氏，臣瓒《集解》以为郑德，颜师古《汉书叙例》批评其无据。今检《尚书·禹贡正义》："郑玄云，大伾在修武、武德之界。张揖云，成皋县山也。《汉书音义》有臣瓒者，以为修武、武德无此山也。成皋县山又不一成，今黎阳县山临水，岂不是大伾乎？"除张揖、张晏的不同之外，其他文义、次序，都和《汉书》注一样，是孔颖达认郑氏为郑玄了。

【26】《康熙东华录》一五。

【27】《续行水金鉴》八七。

【28】《禹贡》一卷一期五页。

【29】《禹贡》二卷三期五页。

【30】同上五期二二一二七页。

【31】《历史语言所集刊》五本二分一八五页。吕振羽在他的《中国社会史纲》四四一页注七三也承认《禹贡》"为战国人所作"，但未附说明。

【32】王念孙《读书杂志》以为"入海"当依《水经》浊漳水注引桑钦，作"入漳"。

【33】"志"字系指《汉书·地理志》。

【34】西汉的信都国，汉安帝改作安平，故郑玄称绛水在安平信都。

【35】据《水经注》一〇引。

【36】戴震的校本称："案此语有舛误"，我以为"直"字古有"相当值也"的解释，这一句并无误字，只须把"非"字钩在"迳"字的下面，读作"黎阳、巨鹿，千里之迳，非直信都于大陆者也"，便通。它的意思就是说："郑玄以为信都、巨鹿中间的距离没有一千里那么远"，但须知《地说》所谓千里，系指黎阳、巨鹿间的距离，并不是指信都和大陆的距离。《禹贡锥指》四〇中下："道元疑之曰，黎阳、巨鹿非千里之遥，是矣。"简直与道元的用意相反对。

【37】《通典》七八"冀州信都县"："北过绛水即此，亦曰枯绛渠，西南自南宫县界入。"

【38】据《锥指》四〇中下引。

【39】【40】《锥指》四〇中下。同书二九又说："即以为禹迹，此亦是河别为降"，可见胡氏已不能坚持自说。

【41】关于漳水，我还要附加一点考证，前人所未提过的。《吕氏春秋》说："古龙门未开，吕梁未发，河出孟门，大溢逆流，名曰洪水，禹乃决流疏河为彭沣之漳，所活者千八百国，此禹之功也。"以文义夹看，《吕览》的"漳"当然不是指冀州的"衡漳"，因为前头的吕梁、孟门和它相隔很远，所以《禹贡》的注释向来都没有引过《吕览》这一条。而且在古典里面，同名"漳水"的不止一处，如《左氏传》宣公四年漳澨，杜预《释例》说："漳水出新城乡县南"，那是荆州的"漳水"。《国策地名考》八：《通雅》，漳十有一，皆以清浊合流而名（沈存中以清浊相蹂者为漳）。"漳水"

不定指河北，已有确证。复次，《禹贡》雍州"沣水攸同"，沣亦作酆，《汉书·地理志》沣水出扶风酆县东南；则彭沣之漳，很像与吕梁相近而在雍州区。我前几年以为《穆天子传》一"天子北征乃绝漳水"的"漳水"，不是现在河北的漳水，得这几条作证，更使考据的实力大大增加。

【42】我这个驳论，跟丁谦《绛水考》："何《禹贡》载覃怀底绩，至于衡漳，并不云至于洚水乎？"（《水经注正误举例》四）意思相同。

【43】焦循《禹贡郑注释》："屯氏之绝亦久，当时学者有以屯氏之河为禹河者，故郑氏疑之。"那是郑派替郑玄辩护的话。

【44】《锥指》四〇中下。

【45】《尚书·禹贡正义》："《春秋》，魏献子畋于大陆，焚焉，还，卒于宁；杜氏《春秋说》云：嫌巨鹿绝远，以为汲郡修武县吴泽也；宁即修武也。"

【46】据傅寅《禹贡说断》一引。

【47】这就是我前文所说，有些地名系模仿古书而命名的一个显著例子。

【48】《锥指》二九。

【49】同上四〇中下。

【50】《述学内篇》一。

【51】【52】均据《尚书·禹贡正义》引。

【53】据《锥指》三〇引。

【54】《通典》一八〇"沧州乐陵县"，"古钩盘河在县东南"，般县今德平县，德平和乐陵交界，是《通典》所说，实本自《水经注》，程大昌、胡渭等均误以为唐人方才晓得。

【55】程大昌《山川地理图》上。

【56】【57】均见《锥指》三〇。

【58】据《古今治河图说》九页引。

【59】《治河论丛》四八页。

【60】《锥指》二九。傅同叔就是傅寅。

【61】郑、王两说均见《禹贡正义》。

【62】如果依《锥指》四〇中下"受以广二百余里之逆河，踊跃翻腾而入海"的设想，那简直是淤淀未成的海滩，不能说是"逆河"。

【63】《锥指》四〇中下既称徐坚"此义最优"，其前文又说，"所以名逆者郑义尽之"，然郑、徐的解释实不相同，胡氏未免自相矛盾。

【64】据《锥指》三〇引。

【65】《经世文编》一〇一。明隆庆六年吴从宪奏，"海潮逆流"，《续行水金鉴》一五引高晋、李宏奏，"每当潮长时，入海之水，不无顶阻"，又《光绪东华录》七五陈士杰称"海潮上迎"正可作为逆河

的正解。

【66】《汉书》二九《沟洫志》。

【67】据《史记》二九《集解》所引；但今本《汉书》二九的注又作"入于河"。

【68】均据《锥指》四〇中下及《行水金鉴》五引。黄度字文叔，《宋史》三九三有传，曾著《尚书说》七卷，收入《通志堂经解》里面；又《宋史》同卷的黄裳也字作文叔。

【69】胡渭的话均见《锥指》四〇中下。

【70】德国里希霍芬（Richthofen）于一八六八—一八七二年来华考察，认为我国海岸，自宁波以南属于下沉的，以北系在上升进行中；这因为华北海岸线大部分属于沙岸，多平直而少变化，很像是海底平原的隆起，故有如此的认识。到一九〇三—一九〇四年间，美国地质学家维理士（Baily Willis）随许多学者研究之后，又以为我国北部海岸线也属于里阿（Ria）沉降型。直至最近二十多年，才确定中国海岸线就大体上说，虽是沉降，但于最近的地质时期中，曾做过轻微的上升（一九五一年二月中山大学陈国达著《中国海岸线问题》三五二—三五三页）。然而无论怎样下沉，那都是地质时期的事，不是有史时期的事。《水利论丛》提出的疑问（一〇六—一〇七页），似乎尚待进一步的研究。

【71】《锥指》二九。

【72】据《禹贡正义》引。

【73】据《史记》二《索隐》引。

【74】《水经注》八："郭景纯曰，济自荥阳至乐安博昌入海，今河竭，济水仍流不绝。"郝懿行《山海经笺疏》一三以为"今河竭"三字属郭注，"今竭石也"当从《水经注》作"河竭也"，他的话并没有细审两书的文义。"郭注"前文并未提及黄河，何以忽说"河竭"？这是"郭注"不能改作"今河竭"的理由。郝氏也认"济水仍流不绝"一句为道元自注，但这一句的"仍"字，系与上句"今"字相反映，不能因"竭""碣"字形相近而分拆为两个人的话，这是"今河竭"一句不能作为"郭注"的理由。

【75】贾耽《通道记》称为秦王石桥，《元和志》一一："（文登）县东北海中有秦始皇石桥，今海中时见有竖石似柱之状。"刘钧仁以为在今大凌河口、天桥厂、葫芦岛一带，并引《锦县志》："天桥厂有大小笔架山二岛峙海中，潮退见天桥。"又《锦西县志》："葫芦岛之东南端曰葫芦嘴，与天桥厂遥对；西南为狮子头，遥望断冈，有半拉山突出；南有小岛曰高粱，耸立海中之石岩也。"（《济阳博物院刊》一二〇—一二一页《碣右新考》）

【76】据《锥指》三八上引，顾炎武《肇域志》采其说。

【77】《水经注》五；通行本作"张君"，戴本作"张折"。《禹贡山川地理图》上："……郦道元力主王横、张揖所言，以为九河、逆河、碣石已皆沦没于海"，是程大昌所见的《水经注》本作张揖。《禹贡锥指》三八上只称，"未审张君是揖否？"按"揖"字的行写很像"折"，当是"张揖"

105

字的错误,《禹贡正义》也引过张揖大伾之说,见前注 25。

【78】【79】均见《锥指》三八上。

【80】《圣心》二期,拙著《水经注卷一笺校》三页。

【81】《锥指》三八上:"按道元卒于魏孝昌二年岁在丙午,下距齐文宣登碣石之岁天保四年癸酉,凡二十八年。而文宣所登乃在营州,前此营州未闻有碣石,疑是时平州之碣石已亡,故假营州临海之一山为碣石而登之,以修故事。"按道元死于孝昌三年丁未,不是二年丙午。我又检《北齐书》卷四来一看,原文称十月"丁未,至营州;丁巳,登碣石山,临沧海。十一月己未,帝自平州遂如晋阳。"丁巳是到营州后之第十日而离平州前之第二日,可见文宣登碣石的时候,已到了平州,史书不能把整个行程逐日登记,略去到平州的日子(或者就是丁巳日)是很平常的事。胡氏只知注重空间性而忽略了时间性,所以捏造成营州别有碣石的假设。

【82】【83】均《锥指》三八上。

【84】蒋廷锡《尚书地理今释》也称:"海水荡灭之说,又荒诞不可信。"

【85】《锥指》三八上。

【86】同上四〇中下及三八上。

【87】《续金鉴》三八。

【88】《水利史》二一三页。

第七节　东周黄河未徙以前的故道

一、青海以东黄河的大势

东周的河变究从哪一地点决徙，第五、第六两节还未有把这个问题解决，我们在进行讨论之前，最好略说一下整个黄河，尤其是黄河下游的水文大势。因为这种认识，对于我们的尝试决定，是有很大帮助的。据近世估计，黄河干流自发源处起至海口止，全长四千八百四十五公里。发源处的河床在海拔三千米以上，东北流至青海、甘肃之交，从左岸汇入的有湟河、大通、庄浪等水，从右岸汇入的有保安、大夏、洮河等水。在甘肃皋兰，海拔落至一千五百米。东北经中卫，河谷狭峭，中卫以下，构成渐宽缓之宁夏河谷，海拔一千一百米。北入绥远为河套，沿岸地形平缓迂回，东至包头城南，海拔一千米。再东而南折，行秦、晋之间，又入峡谷，直南至吉县、宜川，降至海拔四百米；各水纷纷来会，最著的是山西之汾，陕西之渭、洛。到潼关后，急折向东，流过陕县，出砥柱，更降至二百米。孟县、汜水以下，千里平原，常称作华北平原，高度在海拔一百米之内；其中十分之九（如北纬四十度以南，京汉铁路以东及豫东、鲁西黄河故道沿岸），均五十米以下。平原中之水，在黄河北边的有河北水系，如永定河、子牙河等，源出察、晋高原,汇于天津为海河,流入渤海;在黄河南边的有淮河水系,其北支如颍、茨、泚、涡、浍、灈等均源出豫东北部。[1]但黄河泛滥之势,北可以侵入河北水系,南可以侵入淮河水系,它的历史最为凌乱,南、北两系很受它的影响。在西汉以前,它的真相究竟怎样,直至最近,还没有人作过较系统的、较正确的阐明,本节的写成,就是向着这个目标试作迈进。

再论到黄河出海所取的途径,则明末顾一柔《山居赘论》说:"大河之流,自汉至今,迁移变异,不可胜纪,然孟津以西则禹迹具存,以海为壑则千古不易也。自孟津而东,由北道以趋于海,则澶、滑其必出之途;由南道以趋于海,则曹、单其必经之地。冲澶、滑必由阳武之北而出汲县、胙城之间;冲曹、单必由阳武之南而出封丘、兰阳之下,此河变之诧始也。由澶、滑而极之,或出大名,历邢、冀,道沧、瀛以入海;或历濮、范,趋博、济,从滨、棣以入海。由曹、单而极之,或溢巨野,浮济、郓(谓济宁、东平),挟汶、济以入海;或经丰、沛,出徐、邳,夺淮、泗以入海,此其究竟也。要以北不出漳、卫,南不出长淮,中间数百千里,皆其纵横糜烂之区矣。"[2]已活画出一个河幅冲积的三角形。又《河防杂说》称,由宿迁至清河黄、淮交会处,迤北之地,宿迁、桃源、清河三县各占一部,沭阳、海州则全在其中,"此各州县地亩原极卑洼,非地洼也,河高而只觉其洼也;故每遇堤工溃决一次,则民地亦渐渐淤高"[3]。从这一段话来看,冀、豫大平原系怎样层累淤积,更涌现在我们眼前。

黄河出海,本以往东直走最为捷径,可是这条路恰被现在的山东半岛各山当头挡着。《康熙东华录》二十一,在六十年四月下记清帝说:"山东登、莱诸山之脉,自关东来,结为泰山,是为北干分支之一,在黄河之东。[4]而黄河之西,山脉自终南、太一南届淮、汝,为中干分支之一。黄河行乎两支之中,故昔时河自天津入海,以后渐徙而南,至淮安入海;而登州以上,马谷山以下,从无黄河之迹者,山脉限之也。"又《河防杂说》称:"自宿迁县城西北起,一带连山,约行九百里,至山东历城县地,始见平阳。再西北二百里,至德州城南,名黄河涯,乃宋朝以前老黄河故道也。黄河北行则必过历城西北,南行则必出宿迁东南,然后有归海之路。"[5]那都见得黄河海口,受到自然条件所束缚,如山东方面有些不利,南或北是必受影响的。

这种情况,近世的科学解释,也差不多一样。如李协说:"自孟津以下,北薄天津,南犯淮阴,数千里之面积,适如河口之三角洲,河道奔突荡宕,如汊港更番。""观黄河者,须知孟津—天津—淮阴三角形,直可以三角洲视之。鲁地山岭,其海岛也,则此三角形面积中,俱黄、淮诸流淤积而成也。其所以淤积如是之广者,迁徙之功也。"[6]简单说一句,冀、豫平原就是黄河的冲积平原,也就是积累无量的黄河泥沙而构成的三角洲。关于此事,张含英更有详尽的解释,他说:"黄河下游豫、冀、鲁及苏之北部,莫非黄河淤积而成。换言之，即千万年前，黄河曾漫流于此大平原者，不知其几千百次也。故地势平坦，一有冲决，任何处皆可作为河道。""黄河即携此多量泥沙，东出峡谷，骤抵平原，流缓沙沉，逐渐淤淀，遂致海日益退，陆日益增，于是下游之大平原成焉。据黄河水利委员会之估计，此大平原为七千四百年所积成，在此以前，泰山不过为海中之一孤岛。……且在下游，凡有黄壤冲积之处，皆曾经黄流所波及，亦皆为黄河之领土。"[7]大抵荒古时代，黄河的河口还在今开封附近，平原一天一天地冲积，河口便一天一天地往东。据张氏估计，"流入海中之泥沙（每年约二五五，〇〇〇，〇〇〇立方公尺），设其为潮溜之冲刷而漂流于沿岸各处者为百分之三十，则淤积于河口者，每年为一七八，五〇〇，〇〇〇立方公尺。若海岸之水平均深度为六公尺，黄河三角洲长为六十五公里，则海岸每年平均可前进四〇三公尺。即约二年又六个月，可使长六十五公里之海岸进海中一公里。"[8]今姑无论那些计算是否近于真确，海岸推进颇速则是一件无可疑的事（自黄河改道由利津入海以来，七八十年间，淤出新地近三百万亩[9]）。

尧舜之世，洪水茫茫，幸得大禹治水，把黄河引上轨道，自此平安无事，直至周定王五年才发生第一次河徙。往日正统派无论经学家或史学家，几乎都抱着这一贯的见解，所以定王五年以前黄河是怎么样子？很少有人注意到的。现在可不同了：由近年学者们的研究，晓得我国在有史时期未尝闹过洪水大乱子，更没有大禹治水那一回事，而我在前一节里面，又断定《禹贡》记下的河道就是东周河徙以后一个时期的河道，然则东周黄河未徙以前的状况，当然有点不同。地球不知形成了几千万年，自地壳表面结成水点之后，黄河时时刻刻在东流着，在有史的三千余年一个短短时期之中，大大小小，黄河下游已不知闹过多少乱子，我们据今推古，能够相信东周以前黄河总循着一条路来出海么？

二、上古时江淮的下游相通

未讨论之前，对这个总的问题，首先略表我的意见。有人以为江和淮、河和淮的下游相通，"在历史文献中固有可征"（如《孟子》），但这究竟是春秋战国时水利工程发达后开通江淮（邗沟）和河淮（鸿沟）的反映，尚不能据以决定上古时代的史事。但我们又有甚么凭据决定邗沟不是故道的修通，鸿沟不是自然的遗迹（这一点下文再说）？吴通江淮，固出《左传》，然排淮注江，实出《孟子》，两书的记载是对立的，不见得彼必是而此必非。说到黄河，则自有历史记载以前，南可入淮，最近研究综合规划的专家都如此看法，这里不必一一征引。只如吴传钧说"至于下游在三门峡以下，则四千年来河道徘徊于海河和淮河之间的大平原上"【10】。又冯景兰说："黄河下游河道的迁徙不定，或北走津沽，或南入淮泗乃按照自然规律而发展的自然趋势。"【11】黄河入淮既是自然趋势，则鸿沟之通，即使让一步如《史记》所说，也不过再次加工。同理，江和淮的下游相通实是按自然规律而发展的，不过《左传》没有详细记载出来罢了。

偌大问题，要如数家珍地一层一层推上去，固现在环境所不许。然而我觉得旧籍的记述，前人的讨论，还多多少少漏着一点消息，如果综合起来，虽然不能断定黄、淮、江三水系荒古时代经过若干变迁，但它们下游的真相，似乎还可窥探一二。现在先把《孟子·滕文公》篇的几句话引在下面：

> 禹疏九河，沦济、漯而注诸海，决汝汉、排淮泗而注之江，然后中国可得而食也。

关于这些话，有人直以为错误的，如朱熹注：

> 据《禹贡》及今水路，惟汉水入江耳，汝、泗则入淮而淮自入海，此谓四水皆入于江，记者之误也。

有以为误会的，如林之奇说：

> 此盖误指吴王夫差所通之水以为禹迹，其实非也。使禹时江已与淮通，则何须自江而入海，自海而入淮，为是之迂回也哉。【12】

有以为不当依字面解释的，如王端履说：

> 据战国之水道，不可以释《禹贡》……后儒……又求淮、泗注江之迹而不可得，则以《水经注》泄水之濡须口、施水之施口当之。……穷疑《孟子》言决汝、汉者，决汝入淮，决汉入江……注之江专指汉言，不指汝言……故必排淮、泗不使之注江，而后江与淮、泗各得安流而入于海，赵邠卿所以训排为壅也；盖《孟子》本当云排淮泗、决汉而注之江。【13】

有以为因沟洫而相通的，如傅寅《禹贡说断》二：

淮之东大抵地平而多水，古沟洫法，江、淮之所相通灌者非必一处，
岂但邗沟之旧迹而已哉。林氏之说，未可为通论。

更有以为实有其事的，《淮南子·本经训》：

龙门未开，吕梁未发，江淮通流，四海溟涬，民皆上丘陵赴树木。

朱熹《偶读漫记》称：

如沈存中引李习之《东南录》云，自淮沿流，至于高邮，乃沂于江，因谓淮、
泗入江乃禹之旧迹，故道宛然，但今江淮已深，不能至高邮耳。【14】

明万历二十三年，吴应明奏称：

至治泗水，则有议开老子山，【15】百折而入之江者，即排淮、泗注江之
故道也。【16】

明《泗州志》称：

淮为黄扼，只得由大涧口、施家湾、周家沟、高梁涧、武家沟等处散
入射阳、白马、草子、宝应、高邮等湖，由湖迤逦入江，《孟子》所谓排淮
泗而注之江者，此也。【17】

又许缵曾《东还纪程》说：

盖旧淮故道，传闻从盱眙出周家闸，过高梁湖、宝应湖至清水潭，由
芒稻河入江。自宋、元以来筑高家堰，导淮出清河口，故道久埋。

上头引的都论江与淮的关系，似乎和黄河无关；但很古很古的时候，我国的东
部海岸一带，恐怕许多地方还是处在海平线下，并未淤淀（黄河河口也在内），经过日久，
才陆续积成龟坼式的地面，同时，因水流的缓急，仍保存着蛛网状的支派，除非水流

完全没挟着沙泥，那是世界上任一大河的河口所常见的现象。我以为江、淮相通就因为这个缘故，孟轲的时代尚有不少古代传说流传着，所以他说淮、泗入江。像朱、王等认孟子是错误，无非用后世的地文来代替上古的真相。像李翱说出之目验，又已经过隋炀帝的开凿，也是不能作准。傅寅以为古沟洫之遗法，《四库提要》虽赞其"尤为诸儒所未及而卓然能自抒所见"，然而淮水下游地势甚为低下——尤其是，古代保存着不少自然的沟洫，也无需乎急急开通。据《锥指》四〇下引《淮安府志》，高家堰系后汉建安中太守陈登所筑，是江、淮不相通，显非起因于高堰，许缵曾的传闻，也有点不合事实。至如林之奇的驳议，完全以《禹贡》扬州"沿于江海，达于淮泗"两句为根据。学者们又引《左传·哀公九年》，"吴城邗沟，通江、淮"，十年，"徐承[18] 帅舟师将自海入齐，齐败之，吴师乃还"，及《吴语》"于是越王勾践乃命范蠡、舌庸率师沿海泝淮以绝吴路"，替林氏来撑腰，对于《吴语》记夫差所说，"余沿江泝淮，阙沟深水，出于商、鲁之间"，则驳称吴人的师船不能通过。说到这里，我不能不唤起读者们的注意，就是前文第六节所提出，珠江三角洲地面至今仍保存着呼"河"作"海"的习惯，完全意味着河口一天一天地淤积，变成沧海桑田的局面；这种景况，当然可设想其一样适用于古代半河半海的淮河下流，关于"海"字、"沿"字及"泝"字，我们确不应咬文嚼字来解释。尤其论到江、淮相通的比较程度，江水究竟流至某一段为止，淮水究竟流至某一段为止，那要看当日地势的高下，水流的盛衰而随时不同，断非可以呆板地假定的。

由是邗沟怎样的起源，也就容易明白了。因为江、淮下游彼此相通的港汊，到春秋末年或旧迹保留，或部分淤塞，吴王夫差只按着这些故道，把它重新开浚以便利交通，并不是由他创始凿成。《水经注》三〇："(淮阴) 县有中渎水，首受江于广陵郡之江都县。……昔吴将伐齐，北霸中国，自广陵城东南筑邗城，城下掘深沟，谓之韩江，亦曰刊溟沟，自江东北通射阳湖，《地理志》所谓渠水也，西北至末口入淮。自永和中，江都水断，其水上承欧阳埭，引江入埭，六十里至广陵城。"永和是东晋年号（三四五—三五六年），我们由于东晋时江都水断，也就可比例地想到春秋末叶，夫差因江淮交通中断而再行沟通。苏轼《书传》："吴王夫差阙沟通水，与晋会于黄池，而江始有入淮之道，禹时则无之"[19]，是不对的。《禹贡》一篇写成在夫差之后，所以它说"沿于江海，达于淮泗"了。

长江下游的大平原怎样构成，除去它自己的特殊性外，跟黄河的冲积，仍有着普遍性。不嫌辞费，这里我且把奚丁斯淡（H. von Heidenstam）《论长江三角洲之生长》的论文，[20] 零零碎碎，摘译一点，对于比较及参考，是很有价值的。

人们称埃及为尼罗河的赠品，同一样的意义，江苏大平原就是长江的赠品。这个三角洲依然在流动及生长的状况，剧烈一如过去，它的进行是极有趣味的研究。在平原上，自然的大力工作着，与过去千万年无异，能够于比较短短的时期创造或消灭一段陆地，数十年内能够开辟些新河口而关闭些旧河口。全年水量平均每秒一，〇五〇，〇〇〇立方尺。泥沙以重量计，平均为百万分之五百，以容积计，为百万分之三百五十。就是说，每年有一一，〇〇〇，〇〇〇，〇〇〇立方尺或四〇〇百万吨，足以使四百方里之地面加深一尺，或四十方里之地加深十尺。泥沙冲积之正面，过一百里以上，依降度每里三尺直至二百五十尺为止，则平均宽八十三尺有奇，构成八，三〇〇方里的面积。因之，这面积在二十年内应升起一尺。但平均降度是二千分之一，所以海岸在二十年内可推进二千尺，或六十年内推进一里。

　　中国大平原之生成，自然是两大流域长江及黄河拼合的工作。我觉得《禹贡》里面叙述模糊的"三江"，充其量，只是意味着过去长江确有三角洲，即是说，长江有几个出口，最少三个，可能更多，这样解释，是稳当及正确不过的。如果再要给它更高的估值，我以为很不妥当。

　　据丁文江一九一九年报告，如果我们在苏北通过东台画一南北线，东南延长至太仓、嘉善，再南至海边，我们就见得这条线以东所有的城市，都建立在五世纪之后。公元以后所立的三十四个城市中，有十八个在那条线之东。反之，线以西的四十九个城市，只有十七个是三世纪后的；其他都可回溯至纪元前二百年。线以东没有一个可回溯至五世纪之前的。还有一层，城市设立之年分，跟着它去海远近而变异。

就中他指出不应过分强调"三江"的数字，正与我所主张不应过分强调"九河"的"九"数（见前节），可以互相发明。

三、上古时河淮的下游相通

　　淮与江的关系既已明白，我们如能触类旁通，那末，对于上古时候淮与河的关系，也就不难了解。

　　我们首先试问，为甚么黄河南岸边缘有好几个无源的水道向较远的淮系流去？那一地带固然有潦水要寻求宣泄，但没有山岭阻隔，照常理论，最少一部分应该归入黄河的。可是，当大平原尚未完全形成的时代，黄河右侧的溜势循着自然向东南方面散漫，那边的潦水当然也跟着流出。久而久之，黄河正流的河身因为携带泥沙较多，比两侧渐抬渐高，又因时代越后，人们在正河边缘所筑拦防越多，南边的潦水遂不能够归入黄河。我们明白了这种形势，便晓得有史以来河淮两系虽经过许多捣乱，为甚么直到今日，依然保存着贾鲁河、惠济河那两三个渠道了。

现在再看《史记》二九《河渠书》对那方面的交通，是怎样说法：

> 于是禹……诸夏艾安，功施于三代。自是之后，荥阳下引河东南为鸿沟，以通宋、郑、陈、蔡、曹、卫，与济、汝、淮、泗会。于楚[21]……东方则通鸿沟、江淮之间。

这一道鸿沟，究竟起自某一时代，是上古水利史极饶趣味的研究。程大昌以为"司马迁明谓三代以后，乃始有之"，但他也说，张泊"谓始皇凿渠以灌魏郡，是谓鸿沟，不知鸿沟之名，战国苏秦固尝言之，不待始皇乃有也。又况史迁所记，言王贲攻魏，引河沟灌大梁，则是先有渠水而始皇引之以灌其城，非始皇创为此渠"[22]。阎若璩注重《河渠书》"自是之后"四个字，[23]无非本自程氏，然而上古并无治水的大禹，"自是之后"的反驳，已完全失其效力。

《河渠书》所载，还有前人从没有应用过唯物方法来观察而令我很难置信的。依司马迁说，有人在宋、郑、陈、蔡、曹、卫各国之间，挖开了一条鸿沟，接通了济、汝、淮、泗那几条水，我们首先要问，挖通的目的是甚么呢？春秋时代列国各自为政，互相猜忌，钩心斗角，唯恐外力侵入，它们能通通答应，不提防被人暗算，像假道于虞以伐虢那一类的计策吗？春秋的商务虽相当发达，但这几个国家范围里面，陆运工具似乎尽可应付的来，也无急急发展航运的必要。而且，那件事和夫差的政策不同。《吴语》："吴王夫差……乃起师北征，阙为深沟，通于商、鲁之间，北属之沂，西属之济，以会晋公午于黄池。"他抱着争霸中原的目标，在本国领域内自然可为所欲为，将旧迹重新挑浚，不怕被人干涉。鸿沟要通过许多国家的国境，情势便大大不同了。郑肇经对此，曾用考证方法加以分析，他说："按郑之始封，在宣王时（元前八二七至七八一年），则鸿沟之引，必在郑始封之后。"而胡渭谓："河水为鸿沟所分，力微不足以刷沙，下流易致壅塞，此宿胥改道之由。"是鸿沟之引，又必在周定王五年（元前六〇二年）河徙以前。鸿沟既开，始有河、汴之患。又"东周至春秋（元前七六九至六〇二年），王室衰微，水官失职，诸侯各擅其山川以为己利，于是自荥阳下引河为鸿沟……河于是始发大难之端矣！"[24]他循着胡渭的意见，认定王五年以前已有鸿沟，这一点是正确的。

除此之外，《史记》用"宋、郑、陈、蔡、曹、卫"字样，只是借后世的地名，来表示水川的途径，我们不应该呆板看去，以为有"郑国"才有鸿沟。宿胥改道，由于鸿沟分流，又只是胡渭的臆测，而且宿胥改道，也不是定王五年的事（参看下文第八节一项）。如果"诸侯各擅其山川以为己利"，则我在前已指出这样贯通的河渠，尤不易取得六七国的同意。郑氏错误的出发点，在认定春秋起才有河患，而实际上则洪水暴涨，早发生于人类奠居以前，黄河的可怕应已深深印入人们的脑筋，哪一国肯招致这些"祸水"，致贻引狼入室之悔呢？

《淮系年表》一四称："欲于淮系范围中谋大水利，其目光不可不一及于黄河。"唯对淮系具有深入认识，才能作出这样联系的断定。独怪同书的《水道编》又说："黄河古不通淮，汴蔡之流，利溥中州，然汴首受河，蔡首受汴，黄河之水已与颍淮通矣。"认河通颖淮虽然不错，但说河古不通淮，则武氏的意思似以相通为后世的事。可是征诸水文历史，水川往往本来相通，越后乃越多阻隔，武氏还被《河渠书》所束缚，故以为周时"始间接通淮"。让一步说，引导一条鸿沟，按照当时经济发展，仅够配合，何至如"《水经注》所载济水、荥渎、汳水、蒗荡渠以及睢、菕、洨、涣、涡、沙、夏、肥诸水皆鸿沟所导"，直达于过步开发的程度呢。洪水的恐慌，古人怕还比今人为敏感，难道大家都乐于开门揖盗吗？

这既不是，那又不是，我们唯一的转语，只有认为鸿沟是上古自然的遗迹。《河渠书》著"引河"字，把自然的地文遮蒙了二千多年，至今未被人发觉，是贻累不浅的。

关于河与淮古代已相通，本来可拿《禹贡·徐州》"浮于淮泗，达于河"那一条来作证。但这是《禹贡》文字上错误争论的焦点，虽然《史记》二《夏本纪》作"通于河"，《汉书》二八上《地理志》作"达于河"，可是旧日经生们因《说文》菏字下称，《禹贡》"浮于淮、泗，达于菏"，都以为《禹贡》的"河"是"菏"字之误，也就是《禹贡》豫州的菏泽。胡渭说：

> 《汉志》山阳郡湖陵县下云："《禹贡》浮于淮、泗，达于河，水在南"，汉时湖陵县安得有黄河？此"河"字明系"菏"字之误，"水在南"谓菏水在县南也。郦道元《泗水注》引此文云，菏水在南，《水经·济水》篇言菏水过湖陆县南，东入泗，皆确证，不独许慎作菏也。【25】

这是他们最强的反证。然而河与淮在古曾有过一个时期相通，事实上仅有许多确证，不容易抹煞，我们无需专提《禹贡》这一条来讨论。

自汉以至近世学者们的记载和言论，表示着河与淮古本相通的尚有不少，今就个人所知，总录起来，使我们取得了正确的观念，然后对这个问题进行讨论。

始皇二十二年，王贲攻魏，引河沟灌大梁，大梁城坏（《史记》六《秦始皇本纪》）。

《秦始皇本纪》，决河灌大梁，遂灭之，通为沟，入淮、泗（《汉书》一〇〇下如淳注）。

徐偃王欲舟行上国，乃通沟陈、蔡之间（《博物志》）。

大禹塞荥泽，开之以通淮、泗，即《经》所谓蒗荡渠也（《水经注》五）。

又东北流迳四渎津……自河入济，自济入淮，自淮达江，水迳周通，固有四渎之名也（同上）。

昔大禹塞其淫水，而于荥阳下引河东南以通淮、泗（同上七）。

禹又于荥阳下分大河为阴沟，引注东南以通淮、泗（《宋史》九三《河渠志》太宗至道元年张洎奏）。

自淮、泗入河，必道于汴，世谓隋炀帝始通汴入泗，禹时无此水道，以疑《禹贡》之言。[26] 按《汉书》，项羽与汉约中分天下，割鸿沟以西为汉，以东为楚……即今官渡是也。[27] 魏武与袁绍相持于官渡，乃楚、汉分裂之处，盖自秦、汉以来有之，安知非禹迹耶？其后，或为鸿沟，或为官渡，或为汴，上下百余里间不可必，[28] 然皆引河水而注之淮、泗也。故王浚伐吴，杜预与之书曰：足下当径取秣陵，自江入淮，逾于泗、汴，泝河而上，振旅还都；浚舟师之盛，古今绝伦，而自泗、汴泝河，可以班师，则汴水之大小，当不减于今，又足以见秦、汉、魏、晋皆有此水道，非炀帝创开也（苏轼《书传》）[29]。

河行冀、兖为多，而青、徐其下流，被害尤甚（同上）[30]。

淮、泗之通河久矣，隋时浚汴而大之尔，汴即《水经》所谓汳也（《禹贡说断》二引叶梦得）。

《吴语》，夫差起师北征，阙为深沟于商、鲁之间，北属之沂，西属之济……此自淮入汴之道也（王应麟《困学纪闻》二）。

明万历中，黄克缵修《古今疏治黄河全书》，引宋张洎疏，以为《禹贡》九河之外，原引一支南行入淮、泗（《四库全书总目》七五说，"未免出于附会"，是主观的批评）。

《孔疏》云，冀州之水，不径兖州，常深以为疑。及读《河渠书》，禹道河至于大伾……忽憬然如梦初觉，知降水、大陆、九河之区，尧时尚未为河所径也，孔义精绝，苏（轼）说更畅于孔。或谓尧时青、徐无河患，青所治者潍、淄及汶，徐所治者淮、沂及泗耳，于河无涉。余按汉武帝时，河决瓠子，东南注巨野，通于淮、泗，是患及徐也。成帝时，河决东郡、平原，泛滥入济南、千乘，是患又及青也。当二渠未厥之日，河自大伾以下，行平地数为败，安知青、徐之境不若后世之横被其害乎？（《锥指》二九）

愚谓怀襄之世，河从大伾以东，早已溃决四出，太史公云，行平地数为败，是也（同上）。

或问禹始引河，北载之高地，然则水未治以前，河从何处行？曰，尧时从大伾山南[31]东出，或决而北，或决而南，泛滥兖、豫、青、徐之域（同上四〇中下）。

河虽浊水，性固就下也，可以北不必于北，可以南不必于南，奚以明其然也？自有天地即有河，陶唐以前盖不知其几千万年也，其北耶？南耶？不可得而知也。……抑闻之，郦道元云，禹塞淫水，于荥阳引河通淮、泗，济水分河东南流，则当时已不尽北（《经世文编》九七裴曰修《治河论》。裴系雍、乾间人）。

夫河、淮古称二渎，河水东过荥阳，蒗荡渠即大禹所辟以通淮、泗之路者，河至是借淮以相为梳理，河、淮之合，从来旧矣（《经世文编》九七鲁之裕《治河淮策》）。

首先要说明的，《史记·秦始皇本纪》的"河沟"，系鸿沟、阴沟的省称，那时黄河的正流相去大梁（开封）很远，王贲是没法决它来灌大梁的，这正与《河渠书》认战国前已有鸿沟相合。如淳不知就里，删去"沟"字，改为"决河灌大梁"，更进一步误认王贲之后，才有通入淮、泗的鸿沟，那是如淳的大大错误。除此之外，我们由于前一节的抉出，已知《禹贡》的河道实在表示东周河徙以后的河道，然则上文汇集的记载或研究，我们只须将"尧时"[33]"禹迹"那些神话字样除去，剩下的话就可拿来推测东周河徙以前黄河的旧道。现在综合各说，得出两个很为重要的结论：

（一）行平地　旧道是经行豫、徐、青三州的地方。

（二）不经冀州　不经现在的河北而出海，其下流和东周河徙后的新道完全不同。

换句话说，旧道是从徐、青两州分道出海，它和淮的关系，就跟前文提过淮与江的关系一样，两条水的下流，可以互相通接。这个决定也不是我个人的武断，读者们试检阅《锥指》二七胡氏所绘《荥阳引河图第二十四》，便一望而知了。他于这图上注称：

此即河阴县西之石门渠也。《水经》之济水，京相璠名曰出河之济，郦道元以为蒗荡渠；渠分济水，其支派汳、睢由泗入淮，沙水一入淮，一合汝、

颍入淮，涡水亦入淮，故曰与济、汝、淮、泗会。……故作是图以列于定
王五年河徙之前云。

这是他承认定王五年以前河淮相合的确据。[33]然而《禹贡》的写成是在定王五年以后，黄河的大流或正流虽已改道向东北出海，但原日的河道，仍然未尽淤塞（见下文），不知名的《禹贡》作家保存着多少旧闻，所以说"浮于淮、泗，达于河"。胡氏没有冲破《禹贡》的圈子，他的著书就陷于驳而不纯，所以后来有好几位先生批评他的错误；不过他用功颇深，对于上古河道的真相确有认识，有清一代研究《尚书》的各家都觉得望尘勿及，这是我应该向读者们推荐的。

至于汴是黄河分流的一支，其下流入淮，据前文杜预、苏轼所叙述，已很明白，刘尧诲《治河议》下竟以为"……是宋以前河东北流而不受汴水也……是元以前黄河东南流而不受沁水也"[34]。如依刘氏所了解，汴水只恃须、索、京、郑各水以为源，则可说"汴水"与黄无关；但据我们所了解，自有记录以来至于北宋，汴的大部分水源都靠分自黄河，没有黄，汴就不能自立，那不是河受汴或不受汴的问题，而是河分汴或不分汴的问题。刘氏把予受互倒，对河史简直非常隔膜。

四 辟济水三伏三见的玄想或谬说

世界上各大河流所没有而为黄河特殊突出的现象，就是常闹改道的乱子；无独有偶，单就改道而论，黄河之外，在我国还可以找到别一个来陪衬。徐炳昶说："原塔里木河行沙漠中，亦尝如黄河之改道。"[35]按塔里木在焉耆以西有无改道不可知，往东则近人已发见它故道的遗迹（当然与黄河因黄土淤垫而改道不同），因之，它的储蓄池——罗布泊也跟着转移，新的比旧的南北相差约一度之远。[36]不过塔里木的改道为环境所限，总没有像黄河来得那么频数。

在我们将要了解黄河的改道并尽可能考定东周河变以前，黄河所经的道路，首先就遇着一个令人莫名其妙而亟待澄清的问题，就是《禹贡》的济水（济或作泲）[37]。据《禹贡》说：

导沇水，东流为济，入于河；溢为荥，东出于陶丘北，又东至于菏，又东北会于汶，又北东入于海。

由于前人承受上古的臆测，或不明水道的变更，于是累积而成三伏三见的怪说。

甲、一伏一见说

《水经注》七《济水》条说：

> 《山海经》曰，王屋之山，联水出焉，西北流，注于泰泽。郭景纯云，联、沇声相近，即沇水也，潜行地下，至共山南，复出于东丘。……今济水重源出温城西北平地。[38]

这是一伏一见。我们根据明李濂《游济渎记》：

> 旧记，济水出王屋山顶太乙池，伏流地中，东行九十里，复见于此，其太乙池，今亦涸矣。[39]

可见济水一伏的话，毫不可信。太乙池已涸而济水犹涓涓的流出，就足构成最强的反驳。

乙、二伏二见说

《汉书》二八上河东郡垣县：

> 《禹贡》，王屋山在东北，沇水所出，东南至武德入河，轶出荥阳北地中，又东至琅槐入海，过郡九，行千八百四十里。

又《释名》："济，济也；源出河北，济河而南也。"[40]济水再伏说就以这为根据。《禹贡山川地理图》上的驳论是：

> 其后，唐高宗疑济源与河不接，而许敬宗止以伏流为对，其说盖取重源以为本祖。独不思济其果能伏流，则当高宗之世，荥口虽不受河，犹有溢流汩出地底，则伏流之说信矣。今其河水不入荥口，则荥泽遂枯，尚言伏流，不其诬耶。

又王纲振的驳论是：

如时以东流为济，溢为荥为见，则漾东流为汉，汇为彭蠡亦可为见乎？

又若以入于河为伏，则渭入于河，洛入于河亦可为伏乎？【41】

又《水经注》七于济水过敖山后称："自西缘带山，秦汉以来，亦有通否，济水与河，浑涛东注。"既浑涛东注，则河、济已不可分，一伏还可说出于揣测，二伏的理由越加不充分了。《后汉书》二九《郡国志》河内郡温县："济水出，王莽时大旱，遂枯绝。"胡渭以为"专谓北源"，胡氏又称："《郦注》亦于温县济水故渎下言之，其所云枯后复通，津渠势改者，谓济水自温县入河，不复东至武德耳，而荥阳以下，绝无一字道及，殆与河南之济无涉"【42】，均能得司马彪的真意。至如《禹贡山川地理图》上所称："况济之入河，古今皆自温县，故渎至今不塞，则谓王莽时枯竭者亦妄"，则因误会作济水永枯，所以发生这样的批驳。

到了唐代，所谓"河南的济水"已发生变化，唐人为适合现状，《后汉书》一○六注遂说：

济水出今洛州济源县西北，东流经温县入河；度河东南入郑州，又东入滑、曹、郓、济、齐、青等州入海，即此（济）渠也。王莽末旱，因枯涸，但入河内而已。

把"河北真济水"的枯绝，移为"河南假济水"中断的原因。往后作品，如《通典》一七二："济水因王莽末旱，渠涸，不复截河过。今东平、济南、淄川、北海界中有水流入于海，谓之清河，实菏泽、汶水合流，亦曰济河，盖因旧名，非本济水也。"【43】《元和志》一○："济水自王莽末入河，同流于海，则河南之地无济水矣。"似乎已进一步了解济水的现实，但仍跳不出旧说的圈套。至于"二见的济水"何时和何故断流，待下文第九节再行详论。

丙、荥及荥泽

《禹贡》的作家为甚么有"溢为荥"的认识，这对研究黄河变迁史很有关系。大凡两水汇流的地方，如果清浊不同，每每呈现着很分明的分水线；但相隔不远，那些界限就完全消灭（梧州附近桂江与郁江相会的地方，即有这种现象）。济水入河在河的北岸，荥在河的南岸。济水不过一道很平常的小川，并非源远流长的大水，为甚么晓得它们俩有直接的关系？对这个疑问，经生们的解释也不一样，如：

济水入河，并流十数里而南截河，又并流数里，溢为荥泽，在敖仓东南（《尚书孔传》），此皆目验为说也。济水既入于河，与河相乱，而知截河过者，以河浊济清，南出还清，故可知也（《尚书正义》）。

济自大伾入河，与河水斗，南泆为荥泽（《水经注》七引《晋地道志》）【44】。

古者五行皆有官，水官不失职，则能辨味与色，潜而出，合而更分，皆能识之（《新唐书》二二三上许敬宗对高宗的话）【45】。

傅寅《禹贡说断》三的《荥泽辨》：

济既入河，与河相乱，而其溢为荥也，禹安知为济哉？孔颖达谓以其色辨，东坡谓以其味别，而许敬宗则以为入河伏流而出，郑渔仲则以为简编脱误，林少颖则以为禹分杀水势，【46】而程泰之则又以为水会于河既多，河盈而济继之，故溢而注荥也，纷纷之论，将孰从而折衷乎？

无论哪一说，我觉得理由都很不充分，前人已多有辨明，林之奇说：

济清而河浊，济少而河多，以清之少者会浊之多者，不数步间，则清者皆已化而为浊矣。即合流数十里，安能自别其清者以溢为荥乎？【47】

又胡渭说：

传言济与河并流始在北，继截河而南，则似两人同行街北，一人忽截街而南，别与人同行数里，乃独抵所欲诣处，人之行路，固有然者，水则安能？且河大而济小，济既入河，河挟以俱东，济性虽劲疾，恐亦不能于大河之中，曲折自如若此也。……谓济与河乱，南出还清，自颖达始……俗语不实，成为丹青……其是之谓矣。……东坡谓禹以味别，知荥之为济，说本许敬宗，亦非。【48】

皆是根据物理，加以纠正，无需我再为补充。我所欲提出而且需要特别注意的，就是荥是泽名，抑是水名，或兼有两项的意义。《穆天子传》五，"浮于荥水，乃奏广乐。"又《周礼·职方氏》豫州："其泽薮曰圃田，其川荥（荥即荥的别体）、雒。"都不以为泽名。

121

据近年学者们的研究,《周礼》无疑是战国人的作品,跟《禹贡》的撰写同属一个时期,似可反映着《禹贡》"荥"字的真义。惟是,《左氏传》特著卫侯及翟人战于荥泽,荥本属郑国,翟的大本营却在山西,翟人侵卫,为甚么竟在黄河南岸的别国境内交战?《禹贡正义》:"郑玄谓卫、狄战在此地。杜预云,此荥泽当在河北,以卫败方始渡河,战处必在河北;盖此泽跨河南北,但在河南多而得名耳。"("河南"二字,据《诗·墉风正义》校正)按明人刘天和《问水集》称"孟津而下,夏、秋水涨,河流甚广,荥泽(县)漫溢至二三十里"[49],明代尚这样宽阔,则在千余年前春秋之末,河面必更汪洋可观。换句话说,河水流至荥泽县地面,一望无际,就好像汇成一个大湖,"溢为荥"这句,也许是古人对于河流宽广的简描,所以南北两岸都可称荥泽。有此进一步的了解,我们直可不必追问古代有无"荥泽";至济水再伏再见的理想,也恐怕因为河面特别宽广而产生。

更后的记载如《尔雅·释地》的十薮,只说"郑有圃田"(郭璞注"今荥阳中牟县圃田泽是也"),与《周礼》同,没提及荥泽。胡渭引《水经注》七的郏城陂,以为"昔人导泽为川之路"[50],实本自曾哎所说,"禹时为荥泽而已,至周则为川"[51],这种解释,我觉得很难成立。因为(一)春秋时代没有在国际间开凿一条运河的可能,前文已经讨论过。(二)《禹贡》只表示战国时代的现状,依这样把曾说来改正,岂不是"春秋时为川,战国时为荥泽",哪能说导泽为川?

如果依据《禹贡》"荥波即潴",认黄河经过那里,轶成蓄水池的"荥泽"之后,仍向东流而构成"荥渎",这并非没有可能性,但荥泽的淤塞又在甚么时候呢?胡渭引《汉志》,"轶出荥阳北地中",以为就指荥泽,自平帝之世至明帝永平十三年,汴决坏六十余岁,所漂数十许县(据《后汉书·王景传》及《明帝纪》),"济渠即荥渎,南去荥泽不过二十余里,则固在所漂数十县之中者也。河水泛滥,必至其处,历六十年而后已,填淤之久,空窦尽窒,地中伏流不能上涌,荥泽之塞,实由于此"[52]。除去伏流谬说前文已有批判外,《汉书》编成在永平之后,《汉志》既未明提"荥泽"的名称,更没说"荥泽"已淤。"轶""溢"两字通用,似无非抄袭《禹贡》的"溢为荥"而略为改变其文字,并不是新的材料。胡渭的断定"至东汉乃塞为平地",不外根据《尚书》郑玄注而加以推测;《禹贡正义》引郑注:"今塞为平地,荥阳民犹谓其处为荥泽,在其县东",郑只说东汉时已塞,并没清楚地指出到东汉才塞。

《水经注》七对荥泽虽有记载,但下文复称:"黄水又东北至荥泽南,分为二水;一水北入荥泽下为船塘,俗谓之郏城陂,东西四十里,南北二十里,《竹书·穆天子传》曰,甲寅,天子浮于荥水,乃奏广乐,是也。"依文义来看,郏城坡是与荥泽相连,郦道元更引《穆天子传》荥水作证,好像郏城陂就是荥泽,[53]然而道元的话,未必可靠。最可怪的，《元和郡县志》八荥泽县下称，"荥泽，县北四里"，更好像荥泽至唐尚存，奈唐代别的书志没有说过，不知李吉甫何所本据。复次，京相璠称荥泽在荥阳县东南（《水经注》七。晋以前的荥阳县，在今荥泽县西南十七里），唐的荥泽县在今荥泽县北五里，依这些方向、道里来推勘，则《元和志》所说的荥泽，应在晋以前的荥阳县之北，与京相璠的解释也不相合。所以，李吉甫说唐时还有荥泽，跟胡渭说荥泽到东汉才塞，同是一样没甚么确据。

假使我们承认古代有过荥泽到后来才淤塞的话，同时就应研究淤塞的原因。关于这个问题，我觉得程大昌的解释较好，《禹贡山川地理图》称："荥泽，郑氏曰，今塞为平地，荥阳民犹谓其地为荥泽，郦道元所言亦与郑合……则可以知荥本无源，因溢以为源，河口有徙移，则荥之受河者随亦枯竭。"因为东周前黄河的正流、行济渎出海，荥泽仍常常得着河水的补充；可是，东周河徙以后，正流已改趋东北，荥泽不可能时常获到鲜水，变成好像死水的内湖，结果便很易涸竭。梁山泊在金代因黄河改流，不上几十年，即整个淤为耕地，是极好的例子。所以我对于荥泽（假定系）消灭的见解，跟胡氏不同：（1）由于泽水本身的渗漉性、蒸发性而干涸，不尽由于河泥之填平。（2）可能在战国时期已经干涸，故《汉书·地理志》没有记载，并不是存在至东汉初年。

丁、三伏三见说

《新唐书》二二三上载许敬宗的话：

自此（温）泆地过河而南出为荥，又泆而至曹、濮，散出于地，合而东，汶水自南入之。曹、濮指唐代的曹州（今曹县）、濮州（今濮县）。据《水经》所记，敬宗误认为济水再出的蒗荡渠，其北支即北济（见下文），原来东行经阳武（今同名）、封丘（今同名）、平丘（今长垣）、济阳（旧兰义）、冤朐、[54]定陶（今同名）等县。换句话说，东周前黄河的北支（说详下文五项）就经过上文列举的各县，下流东至琅槐县（今广饶）入海，到六朝时遗迹还未尽湮灭，我们从《水经注》七、八两卷便可见得。但到唐时已不能保持，[55]像胡渭所说，"经流一去，枝渎皆空"（引见后），敬宗无法了解，遂强捏三伏、三见的玄虚以求塞责；胡渭不知就里，反来替他圆谎：

> 荥泽自周以前，已导为荥川，与陶丘复出之济相接，故《汉志》于轶出荥阳地中下，即继之曰，又东至琅槐入海，而定陶县下亦止云《禹贡》陶丘在西南，不引东出之文，盖三见之迹，不可得见久矣。[56]

那都由于胡氏迷信吴澄"出者言在平地自下而涌,非有上流,如某水至某处之至"[57]的误解,不信"出犹经过"的正解,遂至被敬宗欺骗而勿觉。沈括《梦溪笔谈》说:"今历下凡发地皆是流水,世传济经过其下,东阿济水所经。"说得像煞有介事,更令三伏的怪话,易于得到前人迷信。

说至这里,异常复杂的济水三伏问题,算是整个澄清,归纳来说,即:

(一)太乙池并不是济水的真源,所谓一伏,无非承自黄河重源那一套的古旧理论。

(二)济水的始末,就自发源处起至入河处止,与黄河南岸的蒗荡渠毫无关系,既无所谓二伏,那更无所谓三伏。

(三)蒗荡渠实是东周前的河道,其北支原经由定陶东行入海,中断是六朝时的事,无所谓再伏而三见。[58]

五、东周时黄河故道的异名
怎样见得济水是东周时黄河的正流?

黄河北边的济水究竟怎样会跟黄河南边的荥渎即蒗荡渠联系起来呢?依前头的辨证,蒗荡渠既不是由人工凿成,而它的历史却若断若续,和胡渭所说:"凡河所经之地,纳山源大川,则河徙而渎不空,漳水循河故道专于海是也,不然,则经流一去,枝渎皆空,久之化为平陆矣。"[59]情况有点相类。从这来推究,我认定蒗荡渠是东周前黄河的正道。要详细阐明这一个见解,除前文所举论点之外,还可由各方面观察得来。

甲、依于这个水系的混乱

或人问我,"渠"或"沟"的名称,向来常适用于"枝渎",《水经注》七称,"济水分河东南流","出河之济"本是河之一支,虽无疑问,但由"蒗荡渠""鸿沟""阴沟"那一类命名来看,只表示它是河的一支,怎样见得它是东周前期黄河的正道?我们处理这个疑问的时候,首先不要忘记了历史的时间性。当黄河的大流在砾溪附近溃决向东北之后,以前的故道虽仍继续有一部分水量通过,但已丧失它原来的重要性,时间经过越久,丧失越大,人们不复把它当作整个黄河看待,所以每一段总起有它的土称,所谓"因城地而变名,为川流之异目"(《水经注》七)了。

蒗荡渠水系里面所包各个异名,非常复杂,正像胡渭所说:"枝津交络,名称互见，使人目眩心摇。"[60]前期地理学家对这类复杂名称，都无法掌握，列成分明的统系，所以《水经》有济水、渠水、阴沟水、汳水、获水各条。现在，我先把《汉书·地理志》的记述介绍给读者们：

河南郡荥阳县（今荥泽）"有狼汤渠，首受沛，东南至陈入颍，过郡四，行七百八十里"（狼汤即蒗荡）。

颍川郡阳城县（今登封）"阳乾山，颍水所出，东至下蔡入淮，过郡三，行千五百里"。以上为由济通颍，颍再通淮的路。

陈留郡陈留县（今陈留）"鲁渠水，[61]首受狼汤渠，东至阳夏入涡渠"。

淮阳国扶沟县（今扶沟）"涡水首受狼汤渠，东至向入淮，过郡三，行千里"。以上为由济通涡，涡再通淮的路。

陈留郡浚仪县（今开封）"睢水首受狼汤水，东至取虑入泗，过郡四，行千三百六十里"。

济阴郡乘氏县（今巨野）"泗水东南至睢陵入淮，过郡六，行千一百一十里"。以上为由济通泗，泗再通淮的路。

陈留郡封丘县（今封丘）"濮渠水，首受沛，东北至都关入羊里水，过郡三，行六百三十里"。都关县（今濮县）属山阳郡。据《水经注》二四《瓠子河》："瓠子北有都关县故城，县有羊里亭，瓠河迳其南为羊里水。"瓠子河的下流仍然归入济水。《汉书·地理志》东郡下应劭注称："濮水南入巨野。"那是会济之后，再入巨野。[62]

《通典》一七七河南府河阴县下称："其汴渠在县南二百五十步。《坤元录》云，亦名蒗荡渠，今名通济渠，首受黄河。[63]……《坤元录》又云，自宋武北征之后，复皆湮塞，隋炀帝大业元年，更令开导，名通济渠。西通河、洛，南达江、淮，炀帝巡幸，每泛舟而往江都焉。其交、广、荆、益、扬、越等州运漕商旅，往来不绝。"（《括地志》一名《坤元录》，见孙星衍《括地志序》）再看东汉建武时张汜称作"济渠"的，永平诏书却称作"汴渠"，而在永平以前，书本上并未见过"汴"的称谓。我们试比观各种材料，便知汴和济的上游，同是一个流域，同由黄河的分水所构成。同时，我们须要记着东周前的黄河已是东南与淮泗相会。

然则汴和济两个名称，在用法上毫无区别的吗？却又不然。对于上游一段，可以称济，也可以称汴；对于整个流域，则济水专指东向定陶会汶入海那一支，汴水专指东南向彭城会淮入海那一支，济、汴两名的分用，实在借以表示两个始同而末不同的支流，无怪看到那些名称，几令人无从捉摸。

上面所说，不过揭示其大略，如果我们多翻几本古书，则"上自成皋，下至淮、泗，其名称彼此相互，鸿沟、漕渠、阴沟、蒗荡、浚仪之为渠，梁、鲁之为沟，甚至砾、丹、京、索、邲、沙、蔺、获、睢、涣、涡，或彼据此名，或东仍西目，无所质正"【64】。
侥幸地已有一两家学者把它简化起来，我现在详引在下边，以补前文所缺漏。曾巩《南丰集》论汴水：

> 昔禹于荥泽下分大河为阴沟，出之淮、泗，至浚仪西北复分二渠，其后或曰鸿沟……或曰浪宕渠……或曰浚仪渠……或曰石门渠。

《禹贡山川地理图》下：

> 受河之水，至汉阳武县分流：其一派南下者，自中牟原圃之东，趋大梁，未至，则为官渡；官渡亦名沙水，沙读如蔡，即蔡河也。班固言莨荡渠于荥阳而曰首受汴（沛），东南至陈留入颍者，即此派也。史迁谓三代以后凿荥为渠以通漕路……亦此派也，亦战国之谓鸿沟而楚汉指以分境焉者。既至陈留（今东京），蔡河正派之外，支派散布，遂为三名：其在开封、浚仪之北者为浚仪渠，稍东为汳，汳又东行至蒙为获，获至彭城北，遂入于泗，此从大梁（亦东京也）之北而数之，为北来第一水也。蔡河自开封南行，至吹台东，又分二派；其东行而在北者为睢，睢自陈留迳宋（今南京应天府），东南行至今淮阳军睢口入泗，此分蔡于陈留而从北数之，是其首派也。其东行而在睢之南者是为涣，亦自陈留、雍丘南来，而趋临涣、蕲县以下入于淮，是为分蔡于陈留而从北数之，此派则于沙为次二也。此臣前谓蔡河至大梁而别派自为三流者也。蔡河又南至陈之太康，【65】分派以入鹿邑则为涡，涡至义成入淮，此又一派而不在大梁分派之数也。蔡河又至陈城而合于颍，颍至寿春东入于淮，今世之谓颍河是也。当蔡之入颍也，即班固之谓莨荡渠受沛于荥阳至陈入颍者是也；若以班固所志为正，则虽蔡河自中牟分阳武济派而下以至入淮，皆可名为莨荡渠，与战国、楚汉鸿沟之目相应。然而分支于蔡而他出为汳、为睢、为涣、为涡者，本其受言之，虽杂称鸿沟、莨荡，亦不为非实也。故郦道元于浚仪渠曰汴涉阴沟也，【66】于阴沟曰梁沟既开，莨荡故渎实兼阴沟、浚仪之称也，于汳曰故汳兼丹水之称也。其他书杂指支流以为汴、鸿沟者又多也。以其源派交贯，则名称相互亦不足怪。

又胡渭《禹贡锥指》四二：

今综其大略，以蒗荡渠为主；《水经注》云，渠水自河与济乱流，东迳荥泽北，东南分济，历中牟县之圃田泽，与阳武分水，又东为官渡水，又东至浚仪县，左【67】则故渠出焉，秦始皇二十二年王贲断故渠，引水东南出以灌大梁，谓之梁沟，世遂目故渠曰阴沟，【68】而以梁沟为蒗荡渠。阴沟东南至大梁城合蒗荡渠，共东导者为汳水。……蒗荡渠自大梁城南，南流为鸿沟……鸿沟又兼沙水之目；沙水东南流至新阳县【69】为百尺沟，注于颍水。……其一水自百尺沟分出，东南流至义城县西而南注淮（义城今怀远），谓之沙汭。《左传·昭公》二十七年楚子常以舟师及沙汭而还，即此也。沙水所出，又有睢水、涡水；睢水自陈留县首受，东南流至下相县入泗（下相今宿迁），涡水自扶沟县首受，东南流至义城县南而东注淮。以上诸渠，同源于出河之济（即石门水），故言鸿沟者则指此为鸿沟，言蒗荡渠者言此为蒗荡，言汴水者指此为汴水，言浚仪渠者指此为浚仪渠，皆以下流之目，追被上源也。

试将程、胡两家文字小心阅读，看那些水系名称互用的纠纷，正表示着它的来源很古。如果依《史记·河渠书》认为由人工同时一手开凿，似不至随地而发生别称。从这一重点来勘破，出河之济何以即东周时的黄河旧道，也易于作进一步的了解。

乙、依于北边的真济水入河处与南边的蒗荡渠口相接近

发源山西的"真济水"没有力量冲过黄河而另自东行出海，从二十世的科学眼光来看，是极浅的事理。为甚么它的名称会被人带到南边而且假想为互相连贯，当然有其内在的原因，我们不应放着不管。《汉地志》称济水于武德县入河，但《水经注》九《沁水》条说沁水的末泄为沙沟水，沙沟水"流入于陂，陂水又值武德县南，至荥阳县北，东南流于河，先儒亦咸谓是沟为济渠，故班固及阚骃并言济水至武德入河，盖济水枝渎条分，所在布称，亦兼丹水之目矣"。是否"济"在上古时代本为通名，所以不同的两河取得相同的称谓，【70】或是济水在东周前原与沁水相通，现在很难决定。考汉的武德在今武陟县东南，济水在近世则分为两派入河："一经柏香镇之南，东南流入河（南岸为巩县西北境连山）。一东流经镇北，又东曰猪龙河，经（怀庆）府城南境，又东经温县北境，又东南至武陟县南之涧沟村入河（南岸为汜水县东北及河阴县西北境）。"【71】又《小谷口荟蕞》称阳武"西北有济水，今自温县东入大河，不至县境"【72】。依据那些记载，我们已可以联想上古的济水入河处，跟蒗荡渠口很相近；何况《汉地理志》明著"狼汤渠首受泲"（引见前）。又《水经注·河水》："又东过成皋县北，济水从北来注之，又东过荥阳县北，蒗荡渠出焉"，又《济水》："又南当巩县北，南入

于河，与河合流，又东过成皋县北，又东过荥阳县北，又冬至砾溪南"[73]，更是济水入河跟蒗荡渠口很相贴近的证据。因此，到东周时黄河改流，虽把济水入河的口隔离稍远，人们仍相承误传济水是蒗荡渠的上源。复次，蒗荡渠口稍东就是砾溪，蔡沈《尚书集传》：

> 按桑钦云，二漳异源而下流相合，同归于海，唐人亦言漳水能独达于海，请以为渎，而不云入河者，盖禹导河自降水大陆至碣石东北入海，周定王五年河徙砯砾，则渐迁而东。至钦时，河自大伾以下，已非故道，而漳自入海矣。[74]

但胡渭说：

> 钦，成帝时人，河自大伾以下非故道，即自周定王五年始，岂待汉成帝时哉。……河徙砯砾，乃无稽之妄谈。[75]

我们试综合两说来批评一下。邺东故大河在桑钦之前，早已断流，蔡说固然考证未确；反之，大伾以下的河道，只是东周河徙后的新道，其一部分究于甚么时期断绝，现在尚难确定，胡氏也未能难倒蔡氏。《汉书·沟洫志》，贾让奏有"荥阳漕渠"，如淳注"今砾溪口是也"。胡渭说："阿谁读误本汉书，以今为令，又加石作砯"[76]，这就是误称"砯砾"的缘起。[77]蔡沈的"河徙砾溪"，究竟不知有无本据，我却以为幸而言中，考《水经注》七称济水"侧有扈亭水，自亭东南流注于济，今无水。……又东迳荥阳县北。……又东，砾石溪水注之……即经所谓砾溪矣"。那扈亭就是同书五所记晋出公十二年河绝于扈的扈亭，地属卷县（今原武西北），"绝"的意义可能就是"决"，而晋出公十二年又即后定王六或五年（说明见第五节），跟定王五年很相类，保不住是同一件事的误记。现在更晓得扈亭与砾溪非常接近，所以我认定东周的河徙就发生在这一小小地带。不过这一回的河徙，并不是徙向蒗荡渠，而是从东周前的黄河正道——即蒗荡渠——的砾溪附近，徙向邺东故大河的新道。我的见解根本和胡渭不同，[78]最要的就在这一点。蒗荡渠（或济）如果是东周前的黄河故道，前人所说河、淮相通，越觉信而有征。

总之，真济水入河处与蒗荡渠（即黄河故道）口相对，黄河正流由砾溪冲向东北，恰构成"十字交流"，人们久而忘记，遂把"济"的名移到蒗荡渠去。这不是我的幻想，读者试翻检漯河之"十字交流"的现象（见前第六节一项），便知道古人的脑中确曾存在过那种理想了。

丙、依于北济、南济两流域的分析

黄河南边的济水是怎样走法呢？ 试把《水经注》卷七、卷八所记，条分缕析，则知自荥阳而东，派分为南济、北济[79]。"南济行阳武[80]、封丘、济阳、冤朐、定陶之南而不迳其北，北济则行阳武、封丘、济阳、冤朐、定陶之北而不迳其南"[81]，跟现时间河套的分流相似。北济又自封丘分出一支，名濮水，至定陶东北，复与北济的正流相合，在乘氏县[82]入于巨野泽。其南济东至乘氏的西（？）边，亦分作两派：一派东南流，叫作菏水，东过今菏泽县，又东过定陶、金乡、鱼台各县之南入于泗水，东南会淮而入海。一派东北流入巨野泽，《水经注》称作济渎。巨野泽既纳南济的一支及北济之后，北流过寿张（自汉至元的寿张都在今东平西南），会东北下来的汶水，以后经须昌（今东平西北）、谷城（今东阿）、临邑（今东阿北）、卢（今往平）、台（今历城）、菅（今章丘）、梁邹（今邹平）、临济（今高苑西北）、利（今博兴东）等县而入海。据黄鸿的考证，谷城至台县一段，系清初的大清河所经，台县以下，系清初的小清河所经。[83]现在，再把《元和郡县志》十、十一、十七各卷所记济水历程，列成下表：

郓城（今郓城东）	见下条
须昌（今东平西北）	"济水南自郓城县界流入，去县西二里"
卢（今往平西南）	"刘公桥架济水，在县东二十七里"
长清（今长清东南）	"济水北去县十里"
丰齐（今历城西南）	"济水西去县二十六里"
全节（今历城东北）	"济水在县北四十里"
临邑（今临邑南）	"济水西去县四十里"
临济（今章丘西北）	"济水在县南二十里"
章丘（今同名）	"济水西去县十七里"
济阳（今邹平）	"济水在县南，又东北入高苑县界"
邹平（今邹平北）	"济水南去县三十五里"
长山（今同名）	"济水西北去县三十五里"
高苑（今同名）	"济水北去县七十步"
博昌（今博兴）	"济水北去县百步，又东北流入海。海浦在县东北二百八十里，即济水东流入海之处，水口谓之海浦"
蒲台（今同名）	"海畔有一沙阜，高一丈，周回二里，俗人呼为斗口淀，是济水入海之处；海潮与济相触，故名"

胡渭加以解释说："唐时济水至高苑,则不由博昌而改从蒲台东北入海,故杜佑云博昌无济,而李吉甫则新、旧二道并存也。"【84】我初时颇信胡氏的话,及再检《元和志》一看,才恍然胡氏的错误,系只读了博昌县下"济水北去……"的前一段,没有读"海浦在县东北……"的后一段(均引见前文)。《通典》称"旧济合在博昌县界,今无也",试与《元和志》比观,杜佑以为博昌无济水,似乎考之未悉。合在博昌、当是根据郭璞的《山海经·海内东经注》("今济水自荥阳、卷县东经陈留,至济阴北,东北至东平,东北经济南,至乐安博昌县入海";旧本济阴讹"潜阴",东平讹"高平",均不合,今校正如上),须知郭注只写其大概;《元和志》虽叙济水入海于博昌县下,然去县二百八十里(这个数目失之太大),显然已出了县界,度其位置,应即蒲台县之斗口淀。换句话说,汉以后济水入海处,并没有大变迁,杜佑、胡渭两人的话,同是出于误会。

复次,《水经注》五:"河水又东,分为二水;枝津东迳甲下城南,东南历马常坑注济,经言济水注河,非也"。由这,见得济水的海口是黄河可能走到的地点,即是说,济水的河道与黄河的河道密切相关。

只须依据科学的原理、历史的记录去考量一下,反问自己,为甚么黄河领域的内面,还能别出一条济水,具有偌大力量,相与角立平行,自会得到合理的解答。古语说,卧榻之侧,岂容他人鼾睡,黄和济实无两雄并立的可能;既生瑜,安得复生亮;既有黄,安得复有济。何况,济水下游所分出的南菏、北济,大致同于后世南清河、北清河的对立,而这两条清河恰是黄河历来变迁时所常取的道路。金人田栎说:"前代每遇古堤南决,多经南、北清河分流。"【85】又清孙嘉淦说:"大清河者绕泰山之东北,起东阿而迄利津,乃济水之正道。……张秋之东,不及百里,即东阿之安山,下即大清河,黄河决水不能逾山东走,自必顺河北行,故凡言决张秋者皆由大清河以入海。……从前南北分流之时,已受黄河之半,嗣后张秋溃决之日,间受黄河之全。"【86】大(北)清河一方面是古代济水的正道,另一方面又是后世黄河改道时(尤其是现在)常行之正道,济水即"黄河故道"之变名,已甚明白。"受黄河之半"的是大清河,也就是济水的下截,同时荥阳以下的济水又完全从黄河分出(见下引《锥指》四二),而原来号称四渎之一的济水,其在河以南的一大段,却永远销声匿迹,这是甚么道理?推原其故,无非因初期的史书记载很简略,人们地理知识又很为狭隘,故道和新道遂被误分作两条来源不同、名称不同的水道。惟明白了错误成因,则"济水"既绝之后,为甚么永不复见的哑谜,可再不用费我们脑筋猜测,反过来说,上古真果有一条那么源远流长而独立的济水,是断断不会消灭的啊。唯其为黄河故道,所以沿途的小水都被搜罗进去,及河势趋向北方,这故道(济水)遂形成或断或续的现象,各小水也恢复其离立。【87】人们无法解释,才发生二伏、三伏的怪说。再后,黄河又渐回向南来,走上东周前故道的一部，济水的影子愈不可见。从这些变迁去了解，还能说济水不是东周前黄河的故道吗？再来反质，黄河如走曹、单，则巨野是其常经之路（见前引顾一柔的话），近人也说黄河侧的巨野泽和梁山泊本来一体，但巨野是古代所有而后消灭的济水所潴成的湖泊，梁山又是黄河分泌的湖泊，我们怎样来分析济和黄的纠葛？黄河漫流于大平原不知几千百次，徘徊于淮河和海河之间（见前引张含英、吴传钧的话），为甚么有一济水拦在路中？如拿大清河相比，则河徙之后，大清河还自成一系，为甚么济水却早早断绝？我们应该好好回答出来。

丁、依于济水系水源的分析

（一）《锥指》四〇中上："边韶、荣口石门碑云，一有决溢，弥原淹野，蚁孔之溃，害起不测；此鸿沟之为患也。故黄文叔曰：蒗荡出河，断非禹迹，禹之行河，本以河湍悍难行平地，故酾二渠以引河，二渠非得已也。"按禹治河既非事实，蒗荡又非人工所凿，由这作一转语，便见得蒗荡必自然的遗迹。程大昌《禹贡山川地理图》上说："济源出河北，越河而南，又复名济，世既疑之，又会后世汴水受河，正与荥渎相上下，故辨正益难。"又同书下说："汉世汴、济自阳武以上，率多合流，其移徙又复不常，最难考定；故虽汉明帝时东、西两汉史书未著汴名，而汴、济已错互为一。"已透露着荥渎（或"出河之济"）的上游跟汴水的上游是一而非二。再合观《水经注》七，"济水分河东南流"，我们应要追问六朝时既是分河，难道以前不是分河吗？济（汴）水虽说有索、京、须等几个支源，但水力很微，没有充足力量可以冲到千余里外的海边，更没有力量可以中途派分为南济、北济，再东又分为菏水及济渎的。它的大部分水量从哪里来呢？我们抓这个重点，再替它下一个转语，那就非承认上古时黄河曾走这条水道不可了。黄河既能有二渠，即能有三渠，然而东周以后，史志上没载过黄河决成蒗荡渠或"出河之济"的事实，所以必得承认黄河南边的济水，系东周时黄河的故道；舍此之外，更无合理而可以令人相信的解释。至黄河来到平缓的地方而分流，目下上游河套一带，还摆着很好的现成例子；《水道提纲》五，黄河"至白塔之东，东北稍曲折，北流歧为二派……自古称南河、北河二派，今则三支，分合入织"，东周时荥泽下河道多歧分，情形正是一样。《尔雅·释水》："江、淮、河、济为四渎，四渎者发源注海者也。"又刘熙《释名》："渎，独也，各独出其所而入海也。"都是未经详考或望文生义的解释。如果河南的济跟河各有来源，为甚么其余三渎至今无恙而济却独自中断呢？《锥指》四二说：

　　　所谓济者，皆荥阳下所引之河水也，而杜预、京相璠、郭璞、郦道元辈皆莫能辨。

　　　　自东汉以迄唐初，凡行济渎者皆河水也。而犹目之曰济，是鹊巢而鸠居，

瓠名而圜实也。

　　都是前人所未尝说过的话，胡氏真不愧为《禹贡》学大家。再结合他所揭出的
"降水、大陆、九河之区，尧时尚未为河所径"，和"尧时从大伾山南东出，或决而北，
或决而南，泛滥兖、豫、青、徐之域"（均引见前，并参看注31），实在已将东周河未决徙
以前，济水原系黄河道的断论，活逼出来。可惜他脑海里仍残留着二伏的古旧思想，
以为"河、济原不相通，及周之衰，有于荥阳下引河东南为鸿沟者而河与济乱"；[88]
既称河、济原不相通，就是承认济水从地下伏过。但河南之济先分为南、北两支，南
支会泗以入淮，北支会汶而入海（见上文），流量当然很大，那些水量如果都认为在地
下通过，真是不可思议的了。胡渭的短视，由于他只知东汉以后行济渎的是河水，不
知东周河未徙道以前，行济渎的仍是河水（就是说，济水即东周前黄河的故道），遂至功亏一篑。

戊、依于古典上的透露

　　东周前期黄河从齐地出海，旧典上还留着些影子，不过经史家早被一篇《禹贡》
重重包围，没有勇气冲出罢了。杜预《春秋释例》："河自河东、河南之南界，东北
经汲郡、顿丘、阳平、平原、乐陵之东南入海"；《正义》说："杜之此言，据其当时
之河耳。汲郡以东，河水东流，秦、汉以来始然；古之河道，自大伾而北过降水，至
于大陆，播为九河，计桓公时，齐之西境，当在九河之最西徒骇"。《锥指》四〇下以
为"此（《正义》）说良是"。从现在的眼光来看，杜预据西晋当日之河以解古河，固然
失去时间性，但《正义》据东周徙后的河以解徙前（齐桓公时）的河，同是一样不对。
何况，徒骇的大势系东西行，对整个齐国来说，只能是北界，哪得是西界？《左传·僖
公四年》，管仲拈出"东至于海、西至于河、南至于穆陵、北至于无棣"为齐国的四
履；穆陵，应依《元和志》一一："山在沂水县北一百九十里"。无棣旧有两说：《水
经注》九引京相璠，"旧说，在辽西孤竹县"，但郦道元则主张即南皮县之无棣沟，以
为"无棣在此，方之为近"。那末，东、南、北三至都合于事理。我们试依前丙点列
举的济水流域沿着今巨野、东平、寿张、东阿、茌平等县，画一道纵线，说它是齐国
的西界，大致没甚么不对，那也是济水即西周至春秋前期的黄河的例证。《锥指》所称：
"管仲夸实征之所至，当极其远，曰东至于海西至于河者，即《王制》所云自东河至
于东海千里而遥者也。"还是强作解人的说法。可是，战国时期作品记述春秋前期事，
说及济水的也有不少例子，如《管子·小匡》篇，管仲对齐桓公称："西至于济，北

至于海”（齐语作“北至于河”），《春秋·襄公十八年》，会于鲁济，庄三十年，遇于鲁济。杜注，济水历齐鲁界，在齐界为齐济，在鲁界为鲁济。又宣公十年，齐济归鲁济西田。庄公十八年，公追戎于济西。《水经注》八：“《地理志》曰，（临邑）县有济水祠，王莽之谷城亭也；水有石门，以石为之，故济水之门也。《春秋·隐公五年》，齐郑会于石门，郑车偾济，即于此也。京相璠曰，石门，齐地。”我们对那些材料，可有两种解释：（1）在古代著作里面，常常发见用现行的名称，写前代的事实，“济”即指旧日的黄河。（2）战国以前，语言不同的族类各据一方，“河”的名称，尚未统一使用，“济”即齐、鲁土俗对黄河的称谓，因之，文字记载，或“河”或“济”，参差不齐。《禹贡》“导沇水，东流为济”，似即表示着“河北之济”也有它的俗呼。两说比较起来，（1）略近于勉强；如果拿《左传》“西至于河”跟《管子》“西至于济”相对照，正合于（2）“河”“济”互用的解释。涉这个问题，我尚拟作语言的寻究，以牵涉太广，故本篇不再推论，只就“河”字的使用略谈一下。周金的《同簋》说：“王命同佐佑吴大父祠易林吴牧，自虒东至于𢎮，厥逆至于玄水。”一般人都读“𢎮”作“河”，这个字还有些疑问。[89]即使不错，周金文里面也只一见，可反映出“河”在西周文字尚非很通用，这一点我们应该注意。

济、漯是黄河的分流，战国作品里面还保存着一个直证，就是前文所引《孟子》的话“禹疏九河，瀹济、漯而注之海”。这两句本来表现着同一件事，“九河”的意义，只是说“分为好几道河”（见前文第六节），济和漯即那几道河的名称。朱熹注，“瀹亦疏通之意”，但我们晓得上古没有过禹治河，那末，它的真义，不过表现着“黄河分作济、漯两支流入海去”而已。孟子生当周显王（元前三六八—三二一年）的后半叶，邺东故大河当日似乎已经断流（参看下文第八节），黄河在北方光剩了济、漯两路出海，所以孟子时代关于大禹治河的传说，仍有几分反映着现实的。

反之，在东周河徙以前，黄河不通过漯川，第六节已有说明，今考《穆天子传》：“乙丑，天子东征，舍于五鹿。己巳，天子东征，食马于漯水之上。”依杜预《左传注》，五鹿属顿丘县，即今清丰西南；又依西汉后的水文，漯系在东武阳（今朝城西）从河分出。这可说明穆王时代黄河不通过西起清丰西南、东至朝城西的中间，否则在这所经当不止漯水，用不着再经过“南征”“西征”两度转折之后“天子乃钓于河”了。然而漯是东周河徙后二渠的一支，当砾溪附近未决，黄河还未改向东北，固然没有邺东故大河，同时也不能分水到漯川去，在南的汴渠亦不过旁侵的流域；大量的黄水处于比较自由流动不被人力强烈斗争之下，究从何地出海呢？试综合地文的环境，历史的记录，除了朝东直向定陶，北折至寿张，再东北入海那一路（即济水流域），黄河再找不着容身之地了。换句话说，东周河徙以前，济水就是黄河的故道。

己、依于河以北的支流名称带到河以南去的怪现象

《水经注》所记名目互兼的水道更有一节颇难了解的，如卷二三《汳水》：

> 阴沟即蒗荡渠也，亦言汳受旃然水，[90] 又云丹、沁乱流，于武德绝河，南入荥阳合汳，故汳兼丹水之称。

据同书九，沁水出上党涅县（即现在武乡的西边），丹水出上党高都县（即现在晋城的东北），东南流入沁水，[91] 丹水、沁水都在黄河的北岸，为甚么它们的名称会移用到南岸？还有一层，这种罕有的怪现象，在黄河所经过别的地方，似乎未曾发见，偏偏在仅仅上下百里的区域，如济水、沁水、丹水等，都将河北的名目移带过河南，从未有人提出疑问而加以研究，却是极可惜的事。我以为，如果承认东周前的河道系经现时荥泽的西边过蒗荡渠而东流，其济（沇）水、沁水等入河的口门本来都伸至现时黄河的南岸，及至河从砾溪附近指向东北方，另辟一条新道，将济（沇）水、沁水的末流冲断为两段，其中一段仍留在南岸，因为名称久已流行，所以河徙之后，土人仍沿用旧名，一直保存到两汉、六朝；照这样来解释那种现象，似乎再合理没有了。张含英说："据传孟津古城在今城北二十五里，今城距河南岸约五里，黄河身逐渐南滚，故于嘉靖三年避河迁此，证诸汉陵，亦属可信。陵今已临水，最为危险，断非建陵初意所能料及。"[92] 又同治十二年孟津铁谢寨坍岸三四百丈，逼光武陵，相距仅廿二弓[93]（五尺为一弓）。大约孟津以下，如非有连山阻隔，河道或徙南，或徙北，是常见的事；前头我所提的意见，在未经过实地考察以前，虽不敢自信必合，然总有多少事实根据的。

这种现象又可联系到近世的串沟，张含英说造成串沟的原因，"一为兰封以下，地势平衍，（咸丰）改道之初，任水漫流而无正轨，故自封丘、祥符，漫注兰仪、考城、长垣等县，复分三股东流……南北之议相争，历二十年之久……在此二十年间，贾庄（菏泽境）以上河道，必极紊乱"。又一因则为"长垣、东明、濮阳、菏泽、濮县一带，故河之遗迹极多……此等河道或塞或通，或湮或存，一遇大水，必各尽其量之能容，分流下泄，而河槽益乱"[94]。其实则荥泽以东，大势已是广衍的平原，上古没有普遍的河防，洪水更可任意泛流，造成断续纵横之水道；济、沁、丹一类的名称能够传到南岸，无疑即张氏所谓故河遗迹。

明《嘉靖一统志》称："汴河一名沁河，一名小黄河。按《漕河志》，河居中，汴居南，沁居北。河南徙则与汴合，北徙则与沁合，故此河之名有三。今沁水久不达，唯河合于汴耳。"[95]《续金鉴》三加以解释说，"盖其时河初合汴，故人犹呼汴河，今人但知有黄河，不复知汴矣"。按汴渠也是上古黄河的分道，前头已有说明，不过人们早忘

记了。来到唐及北宋两朝，跃为全国最重要的运道，加以史志记载，深深印入人们的脑筋，故汴虽是黄河的分派，但因为名称流行已久，土俗仍沿用往日口头的称呼而叫它作汴。沁则与汴不同，有它自己的真源，向来都汇入黄河。换句话说，沁是黄的支源。然黄的支源不少，较大的有汾、有渭、有洛，为甚么不称作汾、渭或洛而偏称作沁呢？查洪武末年黄河夺颍入淮，有过一个短时期，曾引沁水出徐州以接济运道，徐州土人称黄河作沁，大约就因这个原故。

以上一大段话，不过顺带作出黄河何以或名汴、或名沁的解释，无非见得黄河流经的地方，随时随地总会有它的别号。再如《水经注》五"河水"条："河自鲔穴已上，又兼鲔称，《吕氏春秋》称武王伐纣至鲔水，纣使胶鬲候周师，即是处矣。"又《小谷口荟蕞》称："黄河在丰县南五里许，土人呼为浊河，一名白羊"【96】，事同一例。我们能够了解那种变化，对于荥泽以东传下许多名称，就不觉得其可怪，而且可相信沁、丹的名称带到南岸，系与旧日川流的变徙有关。进一步说，我们也可以悬想上古某一时期，黄河全势曾直趋颍、涡，济和沁的全部则合而东达阳武（见前引《荟蕞》），然后向东南自流，跟洪武末年的情形大致相近。那末，后来黄河南岸仍留着济、沁、丹的名称，便不难解答。

庚、剩余的疑问

此外胡渭曾拈出十五事以邺东故大河为禹河，里面有两件和上文我所提出的假定，好像互相冲突，也应加以剖辨。

其一，胡氏说："《史记·卫世家》，封康叔为卫君，居河、淇间故商墟；商墟即古朝歌城，在今浚县西南，淇县东北，淇水迳其西，河水迳其东，是为河、淇之间，故淳于髡曰，王豹处于淇，而河西善讴。"【97】我们首先要晓得，淳于髡是战国时代的人物，河道早已改向邺东经过，不能作为东周前黄河经行邺东的证据。孙诒让《邶鄘卫考》说："《诗》，三卫之分国，沿于三监，其原流分合，略具于《周书》，史迁即失纪其事……"【98】那末，《史记·卫世家》的记述，我们不能认为完全无误的。《周书·作雒》篇："俾康叔宇于殷，俾中旄父宇于东"。孔晁注："东谓卫，殷鄘。"孙氏说："今以《周书》《世本》《汉志》诸文参互校覆，知康叔初封，固已奄有三卫"，同时，孙氏更考定中旄父即《左传·昭公》十二年的王孙牟，"牟"和"旄"读音相近，故书可以假借。【99】我因此进一步证定，从汉至现在之中牟县就是周初中旄父的封地【100】（地以人名，是古代常有的事）。《左传·定公》四年，"分康叔以……封畛土略，自武父以南及圃田之北竟"；郭璞《尔雅注》："今荥阳中牟县西圃田泽"，是其一证。然则《卫世家》的"居河、淇间"，也可指蒗荡渠和淇水中间所包的地域。但如果依胡氏说，康叔所封只介于现在的浚县与淇水之间，则东西不过百里，和孙氏所谓"周公以武庚故地封康叔，实尽得三卫全境，以其地阔广难治……"[101]情形大异了。

其二，胡氏说："《诗·卫风》曰，'河水洋洋，北流活活'，河至大伾山西南，折而北，迳朝歌之东，故谓之北流。"[102]他所引那句《毛诗》，出自《硕人》篇，据《左传·隐公》三年，"卫人所为赋硕人也"。又《诗小序》，"硕人，闵庄姜也"，庄姜是春秋初期的人物，如果《左传》等记载真确，那篇诗就属于后世咏史诗一类。然而咏史诗有当时人作的，也有后人追作的，那末，"北流活活"仍未能为东周前期黄河经邶东的绝对强证。复次，郑玄《诗谱》称："自纣而北谓之邶，南谓之鄘，东谓之卫。"《史记正义》引皇甫谧《帝王世纪》又说："自殷都以东为卫，管叔监之，殷都以西为鄘，蔡叔监之，殷都以北为邶，霍叔监之。"孙诒让《邶鄘卫考》称："依班说，则邶、卫为旧殷而庸在其东，中旄所治即庸也。依郑、皇甫、孔说，则在东者为卫而殷为邶、庸，中旄所治者即卫也。二说不同，窃疑班说近是。"（班指班固，孔指《周书》孔晁注，孔注引见前）。按《汉书·地理志》只说："鄁（即邶）以封纣子武庚；庸，管叔尹之；卫，蔡叔尹之"，对于庸、卫究在哪一方，并没有附加说明，孙氏以为班、郑不同，是不合于辩证方法的推论。邶只鄁的省写，古人以北方为"背"方（《诗·卫风》："焉得谖草，言树之背"），从阝是指事及会意字，邶国在北，可说毫无疑义。不过据前头考证，中旄父的中牟是在纣都之南，我因此认为《周书》"俾中旄父宇于东"系"宇于南"的误笔，否则援引古人有时东与南可以互称的例子，也说得去。那末，郑玄解鄘在南方，并没有错误，也未见得它与《汉书·地理志》不合。

以上不过附带说明，于本文要旨无关。我们最要推究的，还是卫国的东境约至哪处为止。考《水经注》八："濮水又东迳濮阳县故城南，昔师延为纣作靡靡之乐，武王伐纣，师延东走，自投濮水而死矣。后卫灵公将之晋，而设舍濮水之上。"濮阳，今同名，濮水的下游系流入巨野泽的。又《元和志》一一"濮州"，"春秋时为卫国地，《左传》齐桓公会诸侯于鄄，注曰，鄄，卫地；今东郡鄄城县也"，鄄城今濮县东二十里。又《左传·僖公》二年，"诸侯城楚丘而封卫"，据《诗·鄘风正义》称："《郑志》……楚丘在济、河间，疑在今东郡界。……杜预云：楚丘，济阴成武县西南，属济阴郡，犹在济北，[103]故云济、河间也"（成武今城武）。我们且不必苦苦追求楚丘确是目下甚么地方，[104]只综合前引卫国东境的材料，拿来跟相土的东都可能在濮阳（见前第四节）相比观，便信得濮县至濮阳一线，应是卫的东界，其前面接着济水通过的巨野大泽。那末，依着前文"河""济"互用的例子，卫国东边也未尝不可说"河水洋洋，北流活活"。总之，这两句诗能够作别的解释，不定是春秋前期黄河已经通过邶东。[105]

之外，古人称沮水为"河"，第四节已有过示例，近人曾引《诗·魏风》，"河水清且涟漪"以为古时黄河长清的证据，[106]也不可不提供拙见。按《左传·襄公》八年，"俟河之清，人寿几何。"《易纬乾凿度》："天降嘉应，河水先清三日。"《左传》和《纬书》都是战国的作品，它的话总表示黄河清为极罕见的现象。又据近年地质学的观察，京汉铁路桥以东的平原，其积沙至海平面下十公尺止，约为七百万兆立方公尺，历时七千四百年之久，[107]合这两事来看，足见远在有史以前数千年，中原的黄河早是"黄"的。但《卫诗》为甚么说"河水清"，难道古人欺我吗？要解决这个哑谜，就应知道古代（甚至现代）俗语往往有水都是"河"，《魏风》的"河水清"并不定指黄河，解释自然顺理成章了。

总之，济水插入黄河扇形流域的中间，经过九个郡（据《说文解字注》，即河东、河内、陈留、梁国、济阴、泰山、济南、齐郡和千乘），行一千八百四十里，再加以前头所举的许多直证、旁证，如果稍有地学常识，断不会否认东周河徙前的济水确即黄河的故道的。

我提出了济水即黄河故道说，有些友人批评，说"冲积扇河流以扇顶为中心，以下往复迁徙是地形学、地质学、水文学中很简单的常识。"这是很乐观的论调。冲积扇河流的见解，在曾读过地形学等的人固为常识，然从一般人来看，尚未达到这样地步，所以李协、张含英等专家的文章，对这一点还是津津乐道；而且凡提出一种见解，总期普及，并不是专供学者的"赏玩"。试看最近《历史教学》一九五五年四期所刊出那篇与黄河有关的文章，对扇形冲积那种"简单的常识"，就似未有过深入了解了。

大凡创一新说，必是确有所见，如其尚徘徊无主，就可不必提出，问题的重点在于所主张能不能够成立，而不在于强调或不强调。今即认济水三伏三见之说，即使不引据古籍，也可以肯定其不正确，但须知三伏三见是济水已断后的说法，未断前确有一条连续的济水存在，所以古书称为四渎之一；为甚么华北平原会插入这一条济水，即使根据少数记载，不能使不大懂史料的人明白，而具有冲积扇河流的"常识"的人们，也仅可恍然于济水与黄河是一非二了。乃说者一方而谓无古籍都可以肯定，别方面又谓有记载也不够充分，是说人家强调个人主张的、自己反而变成"强调个人主张"了。总之，假说济水非黄河故道，就应对济水插入冲积扇形的怪现象，另外提出一个新假设，如其空言搪塞，是不能令人不反质的。现在政府方日日提倡研究应结合五年计划进行，我们反向咬文嚼字的歧路走去，是不是那才算正派的"作风"呢？

六、东周前黄河故道的简描

由是，东周前黄河所行的道路，可以简单地总括如下：

黄河的北支，也可说是正流，后世呼作济水；经过现在荥泽、阳武、封丘、长垣、兰封、菏泽、定陶等县，东北至广饶县出海，据《锥指》三〇，其下游即历城县以东的小清河。但中间又从定陶县分出一支，名菏水，经现在金乡、鱼台等县合泗入淮。

黄河的南支，自荥泽县分出，经中牟县，旧日亦称此一段为蒗荡渠；至开封后，再东行的为汳（或汴）水，东南至高丘，又名获水，复东南至铜山，入于泗水。其南流的亦专称鸿沟；自陈留县首分为睢水，东南至宿迁，入于泗水。扶沟县再分为涡水，东南至怀远县，入于淮水。更南流的亦专称沙水，与颍水会于淮阳，东南至怀远县，入于淮水。

如再加简括，就是东周前黄河的正流，由广饶出海，其他数支，最后都会合淮水而后出海。

在东周河徙以后，正流虽趋向东北，分为邺东故大河及漯水，但那时以前南、北两支的故道，经过许久时间，依然继续通流，或只部分的隔断，我们从秦王贲攻魏，引河沟灌大梁，楚汉以鸿沟为界和曹操、袁绍相持于官渡水的故事，便可体会出来。

七、东周河徙原因之推测

在前的学者们都相信周时河徙在定王五年，胡克家虽提出了贞定王六年的疑问，至今也没有人注意到。依前第五节的考证，这一回河徙极可能是东周战国时代的"后定王"五年，不是东周春秋时代的"前定王"五年，《伪本竹书纪年》算差了一岁。至于推求东周河徙的原因的，据我所知，最早为阎若璩，他们都系就"前定王"五年河徙而立论。考《春秋纬宝乾图》："移河为界在齐吕，填阏八流以自广"，郑玄据以释九河，他说："周时，齐桓公塞之，同为一河。"【108】元人于钦所著《齐乘》，反对上说，以为"禹后历商、周至齐桓时千五百年，支流渐绝，经流独行，其势必然，非桓公塞八流以自广"。阎若璩称其"论最确，余因思齐桓公卒于襄王九年戊寅，至定王五年己未甫四十二年，而《周谱》云定王五年河徙……盖下流即壅，水行不快，上流乃决，理所宜然"【109】。高士奇《天禄识余》下又有"是曲防之禁，桓自犯之，又为百世之害"之说。按齐桓时代的黄河并未经过郏东，拿来解释"九河"，本来不对；但"九河"的真义，只是"分为好几道河"，适用这个名辞的地方原跟随着黄河的改道而改变，不定限用于冀州（即今河北省），所以济和漯也可称作九河（见前文）。同一理由，纬书的"八流"，大约指黄河下游在齐国境内的港汊，桓公任用管仲，急于谋鱼盐之利，于是把海口的淤地，开垦耕植（像现时黄河口的淤滩和广东沙田之类）。反对派不懂得适用地利，遂捏齐国为"填阏八流以自广"。郑玄既不明白那种情形，信为桓公塞河，更将"八流"混同于"冀州的九河"，可说是一误再误。

春秋初期黄河经行齐境，《孟子·告子》篇也透出些消息，说："五霸，桓公为盛，葵丘之会……五命曰，无曲防"。曲防是"曲为堤防，雍泉激水"（朱熹注）的意思。依前文所说，东周前期黄河的南、北两支，都通过许多国家的领土，大约到桓公时代，上游各国为本身利害打算，多有筑堤遏水的事件，齐国处于黄河正流（即济水）的下游，常被其害，所以对来会诸侯，特申明"无曲防"的约束。[110]蔡沈只谓曲防非桓公所为，辩护尚未彻底。高士奇疑桓公身自犯法，更近冤捏前人。[111]然而葵丘会后，仅仅八年，桓公便死，曲防的禁止，当然无甚效力，还恐更加严重，所以再过一百七十余年（或三十余年），黄河便一溃而不可收拾，这或许是东周时河徒的一个直接原因吧？

还有别一种原因，可能是黄河本身的取直性。这种取直性，我将在第十四节下举例说明。黄河由荥泽向定陶走去，本来是再直没有的路，可是从定陶北转至寿张，或南转至徐州，都要走一个近于直角的大湾。从另一方面看，黄河应以山东北部为环境较合的出口，故如取直性在暗中进行吸引着，则由荥泽经滑、浚出东北，自然系最直捷的路，比之定陶的大转折，固好得多，即现下至兰封才折向东北的河道，比起来也有点迂回了。

钱穆说："自狄人以游牧蛮族，逐卫人而毁其国，从此大河北岸的文化急转堕落，农田水利一切俱废。迟后六十年（定王五年）而河水溃决，其间因果皎然。"[112]按依前头所证，卫文公时黄河还未通过郏东，钱说实未能针对当日黄河的实况而立论。

本节是追求去今二千三四百年前黄河实况的一节，也是了解黄河怎样变化最重要的一环，我们得到下面的结论：

试画一个三角形，孟津作为顶点，淮阴、天津为两底角，那就是黄河会合其他诸流淤淀而成的三角洲，是我国最广大的平原，鲁省山岭本来只系小岛，因冲击间留有罅隙之故，江跟淮的下游，淮跟河的下游，上古时都可以相通。同时，黄河本着就下的水性，右流侵入淮系，左流便入冀省，实际上是不停地酝酿迁徙，等到突变时期，才得到一般人们的注意。

一方面，前节已经说明东周河徒以后，才构成二渠，即郏东故大河及漯川，跟着的问题，就是未徙以前黄河走哪条路出海。另一方面，春秋、战国时期已有济水、鸿沟（蒗荡渠）在同一地点受河，我们便要问当未徙以前，它俩是不是黄河通过的流域？因为夹在北边邺河、漯川，南边济水、鸿沟的中间，从水文历史来看，再找不出另外一条黄河独自出海之路了。更把济水和鸿沟比较一下，鸿沟不过分河入淮的通路，即使中断，颍、涡等仍自有其山源；济水则与"河北之济"（沈水）完全无关，不得黄河分流或虽分流而量不够大，便即中断。后人善忘，不复知济为东周前的黄河故道，于是产生一伏一见以至三伏三见的玄想和妄说。

还有好几个条件，足以证明济水是黄河的故道。它从荥阳直东走至定陶，折北会汶而入海，约相当于后世的北清河，又分一小支自定陶南行，会泗而入淮，相当于后世的南清河，那都是黄河溃变时最惯走的道路。它行于平地，它是齐国的西界，它是九河的一支，在后来黄河正流从千乘入海的时候，它的尾闾又与黄河乱流，这些皆表示河、济是很密切相关的。

注释

【1】参《黄河志》二篇六—七页。

【2】据《锥指》四〇下转引。一柔是祖禹的父亲。

【3】据《金鉴》五九引。

【4】《黄河志》第二篇以为山东境内诸山，"多由于地壳断落而成，形势孤峭，重要山峰在泰安蒙阴、临朐之间，如泰山、蒙山、鲁山，沂山等是"（四一五页）。

【5】同注3。

【6】同前引《科学》九〇四页；又九一〇一九一一页。

【7】《治河论丛》八七及九一页。

【8】同上一〇六页。

【9】同上七六页。

【10】《地理知识》一九五五年二月号。

【11】《光明日报》一九五五年八月一日。

【12】据《禹贡说断》二引。

【13】《重论文斋笔录》六。

【14】据《禹贡锥指》三三引，但《来南录》只说"至扬州"，没有"至于高邮"那一句。

【15】《金鉴》一六三引《看河纪程》，翟家坝西北三十余里为老子山。

【16】《金鉴》三六引《明神宗实录》。

【17】《天下郡国利病书》三四。

【18】徐承是吴国人。

【19】据《困学纪闻》二引。汲县出土赵孟壶的"禺邘王于黄池"（黄池会在元前四八二年），商承祚读"禺"为"吴"，陈梦家读为"遇"。《太平寰宇记》一封丘县，"黄池在县西南七里，东西三里。按《春秋》……杜预注云，陈留封丘县南有黄亭，近济水。"《续金鉴》八载雍正八年嵇曾筠奏，"荆隆口与大王庙古黄池首尾交接。"《淮系年表》一三称，嘉庆八年因河决淤平。

【20】J.North-China R.A.S.，Vol.L111，1922，P.22-30.

【21】旧日学者们都误在"于楚"下断句；《困学纪闻》一二引朱熹《答吴世杰书》："如《沟洫志》于楚字本文属下句，下文有于齐、于蜀字皆是句首，而刘（奉世）误读属之上句。"周寿昌《汉书注校补》二七又引《河渠书》这一段作证，周氏的见解，还嫌未得彻底。今本《史记》二九"於吴""於齐""於蜀"都作"於"，独"于楚"则作"于"，"于""於"两字在古文里面用法有分别，已经高本汉证明，那无怪文颖、刘奉世、程大昌等都误以"于楚"断句。我们要纠正这种错误，须将"于楚"校正为"於楚"。

【22】《禹贡山川地理图》下。

【23】据《锥指》二二。

【24】《水利史》一八九及四页。

【25】《锥指》三二。

【26】即指《禹贡》"达于河"那一句。

【27】《汉书》一上鸿沟注："应劭曰，在荥阳东南二十里。文颖曰……即今官渡水也。"

【28】《史记》七《正义》："张华云，大梁城在浚仪县北，县西北渠水东经此城南，又北屈分为二渠：其一渠东南流，始皇凿引河水以灌大梁，谓之鸿沟。……其一渠东经阳武县南为官渡水"。《史记》八《索隐》引文略同。按张华说与上条注引文颖说有异，即所谓"上下百余里间不可必"者。

【29】据《锥指》二二引。

【30】同上二九引。

【31】如果依郑玄说"大伾在修武，武德之界"，张揖说"成皋县山"，那就完全是后来济水的流域了。

【32】尧是人格化的神帝，我别有考证。

【33】叶方恒《全河备考》以为汉武时河决濮阳瓠子口，"盖河始与淮通，尚未入淮"（《经世文编》九六），是不对的。

【34】《天下郡国利病书》四一。

【35】《禹贡》四卷九期八页。

【36】参徐芸书译、斯文·赫定《漂泊的湖》。最近傅仁鳞、苏北海所写的《罗布泊的迁移》，大致说，他们虽不否认泥沙和暴风所起的作用，"但是，罗布泊的历次变迁，自然所起的破坏作用，

仅是次要的原因。"其主要原因则是封建地主阶级霸占水利(《地理知识》一九五五年五月号)。按霸占水利因而破坏渠道,是封建时代所常见的事实,但我们应该分开来看,如果说罗布泊"历次变迁"都以此为主因,未免有点过火。我们只须看《水经注》二记姜赖之墟之湮没,《汉书》南道之断绝,就知道暴风和沙漠为灾,上古已是很厉害的,这种现象还可推至有史文记载以前,能够说主因全是人为吗?改造自然唯有二十世纪的共产党政府才能做到,现在党和政府怎样大力治黄而全告成功还要待至五六十年以后,固然有些由于旧日人为不减,但如暴雨和黄土流失(乱伐森林和盲目开垦虽加速黄土之流失,可是冀鲁豫大平原本由黄土冲积而成,这见得荒古时代早发生流失现象),却不能认人事为主因,简单地说,像这样的现象,地理环境还是不可轻视的。据苏联学者西尼村所写的《罗布诺尔洼地及罗布泊的地质史》,他也认罗布泊"是一游移水泊",又说,"盆地基底的块状变位"是它偶然迁移的原因,其详细情形,还待研究(一九五五年《地质译丛》四期一二一一八页),可见未作过科学实践以前,不可轻易作出片面的断论。最后才捡得傅祖德对这问题的详细批评,他指出应先解决的计有三项,其第二项为"在没有人类社会活动以前这些条件是否已经存在或有可能产生?其形成过程怎样?"(一九五五年《地理知识》九月号二八七页)前头我所说,与它大意是一样。

【37】《管子·地数》篇:"君伐菹薪煮沛水为盐。"沛水就是济水。

【38】温城,戴本改作了"轵县"。考《禹贡》《孔传》:"流去为济,在温西北平地。"《正义》:"见今济水所出,在温之西北七千余里,温是古之旧县,故计温言之。"则温城为合。《锥指》四二虽称"王屋山在今怀庆府济源县西北八十里,本汉轵县,属河内郡。"但王屋山不是平地,似不应改作"轵县"。

【39】据《锥指》四二引。

【40】《水经注》七引《春秋说题辞》,"济,齐也。"

【41】据《锥指》四二引。

【42】《锥指》四二。

【43】《禹贡山川地理图》称:"杜佑以莽末济不截河而南,于是凡济水下流,悉弃不录;且谓汉以前郡国之以济名者,济南、济北、济阴、济阳,皆命名者失于详考。"

【44】下文傅寅所引程泰之(大昌)说,即从此演变。

【45】此外,蔡沈以为河底穴地而来,胡渭以为济渎所经,其下皆有伏流,遇空窦即便涌出(见《锥指》四二),都无须逐条辨正。

【46】傅寅以为林氏的意思"谓沈入河而河溢,故禹决荥渎以杀之,而荥渎非济"。那末,林氏的认识,实跟我所主张蒗荡渠(即荥渎)为黄河故道,互相发明。他的论据的缺点,只在错认《禹贡》是叙述定王五年以前的河道,未能揭破《禹贡》的真相。

【47】据《锥指》四二引。

【48】同上四二。

【49】《金鉴》二四。

【50】《锥指》四二。

【51】同上引。

【52】同上《锥指》。

【53】《禹贡山川地理图》称:"厘城、黄水之间,其谓为郏城陂者亦荥泽也,王隐谓此泽此陂之间,有济堤焉,其《经》之所书谓为荥波既潴者乎"。

【54】《地理今释》,冤朐今菏泽县西南,考唐的曹州在今曹县西北六十里,《元和志》一一,冤朐东至曹州四十七里,依此量计,冤朐应在今东明境内,殆与《金史》二五"东明初隶南京,后避河患,徙河北冤朐故地"相符。

【55】参考前文所引《后汉书》一〇六注,《通典》一七二及《元和郡县志》一〇。又《锥指》四二也有"由东汉以迄后魏,济未尝一日绝"的话。

【56】《锥指》四二。

【57】同上引。

【58】《禹贡》杂志一卷八期,袁钟妣著《禹贡之沇水》(一三一一五页),谓沇水发源问题,《水经注》与《水经》的主张不同,未免误会,全篇并无甚么新发掘。

【59】《锥指》四〇中下。

【60】《锥指》四二。

【61】即《水经注》二二的鲁沟水。

【62】《水经》,济水过定陶后,"又东至乘氏县西,分为二:其一水东南流,其一水从县东北流入巨野泽"。郦注"南为菏水,北为济渎",是东周前黄河北支又分为菏水,到战国时代(大河虽已决向东北),仍未断流,所以《禹贡》"浮于淮泗,达于河"那两句,即使认"达于菏"为正义(见前),也不过字体的争执,实际上则殊途同归,我们对此,毋庸多费唇舌。又据《水经注》二四:"瓠河自运城东北迳范县,与济濮枝渠合;故渠上承济渎于乘氏县北,迳范县,左纳瓠渎,故《经》有济渠之称。"这条济濮枝渠,我颇相信是元光时新决的。

【63】汴与蒗荡渠实在没有显然的分别,楼钥《北行日录》上:"汴河,古蒗荡渠首受黄河水,隋炀帝开浚,兼引汴水",是搞不清楚的话。

【64】《禹贡山川地理图》下。

【65】依前引《汉书·地理志》,鲁渠水自陈留首受蒗荡渠,东至阳夏入涡。据《水经注》二二,鲁沟水经陈留圉县(今杞县南),又东南至阳夏县故城西,"又南入涡,今无水也",是狼汤渠分水于鲁渠以入涡一路,六朝时似已断绝。惟《元和志》八"太康县"下仍称,"涡水首受蔡水,东流经县北。"太康即汉的阳夏县,《元和志》所记,也许只是撮录旧闻。又《水经注》同卷称:"沙水又东南迳大扶城西,城即扶乐故城也……涡水于是分焉,不得在扶沟北便分也",扶乐在今太康西北三十五里,《水经注》末两句,系对《汉书·地理志》涡水在扶沟首受狼汤渠的记载(引见前),

143

加以辨正。

【66】戴本二二作"余谓故汳沙为阴沟矣"。

【67】向东行则北方为左,故渠应在开封之北。《锥指》的荥阳引河图只把故渠绘在开封的东方,试取与《水经注》二三《阴沟水》"东南迳大梁城北,左屈与梁沟合"相比观,便见得《锥指》的图略有错误。但从东向转为南向时,应是"右屈",今本《水经注》误作"左屈",也应校正。

【68】《禹贡山川地理图》下:"阴沟之名,前世罕见,今其渎隧自阳武别为二支,又不在济、汴正派之内,南至封丘(?)而合于官渡。……然此二支者桑钦以为受渠于滇荡,郦道元以为受河于卷县……若如郦说,果从卷县受河耶,其东流及乎阳武,当与济、汴两派皆合为一也。既三水为一,此之阴沟,自北而南,横穿两水,何用知其入而复出者之为阴沟耶?"即对于阴沟的发源,提出疑问。唯"封丘"二字应改作"中牟",阴沟并不经过封丘,而封丘也不在阳武之南。

【69】新阳,今太和县西北。

【70】应劭《风俗通》说:"济出常山房子县赞皇山,庙在东郡临邑县,济者齐也。"《水经注》七以为"二济同名,所出不同,乡原亦别,斯乃应氏之非矣"。是常山也有同名的"济水"。

【71】《水道提纲》五,惟张鹏翮《治河书》称,济水"至栖乡镇分为二:一于镇之东北流至河内县,穿郡城经龙涧村入沁河;一于镇西南流经猪龙河,自小营村入黄河"(《行水金鉴》五六引)。又《续金鉴》二称,乾隆五十四年所修之《怀庆府志》内列济水河渠全图,"载济水自济源县东北流,分一支过亚桥入泷河,归于溴……尚非直入溴河,其不能入黄明矣。又东南行……至河内县之柏乡镇而分为二支:一出柏香镇东北……而入沁河;一经柏香镇之西南而东南流曰猪龙河……而由温县南会溴入黄"。都与《提纲》猪龙河经柏香北,至武陟入河之说不合。又《禹贡锥指》四二:"(《汉地理志》)济水于武德入河,南直成皋,今氾水、河阴之界是也。其后由温县入河,即南直巩县,所谓津渠势改,不与昔同者也。今其故通又尽陷河中,济水唯从枝津之合溴水者至孟县东南入河(见《怀庆府志》),南直孟津县,其流益短矣。"据《提纲》五,合溴水至孟县东南入河的只是济水的南边一渠(与《水经注》七同),胡氏尽陷之说,显未通过全面研究。

【72】《金鉴》五六。

【73】《水经注》七以为砾溪"注于济……《经》云济出其南,非也"。程大昌《禹贡山川地理图》上论溢为荥的地点时,他说:"汉之石门,隋之板渚,唐之河阴汴口等处,皆在古荥阳地,则古荥所注,今虽不能明指何地,要之不出此五六十里上下也。"同书下论及浪荡渠时,他又说:"《水经》渠水即莨荡渠也,但言其受河而不言受河之地何在也。……汉建宁石门,《水经》谓在敖城西北,以地望言之,则正荥阳也。贾让欲建大河水门以泄河怒,而援引漕渠为证……如淳释之曰,今砾溪口者正在荥阳敖山西北,而水口适与相当……故知砾溪注济之地,正汉世汴口与之相对也。"关于后一节的考证,程说略有错误。据《水经注》七,敖城建筑在敖山的上面,建宁石门虽在敖城西北,而砾溪口则在敖山的东北,不是西北。

【74】据《锥指》二九引，并注称，"说本夏氏"，按夏撰《尚书详解》六与蔡说不尽相同。

【75】《锥指》二九。

【76】同上四〇下。

【77】王应麟《河渠考》引"程氏曰，周时河从徙砱砾"。《锥指》四〇下疑程氏即大昌，但大昌所著书都无"砱砾"字样。

【78】《锥指》四〇下以为河从砾溪口或是汉平帝时事。

【79】《锥指》四二："《寰宇记》云，菏水亦名南济水，近志以北清河为北济，南清河为南济，误由于此"。黄宗羲《今水经》也称菏水之一支为南济。按《水经·济水》："又屈从（济阳）县东北流"，《水经注》七："南济也，又东北有合菏水；水上承济水于济阳县东，世谓之五丈沟"，乐史称菏水为南济，当是因此。

【80】旧本《水经》作"又东过阳武县北"，《锥指》四二同；今依戴刻校改"北"为"南"。

【81】据戴本卷七校注。

【82】《寰宇记》一三称，乘氏县为汉、晋旧县，"在今巨野西南五十七里乘氏故城是也。宋废，后魏太和十二年于今县置乘氏县"，隋、唐都没有迁移。又据《金史》二五，大定八年曹州城为河所没，迁州治于古乘氏县，到二十七年河决曹、濮，再迁州城于北原，即今菏泽县治，那末，北魏至唐的乘氏应在今菏泽之南。唯《地理今释》及《隋唐地理志考证》三均谓北魏及隋的乘氏为今菏泽县治，显与《金史》不符。

【83】据《锥指》四二引。

【84】同上二七第三十八图。

【85】《金史》二七。

【86】《经世文编》九六。

【87】孙嘉淦说："大清河者绕泰山之东北，起东阿而讫利津，乃济水之正道，四渎之经流，非寻常之沟壑也。伊古以来，与河别流。"（《经世文编》九六）如果黄河不经山东出海，大清河固可自成一独立水系，但黄河一经徙到山东，大清河就每被其所夺，孙氏的话要加以修正。又古时汶水本从东北流向西南，会入济水（《水经注》八），济水上流既断，遂变为大清河的上源。自明永乐时，宋礼采用白英的计划，于戴村筑堤，遏汶水西南流，至分水口入运河，遇汶水大涨，则听其过坝，分泄入大清河，而大清河下游所收更有芦泉、浪溪、八里堂、三空桥、五空桥、锦河、柳木沟、沙河、中川、丰济、泺水、洧水、减水、土河等十四道河，所以成为长六百多里的大川（参《乾隆东华录》三五，乾隆四十五年七月国泰所奏）。

【88】见《锥指》二七，第三十七出河之济图。冯桂芬《改河道议》："癸丑以来决河由大清河入海，此夺济也。大清桥畔有坊，康熙年间刊联中有岳色、河声字，盖借用韦庄诗（'心如岳色留泰地，梦逐河声出禹门'），而以泰山为岳，济为河，而不知济之不可称河也。"也是片面的了解。

【89】强运开《说文古籀三补》一一说："《诗·小雅》，滮池北流。《笺》云，丰镐之间水北流，是滮池乃水名也。"郭沫若《两周金文辞大系考释》："滮殆即陕西之洛水，其流域约与河道平行而在其西，东南流入渭以达于河。……玄水当即今之延水，《水经》之奢延水也。……正由玄洛河渭天然形成一区域，疑古虞（即虞绕之虞）之封城本在河西，后乃改食河东也。"（八七页）按滮池即滹沱之异写，又作亚驰，宋人得"告亚驰文"即"诅楚文"于洛水（据王厚之说），是郭氏疑滮水即洛水，似可证实，但他又疑虞的食封初在河西，则这一题仍没有完全解决。

【90】唐郑綮《开天传信记》："玄宗将封泰山，进次荥阳旃然河上，见黑龙，命弓矢亲射之，矢发龙灭，自尔旃然伏流，于今百有余年矣。按旃然即济水也，济水溢而为荥，遂名旃然。"据近人说，青台村在成皋县广武镇西约八里，南临旃然河故道，俗称涸河（《历史教学》三卷一期一四页）。

【91】据《水道提纲》五，小丹河即丹水，发源于山西潞安府，经泽州，东南入河南怀庆，南流入于沁水，这是经流，俗称为大丹河。又一支东流与淇水会。

【92】《治河论丛》二四七页。按《金鉴》二三引《河南通志》，嘉靖十一年六月河水溢，孟津县城圮，十三年甲午迁于旧城之西二十里的圣贤庄，是嘉靖十三年，不是三年，迁于城西，不是城南，张氏所闻，显有错误。

【93】《再续行水金鉴》一〇一一一〇二。又光绪十一年九月系凤翔奏，光武陵去铁谢镇里许，光绪五年，河水毁寨的一半，十一年六月又被河水冲刷（《光绪东华录》七二）。

【94】《治河论丛》一七一一一七二页。

【95】《续金鉴》三引。

【96】《金鉴》五八引。

【97】《锥指》四〇中下。

【98】【99】均见《籀庼述林》一。

【100】别有考证。《国策地名考》九，赵有中牟，在今汤阴县西，与此同名异地。

【101】同前《述林》一。

【102】《锥指》四〇中下。

【103】古人称水的南边为阴，济阴郡的设立，已显示它在济水的南边。成武的位置，依照《水经注》卷七、卷八所记，实万万不能说在济水之北，《诗经正义》这一句，是错误无疑。修《正义》的人们，一方面要维持郑玄"楚丘在济、河间"的说法，别一方面又不愿取消杜预楚丘在成武的解释，所以弄成牵强不通（参看下一条）。

【104】文公出奔，去齐后先至卫，次曹（今定陶），次宋（今商丘），而后入楚，且系在卫文公既迁楚丘之后，如认楚丘在今城武西南，与当时各国领域殊不适合（因为城武西南便是定陶之南）。楚丘本是卫邑，《汉地志》将它置在城武，实失之偏南，《舆地广记》已有辨正。惟《通典》一八〇滑州卫南县，"卫文公自曹邑迁楚丘即此城"，《元和志》八，"卫文公自曹邑迁于楚丘，今卫南县也"，

同书一六略同。卫南，今滑县东六十里，陈奂以为这楚丘应在东郡濮阳县东，白马县西，比《汉地志》、杜预、《水经注》等为可信。

【105】此外如《邶风》，"新台有泚，河水弥弥"，《小序》说，"刺卫宣公也，纳伋之妻，作新台于河上而要之"，即使其本事不错，而《水经注》五称新台在鄄城，我们也可应用相类的话来解释。

【106】《古今治河图说》六八页。

【107】同上七〇页。

【108】均见《尚书·禹贡正义》。

【109】均见阎若璩《释地余论》。

【110】除《孟子》所载，《管子·大匡》及《霸形》篇作"毋曲堤"，《公羊·僖公》三年作"无障谷"，《谷梁·僖公》九年作"毋雍泉"。《霸形》篇更指出楚人攻宋，"要宋田夹塞两川，使水不得东流，东山之西，水深灭垝，四百里而后可田"。但在召陵会了之后，便"东发宋田夹两川，使水复东流而楚不敢塞"，这是齐桓公时的情况。无如春秋、战国间的诸侯，仍然"壅防百川，各以自利"，故孟子直斥"今之诸侯，皆犯此五禁"，与孟子同时的白圭也没有办法，只得"以邻国为壑"，暂救目前。直至秦始皇碣石纪功，尚特提"决通川防"为自豪的话。

【111】毕亨《汉武塞河考》："今言自成皋北下，河水不及齐地，齐桓安得而塞之也？"（《九水山房文存》上）则是受《禹贡》所蒙蔽。毕氏文登人，生嘉庆、道光间。

【112】《禹贡》四卷一期三页《水利与水害》。

第八节　两汉的黄河

一、邺东故大河到甚么时候才断流？

《汉书·地理志》："邺，故大河在东，北入海。"《水经注》五："又有宿胥口，旧河水北入处也。"又同书九："清、漳二渎，河之旧渎。"关于邺东故大河的实况，史籍上正面留给我们的就只这寥寥数条。但冀南一带的水道，古今来经过许多变迁，那大河所历甚么地方，班固已不能举其概略，所以至今没人晓得。据汉以后的河道来推测，大约从汲县（今同名）流入黎阳县界（今浚县），至县属的宿胥口（约今浚县西南）分作两支：一支北流，即邺东故大河，合漳水入海，一支东行为漯川而入海。宿胥口于甚么时候湮塞，旧史没有明文，胡渭说：

> 苏代曰，决宿胥口，魏无虚、顿丘；虚在朝歌界，顿丘在黎阳界，时河已徙而东,.宿胥口塞，故秦欲决之以灌二邑。[1]

他又说：

淇水即国水，宿胥故渎乃禹河之所行，国水自西来注之，势不得东出内黄县南为清河；清河盖禹河下流渐淤，决而为此川，犹汉屯氏河之类。及周定王时，宿胥口塞，大河之水不至，国水循宿胥故渎，东北迳内黄县南为清河，《汉志》所谓东北至信成，入张甲河，行千八百四十里者也。……苏秦说赵曰，东有清河，说齐曰，西有清河，清河之来已久，疑春秋前有之。愚尝以鸿沟为禹河致塞之由，今清河又分河于此间，则下流缓弱，不能冲刷泥沙，邺东河道之塞，未必不由此也。【2】

据我所见，东周前河不经宿胥，淇水也不入河，那时候清河就是淇水的下游。到黄河徙向邺东，其流水当然可分入清河。苏代是周赧王朝的人物（见下文），苏秦则时代更前，约与孟轲相当（《通鉴》二，显王三十六年始见苏秦，即元前三三三年），把胡氏的考证参合前文第七节我对于《孟子》"沧济漯"的解释，似乎邺东故大河的历史不足二百五十年，甚至仅及一百年（分由定王或后定王起计），即是说，宿胥口之塞，恐怕在元前三五〇年以前。可是，焦循的见解完全不一样，他在所著《禹贡郑注释》里面说：

自春秋至于战国，大河皆行邺东，至汉武帝元光三年，河始徙于顿邱东南……屯氏既决，邺东乃竭。

（《汉书·地理志》）斯洨水至鄡入河，卢水、博水至高阳入河；高阳属涿郡，鄡属巨鹿，涿郡有河，则邺东之河矣。邺东故大河不言《禹贡》，可见此河西汉犹存也。

但《汉书·地理志》的记载是颇为模糊的，试看焦循的书别一段：

记故大河在邺东，明漳之至斥章入河也，记清漳至昌成入河，明河之至信都合漳也，【3】记漳河、虖池、绛水入海，明河之与漳绝也，【4】其辞互见，可谓精矣。

焦书的昌成是阜成之误，信都是渤海之误，已于注里面辨正。《地理志》二八下"广平国斥章"，"应劭曰，漳水出沾，北入河"，那只是应劭的注，班固本人没有这样说。班氏于二八上"上党郡沾县"称，"大黾谷，清漳水所出，东北至阜成入大河"，他显然不认河水于斥章合漳水（斥章今曲周县东南，阜成今阜城县东）。其次，鄡，《汉地志》亦作鄡，在今束鹿县东，高阳即今高阳县东，焦氏所举这两点，似是邺东故大河西汉时尚存的最强证据;但考《汉地志》,"中山国北平县"下,"徐水东至高阳入博,又有卢水,亦至高阳入河",汪远孙校称,"案高阳属涿郡,入河当是入博,亦者卢、徐同入也"[5],则西汉时黄河是否经过高阳,颇有疑问。鄡在高阳的西南,黄河从西南而来,如果不经过高阳,似乎也不应经过束鹿,这是须要考虑的第一点。

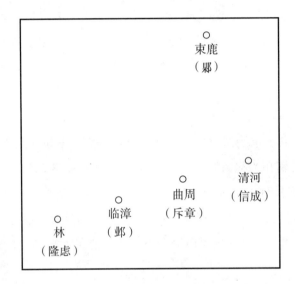

还有,《汉地志》又称,国水从隆虑"东北至信成入张甲河"(见前引胡渭说),隆虑今林县,信成今清河县北,隆虑、斥章和信成约为同一直线上之三点,邺(今临漳县西南四十里)、斥章和鄡又约为另一直线上之三点,如上图,假使黄河系循着邺、斥章、鄡的线而北走,则同时循隆虑、信成线而走的国水必应在中间会入黄河,断不能越过黄河而会入信成之张甲河,理论与前文第七节所说济水不能越河而北相同。换句话说,《汉地志》斯洨水至鄡入河一条,同时跟国水从隆虑至信成入张甲河一条,显有冲突,我们不能呆板地解释,这是须要考虑的第二点。

焦氏因邺县下"故大河"的上头不加《禹贡》字样,断定故大河西汉时尚存,尤犯了忽略文字的毛病。《汉地志》如新安"《禹贡》涧水在东,南入雒",上雒"《禹贡》雒水出冢领山,东北至巩入河",濩泽"《禹贡》祈城山在西南",各条固然明标《禹贡》,但如武功"大壹山,古文以为终南,垂山,古文以为敦物",卢氏"熊耳山在东,伊水出",却又不标明《禹贡》,可见《禹贡》字样或用或否,不过行文之便,并没含着意义的分别,这是须要考虑的第三点。

根于这三点认识,我觉得焦循的考证理由很弱,现在拟再综合时代较早即战国的史料,加以探讨。首先,《赵策》记苏秦说赵,"秦甲涉河,逾漳,据番吾,则兵必战于邯郸之下矣"。又记张仪说赵,"令宣君有微甲钝兵军于渑池,愿渡河,逾漳,据番吾,迎战邯郸之下"。渑池在豫西,知苏、张这里所说的"河"都指黄河上游,于赵国无涉。

《赵策》又记苏秦说赵称，"强赵地方二千里……西有常山，南有河漳，东有清河，北有燕国。"《史记》六九《正义》说："河字一作清，即漳河也，在潞州"，读"河漳"作"清漳"。可是《史记》下文叙同一段的游说，"秦攻楚，齐、魏各出锐师以佐之，韩绝其粮道，赵涉河漳，燕守常山之北。秦攻韩、魏，则楚绝其后，齐出锐师而佐之，赵涉河漳，燕守云中。秦攻齐，则楚绝其后，韩守成皋，魏塞其道，赵涉河博阙，燕出锐师以佐之"（"赵涉河博阙"一句，《赵策》作"赵涉河漳博关"）。这两个"河漳"《正义》都未提出异议，可见"南有河漳"句不该读作"南有清漳"的。有没有苏秦说六国那回事，且不必深求，就使是造说，也总会反映当日地理的现实，这些"河漳"连言无非表现国境所届或出兵所经，也不可据以测定水流的分合。

然而有些总可以体会出来的，如显王三十七年（元前三三二年）"赵人决河以灌齐、魏之师，齐、魏之师乃去"（《通鉴》二），这一回决河系决向南及东南，不见得黄河还走邺东的路。又《赵策》载武灵王胡服（赧王八年，元前三〇七年）后，他曾说："今吾国东有河、薄洛之水，与齐、中山同之，而无舟楫之用。"（薄洛是漳水的津名，顾祖禹以为在今宁晋，程恩泽以为在今广宗）。[6]认河为齐、赵共有，也不像河走邺东。

又赧王三十一年（元前二八四年），燕人灭齐，"右军循河济屯阿、鄄以连魏师"（《通鉴》四）。阿指东阿，今阳谷东北；鄄指鄄城，今濮县东。按漯水原经鄄城北及范县而出海，那时候河似已专从漯川出海了。

同时，《史记》六九载齐愍王出走后苏代对燕王的说辞，曾说："决荥口，魏无大梁，决白马之口，魏无外黄、济阳，决宿胥之口，魏无虚、顿丘。"《集解》："徐广曰，《纪年》曰，魏救（中）山，[7]塞集胥口。"认宿胥即集胥是也。《正义》："《魏志》云，武帝于清淇口东，因宿胥故渎开白沟，道青（清）淇二水入焉。"据《史记》一五，赧王二十年（元前二九五年），赵"与齐、燕共灭中山"，魏救中山，应即其时。[8]换句话说，宿胥口在这一年已经被人工完全堵塞。然而故大河之断流也许发生在人工堵塞以前许多年，我们只消拿明朝刘大夏塞荆隆口的经过来比看（参下文第十三节），便可了然。

又《史记》四三载赵惠文王十八年（即赧王三十四年，元前二八一年），惠文"王再之卫东阳，决河水伐魏氏；大潦，漳水出。"《水经注》九《清水》条引："马季长曰，晋地自朝歌以北至中山为东阳"，好像还维持着邺东的旧道。可是从别方面来看，又不容我们作这样设想。其一，《史记正义》："《括地志》云，东阳故城在贝州历亭县界，按东阳先属魏，今属赵，河历贝州南，东北流，过河南岸即魏地也。"《国策地名考》九不主张这一解释，它说："王氏曰，自汉以前，东阳大抵为晋太行山东地，非有城邑也，楚、汉之间，始置东阳郡，则东阳亦广矣。"那末，《史记》这一条，直可解作赵人在朝歌之南决河来灌魏，不见得河还北出合漳。其二，《史记》跟着就说漳水出，下文又说"二十一年（元前二七八年），赵徙漳水武平西"，"漳"跟"河"称谓各别，又是河水已不合漳的证据。

更如《赵策》苏秦说李兑章："漂入漳河，东流至海。"《国策地名考》八以为漳河专指漳水，这一解释如果不错，则苏秦时代漳水已独自出海。根据上述种种，所以我认定胡渭的话比较可信，就是说，邺东故大河的断流似在元前三五〇年以前。

还有一点，漳是不是也可称"河"呢？张含英曾说："古常有称漳水为河者。盖以禹河北过降水而漳水即河水矣。及河东徙，犹沿旧称，而呼漳水为河，凡邺令西门豹传所谓河者，皆漳水也。项羽巨鹿之战，所谓渡河者，亦漳水也。是沿土人旧称，非以河为普通名辞也。"【9】这固然是一种合理的解释，但须记着在某些例子中，我们不能一定说，"河"字不是普通名词，另一方面也许"河"字用作通名在俗语中已保持很久的历史，所以许多区域内有水便称"河"这个问题，就容易解答。假如说，"河"字开始就是黄河的专名，人们偏要借伟大的名义来称呼细小的川流，那可有点突梯了。唯其"河"本是通名，后世的人于是不能不加上一个"黄"字以示区别，此种现象，在上古各处大流域的名称，是有相当的成例的。

邺东故大河为甚么移走，胡渭曾拈出两点理由：（1）鸿沟的分流。（2）清河的分流（引见前文）。他又于《禹贡锥指》的《荥阳引河图第二十四》注称：

> 河水为鸿沟所分，力微不足以刷沙，下流易致壅塞，此宿胥改道之由。

我们生在二千多年以后，没拿着甚么的确凭证，很难作成一个合于当日现实的推定。不过，黄河走邺东是向左折的极限，从西汉起直到现在，黄河溃决了不知多少次，总没有再走过那一条路出海，这可意味着那一条路不能适应水的就下性，所以没支持许久便又改道。如此推测，恰可与《史记·河渠书》称"载之高地"相对照。

战国时期还有些黄河事迹，并附带引在下面：（1）《水经注》二二《渠水》条："历中牟县之圃田泽……泽在中牟县西，西限长城，东极官渡，北佩渠水，东西四十许里，南北二十许里。……故《竹书纪年》梁惠成王十年入河水于甫田，又为大沟而引甫水者也。"（惠成王十年即周显王八年，元前三六一年）【10】（2）《水经注》五："河水旧于白马县南泆，通濮济黄沟，故苏代说燕曰，决白马之口，魏无黄、济阳，《竹书纪年》梁惠成王十二年，楚师出河水，以水长垣之外者也。"白马今滑县，长垣大约即现在长垣县一带，盖自北决向南方。《水利史》断定其"非特为患一时，而为千万世禹河之罪人，汉兴以后，东郡数十年之横溃，胚胎于此。"【11】完全是旧日经生家的口吻，脱离现实。"禹河"不过东周时徙河，并没有可以保持不变的成绩，由于前文所引证，显王前它本身已自发生变化，而且汉和显王相隔已远，把东郡横溃归罪于二百年前的楚人一决，那是针对现实的批判吗？（3）《水经注》八："《竹书纪年》曰，魏襄王十年十月，大霖雨，疾风，河水溢酸枣郛。"襄王十年即显王四十四年（元前三二五年），酸枣今延津县。

二、西汉的河患

甲、黄河名称的初见

张含英说："黄河之名必起于唐永徽以前"，"黄河之名所由起，必以其水色黄。"[12]所引的是《唐书·五行志》："唐高宗永徽五年……十月，齐州黄河溢。又载，武后圣历元年秋，黄河溢。"试检《新书》(三六)《五行志》，只有永徽六年十月齐州河溢一条，不是五年，而且没有"黄"字，更没有圣历元年那一条。后来再和郑鹤声的《黄河释名补》[13]比对，才晓得张氏所引实是《新书·本纪》。郑氏又说：《史记·高祖纪》，"西有浊河之限"。[14]依晋灼的注及《水经注》，浊河就是黄河，最早称"黄河"的，可上溯到汉高封功臣之誓，"使黄河如带"那句话(见《汉书·功臣表》)。此后东汉时代马第伯的《封禅仪》，《三国志·袁绍传》注所引的《献帝传》，均有"黄河"字样。由是，"黄河"那个名称，可信最晚也起于战国，说不定更在战国以前。

乙、汉初黄河出海的正流——漯川

西汉初期黄河的情况怎样，因为邺东故大河究于何时断绝，从前没有人作出决定，仍是含糊不明。现在知道那大河战国已经断流，那末，汉初的黄河，除开南边的济水、狼汤渠分流之外，北边就只剩漯川一渠，《河渠书》所称"道河北行二渠，复禹旧迹"(说见下文)，正是汉初止得"一渠"(专就北边黄河正流来说，当时的人已不能认识济水、鸿沟都是黄河的分派了)的反映。《禹贡山川地理图》上称："司马迁、班固……杂取汉世新河，亦附之禹，其曰禹酾为二渠者是也。孟康顺承迁、固此语，以汉河为漯川。"(参前第六节引文)程大昌不承认漯川为"禹河"一渠，但邺东大河已于战国中叶断绝，自此以至汉文、武一个长时期，假使不是经行漯川，试问黄河消纳在哪里？这个理由，前文第六节已说得很明白。

汉初黄河由漯川出海，还可综合零碎材料而得到同样的结论，如：

（1）《史记》八，项羽使沛公，项羽攻城阳，军濮阳之东，破秦军，秦军守濮阳，环水。《正义》说，"濮阳县北临黄河"，又"濮阳故城在濮州西八十六里，本汉濮阳县。"据《地理今释》,唐濮州在今濮县东二十里,合前《正义》之说,汉濮阳应在今濮县西六十六里。地属漯水流域。

（2）同上《史记》汉高祖十一年,陈豨将张春渡河击聊城,《正义》说:"刘伯庄云,彼时聊城在黄河之东,王莽时干,[15]今浊河西北也,今在博州西北深丘。"又引《括地志》,"故聊城在博州聊城县西二十里"。据《地理今释》,唐的聊城在今聊城县西北十五里,参合《括地志》则汉的聊城约在今聊城西北三十五里,也属于漯水流域（参看《锥指》导河图十八）。由上两证,知汉初黄河确行漯川出海。

（3）《元和志》一六"内黄县":"本汉旧县,属魏郡,河以北为内,南为外,故此有内黄,陈留有外黄。"按魏郡,高祖时置,内黄的名称恐怕起自战国,《汉地志》虽有"邺,故大河在东"的话,究不知离邺多远,《锥指》《禹河初徙图二十五》和《禹河再徙图二十七》都把内黄绘在禹河的东边,难成为定论。

丙、武帝元光三年瓠子南决通泗、淮,顿丘北决为北渎（王莽河）

汉文帝十二年（元前一六八年）[16]"河决酸枣,东溃金堤"[17]。东郡曾派出许多人填塞这个缺口。当日被灾的区域有多大,《史记》《汉书》都没有详细的记载,据《史记》二八《封禅书》新垣平对文帝,有"今河溢通泗"的话,当是决向东南方面。[18]

再过三十六年,[19]到武帝元光三年（元前一三二年）据《河渠书》说,"河决于瓠子,东南注巨野,通于淮、泗"（《汉书·沟洫志》同）。但依《汉书》六《武帝纪》,那一年河决计有两次:第一次在春天,"河水徙从顿丘东南,流入渤海";第二次在五月后,"河水决濮阳,泛郡十六,发卒十万救决河"。试把这几条引文拿来比勘,就见得《河渠书》所记是第二次（依《水经注》二四,濮阳县北十里即瓠河口）。换句话说,春天的河决,是从东郡顿丘县（今清丰西南二十五里）东南的地方,冲开一条新道,东北向章武入海,那条新道后来呼作王莽河,也就是《水经注》五的北渎。[20]夏天的河决,系在《水经注》二四所说的瓠河口东南,冲入巨野（参第七节注62）,会泗水入淮而后出海。这两次的决口相隔很近,所差的只是一向北走,一向南走。明黄克缵作《古今疏治黄河全书》引汉武瓠子歌,谓汉时河已通淮、泗,一点都没有错,《四库全书总目》七五反批评他"未免出于附会"真可谓少所见而多所怪。关于顿丘的决口,胡渭说:

> 按元光三年河水决濮阳瓠子,《沟洫志》言之甚详。而顿丘之决口及入海处,与中间经过之地,皆不可得闻。今以《水经注》考之,北渎初经顿丘县西北,至是改流,盖自戚城西决而东北过其县,东南历畔、观至东武阳,夺漯川之道,东北至千乘入海者也。……程大昌以为元光已后河竟行顿丘

东南，非也。[21]

他所拟议的顿丘徙河，就是《水经注》五的"浮水故渎"，然这不过是中间一段短短的分流。我在第六节已经指出，他的错误在认定顿丘决口不久即塞，以北渎为东周所徙的河道，牵累到元光的新河无法安插。本节前面又经指出邺东故大河在战国时代早已断绝（胡氏也这样说），那末，元光三年以前流经顿丘及濮阳的大河，就只单有从漯川出海那一条路了。本来已从漯川出海，[22] 如果溃决之后，依然从漯川出海，哪能称作"夺"？更哪能称作"徙"？

还有人步着胡渭的后尘，提出证据，认北渎即王莽河，是周定王五年所徙的新道，这里须一并加以辨明。《水经注》五："一则北渎，王莽时空，故世俗名是渎为王莽河也。故渎东北迳戚城西，《春秋·哀公二年》，晋赵鞅率师纳卫太子蒯聩于戚，宵迷，阳虎曰：右河而南，必至焉。今顿丘，卫国县西戚亭是也，为卫之河上邑。"杜预说："是时河北流过元城界，城在河外，晋军已渡河，故欲出河右而南。"《锥指》四〇下："今开州西北有戚城"（开州即今濮阳）。按《水经注》下文记，河水过了戚邑的铁丘之后，才东北流迳濮阳县北，戚的今地应如《锥指》所说。鲁哀公二年相当于元前四九三年，如果河徙于定王五年，则当时的黄河系经行邺东和漯川二道。而漯川的上游实即黄河分支，阳虎称循着黄河西行，然后向南转去，必会达到戚邑，正合于漯川从西向东流的情况，跟王莽河之北流过元城无关。换句话说，《左传》那一段故事，不能证明王莽河即东周所徙的新道。

这条北渎或王莽河，据《水经注》五并参合《锥指》四〇下的解释，它所经过的古地和相当的今地，大约如下表：

卫国县戚城西	濮阳西北
繁阳县东	内黄东南
阴安县西	清丰北
昌乐（戴本讹"乐昌"）县东	南乐西北
元城县西北	大名东
发干县西	堂邑西南五十里
贝丘县南	清平西南
甘陵县南	清河东南
灵县南	博平东北四十里，高唐西南二十里

续表

鄃县东	平原西南五十里
平原西	平原南二十里
绎幕县东北	平原西北二十里
鬲县西	陵县北
修县东	景县南
安陵县西	吴桥西北
东光县西	东光东

再北就与漳水合流，经交河、沧、青、静海、天津等县而出海。《元和郡县志》和《太平寰宇记》对王莽河的遗迹，也还有些记载，现并撮要为下表：

顿丘（见前）	《寰宇记》五七："王莽河在县北十里，上接清丰县界，下入南乐县界。"
临河（濮阳西六十里）	同上："……至临河西十四里，至（？）王莽河出焉。"
德清军（清丰西北）	同上："王莽河在城西南五里。"
昌乐（见前）	《元和志》一六："王莽河西去县十六里。"《寰宇记》五四，南乐县同。
贵乡（大名东）	《元和志》一六："大河故渎俗名王莽河，西去县三里。"《寰宇记》五四："大河故渎在（大名）县东三里，俗名王莽河。"
冠氏（冠县北）	《元和志》一六："王莽河北去县十八里。"
馆陶（馆陶西南）	同上："大河故渎俗名王莽河，在县东四里。"
堂邑（今同名）	《寰宇记》五四："王莽河北去县十里。"
博平（今同名）	同上："王莽河在县北十八里。"
清平（今同名）	同上："王莽河在县南十八里。"
高唐（今同名）	同上："王莽河在县（？）一十七里。"
清阳（清河东）	同上五八："县东有王莽河。"
平原（今同名）	《元和志》一七："王莽枯河在县南五里。"《寰宇记》五八："王莽河北流经汉平原故城。"
长河（德县）	《元和志》一七："王莽枯河东去县五里。"
将陵（德县）	《元和志》一七："王莽枯河西去县十里。"《寰宇记》六四："王莽河在县东十里。"

这表所列经过的地方，跟《水经注》的记录没有甚么差异，惟将陵以北再不见遗迹，

大约已被御河（或永济渠）所侵占了。

照前头的解释，元光三年黄河向北和向南各冲开一条新道，那是极重要的变迁，应该列入胡氏所称黄河"大变"之一，因为胡氏未有注意到，直至最近，史地学者们仍不看作是一回事，这种错误是急须纠正的。

裴曰修《治河论》说："自禹迄今，河道之归海者四。北大陆，北之南渤海，东之北千乘，东之南安东。西汉及唐、宋以来，河患剧矣，然溢而北者不过信都而北。决而南者北之南馆陶，又其南顿丘，又其南濮阳，又其南定陶，每决则南徙，然则河之所欲趋者可知矣。"[23]裴氏带着河必南行的成见，把顿丘之决，看作南徙，因而认西汉河溢北不过信都，那是没有经过考证的错误。

钱穆又曾拈出元光三年河决的来历因缘，第一是战国以下竞筑堤防，像贾让所说。第二是列国兵争以决水为武器，像智伯引汾水灌晋阳，赵决河水灌齐、魏军，楚决河水以水长垣之外，赵决河水伐魏氏，王贲引河沟灌大梁城等等。[24]按黄河变化有许多内在和外在原因，那种推测充其量仍是片面的，不是全面的。

瓠子的决口，初因丞相田蚡阻止，经过二十余年仍未填塞，梁、楚区域常闹着收成不好。元封二年（元前一〇九年），武帝往万里沙[25]祈祷，归途的时候，亲临瓠子的决口，"令群臣从官自将军以下，皆负薪寘决河，是时，东郡烧草，以故薪柴少，而下淇园之竹以为楗。……于是卒塞瓠子，筑宫其上，名曰宣房（又作防）宫。"[26]武帝这种作风，倒不愧为一位有名的君主。

友人赵世暹君尝对我说："元光三年，瓠子之决，我的看法是：（一）决口的水流了不少年，淹了不少地，可能并未冲出一条或数条比较像样子的河道。（二）决口以下的正常河道，可能并未断流，所以二十多年以后，决口堵上便全往东流。要是断流了二十多年，不加以相当的施工（史书未提到，可能未曾施工），是极难甚至于不可能通流。"第二点的提示，于读《黄河变迁史》的人们是很有帮助的。清代治河，主张有决必塞，在这之前则并不一定，如果没有塞，河水仍可经常或间歇地分一部向原道流去。我们不明白这种两道并存的现象，对复杂的河患就不可能作出合理的解答。不过论到二千多年前的西汉河患，也要对时间、空间加以相当考虑。头一件，那时候的河身远不像现时淤积得恁样厉害（可比观李鸿章查勘黄河故道的报告），隔了二十多年，恢复也不至很难。第二件，那时候比较地广人稀，人类不至于十分与水争地，那末，旧河道就不会容易淤塞。河之能复故道，这两点也有其相当力量的。还有《汉书》二四下《食货志》于元狩二年（元前一二一年）后说："先是十余岁，河决，灌梁楚地，固已数困，而缘河之郡堤塞，河辄坏决，费不可胜计。"是元光三年之后，并非没有试行堵塞，既有试塞，河水自然要向旧道流去，那末，河之能够复行故道，应是意中之事。

《河渠书》于宣房既塞之后，跟着说，"而道河北行二渠，复禹旧迹"（《汉书·沟洫志》同），好像是邺东故大河复通，那是绝大的错误。[27] 假使真是复通，其再塞总不能早于元、成两代，为甚么哀帝时的贾让、王莽时的王横只请决黎阳遮害亭，效法禹的行水，引黄河沿着西山边缘流去，绝不提到武帝时复通的成绩，来作他们提案的根据？（均详下文）拿出这个反驳，即可见司马迁虽自称"余从负薪塞宣房"，实未经过细心的考察。班固更不过抄袭《史记》，我们对他无庸作深刻的批评了。

李垂的《导河书》曾说，"东为漯川者乃今泉源赤河，北出贝丘者乃今王莽故渎。而汉塞宣房，所行二渠盖独漯川，其一则汉决之，起观城，入蒲台，所谓武河者也。"[28] 李氏认为汉武塞宣房后所行的二渠不纯是"禹的二渠"，立论尚属正确。但观城（今同名）在顿丘的东边，西汉初期河已经行顿丘，从这东出，观城极可能是它通过的地方，"起观城，入蒲台"，与大致就是后世大清河流域，我们很难否定东周时决成漯川的一渠，不是一部分循那路出海，尤其"河""漯"交错，在末流很难作出区别（参看前第六节及下文），李氏认"起观城，入蒲台"只是汉世决河，我们看不出他有甚么理由，恐怕因他错把赤河当作漯川所引起的误会。

清人毕亨又别的见解，他写过一篇《汉武塞河复禹故道考》，大致以为"汉司空掾王横言，《周谱》云，定王五年河徙，则今所行非禹所穿也。……如以汉时行水为禹行水，则定王五年之徙又将徙于何所乎？"[29] 按汉武并未曾引河复行邺东"禹故道"，毕氏据王横的话来批判，自有部分的理由。可是，他却没见到旧日所谓"禹河"，实即东周时所徙的河道，因而得到二渠之迹，"当在修武、武德界中，非汉之二渠"的结论。在汉以前修武、武德界中，我们无凭据否定黄河有分流的事情，然而即使承认是确有，从整个黄河流域来看，也不过很小的局面。《禹贡》，"浮于济、漯，达于河"，又《孟子》，"沦济、漯而注之海"，漯上可通河，下可运海，明明是一条大渠，我们哪能见小弃大，反向修武、武德去寻找"禹"的二渠呢？

总而言之，《河渠书》的"复禹旧迹"，从文面来看，错是错了。然而"禹河"的一渠行漯川，塞宣房后河的一支也行漯川，那是相同的。"禹河"的又一渠由邺东合漳水至章武入海，塞宣房后河的另一支王莽河，经贝丘至章武入海，那是不相同的。可是邺东故大河跟王莽河都在章武入海，不同之中，又有些相同。"复禹旧迹"的真意，也许只是说"分作两支入海，与禹厮二渠相同"，不是说流域全同，措辞偶然不慎，致惹起后人的纠正。

根据这些讨论，我们晓得宣房未塞之前，黄河除上游的蒗荡渠外，下游实分作三支：一支从濮阳入泗，一支从顿丘出海，一支仍走漯川的旧道。到宣房塞了入泗一支之后，只剩两支，然而没有多久，[30] 黄河又向再东北的地方——馆陶，刮出一条新道，仍旧维持着三支的数目，是值得我们注意的。这条新道被人们称作屯氏河，通过魏、清河（今清河县）、信都（今冀县）、渤海（今沧县）四个郡的辖境。据说它的阔度和深度，都跟黄河正流一样，通过的地方虽然略被淹浸，同时，南方那五六个郡却安枕无忧，所以朝廷也任其自然，索性不理会它。

丁、由元帝至王莽始建国北渎（王莽河）断流的时期

后至元帝[31]永光五年（元前三九年），黄河在清河郡灵县（今高唐）的鸣犊口崩决，构成一条新支河（《水经注》五称为鸣犊河）[32]，屯氏河因此断绝了，但鸣犊河的流量也不很通畅。当成帝初年（元前三二年），清河都尉冯逡上了一个条陈，他说："(清河)郡承河下流，与兖州东郡[33]分水为界，城郭所居尤卑下，土壤轻脆易伤，顷所以阔无大害者，以屯氏河通，两川分流也。今屯氏河塞，灵鸣犊口又益不利，独一川兼受数河之任，虽高增堤防，终不能泄，如有霖雨，旬日不霁，必盈溢。灵鸣犊口在清河东界，所在处下，虽令通利，犹不能为魏郡、清河减损水害。……屯氏河流行七十余年，新绝未久，其处易浚，又其口所居高，于以分流，杀水力，道里便，宜可复浚以助大河泄暴水，备非常。"汉朝因为财政困难，未有照办，不幸如他所预料，仅仅过了三年（成帝建始四年，元前二九年），黄河果从魏郡馆陶县崩溃，受水患的地方，广延到东郡、平原（今平原县）、千乘（今高苑县）、济南（今历城县）四郡的三十二县，淹没了田地十五万余顷，水深至三丈，破坏房舍约四万所，成帝才派河堤使者王延世办理填塞决口事务。延世"以竹落[34]长四丈，大九围，盛以小石，两船夹载而下之，三十六日河堤成"，成帝为庆幸延世的成功，特将其明年改号作河平元年。[35]

《中国水利史》叙述这一个期间黄河变迁时，弄出好几点错误，不可不加以辨正。它说："屯氏河与大河并行，大河在东，屯氏河在西，屯氏河又自信成县（今河北威县）分支为鸣犊河，东北流至蓚县（今河北景县）入漳，大河又自灵县（今山东高唐县西南）分支为鸣犊河，东北流至蓚县入屯氏河，四河并行凡七十二年。盖屯氏河地势居高，分杀水势，道里便宜，清河以下，承河下流，土壤轻脆易去，建瓴直趋，又得鸣犊汇流，故久而不害也。元帝永光五年（元前三九年）河决清河灵县之鸣犊口而屯氏河绝。"[36]

郑氏说"四河并行"，不数漯川，更不数及向南分流的济和汴，这种疏略，我且不论。但他凭甚么标准定为"四"数，却不清楚。如专就出海的河口而论，则"屯氏正河"及张甲、鸣犊，均会合而同向章武出海，再加上各自出海之屯别北渎、屯别南渎（参看《锥指》的《汉屯氏诸决河图》），河口只有三个，不足四个。如就分流来论，则屯氏正、屯别北、屯别南、张甲左、张甲右，加上灵鸣及大河本身，共有七支，又不只四，这是分析的错误。

他所谓"七十二年",大约系从元封二年（元前一〇九年）塞宣房起,至永光五年（元前三九年）鸣犊口崩决止。但前后合计,也只七十一年,他多算了一年,这是计算的错误。

然而河决鸣犊口,才构成鸣犊河,既有鸣犊河,屯氏河便绝,张甲河系分自屯氏别,《汉书·沟洫志》及《地理志》的文义都是很明白的。那末,永光五年以前,并没有鸣犊河,永光五年以后,屯氏和张甲又已断绝,换句话说,鸣犊河跟屯氏、张甲二河不是同时存在的,哪来"四河并行"的话?至"四河"的列举是否适合,更可不论,这是考事的错误。

《水经注》五称:"《十三州志》曰,鸣犊河东北至脩入屯氏,考渎则不至也。"它以为鸣犊在鄃县（今平原西南）便合入屯氏及大河。按"脩",《汉书·地理志》亦作"蓨",它说:"灵,河水别出为鸣犊河,东北至蓨入屯氏河",即《十三州志》所本。不过清河、信都两郡国水道交错,依事理来论,鸣犊总不会流至蓨县才合入屯氏,关于这一点,《水经注》当比《汉地志》为可信,这是考地的错误。

郑氏的"七十二年",似自《汉书·沟洫志》的"屯氏河流行七十余年"引生出来,但这"七十余年"系从决成屯氏河起计至成帝初年（元前三二年）,并不是计至永光五年（元前三九年）。依郑氏的计法,便变成屯氏河之决出,就在塞宣房那一年（元前一〇九年）,完全违反了《汉书》的叙述,这是考年的错误。

当他推论到西汉末构成河患的原因时,教条主义的色彩尤为浓厚。冀、鲁平原多数在海拔五十米以下,屯氏流域何尝是地势居高?哪有取得建瓴的势子?黄河出海的路,自以鲁北为最直捷,然直捷并不是黄河安澜的唯一条件。土壤轻脆易去,则凡黄土冲积层都是一样,非屯氏的特性,不然的话,屯氏又何至忽然断绝?止支持了七十余年,在一部黄河史中,更算不上长久。鸣犊仅百十里内的小分流,其影响益微不足道。这样的批判,不单是关在书房里的观察,而且连书本也没有详细检阅了。总结归到"殆西京之末运使然"[37],套着宿命论的旧调,以非科学的方法来批检科学史,那可无须再辨。

河平元年往后二年（河平三年,元前二六年）,河复决平原,流入千乘、济南。更后九年（鸿嘉四年,元前一七年）,河水又泛滥了清河、信都、渤海三郡,破坏房舍的数目,与建始四年相等。丞相史孙禁当日被派赴视察水灾,主张打开平原的金堤,让河水流入旧笃马河,从这一条路至海只五百余里,[38]而被浸的三郡田地,水退后可得回二十余万顷,足以抵偿开河时拆除民舍的损失,每年又可节省修堤救水的吏卒约三万人以上。但同时担任视察的许商,以为古来所说的九河,都在渤海、平原两郡界,黄河屡屡改道,也不离这个区域,如果照孙禁的计划开浚笃马河,那就在九河之南,不能适合水势,遂把孙禁的提议打消。[39]更有一派人主张顺河之性,任其自流,候水行略定,然后因而加工，可以节省经费，根于这种听天的心理，朝廷也就不再塞治。[40]到王莽始建国三年（公元一一年），河又从魏郡崩决，淹浸了清河以东好几郡的地方。[41]《汉书》二九，孟康注："二渠，其一出贝丘西南二折者也；其一则漯川也，河自王莽时遂空，唯用漯耳。"又《水经注》五："一则北渎，王莽时空，故世俗名是渎为王莽河也。"后人以为北渎之断绝，即在始建国三年。胡渭在他的《禹河再徙图》注称："周定王五年己未禹河初徙，下逮王莽始建国三年辛未而北渎遂空，河改从千乘入海，是为再徙，凡六百七十二岁。"按周定王五年相当于元前六〇二年，始建国三年即公元一一年，相隔止六百一十二年，胡氏称"六百七十二岁"，系多算了一个甲子。这一次河决不应称作再徙，我在另一篇论文中已有辨正。[42]

复次，《汉书》九九中《王莽传》："河决魏郡，泛清河以东数郡。先是，莽恐河决为元城冢墓害，及次东去，元城不忧水，故遂不堤塞。"（元城今大名县）决魏郡哪一县，没有明文，"东去"即胡氏"改从千乘入海"的本据。但胡渭又于其《禹河再徙图》注称："永平中，王景自长寿津导河行漯川，至东武阳，始与漯别而东北行，至高唐，又绝漯而北，折而东，由漯沃县入海。"按黄河这样走法，似是它自身冲开的路径，并非由王景用人工导成，而且《后汉书》没有只字提及，不审胡氏何缘作此断定。而且"改从千乘入海"那句话，事实上也有点说不通，因为汉初的黄河已分道入漯，《水经注》五："《地理风俗记》曰，漯水东北至千乘入海"，是王莽时的河变，只是由往日的"分流千乘入海"，转变为这时的"专从千乘入海"，并不能说"改从"，换句话说，不是北渎断绝后才有千乘的河口。试看孟康注"唯用漯耳"，便见得漯从千乘入海和河从千乘入海，在他的眼光中并无区别。简单地说一句，我们并没拿着甚么凭证，能够指出始建国三年以后之千乘"河口"，根本不同于始建国三年以前之千乘"漯口"（也可称作"河口"）。关于河和漯的下游镣轕不清，前文第七节也已略有说明了。

当这四五十年间，黄河不断地闹乱子，究竟根于甚么原因呢？《汉书》里面没有明白指出，可幸从《后汉书》二所载永平十三年（公元七〇年）的诏书，我们得了一些线索。诏书说：

> 自汴渠决败，六十余岁，加顷年以来，雨水不时，汴流东侵，日月益甚，水门故处，皆在河中，漭瀁广溢，莫测圻岸，[43]荡荡极望，不知纲纪。

《后汉书》一〇六《王景传》也说：

> 建武十年，阳武令张汜上言，河决积久日月，侵毁济渠，所漂数十许县，

修理之费，其功不难，宜改修堤防，以安百姓。

济水、汴渠同在一处受河（见前节），所以张汜的济渠，诏书的汴渠，同是指黄河的南派。由永平十三年追上六十余年，相当于公元初期，即汉平帝时代。然而在这之前一百三十余年（元光三年），黄河"注巨野，通于淮、泗"，已是横断济、汴两渠。瓠子的决口，经过二十多年，才加以填塞，济、汴两渠之被壅断，自在意料之内。所谓"侵毁济渠""汴渠决败""汴流东侵"和"河流入汴"，就是西汉末年黄河多事的原故。《后汉书》一〇六《王景传》注："《十三州志》曰，成帝时河堤大坏，泛滥青、徐、兖、豫四州略遍"，也可拿来作证。[44]

汴的名称，到东汉初期始在书籍上出现，它的起源，程大昌《禹贡山川地理图》下曾作过如下的推测：

> 古今之水，立为一名，而他水不论巨细远近悉从其目者，其故有二。若从下流而总其源，则必水派特大，可以翕受其来而掩盖之也。若彼大此小，乃能立名而使他流受之，则必发源之地，据其上游，可以该苴其下也。今汴在《水经》与蔡分派者，其在睢、涣、涡、汳中，特一支尔，而安能使淮、泗之北，荥、沛之东，凡水流委悉受其名而莫之与京耶？况东汉之世，又兼济派而该之也欤。[45]……郦道元之记砾、索曰，济渠水断，汴沟惟承此始，则自汉以后，汴渠实资砾、索以为有水之始也。就二者言之，砾溪水者出荥阳之南，在《汉志》为卞水，为冯池。卞水、冯池同注砾溪，故砾溪得而受之以灌高邙之渠。为此之故，遂有推究其自而主本卞水以为之名，传习既久，遂加水为汴。……至道中，太宗尝问张洎汴梁首末，洎谓汴水为汳，后人恶其字之从反，易反为汴，此执一之论也。许叔重固尝书汴为汳，然古字不如后世拘窒。

他所提出的理由，我有点不敢赞同。砾溪和索水以西的济渠断绝，是否西汉末以前的事，《水经注》没有指出，只可算是程氏的臆测。我们还要问，为甚么济水已断而济水的名称依旧不改呢？应场《灵河赋》：

> 资灵川之遐源，出昆仑之神丘，涉津洛之阪泉，播九道于中州。[46]

依程说古字不大拘泥，故阪可从氵作汳，方音又转读如"汴"。阪泉是古代的神话，

[47] 应场且应用作黄河的材料，所以我相信"汴"字为"阪"字的变体（如"饭"字也写作"飰"）。

三、齐人延年献河出胡中之策

武帝时[48]有一个齐人名叫延年的，上书朝廷说："河出昆仑，经中国，注渤海，是其地势西北高而东南下也。可案图书观地形，令水工准高下，开大河上领，出之胡中，东注之海，如此关东长无水灾，北边不忧匈奴。"[49]他晓得"准高下"，也非没有一点科学知识，但他却不晓得实际的地文。张含英说："就流域之面积论之，包头以上虽当全数之半，[50]然以入河之支流无多，水势尚不甚大，迨至下游，泾、渭、汾、沁、伊、洛等水汇流入河，而后流势始猛，为害始烈。（民国）二十二年之水灾，其一例也。盖以估计是年洪流为二万三千秒公方，而来自包头以上者，仅二千二百秒公方耳"。[51]

延年的计划行不得，清初的陈潢早也提出过，他说："夫河之自西域而来，若无他水入之，止此一水，曲折行数千里，其势必衰，曷能为中国患。其所以为患于中国者，大半皆中国之水助之也。设导西域本来之水，行于塞北，而域内之水，自湟、洮而东，若秦之沣、渭、泾、汭诸水，晋之汾、沁，梁之伊、洛、瀍、涧，齐之济、汶、洙、泗，其间山泉溪谷千支万派之流，未易更仆数，凡此西北之水，安得不会为一大川以入于海哉。矧河防所惧者伏秋也，伏秋之涨，尤非尽自塞外来也。……所以每当伏秋之候，有一日而水暴涨数丈者，一时不能泄泻，遂有溃决之事，从来致患，大都出此，虽使河源引而行之塞北，乌能永免中国山水暴涨之害哉。"[52]可是近世还有这样提倡的，"陈虬于光绪间幕游东省，见治河无效，乃进三策。大旨谓循北干[53]大界水之旧，顺地脉而循天纪，是为上策。引河出河套而北徙，于是蒙古荒漠之地，顿致富强，东南罹患之区，可庆安澜，是为中策。河源广设水闸，以杀上游水势，而缓下游之流，是为下策。"[54]其上、中两策不切实际，无庸多论，下策却可算作上策。

有徙河胡中之献议，于是引生河行塞外之推测，百年前魏源早认为古大河沿我国北边而东出，他说："自蒲昌海至玉关，沙碛千余里，又自玉关东至辽西，瀚海六千余里，东会卢朐河、黑龙江之上游以入海。……上古至尧，天地气运大变，故道渐已淤废，塞外之河忽伏流潜行，冒出于中国之积石。于是怀山襄陵，东决平阳，西泛关中，不得不凿断吕梁以纳洪流。"[55]按黄河经过转变，在地文学史中确有此说，但并不如魏氏的涉想荒邈。最近范行准说："证以《墨子·兼爱》篇中和《尸子》的话，都说在禹没有治水之前，黄河由晋而北，并不经过今之河北、山东、河南诸省的。"[56]余按《墨子》："古者禹治天下……北为防原派，注后之邸，嘑池之窦，洒为底柱，凿为龙门，以利燕代胡貉与西河之民。东方漏之陆，防孟诸之泽，洒为九浍，以楗东土之水，以利冀州之民。"又《尸子·君治》篇："古者龙门未辟，吕梁未凿，河出于孟门之上，大溢逆流，无有丘陵高阜灭之，名曰洪水。"都没有说出"黄河由晋而北"，范氏的话是有点出以臆度。张含英称，近世欧洲地理学家如蒲比雷（Pumpelly），尚有推测黄河旧日系从河套之包头向东行的，但现在已知其不确。[57]德人根特·库勒（Gunther Köhler）著《黄河地形生成论》，谓黄河现时尚处于极端之幼年地形，当第四纪洪积世曾经过一度剧烈的下切作用，始得其河底之基准，至今它的上游和中游全部仍见这种作用在继续进行。它的上源仍向着上流浸蚀，已侵入西藏、青海，将青海和其他的湖泊吸出。惟上源之玛楚河，却被长江渐渐侵袭而与之接近。又追溯到荒古，玛楚下游怕系经岷江入长江，黄河本身仅自现时德忒昆都仑（即 Cherung 或 Girung，北纬三十五度，东经一百度）河口起，北向弯延至兰州附近，假道渭水以入海。及第三纪造山运动促使河道倾乱，形成许多大淡水湖。其一自兰州直达秦州，面积极广，后至鲜新世初期，注入水量过多，卒致四溢，遂穿越中卫之贺兰山，直奔东北。降入洪积世，由西藏流下之冰川，将大量物质冲积于长江上源之北岸，构成江河新分水界，使玛楚不能南会于江，迫得转向黄河而来会于德忒昆都仑河口。由是面积扩大，流力倍增，直趋河套的块状台地，开始其浸蚀切断之工作，造成河口至蒲州间之南北大峡谷。[58]这样来解说黄河上游之地文，比较可信。至于塔里木河原来是否向东伸展，系另一个问题。

四、贾让的治河三策

贾让的三策，在治河历史上向来是很有名声的。[59]事缘哀帝初，领河堤的平当奏称："按经义治水，有决河深川而无堤防雍塞之文，河从魏郡以东北多溢决，水迹难以分明，四海之众不可诬，宜博求能浚川疏河者。"让这时候方官待诏，于是有上、中、下三策之批评，其文甚长（见《汉书·沟洫志》），现在把它摘要写在下面：

> 夫土之有川，犹人之有口也；治土而防其川，犹止儿啼，岂不遽止，然其死可立而待也。故曰，善为川者决之使通，善为民者宣之使言。盖堤防之作，近起战国，雍防百川，各以自利。……河从河内北至黎阳为石堤，激使东抵

东郡平刚，又为石堤使西北抵黎阳观下，又为石堤使东北抵东郡津北，又为
石堤使西北抵魏郡昭阳，又为石堤激使东北，百余里间河再西三东，迫阨如此，
不得安息。今行上策，徙冀州之民当水冲者，决黎阳遮害亭，【60】放河使北
入海，河西薄大山，东薄金堤，势不能远泛滥，期月自定。……今濒河十郡，
治堤岁费且万万，及其大决，所残无数，如出数年治河之费以业所徙之民……
且以大汉方制万里，岂其与水争咫尺之地哉？

　　简括起来，就是引河北行，河面要放宽，非万不得已，不宜多筑堤以免与水争地。
拿现代眼光来看，他的上策估价如何，且留待下文再论。靳辅的批评说："河流不常，
倏东倏西，倏南倏北，使河东北入冀，吾徙冀州之民以避之，倘河更东而冲兖，南而
徐，而豫，吾亦将尽徙兖之民，徐、豫之民而避之乎？"【61】对让的真意，实属误会。
夏骃已经揭出"冀州之民当水冲者……非统言冀州全境之民"【62】，代为辩护。至于
让所指摘"百余里间河再西三东"，正如夏骃说，"河一折即一冲，冲即成险"，又"河
自砥柱以来，其势方澎湃而思逞，而咽喉之路，顿值迫束如此，是以抑于北则溃而
南"【63】，弄得河流曲折湍激，其势必至于崩溃，确能道中当日堤防不善的弊病。他的中策又怎
样呢？

　　若乃多穿漕渠于冀州地，使民得以溉田，分杀水怒，虽非圣人法，然
亦救败术也。……议者疑河大川，难禁制；荥阳漕渠足以卜之，其水门但
用木与土耳。今据坚地作石隄，势必完安。冀州渠首尽当卬此水门，治渠，
非穿地也。但为东方一堤，北行三百余里，入漳水中，其西因山足高地，诸
渠皆往往股引取之，旱则开东方下水门，溉冀州，水则开西方高门，分河流。
通渠有三利，不通有三害。民常罢于救水，半失作业；水行地上，凑润上彻，
民则病湿气，木皆立枯，卤不生谷；决溢有败，为鱼鳖食，此三害也。若
有渠溉，则盐卤下湿，填淤加肥；故种禾麦，更为粳稻，高田五倍，下田十倍；
转漕舟船之便，此三利也。今濒河堤吏卒，郡数千人，代买薪石之费，岁
数千万，足以通渠成水门；又民利其溉灌，相率治渠，虽劳不罢，民田适治，
河堤亦成。

　　大意是要开渠以泄水涨。开渠固然是治河办法之一种，然首须兼顾到地势的高低，
如果将水引向高地，是否不会倒灌？潘季驯曾辩称："涝固可泄，而西方地高，水安
可往，盖既傍西山作堤，则东卑而西亢可知。"【64】这一点确是贾让所未曾顾虑到的。

季驯又说：“民可徙，四百万之岁运将安适？……河水不常，与水门每不相值，或并水门漫淤之。”近人尹尚卿曾作出反批评，以为“漕运江南之粟，自元明以后始行之，在西汉时未尝行运”。又“水门即今之闸坝涵洞……为古今治河必用之一法，季驯治河又何以不废此乎？”【65】那些驳正话都很有力量。至于贾让的下策：

　　　缮完故堤，增卑培薄，劳费无已，数逢其害。

　　夏骃推测贾让的意思，以为“其所谓故堤者，乃即百里之间，再西三东，浚、滑二邑【66】之民曲防遏水之堤”【67】，“非专谓堤防为下策”【68】。我将贾让的文再三细读，觉得夏氏的解释，仍未能使人满意。贾的真意，应该是：如果不能执行上策或中策而唯知修堤，那就是最下等的计划。修堤仍系指一般的堤，并非专指浚、滑两处的堤。李协称：“贾氏之上、中策既不能用，仅用其最下策以久延日月，于是河之敝益甚。”【69】末两句正合贾让的原意。夏氏又辩称：

　　　夫使让诚以筑堤为下策，则前不当云据坚地作石堤矣。使让诚以筑堤
　　为下策，则必用疏、用浚，又不当云为渠非穿地，但为东方一堤，北行三百
　　余里入漳水矣。详让所言，则其筑堤以束水之旨，实与季驯同也。【70】

　　我们对这个驳议，首先须晓得筑堤北行三百余里入漳水，就是循着邺东故大河的旧道，但邺东故大河战国时早已断绝，前文业有说明。贾让的上策所谓“放河使北入海”，原和先时的《河渠书》“北载之高地”，后来的王横献议“随西山下东北去”，同一样的主张。换句话说，就是依照经义来治水，要恢复“禹河”。我们试作一个反问，如果不是恢复邺东故大河，则筑一道堤延伸至漳水，又与治黄有甚么相干，那便恍然明白了。所以贾让的中策，只是上策的补充，两事具有连带关系。在未放河北行的时候，筑堤至漳水那件事即无从说起，虽然他分为上、中两策，实际只是一策。总括来说，就是决开黎阳的遮害亭或宿胥口，引黄河复走邺东故大河的旧道，使与漳水会同出海，但由黎阳至漳口那一段，恐怕仍会向东方溃决，所以在那一段的东边，筑一条长三百余里的石堤，堤旁酌量分设水门，预备泄水。前人完全不明白放河和筑堤的联系，大约因为“西汉之世，文辞朴略，不甚分疏，使人意会”【71】的原故。依此看来，邱浚称为“古今治河，无出此策”，固然带着头巾气味，即夏骃的批评：“让所言乃据黎阳、东郡百里间之情形而言，使移而行之徐、兖中州之境，则已有大谬不然。”【72】也丝毫抓不着头脑。

总而言之，邺东故大河是黄河摆向左边的极限，有史以来，只知道东周曾行走过一个时期，因为逼近西山高地，断断不易恢复。至不能应用别的方法而只晓得筑堤，贾氏认作下策，却没有甚么大错。"不与水争地"更是治黄的简单原则，张含英以为"不与水争地，不惟不能治河，而河且将日敝"[73]，说来未免过火。治河的方法，像沟洫、水库、谷坊、分河及滚水坝（有些还系张氏所主张的），都从"不与水争地"的原则生发出来。沟洫是分散的让地，水库、谷坊是点的让地，分河是线的让地，滚水坝是无规则的让地，固然各有其特殊的意义，总还包含着让地的目标，归根一句，是有计划的、任选择的，不是呆板地、随便地退让罢了。张氏又把潘季驯的"以水攻沙"来跟贾让相对比，[74]殊不知季驯所称，"堤欲远，远则有容而水不能溢……又必绎贾让不与水争地之旨，仿河南远堤之制……"（张氏在下文三〇页也指出季驯的矛盾。）遥堤就是让地。季驯吃亏却在只顾下游，不顾上游，还带着点头痛医头的狭见。

五、其他的治河方略和技术

王莽时代也曾同样征求治河的方案，当日应征的不下百人，交由司空掾桓谭来汇合编纂，据他说，提案内容稍为特殊的只有几个：

（1）关并的提案

自秦以后，河决常在平原、东郡左右，南北不出一百八十里的区域，该处地势低下，土质疏恶，听说大禹时原来空出此地，现在应该照样办理。[75]

（2）张戎[76]的提案

水性就下，流快则自然能够刮除淤积，使河床稍深（季驯的束水攻沙即以此为出发点）。但黄河水浊，每水一石，含泥量六斗，现在沿河的百姓争着引水来灌田，使河流迟缓，发生淤浅，及至三月桃花水汛，便闹决溢。国家屡屡增筑堤防，结果堤防高于平地，人民无异住在水的里面。依他的意思，应该禁止民众引河来灌田。[77]

（3）韩牧的提案

就《禹贡》九河的地方，试挑河四五条，总可有益。[78]

（4）王横[79]的提案

他说，河水流入渤海在从前某一个时候，遇着霖雨不止，加以刮东北风，海水于是向西南漂溢了好几百里，往日九河的地面都已沉没在海里，韩牧所提出挑河之处，比渤海远低。查禹的治水方法，系引黄河沿着西山的脚趾向东北流去，现在应仿照办理。[80] 提案的前段近于齐东野人之言，我在前文第六节已经加以辨正。后段则完全和贾让的上策相同，正像胡渭所说"意皆欲复禹河故道"，[81]就是。

通观西汉人治河的方案，如果断章取义，虽含有多少至理名言，但从任一方案整个来看，总免不掉脱离现实，而带着很浓厚的信古色彩。我在前文第三节必要对《禹贡》的作年来一回深入检讨，就因为这个原故。

应附记的两汉时治河的技术。《史记》二九《河渠书》记汉武塞瓠子决口时，"令群臣从官自将军已下，皆负薪寘决河。是时，东郡烧草，以故薪柴少，而下淇园之竹以为楗"。如淳注："树竹塞水决之口，稍稍布插接树之，水稍弱，补令密，谓之楗，以草塞其里，乃以土填之，有石，以石为之。"又《瓠子歌》："河汤汤兮激潺湲，北渡迂兮浚流难，塞长茭兮沉美玉，河伯许兮薪不属，薪不属兮卫人罪，烧萧条兮噫乎何以御水？颓林竹兮楗石菑，宣房塞兮万福来。"臣瓒注："竹苇絙谓之茭也，所以引置土石也。"又颜师古注："石菑者谓臿石立之，然后以土就填塞之也。"《水经注》七引《司马登记功碑》："惟阳嘉三年二月丁丑，使河堤谒者王诲疏达河川，遹荒庶土，往大河冲塞，侵啮金堤，以竹笼石葺土而为褐，坏溃无已，功消亿万，请以滨河郡徒疏山采石，垒以为障，功业既就，徭役用息。"又同书九记曹操建筑枋头，"其堰悉铁柱木石参用"。连同前引王延世以竹落盛小石塞决，都是两汉用埽合龙及建筑石堤的故事，可见得二千年前的治河工程，已兼采用铁石。但近岁治河人员还有坚持"秸土胜于柳石"的，[82]简直是数典忘祖。再如淳所称树竹塞口，稍稍布插接树，也很像是"先行下桩，继而填料"的"新法"[83]。那末，更不应作新法、旧法之争了。

六、东汉的治河

建武十年（三四年），阳武令张汜曾建议修治济渠（引见前文），光武帝正拟执行，因浚仪令乐俊"新被兵革……民不堪命"的话而中止。[84] 及至明帝时代，河患越来越广，经不起兖、豫百姓的怨言，永平十二年（六九年），明帝才决心加以修治。他的动机，可从十三年的诏书[85]略见其大概：

> 今兖、豫之人，多被水患，乃云县官不先人急，好兴它役；又或以为河流入汴，幽、冀蒙利，故曰左堤强则右堤伤，左右俱强则下方伤，宜任水势所之，使人随高而处，公家息壅塞之费，百姓无陷溺之患。议者不同，

南北异论，朕不知所从，久而不决。今既筑堤理渠，绝水立门，河、汴分流，复其旧迹，陶丘之北，渐就壤坟……

修治的经过，《后汉书》一〇六《王景传》也有记录：

（十二年）夏，遂发卒数十万，遣景与王吴修渠筑堤，自荥阳东至千乘海口千余里。景乃商度地势，凿山阜，破砥绩，[86] 直截沟涧，防遏冲要，疏决壅积，十里立一水门，令更相洄注，无复溃漏之患。景虽简省役费，然犹以百亿计。明年夏，渠成。

这一段记事颇有含糊的地方，胡渭因而提出下面的解释：

王景修渠筑堤，自荥阳东至千乘海口千余里，则其所治者即东汉以后大河之经流也。而史称修汴渠，又曰汴渠成，始终皆不言河。盖建都洛阳，东方之漕，全资汴渠，故惟此为急，河、汴分流则运道无患，治河所以治汴也。……十五年，景从驾东巡至无盐……陶丘[87] 今定陶，无盐今东平，皆济水所经之地也。二渠既修，则东南之漕，由汴入河，东北之漕，由济入河，舳舻千里，挽输不绝，京师无匮乏之忧矣。[88]

说东汉人曾利用汴、济二渠来漕运，我们虽未获得直证，也未获得反证，这且不论。诏书所谓"河、汴分流，复其旧迹"，从现实来讲，断没有光是治河而汴即安堵的理由，更没有光是治汴而河便安堵的理由。《王景传》之"自荥阳东至千乘"，显系记叙治河的工作。"明年夏，渠成"一句，则可作两种解释：许是汴渠至这时才修治完毕；也许是用"渠"字来包括一切工作，如《史记》称《河渠书》，又称"乃厮二渠"，即"河""渠"通用之例。司马光不能领会《后汉书》的文意，于《通鉴》四五永平十二年下书："遣景与将作谒者王吴修汴渠堤，自荥阳东至千乘海口千余里。"又书："十三年夏四月，汴渠成。"连到汴渠的起止，也不分明（汴水并不流至千乘，见前文第七节）。又在"渠成"上加上一"汴"字，更是佛头着粪，这是司马光绝大的错误。胡氏专攻黄河历史，反根据《通鉴》没有说治河而提出急于漕运的臆解，可谓一误再误。

自王景治河以后，黄河所经的道路，据胡渭说：

司马彪不志河渠，东汉以后，无可考据，赖有《水经注》存。其所叙当时见行之河……以今舆地言之，滑县、开州（并属直隶大名府）、观城、濮州、范县、朝城（并属山东东昌府）、阳谷（属山东兖州府）、茌平（属东昌府）、禹城、平原、陵县、德平、乐陵、商河、武定、青城、蒲台（并属山东济南府）、高苑、博兴（并属山东青州府）、利津（属济南府）诸州县界中，皆东汉以后大河之所行也。【89】

大致是对的。他又说：

> 河自平帝之世，行汴渠东南入淮，亦行济渎东北入海，与后世南、北清河之分派，几相类矣。【90】

那是错误的。河水分从济、汴入海，东周前原来是如此，东周后也未断绝，已详见前文第七节。再经过王景的修治，直到西晋初期，仍可循着汴水入河（见下文第九节引《晋书·王浚传》）。

裴曰修谓汉明帝时德、棣之间，河播为八。魏源《筹河篇》驳他，以为《王景传》"并无播河为八之说，《明帝纪》言……王景治之，河、汴分流，是其时河决为二，一由汴，一由济，王景塞汴归济，并不北经德州，亦无德、棣间先决为八之事"【91】。魏氏所驳前段虽不错，但"汴渠""济渠"当时系通用的名词（见前文），那末，"塞汴归济"岂不是等于"塞汴归汴"？就说它们俩下游有别，然而汴于王景治河后仍受河分流，并没有堵塞着。

康基田《河渠纪闻》对这一回治绩又有别的解释，它说："河、汴相随，中筑长堤间隔（就大势言之如此，其实两河距离尚远），汴行北济故道，其别出者通于淮、泗。"【92】按北济的南边还有南济（见前文第七节五项内）。再南才是汴，三水的受河虽然相同，下游则各有区别。当东汉时代，黄河正流地位居最北，济居中，汴则最南。汴水经过睢阳、蒙、己氏、下邑、砀、杼秋、萧等县，至彭城而会泗入淮（见下文第九节），北济经阳武、封丘、济阳、冤朐、定陶等县之北，东至乘氏县，与南济之一支同入于巨野泽，从巨野再出，经寿张、须昌、谷城、临邑、卢、台、菅、梁邹、临济、利等县而入海，唯南济之别一支才会泗入淮（见前文第七节）。即诏书的"河、汴合流"，系因当日"汴"字可以管"济"，"济"字也可以管"汴"（参前文第七节五项甲），实即说，那几条水道各复其旧迹。如果认为"汴行北济"，则是汴被消灭了，而且汴的下游南走向徐，北济的下游北走向青，那是多么不合理的推论啊！

李协（即仪祉）说："……惟明帝使人随高而处，则适合欧人都邑择地之旨，而可为吾华人居住苟简之针砭。常见吾国南方都邑，大抵逼水而处……稍有涨漫，便遭泛滥，是岂水逼人哉，实人自投水耳。更有妄筑圩堤，侵踞湖荡，使水无游移之地，此贾让所谓与水争咫尺之地者。……《管子》曰：凡立国都，非于大山之下，必于广川之上，高毋近旱而水用足，下毋近水而沟防省。"【93】

这些话在土广民稀的上古，人类固有自由拣择之余地，周族营建成周，背邙、面雒，用意正是如此。甚而现在所见时代较早的村落，也多是靠山建筑。但到了人口繁殖，选择的途径越狭，一般贫苦农民，哪有力量构成崇楼杰阁，处着这种环境，少不免要与水争地了。至于诏书中"使人随高而处"一句，前头承接着"又或以为……"，后头跟着说"议者不同，南北异论"，它只是说当日有人提出这样一种主张。李氏以为明帝要民众择高地来住，纯是误解诏书的文义。

明帝以后，据《水经注》五："汉安帝永初七年（一一三年），令谒者太山于岑于石门东积石八所，皆如小山，以捍冲波，谓之八激堤。"石门就是汴口的石门。【94】同书又说："顺帝阳嘉中（一三二—一三五年），又自汴口以东，缘河积石，为堰通渠，【95】咸曰金堤。灵帝建宁中（一七一年）又增修石门，以遏渠口，水盛则通注，津耗则辍流。"又同书七："灵帝建宁四年，于敖城西北垒石为门，以遏渠口，谓之石门，故世亦谓之石门水。门广十余丈，西去河三里。"这些史料，《后汉书》都没有记着，【96】还幸《水经注》保存下来。至如胡渭所说："济隧亦通河，至于岑造八激堤而其流始绝"【97】，似乎没有甚么凭据。

最末，《后汉书》二五有桓帝"永兴元年秋，河水溢，漂害人物"一条，同书七三《朱穆传》称"永兴元年河溢，漂害人庶数十万户"【98】。这一次的河灾可不算小，但除冀州外，哪些地方受害，完全没有晓得。

七、王景的成功靠甚么方略？

王景治河成功，读过黄河史的人哪个都晓得。他得力究在哪些地方，从来却很少透辟的讨论。李协曾说：

> 功成，历晋、唐、五代千年无恙……而胡氏渭斥其仅从事汴、济，不知复禹旧迹，此则未免有胶柱鼓瑟之见。……凿山阜，截沟洞，欲河道之有规律也，防遏冲要，疏决壅滞，固其防而除其碍也，十里立一水门，更相洄注，以减洪也，其治法虽不可详考，然必有深合乎治导之原理者。【99】

按胡渭的批评不妥，魏源早在《筹河篇》指出，他说："胡氏渭尚责王景不知复禹河冀州故道，未能尽善……但慕师古，无裨实用，斯则书生之通弊已。"[100] 王景的得力处，近世论者多注重水门一项，而解释复不尽同。魏源《筹河篇》以为水门即涵洞，应设在内堤，水门外必仍有遥堤，即汉人所谓金堤。计王景新河初年尚浅，大汛时往往溢出内堤，漾至大堤，故立水门，使游波有所休息，不过三四日即归河槽，故言更相洞注。若新河涤深，大汛不复溢过内堤，水门同于虚设，故能千年无患。十里一水门并不是于外堤泄水。[101]

刘鹗《治河续说》称："河员只讲习于三汛四防，而不能统筹全局，文士徒沉湎于宏搜远引，又不能切近事情，互诋交非，其实皆误。窃考古今言治河者约分两派：一主贾让不与河争地之说，其蔽也易淤。一主潘季驯束水攻沙之说，其蔽也易溢。然淤之患远，祸在后人，溢之患近，害则切已。"[102] 这一段话可算抓紧重点，分析清楚。但以后对于原则运用之利弊，却有点糊涂，他以为"主潘之说，有善用者即可不溢，主贾之说，虽神禹复生，不能不淤"，跟着，他指出王景去贾让不过三十（应作六十余）年，并没有采用贾说而景以能治河著名，那可证贾说之不适于用。王景就是应用放淤法于全河，"水门者闸坝也，立水门则浊水入，清水出，水入则作戗以护堤，水出则留淤以厚堰，相洞注则河涨水分，河消水合"[103]。按水流有一定的体积，要以一立方尺的体积容二立方尺的水，结果必然溢出，那是人所皆知的，不与水争地这句话，我们不要就字面呆解。刘氏所谓"河涨水分"，便是王景善用贾说。善用潘说而可以不溢，哪见得善用贾说而不能不淤呢？简单来说，无论"不与水争地"或"束水攻沙"，应用时都要随时随地而加以变通，这是两种方案一样无异的。

李协对这个问题也另有说明："窃谓河汴分道而趋，必各自有堤。其始也，汴与河相去不远，故易受河之侵袭。……设汴之左堤邻于黄河，堤上每十里立一水门，则河水涨时，其含泥浊水注于汴渠，由各水门挨次注入两堤间，泥沙淤淀，水落，淀清之水复挨次入汴。因之汴水不致过高，以危堤岸，两河之间淤高，清水入汴，刷深河槽，故无复溃漏之患。至涨水由水门注入堤后何以能淤淀……自甲水门注入堤后，其流速 V' 必较缓于正河之流速 V，即 $V' < V$。故（堤后）甲门之水流至乙门时，正河之水亦同时自乙门注入。堤后之水为其所托，其势更缓，且更向从漫旋。所挟之泥沙，势必无力尽数携带，因而沉淀，愈积愈高，此后世放淤之理所从出也。"[104] 以放淤为出发点，同于刘鹗而设解更详。

武同举的见解却异于以上三说，大致是："王景治河，其主旨在治汴通漕。……修汴口门自为第一要着。史言……十里立一水门……遂有以水门属黄河之误解……盖有上下两汴口，各设水门，相距十里；又各于滩上开挖倒钩引渠，通于汴口之两处水门，递互启闭，以防意外。汴口既治，全溜归入正河，水量激增。但筑正河两堤，讫于海口，其事已毕。"【105】

征引既毕，可先就武说进行批判。东西汉间河、汴乱流，下游居民、田舍受害不浅，通漕（说本胡渭）充其量只是第二目标，最要的还是免除水患。景治河之后，依然"河、汴分流"，汴和济的上中游都系无源之水，靠黄河分泌而后成其为水，他却说"全溜归入正河"，实在不得要领。又从《王景传》来看，十里水门断非仅在汴口施工，照他的说法，修理好汴口兼筑正河两堤，便任务完成，获到数百年安堵，没有抉出王景成功的原则，未免看事太易。

王景治导的原理，我以为可分作两点来探讨，顺带论及魏、刘、李三家的意见。

（1）根据自然的分流而加以整理

济和汴或是黄河的故道，或是黄河的分流，前头说过很多了，惟其为自然的而非人工的分流，则有点表现着"顺水之性"，实科学未昌明时代治水者所不可忽略的一面。宋苏辙说："黄河之性，急则通流，缓则淤淀，既无东西皆急之势，安有两河并行之理。"【106】明潘季驯说："河之性宜合不宜分，宜急不宜缓。合则流急，急则荡涤而河深；分则流缓，缓则停滞而沙淤。此以堤束水借水攻沙为以水治水之良法也。"【107】潘氏尤为清人所佩服，故多数奉"水不宜分"为原则。李协的批评说："西人治河，亦以堵塞支流（Closing secondary arms）为要，其义一也。……禹厮二河，后世学者拘于泥古之法，则以为河不可不分，故自汉以后，治河者莫不以分水为长策，惟张戎反对之。潘氏则尤深知河分之弊。盖自来决口不堵，则正流断绝，靳辅论黄河下流之淤高，亦归咎于决口不即堵塞。顾河非绝对不可分也，不分，亦未必即能免其淤也。使河身宽弛，则虽合亦淤；使其狭深而整，则虽分亦可不淤。散漫之支歧，固必封闭，然因地势、流量关系，亦非必强之使不分。故禹之厮河，无弗当也，谓河必分，过也，谓必不可分，亦未为得也。"【108】从前文的辨证，我们晓得上古绝无大禹治水的故事，所传禹厮二渠，简直是黄河顺着自然之势，分作两条路出海。那时候人口稀疏，放着不管，等到海口高仰，不能畅通，王莽时北渎断绝，就是自然的堵塞。后世生齿日繁，与水争地，唯盲目地主张恢复故道，没有科学眼光来审察形势，河越治而河患越多，未尝不因为这个原故。

李氏所引外国专家之说，只限于"堵绝次要的分支"，如其性属重要，当然不在此论，所以李氏亦有"非绝对不可分"之补充。黄河溃决，总在暴涨时期，涨得甚速，落得也甚速，这是它的特性，不能呆板地与别的河流相比拟。万恭《治水筌蹄》说：

"黄河非持久之水也，与江水异，每年发不过五六次，每次发不过三四日，故五六月是其一鼓作气之时也，七月则再鼓而盛，八月则三鼓而竭且衰矣。"【109】光绪六年叶荫昉奏，"黄流涨落，只在须臾。"【110】又张含英说："黄河之大患，在洪水之来去甚骤。试就二十二年大水而论，八月八日，河水在陕县猛涨，一日之间，流量自五千增至一万五千秒立方公尺，九日中夜，续涨至二万三千秒立方公尺。十日渐落，十一日落至一万，至十四日又落至五千秒立方公尺。以二日之间，自五千增至二万三千秒立方公尺；而又于四日之内，仍降至五千秒立方公尺。水势既如此甚骤，河槽自无刷深之时间，故二十二年开口五十余处，多漫溢也。"【111】读了末一段记录，便明白河防危险的情况，往往发生在急促而较短的时间，由于水量大，流势急，无法消弭，故易于溃决。黄河穿过了豫西山地之后，正像奔马怒驰，不受羁勒，汴、济分河于今广武县的西边，把汹涌的来势，迎头一泄，那种影响，非同小可。而且，济则东出定陶，汴（或蒗荡渠）又散入于颍、涡各流，分途会淮，直是保持着许多变相的大水库，经千百年没有大患，就因为王景能顺着黄河自己的规律而加以医治。有人又引张氏的话："大水之时，洪流刷槽，兼淘坝根，未及抛石护之。洪去水落，继以正溜顶冲，故其危险，较大水之时为尤甚。"以为危险在落水，【112】分河不能照顾到这一层。殊不知分流既泄其怒气，刷槽淘根的力量自然会减低，是落水后的危险，分流仍可给以间接的阻止。

北宋时期也有汴水，为甚么它的河患特别多？或人提出这一个疑问。我觉得可能有几种原因：其一，东流之济，唐前便已断绝（参上文第七节），少了一道分泄的去处。其二，大梁为帝都所在，他们怕发生危险，不敢多放河水入汴渠，"常于河口均调水势，止深六尺，以通行重载为准"。又河口接溜，已逐渐失去管制之能力，"故河口岁易，易则度地形相水势为口以逆之"【113】。其三，北宋二百六十七年当中，上游只决荥泽、阳武各二次，原武一次（参下文第十节），其余都发生在浚、滑以东，那当是下游狭束，日久淤塞，无法宣泄，所以出海的口屡次变易。宋人治河又不得法，把治河方案的是非，混入党争的成见，河患于是越来越多了。三个原因中，大抵以末一个最为要紧，故虽有汴渠的分泄，也无从挽救下游的河患。反之，下游屡屡溃决，也不能捏汴河分泄为主因。我们试回想一下，唐代固有汴分流而河患不多，事情便明白了。《宋史》九四元祐四年梁焘奏："闻开汴之时，大河旷岁不决，盖汴口析其三分之水，河流常行七分也……既永为京师之福，又减河北屡决之害。""旷岁不决"，虽未尽合实情，然浚、滑以西，溃溢特少，梁焘归功于汴渠分水，不是毫无所见。《水经注》七曾说："汉明帝之世，司空伏恭荐乐浪人王景字仲通，好学多艺，善能治水，显宗诏与谒者王吴始作浚仪渠，吴用景法，水乃不害，此即景、吴所修故渎也。渠流东注浚仪，故复谓之浚仪渠。"这一段记事也意味着景之得以成功，半在分渠着眼。

又有人难我水势分则缓，缓则淤，黄河下游的淤淀，仍然是汴渠分流所招致，不过其淤度略慢，故延至宋代才显出严重，这一串话似有片面的理由。按包世臣的《说坝》曾有过"潘氏（季驯）之前，河流歧出，沙分停而不厚"那几句话，[114]我们且不必引以为据。要对前说加以反驳，先须揭出黄河淤淀的现象。《锥指》四二："余阙曰：河，天下之浊水也，水一石率泥数斗，尝道出梁、宋观决河，凡水之所被，比其去，即穿居大木，尽没地中，漫不见踪迹。……《巨野县志》云：元末，河决入巨野，及徙后，泽遂涸为平陆。"李协说："一八九八年河堤决口，山东境内王家梁地为黄沙所掩，地面占三〇〇方公里，厚自〇.六公尺至二.〇公尺，取其中，以一公尺计算，则有三〇〇，〇〇〇，〇〇〇立方公尺之土积，可谓巨矣。"[115]淤淀既这样迅速和大量，而汴渠构成之历史，最少可推至北宋前千五百年以上，北宋的河患哪能归咎于汴渠？何况当日汴口"均调水势，止深六尺"，影响正流或不至很大呢。

汴口分流的重要还可从王景治河后找出一两个明显的例子，阳嘉和建宁曾两次于汴口东边筑修石堰、石门以遏渠口（引文见前），"遏"含着甚么意义呢？据《坤元录》说："其汴口堰在（河阴）县西二十里……隋文帝开皇七年，使梁睿增筑汉古堰遏河入汴也。"（《通典》一七七），这个汉古堰无疑是阳嘉的旧堰，河溜趋势无常，不能分流入口，必须用人工来逼压，那就是筑堰、修门的动机（《古今治河图说》以为石门修治不辍，实种后此大河南犯之祸因，未免涉想太远，在金代汴口已废塞了）。比方说，王景和他的继承者不注重分流，则汴不受河正是从心所欲，他们又何苦急急求干这工作呢？一经反问，情势自明。武氏认汴口紧要是对的，认全溜归入正河是恰恰相反的。

（2）针对沙泥的淤塞而量作分移

黄河的泥量怎样可惊，这里不消再说了，唯其非常宏伟，如果只凭一条水道来安置，无论空间时间，自然比两条为易于壅塞。束水虽未尝不可多少攻沙，然其效果是有限的，且须随时损益，非古代的技术所能掌握的。有此两因，所以分流方法在古代治河总是占居首位。不过王景的成绩，分流之外，还有其不可磨灭者在，我们要弄个明白，先须解决何谓"洄注"。

李氏说："十里立一水门，使介河、汴之间，则不可通。盖汴低于河，无洄注于河之理。"[116]这个问题须划分两方面来说。当今二千年前，黄河多半度其自流的生活，很少受人工压迫，那时是否"汴低于河"，我们不敢作出决定，这是一方面。另一方面则汴到了阳武之西，便派分为南北两济，黄河正流又自砾溪口起东北走向今之获嘉、新乡，河、汴相近的地方只在数十里间，越往东即相去越远，哪能令其洄注？再细绎《王景传》文义,十里水门显承上文荥阳东至千乘笼统立言,洄注不指河、汴之间,此其一。

王景注重分流,前文已经肯定,自应设法使汴流无碍。如果洄注在河、汴之间,结果必至汴流受其顶托,水势转缓（见前引李说）,由是而节节淤淀,汴渠上游恐不久就会湮塞,分流作用全被取消。这与诏书之"河、汴分流",恰相对立,景既善于治水,未必见不及此,洄注不指河、汴之间,此其二。

唯魏氏谓洄注于内堤之外,遥堤之内（诏书曾称"筑堤理渠"）,可算得其窍要,刘氏再申明放淤,作斢及河涨水分,河消水合各作用,说更透辟,李氏则只阐明致用之原理,未能扶出致用之所在,故得半失半也。

继诸家之后,我试再作一个综合推衍,即是说,十里水门实兼具减水、滞洪、水斢、放淤四种作用:内堤和遥堤间遇河涨时可以消纳一部分水量,其用在减水。这一部分的水流出堤后,水势转缓（见前引李说）,越降则缓势越大,大至与正流同时争出,作用无异等于滞洪。上口之水可以从下口泄出,那不是水斢是甚么。堤后水流既缓,所携泥沙必一部沉淀,不是放淤是甚么。不过这样的放淤,跟靳辅（参下文第十四节下五项）和近人所提倡的目标不尽相同,辅等之目标在填高洼地,巩固堤根或变造良田,王景之目标在引去一部泥淤,使正流的河身不至急剧增高。

综括起来,王景治河得手,就在他能够认识自然的真理,顺黄河的规律性,把两大支分流保留起来,又针对河之易淤,把多量泥沙转移到别处,而仍兼起减水、滞洪的作用。河水刚刚脱离豫西两岸束缚,正像万马奔腾,却被分水迎头杀其怒势,中、下游便减去了几分危险;[117]一击之不已,更应用兵家再衰三竭的道理,节节水门洄注,使河水终于俯首贴服,所谓一举而数善备者。自金代失去分汴的作用,不久即完全淤塞,黄河带下的泥土,要正流单独担负,遂酿成南徙大变。我们试细静地比勘前后史实,便恍然于汴河的存在,大有助于黄河之安澜,那非光从文字表面可以见得到的。奈明、清治河的人员大率只顾下游,不顾上游,那何怪让王景专美于前呢。再从交通而论,试看晋及六朝怎样利用河、淮二系作军事交通,隋、唐、宋怎样利用汴水来运输物产,如果非凭着河水经常分流,哪能维持不弊?然则分流之利,不单止消弭河患,而且收到很重要的副作用了。后人极力否定分河,甚至拿这样眼光来批评古人治河,简直是超历史性的论调。

《图书集成·山川典》二三〇引《河南通志》:"后汉乾祐三年,卢振请沿汴水访河故道陂泽处,置立斗门,水涨溢时以分其势。"《宋史》九一称,太平兴国八年,视河官某请于滑、澶二州立分水之制,"宜于南、北岸各开其一,北入王莽河以通于海,南入灵河以通于淮,节减暴流,一如汴口之法"（参下文第十节）。《宋史》九三称,仁宗天圣"六年,句当汴口康德舆言,行视阳武桥、万胜镇宜存斗门,其梁固斗门三宜废去,祥符界北岸请为别窦，分减溢流"。神宗熙宁四年，应舜臣献议，"水大，则泄以斗门；水小，则为辅渠于下流以益之"。又元丰六年，都提举司言，"今近京惟孔固斗门可以泄水，下入黄河"。那些汴渠的斗门，恐怕就是效法王景水门的遗制，使得汴跟黄河的水量增减，能够随时互相调整。郑肇经却以为西汉张戎"论河性颇中肯要，王景治河成功之先声"【118】。殊不知戎主张束水，景得力在河汴分流，几于对处极端，竟看作萧视曹随，未免隔靴搔痒了。

本节可简括为结论如后：

邺东故大河大约在元前三五○年以前，流已中断，汉初的黄河，专就北边来说，就只剩漯川一路出海。文帝时河决通泗。武帝元光三年（元前一三二年）又决于瓠子（今濮阳），东南注巨野，通于淮、泗；同年的春天，从顿丘（今清丰）向东北冲开一条王莽河，《水经注》称作北渎，东北至章武入海。经过了二十多年至元封二年（元前一○九年），才把瓠子决口塞掉。那时，河在北方，兼有王莽河、漯川两个出海的河口。不上几年，又由馆陶冲成一条支河，叫作屯氏河。元帝永光五年（公元前三九年），由更东的灵县（今高唐）冲成一条鸣犊河，屯氏河遂绝。王莽始建国三年（一一年）王莽河也断了，河在北方变成专从漯川入海。

西汉的河患，有点跟后来北宋相类。宋由商胡冲成北流，汉由顿丘冲成北渎，两地相隔很近（不出数十里之内）。宋转为"东流"，犹之汉世决为屯氏、鸣犊二河及专从漯川出海。不过致患的原因，恐怕有点不同。汉世由于"侵毁济渠"和"汴渠决败"，宋则多半由于下流淤塞（参看下文第十节）。

贾让的上、中、下三策，是上古治河最详细的方案，它以"不与水争地"为原则，后世批评它的，都以为太迂阔了，哪能够推行？其实，大多数治河方法，仍是从这一个原则推演出来，只要灵活地运用，不要呆板地执行，不与水争地，即在科学昌明的今日，依然是不磨的真理。东汉王景治河所以成功，即在善于运用这一个原则，采取分流，又施行水门洞注，兼具减水、滞洪、放淤诸般作用。后来安、顺、灵数世屡次在汴口加工，直至北宋，都能随时注意，经过八百多年，黄河比较安静，固然王景有其大功绩，也是耗费了群众无量血汗，作长期不断的斗争，然后能维持了那么长久的。

两汉治河筑堤，已能利用铁和石，那是关于治河技术所应该特别揭出的事情。

注释

【1】【2】均《锥指》四○中下。

【3】《地理志》二八上的原文（引见下文）作"至阜成入大河"。阜成属渤海郡，焦氏误作昌成，

故以为属信都国；或因《水经注》一〇，"《地理志》信都有昌城县……阚骃曰，昌城本名阜城矣"，故生误会。

【4】《地理志》二八下信都县称，"故章河、故虖池皆在北东入海"，"故"与"现在"对立，这一段文字也可解为河与漳的下游尚在合流，焦氏看作"明河之与漳绝"，适得其反。

【5】《汉书·地理志校本》。

【6】《国策地名考》八。

【7】《古文竹书纪年辑校》也一样缺去"中"字，兹据蒙文通引文补入（《禹贡》七卷一、二、三合期八六页）。

【8】同上蒙氏文即作为同一年的事。

【9】《禹贡》六卷一一期一七一二〇页黄河县名。

【10】朱谋㙔《水经注笺》："《玉海》引《水经注》浚仪县，《竹书纪年》，梁惠成王三十一年三月，为大沟于北郛以行圃田之水。"事同而年分不同，疑《玉海》误引。

【11】五页。

【12】《禹贡》六卷一一期黄河县名。

【13】同上七卷一、二、三合期。

【14】按《燕策》苏秦死章，"齐有清济、浊河，足以为固"，已见"浊河"的名称。

【15】聊城是漯川流域，看《锥指·导河图》便明，与王莽河无关，伯庄所说，显有误会。

【16】《河渠书》作"汉兴三十九年"，《汉书》四作"十二年，冬十二月，河决东郡"。自元前二〇六年至元前一六八年，恰为三十九年。

【17】《史记》二九《正义》引《括地志》，"金堤一名十里堤，在白马县东五里"。白马即今滑县。《锥指》四〇中下，"汉河堤率谓之金堤，文帝时河决酸枣，东溃金堤，在今延津县界。"按《管子·度地》篇称堤为"金城"。

【18】《图书集成·山川典》二二一《黄河改道考》："汉文帝十二年河决酸枣，东南流经封丘县，入北直隶长垣县，至山东东昌府濮州、张秋入河。"（《金鉴》一六二引周洽《看河纪程》，大意相同）。这一说是根据《水经注》五，"东至酸枣县西，濮水东出焉，汉兴三十有九年，孝文时河决酸枣，东溃金堤，大发卒塞之，故班固云，文堙枣野，武作瓠歌，谓断此口也。"而推衍的。考《水经注》八《济水》下又说："又东北与濮水合，水上承济水于封丘县，即《地理志》所谓濮渠水首受济者也，阚骃曰，首受别济，即北济也。……濮水又东迳匡城北……又东北左会别濮水……受河于酸枣县，故杜预云，濮水出酸枣县首受河。《竹书纪年》曰，魏襄王十年十月，大霖雨、疾风，河水溢酸枣郛；汉世塞之，故班固云，文堙枣野，今无水。"好像酸枣的决口早发生在魏襄王时候，或者是汉文时再决，道元写得模糊，使人易于误会。又《水经注》五之"濮水东出焉"，应依同书八改作"别濮水东出焉"，名称才得一律，且免使"濮水"与"别濮水"相混。叶方恒《全河备考》："汉文帝时决酸枣，东溃

金堤，在河南延津、荥阳诸县，至大名、清丰一带，廷亘千里"(《经世文编》九六)，荥阳在上游，哪能反决？清丰即汉的顿丘，《史记》《汉书》都没有说及。

【19】齐召南考证说："按《河渠书》作四十有余年，自孝文十四（二？）年河决东郡至元光三年河决濮阳，实三十六年，无四十余年也。"

【20】李协说，"复归禹河故道，大河北渎由章武入海"(同前引《科学》七卷九期)，以新冲开的为禹河故道，那是承孟康的旧说。

【21】《锥指》四〇下。

【22】同上也说，"周定王五年河徙，自宿胥口东行漯川"。

【23】《经世文编》九七。

【24】《禹贡》四卷一期三页。

【25】《汉书》二五上《郊祀志》注，"应劭曰，万里沙神祠也，在东莱曲城"，《通鉴》二一胡注，"孟康曰，沙径三百余里，杜佑《通典》，万里沙在莱州掖县界）。"又《元和志》一一，万里沙在掖县东北三十里，这才是汉武祷万里沙的所在。《史记》二九《正义》：《括地志》云，万里沙在华州郑县东北二十里。"那时候武帝正出巡东方，所谓风马牛不相及了。

【26】见《史记·河渠书》。

【27】《汉书》二九，齐召南考证："《地理志》于魏郡邺县曰，故大河在东，北入海……使禹河不注渤海，则《史记》于宣房既筑，又何以云道河北行二渠，复禹旧迹也？"就是承着《史记》的错误，以为邺东故大河复通。

【28】据《困学纪闻》十引。

【29】《九水山房文存》上。

【30】《汉书》二九没有说出哪一年，唯记在宣帝地节之前。按成帝初（元前三二年）冯逡奏称："屯氏河流行七十余年，新绝未久。"由此上推七十年，则为汉武太初三年（元前一〇二年），可见屯氏河的分流应在元封三年（元前一〇八年）至太初三年那六七年间。

【31】张了且《历代黄河在豫泛滥纪要》称："宣帝本始二年（元前七二年）河决宣防（即瓠子塞口）。"(《禹贡》四卷六期六页)旧史并没有这一回事，不晓得根据某种误本。

【32】据《水经注》五，这条鸣犊河到了鄃县（今平原），便与北渎复合。

【33】《汉书》二八上，"东郡治濮阳"。

【34】今广州俗语尚称盛物的竹器为"落"，《全正河防记》作"竹络"。

【35】均据《汉书·沟洫志》。

【36】《水利史》六一七页。

【37】同上八页。

【38】《汉书》二八上，"平原郡平原县"："有笃马河，东北入海五百六十里。"

179

【39】《太平寰宇记》六四，滴河县，"滴河在县北十五里，汉成帝鸿嘉四年，河水泛溢为患，河堤都尉许商凿北河通海，故以商字为名，后人加水焉。"是许商所开仍是笃马流域，与《沟洫志》所记相反，未知孰是。

【40】均据《汉书·沟洫志》。

【41】见《汉书》九九中《王莽传》。

【42】一九五二年《历史教学》四月号，历史教学上应怎样掌握黄河的材料，又同年《新黄河》十月号关于黄河迁徙的研究。

【43】《广韵》"圻，语斤切，与垠同"，见《锥指》四二。

【44】《锥指》四二以为读了《王景传》和明帝的诏书才晓得"荥泽之塞，实由于此"，注重在黄河上流，与我的意见恰有点相反。且青、徐、兖都处在黄河下游，诏书又明说东侵，当日的河患显然不是发生在西边的荥泽。

【45】指张汜所说的济渠（引见前文）。

【46】见《水经注》五。

【47】《左传·僖公二十五年》，"遇黄帝战于阪泉之兆"。

【48】《治河论丛》作"武帝元鼎间"（四页）。按《汉书·沟洫志》的前文是："至元鼎六年……后十六岁大始二年……是时方事匈奴，兴功利，言便宜者甚众"，则未必是元鼎时事。

【49】《汉书》二九《沟洫志》。

【50】《治河论丛》："黄河流域约七十三万方公里，其在包头以上者约三十五万方公里"（五一页）。

【51】同上五页。

【52】《经世文编》九八。

【53】旧有河行三干之说；北干即谓由河津经塞外而东出，这是前人的臆想，没有证实。南干指云梯关出海的黄河故道，中干指现行的河道。据宋伯鲁说，南干路左多山，且千余里中土皆胶黏，任堤束水，以水攻沙，尚易为治。中干则地势迫狭，土性松缓，治之尤难（《光绪东华录》一三五）。

【54】见《图书馆学季刊》十卷三期四五一页茅乃文撰文。

【55】据吴君勉《古今治河图说》五页引。

【56】《中国预防医学思想史》一九页。

【57】《治河论丛》五一页。又有人说，由内蒙西部东通永定河。

【58】杨梦华译 Ren.ner 氏《黄河之地文的说明》（一九三一年《地学杂志》二期）。

【59】近世如冯桂芬《改河道议》（《续皇朝经世文编》八九）即主张贾说而诋靳辅和夏骃。

【60】《水经注》五："又东迳遮害亭南……又有宿胥口，旧河水北入处也"，遮害亭和宿胥口

就在同一块的地方。

【61】《经世文编》九六《论贾让治河奏》。

【62】【63】同上《贾让治河论》。

【64】据同上转引。

【65】《史学集刊》一期一〇二页《明清两代河防考略》。

【66】同前《治河论》："考黎阳即今浚县，东郡白马即今滑县。"

【67】《经世文编》九六《贾让治河论》二。

【68】同前《贾让治河论》。

【69】同前引《科学》八九七页。

【70】【71】【72】均同前《贾让治河论》。

【73】【74】均《治河论丛》一一页。

【75】《汉书·沟洫志》。

【76】《水经注》引作张仲。《沟洫志》颜注引桓谭《新论》，戎字仲功。

【77】参据桓谭《新论》及《沟洫志》。

【78】见《沟洫志》。

【79】《水经注》五引作王璜，《汉书》八八《费直传》及孔氏《古文尚书》条均同。

【80】见《沟洫志》。

【81】《锥指》四〇下。

【82】【83】均《治河论丛》七〇页。

【84】《后汉书》一〇六《王景传》。

【85】诏书的前段已引在前文。

【86】《后汉书》注："《尚书》曰，原隰底绩，底，致也；绩，功也，言破禹所致功之处也；或云砥绩，山名也。"第一个解释直是文不对题。考《汉书·沟洫志》贾让奏："故凿龙门，辟伊阙，析底柱，破碣石。"正跟这里"凿山阜，破砥绩"的文义相当。砥绩就是底柱的异写，作为通名用，大约是"沙滩"的意思，并非指后世所认识的"底柱"。

【87】这指永平诏书里面的"陶丘之北"一句。

【88】【89】【90】《锥指》四〇下。

【91】《再续行水金鉴》一五四。按裴氏说又本自元末宋濂《治河议》，见《历代治黄史》四。

【92】据《古今治河图说》一七页引。

【93】同前引《科学》九〇一页。

【94】《锥指》四二："鸿沟首受河处一名蒗荡渠，亦名汴渠，又名通济渠，即今河阴县西二十里之石门渠也，《水经》直谓之济水。"按《淮系年表》二叙东汉事略有错误，如把永初七年于岑建

八激堤记在元年，一也。《水经注》七虽别著荥口石门，但《水经注》五的"石门"系承上汴口石门而言，那是后人综述时的追补方法，与汴口石门已否设立无关，武氏以为这指荥口石门，未免呆读故书，二也。

【95】戴校本称近刻"渠讹作淮，下衍古口二字"。按《禹贡山川地理图》下引作"缘河积石，为堰通淮古口"，"淮古"是误将草写的"渠"字拆作两字，依下文"以遏渠口"，"通"应改正作"遏"，文义才不至矛盾。又"口"字不可省。《锥指》四〇中上引作"通古淮口"，也是不对的。

【96】《锥指》四〇下："《后汉书·五行志》书河溢者二，桓帝永兴元年秋河水溢，漂害人物，而不言某郡。"按《后汉书》七永兴元年（一五三年），"秋七月，郡国三十二蝗，河水溢，百姓饥穷，流冗道路，至有数十万户，冀州尤甚。"是这一年的灾害，似系蝗虫、水灾合并所造成。

【97】《锥指》四〇下。

【98】同书二五，刘昭注或作"数千万户"，当是"十"的讹写，参前注96。

【99】同前引《科学》八九七页。

【100】【101】《再续金鉴》一五四。

【102】【103】均同上一五八。张含英认"水门放淤以减泥沙"为王景治河的方法（《治河论丛》一四页），跟刘说有点相同。

【104】据《古今治河图说》一七——一八页转引《王景理水之探讨》一文。

【105】同上一八页引。

【106】《宋史》九二。

【107】同前《科学》九〇一页节引。

【108】同上九〇一——九〇二页。

【109】《金鉴》二八。

【110】《光绪东华录》三〇。

【111】【112】均《治河论丛》九三页。

【113】均见《宋史》九三。

【114】《经世文编》一〇二。《科学》九〇二页引作嵇曹筠的话，是弄错的。

【115】同前《科学》九〇六页。按《清史稿·河渠志》一，光绪二十四年即一八九八年决口有东阿王家庙；又朱长安，光绪二十五年参加历城北岸王家梨行凌汛决口（《治河论丛》一九九页）。两个名称都跟王家梁很相似，而又不尽相同，未详孰是，待考。

【116】同上注104。刘寰伟曾说，引河方法有"引河与原河之中沿堤酌设水闸。此种水闸，只于河流之高度增长时发生作用"（《科学》五卷八期八三〇页《水利刍言》）。

【117】即张曜所说"减水必居上游，乃能得势"（《光绪东华录》七五，光绪十二年三月）。

【118】《水利史》一〇页。

第九节　隋唐的黄河

一、三国至北魏之河事遗闻

甲、关于河患的

胡渭曾说："《晋书》亦不志河渠，无可考据。"又"魏、晋、南北朝河之利害，不可得闻"[1]。现在我们把各史再来一次检查，也可多得些关于黄河的材料，下面就依时代先后，分作两类录出，以供参考。[2]

自魏黄初（四年,公元二二三年）大水之后，河、济泛溢，邓艾尝著《济河论》，开石门而通之。至是（晋武帝时）复浸坏，只乃造沈莱堰（《晋书》四七《傅祇传》）。

济州理碻磝城，本秦东郡之茌平县地，其城西临黄河，晋末为河水所毁，移理河北博州界（《元和郡县志》一〇，汉茌平在今茌平西二十里）。

（河水）又东北迳碻磝城西；《述征记》曰：碻磝，津名也……其城临水，西南崩于河。……魏立济州，治此也，河水冲其西南隅，又崩于河，即故茌平县也（《水经注》五。据《元和志》一〇碻磝津在卢县北一里；卢，今茌平西南）。

从东汉末到北周末年（五八○年）止，传下来的历史，都不曾留给我们多些关于河患的消息，那是一件最缺陷的事。我们当然要问，在这一段长至四百多年的时间，是不是黄河的经流没有发生过大变迁呢？

我们晓得在许多场合上，都不能应用默证的方法。然而黄河溃决，往往损失很多很多的生命和财产，假使发生过大变化，少不免牢固记着，使得有点消息流传下来。现在一般历史上既然找不着，我们再取搜采很博的《水经注》和分载黄河所经的《元和郡县志》（详下文）来互相勘合，那就可以应用默证的方法，断定这五个世纪当中，没有黄河改道那类的大变局面了。[3]

乙、关于交通的

李协说："夫所谓治导者，不仅祛其患害已也，且亦欲因其利。而所谓黄河下游者，农无益于灌溉，工无济乎砲碾，商无惠乎舟楫。千古劳劳，惟思防其泛滥而犹且不能。噫，治河如是，亦足悲矣。"[4]这一段话也不尽合乎事实。古来并不是没有利用黄河来交通运输，不过利用的多是它的分流，它的正流的一段则自汉至清也曾利用过。

自东汉末割据分争，适用河和淮的交通以供转输的，有下举较著要的事件：

东汉建安七年(二○二年)，曹操至浚仪，治睢阳渠（《三国志》一。大开汴河,治睢渠,入汴通江淮以致陈、蔡、汝、颍之粟[5]）。

二十四年（二一九年），引洛水入汴，达江淮为漕，名曰阳渠。[6]

魏正始三年（二四二年），司马懿奏穿广漕渠，引河入汴（《晋书·宣帝纪》）。

正始四年（二四三年），邓艾著《济河论》，请开河渠以积军粮，通漕运，于是修广淮阳，百尺二渠，上引河流，下通淮、颍（《晋书》二六《食货志》。即前一条的执行）。

晋泰康元年（二八○年）杜预与王浚书，自江入淮，逾于泗、汴，沂河而上，振旅还都，亦旷世一事也（《晋书》一二《王浚传》）。

永和十二年(三五六年)，桓温北征姚襄，以谯、梁水道既通,请徐、豫兵乘淮、泗入河。温自江陵北伐，行经金城，[7]于是过淮、泗，践北境（《晋书》九八《桓温传》）。

太和四年（三六九年），桓温北伐慕容暐，命豫州刺史袁真开汴口石门以通运，不果而还（同上，又《水经注》七及二四）。

太元八年(三八三年)，符坚攻晋，水陆齐进，运漕万艘,自河入石门，达于汝、颍（《晋书》一一四《符坚载记》）。

义熙十三年（四一七年），刘裕伐秦，命宁朔将军刘遵考开石门通漕，山崩壅塞，又于北十里更凿故渠通之（《水经注》七）。

是年，裕既平秦，自洛入河，开汴渠以归（《宋书》二）。

义熙中，裕遣周超之自彭城缘汳故沟，斩树穿道，七百余里，以开水路（《水经注》二三）。

太和十九年（四九五年），高祖幸徐州，将泛泗入河，泝流还洛，军次碻磝（《魏书》七九《成淹传》）。

宣武帝时（五〇〇—五一五年），修汴、蔡二渠以通边运，公私赖之（《魏书·崔亮传》）。

在这三百余年当中，几全是南北分割时代，河、淮的互相沟通，还没被充分利用，而且带有间歇性。由隋至唐，汴水才长久地发挥其联系南北的伟大能力。

二、隋代的间接治河

甲、通济渠

隋朝虽没有专工治过黄河，但当日民众所做过的劳动工作，从王景的先例来看，却与黄河的治安很有关系。首先应数到隋文帝，他存心要兼并江南，统一中国，登位六年后（五八七年），就在扬州地方，依照春秋时吴国的邗沟旧迹，开挑了一条山阳渎。[8] 又《通典》一七七"河南府河阴县"引《坤元录》（即《括地志》）："其汴口堰在县西二十里，又名梁公堰，隋文帝开皇七年，使梁睿曾筑汉古堰遏河入汴也。"[9] 轮到他的儿子炀帝，《通典》同一条内复引《坤元录》说："汴渠亦名莨荡渠，今名通济渠，首受黄河。……自宋武北征之后，复皆堙塞。隋炀帝大业元年，更令开导，名通济渠。"《通鉴》一八〇称，大业元年（六〇五年）三月，"发河南、淮北诸郡民前后百余万，开通济渠。[10] ……复自板渚[11]引河，历荥泽入汴，又自大梁[12]之东，引汴水入泗，达于淮。"除山阳渎之外，都是隋文帝父子对于黄河南边的分流（即汴渠），加以整理。然而汴之通淮，非创始于炀帝，我在前文第七节已引过苏轼《书传》的话。《禹贡山川地理图》下也说："隋汴受河在板城渚口，而板渚之在《水经》，古来自有分水故道，亦非炀帝之所创为也。隋史记文帝尝令梁睿增筑汉石堰，遏河入汴，既增筑汉之石堰，则增筑者文帝，而故堰亦自汉迹也。"又《通鉴》一八〇胡注："引河入汴，汴入泗，盖皆故道。"但《隋书》三《本纪》和二四《食货志》叙来都不够清楚，好像这件工程是炀帝的创作，极易使人误会。试看《隋书》三所记工程的发动，系在三月二十一日辛亥，到八月十五日壬寅，炀帝便可乘龙舟幸江都，首尾仅相隔一百七十一日，如果是新浚而不是扩大，完工总没有这样快的。

复次，《隋书》三称："自板渚引河通于淮"，同书二四称："又自板渚引河达于淮海，谓之御河"[13]，都没有提及泗水，和前头所引的《通鉴》不同。日人青山定男写的《唐宋汴河考》[14]，反对《通鉴》的记载，以为不合。考《元和志》五河阴县汴渠下早已说："又从大梁之东，引汴水入于泗，达于淮。"《通鉴》这一节不过根据唐人的遗著。[15]更如代宗初期，刘晏给元载的信说："浮于淮、泗，达于汴，入于河，西循底柱、砥石、少华，楚帆、越客，直抵建章、长乐，此安社稷之奇策也。"《旧唐书》一二四《李正己传》："又于徐州增兵以扼江、淮，于是运输为之改道。"《通鉴》二二七建中二年记正己的儿子李纳之叛，称："官军乘胜逐北，至徐州城下，魏博、淄青军解围走，江、淮漕运始通"，似乎汴渠（或通济渠）在隋、唐时代，仍是经过徐州的。可是李翱的《来南录》有下一段明白的行记：[16]

> 庚子，出洛，下河，止汴梁（应作渠）口，遂泛汴流，通河于淮。辛丑，及河阴。乙巳，次汴州。……二月，丁未朔，宿陈留。戊申，庄人自卢又来，宿雍丘。乙（应作己）酉，次宋州，疾渐瘳。壬子，至永城。甲寅，至埇口。丙辰，次泗州，[17]见刺史，假舟转淮上河如扬州。庚申，下汴渠入淮，风帆及盱眙，[18]风逆，天黑色，波水激，顺潮入新浦。壬戌，至楚州。[19]

他入汴渠后所经过的地方，河阴今荥泽县，汴州今开封，陈留今同名，雍丘今杞县，宋州治宋城，今商丘县南，永城今同名。埇口显然和埇桥同在一块儿，据《元和志》九宿州，"本徐州符离县也，元和四年，以其地南临汴河，有埇桥，为舳舻之会，运漕所历，防虞是资"，那末，埇口就在现时的宿县。[20]泗州今盱眙。此外如《元和志》七雍丘"城北临汴河"，《寰宇记》二襄邑，"古汴渠在县北四十五里，西从雍丘入考城界"，又同书一二宋城，"汴河在县北四十五里，自宁陵县界流入，东出虞城界"（襄邑今睢县西，考城在旧考城县东南，宁陵在旧宁陵县南，虞城今同名），则隋前和隋后的汴河，在宋丘以西，大致尚无甚差异，可补《来南录》记载的不足。唯《寰宇记》临淮县下称（临淮就是现在盱眙，张崑河以为"即今泗县地"，是错的）：

> 吴城……在旧徐城（今盱眙西五十里）北三十里，东临废通济渠。

南重冈城……在旧徐城县西北九十里，通济渠南一里。

永泰湖在县北五十里，大业三年开通济渠，塞断沥水，自尔成湖。

是唐代汴渠的下游已和《水经注》二三所记汳水的下游不同。据《水经注》，汳水系经睢阳县故城（今商丘南）北，东至蒙县（商丘东北）为获水（亦称菑获），又东经巴氏县（曹县东南）南，下邑县（砀山县东）北，砀县（砀山县东）北，杼秋县（砀山县东）南及萧县（萧县西北）之南，再东至彭城县（铜山县）北而会入泗水。胡渭曾为这一点发生过疑问，他说：

按古汴水东流，经彭城县北而东入于泗，唐贞元中，韩愈佐徐州幕，有诗云，汴（应作泗）水交流郡城角；是其时汴水犹于州城东北隅合泗入淮也。不知何年改流，从夏邑、永城、宿州、灵璧、虹县[21]至泗州两城间而入于淮，宋时东南之漕，率由此以达京师。[22]

又光绪二十几年修《永城县志》二"古汴河"条：

隋以前自归德府界，东北流达虞城、夏邑，南入永城通睢水。隋以后则由归德府境，东南直达夏邑、永城而入会河，即随堤沟，东南流经灵璧、虹县，南至泗州两城间而合于淮。

唐人对汴渠未闻有过甚么更改渠道的举动，从这一点来推测，汴渠之改经夏邑各县，认为炀帝时代的新设计，是相对可信的。尤其是《太平寰宇记》曾说："隋大业元年，以汴水迂曲，回复稍难，自大梁城西南凿渠，引汴水入，号通济渠。"[23]如果顺着汴水的旧道，东向彭城，是走着句股式的直角，正《寰宇记》所谓迂曲。但东南拐向永城，则取斜弦的路，炀帝的欲望总求到扬州越快越好，所以进一步认定汴运改道为始自炀帝，似乎毫无疑问。

唯是《左传》次睢之社，杜预注："睢受汴，东经陈留、梁、谯、彭城[24]入泗。"梁今商丘县南，谯今亳县，汴水并不经谯，所以《永城县志》认为隋以前汴河走永城入睢水，跟杜预注和《水经注》完全不符。《元和志》七宋州宋城县（今商丘南）"汉梁孝王广睢阳城七十里，开汴河，后汴水经州城南"，《水经注》二三汳水经雍丘，"又东有故渠出焉，南通睢水……今无水。"又经成安，[25]"又东，龙门故渎出焉，渎旧通睢水"。隋以前汴和睢虽有交流的故迹，然汴在北，至彭城入泗，睢往南，至下相入泗（《水经注》二四。下相，今宿迁西），各自分途。隋前汴走永城入睢的考证，是毫无根据，不能凭信的。

《县志》又说，隋以后走永城入会河，即随堤沟，倒有些道理。会河又写作浍河，[26] 即古时的涣水，流域更在睢水之南，《水经注》没有列作专条。唯二二《渠水》条称："又东南流迳开封县，睢、涣二水出焉。"又三〇《淮水》条称，涣水首受浪荡渠于开封县，东南流迳陈留北，又东南流迳雍丘南，又东迳襄邑南，又东南迳已吾南，又东南迳鄢城北，又东迳谷熟南，又东迳建平南，又东迳鄪县南，又东迳铚县南，又东南迳蕲县南，又东迳谷阳，又东迳虹城南，至夏丘而入于淮。所列各县相当的今地，除前文已见之外，襄邑今睢西一里，已吾今宁陵西南四十里，鄢今柘城北二十九里，谷熟今商丘东南四十里，建平、鄢均今永城西南，铚今宿县西南四十六里，[27] 蕲今宿县南三十六里，谷阳今灵璧西南，虹今五河西，夏丘今泗县地。试与《来南录》及胡渭的话比照一下，似六朝时涣水经行的地方，大致跟"唐宋的汴水"相类，《永城志》末段记着"随堤沟"的名号，可能是相传下来的。唯是《元和志》七、九两卷仍特著涣水的经行：

襄邑县	见下宁陵。
柘城县（今柘城县北）	涣水在县北二十九里。
宁陵县（今宁陵县南）	涣水西自襄邑界流入。
宋城县（即宋州）	涣水西南自宁陵县界流入。
谷熟县	涣水在县南二十八里。
临涣县（今宿县西南九十里）	以临涣水为名。
蕲县	涣水西自临涣县界流入。

又《通鉴》二五一称，"庞勋（自宋）度汴，南掠亳州……引兵循涣水而东"，同上《通鉴》胡注引《南北对境图》，"涣水出亳州，南流入淮，正直五河口"，都表示着涣和汴分途而行。

通济渠下游的大部既不经涣水，同时那方面本来已水道交织，用不着——也是隋炀帝的要求所不许——浪费人力来开凿过长的新道，然则它究竟走哪一条水以入淮呢？考《寰宇记》一七曾说："《水经》云，蕲水受睢水，本经临涣县，大业元年疏通济渠，东流至蕲县界。"又武同举《水道编》称："按《水经注》所叙蕲水之道，在今睢河南、沱河北，隋开通济渠，自商丘分汴河水，绝睢水而东南流，经今夏邑、永城、宿县、[28] 灵璧、泗县而东南通淮，一名汴河，仿佛蕲水故道，此道久湮。……蕲水入淮之口似在盱眙对岸，汴河入淮之口亦在盱眙对岸。……此为东汴河故道"。据《水经注》三〇，蕲水首受睢水于谷熟东北，东迳建成（今永城东南）北，东南迳蕲县，又东迳夏丘北，又东迳潼县（今泗县东北）南，又东入徐县（今盱眙西北八十里），又东迳大徐县南，注于淮；再合前头《寰宇记》的话来看，通济渠末段行蕲水，武氏所考最少尽有一部分可信了（西山荣久也疑唐汴河为与浍河并行之一河【29】）。

　　在结束辩论之前，我还须提出应注意的两点：第一，涣、蕲、浍（今沱河）三水本来互相交流，浍在蕲县由蕲水分出，到了虹城又注入涣水，通济渠的流程很难保无一段侵入浍河，《永城志》的话，我们不能完全否定。第二，黄河南徙以后，大捣乱子，现在所见的淮系水道，或迥非故迹，或名存实亡，正如《水道编》所说："汴河……今惟宿、灵、泗三县间尚有隋堤故迹，泗县东境之汴河亦仅存硕果。"我们如果只凭今行水道以定隋、唐历程，就会十分危险。

　　由是，我们确知通济渠的下游系与古汴水分流，大业设计的人员为减少迂回起见，在宋城附近将汴水通过睢水而接入蕲水，同时，结合炀帝的好大喜功，特改通济的新名。不过首受河的地方原是"汴口"，下游虽已变质，而汴名久著，土俗因相沿称作汴渠，如程大昌所说，"据其上游，可以该苊其下"了（引见前文第八节）。

　　话更回头，青山定男以为通济渠不是引汴入泗，理由实相当充足。然而依李翱的行记，过盱眙后还要东北绕至楚州，又据《水经注》三，淮水至淮阴（今同名）西而合泗，淮、泗相通，也未尝不可说引汴"入于淮，达于泗"。惟《元和志》跟《通鉴》的"入泗、达淮"，确是后先倒乱。

　　由是，我们再参照《元和志》九所说："自隋氏凿汴以来，彭城南控埇桥，以扼汴路，故其镇尤重。"便了解到李正己、李纳之据徐州，系足以威胁汴运而不是汴运须经过徐州城下。同时，韩愈诗"汴泗交流郡城角"那一句，也没有错误，因为流至徐州而会泗的依然是原日的汴水。胡渭在前头那一段引文的后面跟着说：

　　　　元泰定初河行故汴渠，仍于徐州合泗水，至清口入淮，而泗州之汴口遂废。【30】

　　可见隋人开凿了东南向的枝渠之后，原日汴渠的下游仍然流通，只是隋、唐、宋三代的主要漕运，没有经过这一段路罢了。

乙、永济渠（附记明代沁和卫的关系）

　　除汴渠之外，大业四年（六〇八年）正月，"诏发河北诸郡男女百余万开永济渠，引沁水，南达于河，北通涿郡。"【31】《初学记》六："隋炀帝于卫县因淇水之入河（淇水亦曰清水），立淇门以通河，东北行，得禹九河之故道，隋人谓之御河。"（卫县在今浚县西南)。《元和志》一六"永济县"下:"永济渠在县西郭内,阔一百七十尺,深二丈四尺,南自汲郡引清、淇二水东北入白沟,穿此县入临清。按汉武帝时河决馆陶,分为屯氏河,东北经贝州、冀州而入渤海,此渠盖屯氏古渎,隋氏修之,因名永济。"(永济县在今临清县南。屯氏河所经见下文)。又《寰宇记》五八"清河县"下:"南自汲县引清、淇(原误为"漳",今校正)二水入界,近孤女冢,元(刊本讹"之")号孤女渠,隋炀帝征辽,改为永济。"上引那几个条文,关于开渠进行的内容,都嫌描写得不太明白。据《水经注》九,沁水本来是流入黄河的一支,何需乎引?又清、淇二水和沁水并不同源,为甚么发生联系?

我初时注重在保存文面,以为只把《隋书》的"沁""河"两字钩乙,即是将河水分流入沁,[32]此问题便可解决。后得赵世暹君来函,指出引河入沁是件极不容易的事,我就放弃了这一个见解。(按《明史》八七称,正统"十三年,黄河决荥泽,背沁而去,乃从武陟东宝家湾开渠三十里,引河入沁以达淮",则引河入沁尚非绝对不可能,但隋代想不如是耳。)

隋史这处很费解,并不单是我个人所见,张昆河曾说:"史称引沁入河者,盖浚治今沁河入黄河之道也。"[33]但如前所指出,沁和清、淇并不相通,张氏说就只顾到一方面而没有顾到全面。

赵君又提议:"引沁水"应属上文"开永济渠"为一句,"南达于河"二句系指全渠的通道,对是对了,但未说明其所以然。

要解决前项问题,就先须了解沁和黄的关系。《元史》六五:"广济渠在怀孟路,引沁水以达于河,世祖中统二年,提举王允中、大使杨端仁奉诏开河渠……经济源、河内、河阳、温、武陟五县……名曰广济。"这段史事的大意,就是说,把沁水下游引成许多分渠,灌溉五县的田亩,剩水仍注入黄河,并不是说沁水向来不入黄河,到元代才相联接。其次,明刘尧诲《治河议》称:"是元以前黄河东南流而不受沁水也。"[34]鲍斐英《治河说》称:"沁水,古入卫者也,隋大业七年始引入黄。……河之南徙也,沁仍入卫矣。天顺间沁再入河,无制之者也。"[35]又乾隆三年晏斯盛疏称:"上流沁水本归卫河,明天顺间黄趋陈、颍而徐、邳浅阻,乃开沁达徐,其后沁全入黄,故洪流益盛。"[36]这三段文字,乍然看去,很容易令人误信为沁水流入黄河系元、明或明天顺以后的事。查沁水入黄,《水经注》五及九说得很明白,依山脉的分布,沁断无不入黄的道理。何况沁之东边还有淇水,淇水本来也是南流入黄的(见下文),沁在淇水的更西,哪能不入黄呢?不过明洪武时(不是天顺)黄河自荥泽向南,迳走陈、颍,不与沁合,明人于是开凿渠道,引沁水仍然走入黄河的故道,[37]这是当日的事实。

其次,要晓得沁和卫的关系。考淇水当西汉时本东流至黎阳县(今浚县东北)界南入河。[38]到东汉建安九年,曹操在遮害亭西十八里的淇水口,用大枋木堵住,筑成堤堰（后来因称这块地方为枋头），把淇水遏向东北，流入白沟（即洹水的下游）以通漕运，[39]淇水才不跟黄河相通。元世祖中统三年，郭守敬面陈水利六事："其五，怀孟沁河虽浇灌，犹有漏堰余水，东与丹河余水相合，引东流至武陟县北，合入御河，可灌田二千余顷"（《元史》一六四），顺帝至元三年，"六月，卫辉淫雨，至七月，丹、沁二河泛涨，与城西御河通流"（同上五一）。又《明一统志》"沁河故道自怀庆府武陟县入获嘉县境，下接新乡县，又东北接汲县界，北抵清河"（据《方舆纪要》引）。似乎丹、沁和卫河本来有沟通的旧迹，[40]所以守敬有这个提议，而遇到水涨时候，丹、沁仍得向卫河分流。但据《水经注》九所记，丹水只流入沁水，并无支流分入清水（即卫河水源之一支），我因此颇相信大业四年的工作重心，就在沟通沁、卫。换句话说，这一回的工程，系将沁水引入卫水（不是引沁入河），结果，循着新开的渠道，便可走向现在的河北，必须这样子解释，才能表明当日计划的大概。[41]《看河纪程》："沁河故道俗名孟姜女河，自武陟县流经胙境，北行与汲县相接，在汉堤西，久塞"[42]，这条故道也许一部分是大业所开的遗迹。

　　明代沁、卫的联系，也应在这里叙及。考元时漕舟至封丘，由陆运到淇门入卫水，[43]则沁、卫间已不能通航。明初相传沁水的支流自武陟红荆口入卫河，洪武时沁尽入黄，而入卫的故道塞。宣德九年（一四三四年），沁水决马曲湾，经获嘉至新乡入卫，黄、沁、卫三水相通，转输颇利，唯是官方一贯遵守着沁、黄相合的政策。正统十三年（一四四八年）以后，沁水入卫的路渐淤。景泰四年（一四五三年），刘清请自荥泽入沁，浚冈头百二十里以通卫，江良材也说通河于卫有三便，可是多数不主张那样做。[44]嘉靖初，胡世宁奏，旧闻沁水至荆口分流一道，六十里通卫河，近年始塞，请令相度地势，开掘一河，北通卫辉，以防会通河一时之塞。[45]六年（一五二七年），霍韬也有相类的建议。[46]万历十五年（一五八七年），沁水又决武陟东岸之木乐店、莲花池，[47]新乡、获嘉都被淹没。[48]杨一魁奏："黄河从沁入卫，此故道也，自河徙而沁与俱南，卫水每涸，宜引沁入卫，不使助纣为虐"，常居敬往勘，以为卫小、沁大，卫清，沁多沙。又卫辉府洳卑于河，恐有冲激，事遂罢义。至泰昌元年（一六二〇年）王佐又奏："卫河流塞，惟挽漳、引沁、辟丹三策。挽漳难而引沁多患，丹水则虽势与沁同，而丹口既辟，自修武而下，皆成安流，建闸筑堰，可垂永利。"朝廷虽然通过他的提议，却没有实行。[49]潘季驯对于引沁入卫的提议，曾大加排斥，他说："黄河可杀也，卫不可益，移此于彼不可也。卫、漳暴涨，元、魏二县田地，每被淹浸，民已不堪，况可益以沁乎？且卫水固浊，而沁水尤甚，以浊益浊，临、德一带，必至湮塞不可也。"[50]以上的材料，一方面表示着明代二百余年沁和卫或通或断的情形，另一方面又见得沁和卫应否沟通，明人的意见很不一致（清《嘉庆东华录》二九，嘉庆十五年初，松筠曾请引沁入卫。惟《清史稿·河渠志》载同治十一年李鸿章覆奏称，如分沁入卫，怕沁水猛浊，一发难收，又《光绪东华录》三五载光绪六年六月周恒祺奏，卫水上流仅能行百余石小船，入馆陶与二漳合流，水势始大。都是反对连接沁、卫的）。至于清代沁、卫的关系，据《水道提纲》六，沁水流经河南怀庆府，受大丹河，"大丹河出潞安府西南山……经怀庆府北境之方山东，又东南出山，流分为二，其东流者曰小丹河，东北经修武、获嘉与卫河合者也。[51]其南流曰大丹河，至怀庆府城之东北入沁水"，沁水上源的一支，到近世还与卫河相通接。[52]

综合隋唐前和隋唐后的史料来看，我们可断言在曹操塞枋头之先，沁水下游必非东北通入白沟，因为被清、淇二水阻隔而这二水旧日都流入黄河的。如果不然，则沁水水源颇旺，曹操也用不着压迫淇水，何况《水经注》没有只字提及沁、卫的联系。可是到元、明时代，沁和卫却表现着很密切的联系，许多人还说沁水古不入黄，显然是六朝至元、明的中间，那边水道曾发生过变动，恰巧可能与此有关的就只隋开永济渠一事。所以我认定开永济渠，主要在引沁入卫，是有其很稳固的根据的。

再从文义来勘验，《隋书》二四《食货志》："引沁水南达于河，北通涿郡"，跟本纪的记载差不多一样。惟《大业杂记》称："三年六月，敕开永济渠，引沁水入河，于沁水东北开渠，合渠水至于涿郡，二千余里通龙舟"（据《通鉴考异》引，两"沁"字原皆讹"汾"，依张昆河说校正）。由沁水东北开渠，那无疑为引沁入卫了。

得此两种合证，再来看看本纪，才觉得它的"开永济渠"一句，犹之说"东北开渠"，整个水系已被包括在里面，但"引沁水"之下应该仿照《大业杂记》加上"合渠"或"入渠"字样，意义方算完满。奈它的文字过于简略，遂令一般读者们（著者初时亦其中一分子）都以"引沁水南达于河"为一句，作出种种解释。至于《初学记》《元和志》和《寰宇记》只说引清、淇，都脱漏了最重要的沁水。

再说到永济渠经行的地方，《元和志》所谓"盖屯氏古渎"，只是从《初学记》"得禹九河之故道"而推衍，不能代表永济渠的实际情况。最可惜的，现存《元和志》恰恰失去十八、十九《河北道》两卷，当日永济渠的下游怎样和别的水系相结合，我们很难完全推定。不过这个渠即御河，一直传至宋、金，似乎没有多大变动，所以集合起《元和志》的残文和唐、宋、金的书志，还可得到一个大致不错的轮廓。我且把搜得的材料，由南而北，顺次序列如下：

汲（今同名） 宋王存《元丰九域志》二，有御河。

黎阳（今浚县东北） 同上，有永济渠。

临河（今濮阳县西六十里）《太平寰宇记》五七："永济渠在县西北三十三里，自黎阳入界，东北入魏州内黄界。"又《九域志》二，有永济渠。

内黄（今同名）《元和志》一六："永济渠本名白渠，隋炀帝导为永济渠，一名御河，北去县二百步。"【53】

洹水（今大名县西少南六十里）　同上，"永济渠西去县二里"。又《寰宇记》五四："白沟今名永济渠。"

魏（今大名县西十里）《寰宇记》五四："白沟南自相州洹水县界流入，又北，阿难河出焉。"（同书五八，阿难枯渠在曲周县南十四里）【54】

贵乡（今大名县东）《新唐书》三九："开元二十八年，刺史卢晖徙永济渠，自石灰窠引流至城西注魏桥，以通江淮之货。"

馆陶（今馆陶县西南）《元和志》一六："白沟水本名白渠……西去县十里"。

永济（今临清县南）　同上，"永济渠在县西郭内。"又《寰宇记》五四："永济渠在县西南，自汲郡引清、淇二水东北入白沟，穿此县入临清"。

临清（今临清县南）【55】《元和志》一六："永济渠在县城西门外"。

清河（今同名）　同上，"永济渠东南去县十里"。又《寰宇记》五八："永济渠……南自汲县引清、漳（淇之讹）二水入界"。

清阳（今清河县东）《寰宇记》五八："在永济渠之西。"

武城（今武城县西十里）　同上，"在永济渠之北。"又《九域志》二，有永济渠，亦见《宋史》九五，御河条。

漳南（今恩县西北六十里）《元和志》一六，"永济渠在县东五十里"。按《九域志》二，恩州历亭辖"安乐、杨村、礼固、漳南四镇，有永济渠"，漳南县系于宋至和元年省入历亭。

历亭（今恩县西四十里）《寰宇记》五八："在永济渠之南。"

长河（今德县）《元和志》一七，"永济渠县西十里。"按《寰宇记》六四，将陵县有永济渠。将陵亦即今德县。

吴桥（今同名）《金史》二五，《地理志》，"有永济渠"。按《九域志》二，宋代吴桥镇属将陵。

东光（今同名）《寰宇记》六八，永济渠在县西二百步（"西"或作"南"，《锥指》四〇下以为误字），又"浮水源自东光县南界永济渠分出"。

南皮（今同名）《九域志》二，有永济河，《金史》二五同。

清池（今沧县东南四十里）《寰宇记》六五，永济渠在县西三十里，自南皮县来，入乾宁军。《新唐书》三九，西北五十五里有永济堤二，永徽二年筑，南三十里有永济北堤，开元十六年筑。

范桥镇（今青县南三十里）《九域志》二，乾宁军、镇一，"苑桥，军南三十里……有永济渠"。冯集梧校称，"钱本苑作范"。按《太平广记》一〇、《金史》二五均作范桥。

乾宁（今青县）《寰宇记》六八："御河在城南一十步，每日潮水两至，其河从沧州南界流入本军界，东北一百九十里入潮河，合流向东七十里于浊流口入海。此水西通淤口、雄、霸等州水路。"按乾宁县，熙宁六年省为镇。《通鉴》胡注称：乾宁军"后为冯桥镇，临御河之岸"，冯桥疑即前条的范桥，因音近而讹。

文安（今同名）《寰宇记》六七："大业七年征辽，途经河口，当三河合流处。贞观元年，于其地置文安。"

永清（今同名） 见下条。

破虏军（古淤口）《寰宇记》六八："永济河自霸州永清县界来，经军界，下入淀泊，连海水。

试检查一下近世卫河的水路，大致还是一样（惟洹水、清河、漳南三条，带有多少疑问，也许这里或图绘未确，否则水道略有改动）。再往上比勘《水经注》九，则淇水合清水后，行经内黄、魏（今大名西少南）、馆陶、平恩（今邱县西）、清渊（今临清西南）、广宗（今威县东）、信乡（今夏津西）、信成（今清河北）、清阳（今清河东）、东武城（今武城西）、复阳（今武城东北）、枣强（今枣强东南）、广川（今枣强东）、历（今故城北）、修（今景县）、东光、南皮、浮阳（今沧县东南）、章武（今沧县东北）等县界内，又和永济渠没甚么差异。由是，我觉得《元和志》所说隋修屯氏古渎而成永济，似乎未尽合于事实。屯氏河最初冲决的详情，我们虽不晓得，但据后来《水经注》五的叙述，它跟永济渠取途显然不同（可参看《锥指》的《屯氏诸决河图》）。何况《水经注》九于清河过历县、故城后，才称"清河又东北，左与张甲、屯、绛故渎合"，而《元和志》一六，馆陶县西十里既有永济渠（引见前），西二里又有屯氏河（"屯氏河俗名屯河，在县西二里"），夏津县北有屯氏河，但未提及永济渠，是《元和志》本身也有点不相照应。还有一个强证，《新唐书》一七二称杜中立出为义武节度使（辖易、定、沧三州），大中十二年（八五八年），"大水泛徐、兖、青、郓，而沧地积卑，中立自按行，引御水入之毛河，东注海，州无水灾"。御水就是御河，毛河就是屯河（隋代曾一度误"屯"作"毛"【56】），是知御河跟屯氏河水路不同。总结一句，永济渠的工程就是引沁水东北与卫河相贯通。

丙、两渠的经济作用

综括两渠的效用，通济渠系继续旧有的渠道，把河水引入汴渠，而且新辟了一段指向东南较迳直的路，以加速洛阳、江都间的交通。往后李唐二百余年，北宋一百余年，把东南的财富物资，源源地输送往长安或开封，都食其后果，那是靠无数的人民血汗劳动换来的。

郑肇经对于通济渠的开发，曾有过如下的批判，他说："其（汴）口无节，石门之制荡然；河水易漏，漏则数为败，岂惟汴渠不利，大河自身，水力旁分，亦蒙不利，得失固不相抵也。……武后长寿二年（六九三年），河决棣州（今山东惠民县），盖缘河水入石门，分流过盛，下流行缓而海口涩也。"[57]他的批判，未免过于教条主义，可商量的计有四点：（甲）通济渠的工程，不过把迂曲的汴渠来引直，而汴渠的历史最低限度可追溯到战国以前，计至大业，已有一千年了，即使于黄河正流不利，也不应自隋代为始。（乙）所谓"石门之制荡然"，完全出自臆测。隋文帝使梁睿修汉古堰，堰在汴口东（见下引《会要》）。哪晓得他没有顾到石门？复次，修汉古堰的动机，在遏河入汴，很像就是东汉阳嘉的石堰，因为石堰在汴口之东（见前文第八节），正合乎束河入汴的用途。（丙）宋代汴口的调节，系以水深六尺、通行重载为准，这项规定，虽不晓得是否传自唐代，然而"其口无节"的批判，究竟属于武断。（丁）治水而逆河之性，河患发作，近或数年，远亦不出数十年。武后时棣州河决，上隔大业初已九十年，郑氏竟归咎于通济渠分流过盛，更追咎于上游千余里的分流，正所谓欲加之罪。总之，郑氏胸中先横亘着潘季驯治河的原则，即黄河必不可分的成见，所以遇着河患，便专向分河方面追寻它的原因，这样呆板地应用治河原理，我是万万不敢赞同的。

永济渠呢？它可算得一点创作，就是把沁水下游凿开了一段，和更东的淇水、清水等联系着，使卫河的水源更为充沛。不过沁、卫的交通，往后唐代似乎没有多大的利用。

山脉总支配着它的河流，我国除西南边一个小小角落外，大部分水系的走向都是自西而东，因之，在同一个流域内的东西来往，比较容易，而在不同流域内的南北来往，颇感困难。近世京汉、粤汉、津浦几条铁路的修筑，主要即在补救那种缺陷。然而当机械的交通工具尚未发明之时，困难是几于无法克服的。炀帝仗着一班技巧的人物，尤其几百万男女群众的劳动，既开了通济、永济两渠，又穿江南河（《通鉴》一八一大业六年，"敕穿江南河，自京口至余杭八百余里，广十余丈，使可通龙舟"），由是人物转运，可由南边杭州起，泝江、转淮、入汴、出河；南折而上洛水，则达洛阳，西行而上渭水，则达长安。或从汴口稍下行，入沁转卫，则北通涿郡（今北京西南），把中、西、南、北几个最大最盛的都会联缀在一起，直开前此未有之局。元人挑会通河，航线虽较为直捷，但偏于东方，受其影响的区域，还不及通济、永济二渠之广遍。大业的开发，对于中世纪的经济交流，生产促进，是具有非常宏伟的势力的，这是两渠的正作用。

此外，两渠之开，还产生不期然而然的副作用，即间接的治河作用。我在前文第八节已经揭出王景治河之成功，由于河、汴兼治。汴是河的分支，治汴就是治河的一部分。炀帝浚通济、永济两渠，目的固止在自己的游乐，自己的享受，但因是而河南地面，当黄河暴涨季节，得以向南、向北分泄了若干洪水，减少了下游一些危险，这是对于治河有利的第一点。黄河所以溃决的主要原因，不外两项：一、暴涨而地不能容；二、势急而去路不畅。黄河是著名挟沙最多的水系，根于种种障碍，随时随地把它的泥沙遗下，结果遂致河道堙塞。据近世调查，泥沙的来源，不少是出自山、陕两省；孟津以东，坡度陡缓，河面展宽，势必沉淀。[58]通济和沁水在河南地面分流，总带去泥沙不少，下游减一分淤淀，反过来说，即河水多一分畅通，无形中消灭了多少溃决的危险，这是对于治河有利的第二点。

把洪水量分途出海，如果可以容纳的话，倒没有甚么流弊；泥沙可不同了，不淤淀在正流，就淤淀在分流，终不能免的。据我的意见，比较利、害两方面，淤淀于分流究竟胜于正流，这句话怎样见得呢？浚是贾鲁治河三种方法之一，无如豫东地带，河面宽阔，周年流水不绝，很难施工。挑出的泥沙，如运往远处，则古代交通困难，几于无法处理；如堆在近地，经雨水一冲刷，仍然流入河身，则枉费挑工而不获实益，历代治河的人很少从浚入手，就因为这个原故。唯汴河、御河浅而窄，趁低水时期或更停止黄沁的分泄，施工总比黄河易得多。挑出的泥沙，又可沿岸分填于田亩上面，作为变相的灌淤以增加生产，这不是淤淀在分流较胜于正流吗？后来唐代怎样维持汴水通运，历二百余年，虽没有留下详细的记载，但由下引几条条文：

> 开元二年，河南尹李杰奏汴州（"口"误）东有梁公堰，年久堰破，江淮漕运不通，杰奏发汴、郑丁夫以浚之，省功速就，公私深以为利（《唐会要》八七）。

> 十二年正月，初，洛阳人刘宗器上言，请塞氾水旧汴口，更于荥泽引河入汴。……至是，新渠填塞不通……命将作大匠范安及发河南怀、郑、汴、滑、卫三万人疏旧渠，旬日而毕（《通鉴》二一三）。

> 广德二年三月，[59]己未，第五琦开决汴河（《旧唐书》一一）。

> 同年三月己酉，以太子宾客刘晏为河南江淮以东转运使，议开汴水。……时兵火之后，中外艰食，关中米斗千钱……晏乃疏浚汴水（《通鉴》二二三）。

> 河汴有初（淤？）不修则毁淀，故每年正月，发近县丁男塞长茭，决沮淤，清明桃花已后，远水自然安流。……顷因寇难，总不淘拓，泽减水，岸石崩，役夫需于沙，津吏旋于浔，千里洄上，罔水行舟（《旧唐书》一二三《刘晏传》晏与

元载书）。

《郑畋集》载为相时汴河淀塞，请令河阳节度使于汴口开导，仍令宣武、感化节度使严帖州县，封闭公私斗门（宋敏求《春明退朝录》）。

又《淮系年表》五说："汴河旧底有石板、石人以记其地理（北宋前期），每岁兴夫开导，至石板、石人以为则。"都说明引黄入汴的淤淀程度非常厉害，所以每年必须挑挖一次，然而这样子挑挖，不是比浚黄河来得容易吗？简单地说，通济、永济两渠之开发，对于黄河就有减水、移淤两项作用，影响是非同小可的。

三、唐代黄河的经行

《隋书·地理志》不载黄河经行的地方，而杨家统治中国，没有够四十年，所以，我们总可相信隋、唐的黄河，大致是一样的。唐代大河的经行，胡渭已把《元和郡县志》《太平寰宇记》两书所裁材料，从灵昌县起，完全辑出，今再补入荥泽以东一小段，[60] 大致接着经过各县的先后，写在下面。

荥泽（今荥泽县北五里）　黄河北去县十五里（《元和志》八）。

原武（今同名）　黄河县北二十里（同上）。

阳武（今同名）　黄河县北三十里（同上）。

新乡（今同名）　见下条。

汲（今同名）　黄河西自新乡县界流入，经县南，去县七里（《元和志》一六）。

酸枣（今延津县北十五里）[61] 黄河在县北二十里（《元和志》八）。

灵昌（今滑县西南）　黄河在县北一十里（同上）。

白马（今滑县东二十里）　黄河去外城二十步（同上）。

临河（今淮阳县西六十里）　黄河南去县五里（《元和志》一六）。

濮阳（今濮阳县南）　黄河北去县一十五里（《元和志》一一）。

清丰（今清丰县西）　黄河在县南五十里（《元和志》一六）。

顿丘（今清丰县西南二十五里）　黄河在县南三十五里（同上）。

鄄城（今濮县东二十里）　黄河北去县二十一里（《元和志》一一）。

临黄（今观城县东南）　黄河南去县三十六里（《元和志》一六）。

朝城（今朝城县西四十里）　黄河在县东二十九里（同上）。

武水（今聊城县西南）　黄河南去县二十二里（同上）。

阳谷（今阳谷县东北三十里）　黄河在县北十二里（《元和志》一〇）。

聊城（今聊城县西北十五里）　黄河南去县四十三里（《元和志》一六）。

高唐（今同名）　黄河在县东四十五里（同上）。【62】

平阴（今同名）　黄河【63】去县十里（《元和志》一〇）。

平原（今同名）　黄河在县南五十里（《元和志》一七）。

安德（今陵县）　黄河南去县十八里（同上）。

长清（今同名）　黄河北去县五十五里（《元和志》一〇）。

禹城（今同名）　黄河在县南七十里（《太平寰宇记》一九）【64】。

临邑（今临邑县南【65】三十五里）　黄河在县北七十里（《元和志》一〇）。

滴河（今商河县）　黄河在县南十八里【66】（《元和志》一七）。

临济（今章丘县西北二十里）　黄河在县北八十里（《元和志》一〇）。

邹平（今邹平县北）　黄河西北去县八十里（《元和志》一一）。

厌次（今惠民县南七十里）　黄河在县南三里（《元和志》一七）。

蒲台（今同名）　黄河西南去县七十五里（同上）。

试与《水经注》五相比较，便知隋、唐的河道，仍是北魏时一样。《元和志》也许有小小脱漏（例如《水经注》五："河水又东迳武阳县东，范县西而东北流也。"又光绪十九年修《郓城县志》一："今（濮）州境有古黄河二道，一在州北，自开州境流入，又东北入范县界，此东汉时经流，至唐、宋皆行之。"可是《元和志》范县下并未提及黄河），参看下节。

四、唐代的河患

黄河为患，唐代当然也免不了，不过从书本上搜集得的零星资料来看，可信唐末以前，河道没有怎样大变动（古书"河"字或用作通名，无地名可考的不采）。

贞观十一年（六三七年）九月，黄河泛溢，坏陕州河北县（今平陆东北）及太原仓，毁河阳（今孟县西）中滩（《旧唐书》三七）。

永徽六年（六五五年）十月，齐州（治历城）黄河溢（《新唐书》三）。

永淳二年（六八三年）七月己巳，河水溢，坏河阳城，[67]水面高于城内五尺，北至盐坎，居人庐舍漂没皆尽，南北并坏（《旧唐书》五）。

长寿元年（六九二年）八月甲戌，河溢，坏河阳县（《新唐书》四）。

二年（六九三年）五月，棣州（治厌次）河溢，坏民居二千余家（同上三六）。

圣历二年（六九九年）秋，黄河溢（同上四）[68]。

开元十年（七二二年）六月，博州（治聊城）、棣州河决（同上三六）。

十四年（七二六年）八月丙午，河决魏州（同上五）；河及支川皆溢，怀、卫、郑、滑、汴、濮人或巢或舟以居，死者千计（同上）[69]。

二十九年（七四一年）十一月，陕郡太守李齐物凿三门峡上路通流以便漕运，至天宝元年（七四二年）正月，渠成放流（《唐会要》八七）。按即现时的开元新河。

天宝十三年（七五四年）济州为河所陷没。（《元和志》一〇。济州，今茌平县西南）。

乾元二年（七五九年），史思明侵河南，守将李铣于长清界边家口决河东至禹城县（旧在州西北八十五里）（《寰宇记》？）。

大历十二年（七七七年）秋，河溢（《新唐书》六）。

建中元年（七八〇年）冬，黄河溢（同上七）。

贞元中，滑州城北枕河堤，常有沦垫之患（《语林》七）。

郤（？）河阴斗门，曹、汴、宿、宋无水潦之患（《语林》三，似德宗时事）。

元和八年秋，水大至，滑河南瓠子堤溢，将及城。……帅恐，出视水，迎流西南行。……亦颇闻故有分河之事，言其水尝导出黎阳傍。……于是遣其宾裴引泰请于魏曰：……切以黎阳西南，其洄墙拒流，以生冲激之力，诚愿一派于斯，幸分其威耳。……魏帅许之。……而明年春，滑凿河北黎阳西南，役卒万人，间流二十里，复会于河，其墙田凡七百顷，皆归属河南（沈亚之《下贤集》三《魏滑分河录》）[70]。

元和八年（八一三年），以河溢浸滑州羊马城之半（滑州，今滑县东二十里），滑州薛平，魏博田弘正征役万人，于黎阳界开古黄河道（黎阳，今浚县东北），南北长十四里，东西阔六十步，深一丈七尺，决旧河水势，滑人遂无水患（《旧唐书》一五，与上条同一事）。

长庆二年（八二二年）八月，盐铁转运使王播进《开颍口图》（《旧唐书》一六）。

大和二年（八二八年）夏，河溢，坏棣州城（《新唐书》八）。

开成三年（八三八年）夏，河决，浸郑滑外城（《新唐书》三六）。

咸通中（约八六四—八六七年），萧仿充义成军节度使，在镇四年，滑临黄河，频年水潦，河流泛溢，坏西北堤，仿奏移河四里，两月毕功（《旧唐书》一七二《萧仿传》）。

咸通十年（八六九年），诏监军杨玄价与康承训商量，抜（决？）汴河水以灌宿州（同上一九上。《通鉴》作九年，事实略异）。

大顺二年（八九一年）二月，河阳河溢（《旧唐书》二〇上）。

我们应该注意的即汴口以东滑州以西的正流，似未闹过大溃决，河阳方面屡见河溢，是束之太紧，薛平开古河道则犹是分河的方法，这些都表现汴对黄河的作用。

其后，景福二年（八九三年），黄河在快将出海的厌次县境内，向东北溃决，流经渤海县（今滨县）的西北（六十里），再东北至无棣县（今同名）[71]的东南（六十里），又东北流经马谷小山而东向入海，[72]大约即现在马颊河入海的附近。[73]计自王莽始建国三年（一一年）河专行漯川入海起，经过了八百八十二年，又改向较北之无棣入海。在有史时期，景福二年以前的河口算是维持最久的。

《禹贡锥指》的《唐大河图第二十八》注称："马颊河于清丰县西南首受大河，东北流，至安德县南，合笃马河，又东北至无棣县入海。"那是一件极可疑的考证。马颊的名虽见于《尔雅》，但唐以前人没有能指实它在甚么地方。《通典》一八〇德州安德县下才说，"古马颊、覆鬴二河在此"（参《锥指》三〇），又《元和志》一七安德县，"马颊河，县南五十里"，平昌县（今德平县），"马颊河在县南十里，久视元年开决，又名新河"（《古今治河图说》以为开元十年分出，于史无征。）这一条所谓"马颊河"，很像唐代才有的。杜、李两家都没说它在清丰受河，关于马颊河的记载，《元和志》也只有这两条，如果系从清丰分出，杜佑似不应单于德州称其"在此"，那是第一个反证。《元和志》说，黄河在安德县南十八里（引见前），而马颊河则在县南五十里，是马颊在黄河的南方。但《唐大河图》把马颊摆在黄河的北方，与《元和志》恰相矛盾，那是第二个反证。一九二五年修《无棣县志》一："《寰宇记》，马颊河在棣州滴河北；《舆地记》，即笃马河；《山东通志》，河自德平韩家桥入乐陵县界……"也不采胡氏那一说。

还有，向来论河患的都很少注意到陕、甘上游，上游也并不是毫无泛溢。《后汉书》二五称，灵帝"光和六年秋，金城河溢，水出二十余里"（金城即今兰州），就是一个例子。据《旧唐书》一五，元和七年正月，"癸酉，振武河溢，毁东受降城"（同书三七及《唐会要》四四，也有同样的记载）。又《元和志》四，天德军下称："其理所又移在西受降城，自后频为河水所侵，至元和八年春，黄河泛溢，城南面毁坏转多"，是河套一带也泛溢。不过那边地势高，三面都有山脉夹束着，那就无从溃决了。

唐代河患为甚么比较不很多，而且不很烈，这个问题，前人也有讨论过。阎若璩说：

其说有二：一，程子曰，汉火德，多水灾；唐土德，少河患。一，宋敏求曰，唐河朔地，天宝后久属藩臣，纵有河事，不闻朝廷，故一部《唐书》[74]所载者仅滑帅薛平、萧仿二事耳。[75]

关于程颐之说，胡渭有如下的驳论：

伊川之意，欲明宋多河患以火德故；然东汉亦火德而河患绝少，何也？且禹功既坏，河行未久辄复徙，远者数百年，近者或百余年，或数十年，独东汉之河，垂千岁而后变，则王景之功不可诬也，岂皆德运为之哉？[76]

五德生克的原理，至现在科学昌明而且君主专制消灭的时代，已不值得一辨。王景的功劳，当然不能埋没，但他何以成功，自有其原因，我在前文第八节已经揭出。关于宋敏求的说法，胡渭却替它作进一步的申明，他说：

次道（敏求的别号）云，纵有河事，不闻朝廷，是也。而愚更有说焉。河灾羡溢，首尾亘千里之外，非一方可治，当四分五裂之际，尔诈我虞，唯魏、滑同患，故田弘正从薛平之请，协力共治；否则动多掣肘，纵有溢决，亦迁城邑以避之而已，此河功所以罕纪也。据史所书，谓唐少河患，亦未为笃论云。[77]

我以为黄河的大患，在于它冲开新道（即改道），所过毁灭田园房舍，如因暴雨、山洪，偶然淹浸，那是任一水系所常见，并不是黄河的特性。唐史少见河防的事务，虽然可把藩镇割据为理由，论到河道的改变，那就不同了。河北三镇的继承，表面上依然听候唐朝廷之任命，如果黄河闹了大决，更乐得报告以博取朝廷的赈济。何况前文所列黄河经行的三十个县，有三分之二仍归中央直辖，[78]怎能把河灾特少完全推诿于藩镇割据呢？至如孙星衍称："唐时河患亦少，以有漯川，且北流也"[79]，理由尤其薄弱。西汉何尝不是北流，何尝不有漯川，为甚么河患比六朝至唐一个时期特多而且非常厉害？

持相反的意见的别有程大昌，他说：

利之所存，惟人希土旷，则河堧得以受水。稍经生息，则遥堤之外，展转添堤，固其所也，则何怪乎汉、唐以及我宋，平治久则河决益数也。[80]

似乎认为唐代河决颇多，试证以前文，其说并不的确。他的意思又以为太平越久，人口越增，堤之外又有堤，人民与水的斗争越进步，则水之为害越发加多，也未尝无部分的理由。可是，据我们所知，唐代户口以天宝初期为生息最盛，而唐代可知的改道，却在极其撩乱的景福时候，是不是光拿这一点论据，就可以解决整个复杂的问题呢？

更如《金鉴》一五六引《明副书》称：

> 自武帝筑宣房于瓠子，馆陶分为屯氏，后入千乘，德、棣之河又播为八，水有所泄而力分，故由东京迄唐，鲜有河患。

这一段批判仍然是脱离实际。西汉末年河患闹得很凶，主要还是靠永平治河，才解除威胁，它无视王景的功绩，已属非常外行。自汉至唐，德、棣间更何尝有河"播为八"那一回事（见前文第八节）。黄河下游多分枝，对上游的汹涌来势，不见得有多大挽救的。

谭其骧以为河患古少今多（他所谓"古"，即十世纪以前），由于河床里的泥沙量和洪水量确古少今多，不是自然的变化，而是人为的原因。原因计有四种：（一）森林的破坏。（二）草原的破坏。（三）沟洫的破坏。（四）湖泊和支津的淤塞。除第一项有相当影响外，他在第四项指出，古时黄河洪水和泥沙的排除，可以说是由华北平原的大部分水道共同负担，五代以后，硬想用堤防来解决一切，于是两岸支津，全被堵塞，无以分泄水流。又根据《水经注》记载，中游各大支流都有不少湖泊，汾、沁各五六个，渭、洛各十余个，下游则自鸿沟以东，泗、济以西，长淮以北，大河以南，共有较大的湖泊约一百四十个，也是五代后日渐淤塞。[81] 这些看法都是本书所历历主张的。

不过谭氏所谓洪水量古少今多，系专就黄河正流来讲话，没有把分泄到各支和它们的湖泊计算在内，如果计算在内，我们断不能作出全河洪量古少今多的判断，读谭文时首先不要误会。其次，关于泥沙量怎见得古少今多，他提出两点证明：（一）王莽至北宋中叶计一千多年，黄河一直都由利津入海，要是当时泥沙量也像近百年来这么大，则西汉时的海岸线就该在洙口以上。这一个证明，我们似不能贸然接受。谭氏自己说过，古时泥沙是有不少水道共同负担，一八五五年以后可不同了，正如他所指出支津尽塞，两种不同的情况哪能拿来相比呢？试就汴水来说，六朝桓温、刘裕等屡次行军，都加以淤浚，隋文父子为伐陈或游幸计，也继续施治，唐须每年挑修，宋定三年一浚，泥淤既多淀于豫省，下游自必减少许多负担。我们更须知往日平原低洼，经过长久时期，才把它填充起来，现在既无法测知当日河床与河岸的海拔高度，又不知河床对河岸的相对高度，从何来决定泥沙之少？汉武时关中民谣："泾水一石，其泥数斗"（谭文也曾引及），又王莽时张戎说："河水重浊，号为一石水而六斗泥"，比目下的测验率还要高，虽然他们所说也许言过其实，我们可信上古以来泥沙已这样厉害，才成为民间普遍的认识。由科学研究的结果知道，最要的是，华北大平原由黄土冲积而成，假使上古泥沙量少，哪能完成这样的大工程呢？至于湖川淤塞，像金代巨野、清代睢河那一类事实，也不能全诿为人为原因的。（二）近代河床都比两岸高，一经改道，故道无法被其他水道利用。古代不然，当春秋中叶第一次大徙后，禹河故道自今肥乡曲周以下就成了漳水的下游，当东汉第二次大徙之后，西汉故道自今东光以下，就成了清河的下游，由此可见古代黄河河床里的泥沙一定远比近代少，所谓河行地上，也只是近几百年来的事。余按西汉贾让不说吗，一则曰"河水高于平地"，二则曰"河高出民屋"，三则曰"水适至堤半，计出地上五尺所"，河行地上，历历如绘，哪能诿为近代的事。周代河徙是由砾溪徙入邺东（即禹河），非由禹河徙出，这且不论。黄河故道能否被利用，要看它所经过是否原来吞并别的河道。漳水和清河是原来固有的河川而被黄河吞并的，黄河离开后，它们当然恢复其旧道。但如果故道上本无别的主人，那末，别的河川也当然不会移徙入来的。归结来说，古代黄河下游少沙泥，正如（一）点所指出，是豫省方面已淀下了一大部分，并不见得黄河上游流下来的泥沙量比现在少。

说到草原破坏，他以为唐前赖畜牧来维持，可是有人却把草被损失归咎于过度放牧。近人论黄河治理的又曾提到饥旱之年，野生动物等连树根、草皮都食尽，这一自然破坏力我们也不应太过忽略。关于沟洫破坏，谭氏以为五代后封建统治中心东移，中上游的渠道即日就湮废，农田中的沟洫当然也同归堙塞。没有举出例子来证明，无非"想当然耳"的设想。

综括起来，他所提河患古少今多的四种原因，惟第四种理由最充足，即是无支派以泄其流，无陂池以容其涨，前人早有成说了。

唐人对黄河正流的施治，除薛平、萧仿外，再找不着别些当时记下的材料。郑元庆《小谷口荟蕞》曾说："孟津县东北有永安堤，唐时筑石堤，当河阳、孟津两岸，高五丈，阔如之，延六七十里，今在南岸者止有二三里，在北岸者尽决。"[82]这段话如果可信，则失传的总不少，但现在却没法弥缝缺陷了。

五、黄河南边的济水何时及何故断流？

试看《后汉书》一〇六李贤注说，王莽后济水但入河内，又《通典》一七二称："今东平、济南、淄川、北海界中有水流入于海，谓之清河，实菏泽、汶水合流，亦曰济河，盖因旧名，非本济水也。"（东平郡即郓州，所属郓城、须昌、庐，济南郡即齐州，所属长清、丰齐、全节、临邑、临济、章丘，淄川郡即淄州，所属济阳、邹平，长山、高苑，北海郡即青州，所属博昌等县，均《元和志》称为唐时济水经行的地方）便知道旧日的济水所经阳武、封丘、济阳、[83]冤朐、定陶、乘氏那一段，即旧日济水的中段，唐前便已断流（以上均参看前文第七节）。杜佑因为不了解古代济水的内幕，所以说唐代的"清河"为"非本济水"。但我们如果拿《水经注》记下来古济水经行的县分（须昌、谷城、临邑、庐、台、菅、梁邹、临济、利县等，参看前文第七节），和《元和志》唐济水经行的县分比勘一下，无疑的《通典》所谓"清河"，大概就是古济水的末一段。

前项的断定，也不是我个人臆测，《水经注》五："河水又东北流迳四渎津……河水东分济，亦曰济水受河也，然荥口石门水断不通，始自是出，东北流迳九里，与清水合，故济渎也。"同书八："济水又北，汶水注之，戴延之所谓清口也。郭缘生《述征记》曰，清河首受洪水，北注济，或谓清即济也"。又"伏韬《北征记》曰，济水又与清河合流至洛当者也。……《魏土地记》曰，盟津河别流十里，与清水合，乱流而东，迳洛当城北，黑白异流，泾渭殊别，而东南流注也。"又济水过须昌县（今东平西北）后，《水经注》也称："是下济水，通得清水之目焉，亦水色清深，用兼厥称矣。是故燕王曰，吾闻齐有清济、浊河以为固，即此水也。"看了那些话，好像清河和济是同一，也好像不同一。其实，我们能够抓着两个对立的概况，黄河性浊而善徙，清河性清而要有一定的出口，就不难根本解决。即是说，当黄河直趋巨野，才折向鲁北出海的时代，鲁北山谷汇成之"清河"很容易为黄河所兼并，而清弱黄强，故清河之名，不太显著。但当黄河由阳武偏走东北时，清河便可成为独立水系，自行出海。《元和志》一○："大野泽一名巨野，在县东五里，南北三百里，东西百余里。《尔雅》十薮，鲁有大野，西狩获麟于此泽"，显然是黄河经行日久，在这里跌成深塘，及转折北行，遂夺并了清河的路径。后来黄河离开巨野，巨野泽便逐渐埋塞，[84]结果跟宋、金时代的梁山泊无异，济水（即黄河故道）于是中断，清河又恢复其自由。再换句话来讲，济水就是"黄河某一时期的故道"，有它的时候，清河变为它的一支而被其兼并。它既已中断，清河便仍回复其本来的面目。总之，济和清河之关系，随环境的变迁而不同，杜佑清河本非济水那句话，如从时间性来分析，也自有其部分理由的。

西汉以后，汴和济同在一处受河，同是黄河的一支流，为甚么汴水保存较久而济水历史较短，也就不难明白。当南北朝时候，汴为军用孔道，由隋至北宋，又是经济转输的大动脉，它虽然频频埋塞，赖有群众劳动的加工，依旧维持不敝。到宋、金对立，已失去了经济作用，又遇黄河逐渐南徙，汴渠西段回复为黄河的正流，它的古迹才湮没不可复见。

济又怎样呢？吴王夫差"起师北征，阙为深沟，通于商、鲁之间，北属之沂，[85] 西属之济，以会晋平公于黄池"（《吴语》），黄池在今封丘县西南，那就是春秋末年利用济水作军事活动的一件。《山海经·海内东经》："济水出共山南东丘，绝巨野泽，注渤海，入齐琅槐东北。"郭璞注："今济水自荥阳卷县东经陈留，至济阴北，东北至东平东北，经济南，至乐安博昌县入海"，是东晋初期黄河南边的济水仍继续流行着。《水经注》八："自（巨野，薛训）渚迄于北口百二十里，名曰洪水，桓温以太和四年（三六九年）率众北入，掘渠通济，至义熙十三年（四一七年），刘武帝西入长安，又广其功，自洪口已上，又谓之桓公渎。"[86] 按《晋书》九八叙桓温北伐事称："军次胡陆……进次金乡，时亢旱，水道不通，乃凿巨野三百余里以通舟运，自清水入河"[87]。《通鉴》一〇二作"引汶水会于清水……温引舟师自清水入河"，胡陆亦作湖陆，今鱼台县东南，当日水师的取道，大致系由南济转入北济，因河床已渐堙塞，故须用人工开掘。《通鉴》一一七，义熙十二年（四一六年），"以冀州刺史王仲德督前锋诸军，开巨野入河"，实是循桓温的旧路。又《通鉴》一二一，宋元嘉七年（四三〇年），到彦之北伐，"自淮入泗，水渗，日行才十里，自四月至秋七月，始至须昌，乃泝河西上"，依然抄袭桓、刘的军略，但似乎缺少加工，所以舟行非常之慢。

综括前引的历史，济水贯通南北那一段，四世纪至五世纪初，也曾再三被利用作水军通路，因之，未致中断。然由元嘉进军之慢来推测，知已很不畅通，自此以后，无复有军事上的价值，可信五世纪末，早进入完全中断的状态。《寰宇记》一二，济阴县，"济堤即济水之故堤也，《国都城纪》曰，自复通汴渠已来，旧济遂绝"，纪，一本作记（这两字很易互讹），据章宗源《隋经籍志考证》六，《国都城记》总系六朝人作品，合观《水经注》"石门水断不通"的话（引见前），更为强证。到七世纪初，遗迹必很湮没，否则隋炀方急求交通便利，为甚么不旧事重提而另谋沁、卫的连接呢？

由三国初至唐末几近七百年，是黄河最安靖的时期，本节的结论如下：

黄河为甚么能够安靖，最要在分汴，前一节已曾揭出。曹操治睢渠，邓艾治百尺渠（即《水经注》二二之百尺沟，系沙水的别名，附近有淮阳城），虽志在通漕，实际上仍替分汴做工作。一直到五世纪初，凭着军事利用，屡加挑浚，中间沉寂了约一百五十年，因南北统一，汴又一跃而为南北灌输的大动脉。唐、宋两代之注重治汴，无异于明、清两代之注重治黄，治汴比治黄易得多，汴治可以分黄，跟着可以分淤，分黄、分淤便大大减低黄河正流的危险，正所谓一举而三善备了。

后人不了解间接治黄的作用，看见黄河这一期特别驯服，便发生许多揣测，或以为五行生克，或以为藩镇隐匿，或归功于河道北流，或寄想于下游分泄，没有一个联合实际，治黄的方略又哪能发展呢？

隋炀帝开通济渠，在商丘附近，把汴接入蕲水，缩短了交通行程，汴的下游遂分作两支，原日至徐州会泗那一支依然是通行着。

唐代较少见的河患，跟北宋有点相像，多在滑、浚及以东，这也表示着分汴对黄河治安的影响。济和汴同在一处受河，但它的下游偏于东方，军事、经济方面起不了大作用，到五世纪初叶，已有中断之势，因而构成三伏三见的谬说。

注释

【1】《锥指》四〇下。

【2】《晋书》二七《五行志》记大水的很多，但并未指明黄河，故不摘录；又有两条系跟伊、洛并举的（其中一条，原见《三国志》三，太和四年）。

【3】杜预《释例》说："河自河东、河内之南界，东北经汲郡、顿丘、阳平、平原、乐陵之东南入海"，《正义》以为杜氏指西晋初的黄河流道。按汲郡、顿丘、平原三地，均见下文所引《元和郡县志》。阳平即唐代及现时的华县，《元和志》一六未说县有黄河，但地在阳谷的西北，聊城的西南，也许是河道所经。又晋、唐的乐陵，在今乐陵县西南三十里，《元和志》一八也未说县界有黄河，惟《水经注》称河经乐陵县南，与《释例》合，则北魏以后，这里或有小小改道，亦未可定。

【4】同前引《科学》九一一页。

【5】《水利史》一九四页，但它下文所说："汴、濉合流入淮，不与黄通流，顺轨东入于海"，措辞颇有毛病。汴的下流当时虽不与黄河再合，唯是它的上流却是从黄河分出来的。

【6】据《水利史》一九四页。

【7】《淮系年表》三称金城"疑为寿春"，是错的。《温传》称："行经金城，见少为琅邪时所种柳，皆已十围"。温曾做过琅邪太守，但北方的琅邪，永嘉后已沦陷，成帝于丹阳江乘县别立南琅邪郡（《元和志》一一），江乘今为句容，这里的金城应与相近，断非远在寿春。继检《广弘明集》三二称，炀帝于扬州金城设千僧会受戒，知金城实在扬州。

【8】《隋书》一。《通鉴》一七六胡注："按春秋，吴城邗沟通江淮，山阳渎通于广陵，尚矣，隋特开而深广之，将以伐陈也。"

【9】《隋书》三七及《北史》五九《梁睿传》都未载，唯《元和志》五河阴县文全同。

【10】《通典》一七七汴州："有通济渠，隋炀帝开，引黄河水以通江、淮漕运，兼引汴水，即浪荡渠也；浪荡与蒗荡同"。

【11】《禹贡山川地理图》下："又李吉甫言板渚在汜水东北三十五里，而汴口乃去汜水五十里，则汴口在板渚之下也。其后叙载河阴县忭渠又曰，隋自板渚引河以入汴口；详求其言，当是板渚虽已受河，而渚有垠岸，未用堤遏，至河阴汴口，乃为平地，必筑岸立门，乃得束水入渠，不至散漫于东流。去板渚二（按"二"字衍）十五里乃始得为汴口也。"《水道编》说："若隋炀引板渚口水入汴，

则在氾水县东北二十里，汉成皋县地，其非古荥阳引河处亦明矣（荥阳引河，《锥指》谓周襄[衰？]时诸侯所引）。"里数既误差十五，又未参阅程氏的解释。

【12】《通鉴》胡注："大梁，即浚仪也。"

【13】永济渠也称御河（见下文），大约因曾经御用，所以民间有同样的称呼。

【14】见《东洋学报》二期，现在我手头上没有这本书，他的论证不复记忆，只就个人所见来推论，恐有掠美的嫌疑，所以特为提明。

【15】张昆河以为"司马氏因汴有二流，一抵泗州，一抵泗水，而误以为通济渠入泗"（《禹贡》七卷一、二、三合期二○九页）。唐人的错误，也许根于这个原因。

【16】据南海冯焌光的刻本《李文公集》一八。

【17】《元和志》九泗州，"南临淮水，西枕汴河"。

【18】唐的盱眙在今盱眙东北。

【19】《元和志》九泗州，"东水路至楚州二百二十里"。楚州今淮安。

【20】《水利史》称埇口"旧在宿迁城外"（二○四页），那可弄错了。宿迁在唐代泗州的北边二百一十里，见《元和志》九，而据下文引《锥指》四三，唐时汴河只经宿州，并不经现在的宿迁。

【21】据《元和志》九。虹音贡，《汉书》作谼字，县临汴河，在故虹城之北一百里，即今泗县。

【22】《锥指》四三。

【23】据扬守敬《隋书地理志考证》三转引。

【24】睢不是经彭城入泗，杜预这一条注也有错误。

【25】《地理今释》称成安为考城县地。按乾隆四十八年黄河未改道以前，当在考城县界内，但自这一年以后，考城县已移向北方了，《地理今释》的考证是应须修正的。

【26】周治《看河纪程》（康熙二十三年）称，浍河在商丘县南三十里，自亳州经流入蒙城达于淮（《金鉴》一六一）。试检地图一对，他所说的是涡河，不是浍河。

【27】此据《地理今释》。按《元和志》七，临涣即汉的铚县，《今释》又称临涣在宿县西南九十里，以今图临涣集距宿县观之，似九十之数为合，待考。

【28】参看第十三节上注54。

【29】《禹贡》七卷一○期《中国大运河沿革考》。

【30】《锥指》四三。

【31】《隋书》三。

【32】拙著《隋唐史讲义》二五页。

【33】《禹贡》七卷一、二、三合期《隋运河考》。

【34】《图书集成·山川典》二二七。尧海，嘉靖时人。

【35】《金鉴》一六○。裴英系康熙、雍正间人。

【36】《经世文编》九九。

【37】《明史》八七误作"今河仍入沁"。

【38】《汉书·地理志》及《水经注》九。

【39】《三国志》一及《水经注》九。

【40】《金史》二七："(贞祐)四年,从右丞侯挚言,开沁水以便馈运。"一〇八《侯挚传》同。怎样开法,没有明白,大约也是接通御河。

【41】《隋书》三,大业七年二月,"乙亥,上自江都御龙舟入通济渠,遂幸于涿郡。"想必是出汴口而转入沁水,可惜旧史于这一回的长途航行,别无详细的记载。

【42】《金鉴》一六二。

【43】【44】《明史》八七。

【45】《金鉴》二一引《续通考》。

【46】《金鉴》二三。

【47】《小谷口荟蕞》称,武陟"东北有莲花池,在沁河东岸,地名木乐店,去卫河百里"(《金鉴》五六)。

【48】《明史》八七,万历三十三年(一六〇五年)范守己言:"近者十年前河沙淤塞沁口,沁水不得入河,自木乐店东决岸,奔流入卫。"就指这一回事。

【49】均《明史》八七。

【50】据《治河论丛》一八八页引。

【51】同书三又说:"卫河……其源远而水盛者有小丹河……即丹水分支也。由山西潞安府南山发源南流,东合陵川,西合高平诸小水,经泽州东南,入河南怀庆府北境之方山,南流入沁水者,此经流也,俗曰大丹河"。

【52】我初时以为大业的工程,系将小丹河和卫河接合。后见《看河纪程》说:"预河即小丹河,由修武县南门外东流至获嘉,入卫河。"(《金鉴》一六一)"小丹河名为九道堰,实从丹河支分,第一条沿山麓东行,浅隘如沟,常因水发淤垫,以此济远,甚觉艰难。"又称小丹河合卫水处在新乡县城西的合河镇(同前一六二),才觉得小丹河过狭,大业的故迹似以孟姜女河为近似(见上文)。康熙二十九年,王新命以丹河至丹口分为九渠,大丹河直归沁水,余六渠溉田,小丹河二渠通卫,特改定每岁三月初塞八渠,使水归小丹河入卫济漕,至五月尽则开八河,塞小丹河口(《续金鉴》二)。只能说水可通流,未必是舟能通过。又光绪十六年十月廖寿丰奏:"丹河发源山西,至河内县之丹谷口入境,分支为二,南流者为大丹河。东流者为小丹河,一线细流,由石斗门历金城村至薛村出境,迤逦入卫。大丹河水势较旺,自九道堰以下,支汊港渠二十余道,灌溉民田一千五百顷有奇。金乡即金城村,在小丹河下游,与大丹河中隔二十余里"。结论也不主张把丹河分入卫水(《光绪东华录》一〇〇)。近年亚光社《河南分省图》把整个丹河接入卫河,那是错的。

【53】"北去县二百步"即是说，在县城的北边二百步。《元和志》所用"去"字，都应该这样子解释，与"东南至"或"东南距"的意义刚刚相反。

【54】《通典》一八〇"魏州"，"开元二十八年九月，刺史卢晖移通济渠，自石灰窠引流至州城西，都注魏桥，夹州（川？）制楼百余间，以贮江淮之货。"又"魏县"，"有白沟水，炀帝引通济渠，赤（亦）名御河"。魏州治贵乡，与魏县同在今大名县附近，两个"通济"都应改正作"永济"（参下文《新唐书》贵乡条）。

【55】此据《地理今释》。但据《元和志》一六，临清"东北至州六十里"，州即贝州，治清河，而现时的清河县却在临清的西北，方向有些不符，待考。

【56】参拙著《隋书州郡牧守编年表》一五九页。

【57】《水利史》一二页。

【58】《治河论丛》九四页。

【59】原文夺"三月"二字，今替它补上。

【60】又酸枣、临河、高唐三县，《元和志》说明黄河在县界。胡氏所举胙城、黎阳、范三县，《元和志》并没有说明，所以补入前三个县，删去后三个县（参看下文）。此外，胡氏还漏却禹城。

【61】据《地理今释》，胙城在今延津县北三十五里，则黄河也许流经当日的胙城县界。

【62】《水经注》五："河水东北过高唐，高唐即平原也，故经营河水迳高唐县东，非也。《地理志》曰，高唐，漯水所出，平原则笃马河导焉，明平原非高唐，大河不得出其东审矣。"系以漯水经高唐东，则河水不得经高唐东为论据。但漯与河名目虽异而实际同一，《元和志》也说河经高唐的东边，可见《水经》未必错。

【63】《锥指》四〇下引文，"河"下有"北"字。

【64】全文称："黄河在县南七十里，上从长清县来。东北入临邑县。"《清一统志》以为"与桑、郦所述，顺逆判殊，盖宋时所经，非汉故道也。"按今本《元和志》一〇，禹城县适在卷末，似有缺文，上引《寰宇记》一条，也许抄自《元和志》。无论如何，打开地图来看，禹城应是唐代大河所经，不是到宋时才经行，而且依照《锥指》四〇下的考订，并拿前表和《水经注》比较一下，并没看出甚么"顺逆判殊"，不晓得《一统志》从哪来的这一句话？

【65】《元和志》称临邑南至齐州（治历城）六十里，则《地理今释》以唐之临邑为"今临邑县北三十五"，显有错误，"北"常作"南"。

【66】刻本或讹"八十里"，今据《锥指》四〇下所引改正。

【67】向前引张了且文称："永淳二年（公元六八二年）七月，河溢，坏河阳桥。弘道元年（六八三年）河溢，毁河阳城。"（《禹贡》四卷六期）按永淳二年即弘道元年，系六八三年，不是六八二年，张氏把同一件事误分列为两年。

【68】同上引文称："圣历元年（六九八年）秋，黄河溢。"实是"二年"，盖据《河南通志》而误。

【69】《锥指》四〇下称，"十五年冀州河溢"，但开元时代之冀州，不是河水经行的地方（怕是用"冀"代"河北"）。《水利史》称："新、旧唐书"《五行志》及《本纪》于玄宗……开元十五年（七二七年），书河溢冀州（今河北冀县）"（一三页）。《黄河年表》引《治水述要》又说本自《新唐书·五行志》（二五页），我略翻那几本书，似未见到这一条史料。即使是有，"河"字也不过用作通名，不是指黄河。

【70】这是唐时河经黎阳的根据，在李吉甫修《元和志》之后。

【71】北宋的无棣，即前清的海丰。

【72】参据《锥指》四〇下及《太平寰宇记》。

【73】《锥指》的《唐大河图第二十八》注称："无棣今海丰，马谷大山在今县北六十里，小山在县东南。"

【74】专指《旧唐书》而言。

【75】【76】【77】均《锥指》四〇下。

【78】淄青到元和以后，仍归唐朝直辖。

【79】《经世文编》九六。

【80】据《禹贡说断》四引。

【81】同前引《地理知识》二四五一二四六页。

【82】《金鉴》五六。

【83】据《地理今释》，两汉及北魏的济阳在兰仪县北，并不是现时山东的济阳。

【84】李素英认梁山泊即大野（巨野）泽，其结论又说："如必须为作解释，只有说上流涸了，旧泽移到下流来了。"（《禹贡》一卷九期《大野泽的变迁》）。我以为结论所说还是比较稳些。

【85】韦昭注："沂，水名，出泰山盖（县），南至下邳入泗"，是对的。《年表水道编》却说："沂水出尼丘，于鲁入泗，与下邳入泗之沂有别"。按武氏所说"沂水"即《水道提纲》四之灵河，流域很短，不能在吴、鲁间发生军事交通作用。考《魏书》五〇，天安二年（不是元年）尉元表称，"若贼向彭城，必由清泗过宿豫，历下邳，趋青州路，亦由下邳入沂水，经东安，即为贼用师之要"（东安，今沂水县西北），可见下邳入泗的沂，到后世还是吴、鲁间用兵要路，武氏所解是不对的（《禹贡》二卷三期蒙文通论古水道与交通的误解，也和武氏一样）。复次，《魏策》苏秦说魏称，"东有淮、颍、沂、黄"，高诱注："沂出泰山盖县"，这也说明惟"大沂水"才发生军事作用。

【86】《水道编》谓桓公沟即今牛头河，按《利病书》三八引《兖州府志》，郓城双河水东南流为牛头河，经嘉祥济宁，至鱼台塌场口入运。

【87】《水道编》谓桓温、刘裕两回北伐，均由长清西南的四渎津入河。

第十节　五代及北宋的黄河

一、黄河在五代

唐昭宗"乾宁三年（八九六年）四月，河圮于滑州，朱全忠决其堤，因为二河，散漫千余里"[1]。这是景福改道后唐末所知道的河患。

到五代时候，河患可越来越多了，黄承元《安平镇志》说："至五代、北宋时河复南决，百余年中凡四决杨刘，七泛郓濮。"[2]现在把史书所载的辑录在下面（只称"河溢"的略去）。

后梁贞明四年(九一八年)二月，谢彦章攻杨刘,筑垒自固,决河水弥漫数里，以限晋兵。(《通鉴》二七○)

后唐同光元年(九二三年)八月，梁主命于滑州决河，东注曹、濮及郓以限唐兵。(同上二七二)

三年(九二五年)正月，诏平卢节度使符习治酸枣遥堤以御决河。(同上二七三)

长兴二年（九三一年）十一月壬子，郓州奏黄河暴涨，漂溺四千余户。（《旧五代史》四二）

后晋天福三年（九三八年）十月，河决郓州。[3]

四年（九三九年）八月，河决博平（博州属）[4]。

六年（九四一年）九月辛酉，河决滑州白马，又决郓州中都，入于沓河；兖州奏河水东流七十里，水势南流，入沓河及扬州河；濮、澶二州亦受害。[5]

开运元年（九四四年）六月，河决滑州，环梁山，入于汶、济，[6]注曹、单、濮、郓之境。[7]

三年（九四六年）六月，河决鱼池（滑州地）。

七月，决杨刘（约东阿县北六十里）、朝城及武德（怀州属）[8]；杨刘之决，西入莘县，广四十里，至朝城北流。[9]

九月，决澶、滑、怀州及临黄（澶州属）。

十月，决卫州及原武（郑州属）[10]。

后汉乾祐元年（九四八年）四月，决原武。

五月，决滑州鱼池。

乾祐三年（九五〇年）六月，决原武。[11]卢振请沿汴水访河故道陂泽处置立斗门，水涨溢时以分其势。[12]

后周广顺二年（九五二年）十二月，决郑、滑。[13]

显德元年（九五四年）正月，先是河决灵河、鱼池、酸枣、阳武、常乐驿、河阴、六明镇、原武凡八口，至是，分遣使者塞之。[14]

显德初，河水自杨刘北至博州界一百二十里，连岁决岸而派者十有二焉，[15]复汇为大泽，漫漫数百里，又东北坏古堤而出，注齐、棣、淄、青。[16]决河不复故道，离而为赤河。[17]

元年十一月，遣李谷诣澶、郓、齐按视堤塞，役徒六万，三十日而毕。[18]

显德六年（九五九年）六月，决原武。[19]

我们试看，从天福三年到显德六年，首尾不过二十二年，除滑、澶二州共决了六次之外，怀州决了两次，郑州决了五次，这两州比较在黄河上游，本来河决是少见的，现在竟这么多，依卢振的话来推测，那可不能不认为与汴渠分水有密切关系。

据《通鉴》二八六，天福十二年（九四七年）四月，"契丹主以船数十艘载晋铠、仗，将自汴沂河归其国，命宁国都虞候榆次武行德将士卒千余人部送之，至河阴"，汴渠虽多破坏，仍未尝不可航行，所以周世宗之修治汴渠，对于黄河上游的安澜，是有很大影响的。现在，我把《通鉴》关于治汴那几条记事，再抄在下面：

> 显德二年，"汴水自唐末溃决，自埇桥东南，悉为污泽。上谋击唐，先命武宁节度使武行德发民夫，因故堤疏导之，东至泗上"。(《通鉴》二九二)
>
> 四年四月，"乙酉，诏疏汴水北入五丈河，由是齐、鲁舟楫，皆达于大梁"。胡注："河自都城历曹、济及郓，其广五丈，旧名五丈河，宋开宝六年，诏改名广济河。《薛史》曰：浚五丈河，东流于定陶，入于济，以通齐、鲁运路。"(同上二九三。按《水经注》七，菏水"上承济水于济阳县东，世谓之五丈沟"；济阳在清代兰仪县之北。又《寰宇记》菏水"俗谓之五丈河，西自考城县界来")
>
> 五年三月，"浚汴口，导河流达于淮，于是江、淮舟楫始通"。(同上二九四)
>
> 六年，"二月，丙子朔，命王朴如河阴，按行河堤，立斗门于汴口。……发徐、宿、宋、单等州丁夫数万浚汴水……自大梁城东，导汴水入于蔡水，以通陈、颍之漕。……浚五丈渠，东过曹、济、梁山泊[20]以通青、郓之漕"。胡注："《九域志》曰，浚仪县之琵琶沟，即蔡河也。《宋朝会要》曰，惠民河与蔡河一水，即闵河也；建隆元年，始命陈承诏督丁夫导闵河，自新郑与蔡水合，贯京师，南历陈、颍，达寿春以通淮右，舟楫相继，商贾毕至，都下利之，于是以西南为闵河，东南为蔡河。至开宝六年，始改闵河为惠民河。"(同上)

从这几段引文总括起来，我们就可抓出一两个重点。第一点，《水利史》称："汴水自唐德宗以后，江、淮割据，漕运不通，日久埋废。"[21]按《宋史》九三，张洎说，德宗时叛将李正己、田悦皆分军守徐州，临涡(埇?)口，杜佑请改漕路，"朝议将行而徐州顺命，淮路乃通"。《水利史》所说德宗后便漕运不通，是完全错误的。李翱循着汴河南下，系元和初年的事(见前节)。大抵汴渠向东南通淮的路，到唐末才相当壅塞。通淮的路，在唐代所以维持不断，完全因为它是吸收东南财富的大动脉。到了晚年，东南一带已四分五裂，物资输运之停止，自然引起河渠之失修。同时，割地自雄的藩镇，如果非存心侵略，像周世宗之对南唐，不特不求航运畅通，反而希望河道淤塞，免被敌人利用。但汴渠是黄河的支流，有帮助它宣泄的能力，反之，汴渠积淤，当然对黄河发生直接的影响。

其二，浚五丈河，"自开封历陈留、曹、济、郓"[22]而接于定陶以入济(宋人称作"济"的系指北清河，亦即大清河，可参第九节引《通典》一七二)，那就是"古代济水"的干流，开通之后，河水的一部可从这条路间接宣泄出海，跟古代济渎的情形，很相仿佛。

其三，《尔雅·释水》："江、河、淮、济为四渎，四渎者，发源注海者也。"刘熙《释名》："渎，独也，各独出其所而入海也。"胡渭因而致叹，"河南之济久枯，河或行其故道，今又与淮浑涛而入海，淮不得擅渎之名，四渎亡其二矣"[23]。其实，刘熙的解释系因音读相同而误会。我们现在把书本加以详细分析，就晓得渎的真义，并不是"独"。济原是河的支流，上古时四渎可以互通，我在前文第七节已说得够多了。现从第二项来看，后周及赵宋初期尚表现着古代四渎的形式，直至黄河屡冲巨野，巨野变陆，济渎的遗迹才完全湮没。

二、北宋初期的河患

后周既修治汴水，在上流分其势，似乎宋代的河患，应该大大减少了。不，宋代的河患不特比唐代多，也比两汉还多（就使汉代的记载不完全），读者们看看下列的简表，便可得其大概。

宋代初期河患表[24]

年份	河决地点	备考
太祖建隆元年 （九六〇年）	十月壬申，决棣州厌次，滑州灵河。[25] 是年，又决临邑。[26]	
乾德元年 （九六三年）	八月，决济州。[27]	
乾德二年 （九六四年）	赤河决东平之竹村。[28]	七州之地罹水灾
乾德三年 （九六五年）	八月癸卯，决开封阳武。 九月辛巳，决澶州。[29]	
乾德四年 （九六六年）	六月甲辰，决澶州观城，流入大名。 八月乙卯，决滑州，坏灵河大堤（十月堤成，水复故道）。 闰八月乙丑，曹州言河水汇入南华县。己巳，澶州言河水汇入卫南县。癸未，郓州言河水入界。[30]	
开宝四年 （九七一年）	六月，决郑州原武。 十一月，决澶州，东汇于郓、濮。[31]	
开宝五年 （九七二年）	五月辛未，大决澶州濮阳。癸酉，又决大名朝城。 六月庚寅，决阳武。[32]	

续表

年份	河决地点	备考
太宗太平兴国二年 （九七七年）	七月癸亥，决孟州温县，郑州荥泽。 乙丑，决澶州顿丘、滑州白马。[33]	
太平兴国三年 （九七八年）	四月庚辰，决怀州获嘉。 十月己巳，滑州言灵河县决河已塞复决。[34]	
太平兴国七年 （九八二年）	六月，决齐州临济。 七月辛卯，决大名范济口。 十月，决怀州武德。[35]	
平兴国八年 （九八三年）	五月丙辰朔，大决滑州房村，[36]泛澶、濮、曹、济诸州，东南流至彭城界入于淮。[37]	十二月塞，未几复决，雍熙元年（九八四年）三月塞。[38]
淳化四年 （九九三年）	十月，决澶州，西北流入御河，浸大名城。[39]	
真宗咸平三年 （一○○○年）	五月甲辰，决郓州王陵埽，浮巨野，入淮、泗。	十一月塞。[40]
景德元年 （一○○四年）	九月庚戌，决澶州横陇埽。[41]	
景德四年 （一○○七年）	七月庚辰，决澶州工八埽。[42]	
大中祥符四年 （一○一一年）	八月戊辰，决通利军（浚州），合御河，坏大名城。[43] 九月，决棣州聂家口。[44]	明年七月塞。[45]
大中祥符五年 （一○一二年）	七月，决棣州东南李民弯。[46]	
大中祥符七年 （一○一四年）	八月甲戌，决澶州大吴埽。	
天禧三年 （一○一九年）	六月乙未，决滑州城西北天台山傍，俄复决城西南岸，历澶、濮、郓、济，注梁山泊，又合清水及古汴河，东至涂州入于淮。	州邑被患者三十二。[48]
天禧四年 （一○二○年）	六月辛巳，决滑州天台山下，走卫南，泛徐、济。[49]	天圣五年（一○二七年）十月塞。
仁宗天圣六年 （一○二八年）	八月乙亥，决澶州王楚埽。[50]	
景祐元年 （一○三四年）	七月甲寅，决澶州横陇埽。[51]	自此久不复塞。
庆历八年 （一○四八年）	六月，癸酉决澶州商胡埽。[52]	皇祐元年（一○四九年）二月，黄、御二河流并注乾宁军。[53]

横陇在今濮阳县东。[54]据胡渭考证,景祐元年的决河,系经今阳谷县东南,范县东,东阿县北及东平县西,但到长清以下,仍跟以前即唐末的河道相合。换句话来解释,就是濮阳到长清那一段新河,不走较直的旧道(宋人称这旧道为"京东故道"),而向南方拐一个弯走去。光绪五年修《东平州志》三"旧黄河"条:"旧志,州西七十里有二;其自直隶开州流经濮州,东至州境,又东历德州、武定、滨州入海者,此自宋以前故道也。明景泰四年,徐有贞请开分河水……即故道矣。"其实冲到东平的是景祐决河,经过德县(即宋的将陵)的可能是二股河,但二股河下游又不入武定、滨州(见下文),这些故迹,还待细考。又《古今治河图说》称,"景德元年,决澶州横陇埽,循赤河下注,是为横陇河"(二〇页),似由《淮系年表》五景祐元年的记事(见注五一)而引起之误会。

三、"北流"走哪一条路?

商胡的决口又怎样呢?当天禧四年,李垂奉派赴北边计议疏河利害,他回来后称,"若决河而北,为害虽少,一旦河水注御河,荡易水,迳乾宁军,入独流口,遂及契丹之境,或云因此摇动边鄙"[55],早存着这种疑惧心理。不料过了二十八年(即庆历八年),黄河决口恰恰走着这条道路。据胡渭说,商胡在今濮阳县东北三十里,他对于这条新河经过的地方,曾作出详细考证。[56]现在我只把《宋史·河渠志》有明文的写出,即是自内黄(元祐八年"西决内黄",又元符二年"河决内黄口,东流遂断绝"),经南乐(元祐元年张问"请于南乐大名埽开直河")、大名("自商胡决,为大名、恩、冀患")、馆陶(皇祐二年河决馆陶之郭固)、平恩(今丘县西,元符三年张商英请复平恩四埽)、清河(即宋的恩州)、宗城(今威县,元祐四年都水监说河"决宗城中埽",又"以为大河卧东,则南宫、宗城皆在西岸")、南宫(见上文)、枣强(熙宁元年六月,河"决冀州枣强埽,北注瀛")、冀(见上文,又元祐四年都水监说,"以为卧西则冀州信都、恩州清河、武邑或决,皆在东岸")、衡水(崇宁三年巡河的奏称,回至武强县,循河堤至深州,"又北下[57]衡水县,乃达于冀")、武邑(见上文,又治平元年都水监奏,"商胡埋塞……房家、武邑二埽由此溃")、阜城(元丰五年九月,河"溢永静军阜城下埽")、武强(见上文,又崇宁四年,"尚书省言大河北流,合西山诸水,在深州武强,瀛州乐寿埽")、乐寿(见上文,今献县)、南皮(元丰五年,"九月,河溢沧州南皮上下埽")、清池(今沧县,元丰五年,"溢清池埽")、乾宁军(今青县,元丰四年李立之奏,"河流至乾宁军,分入东西两塘,次入界河,[58]于劈地口入海"。又大观二年吴玠奏,"自元丰间小吴口决,北流入御河,下合西山诸水,至清州独流砦三叉口[59]入海"),合界河而入海,宋人文字常常称它作"北流"。它的河口在现时的天津,自从王莽河绝(一一年),河口自天津移向山东,经过一千零三十七年,再次走上大津出海的路，可算是黄河变迁中较为重大的一次。

还有两件疑似的事实，这里并须辨明：第一，《契丹国志》七《圣宗纪》说：

> 时黄河暴涨，溺会同驿，帝亲择夷坦地复创一驿，每年信使入境……

宋、辽的年年通使，系自统和二十二年（一〇〇四年）澶渊议和起，圣宗死于太平十一年，即宋仁宗天圣九年（一〇三一年），检阅前表，黄河在这一段时间之内，并无北决至契丹国境之事，恐怕实是界河暴涨。因为，后来黄河跟界河合流，著书的叶隆礼相隔百五六十年，遂致误传为黄河暴涨。

第二、《契丹国志》二四转载《王沂公行程录》（沂公是王曾的封号，他于大中祥符五年出使契丹，但《宋史》三一〇《王曾传》未载）称：

> 自雄州白沟驿渡河，四十里至新城县。

所渡的河也是指界河，现在雄县的北边尚有白沟店，又新城县的西南有界河铺，可以作证。惟目下拒马河及南易水系经雄县的南边（参注85），或是后来的改道。

话又回头，我所列举的县名，和胡渭的有许多不同，那不能不抽暇来解释一下。未过清河以前，胡氏有冠、临清两县，这里暂且不论（惟清丰介在濮阳、南乐的中间，那当然是新决河所经过的）。清河以后，胡氏有夏津、武城、将陵（今德县）、蓚（今景县）、东光等五县，但这些在《河渠志》里面都未找出实证。[60]反之，胡氏又未列出我所举的南宫、冀、衡水、武邑、阜城、武强、乐寿那七县，这七县确为新决河道所经，试看《河渠志》各条引文，是极明显的。衡水介在南宫、冀和武邑、武强的中间，地位与前文的清丰是一样。至于胡氏为甚么不列那七县，除武邑系遗漏之外，他的理由是：

> 今按阜城、平乡、巨鹿、[61]武强、衡水、乐寿、信都、南宫等县，皆漳水之所经，御河不入其界，而屡被大河决溢之害，此北流混入漳水之明验也。今广平府曲周、平乡、广宗、巨鹿县界中，并有黄河故道，县志云，宋元丰中北流决入，漳水遂为大河之所经。又清河县北有黄河故道，北入南宫界，盖自宗城、清河二县之御河决入；赵偁言初决南宫，再决宗城，三决内黄，皆西决，则地势西下，较然可见，即其事矣。其在阜城、乐寿者，则自枣强之御河决而北，熙宁元年，河决冀州枣强埽，北注瀛，政和五年，孟揆言若修闭枣强上埽决口，其费不赀，是也。然北流虽混入漳水，仍自两行，

其下流至清池县西，还与之合。【62】

他又在《宋大河图第二十九》里面注称：

> 北流初行永济渠，后复从宗城、清河、南宫、信都、枣强、阜成（？）等处，混入漳水。

以南宫、信都、阜城三县为后来混入，也未拈出实据。至如乐寿，姑无论是哪一年的决入，我们究无理由说它不是北流所经。而且还有武邑、武强、衡水三县，胡氏又持甚么理由来剔除它呢？关于这个问题，我们不应该含糊略过的；我以为胡氏实因《河渠志》"河合永济渠注乾宁军"的话而误会。他估道，北流的新河，完全与旧有的永济渠合流，所以把永济渠经行的地方，作为北流经行的地方；其实，北流在那一点跟永济渠合流，是不是两条水的下游完全合流，《宋史》没有详细列出。《程昉传》说，"河决商胡北流，与御河合为一，及二股东流，御河遂浅淀"（《宋史》四六八），好像可作为胡氏考证的最强的根据（但胡氏却没有引这一条）。然而我们却找着许多相反的凭证，《程昉传》的话也许只是笼统的说法。

我要推翻胡氏北流"又北至大名府东北合永济渠"的部分考定，【63】我再从《宋史·河渠志》里面找出若干证据，按年代的顺序，逐层加以驳正。

北流从仁宗庆历八年（一〇四八年）起，以后闭塞过两次（详下文），神宗熙宁二年（一〇六九年）就是其中的一次，据《宋史》九五，是年九月，刘彝、程昉言，二股河【64】北流今已闭塞，然御河水由冀州下流，尚当疏导以绝河患。先是，议者欲于恩州武城县开御河约二十里，入黄河北流故道，下五股河，故命彝、昉相度，而通判冀州王庠谓第开见行流处下接胡卢河，尤便近。彝等又奏，如庠言，虽于河流为顺，然其间漫浅沮洳，费工尤多，不若开乌栏堤，【65】东北至大小流港，横截黄河，入五股河，复故道尤便。

武城的御河须开挑二十里，才能入北流故道，可见在这以前，武城的御河并没有完全跟北流合为一道。再后两年（一〇七一年），《宋史》九二说：

> 熙宁四年七月，辛卯，北京新堤第四、第五埽决，漂溺馆陶、永济、清阳以北……时新堤凡六埽而决者二，下属恩、冀，贯御河，奔冲为一。（永济即今临清，清阳今清河县东）

胡氏的考定或许被这一条史文所迷惑，但"奔冲为一"不定是北流走了御河的故道，也可说御河跟着黄河跑而冲开新道。何况这是北流已闭之后的事，更反映出北流未闭之前，没有跟御河奔冲为一。即使让一步说，也不过短时的会合，不久便已修塞，有熙宁九年（一〇七六年）文彦博所奏：

> 去冬，外监丞欲于北京黄河新堤开置水口，以通行运，其策尤疏，此乃熙宁四年秋黄河下注御河之处，当时朝廷选差近臣督役修塞，所费不赀。（《宋史》九五）

可证。后到元丰四年（一〇八一年）四月，"小吴埽复大决，自澶注入御河"（小吴埽在澶州东）。又哲宗元祐三年（一〇八八年）苏辙疏称："昔大河在东，御河自怀、卫经北京，渐历边郡。……自河西流，御河湮灭……今河自小吴北行，占压御河故地，虽使自北京以南折而东行，则御河埋灭已一二百里，何由复见。"（均《宋史》九二）这可算是北流行御河的一段事实，但在元丰四年小吴既决之后。刘定又奏称：

> 王莽河一径水，自大名界下，合大流注冀州，及[66]临清徐曲御河决口，恩州赵村坝子决口两径水亦注冀州城东，若遂成河道，即大流难以西倾。（《宋史》九二）

大流即指北流，据他所说，则北流跟御河没有在临清地方合为一道。再过一年（一〇八二年）：

> 元丰五年，提举河北黄河堤防司言，御河狭隘，堤防不固，不足容大河分水，乞令纲运转入大河而闭截徐曲。（《宋史》九五）

说御河"不足容大河分水"，请塞临清的御河徐曲决口以免大河分入，当日北流不经临清，更无庸疑了。又元祐二年（一〇八七年）是东流淤闭时期，而王觌奏称，"缘边漕运，独赖御河，今御河淤垫，转输艰梗"，也反映出御河的下流并非与北流完全合一。尤其是元符二年（一〇九九年），"大河水势十分北流"，"东流遂断绝"（《宋史》九三）之后，我们在《宋史》九五还看见：

> 崇宁元年（一一〇二年），诏侯临同北外都水丞司开临清县坝子口，增修御

河西堤，开置斗门，决北京、恩、冀、沧州、永静军积水入御河枯源。明年秋，黄河涨入御河，行流浸大名府馆陶县，败庐舍，复用夫……修西堤，三月始毕，涨水复坏之。政和五年（一一一五年）闰正月，诏于恩州北增修御河东堤，为治水堤防。

真正的北流并不在临清的地面跟御河（永济渠）同道，更多一重保证。况且依照元祐四年都水监的奏章，南宫、宗城系在北流的西岸，武邑、信都、清河系在北流的东岸，试打开地图，在这五县之间画一直线，便极容易证出北流在这一段地面，的确不跟御河同流（参看前文第九节永济渠经行的各县）。所较有疑问的，唯《河渠志》九二载，元丰四年九月，李立之"又言北京南乐、馆陶、宗城、魏县、浅口、永济、延安镇，瀛州景城镇在大河两堤之间，乞相度迁于堤外"。按浅口镇属馆陶（在馆陶西），永济、延安二镇[67]属临清，均见《九域志》一。又景城镇属瀛州乐寿（即唐的景城县，在今交河县东北六十里），见《九域志》二。但"李立之所筑生堤，去河远者至八九十里"（《宋史》九一），是永济、延安二镇得在大河两堤之内，也无足怪，与北流不经临清的说法，没有甚么大冲突。

简单地说，胡氏所考的"北流之所经"，系总括宋庆历八年—金明昌五年一个长时期，但他列出的县份，有许多并不是北流所经常通过的，或单是短期冲过的，我们为要明了现实，解除冲突，就不得不多费些笔墨，加以辨正。

其次，他说北流"又东北迳清池县西而北与漳水合"[68]，这一点也是含有疑问而值得重新检讨的。"漳河源于西山，由磁、洺州南入[69]冀州新河镇，[70]与胡卢河合流，其后变徙，入于大河"（《宋史》九五）。熙宁二年，司马光请"北流淤浅，即塞北流，放出御河、胡卢河"，同年张巩也说，"宜塞北流……又使御河、胡卢河下流各还故道"（同上九一）。熙宁四年，河决大名第五埽，程昉"导葫芦河自乐寿之东，至沧州二百里"（同上四六八）。又熙宁七年，"知冀州王庆民言，州有小漳河，向为黄河北流所壅"（同上九五），从这几条史文来推勘，我们可断定漳河系在冀县境内已与北流相合，合点不在更东北之清池。尤其是张巩只说使御河下流还故道，言外更见得御河的上流非全与北流合一。

胡氏还提到平乡、巨鹿两县。据《宋史》九三，绍圣元年（一〇九四年）赵偁奏"请开阚村河门，修平乡、巨鹿埽、焦家等堤，浚澶渊故道，以备涨水"，大致是泄水的计划。赵偁的见解，本以为"地势西下"（见前引胡氏《锥指》），所以主张开阚村河门，豫备河涨时把一部排泄向西北平乡、巨鹿一带，因而那边不能不事先修埽。胡氏则以为平乡、巨鹿有埽，就是北流所经，那因为他对于赵偁的用意，史文的真义，未能细心领悟之故。

《河渠志》九三有一段，称大观二年，"邢州言河决，陷巨鹿县，诏迁县于高地"，那又怎样说呢？我以为北流既经宗城、南宫之东（见前文），于事理断不应经过巨鹿，这一回的水灾，恐怕是大河向西方溢出，一路冲到巨鹿，不是说巨鹿位在大河的边缘。

北流的经路既详细说明，总括起来，这期的河患，大多数在滑、澶以东，最特殊的是太平兴国二年决温县及荥泽。

四、横陇道的回复又"北流"与"东流"的争执

宋代初期占八十余年，后期至北宋末止才七十余年，而后期中治河的争论却特别多，往往挟持着党争或对人的成见，因之，问题更弄得复杂。这里先把后期的黄河大事，列成简表，然后摘要来论述。

甲、宋代后期黄河大事表[71]

年份	河事	备考
仁宗皇祐三年 （一〇五一年）	七月辛酉，决大名馆陶之郭固。[72]	
嘉祐元年 （一〇五六年）	四月壬子朔，塞商胡北流，令入六塔河。	六塔不能容，是夕复决商胡。[73]
嘉祐五年 （一〇六〇年）	河于大名第六埽分决为二股河（即东流）。	自二股河行一百三十里，至魏、恩、德、博之境，曰四界首河。[74]
嘉祐七年 （一〇六二年）	七月戊辰，决大名第五埽。	
英宗治平元年 （一〇六四年）	浚二股、五股河，[75]塞房家、武邑二埽溃口。	纾恩、冀之患。
神宗熙宁元年 （一〇六八年）	六月，溢恩州乌栏堤；又决冀州枣强埽，北注瀛州。 七月，溢瀛州乐寿埽。	
熙宁二年 （一〇六九年）	八月戊申[76]北流闭。 又自商胡南四十里许家港东决。[77]	泛溢大名、恩、德、沧、永静五州军。[78]
熙宁四年 （一〇七一年）	七月辛卯，决大名永济县（六年并入临清）新堤第四、第五埽。 八月，溢澶州曹村。 十月，溢卫州王供。[81]	漂溺馆陶、永济，清阳以北，下属恩、冀，贯御河，奔冲为一。[79] 水入郓州。[80]

续表

年份	河事	备考
熙宁五年 (一〇七二年)	二月甲寅，修二股河上流，并塞第五埽决口。 六月，溢大名夏津。[83]	四月丁卯毕工。[82]
熙宁八年 (一〇七五年)	八月，二股河泛溢，河道变易，在王胡庄，寻导归二股河。[84]	
熙宁十年 (一〇七七年)	七月乙丑（十七日），大决于澶州曹村下埽。甲戌（二十六日），澶州言北流[85]断绝，河道南徙。是月，河复溢卫州王供、怀州黄沁、卫州汲县上下埽、滑州胙城县韩村。[88]八月，河决郑州荥泽埽。[89]黄廉疏张泽泺至滨州之道以纾齐、郓之患。[90]	东汇于梁山、张泽泺，[86]分为二流，一合南清河入于淮，一合北清河入于海，凡灌州县四十五，坏田逾三十万顷，而濮、齐、郓、徐尤甚。[87]
元丰元年 (一〇七八年)	四月丙寅，塞曹村决口。	改曹村埽曰灵平，河复归北。[91]
元丰三年 (一〇八〇年)	七月庚午，决澶州孙村、[92]陈埽及大吴埽。[93]	
元丰四年 (一〇八一年)	四月乙酉，决小吴埽，[94]注入御河。[95] 六月己巳，窦仕宣言，河自乾宁军扒椿口以下流行未成河道，又缘河东北流，自下吴向下，与御河、胡卢、滹沱三河合流。[97]	六月戊午，诏东流已填淤，不可复。[96]
元丰五年 (一〇八二年)	二月乙亥，河北堤防司言，河自恩州临清县西倾，侧向东入御河，至恩州城下，水行湍悍。[98] 三月戊申，河北堤防司言，御河狭隘，不能容纳大河分水，御河纲运，惟通恩、沧、永静、乾宁，自可转入大河，请闭截徐曲来水并入大河为便，从之。[99]六月，河溢大名内黄埽。[100] 七月壬午，都水监言水冲灵平埽，已依旨决大吴埽，使水下流。[101]八月，河决郑州原武埽，夺河水四分以上。 九月癸卯，滑州言刀马河水泛韦城以南至长垣。[105]河溢沧州南皮上下埽，又溢清池埽，又溢永静军阜城下埽。[106]	溢入利津、[102]阳武沟、刀马河，[103]归入梁山泺。[104] 十月己未，班仲方言大吴埽不塞，内黄县北流已成正河。[107] 十二月，庚申，原武埽塞。[108]
元丰六年 (一〇八三年)	正月壬寅，工部请自温县大河港开鸡爪河，接至大和坡（广武埽对岸），下武陟县界，透入大河，分减广武埽水势，从之。[109]	
元丰七年 (一〇八四年)	七月甲辰，大名府言河溢元城埽，浸北京。[110]	河北诸郡皆被灾。[112]
元丰八年 (一〇八五年)	十月己卯，决大名小张口。[111]	

续表

年份	河事	备考
哲宗元祐二年 （一〇八七年）	河决冀州西岸南宫下埽。[113]	
元祐三年 （一〇八八年）	河决南宫上埽。[114]	
元祐四年 （一〇八九年）	河决大名西岸宗城中埽。[115]	
元祐八年 （一〇九三年）	澶州河溃，南犯德清，西决内黄，东淤梁村，[116]北出阚村，宗城决口复行魏店。	北流因淤遂断，河水四出，坏东郡浮梁。
绍圣元年 （一〇九四年）	十月，塞阚村等河门，尽障北流，使全河东还故道。[117]	
元符二年 （一〇九九年）	六月己亥，河决内黄口，东流断绝。[118]	
元符三年 （一一〇〇年）	四月，河决苏村。[119]	
徽宗崇宁二年 （一一〇三年）	河决内黄。[120]	
大观二年 （一一〇八年）	五月，河决，陷邢州巨鹿县。 六月，冀州河溢，坏信都、南宫两县。[121]	
政和五年 （一一一五年）	十月，河决冀州枣强埽。	
政和七年 （一一一七年）	决沧、瀛二州。[122]	
宣和三年 （一一二一年）	六月，河溢冀州信都。 十一月，河决清河埽。	

乙、横陇故道的回复

商胡决后，宋人的对策可分为两种：一种主张恢复横陇故道（如贾昌朝）；一种主张纳河水入六塔河，然后引归横陇旧河（倡自河渠司李仲昌，即李垂的儿子，李垂见前文）。两种对策都是要挽回北流，复走京东故道，实际上可归并而为一。胡渭说："六塔，地名，今清丰县西南三十里六塔集是也。宋时穿渠，自今开州北十七里，引商胡决河流经此地，东南入横陇故道,是为六塔河。"[123]但据至和二年（一〇五五年）欧阳修的奏疏称："今六塔止是别河下流，已为滨、棣、德、博之患。"[124]似六塔是原有的水系，[125]宋人不过用人工来扩大。关于恢复故道，欧阳修曾屡上奏章来阻止，其扼要的驳论是：

横陇湮塞已二十年，商胡决又数岁，故道已平而难复，安流已久而难回。[126]

又

今六塔既已开，而恩、冀之患何为尚告奔腾之急？……避高就下，水之本性，故河流已弃之道，自古难复。……决河非不能力塞，故道非不能力复，所复不久，终必决于上流者，由故道淤而水不能行故也。及横陇既决，水流就下，所以十余年间，河未为患。至庆历三四年，横陇之水，又自海口先淤，凡一百四十余里，其后游、金、赤三河相次又淤，下流既梗，乃决于上之商胡口。……大约今河之势，负三决之虞：复故道，上流必决；开六塔，上流亦决；河之下流若不浚使入海，则上流亦决。[127]

当时宰相富弼极力主张开修六塔，不料在商胡决口刚塞那一天晚上，塞口复决（见前表），承办河务人员都受到相当的处罚，横陇问题至是便告结束。

潘季驯在其《河防一览》，曾以为欧阳修的话不足信，他说："汉元光中，河决瓠子，注巨野……堙淤二十余载，而一塞决即复通之，何云故道不可复乎？……即如贾鲁治河，亦以复故为主，传记可考也。且自我朝以来，徐、邳之间，屡塞屡通，如以故道为不可复，则徐、邳久为陆矣。"[128]他的批评，似有其历史根据，然欧阳修所称，"天禧中河出京东，水行于今所谓故道者，水既淤涩，乃决天台埽。寻塞而复故道，未几又决于滑州铁狗庙，今所谓龙门埽者。其后数年，又塞而复故道，已而又决王楚埽，所决差小，与故道分流，然而故道之水终以壅淤，故又于横陇大决"[129]，也有其当日的经验。何况季驯在他的《两河经略疏》固尝说过，"已弃故道，欲行开复，必须深广与正河等，乃可夺流"[130]，是复旧河应有相当的条件，不能离开实际。我们看看后来东流的结果，再把清代铜瓦厢之决，比勘一下，潘氏对欧阳的批评，未见得便成定论。

丙、北流与东流的争执

商胡再决之后第四年，即嘉祐五年，又在大名地面，另决开一条二股河，阔二百尺，下流接四界首河（见前表）。据当时韩贽称："四界首，古大河所经，即《沟洫志》所谓平原金堤，开通大河，入笃马河，至海五百余里者也。"[131]为要跟商胡的北流有分别，宋人特称作"东流"。谭其骧说："至仁宗庆历八年（一〇四八年）……后十二年，又在今大名东决出一股，东北循马颊河入海。自此至宋亡数十年，黄河主流有时行东股，有时行北股，有时二股并行，还有决徙在二股以外的。"【132】按"二股"是专名，如果了解为东股和北股，那末，"五股"又该怎样区别呢？认专名为通名，是一个严重的错误。

二股河经行的地方，旧史里面没有详细的记载。【133】胡渭以为即唐马颊河之故道，至安德县（今陵县）后东北合笃马河，【134】但唐代的马颊起自某处，是一个疑问，我已在前文第九节提出。如果四界首河确即汉之笃马河，则依《水经注》五所说，二股河下流过安德后，应经西平昌（今德平）、般（今德平）、乐陵（今同名）、阳信（今同名）而入海。《宋史·五行志》，熙宁二年八月，"河决沧州饶安"，饶安在今沧县东南一百三十里，或是二股经行的地方。再如韩琦称"自德至沧，皆二股下流"，司马光称专行二股，"是移恩、冀、深、瀛之患于沧、德等州"【135】，都是浑括的说法。按宋的沧州辖清池（今沧县东南四十里，饶安于熙宁五省入）、无棣、盐山、乐陵、南皮（今均同名，惟盐山、乐陵二县治略有变更）五县，德州辖安德、平原二县，然而韩琦等并不是说那两州所属各县都是二股河通过。至二股河上流所经，确见于《宋史·河渠志》的只有堂邑（今同名，熙宁七年，刘玠说："博州界堂邑等退背七埽，岁减修护之费"）、夏津（今同名，熙宁五年，"河溢北京夏津"）、【136】将陵（今德县。绍圣元年枢密院奏："上流诸埽已多危急，下至将陵埽决坏民田"）【137】三县，《禹贡锥指》四〇下对上游经行，叙来虽颇详细，然而并无证佐，下游则全记笃马河的经途，这里所以不予采入。《清一统志》曾说："其在今南皮、盐山、庆云及山东海丰诸县界者，乃宋嘉祐中二股东流之故道。"海口偏北，从河决饶安一事来看，似比《锥指》为比较可靠。

宋朝既连续碰着北流、东流的大变局，于是不得不讨论对策，当日的主张，大致可分为三派：（甲）李立之请在恩、冀、深、瀛各州筑生堤三百余里，堤基距离河身远的或至八九十里，用意专系抵御河水的漫流。（乙）王亚等称："黄、御河带北行入独流东寨，经乾宁军、沧州等八寨边界，直入大海，其近海口阔六七百步，深八九丈，三女寨以西，阔三四百步，深五六丈……天所以限契丹"；与（甲）派的意见接近，同是维持北流的。（丙）宋昌言等"献议开二股以导东流"，即"于二股之西置上约，擗水令东，俟东流渐深，北流淤浅，即塞北流，放出御河、胡卢河，下纾恩、冀、深、瀛以西之患"。司马光当时亦赞成这一个方案，不同的只是主张缓进，不主张急进，要候到河水东流的分量确占全河量八成以上，而二股河下流沧、德一带的堤埽又经稳固，才将北流闭塞。奈都水监张巩等急欲立功，神宗也同意这样子做法，就在熙宁二年八月把北流封闭。然而同一年之内，黄河又在闭口之南四十里许家港地方，向东溃决，【138】水灾延及大名、恩、德、沧、永静五州军境。【139】

北流闭后，"水或横决散漫，常虞壅遏"，试看熙宁四年，二股河上流已埋塞了三十余里。十年正月，文彦博又奏，德州河底淤淀，泄水积滞，那末，东流不得通利，大概可想而知。所以东流仅仅行了八个年头（熙宁十年七月），河水即从澶州大决，完全南徙，先向东汇入梁山泊，随后分为两派：一派合南清河入于淮，一派合北清河入于海（明艾南英《禹贡图注》引方氏说，"建、绍后，黄河决入巨野，溢于泗以入于淮者谓之南清河，汶合济至沧州入海者谓之北清河"）。八月，又决上游之荥泽，虽然未及一年，澶州决口即已修塞，然而到元丰四年四月，仍自澶州溃决，恢复原日的"北流"，东流于是淤塞。[140] 换句话说，东流的历史实际上并不够十二年。

东流比北流相对的不利，正所谓昭然若揭，可是宋人不明大势，没有了解前事之失，后事之师，只因孙村（在澶州）的地势低下，遇着夏秋霖雨时候，潦水往往东出，哲宗刚刚即位，回河东流的建议又死灰复燃。这一回争执的论点，大概借国防为掩护。事缘宋代北边，西起保州（今清苑）的沈苑泊，东至泥姑海口，连绵七州军，屈曲九百里，有一连串的塘淀，"深不可以舟行，浅不可以徒涉"。仁宗朝以后，即明白地或秘密地从事扩张，借此以阻契丹戎马之足。[141] 他们以为如给浊河经过，便成平陆（王觌奏），而且河决每西，则河尾每北，若复不止，南岸遂属辽界，自河而南，地势平衍，直抵京师，可为寒心（安焘奏）。当日执政如文彦博、吕大防等都主张这一说，范纯仁、王存、胡宗愈等则持反对的态度。王存引石晋末耶律德光（辽太宗）南犯，何尝无黄河阻隔为反驳，苏辙尤力称"地形北高，河无北徙之道"。奉派赴视察东、西（西河即北流）两河的范百禄等回奏也称，按行黄河独流口至界河，又东至海口，查得界河未经黄河行流以前，阔一百五十步，下至五十步，深一丈五尺，下至一丈。自黄河行流之后，今阔至五百四十步，次亦三、二百步，深者三丈五尺，次亦二丈，虽遇近年泛涨非常，而大吴以上数百里终无决溢之害，此乃下流归纳处河流深快之验。塘泺有御辽之名，无御辽之实，冬寒冰坚，尤为坦途。如沧州等处早因商胡之决而淤淀，至今四十二年，迄无边惊。藉令河能北去，中国占上游，契丹岂不虑我乘流侵扰？北方沿边，自古往来，岂塘泺、界河所能制限？对于当日东流的主张，驳斥最为深切。然而承办河务的人员，向来以河工为利薮，因又借口于北流的南宫、宗城连年溃决，请在孙村口故道分泄涨水，改换名目来避免攻击。末一点虽经苏辙驳以"河流暴涨出岸，由孙村东行，盖每岁常事"，前一点又被梁焘指出"去年屡决之害，全由堤防无备"，怎奈河务人员大有不达目的不肯罢休之势。这件事争持了好几年，到元祐八年五月，竟准河务官员的奏请，进梁村上下约，束狭河门，弄得涨水四溃（见前表）。宋朝的执政犹不知觉悟，绍圣元年十月，都水使者王宗望断然地封闭北流。可是这一回的成绩，比熙宁二年更坏，不满五年（元符二年），河便从内黄冲决，东流断绝。[142] 以后北流最少也保持了六十多年，东流比北流相对的不利，更加明白。宋人受过这两场严重教训，不敢再提东流，而且边事日多，河务已退居次要的地位了。

《锥指》四〇说："禹河本随西山下东北去，贾让请决黎阳遮害亭，放河使北入海，是也；时不见用，而宋之北流实行其道。河入海之路，宜近不宜远，孙禁议决平原金堤，令入故笃马河，行五百余里入海，是也；许商阻之，而宋之东流，卒由笃马河入海。……惟其言之当于理而已矣。"持这样的眼光，来衡量治河方略，直是一套非常迂腐的书生之见。第一，贾、孙的建议，下至北流、东流时代，已过千年，黄河的本身及其环境，已不知经过多少变化，多少"当于理"的事故；胡氏竟以千年后偶然性的变化，认为千年前已预见的真理，太过拟于不伦。第二，贾、孙两人的建议前后仅相隔十年，如说两种都"当于理"，我们试设身处地，当日应该采用哪一种呢？或是两种兼用呢？第三，北流的冲开，先于东流十二年，如认北流合理，为甚么再闹出东流？如认东流合理，为甚么二十年后便即填淤？可见"当于理"那种说法，很难两相贯通的。第四，明人已有决开铜瓦厢，使河复归北方的揭出（见下文第十四节），假使依胡氏的论证，则由明末至咸丰五年之治河，都是多余的事。第五，商胡在今濮阳东北，黎阳在今浚县东北，商胡所决开的路，跟贾让意中所指，并不相同；而且"北流"的历史，最多不过一百十余年，联系着时间性来看，哪能说是"当于理"呢。

五、宋人其他的治河方略

除前项所谈的争执外，宋人还提出其他的方案，可分类记述如下：

甲、以经义治河

这本是汉人的见解，但经魏、晋、北朝以至唐，河患并不严重，此调久已不弹了。宋人多偏重理论，忽视现实，所以这一套论调又旧本翻新，首先提出的要数大中祥符五年（一〇一二年）的李垂。他曾写《导河形胜书》三篇并图，大意是自汲郡东推禹故道，挟御河，较其水势，出大伾、上阳、[143]太行三山之间，复西河故渎，[144]北注大名西、[145]馆陶南，东北合赤河而至于海，因于魏县[146]北析一渠，正北稍西迳衡漳，直北下出邢、洺，如夏书过洚水，稍东注易水，合百济、会朝河[147]而至于海；其实行方法，则自滑州以下，把黄河分成六派。[148]大致来说，是一种分流的计划。后来元符三年张商英所拟"引大河自古漳河、浮河入海"[149]，也是采李垂计划的一部。

乙、治遥堤

乾德二年将治古堤，议者以旧河不可卒复，力役且大，但诏民治遥堤以御冲注；太平兴国八年，命使者按视遥堤旧址；又大中祥符七年，诏罢葺遥堤以养民力。[150]这些都是向遥堤着眼的。后来南宋程大昌极力支持这一方案，主张弃田徙民，他说："国朝乾德、兴国、祥符之间，三尝讲求遥堤，独兴国诏书为详，曰：河防旧以遥堤宽其水势，其后民利沃壤，咸居其中，河以盛溢，则罢其患，遂遣赵孚等条析堤内民籍税数，议蠲赋徙民，兴复堤利。圣意究知害源，锐意复古，千世一时也。"[151]

丙、分水势

太平兴国八年按视遥堤人员赵孚等[152]回奏："以为治遥堤不如分水势，自孟抵郓虽有堤防，唯滑与澶最为隘狭，于此二州之地，可立分水之制，宜于南、北岸各开其一，北入王莽河以通于海，南入灵河[153]以通于淮，节减暴流，一如汴口之法。其分水河量其远迩，作为斗门，启闭随时，务乎均济，通舟运，溉农田，此富庶之资也。"[154]这种分水势的计划，和后来李垂的意见，可说是根本相同。不过垂从经义出发，这从现实出发，垂拟分河作六支，都以渤海为出口点，这拟分作两支，一向渤海，一向黄海。比较来看，我以为这一计划，比李垂的更为切实，可惜当日未有采用，后人也从不重视他的意见，真是英雄无用武之地了！宋人主张分水的，却不在少数，像韩贽说："商胡决河，自魏至于恩、冀、乾宁，入于海，今二股河自魏、恩东至于德、沧，入于海，分而为二，则上流不壅，可以无决溢之患。"司马光说："西北之水，并于山东，故为害大，分则害小。"[155]范百禄说："审议事理，酾为二渠，分派行流，均灭涨水之害，则劳费不大，功力易施。"[156]赵偁说："北流全河，患水不能分也，东流分水，患水不能行也。"许将说："若舍故道，止从北流，则虑河下已湮而上流横溃，为害益广；若直闭北流，东徙故道，则复虑受水不尽而被堤为患，窃谓宜因梁村之口以行东，因内黄之口以行北。"[157]都不外同一样的意见。当东流、北流争执最烈的时期，更是较稳健的第一步办法。甚至主张东流的人，也有张茂则请"存清水镇河以析其势"[158]，吴安持请"开青（清）丰口以东鸡爪河，分杀水势"[159]，我们总不能说分水不是治河方法的一种。反对开河分水的，如欧阳修谓"开河如放火，不开如失火"，苏辙谓"既无东西皆急之势，安有两河并行之理"[160]，都未将整个问题做深入的检讨。胡渭说：

> 吾观古河未有不两行者，禹厮二渠，为万世法，自三以上则必败。宋之二股……以此为枝渠，受河水十之一二，亦自无害，但不可令指大如股耳。[161]

颇能纠正苏辙的错误，但以为自三以上必败，试细读黄河的历史，却绝对不确。

胡渭对宋代君臣论治河的批评，文字太长，除上举一段外，现在再摘录一段如下：

熙宁五年，神宗语执政曰：河决不过占一河之地，或东或西，若利害无所较，听其所趋如何；元丰四年又谓辅臣曰：水性趋下，以道治水，则无违其性可也，如能顺水所向，徙城邑以避之，复有何患，虽神禹复生，不过如此，此格言也。然施之于商胡北流，适得其宜，若地平土疏，溃溢四出，所占不止一河之地者，岂亦当顺水所向，迁城邑以避之乎？欧阳修曰：河本泥沙，无不淤之理，淤常先下流，水行渐壅，乃决上流低处，故大河已弃之道，自古难复，此格言也。然瓠子决二十余岁而武帝塞之，河复北行二渠，[162]河侵汴、济，[163]注淮、泗，六十余年而王景治之，仍由千乘入海。[164]

神宗徙城邑的意见，仍是本自贾让，靳辅、夏骃对贾让这种意见的批评（见前文第八节），也和胡氏之批评神宗相同。

欧阳修所称"河本泥沙，无不淤之理"，钱穆的批评是："此说固亦有理。然以说明欧阳以下之事态则合，若以说明欧阳以前之事态则未必尽合。否则何以殷商、西周可以千余年不淤，东汉以下至北宋又可以近千年不淤，而北宋以下之黄河却不百年而必淤、必塞、必溃决改道？"[165]这个问题可用两点来解答：第一，冀鲁豫大平原系由黄河淤淀而成，即至有史初期，人类还用不着急急和水争地，故堤防无多，同时河身深而且阔，河水可以任情泛滥，淤淀实在人类的不知不觉中进行着。说商、周不淤，太过脱离现实。第二，自有汴口的分流，河沙一部分就被运入汴、济，晋和刘宋因军事转输，屡次疏浚，唐和北宋更几于年年加挑，北宋以后少了汴的分河，也就少了汴水系的分淤，比宋前易淤易塞且易于溃决，自在意中。

六、宋人治河的技术

有几件值得特提的：

甲、埽岸

埽的名称，《宋史》才见，但并不是说，宋人首先发明，它无疑是西汉王延世所用竹落（见第八节）的演进。《宋史》九一说：

> 旧制岁虞河决，有司常以孟秋预调塞治之物，梢、芟、薪柴、楗橛、竹、石、芟索、竹索凡千余万，谓之春料，诏下濒河诸州所产之地，仍遣使会河渠官吏，乘农隙率丁夫、水工收采备用。凡伐芦荻谓之芟，伐山木榆柳枝叶谓之梢，辨竹纠芟为索。以竹为巨索，长十尺至百尺，有数等。先择宽平之所为埽场；埽之制，密布芟索，铺梢，梢芟相重，压之以土，杂以碎石，以巨竹索横贯其中，谓之心索，卷而束之，复以大芟索系其两端，别以竹索自内旁出，其高数丈，其长倍之。凡用丁夫数百人或千人，杂唱齐挽，积置于卑薄之处，谓之埽岸。既下，以橛桌阁之，复以长木贯之，其竹索皆理（埋）巨木于岸以维之。遇河之横决，则复增之以补其缺。凡埽下非积数叠，亦不能遏其迅湍。又有马头、锯牙、木岸者以蓄水势护堤焉。

依同书所记，仁宗初有四十五埽，计：

孟州二：河南　河北。

开封府一：阳武。

滑州七：韩村　房村　凭管　石堰　州西　鱼池　迎阳（旧有七里曲埽，后废）。

通利军二：齐贾　苏村。

澶州十三：濮阳　大韩　大吴　商胡　王楚　横陇　曹村　依仁　大北冈孙　陈固　明公　王八。

大名府二：孙杜　侯村。

濮州四：任村　东　西　北。

郓州六：博陵　张秋　关山　子路　王陵　竹口。

齐州二：采金山　史家涡。

滨州二：平河　安定。

棣州四：聂家　梭堤　锯牙　阳成。

元丰元年塞曹村决口，河员创为横埽之法以遏绝南流。[166]四年，用李立之的献议，沿北流分立东西两堤，设五十九个埽；"定三等向着，河势正着堤身为第一，河势顺流堤下为第二，河离堤一里内为第三。退背亦三等：去河最远为第一，次远者

为第二，次近一里以上为第三。"【167】

乙、浚川杷

熙宁中，"有选人李公义者，献铁龙爪扬泥车法以浚河。其法，用铁数斤为爪形，以绳系舟尾而沉之水，篙工急棹，乘流相继而下，一再过，水已深数尺。宦官黄怀信以为可用而患其太轻，王安石请令怀信、公义同议增损，乃别制浚川杷。其法，以巨木长八尺，齿长二尺，列于木下如杷状，以石压之，两旁系大绳，两端矴大船，相距八十步，各用滑车绞之去来，挠荡泥沙，已又移船而浚。或谓水深则杷不能及底，虽数往来无益，水浅则齿碍沙泥，曳之不动，卒乃反齿向上而用之"【168】。这种杷的制造，从现在科学眼光来看，当然是极之幼稚，但世界上任何机械，何尝不都是从最粗制而渐进为精美。明刘尧诲《治黄河议》所说："使各该州县各造船只，各置铁扒并尖铁锄，每遇淤浅，即用人夫在船扒浚"【169】，与及近世的浚河机船，更何尝不是由浚川杷演变出来。如果当日治河的员工肯用心研究，加以改进，对于疏导工作，必有些帮助。《锥指》四〇下"浚川之杷，几于以河为戏"的批评，那无非我国某些人忽视劳动的表现，不批评他们不知改良而批评他们要试用，这是我国机械学不能进步的一种大大障碍。

丙、治河责任的普及

《河渠志》称，乾德"五年正月，帝以河堤屡决，分遣使行视、发畿甸丁夫缮治，自是岁以为常，并以正月首事，季春而毕。是月，诏开封、大名府、郓、澶、滑、孟、濮、齐、淄、沧、【170】棣、滨、德、博、怀、卫、郑等州长吏，并兼本州河堤使"。开宝五年十月，诏"自今开封等十七州府各置河堤判官一员，以本州通判充"。咸平三年，"诏缘河官吏虽秩满，须水落受代。知州、通判两月一巡堤，县令佐迭巡堤防，转运使勿委以他职"（《宋史》九一）。元丰七年，"北京帅臣王拱辰言：河水暴至，数十万众号叫求救，而钱谷廪转运，常平归提举，军器、工匠隶提刑，埽岸物料、兵卒即属都水监，逐司在远，无一得专，仓卒何以济民？望许不拘常制"（同上九二）。又大观二年，诏"河防夫工岁役十万，滨河之民，困于调发，可上户出钱免夫，下户出力充役"（同上九三）。从这些材料来看，我们可得到一个教训，即是沿河的官吏、人民，都要担负着保护河道的一部分责任，而指挥、保护的事务，却要有人专其成，大约治河的行政，到北宋才开始走上轨道去。

丁、河堤种树

隋炀帝于通济渠岸旁筑御道，种柳树，似多为个人享乐起见。宋开宝五年，"诏曰，应缘黄、汴、清、御等河州县，除准旧制种蓺桑、枣外，委长吏课民别树榆、柳及土地所宜之木，仍按户籍高下，定为五等：第一等岁树五十本，第二等以下递减十本，民欲广树蓺者听，其孤寡茕独者免"《宋史》九一）。重和元年，"诏滑州、浚州界万年堤全藉林木固护堤岸，其广行种植以壮地势"（同上九三）。又太宗时，王嗣宗通判澶州，并河东西植树万株，以固堤防（同上二八七《嗣宗传》），那末，宋人一般已了解得植树来保护堤岸了。

七、宋代河患的分析

分水以泄黄河的暴涨，是我所赞同，有人疑心显德时代汴渠已大量疏浚，而北宋的河患反有增无减，是不是由于分水所酿成的呢？对于这种疑问，我们可来一个极明显的反驳：通济渠从大业加工起计至唐末，通流着的时候差不多三百年，然而隋、唐的河患，比较唐以后几等于零，那可见北宋的河患，不能推诿在汴河身上。我们试回头把宋代初期河患表来统计一下，大约三十多回当中，滑州占了六回，澶州占了十二回，大半都在澶、滑两州的境内，跟五代末年一样。太平兴国时代就已有人指出滑、澶两州的河道最狭（引见前文），仁宗时[171]，郭谘又说："澶、滑堤狭，无以杀大河之怒，故汉以来河决多在澶、滑。[172]且黎阳、九河之原，今若引河出没子山下，穿金堤，与横垅合以达于海，则害可息。"[173]这些话大约不错的。大河经过汴口，虽然一度分流，再走了两三百里，左侧都受着西山的低坡所逼胁，河身复窄，水势当然越为湍激（跟明、清时徐州的狭束有点相同）。我们试看太平兴国八年、天禧三、四两年的滑州河决，咸平三年的郓州河决，都横流到徐、泗方面，当日黄河的趋势，已大略可见。

我们又试看在北宋一百六十多年当中，上游的孟州决了一回，怀州决了三回，郑州决了四回，开封府阳武决了两回，以比五代时短期的溃决次数（见前文），总算少之又少，这也不能不算是汴渠分水的功效。

棣州固然去海不远，可是"河势高民屋殆逾丈"[174]，又至和二年（一〇五五年）欧阳修疏称：

初天禧中，河出京东，[175]水行于今所谓故道者，水既淤涩，乃决天台埽。寻塞而复故道，未几又决于滑州南铁狗庙，今所谓龙门埽者。其后数年，又塞而复故道，已而又决王楚埽，所决差小，与故道分流，然而故道之水，终以壅淤，故又于横陇大决。……至庆历三四年，横陇之水，又自海口先淤，凡一百四十余里，其后游、金、赤三河相次又淤，下流既梗，乃决于上流之商胡口。然则京东、横陇两河故道，皆下流淤塞……今若因水所在，增治堤防，疏其下流，浚以入海，则可无决溢散漫之虞。……河之下流若不浚使入海，则上流亦决。[176]

又熙宁十年，文彦博奏德州河底淤淀，[177]由这，更可知下流的淤塞，越使得上游束狭的地方易于溃决。梁睿仅以为"滑州土脉疏，岸善隤，每岁河决南岸"[178]，近人郑肇经说"河有所分，安得不败，朱全忠实为罪魁祸首"[179]，都是不得要领的论调。

商胡既决而宋人偏要恢复横陇，北流尚畅而宋人却要挽使东流，大抵承办河务的人员，有点唯利是图，而不明大势的执政，又惑于设险守国，胡渭说，"是时纵欲回河，亦当先治其下流，则横陇故道，复亦无难"[180]，多少是对的。王岩叟指北流"横遏西山之水，不得顺流而下，蹙溢于千里"[181]，那几句话，确不能不推为治河的格言。因为西山及西北的水源，大致都由西而东，向现在河北的地面"倾销"，如放黄河北流，结果必定搅乱那方面的水系的。反之，山东半岛的北部，无很大的水流存在，黄河可以独行其是。然而话虽这样讲，却不定要急躁地闭断北流，可以取暂时观望的态度，许将的话"未尝不深切事情"[182]。又像绍圣元年十月北流刚闭，十一月[183]癸丑，三省枢密院即奏"访闻东流向下，地形已高，水行不快"[184]，更可见宋人办事的糊涂。任伯雨说，"自古竭天下之力以事河者，莫如本朝，而徇众人偏见欲屈大河之势以从人者，莫甚于近世"[185]，正说中当日的弊窦。至于郑肇经对宋人治河的批评，如"未审全河大势，惟知治遥堤与分水"，又以为熙宁元年的数度河决，由于"二股河分泄水势，下流受淤，水行渐壅而上决"[186]，极力肯定分水的有害，如果我们细心阅读整个尤其宋代黄河变迁的历史，便见得他失之过偏。

更如钱穆追究到宋代河之为害，尝说："我想春秋时代的狄人，盘踞殷卫故土，而使黄河横溃改道，正犹如唐天宝以后的胡将牙兵，割据（？）大河两岸，而使宋代河患剧发不制，先后事变如出一辙。"[187]我们又须知北方扰乱时期，莫如十六国，然何尝给北魏、隋、唐带来许多河患。唐代沿河下游的县份，有三分之二还是归中央直辖（见前节），而且宋代统一，计至庆历商胡之决，已几近九十年，河患不治，尤应宋人多负其责，哪能把它完全推在唐代"割据"的身上。文彦博说得好，"此非天灾，实人力不至也"[188]。

还有涉于人的问题，回复东流是司马光相度过六塔、二股利害后所赞成的，他与王安石的不同只是缓进、急进的分别，而近人却专委其过于安石；[189]疏其壅滞，是胡渭、谢肇经所主张的，而对于安石之用浚川杷，却加以讥笑，[190]好像天下之恶皆归，这都不是公平的批判。

总结一句，黄河泛向徐、泗，北宋前期有了四次，后期有了两次（熙宁十年及元丰五年），完全象征着北方那时候的地面，根于自然条件[191]而又缺乏人工的补救，已不是黄河所能安居，只是一天捱一天，等着南徙的机会而已。郑肇经说，"南清河下本有自汉以来渲荡已成之枯河，连次参加淘刷，至此更成大壑，河流虽分南、北两派，大半皆入于南，河之南徙，实由于此"[192]，似乎未能抉出黄河为甚么而南徙的主要原因。

八、《元丰九域志》所著录的黄河

说到这里，还有北宋末《元丰九域志》的记载，也要交代清楚。那本书是元丰年间王存等所编定，乾隆四十九年，桐乡冯集梧取影宋本刊布，大约胡渭没有见过。其卷一、卷二各县下常注"有黄河"字样，元丰恰当"北流""东流"互为消长的时候，究竟它所称"黄河"是指哪一道，确有分析的必要。今查千乘（广饶）、高苑（今同名）两县下均注"黄河"，但宋河不经那两县是无可疑的，所指应是"古黄河"，可以剔出不论。剩下的各县，现在从荥泽起，约依自西而东的顺序，排列如下：

荥泽	原武	获嘉×	阳武
延津×	汲	黎阳（今浚县）×	
临河	濮阳	清丰	观城×
鄄城	朝城	范×	阳谷
聊城	东阿×	堂邑×	高唐
平原	安德	商河	厌次
阳信×	渤海（今滨县）×		

试跟前节《元和志》的县名相比较，《九域志》列出而《元和志》没有提及黄河的计共九县，用 × 来表示。其中延津县，据冯集梧校文，"按《宋史·地理志》，延津，

旧酸枣县，政和七年改，此已书延津，当据宣和续修本羼入者"，是延津即《元和志》的酸枣。观城县，据《九域志》二，端拱元年，省临黄入观城，是观城即《元和志》的临黄。阳信县，据《九域志》二，"大中祥符八年，徙棣州城及厌次县于阳信县地，复徙阳信县于旧厌次县"，是阳信即《元和志》的厌次。又渤海即《元和志》的蒲台。此外，范县是《元和志》的脱漏（见前节），获嘉、黎阳、堂邑也许是一样。较可疑的惟东阿一县，《锥指》四〇下说："今濮州东，东平州西，范县东，阳谷县东南，东阿县北皆有旧黄河，即宋横陇决河之所行也，自长清而下，则与京东故道合矣。"那末，东阿的黄河当指横陇故道。至于"北流"下游所经的县份，"东流"所经（除堂邑外）的夏津、将陵、《九域志》均未注"黄河"字样，由是，可决它并未记及"北流""东流"那两条新决的河道。

现在，再把《元和志》有黄河的县份而未见于《九域志》的，列举出来，共得十三县：新乡、酸枣、灵昌、白马、顿丘、临黄、武水、平阴、长清、临邑、临济、邹平、蒲台。其中除长清、临邑两县，今本《九域志》一齐州部分完全缺佚，无可比较之外（但《金史·地理志》有长清，见下节），酸枣即《九域志》之延津，临黄即《九域志》之观城，蒲台即《九域志》之渤海，已见前文。新乡，熙宁六年废入汲县（《九域志》二）。灵昌，后唐改为灵河（《舆地广记》九），治平三年，废入白马县（《九域志》二）。顿丘，熙宁六年省入清丰（同上）。临济，咸平四年省入章丘（《舆地广记》六，今《九域志》一，章丘已佚）。白马，今《九域志》一称"有白马山，□河"，所缺的字疑即"黄"字。平阴下，《九域志》一作"黄水"，疑即"黄河"的讹文。又宋无武水县，据《金史》二五，聊城县有武水镇，可信在宋代已省入聊城。较可疑的，唯邹平一县，按《元和志》一一，邹平东南至淄州一百二十里（《锥指》四〇下："唐邹平故城在今齐东县界"），黄河西北去县八十里，又《九域志》一，邹平在淄州西北七十里，是宋的邹平县治，比唐的县治已东南移五十里，它西北距黄河已一百三十里，宋时的黄河似已不阑入邹平县界了。

由于《九域志》跟《元和志》的相互比勘及分析，我们可以肯定《九域志》记录的黄河，除去东阿之外，完全继承着唐代的河道（即京东故道），对于宋代屡次冲开的新河，究竟行经甚么地方，没有给我们以丝毫的补助。

九、清汴的工程

汴河自身虽接受若干小水流，大部实靠黄河之分派（《宋史》九三，张洎称："汴水横亘中国，首承大河"），宋人治汴最要的目标，是为他们的帝都供给线打算，而间接则与黄河有关，所以要研究宋代的河患，汴河是万万不能忽略的。

我们首先应问宋的汴河水路，比唐有无变更？今据《元丰九域志》卷一及卷五记汴河或汴水所在的地方，除去萧县特称"古汴渠"[193]不计外，有下列各县（依自西而东的顺序来排列）：

荥泽[194]	原武	阳武	中牟
开封	陈留	雍丘（今杞县）	襄邑（今睢县）
宁陵	宋城（今商丘）	谷熟（今商丘）	下邑（今夏邑）
永城	酂（今永城）	临涣（今宿县）	符离（今宿县）
虹（今泗县）	临淮（今盱眙）		

试跟前文第九节通济渠对勘一下，宋的汴河，可说完全没有变化。

东汉王景治汴，曾设斗门，就中如何调节，可惜史文不详载（参前文第八节）。据《宋史》九三："宋都大梁，以孟州河阴县南为汴首受黄河之口，属于淮、泗，每岁自春及冬，常于河口均调水势，止深六尺，以通行重载为准。……其浅深有度，置官以司之，都水监总察之，然大河向背不常，故河口岁易；易则度地形、相水势为口以逆之，遇春首辄调数州之民。"看这段纪录，宋人管理汴河，已渐臻纪律化了。

唯是黄河多沙，黄易淤，汴也自然易淤（熙宁六年，"侯叔献乞引汴水淤府界闲田。"[195]又元祐元年，苏辙言，"汴水浑浊，易至填淤"[196]，均可为证），政府的对策，就只有常常疏浚，如下文所列举：

> 太平兴国三年（九七八年）正月，发军士千人复汴口。（《宋史》九三，以下九条均同）
>
> 大中祥符二年（一〇〇九年）八月，汴水涨溢，自京至郑州浸道路，诏选使乘传减汴口水势。既而水减，阻滞漕运，复遣浚汴口。
>
> 八年（一〇一五年），定令自今汴河淤淀，可三五年一浚。又于中牟、荥泽县各置开减水河。
>
> 天圣三年（一〇二五年），汴流浅，特遣使疏河注口。
>
> 皇祐四年（一〇五二年）八月，河涸，舟不通，令河渠司自口浚治，岁以为常。
>
> 熙宁四年（一〇七一年），创开訾家口，才三月已浅淀，乃复开旧口。
>
> 七年（一〇七四年），宋昌言视两口水势，请塞訾家口而留辅渠。
>
> 八年（一〇七五年），侯叔献言岁开汴口作生河，侵民田，调夫役。

九年（一〇七六年），诏都水度量疏浚汴河浅深，仍记其地分。

十年（一〇七七年），范子渊请将浚川杷具、舟船等分给逐地分使臣，于闭口之后，检量河道淤淀去处，至春水接续疏导。

检查前项材料，最令人注意而且尤其重要的，就是汴河的淤淀，以汴口为尤甚，因之不能不频频疏浚（可参第九节东晋及本节前文后周的加工）；加之，黄河溜势，变迁无常，汴口更须随时转换。考明清时代黄、淮并行入海，黄水倒灌，淤塞清口，则淮不得出；宋代汴本分黄，淤填汴口，则黄不能入；一出一入，事势相逆，而其理实同。宋人知道常疏汴口，故漕运得以通行，明、清人不注意疏浚清口，故淮、扬屡受水害，比较来看，明、清人之治运，倒不如宋人治汴那么周密。

黄入汴的流量，越多则壅塞越易，人们自然会设想到开辟较清的泉源，省去频频挑浚的麻烦（东汉建安二十四年曾引洛入汴，见第九节），"太祖建隆二年（九六一年）春，导索水自荥然与须水合入于汴"[197]，似乎就抱着这个目的。按《水经注》五《河水》条，以索水为汜水之东枝，同书二三《汳水》条又称，"亦言汳受荥然水"；但同书七《济水》条则说，索水"出京县西南嵩渚山，与东关水同源分流，即古荥然水也……索水又东北流，须水右入焉"，济和汴的上游本来无别，是索、须二水，六朝时本来会入汴水的，大约那些地方河、汴乱流，故通塞没有一定。

索、须二水无论是否通流入汴，要靠它供给全汴漕运，水力当然不够，因而仁宗初年[198]（一〇三五—一〇三九年），郭谘有导洛入汴的提议。后到元丰元年（一〇七八年），张从惠以"汴口岁开闭，修堤防，通漕才二百余日"，再请引洛水入汴。神宗遣宋用臣前往视察，回奏以为可行："请自任村沙谷口[199]至汴口开河五十里，引伊、洛水入汴河，每二十里置束水一，以刍楗为之，以节湍急之势，取水深一丈以通漕运。引古索河为源，注房家、黄家、孟家三陂及三十六陂高仰处，潴水为塘，以备洛水不足则决以入（汴）河。又自汜水关北开河五百五十步，属于黄河，上下置牐启闭，以通黄、汴二河船筏。即洛河旧口置水达，通黄河以泄伊、洛暴涨。古索河等暴涨，即以魏楼、荥泽、孔固[200]三斗门泄之。"朝廷即依照他的计划，以二年四月兴工，六月毕工，呼作"清汴"，把原来的汴口封闭。但据后来责问，则自元丰二年到元祐元年，并非完全闭塞。[201]"潴水为塘"的方法，当时人呼作"水匮"（《宋史》九四有"知郑州岑象求近奏称，自宋用臣兴置水匮以来"的话），水匮就是"水塘"，这两个名称，广州语尚通行着。《明史》加"木"旁作"柜"（粤省用木制小型的也写作"柜"），从广义来说，即现时的"水库"。

元祐四年（一〇八九年）的冬天，梁焘奏："洛水本清而今汴常黄流，是洛不足以行汴，而所以能行者，附大河之余波也。……为今之计，宜复为汴口，仍引大河一支，启闭以时……牵大河水势以解河北决溢之灾。……臣闻开汴之时，大河旷岁不决，盖汴口析其三分之水，河流常行七分也。自导洛而后，频年屡决，虽洛口窃取其水，幸不过一分上下，是河流常九分也。"至元祐五年十月，诏仍导河水入汴，【202】汴口可以泄黄河水势，是千真万真的事，但以"频年屡决"，归咎于导洛，却有一点疑问。伊、洛原是汇入黄河的支流，把它完全引到汴渠去，未尝不可减轻黄河一些负担，或者旧黄河分入汴口的流量较多，也未可定。绍圣四年，"杨琰乞依元丰（二年）例，减放洛水入京西界大白龙坑及三十六陂，充水匮以助汴河行运"【203】，就是应用宋用臣的办法。可惜宋、明、清的人只晓得用来接济运输，几乎没有利用过来分黄减洪，不知变通，也是河患滋长的原因之一。

尤其重要的，前人总抱着一种恐惧的心理，以为分水就可招致黄河的大量灌入，为害于别的地方。然而汴渠自后周疏导起，至北宋之末止，经过了一百六十余年，甚而上推至王景治河之后，黄河并没有大量灌入，为害于两淮，可见调节得宜，这是无须恐惧的。

《山海经·海内东经》，洛水"东北注河，入成皋之西"。《汉书·地理志》，洛水"东北至巩入河"，其余《水经注》五及一三也说洛水在巩县入河，《小谷口荟蕞》以为"洛水旧自巩县入河，今则过成皋，东至满家沟入河"【204】。按《水道提纲》六，洛水"又东北流经巩县西北，而东北，至汜水县之西北入河……此新洛口也"。这个新洛口是不是因宋人引洛入汴而有所改变，我们尚得不到甚么凭证。

依本节之研究，可作出下文的结论：

入了五代，河决开始越来越密，而且多数在上游及滑、澶（今清丰）二州。唐末经过潘镇割据，汴渠失去它的运输供给作用，日久失修，后周为扩大政治势力，曾屡次治汴，南接陈、颍，东南至泗上，东北出五丈河，在水利史里面有其辉煌的成绩。转入宋代，河患并没有减少，可是出事的地点，上游很少，多数在滑、澶以东，如果加以分析，似不能不承认：（一）汴渠通流，减少上游的危险。（二）滑、澶州堤束最狭，不能消杀河涨，跟明、清时徐州的形势有点相像。唐代河患事件传下来的寥寥无几，而薛平、萧仿、朱全忠三事都发生在滑州（见第九节及本节），那可不是巧合了。（三）下游淤塞，所以海口屡改。

承接唐代下来的黄河河道，宋人称作"京东故道"。一〇三四年决澶州横陇，在中游改变了一段新道，到长清后，仍循京东故道出海，这一段改道，宋人称作"横陇故道"。一〇四八年从澶州商胡向东北决出，至乾宁军（今天津附近）入海，宋人称作"北流"。一〇六〇年又于大名东决为"二股河"，宋人称作"东流"。以后北流闭了两回，一在熙宁二年（一〇六九年），一在元祐八年（一〇九三年），东流两次的历史，合计不足十七年，最后一〇九九年东流断绝，河遂专行北流。

宋代治河无长策，最坏的就是夹入党争的成见。一百六十余年当中，泛滥到徐、泗的有了六回，受自然条件的阻碍，又缺人工改善的补救，黄河南徙，已到山雨欲来的境地了。

宋人偏重理论，蔑视现实，"北流""东流"经过甚么地方，都没留下明确的记载。但已晓用水匮（广义的水库）蓄水助运及植树保堤，可惜水匮制度，未尝用以治河减洪。

注释

【1】《唐书》三六。

【2】《天下郡国利病书》四〇。

【3】《通鉴》二八一，《淮系年表》四误附二年下。

【4】《新五代史》八；《通鉴》二八二附在七月末，称"河决薄州"，胡注："薄州当作博州"。

【5】《新五代史》八，《通鉴》二八二，《通鉴考异》及《文献通考》，《新五代史》分附在九、十两个月之下，现把它统记于九月。

【6】《新五代史》九。

【7】《续通考》。光绪十九年，《郓城县志》一濉水辨引王晦叔说："今（濮）州境有古黄河二道，一在州北……一在州东六十里，自曹州流入，此五代决河所经也。"

【8】《新五代史》九。据《锥指》四〇下，杨刘镇在东阿县北，有城，旧临河津；《九域志》一，郓州东阿有杨刘镇。

【9】《通鉴》二八五。

【10】以上《新五代史》九。乾隆十二年修《原武县志》五，以为到这个时候，"原邑始北临河"。按《元和志》八已称黄河在原武县北二十里，县志显未细考。

【11】以上各条均《新五代史》一〇，《淮系年表》四将最末决原武一条误附乾祐二年。

【12】《图书集成·山川典》二三〇引《河南通志》。

【13】《通鉴》二九一。据《寰宇记》五四，冲没博州武水县。

【14】同上《通鉴》。胡注："滑州白马县有灵河镇。……六明镇在大通军，大通军即胡梁渡也，晋天福四年建浮桥，置大通军。"

【15】《通鉴》二九二作"分为二派"，或许错误。

【16】《册府元龟》，《通鉴》文无青州。

【17】《宋史》九一。考《锥指》四〇下："赤河在（东平）州西北，又有游河、金河……三河俱上接开州界，今埋灭不可考。"按《太平寰宇记》六五，"无棣河一名赤河，在（饶安）县北二十五里"，同县下又称，"古胡苏河一名赤河，从胡苏县来"（隋胡苏县，唐天宝改为临津，亦属

沧州）又南皮县下称，"赤河在县西南三百步，自饶安县来，一百里入海，其水赤浑色"。临津，今宁津西南二十里，南皮同名。饶安，今沧县东南一百二十里。此外涉及赤河的还有五条：（一）赤河决东平之竹村。（二）"始赤河决，拥济、泗，郓州城中常苦水患"。（三）李垂的《导河形胜书》说："复西河故渎，北注大名西、馆陶南，东北合赤河而至于海。"（四）李垂奏："黄河水入王莽沙河，与西河故渎注金、赤河。"（五）韩贽请浚四界首河，支分河流入金、赤河（皆《宋史》九一），都表示着赤河远在大名的东南或东北，胡氏以为上接开州，是不可信据的。其次，《困学纪闻》十引李垂《导河书》："东为漯川者乃今泉源赤河。"以赤河比漯川，实是错误。《淮系年表》四称："按宋景祐横陇决河入赤河，复泛为游、金二河。"《水利史》一六页同，不知有甚么根据。《元丰九域志》二及《金史》二五，德州平原县有金河，可能即是这一条金河，游河无可考。

【18】《通鉴》二九二。

【19】同上二九四。

【20】《元和志》一〇，郓州（今东平西南），"梁山在县南三十五里，《汉书》曰，孝王北猎梁山，是也"。又《水经注》八记济水会汶水后，"又北迳梁山东，袁宏《北征赋》曰，背梁山，截汶波，是也"。梁山在今东平县西南五十里，梁山泊应在今寿张县的东南。

【21】《水利史》二〇五页。

【22】《宋史》九四。

【23】《锥指》四〇下。

【24】本表资料以李焘的《续资治通鉴长编》为主，并参用《宋史》九一《河渠志》等。

【25】据李焘书一。《宋史·五行志》作商河，怕有错误。

【26】《宋史·地理志》。

【27】据李焘书四。《宋史·五行志》作齐州，待考。

【28】《宋史》九一，李焘书没有提及。

【29】均李焘书六。《宋史》九一又有郓州。

【30】均李焘书七。

【31】同上一二。

【32】同上一三。

【33】同上一八。

【34】同上一九。

【35】同上二三。

【36】同上二四，惟《宋史》九一作韩村。按《长编》称是月决房村，拟派员往治，太宗因有"向者发民塞韩村决河水，不能成"的话，是韩村之决在前，本月所决的系房村，《宋史》弄错了。

【37】叶方恒《全河备考》称，"自此为河入淮之始"（《经世文编》九六），完全不合，我们只

消看看《史记·河渠书》便明白了。丘浚以熙宁十年河决为入淮之始，更误。

【38】李焘书二四及二五。《宋史》九一，"九年春滑州复言房村河决"，可证上年决口是房村而非韩村，此一次不过已塞复决。

【39】李焘书三四。

【40】同上四七。

【41】同上五七。

【42】同上六六。王八埽在澶州西南。

【43】同上六七。《宋史》八略同。

【44】《宋史》九一；李焘书七七只于五年正月下带叙。

【45】李焘书七八；同卷五年二月下有诏称"河决滨、棣州"，谅来决滨州也是四年的事。

【46】同上。

【47】同上八三。大吴在澶州东。

【48】同上九三，《黄河年表》四〇页、《水利史》一七页均误"三十一"。又《宋史》九一列举被灾地方有曹州，无济州。复次，李焘书是年五月下带叙河决澶渊，但又注称不知何时。

【49】同前李焘书一〇五。

【50】同上一〇六。王楚在澶州西南。

【51】同上一一五。《淮系年表》五："由新道往泄赤间，复泛为游、金二河"，末句，《黄河年表》同，不晓得它有甚么根据，参前注17。

【52】同前李焘一六四。

【53】同上一六六。

【54】《锥指》四〇下。

【55】《宋史》九一。

【56】《锥指》四〇下。

【57】宋人文字常以"北下"为自北向南，参下注69。

【58】《锥指》四〇下："静海县本宋清州地，县境有界河，亦曰潮河，即易、滹沱、巨马三水所会，自文安县流经县西北，合卫河入海。"

【59】同上《锥指》说，独流口在静海县北二十里，劈地口在县东北，又东为三叉口，盖即天津卫东北之三岔河。

【60】参下注136及137。

【61】关于平乡、巨鹿两县，下文别有说明。

【62】【63】均《锥指》四〇下。

【64】"二股河"三字应删却。

【65】在恩州，见《宋史》九一。

【66】这个"及"字应作"又"字解。

【67】金有延安镇，属济南府，据《山东通志》一一八《黄河图》，在齐东县西，济阳县东南，跟这个延安镇同名不同地。

【68】《锥指》四〇下。

【69】南入即由南向北入，参前注 57。

【70】当即现在的新河县。

【71】这表所采的资料，与初期表同，河患不尽载，故以"大事"为名。

【72】同前李焘书一六七。

【73】据同上一八二。《宋史》九一称，"水死者数千万人"（《水利史》一九页同），当是数十万之误。

【74】同前李焘书一九二，在嘉祐五年（一〇六〇年）之前。五年七月，韩贽请浚四界首河，支分河流入金、赤河，只系条陈，并未实行，《黄河年表》（四八及六七页）有误会。

【75】据《宋史》九五,五股河应在武城之北。

【76】《宋史·神宗纪》作"七月戊申"，七月乙丑朔，月内不得有戊申。

【77】《宋史》九一作"计家"，九二作"许家"。

【78】自嘉祐七年至此，李焘书缺，均据《宋史》九一。

【79】同前李焘书二二五及二三八。

【80】同上二二六。曹村在澶州西南。

【81】同上二二七，但讹作"正供"。《宋史》九二："溢卫州王供，时新堤凡六埽而决者二"《黄河年表》（五〇页）及《水利史》（二一页）以"王供时"为地名，大误，"时"字应属下读，王供是埽名，见下熙宁十年及《宋史》九二元丰四年，又四六八《程昉传》；距延津县二十里。

【82】据李焘书二三八；惟同书二二八作四年十二月甲子诏修，二三二又作四月辛未毕工。

【83】同上二三四。

【84】同上二八二载范子渊奏。

【85】这个"北流"是泛指向北方流去的河水，不是指与"东流"相对待的"北流"。

【86】深山、张泽是两个泺名，见《宋史》九五"河北诸水"条。

【87】据李焘书二八三。

【88】同上。

【89】【90】均同上二八四。

【91】同上二八九。

【92】《淮系年表》五以为孙村在澶州东，《续金鉴》三引《清一统志》，孙村埽在开州东北

三十四里。按李焘书四一六称，孙村口与内黄埽相对。

【93】李焘书三〇六。《宋史》九二又举小吴埽，据李书言，乃明年四月之事。

【94】小吴埽与曹村埽南北相直，小吴在北岸，见《宋史》三三一《张问传》。

【95】李焘书三一二。

【96】【97】均同上三一三。

【98】同上三二三。

【99】同上三二四。

【100】据《宋史》九二，李焘书不载。

【101】李焘书三二八，决埽是六月事。

【102】宋无利津，现时的利津县又远在山东，这当是"延津"之误，跟阳武同在原武的东北。

【103】李焘书作刀马河，见下九月条。

【104】据《宋史》九二，李焘书三二九只言决原武，不言溢入梁山泺。

【105】李焘书三二九，依此来看，刀马河河道是由韦城（今滑县东南）经长垣的。《宋史》九四，都提举司请于汴河北岸创开生河一道下合入刁马河，《淮系年表》五说"刁马河在中牟东南，旧通汴河"，当误。

【106】据《宋史》九二，李焘书不载。

【107】同上三三〇，因四年八月河决小吴，乃开大吴口导河循西山北流，见李焘书三四八。

【108】李焘书三三一。

【109】同上三三二。

【110】同上三四七。

【111】同上三六〇。同书四二一称，"旧河在大名东，水势丁字，正冲马陵口折向东复西，直注小张口"。

【112】《宋史》九二。

【113】南宫决埽，李焘书四二一于元祐四年正月叙及（亦见四三〇），称南宫上下堤防"前此二年皆噎凌而决"，南宫夺过河身八分。又载刘安世奏（大约四年所上）称，"去岁冀州南宫未闭，信都又决，继而大名宗城中埽又决"。

【114】【115】同上一条注。又李焘书四八〇称，四年秋，北京之南沙河第七铺决水却北运河，不知是否即指宗城埽之决。

【116】梁村在清丰东南。

【117】以上二年事均据《宋史》九三，李焘书卷佚。

【118】李焘书五一一。

【119】《宋史》九三，李焘书卷佚。苏村所在，《水利史》："《方舆纪要》作浚县，又作开封，

疑是浚县。"（二六页）考《元史》二五，延祐七年下有开封苏村，但《宋史》九一"通利军有齐贾、苏村凡二埽"，通利军即浚州，《纪要》作浚县是用清代的地名，这用不着疑心。

【120】《宋史·岳飞传》。

【121】《宋史》本纪作三年六月庚寅，但未提两县名。

【122】徽宗朝河事，除《岳飞传》一条及本条见《宋史·五行志》外，余均据《宋史》九三。《五行志》称，瀛、沧州河决，沧州城不没者三版，民死者百余万。按宋代史料只有户数，无口数，惟唐天宝最盛时口约五千三百万，元世祖末年约六千万，北宋领域比唐和元都少得多，政和七年在元世祖前一百七十余年，充其量似不过有口四千万上下，如果止瀛、沧二州就死了百余万（须注意沧州是边海地方），则占北宋全口四十分之一，这个数目是否可靠，尚有疑问。

【123】《锥指》四〇下。《淮系年表》五称，"六塔河在澶州东北十七里"，按宋澶州在今清丰西南二十五里，年表显是误笔。

【124】《宋史》九一。

【125】《锥指》同卷下文引欧阳修那一句之后，也说"是当时已有六塔河"。

【126】【127】均《宋史》九一。

【128】《金鉴》一一。

【129】《宋史》九一。

【130】《金鉴》三〇。

【131】《宋史》九一。

【132】同前引《地理知识》二四四页。

【133】《宋史》九一初说，"至魏、恩、德、博之境"，下文又说，"自魏、恩、东至于德、沧，入于海"，沧州是指无棣县。

【134】《锥指》四〇下。

【135】均《宋史》九一。

【136】《宋史》九二。这时北流已闭，"河"字应指东流，胡渭误将夏津、将陵两县列为北流经过的地方。

【137】《宋史》九三。这件事也发生在北流已闭之后，参前条。

【138】《宋史》九二，"许家港清水镇河极浅漫"，向东溃决，当是冲出一道清水镇河。按《九域志》一，大名冠氏县有清水镇，据《地理今释》，在今冠县东北四十里，就方位来说，实向东北溃决，故恩、德、沧等被害。

【139】本段都据《宋史》九一。

【140】本段都据《宋史》九二。

【141】《宋史》九五。按《唐会要》八七："神龙三年（七〇七年），沧州刺史姜师度于蓟州之北，

涨水为沟，以备契丹、奚之入寇。"这就是宋代界河之张本。

【142】以上事迹见《宋史》九二—九三。

【143】《锥指》二九："大伾山一名黎阳山，今在浚县东南二里，即贾让所谓东山也。枉人山一名善化山，在县西北二十五里，俗名上阳三山，即贾让所谓西山也。"同书四〇中下《明一统志》及《汤阴县志》，枉人山在内黄县西南六十里，汤阴县东南二十五里。

【144】即指邺东故大河。

【145】据《地理今释》，宋代的大名在今大名县东。

【146】今大名县西十里。

【147】《金史》二四，高阳县有百济河。朝河应即注 58 之潮河。

【148】《宋史》九一。

【149】同上九三。《锥指》四〇下："浮河即浮水，在今沧州东南，《水经注》所称浮水故渎也。"

【150】均《宋史》九一。

【151】《禹贡说断》四，可参李焘书二四，《宋史》九一未举孚名，惟《宋史》二八七《赵孚传》：淳化二年（九九一年），奉诏行视河岸复遥堤，"孚言治遥堤不如分水势，于是建议于澶、滑二州立分水之制"，就是这一回事，惟误放在太平兴国八年之后八年。

【152】参前一条注。

【153】《舆地广记》九，滑州白马县有灵河津，本名灵昌，后唐改。

【154】【155】均《宋史》九一

【156】同上九二。

【157】同上九三。

【158】同上九二，参前注 138。

【159】同上九三。

【160】同上九二。

【161】《锥指》四〇下。

【162】这句是胡氏误会，已辨见前文第八节。

【163】当日的汴、济仍是河水分流，这句亦未稳妥。

【164】《锥指》四〇下。

【165】《禹贡》四卷一期六页。

【166】《黄河年表》五二页引《滑县志·孙洙灵津庙碑》。

【167】【168】均《宋史》九二。

【169】《图书集成·山川典》二二三。

【170】宋初的黄河河道，跟唐末相同，宋代的沧州辖清池、无棣、盐山、乐陵、南皮五县。

无棣是景福改流后所经的地方。

【171】《宋史》三二六《郭谘传》叙在康定（一〇四〇年）之前，他已说到横陇河道，则又在景祐元年（一〇三四年）之后，故知郭谘的建议，应在一〇三五—一〇三九年之间。

【172】据《水经注》五，周时分决的宿胥口，即在滑台城西。

【173】《宋史》三二六本传。

【174】《宋史》九一。

【175】这时的黄河，经过郓、濮、齐、淄等州，前二州属于京东西路，后二州属于京东东路，所以称作京东故道。

【176】《宋史》九一。

【177】同上九二。

【178】同上九一。

【179】《水利史》一四页。

【180】《锥指》四〇下。

【181】《宋史》九二。《锥指》四〇下历举宋代君臣治河的格言，竟漏了这一条，所见未免不实。

【182】《水利史》二五页。

【183】《宋史》九三"己酉"上漏去"十一月"三字，现在补入。

【184】【185】均同上。

【186】《水利史》一六及二〇页。

【187】《禹贡》一卷四期五页。

【188】《宋史》九二。

【189】《水利史》二〇页。

【190】《锥指》四〇下及《水利史》二二页。

【191】《宋史》九三任伯雨说，"河流混浊，泥沙相半，流行既久，迤逦淤淀，则久而必决者势不能变也"，正是这个意思。

【192】《水利史》二二页。

【193】《寰宇记》一五《萧县》下也称"古汴河"。

【194】同上五二，汴渠在河阴县南二百五十步，《舆地广记》九同。

【195】《宋史》九三，就是现在的灌淤。

【196】同上九四。

【197】同上九三。

【198】参前注171。

【199】《方舆纪要》称，任村在汜水县西南，沙谷在巩县东，自任村沙口至河阴县瓦亭子达汴口，

接运河。按依《宋史》本文，任村与沙谷口实同一地。

【200】孔固斗门在开封之西，见《宋史》九四，元丰六年下。

【201】【202】【203】均《宋史》九四。

【204】《金鉴》五六。

第十一节　金代的黄河及关于河徙的许多疑问

一、重重疑问

甲、河患简表

宋人的著书或文章，传下来的比唐代为多，而对于"横陇河""北流"及"东流"（二股河）经过哪些地方，像《元丰九域志》《舆地广记》等，都没有系统的或列举的记述，所谓游、金二河，更几于无可考据（见前节），这是宋代一般人偏重理想，不能联系实际的重要缺点。试跟唐人的著书来比较，才觉得李吉甫的《元和郡县图志》还算切于实用（见第九节），是古代不可多得的了。宋人既这般疏略，金代文化更为低下，黄河怎样的变徙，至今没弄明白，是意中事。

胡渭著《禹贡锥指》，在其附论历代徙流的里面（卷四〇下），关于各个时代的黄河历史，都有相当研究，不偏重于任何方面，可是涉金朝一节，却有点随随便便，未能使人满意。近人郑肇经所编《中国水利史》之"河大徙四"一段，[1] 除加入了两三条零碎史料，差不多完全接受胡氏的断论，没有甚么修正。所以，我们对金世河流的变迁，不可不再作一回深入的探索。

《金史》二七《漕渠》条有过"其通漕之旧，黄河行滑州、大名、恩州、景州、沧州、会川（今青县）之境"的话，究竟北宋末"北流"的黄河，最初以甚么时候改道？是否在明昌五年？改道后河水究竟流向甚么地方？都是极疑难的问题，原来材料缺乏，既无可补救，旧日学者的处理，又出以含糊或简略的态度，使吾人多少失望。现在，让我们把南渡后金代重要河务的史料，先列成一个简表，[2] 再行尝试探讨。

年份	河务	备考
宋高宗建炎二年 （金太宗天会六年，一一二八年）	十一月，乙未，东京留守杜充闻有金师，乃决黄河入清河以沮寇。[3]	
绍兴初年 （约一一三一—一一四〇年）	河没浚州城。[4]	
金废主亮天德二年 （一一五〇年）	河水湮没巨野县。[5]	
宋高宗绍兴三十一年 （大定元年，一一六一年）	五月，河决曹、单。[6]	
金世宗大定六年 （一一六六年）	五月，河决阳武，由郓城东流，汇入梁山泊。	郓城徒治盘沟村。[7]
大定八年 （一一六八年）	六月，河决李固渡，溃曹州城，分流单州。[8]	
大定十一年 （一一七一年）	河决王村。[9]	南京、孟、卫州界多被其害。
大定十二年 （一一七二年）	检视官言水东南行，其势甚大。	请自河阴广武山而东，至原武、阳武、东明等县，孟、卫等州，增筑堤岸。
大定十三年 （一一七三年）	三月，尚书省请修孟津、荥泽、崇福埽堤。[10]	命雄武[11]以下八埽同修。
大定十七年 （一一七七年）	七月，河决阳武[12]之白沟。	
大定十九年 （淳熙六年，一一七九年）	河决入汴梁间。[13]	
大定二十年 （一一八〇年）	七月，河决卫州及延津京东埽。[14]	检视官言河失故道，势益南行，乃自卫州埽下接归德府南、北两岸增筑堤。
大定二十一年 （一一八一年）	十月，河移故道。	
大定二十六年 （一一八六年）	八月，河决魏州堤。[15]	徙胙城县，[16]河势泛溢及大名。

续表

年份	河务	备考
大定二十七年 （一一八七年）	二月，命沿河四府、十六州及四十四县之长贰，并带管勾河防事。[17]河决曹、濮间。	康元弼往按视，迁曹州城于北原。[18]
大定二十九年 （一一八九年）	五月，河溢于曹州小堤之北。	
章宗明昌四年 （一一九三年）	六月，河决卫州。	魏、沧、清皆被害。[19]
明昌五年 （一一九四年）	正月，田栎奏今河水趋北，可于北岸墙村决河入梁山泺故道，今拟先于南岸王村、宜村[20]两处决河导水，差德州防御使李献可等于山东当水所经州县，筑护城堤。四月，百官议，梁山泺淤填已高，使大河北入清河，山东必被其害。	八月，河决阳武光禄村故堤，灌封丘而东。
卫绍王大安元年 （一二〇九年）	徐、沛界黄河清。[21]	
宣宗贞祐二年 （一二一四年）	冬，黄河自陕州界至卫州八柳树清。[22]	
贞祐三年 （一二一五年）	四月，单州刺史请决大河使北流往博、观、沧之境。	
哀宗正大元年 （一二二四年）	蒙古攻归德，决河灌城，由西南入睢水。[23]	

此外，《元史》五九称，"金大定中，河水埋漫，（封丘）迁治新城"，又乾道五年，楼钥《北行日录》上称，未到滑州之前，"路西有白龙潭，傍有大碑，盖自昔年河决所潴也"，都未知确属哪一年。至简表所记的事实，首须辨明的是大定十三年下的雄武埽，《水利史》注称："今河北蓟县东北。"[24]这是大大一个错误。即在北宋末年北流的时候，蓟县也并不是黄河经行的地方。据《宋史》九四，元祐中李仲奏："自宋用臣创置导洛清汴，于黄河沙滩上节次创置广、雄武等堤埽，到今十余年间，屡经危急，况诸埽在京城之上。"又据《金史》二七，"雄武、荥泽、原武、阳武、延津五埽则兼汴河事，设黄汴都巡河官一员于河阴以莅之"，荥泽至延津四埽，系按自西而东的排列，雄武埽应在河阴附近，是断然无疑的。

乙、"北流"断绝时期的总窥测

最早，杜充决河一事，李心传《建炎以来系年要录》一八，把它写在建炎二年十一月乙未（十五）日下说："东京留守杜充闻有金师，乃决黄河入清河以沮寇，自是河流不复矣。"清河有南、北的分别，是哪一条清河呢？据《宋史》二五称，决河自泗入淮（《宋史》四七五，《杜充传》没有提及），然则是南清河了。《要录》又说"自是河流不复"，好像自那时起，黄河即已离开了"北流"，后面引方氏的话，也可能这样解释，但方氏所称"建、绍后"，措辞是非常含糊的，跟朱熹《语录》记载的情形（引见下文），时代又不太相合，由《北行日录》的记事（亦引见下文）来看，李心传的话实不可信。

金代河患记录最早的，约在太宗天会九年至熙宗天眷三年之间（一一三一──一一四〇年），《北行日录》上称，浚州的"故州在今郡城之北，绍兴初，河失故道，荡为陂泽，遗堞犹有存者，旧河却为通途"，但究在哪一年，可不能确知。

又刘豫阜昌七年（一一三七年）四月刊《石刻禹迹图》，据吴其昌说："此图黄河自今直隶天津附近入海，即今白河之入海口道是也。其后南徙，与淮河合，由今日江苏淮阴县入海。……而今人之绘历史地图者，无论其为隋、唐、宋、元、明、清，河道一律在鲁，觉可哂矣。"[25]更证实天会十五年（即阜昌七年）黄河尚未南徙。

其次，应算天德二年（一一五〇年），《金史》二五，济州"旧治巨野，天德二年徙治任城县"，又《元史》五八，济州"金迁州治任城，以河水湮没故也"（金的巨野在今巨野县南，任城即今济宁），是废主亮在位第二年，黄河曾冲到巨野。朱熹《语录》所说，"后来南流，金人亦多事"（详文引见下），应指这一回的经过，它说金人多事，好像暗指废主亮。又明艾南英《禹贡图注》引方氏说（方氏的名字，因手头没有《经义考》，故未检出）：

> 建、绍后黄河决入巨野，溢于泗以入于淮者，谓之南清河；由汶合济至沧州以入海者，谓之北清河。是时，淮仅受河之半。金之亡也，河自开封北卫州决而入涡河以入淮，一淮水独受大黄河之全以输之海。

天德二年相当于宋绍兴二十年，参合比证，黄河放弃"北流"，改道南行，似乎可能就在这一年。但大定九、十年间黄河尚通过滑、浚（见后引《北行日录》），则这个疑问不能成立。同时，我更要指出，方氏称建、绍后怎样怎样，是综括的话，我们不要太过泥解及类推，以为决入巨野既在天德二年，则分流北清河亦在天德二年。也许这两件事并不是同年发生，而方氏说不清楚。因为，看大定九年梁肃、宗叙两人的奏议（详下文丙项），很反映出大定初年有过南、北两清河分流的事实。根据上项理由，则一淮受全河之水，凭现知史料，应以大定二十年为第一次（理由详下文），方氏把它摆在金亡入涡时期是不对的。

再次，明昌四年河决卫州，魏、沧、清皆被害，魏即大名府，沧、清两州在今河北省内，读者会因这一条，疑心着那个时候黄河尚通过沧、清二州。然而细心体察一下，尽觉得沧、清被害，不过一时的余波，试看自大定初元（一一六一年）以后，关于河务事件，总未尝涉及沧、清二州所辖的县份，尤其大定二十七年规定四十四县兼管河防事务，也没有那些县份，如果说大定二十七年及以后黄河尚通过沧、清，哪能令人置信？

更有应该辨明的，《金史》二五和二六《地理志》于各县下往往注"有黄河"的字样，现在从阳武起，按着由西向东的顺序，把它列举如下：

阳武　汲　延津　考城（？）　濮阳　清丰　阳谷　聊城　东阿

长清　高唐　禹城　商河　阳信　渤海（今滨县）

其中最可注意的是考城，留待下文再说。剩下十四县，我初时满以为皆金代末期黄河经行的地方，后来偶然拿来跟《元丰九域志》一比，除长清、禹城两县（属齐州）今本《九域志》已佚去之外，两书所记完全相同（参看前节），才明白《金史·地理志》这一串材料，完全抄袭宋人书说，没有甚么价值。

《金史》二七《河渠志》："金始克宋，两河悉界刘豫，豫亡，河遂尽入金境。"豫死于金熙宗皇统六年（一一四六年），豫时谅无官书记载，所以《金史·河渠志》到大定八年才开始有着黄河记事，以前的黄河怎样，还是未解决的谜。《锥指》四〇下曾作过如下的解释：

　　范成大《北使录》云，浚州城西南有积水若河，盖大河剩水也。按《宋史》隆兴再请和，以成大充金祈请国信使（《范成大传》），孝宗隆兴之元年、二年，即金世宗之大定三年也，时浚州城下仅有剩水，则河离浚、滑在隆兴之前可知矣。朱子《语录》一条云，元丰间，河北流，自后中原多事，后来南流，金人亦多事，近来北流，见归正人说。盖其时河尝南流，寻复归北也。

《北使录》全文未得见，仅就这两句来看，很难作事实的判定。《图书集成·职方典》一三三"浚县"，"宋浚州故城在（浮丘）山西二里，宋天圣初（一〇二三年）以地陷为湖"，"浮丘山在县西南隅，半在城内"，又"长丰泊在县（西）二十里，即白祀、童山二陂水所汇。每逢夏秋雨集，河水泛滥，淹没民田，经年不涸"，这些都可能是成大所见的剩水。宋政和五年（一一一五年）依孟昌龄的建议，引河"使穿大伾大山及东北二小山，分为两股而过，合于下流"。《宋史》九三跟着说：

> 方河之开也，水流虽通，然湍激猛暴，过山稍隘，往往泛溢。近寨民夫，
> 多被漂溺，因亦及通利军，其后遂注成巨泺云。

通利军即浚州，成大所见的剩水，更可能是这个巨泺。如果我的比证不误，则北宋末已有剩水，《北使录》的记事就不能作为隆兴（一一六三——一一六四年）前河水完全离开浚、滑的确证。

前面所说，只是推测，后来我更找到楼钥的《北行日录》。楼氏以乾道五年（一一六九年，即大定九年）十二月经过滑、浚，据他所记，由滑州的胙城，车行四十五里到黄河渡处，再车行四十五里到滑州，又车行二十五里到浚州，那一天"供黄河鳜鱼，甚鲜而肥"。递年（一一七〇年）正月南回时候，由滑州行四十五里到武城镇，"马行至黄河，去程所行李固渡口以冰泮水深，柴路不可行"。拿那些材料，确可证实大定九、十年间黄河还未离开浚、滑，《锥指》指定在隆兴即一一六三年以前，可不攻而自破。《北行日录》上又称未到滑州之前，"路西有白龙潭，傍有大碑，盖亦是昔年河决所潴也"，更可见某处地面有积水，并不能认为黄河已离开那一处的佐证。

再看《金史》二五"曹州东明县"称，"初隶南京，后避河患，徙河北冤句故地，后以故县为兰阳、仪封"。金代最初之东明，当是承着北宋的建设，据《地理今释》，宋东明县在今兰封县属的兰仪之东北五里，金东明县（即后来所迁之地）在今东明县南三十里。由这些资料，我们晓得在金代某一时期以后，河是通过现在兰仪乡的北边，东明县南三十里的南边，可惜东明县迁于甚么时候，《金史》没有记着年份。惟《金史》二七《河渠志》载，大定十二年（一一七二年）尚书省请"自河阴广武山循河而南，至原武、阳武、东明等县，孟、卫等州，增筑堤岸"，则是时黄河已通过东明了。【26】

丙、大定六、八两年河决的结果

因为北流断绝的疑问，我们先须探考大定六年河决阳武的结果。据《金史》二五"济州郓城县"称，"大定六年（一一六六年）五月，徙治盘沟村以避河决"。郓城在宋代东明、考城两县的东北，考城【27】西至东明（即清代的兰仪附近）不过数十里，可见大定六年的河决（《河渠志》未载），系冲过兰仪（宋的东明）、考城，东北直出郓城而入梁山泊（见前表），中间可能通过定陶的北界。《金史》二七《河渠志》载，明昌五年（一一九四年）正月，工部拟请"今岁先于南岸延津县堤泄水，其北岸长堤自白马以下，定陶以上，并宜加工筑护，庶可以遏将来之患；若定陶以东三埽弃堤，则不必修，止决旧压河口，引导

积水东南行流"。细玩这一段话的文义，很像大定六年的决口，始终没有堵塞，河水的一部仍连续向考城、定陶方面分泄。但到明昌四五年间（即五年八月河决阳武以前），下游已淤断，所以定陶以东的旧堤，可不必再修，只须决开旧日的河口，引导积水向东南流出。由这，我们可以进一步决定，考城是大定六年决河所经，《金史》二五所载东明的河患是大定六年的事。但《河渠志》明说"武城、白马、书城、教城四埽属浚、滑"，再证诸前引《北行日录》，可断定黄河在大定九、十年间仍由延津穿过滑、浚。

大定六年阳武决水流入梁山泊，只见《郓城县志》，《金史》没有提及，但从别的条文来推勘，其记载是可信的。《金史》二五"东平府（旧郓州）寿张县"下称："大定七年（一一六七年），河水坏城，迁竹口镇，十九年复旧治。"金的寿张城跟梁山泊相隔不远。《金史》四七《食货志》记大定二十一年（一一八一年）八月，世宗有过"黄河已移故道，梁山泺退地甚广，已尝遣使安置屯田"的话，又二十二年，"命招复梁山泺流民，官给以田"，《金史·河渠志》也说，"二十一年十月，以河移故道，命筑堤以备"，比读这四条史文，便知"河移故道"的意义，即是河水离开故道而流向别处，不再向梁山泊流，所以泊里面淤露着许多田亩，跟后来明昌五年田栎所说"梁山故道多有屯田军户，亦宜迁徙"的话[28]很相合。照这样来看，《郓城志》是对的。

《锥指》四二曾说过："大清自历城入济阳及滨州以东入海之道，不知决于何年，意者，宋熙宁时河常合北清河入海，始开此道。其后，金明昌五年，河复由此入海，久而后去，流益深广，此大清之所以浩浩，而小清所以屡浚屡塞也与。"我以为胡氏的话，应该加以修正。当大定六年阳武河决，系经兰仪、考城的北边，现在东明（非金的东明）的南边，东北趋定陶、郓城、寿张各县，前文已有过考证，决水既冲到寿张，便很容易顺着熙宁旧迹，转出大清河去。换句话说，大定六年河决的结果，系改从大清河入海。黄河设二十五埽，其中浚滑都巡河官管武城、白马、书城、教城四埽，曹甸都巡河官管东明、西佳、孟华、凌城四埽，曹济都巡河官管定陶、济北、寒山、金山四埽，[29]白马、东明、定陶三处所以同时管理河防，就为这个原故。

《金史》又说："（刘）豫亡，河遂尽入金境，数十年间，或决或塞，迁徙无定。"试问"迁徙无定"，有过甚么事实来表示？《金史》更记着明昌五年正月，田栎的奏："前代每古堤南决，多经南、北清河分流，南清河北下有枯河数道，河水流其中者长至七八分，北清河乃济水故道，可容三二分而已。今河水趋北，啮长堤而流者十余处……可于北岸墙村决河入梁山泺故道，依旧作南、北两清河分流。然北清河旧堤岁久不完，当立年限增筑大堤，而梁山故道多有屯田军户，亦宜迁徙。"这是明昌五年河尚未决的话，假使在金代明昌五年以前黄河没有走过北清河入海，则那里不会有旧堤。

其次，再要审查大定八年河决的结果。《北行日录》上："胙城之南有南湖，去岁五月河决，所损其多。河水今与南湖通，冲断古路，用柴木横叠其上，积草土以行车马。"去岁即指大定八年。又《金史》二五"曹州"称："大定八年，城为河所没，徙州治于古乘氏县。"又《河渠志》："大定八年六月，河决李固渡，水溃曹州城，分流于单州之境。"《水利史》说："李固渡在曹州西，非故河所经，其时大河决水或即来自阳武，斜趋东南，水入曹、单，必下徐、邳，合泗入淮，抑又可知也。"【30】按《北行日录》上系记乾道五年（一一六九年，即大定九年）十月北使的事说："车行四十五里，饭封丘。又四十五里，宿胙城县，车行四十五里到黄河，因河决打损口岸，去年人使迂行数十里，方得上渡。今岁措置，只就浅水冰上积柴草为路里余，车马行其上。此李固渡本非通途，浮桥相去尚数里，马行三里许，饭武城镇，一名沙店，车行四十五里，宿滑州。"【31】又同书下系记乾道六年正月南回的事说，"滑州，又四十五里武城镇，早饭，马行至黄河，去程所行李固渡口以冰泮水深，柴路不可行"，是李固渡在胙城、滑州的中间，本当日临河的地方，《水利史》以为"非故河所经"，实没有细考。金初的曹州即宋之兴仁府，在今曹县西北（据《元和志》一，曹州西北至滑州二百里），由是，我们晓得大定八年的河决，系从滑州、胙城的中间（即李固渡），冲向曹、单。《水利史》推论其下徐、邳合泗而入淮，不会错误，而且唯其如此，大定二十七年规定彭城、萧、丰、沛兼管河防，才得到合理的解释。至于《行水金鉴》一六二引《看河纪程》："宋熙宁十年河溢卫州……北流遂绝，胙于是宜无河矣。县圮于河，疑在熙宁前也。金正大（按当作"大定"）中复以河患徙县，当是（大定）二十年决卫州之时，但不知北流既绝，何时而复注也。"按熙宁十年的河决，递年四月即塞，河复归北（参前文第十节），是黄河仍继续通过胙城，在这之前，史文也没有县圮于河的事。

在河决李固渡之后，大定九年（一一六九年），朝廷遣都水监梁肃往视，【32】肃回奏："决河水六分，旧河水四分。今障塞决河，复故道为一，再决而南，则南京忧；再决而北，则山东、河北皆可忧。不若止于李固南筑堤，使两河分流以杀水势；便上从之。"【33】（"决河"，《金史》二七作"新河"，"复故道为一"作"则二水复合为一"，其他大致相同）同时，宗叙奏称："今曹、单虽被其患，而两州本以水利为生，所害农田无几。今欲河复故道……纵能塞之，他日霖潦，亦将溃决，则山东河患，又非曹、单比也。"【34】由这两条史料再连合前面的考证，我们晓得大定六年及八年河决以后，黄河在阳武的地方分作东西两支：

（甲）循东明向定陶、郓城、寿张等县，由大清河入海。（大定十二年，尚书省请循河而南至阳武、东明等县筑堤，东明的新治徙在河之北边，又大定六年的决口始终没有堵塞，这几件事均可为本条作证）

（乙）循宋代北流的故道，东向滑、浚（有《北行日录》可证）；但在胙城、滑州的中间即李固渡，又再分两支：

（1）自李固渡东南决向东明，穿过（甲）支而冲出曹、单，直下徐、邳。【35】

（2）仍循"北流"故道。

丁、再从管勾河防州县来推定北流于何时断绝

从另一方面来看，《金史》二七又称，大定二十七年规定"四府（南京、归德、河南、河中）、十六州（怀、同、卫、徐、孟、郑、浚、曹、滑、睢、滕、单、解、开、济十五州，又志称"陕西阌乡、湖城、灵宝"，"陕西"实"陕州"之误，把它加工，便合成十六州）之长贰，皆提举河防事，四十四县之令佐，皆管勾河防事"（四十四县的名称，归入下文讨论），假使到这个时候黄河继续地通过宋代的"北流"，为甚么"大名、恩州、景州、沧州、会川"（《金史》二七，引见下文己项）那些府州县都不兼管河防？难道那些地方可以断定不会河决吗？我们如果要答复这个疑问，只有承认大定二十七年以前，黄河已离开"北流"。

大定九、十年间黄河尚未离开"北流"，到大定二十七年，黄河确已离开"北流"，前文既分别提出证据，那末，黄河离"北流"，断应在这十六年当中了。究竟在哪一年，还要费我们的脑筋来猜想一下。试检阅前表，大定二十年（一一八〇年）下称河决卫州及延津，检视官言河失故道，势益南行，乃自卫州埽下接归德府南、北两岸增筑堤，我以为"北流"及大清河的分流断绝，和梁山泊的干涸，都是这时期的事，河水专走（乙）支之（1），从曹、单绕出商丘，所以说"势益南行"。上隔宋元符二年（一〇九九年）东流断绝，计八十一年，在有史时期，这是第一次以一淮受全黄河之水。《读史方舆纪要》说，黄河旧东入大名府浚县境，元至元时自开封府原武县决而东南流，北道之河遂绝，它把北流断绝误放后一百八十余年。《锥指》四〇下又以至元二十六年会通河成为一淮受河之始，错误跟顾祖禹无异。唯《淮系年表·水道编》说"金大定二十年……河决卫州延津，涨漫至于归德府……大河遂由今商丘县东出徐、邳，合泗入淮，浚、滑流空"，大致是不错的。

前引《金史》二七管勾河防事务的有四十四县，如不把它详列出来，分别句稽，则上头关于黄河改道的推定，仍未能证实。据《金史》所载：延津、封丘、祥符、开封、陈留、胙城、杞、长垣、宋城、宁陵、虞城、孟津、河东、河内、武陟、朝邑、汲、新乡、获嘉、彭城、萧、丰、河阳、温、河阴、荥泽、原武、汜水、卫、阌乡、湖城、灵宝、济阴、白马、襄邑、沛、单父、平陆、濮阳、嘉祥、金乡、郓城，只得四十二县。依我的讨究，是漏了黄河上游河南府的河南县（即河南府治）和南京府的阳武县，阳武是河防极重要的地方，看看前头的简表便见，而且属黄汴都巡河官所管。四十四县当中，孟津、河南、河东、河内、武陟、朝邑、河阳、温、河阴、荥泽、汜水、阌乡、湖城、灵宝、平陆十五县，都在黄河上游，可以不论，计剩下二十九个县。

其次，我们要问，那二十九县（连补入的阳武）都是黄河经过的地方吗？不，《河渠

志》说：“雄武、荥泽、原武、阳武、延津五埽则兼汴河事，设黄汴都巡河官一员于河阴以莅之。怀州、孟津、孟州及城北之四埽，则兼沁水事，设黄沁都巡河官一员于怀州以临之。”汴是黄河的分流，沁是黄河的支流，和黄河正流有关，所以那两流域的官员也得兼管河防事务。依照这个条件来分析，我们晓得祥符、开封、陈留、杞、襄邑、宁陵、宋城，那七个县都是汴渠经过的地方（并参下节引《北行日录》。据《金史·地理志》，汴渠经过的有阳武、中牟、陈留、襄邑、宁陵、睢阳、谷熟、下邑、永城、鄢、符离、临涣、虹等十三县，睢阳即宋城，承安五年才改名睢阳，又《九域志》，雍丘有汴河，正隆后才改杞县）。又获嘉、原武、新乡、阳武四县是属于黄河正流的。过此以后，靠北的为汲、胙城、延津、卫、白马、濮阳等六县（金代的卫县不是卫州，在今浚县西南五十里。白马县即滑州），大约滑、浚、濮阳的故道，未尽淤塞、河水常可分流到那里，故仍须设防。但濮阳以下则河水不到，所以恩、景、沧各州都不须负担这种责任，如非这样解释，就无法可以讲得通。由是，依严义而说，黄河相对的离开浚、滑，系在大定二十年，绝对地离开浚、滑，断在明昌四年之后。

剩下的封丘、长垣、济阴（今菏泽）、单父、虞城、丰、萧、沛、彭城九县，应是大定二十七年黄河所经的正道。金乡、郓城、嘉祥三县，当因它介于南、北两清河之冲。这些关系，我们如不作深入的研究，就有点莫名其妙。《锥指》四〇下只说：

> 自荥阳以下，如南京府之延津、封丘、祥符、开封、陈留、胙城、杞县、长垣，归德府之宋城、宁陵、虞城，卫州之汲、新乡、获嘉，徐州之彭城、萧、丰，曹州之济阴，滑州之白马，睢州之襄邑，滕州之沛，单州之单父，济州之嘉祥、金乡、郓城，皆为沿河之地，则当时河流之所经，亦大略可观也。

用一种含糊语调轻轻带过，《水利史》也漫不加察，依样葫芦。[36] 其实胡渭不知四十四县中少了两县，还可说是一时大意，若抹杀了“浚州卫”“开州濮阳”两县不提，显系因这两县和他所提出“河离浚、滑在隆兴之前”的考证相抵触，而立意瞒混过关，有失忠实学者的态度，却不能不加以指责。

戊、明昌五年算不上河事大变

最末，应该论到明昌五年河决阳武的结果了。《金史·河渠志》只有“灌封丘而东”一句，流向哪方面去？没有明文，而《锥指》四〇下却描写得很详细：

> 是岁河徙，自阳武而东，历延津、封丘、长垣、兰阳、东明、曹州、濮州、郓城、范县诸州县界中，至寿张，注梁山泺，分为二派：北派由北清河入海，

今大清河自东平历东阿、平阴、长清、齐河、历城、济阳、齐东、武定、青城、滨州、濮台至利津县入海者是也（详见导沇入海下）。南派由南清河入淮，即泗水故道，今会通河自东平历汶上、嘉祥、济宁合泗水至清河县入淮者是也（洋见徐州贡道下）。河汇梁山泺，分二派入南、北清河，自宋熙宁十年始，[37] 寻经塞治，至是复行其道，而汲、胙之流遂绝。

分入南、北清河的决定，不外两项根据：（甲）项即，金吉甫云，河至绍熙甲寅，南连大野，并行泗水，以入于淮，于是有南、北清河之分。北清河即济水故道。南清河并泗入淮，今淮安之西二十里对岸清河口是也。[38]

绍熙甲寅相当于明昌五年，金履祥的原文，我未检得，由《锥指》的引文来看，金氏说河水行泗入淮，是很明白的。据《元和志》五，"大野泽一名巨野，在（巨野）县东五里"，唐的巨野县在今巨野县南，我以为河水流入巨野后，即从金乡方面折入原日水道，直下徐州，《河渠志》特著"灌封丘而东"一句，实意味着河道远离汲、胙。至"于是有南、北清河之分"一句，金氏的原意，是否说决河的一支折北入梁山泊而行北清河，绝不明了（梁山泊在巨野县之北，参前节注二〇），因为北清河是原有的（参前文第九节）。

胡氏的（乙）项根据是：

朱子《语录》又一条云：因看刘枢家《中原图》，黄河却自西南贯梁山泊，迤逦入淮来，神宗时河北流，故金人盛，今却南来，其势亦衰，谓此事也（时朱子年六十五）[39]。

考《金史》一〇五，刘枢死于大定四年（一一六四年），河入梁山泊在大定六年，朱熹所见的图，当是枢的后人所绘。但熹六十五岁时，即明昌五年，而明昌五年的河决，迟在八月，即使枢家能马上查出新决的河道，绘制成图（这在古代是不可能的），也来不及于同年之内，传到南宋给朱熹看见。换句话说，熹所见的图是表示明昌五年河未决阳武以前某一个时期的水道，《语录》的话完全不能作为明昌五年河水决入梁山泊的凭证。胡渭忽略了历史的时间性，所以引据错误，由这个错误，再进而误会明昌五年的决道跟宋熙宁十年的决道一样。就算把这一层放过，胡氏也有自己大相矛盾的地方，他在《锥指》四二曾引过顾炎武《日知录》一节如下：

《金史·食货志》，黄河已移故道，梁山泺水退地甚广，遣使安置屯田，自此以后，巨野、寿张诸邑，古时潴水之地，无尺寸不耕，而忘其为昔日

之川浸矣。

《食货志》记梁山泊淤淀，是大定二十一年的事，顾氏之意，以为此后都变成耕地。如果明昌五年河水再度冲入泊里去，则胡氏不应接受顾氏的论定，最少也要加以补充或说明，这是胡氏自己不相照应的地方。又《锥指》四二下所说：

> 先是，都水监丞田栎言黄河利害云，前代每遇古堤南决，多经南、北清河分流，南清河北下[40]有枯河数道，河水流其中者长至七八分，北清河乃济水故道，可容二三分而已，因欲于北岸墙村决河入梁山泺故道，依旧作两清河分流，未及行而八月河决，竟如其言。盖是时决势已成，栎欲因而利导之，故为此议。

亦似因明昌五年正月田栎的提议而影响到他的臆定。但我们须知朱子《语录》的"近来北流"(见前引《锥指》)，只是指田栎所说"今河水趋北，啮长堤而流者十余处"那一件事，跟明昌五年八月的河决毫无关系。

明昌五年闰十月，参知政事马琪视察河防后回来奏称："孟阳河堤[41]及汴堤已填筑补修，水不能犯，汴城自今河势趋北，来岁春首拟于中道疏决，以解南、北两岸之危。"我初阅《河渠志》这一段的时候，以为"河势趋北"，即是说黄河，仍向旧有的北清河流去；及后细味前后文义，始知"北"字系对汴城(开封府)附近而说，"趋北"即"卧北"[42]，马琪的话，是说汴城附近的黄河，现在水势偏靠北岸流驶，待到春初水落，再把当中的河床挖深，使河水循着中线流去，南、北两岸便可比较安稳的意思。跟田栎"河水趋北"的话(引见前)文面很相近，意义却迥然不同。也就是说，跟整个黄河之南流或北流并不相关。复次，《金史》二五"卫州胙城县"称："本隶南京，海陵时割隶滑州，泰和七年(一二〇七年)复隶南京，八年，以限河来属。"胙城今延津县北(或作东)三十五里。又《金史》二六"开州长垣县"称："本隶南京，泰和八年，以限河不便来属。"限河的意义，就是说胙城、长垣两县已撇在河北，不便再归黄河南边的南京来管辖。这都是明昌五年(一一九四年)以后的事，可见得黄河正流，在明昌五年后，已徙出胙城、长垣的南边。[43]又《金史》二五称，归德府楚丘县，"国初隶曹州，海陵后来属，兴定元年以限河不便，改隶单州"，又单州砀山县，"兴定元年以限河不便，改隶归德府"。楚丘今曹县东南，单州今单县，砀山今砀山县东。限河的意义，就是曹县的东南已撇在黄河的北边，所以划归单州管辖。砀山撇在黄河的南边，所以划归归德管辖。从这两条史料，又见得明昌五年以后，黄河通过曹县的南边，砀山的北边。

再看《河渠志》，贞佑四年（一二一六年），"延州刺史温撒可喜言，近世河离故道，自卫东南而流，由徐、邳入海，以此河南之地为狭。臣窃见新乡县西，河水可决使东北，其南有旧堤，水不能溢，行五十余里，与清河合"【44】。尚书省宰臣覆奏又说："河流东南，旧矣。"那时候上隔大定八年，差不多五十年，尚书省所以说"旧"；河从卫州的汲、胙南移，约二十年，温撒可喜所以说"近世"。

现在只有一条最可疑的史料，即是《山东通志》说："明昌五年河犯武城堤。明年，诏凿新河，修石岸十四里有奇以塞之。"【45】按《金史》二六《地理志》，恩州有武城县、武城镇，即现在的武城县。《山东通志》收入这一条，显然认为是山东的武城。但这个武城远在临清的东北，不单止我所考证当日的河流趋势，不会冲到那里，即使胡渭的考证，也一样不会冲到那里。河流当真冲到"山东的武城"，灾区必然很广，为甚么没有别的消息传下？我经过一番思索，以为可有两种解释：（一）金代滑州白马县有武城镇（《金史》二五），即浚滑都巡河官辖下的武城埽所在（《金史》二七），黄河冲封丘，剩水很容易侵入紧靠北边的滑县。（二）《金鉴》一六三引阎咏《看河纪程》："金明昌五年，河犯武城堤，泛至金山；明年，诏凿新河，在今新乡县南，复经于胙。"按曹济都巡河官所辖有定陶、金山等埽（《金史》二七），如果"泛至金山"系指金山埽，则"武城堤"可能是"成武堤"的错字和颠倒（参看下文第十二节注五六及八○），因为金代单州的成武县恰靠在定陶的东南。唯是，从胙城的联系来看，似乎（一）的"武城埽"更合。同时，我们也须记取阎咏那本著作不是没有错误的。总之，无论如何，假使（一）解为合，则事属河南，《山东通志》犯了绝对的错误；又假使（二）解为合，则事属成武县，《山东通志》也犯了相对的错误。

《清一统志》"陈州府"条称，"金明昌五年河决阳武，由太康迳州东南至颍州"，不知有甚么根据，也许是一时的漫水吧。

总结以上的研究，关于明昌五年的河道，我们对《锥指》的解释，应作两项重要修正：

（1）从汲、胙南移，自阳武直流向封丘，出长垣、曹县之南，商丘（？）、砀山之北，经丰、沛、萧面向徐、邳，下游大致仍和大定十九年以后相同。《明史》八三说："金明昌中北流绝，全河皆入淮。"因为北流之绝并不始自明昌，它的话虽然有点不对，但全河入淮是真，可见胡氏认为东注梁山泺，分流人北清河，绝对未获得丝毫可靠的信据。在黄河史里面，像远离汲、胙同样的变迁，数不胜数，明昌五年那一次河决，实不能说是大变；所因早在大定二十年（一一八○年），宋代的"北流"已经断绝，大定中也埋漫了封丘（见前引《元史》五九，也许即二十年决延津时所波及），明昌五年的河决，不过黄河中段逐渐南移之一个过程，采取较直和较捷的道路（从阳武经汲、胙至曹、单，是较弯较缓的道路）。

（2）黄河离开浚、滑，大致来说，是比离开汲、胙为较早，但从绝对的离开来讲，又可说是同时的事。

假如《看水纪程》所说，明昌六年（一一九五年）在新乡南开了一条新河，因之黄河仍通胙城是当真的话，那末，明昌五年还不能看作黄河离开胙城的断限。但从黄河整个大势来看，水已逐渐南行（参看前节注43，正大年间胙城还有河患），这些小点可不必再行讨论。现在我们根于前项的修正，便见得《锥指》四〇下所说"自仁宗庆历八年戊子，下逮金章宗明昌五年甲寅，实宋光宗之绍熙五年，而河决阳武，出胙城南，南北分流入海，凡一百四十六岁"，完全未将各种史料详细分析，那是胡氏一个大大的疏略。

己、黄河以何时改道由涡入淮

兴定元年（一二一七年）黄河走在砀山之北（见前文），已是无可疑的事实，下去金人亡国（一二三四年）不过十七年，那个短的时间，黄河在虞城、砀山的地面，又发生过一回小改道。据《元史》五九，"至元二年（一二六五年）以虞城、砀山二县在枯黄河北，割属济宁府"，是枯黄河走在砀山之南。这事发生的时期，据《元史》五八，"砀山，金为水荡没，元宪宗七年（一二五七年）始复置县治，隶东平路，至元二年以户口稀少，并入单父县"，又"虞城下，金圮于水，元宪宗二年（一二五二年）始复置县，隶东平路，至元二年以户口稀少，并入单父"，应在金末一二一七——一二三四年间，所以元初复置两县时，都隶属于原在河北的东平路。进一步推测，黄河改道从涡入淮，也许是元初至宪宗二年，即一二三五——一二五一年时期的事，《锥指》四〇下说，元代河道"大抵初由涡至怀远入淮"，很像不错。方氏说："金之亡也，河自开封北卫州决而入涡河以入淮"（引见前），似乎因温撒可喜的话（引见前）而发生多少误会。至叶方恒《全河备考》说，"南渡后，河上流诸郡为金所据，独受河患；其亡也，始自开封北卫州决而入涡河，南直寿、亳、蒙城、怀远之间"[47]，不外根据方氏，无须讨论。

金代的黄河历史不过短短八九十年，而内中夹着这么多疑难问题，我批评胡渭，说他随随便便，并没有过分苛责。

关于金史材料，还有一点应提请读者注意，以免发生误会。考金代漕运，如深州的武强，清州的会川，沧州的清池、南皮，景州的东光、将陵，恩州的历亭、临清，均置有河仓（《金史》二五及二六），是不是河仓皆在黄河沿岸呢？我们试检《金史》二七："凡诸路濒河的城，则皆置仓以贮傍郡之税；若恩州之临清、历亭，景州之将陵、东光，清州之兴济、会川，献州及深州之武强，是六州[48]诸县皆置仓之地也。其通漕之水，旧黄河行滑州、大名、恩州、景州、沧州、会川之境。漳水东北为御河，则通苏门、获嘉、新乡、卫州、浚州、黎阳、卫县、彰德、磁州、洺州之馈。衡水则经深州，会于滹沱，以来献州、清州之饷。皆合于信安海壖，泝流而至通州"，便知河仓的"河"是通名，不限定用于黄河。

二、金人不是利河南行

金人占领黄河流域的时间很短，所以没有发挥甚么治河方略，除修固堤防之外，大要仍是兼主浚（如《河渠志》，大定九年，"宗室宗叙言，大河所以决溢者，以河道积淤，不能受水故也"）和分水（梁肃主张两河分流，前文已引过。高霖说，河流有曲折，适逢隘狭，故致湍决，请开鸡爪河以杀其势。见《金史》一〇四本传。又田栎主张分为四道，亦见《河渠志》）。唯胡渭说金以宋为壑，利河之南，而不欲其北。[49]孙嘉淦："南渡以后，河遂南徙，史不言其故，大约金人塞北流以病宋，可想而知也。"[50]郑肇经也说："及金人克宋（一一二六年），利河南行，遂开南徙夺淮之新局"[51]，且以"金元利河南行"为标目，[52]这种言论，似乎先抱着狭隘民族主义的成见。梁肃说："如遇涨溢，南决则害于南京，北决则山东、河北皆被其害，不若李固南筑堤以防决溢为便。"如果以黄河南徙为有利，何必在李固的南边来筑堤？大定十二年，"检视官言，水东南行，其势甚大，可自河阴广武山循河而东，至原武、阳武、东明等县，孟、卫等州，增筑堤岸"。广武山和金代当日的原武、东明两县，都在黄河之南岸，如果以南徙为有利，何必在那一带地方来筑堤？大定二十年检视官言，"河水……势益南行……乃自卫州堨下接归德府，南、北两岸增筑堤以捍其湍怒"[53]，如果以南徙为有利，那所谓正中下怀，岂不是听任其南行便了，何必多做筑堤的工作？事实是这样的彰著，还说"利河南行"，简直没有细读《金史》的《河渠志》了。胡氏也曾说过："河一过大伾而东，不决则已，决则东南注于淮。"[54]为甚么郑氏还以为开南徙夺淮之新局？让一步说，金人确以宋为壑，然而早在建炎二年（一一二八年），杜充已决河自泗入淮（参前文），推原作俑，那倒要埋怨宋人以自国为壑，朱熹一再迷信黄河流向哪一方，便于哪一方有利，不流向哪一方，便于哪一方不利（都已引在前文）；金人想必也有抱同样见解的，他们又果赞同把有利的条件推向敌方去吗？

末了，关于金代河防的行政，也不可不略说几句。他们每堨设散巡河官一员；沿河上下又分为数段，每段设都巡河官一员，总领堨兵万二千人，大概是模仿北宋制度而稍加改革（世宗说："朕闻亡宋河防一步置一人"）。金世宗说，"朕每念百姓凡有差调，吏互为奸，若不早计，而迫期征敛，则民增十倍之费；然其所征之物，或委积经年，至腐杇不可复用，使吾民数十万之财，皆为弃物，此害非细"，早已洞见历来河务浪费的积弊。又大定二十九年曹州的河决，章宗责成河务官员的报告迟滞。同年十二月，"工部言营筑河堤用工六百八万余，就用埽兵、军夫外，有四百三十余万工当用民夫；遂诏命去役所五百里州府差顾，于不差夫之地均征顾钱，验物力科之，每工钱百五十文外，日支官钱五十文，米升半"。[55]刘玑称："河堤种柳，可省每岁堤防之费。"[56]又高霖说："凡捲埽工物皆取于民，大为时病，乞并河堤广树榆柳，数年后河岸既固，埽材亦便，民力渐省。"[57]这都值得鉴戒或取法的。

黄河在金人统辖下仅过一百年，缺页占了四十年，因之疑问很多，但从零碎史料细加分析也可得到多少近于事实的结论。

一一六六年和一一六八年两年河决的结果，一支由阳武经东明、定陶、寿张转入大清河出海；一支仍循"北流"故道，但于胙城、滑州的中间，又分支冲出曹、单会泗入淮。约一一八〇年，"北流"及大清河的分流同时断绝，梁山泊也从此干涸了。在有史时期，这是以一淮受全黄之水的第一次，前人所说，都属错误。一一九四年即明昌五年的河决，不过黄河中间一小段逐渐南移，配不上称作"大变"。

从胡渭以后，学者往往说金人利河南行，其实并没有那一回事。

注释

【1】《水利史》二六一二九页。

【2】表里面的事实，除特别注明出处外，其余都根据《金史·河渠志》。

【3】李心传《建炎以来系年要录》一八。《宋史》高宗纪作"自泗入淮"。

【4】楼钥《北行日录》上。

【5】参据《金史》二五及《元史》五八。

【6】《图书集成·山川典》二三二引《兖州府志》。

【7】《黄河年表》引《郓城县志》（六一页），又《元史》二六。

【8】楼钥《北行日录》上作去岁五月，《金史》当系根据官中报到日期，所以书作六月。

【9】同名王村的地方很多，这一个王村，据《河渠志》系在河的南岸，或即现在原武县西的王村；王村亦见《金史》一〇四《奥屯忠孝传》。后见嘉靖十四年十二月，刘天和奏请于原武县王村厂增筑月堤十里（《金鉴》二四），知我所猜尚不误。《黄河年表》引《治水述要》，"王村今濮州地"（六二页），按河决濮州，似不至反决到开封（南京）、卫、孟，《述要》的考证太无根据。

【10】据《河渠志》，崇福埽应属卫州。

【11】说见后文。

【12】《舆地广记》五，阳武县有白沟，《金史》二五，阳武有白沟河。同名白沟的很多，应以阳武的为合。

【13】《老学庵笔记》只称淳熙中，同前《图书集成》引《河南通志》作淳熙六年。

【14】"七月"系据《金史》二三《五行志》。

【15】《金史》九七《张大节传》："后河决于卫，横流而东，沧境有九河故道，大节即相宜缮堤，水不为害。"《行水金鉴》一五把这件事编入大定二十年下。又九五《刘玮传》："明年，擢户部尚书，时河决于卫，自卫抵清、沧皆被其害。"《金鉴》据《河渠志》编入大定二十六年下。按二十年河决系南行，不应流向沧州，大节传所记，亦显然系二十六年的事，《金鉴》是错编的。《黄河年表》把大节那件事编在明昌四年（六四页），又是另一种错误，因为大节传记它在章宗即位之前。

【16】《金史》八。

【17】说见下文。

【18】《金史》九七《康元弼传》。

【19】说见下文。

【20】宜村在南岸，见《河渠志》；地属胙城，见《金史》二五。

【21】【22】均同前《五行志》。八柳树属新乡地面，参下文第十三节上注33引。

【23】《续金鉴》三引《清一统志》。

【24】《水利史》二七页。

【25】《国学论丛》一卷一号五四页。

【26】《锥指》四〇下《元代》一节注称："按兰阳、仪封之河，旧出其县北，与长垣、东明分水"，并引尚书省的奏作证。但金代初期的东明仍在河的南边，胡氏没有分辨得清楚。

【27】乾隆四十八年开新河成，旧考城县陷入河中，别于北岸原属仪封的堌阳，创建新城，距旧城六十余里（《续行水金鉴》二一）。并参下文第十四节上。

【28】【29】均《金史》二七《河渠志》。

【30】《水利史》二七页。曹州西之考定，系本自《淮系年表》六。

【31】《图书集成·职方典》一四二："沙店城在（滑）县西南二十里。"据《地理今释》一九，宋的滑州在今滑县东二十，所以相差二十五里。

【32】同前的《河渠志》。

【33】《金史》八九肃本传。

【34】同前《河渠志》。

【35】参下文引大定二十七年管河务的州县。

【36】《水利史》二八页。

【37】乾隆四十二年萨载说："三代时河未南行，自汉以后，入淮旋塞，仍北行入海。至宋绍

熙五年河徙阳武，分二派，一由北清河入海，一由南清河入淮，黄河南行自此始。"（《乾隆东华录》三三）说黄河南行始自明昌，尤其不合。

【38】《锥指》四〇下。

【39】同上。

【40】北下即由北向南，跟前节所指出的宋人文法一样。

【41】《河渠志》："其孟华等四埽，与孟阳堤道沿汴河东岸但可施工者，即悉力修护。"孟华四埽在东明附近，属曹甸都巡河官管辖，依这来推测，孟阳堤当近汴河东岸。

【42】《河渠纪闻》屡见"河势北徙""河势南徙"的话头，就是说"河溜偏北""河溜偏南"。

【43】《读史方舆纪要》说，黄河旧在胙城县北，自新乡县流入境，接汲县界，又东入大名府浚县境；金时黄河屡决，河在胙城县南，就是这一时期的事故。又《图书集成·职方典》四十七胙城县："金隶开封，正大间（一二二四——一二三一年）复遭河患，又徙而南二十里宜村渡，改县为新州。"按依前引田栎的话，明昌五年河未决之前，宜村系在河的南岸，那么，当时的胙城县约在河北二十里，比之楼钥经过时，河已南移五六十里。但明昌五年河决后再向南移，宜村也由南岸变作北岸了。

【44】这里的清河系指御河上源的淇水，跟南、北清河的清河不同。

【45】《金鉴》一五。

【46】《续行水金鉴》三。

【47】《经世文编》九六。

【48】依文只得五州，拿来跟《地理志》相比，实漏去沧州的清池、南皮，但《地理志》献州及兴济也漏注河仓，必两志合观而后其备。

【49】《锥指》四〇下。

【50】《经世文编》九六。

【51】《水利史》二六页。

【52】同上二九页。

【53】以上均见《河渠志》。

【54】《锥指》四〇下。

【55】以上均见《金史·河渠志》。

【56】《金史》九七《刘玑传》。

【57】同上一〇四《高霖传》。

第十二节　元代治河的概略

一、怎样编制河事简表

自宋南渡（建炎元年，一一二七年）起，中间隔了二十余年（天德二年，一一五〇年），金人才略有关于河防的记载；后到金代灭亡（天兴三年，一二三四年），蒙古逐渐向南方展开侵略。蒙古人那时候的文化水准，更较金人为低，他们自己没有正式文字，所以中间又差不多再空开了四十年，我们几无法得到半点黄河的真消息（参下文），可真是历史重演的怪现象了。《锥指》四〇下：

元至元九年，河决新乡县广盈仓岸，时河犹在新乡、阳武间也。不知何年，徙出阳武县南，[1] 而新乡之流遂绝。据史，至元二十三年河决，冲突河南郡县凡十五处。二十五年，汴梁路阳武等县河决二十二所，水道一变，盖在此时矣。《元大一统志》残缺，仅存十之一二，河之所经，不可得详。

又说：

　　　　大抵初由涡至怀远入淮，如明正统十三年决河所行之道。后三十余岁

　　为泰定元年，始行汴渠，至徐城东北，合泗入淮。

　　按《元史》六五《河渠志》记黄河事，始于世祖至元九年（一二七二年）；《河渠志》的底本，无疑是脱胎于已佚之《经世大典》，这一本书系元至顺二年（一三三一年）时官修，大约至元以前的事，他们当日也没法追溯了。站在文献缺乏、无可补救的场合，我们现在只可尽量搜罗所知，作成简表，以供参考，并无其他再好的方法。

　　未写这项简表之前，对于史料的抉择，我还得声明一句。比方，《元史》五〇《五行志》所记，至元"九年九月，南阳、怀、孟、卫辉、顺天等郡，洛、磁、泰安、通、泷等州淫雨，河水并溢"。又二十年六月，"南阳府唐、邓、裕、嵩四州河水溢"。就中卫辉路新乡县河决，虽见于《河渠志》"黄河"条下（说是七月的事），但南阳一带，并非黄河流域，可见得这两条史料所用的"河"字是通名，即北方有水便是河的"河"，不定专指黄河（参第十一节所引《金史·地理志》的"河仓"条）。因之，《图书集成·山川典》二三三，黄河项下所引《续文献通考》，"至元二十一年，大名府水"，又"二十二年秋，南京、彰德、大名、河间、顺德、济南等路河水溢"[2]，那一类材料，是性质可疑或极其混杂的，如果要逐条加以分析，哪处地方系指黄河，哪处地方不属黄河，工作固然极之困难，而且很容易发生偏差或错误。所以涉于这种类似性质的材料，我宁愿割爱。其他只称河溢，而与河道研究无大关系的，也因为节省篇幅，不复采入。下面所列的简表，就是根据这两个原则来编成的。

年份	河务	备考
元太宗六年 （宋端平元年，一二三四年）	赵葵入汴，蒙军决祥符县北寸金淀水灌之。[3]	
世祖至元九年 （一二七二年）	新乡县广盈仓南河北岸决。[4]	
至元二十三年 （一二八六年）	十月，河决开封、祥符、陈留、杞、太康、通许、鄢陵、扶沟、洧川、尉氏、阳武、延津、中牟、原武、睦州[5]十五处。[6]	
至元二十五年 （一二八八年）	五月，河决襄邑。 河决汴梁之太康、通许、杞三县，陈、颍二州皆被害。[7] 六月，睢阳河溢。 考城、陈留、通许、杞、太康五县河溢。[8]	
至元二十七年 （一二九〇年）	六月，河溢太康。 十一月，河决祥符义唐湾。	太康、通许、陈、颍二州大被其患。[9]

续表

年份	河务	备考
成宗元贞二年 （一二九六年）	九月，河决杞、封丘、祥符、宁陵、襄邑五县。[10] 十月，河决开封县。[11]	
大德元年 （一二九七年）	三月，归德、徐州，邳州宿迁、睢宁、鹿邑三县，河南许州临颍、郾城等县，睢州襄邑、太康、扶沟、陈留、开封、杞等县河水大溢。[12] 五月，河决汴梁。 七月，河决杞县蒲口。[13]	
大德二年 （一二九八年）	六月，河决蒲口凡九十六所。	泛溢汴梁、归德二郡。[14]
大德八年 （一三〇四年）	正月，自荥泽至睢州筑河防十八所。 五月，汴梁之祥符、太康，卫辉之获嘉，太原[15]之阳武河溢。[16]	是年河决落黎堤。[17]
大德九年 （一三〇五年）	六月，汴梁武阳县[18]思齐口河决。[19] 八月，归德府宁陵、陈留、通许、扶沟、太康、杞县河溢。[21]	开董盆口，分入巴河以杀其势。[20]
武宗至大二年 （一三〇九年）	七月，河决归德府境，又决封丘。[22]	
仁宗皇庆元年 （一三一二年）	五月，睢阳河溢。[23]	
皇庆二年 （一三一三年）	六月，河决陈、亳、睢三州，开封陈留等县。[24]	
延祐二年 （一三一五年）	六月，河决郑州，坏汜水县治。[25]	
延祐三年 （一三一六年）	四月，颍州泰和县河溢。[26] 六月，河决汴梁。[27]	
延祐七年 （一三二〇年）	六月，河决荥泽塔海庄，又决开封县之苏村及七里寺。[28] 是岁，河决原武，浸灌诸县。[29]	
英宗至治二年 （一三二二年）	正月，仪封县河溢。[30]	
泰定帝泰定元年 （一三二四年）	七月，曹州楚丘县、开封濮阳县[31]河溢。[32] 黄河决大清口，从三汊河东南小清河合十淮，自此黄河南入十淮。[33]	

续表

年份	河务	备考
泰定二年 （一三二五年）	三月，修曹州济阴县河堤。 五月，汴梁路十五县河溢。 七月，睢州河决。 八月，卫辉路汲县河溢。[34]	
泰定三年 （一三二六年）	二月，归德府属县河决。 七月，河决郑州阳武县。 十月，河溢汴梁路，乐利堤坏。[35] 十二月，[36]亳州河溢。[37]	
泰定四年 （一三二七年）	五月，睢州河溢。 六月，汴梁路河决。 八月，汴梁路扶沟、兰阳二县河溢。[38] 虞城县河溢。 十二月，夏邑县河溢。[39]	
致和元年 （一三二八年）	三月，河决砀山、虞城二县。[40]	
文宗天历二年 （一三二九年）	开、滑诸州河溢。[41]	
至顺元年 （一三三〇年）	六月，河决大名路东明、长垣二县。[42] 同月，曹州济阴县河决。[43]	
至顺三年 （一三三二年）	五月，汴梁之睢州、陈州，开封之兰阳、封丘诸县河溢。[44] 十月，楚丘县河堤坏。[45]	
顺帝元统元年 （一三三三年）	五月，阳武县河溢。六月，黄河大溢。[46]	
元统二年 （一三三四年）	九月，河决济阴。[47]	
至元元年 （一三三五年）	河决汴梁封丘县。[48]	
至元二年 （一三三六年）	五月，黄河复于故道。[49]	
至元三年 （一三三七年）	七月，汴梁兰阳、尉氏二县，归德府皆河溢。[50]	
至元四年 （一三三八年）	河决山东、河南、徐州等十五州县。[51]	
至元五年 （一三三九年）	河决济阴。[52]	

续表

年份	河务	备考
至正二年 （一三四二年）	九月，归德府睢阳县河患。[53]	
至正三年 （一三四三年）	五月，河决白茅口。[54]	
至正四年 （一三四四年）	正月，河决曹州，又决汴梁。 五月，河决白茅堤、金堤，曹、濮、济、兖皆被灾。[55] 六月，河又北决金堤，并河郡邑济宁、单州、虞城、砀山、金乡、鱼台、丰、沛、定陶、楚丘、武城以至曹州、东明、巨野、郓城、嘉祥、汶上、任城等处，皆罹水患。[56]	
至正五年 （一三四五年）	七月，河决济阴。[57]	
至正八年 （一三四八年）	正月，河决，陷济宁路。[58]	
至正十一年 （一三五一年）	四月，诏贾鲁开黄河故道，自黄陵冈南达白茅，放于黄固、哈只等口；又自黄陵西至杨青村，合于故道。 七月，开河功成，乃议塞决河。 十一月，黄河堤成。[59] 七月，河决归德府永城县，坏黄陵冈岸。[60]	
至正十四年 （一三五四年）	河溢金乡、鱼台。[61]	
至正十六年 （一三五六年）	八月，河决郑州河阴县，官署、民居尽废，遂成中流。[62]	
至正十九年 （一三五九年）	九月，济州任城县河决。[63]	
至正二十二年 （一三六二年）	七月，河决范阳县。[64]	
至正二十三年 （一三六三年）	七月，河决东平寿张县。[65]	
至正二十五年 （一三六五年）	七月，东平须城、东阿、平阴三县河决小流口，达于清河。[66]	
至正二十六年 （一三六六年）	二月，河北徙，上自东明、曹、濮，下及济宁，皆被其害。[67] 八月，济宁路黄河溢。[68]	

既然制成一个河事编年表，我们就应该拿来分析一下，看看对于元代各时期的黄河经流，能否寻出一些线索，又前人的考证有没有信值。

二、元代河道的变迁

甲、黄河入涡兼入颍

黄河从涡河至怀远入淮，方氏以为是金末的事情，跟胡渭记入元代的说法略有不同（见前节一项乙及己）。胡氏凭甚么得到这个结论，没有提及，是否根据《元史·地理志》（见下文），我们很难捉摸。我在前节（一项己）已经提出，黄河改道由涡入淮，可能在元太宗七年至宪宗二年（一二三五——二五一年）那个时期。拿崇祯末年河决开封入涡那一回事来作比较，可能就是太宗六年蒙古人决灌赵葵军的结果。从书本上看，黄河自有记载可考以来，单循涡入淮的以此为第一次（《古今治河图说》把它放在至元二十三年，并未立证）。不过从事实上来观察，当日似乎更分流入颍，试观前表，至元二十五和二十七年陈、颍两州都受河患，又延祐三年河溢太和，尤是河水侵颍的实证。胡渭虽说过元代大抵初由涡入淮，但他却没有看作一回变局，这是很可怪的。

复次，据《水经注》二三，涡水系经扶沟（今同名）、安平（未详，依前后两县来推勘，应在今太康附近）、武平（今鹿邑西四十里）、苦（今鹿邑东十里）、相（未详，[69] 应在今鹿邑及亳的中间）、谯（今亳县）、城父（今亳东南七十九里）、山桑（今蒙城北三十里）、涡阳（今蒙城）、龙亢（今怀远西北七十五里）各县而入淮，跟现代的涡河流域没有甚么差异。《元史》五九《地理志》"汴梁路杞县"注："元初河决，城之北面为水所圮，遂为大河之道，乃于故城北二里河水北岸筑新城置县。继又修故城，号南杞县。盖黄河至此分为三。其大河流于二城之间，其一流于新城之北郭睢河中，其一在故城之南东流，俗称三叉口。"又《元史》六五《河渠志》，至大三年（一三一〇年），河北河南道廉访司奏："东至杞县三汊口，播河为三，分杀其势，盖亦有年。往岁归德、太康建言，相次湮塞南北二汊，遂使三河之水，合而为一。"杞县恰在太康的西北，依《河渠志》所载，三汊的最南一汊，应是经过太康的。流入睢河的则是北汊，据《明史》八三，"浚睢河，自归德（城南）饮马池经符离桥，至宿迁以会漕河"，所以其下流达于归德。换句话说，杞县的三汊当中，归德的北汊和太康的南汊在至大三年以前早就塞掉。

河决杞县分作三汊是元初哪一年，《地理志》没有说明。由前头的表来看，至元二十三年河决十五处，汴梁路所领十七县当中，占了十四处，杞县也是其中之一。隔了一年河又决襄邑（今睢县西一里）、太康和杞县，跟着杞县又有河溢（《元史》一六七《张庭珍传》，"河决，灌太康，漂溺千里"，是同时的事）。又一七〇《尚文传》载大德元年他的防河提议曾说，"陈留抵睢，东西百有余里，南岸旧河口十一，已塞者二，自涸者六，通川者三"，那么多南岸决口，必是至元和至元前河决的遗迹无疑。张了且在他的文内曾引过方志一条说："元太宗六年（一二三四年），河决于杞，遂分为三，俗名三叉河。中流循城之北而东且南，即今之县治后是也。北流决汴北堤而且东，即今俗称沙河是也。南流循城西而且南，其迹半隐半现，不复可识。"【70】有人根据《尚文传》和至大三年廉访司的话（见前引），以为可能是大德年间事的错编，我觉得我们对这条史料的价值，须多考虑一下，不能遽然加以否定。首先，尚文的建议在大德元年，那时候杞县一带已是百孔千疮；其次，廉访司的奏上去大德元年不过十二三年，已说"播河为三……盖亦有年，往岁归德、太康建言，相次湮塞南北二汊"，把这件事排在大德是很难说得通的。唯黄河如果从开封东南夺涡，杞县正是必经地点，夺涡可能由于太宗六年决河所致。我初作这一假定时还未读到张氏的引文，而张氏的引文何以说太宗六年河决于杞，怕也是决河向东南散漫的结果。由于这样的巧合，我很相信元初黄河夺涡入淮这一大变局，是从太宗六年为始，所以至元二十三年受河患的地方大半在涡河流域。《黄河年表》对至元二十二年河决的看法，亦曾提出过"陈留、杞等县原不滨河，今既言决，疑是在此以前，早有分支由古汴渠出徐州合泗入淮"，可是它没有注意到胡渭由涡入淮的揭示。新乡紧靠阳武，《河渠志》明记至元九年河决新乡广盈仓南河北岸，则那时河流无疑仍经过新乡境内。

然则黄河夺涡究由甚么地方转向东南呢？据《元史》九三《食货志》称："初伯颜平江南时……运粮则自浙西涉江入淮，由黄河逆水至中滦旱站，陆运至淇门，入御河以达于京。"这是一二七六年（至元十三年）以后一个很短时期的运道。西山荣久解释为："该地粮米，由隋之江南运河及其他水路而达扬子江，再由隋之邗沟入淮河，溯唐宋之汴河，更进于黄河，由此逆航而达中滦。"【71】溯汴一句显然是错的，那时候汴河早已断塞，黄河又夺涡入淮，浙西等米船应是从涡口逆上黄河，到中滦而着陆的。由此，我们可以推想，黄河当时之夺涡，系由中滦附近折向东南而走。

胡渭又说："盖自金明昌甲寅之徙，河水大半入淮，而北清河之流犹未绝也。下逮元世祖至元二十六年会通河成，于是始以一淮受全河之水。"【72】这些话也是不对的。明昌五年的河决没有灌入北清河，我在前节一项戊下已加以辨明。《元史》六四记开浚会通河的工程非常详细，但只说，"至元二十六年，寿张县尹韩仲晖、太史院令史边源相继建言，开河置闸，引汶水达舟于御河"，完全没有涉及黄河，又是一个反证。《明史》八三："金明昌中北流绝，全河皆入淮。"它说来比胡渭切实一些，那么，以一淮受全河实始于金（参前节），不是至元二十六年。所不同的，金时河系经开封北面东向徐、邳而入淮，元时系绕出开封南面经涡、颍、睢等河而入淮，黄河和淮水的交汇点不同，对于淮水的通流，当然是影响很大的。

《淮安府志》说："泰定元年，黄河决大清口，从三汊河东南小清河合于淮，自此黄河南入于淮。"这段史料，《元史》完全没载。惟《锥指》四○下有过"元初，黄河由涡入淮，至泰定元年由汴河决入清河，自是遂为大河之经流"的话，跟《淮安府志》不一样。《锥指》又引顾祖禹说，清河"县西三十里有三汊河口，泗水至此，分为大小二清河；大清河经县治东北入淮，俗称老黄河，今堙。其小清河于县治西南入淮，即今之清口也"（可参看《利病书》二七，清河县的大清河、小清河）。首先要辨明的，"三汊"是很通俗的名称，凡遇着三水汇流或分流，便可有这个称谓，府治的三汊河属于泗水，在清河县附近，跟《元史·河渠志》的三汊口（在杞县）完全无关。那末，从大清口决入小清河，不过清河县城外围的小小改变，并不是黄河重要的改道（参前注33）。其次，《府志》所称"黄河决大清口"，是从哪一方面决来的呢？胡渭比《府志》加上"由汴河"三字，不晓得他有甚么根据，照我看，好像是他误会旧文而从臆想得来的。他以为泰定元年始由汴河决入清河，完全跟事实不符（见下丙），泰定元年万不能看作黄河始行汴渠的年份。至《府志》"自此黄河南入于淮"一句，最易令人误会。我们须知泰定之前，甚而金代，黄河早已夺淮而且"由涡入淮"（见前引《锥指》），此之由汴入淮，所夺的路线更长。《水利史》说："至是（泰定元年），河果南行，演成黄河夺淮之局。"[73]简直是轻重倒置，令读者莫名其妙。

乙、黄河侵汴的过程

要探究黄河侵汴的时代，就先须把《金》《元》两史来对勘一下。金设黄汴都巡河官于河阴（见前节），宁陵县"大定二十二年，徙于汴河堤南古城"（《金史》二五），又二十七年提举河防的州县，有许多属于汴河流域（见前节），知汴河上游在金代总未算全断。独元代《河渠志》不复着"汴河"的分目，又知汴河到元时已被黄河侵占，即如陈桥铺一地，旧日在古汴河边缘，北去黄河五十余里（参十三节上注21），现在则陈桥镇已靠黄河的北岸。《淮系年表·水道编》说："宋南渡后汴漕废……自是大河直逼广武山麓，河、汴合一。"末尾那句话是不错的。我们更须晓得汴河的流域很长，黄河侵入汴河是分段的，不是整个的，我们要切合事实，就应分段来检查。《锥指》所说"泰定元年始行汴渠"，不特年份不对，措辞亦异常含混，好像黄河在同时把整个汴河夺占；实则至元二十三年河决祥符、陈留、杞县，二十五年决睢阳、陈留、襄邑、杞县，元贞二年决杞县、祥符、宁陵、襄邑，汴渠这一段，在至元、元贞间显然已部分地被黄河所侵入。再追溯上去，楼钥于乾道五年（一一六九年）十月随贺正使往金，他的《北行日录》上说，"三十五里谷熟县……县外有虹桥跨汴，甚雄，政和中造，今两傍筑小土墙，且敝损不可行，绝河以入"。又同书下，"（陈留县）车行六十里至雍丘县，早饭临川驿，又六十里，渐行汴河中，宿拱州襄陵驿，城外客旅往来，人家颇多。入城旧有桥，河流既断，筑堤以行"。拱州治襄邑（据《金史》二五，天德三年即一一五一年，已更名睢州，也许楼氏承用旧名），是开封以南的汴河，金代已表现着或通或断的情况。同时，汴河的下游更形成中断，如《北行日录》上："又六十里宿宿州，循汴而行，至此河益埋塞，几与岸平，车马皆由其中，亦有作屋其上。"又同书下，"又四十五里宿宿州，汴河底多种麦"，均可证。惟光绪《宿州志》称，"元泰定初，黄河行故汴渠，仍于徐州合泗水至清口入淮，而泗州之汴口遂废，汴水埋塞"。依前论证，则泗州汴口之废，早在乾道，下去泰定初年（一三二四年）已约一百六十年。

或者说，隋以前的汴河下游，和隋以后的完全不同（见前第九节），通过宿州的只是隋后的汴河。我们又须知大定八年（一一六八年）至二十年（一一八〇年）当中，黄河已自单父、虞城出丰、萧、沛而下彭城，明昌五年（一一九四年）后更转出曹县之南，砀山之北（见前第十一节），曹、砀山、萧、彭城各县都是隋以前古汴河经行的地方（见前第九节），然则古汴河的下游，也早在金代已为黄河所行走了。

关于旧日河汴的交点，即汴口，本在河阴县（今荥泽县附近，非现在的河阴县）。据《元史》五一，至正十六年河决"河阴县，官署、民居尽废，遂成中流"，受河的汴口，似乎到这个时候已埋没。[74] 惟阳武一段，则至洪武十五年（一三八二年）河徙出阳武之南，[75] 天顺中再徙入原武，始被完全侵占。《小谷口荟蕞》所称，"至元二十七年，汴始淤塞"，[76] 跟胡渭的话，同是一样含糊。[77]

丙、黄河"故道"问题

再次，胡渭疑新乡流绝在至元末年（引见节首），这也须作补充说明。金末的黄河虽然走向南方，但汲、胙的旧道并没经过人工堵塞，那行走过千年以上的河道，遇着河水盛涨时，仍分泄多少水量，这是无疑的。比方，泰定元年河溢濮阳，二年溢汲县，天历二年溢开、滑州，如果应用这个理由来解释，就不会觉得事情复杂。乾隆二十一年修《获嘉县志》二："黄河旧在县南四十里，明天顺六年，南徙于原武县界，其地遂淤。"（四十里，《锥指》四〇下引《获嘉新志》作六十里。《明史·河渠志》没有载天顺六年河徙原武的事，《水道编》及《年表》八作天顺五年）那末，新乡的全淤，说不定也与获嘉同时。因为正统十三年黄河尚决新乡（见下节）。乾隆十二年修《原武县志》五："元时新乡虽塞，尚由获嘉，至明洪武十五年河决阳武，由东南三十里入封丘至考城，自此河出阳武之南，而新乡、汲县、胙城之境，皆去河渐远。"以为洪武十五年河出阳武之南，已离开获嘉，跟《获嘉志》的话，又是两样。从《原武志》末一句来看，似乎它也不敢断定河是甚么时候离开新乡。

同样，元代初期的黄河正流，虽然走向涡水流域，原来向封丘东出的旧道，也不是完全断绝；你看，至大二年决封丘，泰定元年溢楚丘（今曹县东南），至顺元年决东明、长垣，[78] 三年决封丘、楚丘，元统二年决济阴，后至元[79]二年又决封丘，就属于这一类的事实。总而言之，上古治河工作还未十分展开，听任黄河自流，我们能明白后世迁徙的实况，便能了解上古"二渠"（见前第六节）的真义；能了解上古何以有"二渠"，对于后世的分流也就不会发生疑怪，认识是相资为用的。

《元史》三九，后至元二年（一三三六年）五月，有"黄河复于故道"的记事。康熙十九年《封丘县志》一说得好："谭者辄曰觅故道，孰为故道也？"从整个黄河的历史来看，凡它曾经过的地方，都可称作故道，它的故道很多，是最近的故道呢？还是以前任一个时期的故道呢？我国历史上应用这种浮泛名辞，最易发生几个不同的解释，而令人难以决定。我初读《元史》时，以为这个"故道"指金末的旧道，后来有点怀疑，放弃了这项主张，最后经过详细考虑，又再回复原来"金末的故道"的决定。因为，复故道之后七年，即至正三年（一三四三年）六月，河北决金堤，并河郡邑如定陶、单州、虞城、砀山、金乡、鱼台、楚丘、武城、[80]东明、丰、沛等都受水害。假使后至元二年的"复于故道"是复走涡河，则前举那些州县，不会边近黄河，正可作为一个强硬的反证。唯是，至正十一年贾鲁所复的故道，并不经过丰、沛，那又怎样解释呢？我们要详细回答这个问题，先须把《元史》一七○《尚文传》细读一下。当大德元年（一二九七年）河决杞县的蒲口，朝廷派尚文前往视察，他的回奏说：

> 今陈留抵睢，东西百有余里，南岸……岸高于水计六七尺或四五尺，北岸故堤，其水比田高三四尺，或高下等，大概南高于北约八九尺，堤安得不坏，水安得不北也？蒲口今决千有余步，迅疾东行，得河旧渎，行二百里至归德横堤之下，复合正流。……蒲口不塞，便。

可见河水到大德初年又由涡河改向归德，但结果是怎样呢？同传又说：

> 会河朔郡县，山东宪部争言，不塞则河北桑田尽为鱼鳖之区，塞之便，帝复从之。明年，蒲口复决，塞河之役，无岁无之，是后水北入，复河故道，竟如文言。

关于传文的意义，孙嘉淦请开减河入大清河疏，就有过一种误解，他说："元初河屡北决，辄复堵塞。大德初，决蒲口，廉访使尚文言相度形势，南高北下，宜顺水性，导之北行，决口勿塞为便；而有司卒塞之，后蒲口复决，水全北流，竟如文言。至正初，河决金堤等处，丞相脱脱用贾鲁充河防使，大开黄河故道，水遂安流，贾鲁称善治河，乃导之北行，未尝令南徙也。明洪武时河决阳武，东过开封，南入于淮，而河之故道遂淤。"【82】按贾鲁治河后（即洪武二十四年以前的河道，见下文），河由开封经徐州会淮，至洪武二十四年河决原武（不是阳武），改由开封经亳入淮，正流不经徐州（见下节）。简括来说，在洪武前后，河水都是会淮入海，只有经徐州与不经徐州的差异。孙氏乃以为洪武前河水未尝会淮，这是他出发点的错误。出发点既误，他于是认贾鲁导河北行，系导之使离开淮水；更进一步误认《尚文传》之"北入复河故道"，系流向大清河去，所以他就详引这一个故事，来作他主张减河入大清的根据。殊不知蒲口地属杞县，黄河如经行杞县，向来没有见过能折东北走入大清河的。就这一点来看，已见得孙氏对于元、明之间的河道，毫未明白。

其实，传文所称至归德横堤外复合正流，就是复合于金末的故道。后来贾鲁治河修复"故道"，那"故道"只是大致的，不是整个的。试看他治河的工程，自黄陵冈至哈只口止，计辟生地（即原来无河道的地方）十八里，接入故道十里，其余刘庄至专固之百〇二里，黄固至哈只口之五十一里，是不是故道，并无明文（参下文。按刘庄至专固，当然不是故道，如果是故道，就应说"南白茅至专固百十二里"，不应分列为两项了。刘庄至专固不是故道，又不是"生地"，是甚么？那是接合于别的水道），我们切不可泥解"故道"的字面，以为贾鲁河与金末的故道丝毫无异。

丁、元末的黄河北徙

同时，河复故道之后，以前开封南面所受的河患，又移向开封东面来。经过贾鲁治河，涡河的决口好像已被堵住（参下文），可是黄河的出路，由于历史的昭示及教训，一条路是不能容载的。所以这边一面塞，那边又一面决。在任城（今济宁）、范县、寿张（今东平西南）几度溃溢之后，到至正二十五年（一三六五年），便沿着须城（今东平）、东阿、平阴那一线，决入小流口以达北清河，《元史》五一所称"河北徙"，就是这一回的结果。胡渭的书屡以为明昌五年河水一部分流入北清河，至会通河成始行断流（见前文），是完全弄错的。光绪五年修《东平州志》三"旧黄河"条："旧志，州西七十里有二……其自河南仪封县流经曹县东北，历定陶、曹州、郓城、寿张而入州境者，此自金、元至明初故道也。昔时河岸西南起寿张范城浅，东北至阳谷高吾浅，长五里"，只是大概的描写；由金至明，黄河之分入北清河，是间歇的，不是连续的，其详细分见前后文。丘浚尝说："曩时河水又有所潴，如巨野、梁山泊等处。犹有所分，如屯氏、赤河之类；虽以元人排河入淮，而东北入海之道，犹微有存者。"（据艾南英《禹贡图注》引。《锥指》四〇下也说："元末河复北徙，自东明、曹、濮下及济宁。"可是他没有注意到至正二十五年的记事）又《水利史》："贾鲁治河后，终元顺之季，虽北流未断，决溢时闻。"[82] 都不能抉出当日的实在情形，使人看不到贾鲁治河的后果。因为这条流入北清河的北流，是贾鲁治河后才新冲开的，在贾鲁着手治河时是没有的。

三、论贾鲁治河及治河后黄河所行的水道

靳辅的批评以为他犯了三忌，[83] 那只是手续施行的问题。胡渭说："鲁为会通所窘，河必不可北，其所复者仍是东南入淮之故道耳。……使鲁生汉武之世，则导河入宿胥故渎，当无所难……生明帝之世，亦必能导河入清河，合漳水至章武入海。"[84] 更是经生家不切实际的幻想，而且会通河在元代也未占重要的地位。

《元史》一八六《成遵传》：至正十年，除工部尚书，"先是，河决白茅，[85] 郓城、济宁皆为巨浸，或言当筑堤以遏水势，或言必疏南河故道以杀水势，而漕运使贾鲁言必疏南河，塞北河，使复故道，役不大兴，害不能已。廷议莫能决，乃命遵偕大司农秃鲁行视河，议其疏塞之方以闻。十一年……（遵）以谓河之故道，不可得复，其议有八"。遵的八条可惜没有传下。又一八七贾鲁本传，"至正四年，河决白茅堤，又决金堤。……鲁循行河道，考察地形，往复数千里，备得要害，为图上，进二策：其一，议修筑北堤以制横溃，则用工省。其一，议疏、塞并举，挽河东行，使复故道，其功数倍。……九年，鲁昌言河必当治，复以前二策进，丞相（脱脱）取其后策"。遵传的"北河"似指白茅决口（白茅，依《元史》六六，当在黄陵冈附近），不是指金末的汲、胏故道，试看延祐元年廷臣所说："尝闻大河自阳武、胏城，由白马、河间东北入海，历年既久，迁徙不常。"[86] 可见汲、胏的故道除偶然涨溢之外，平时早已干涸。贾鲁的最失策，我以为还在埋塞北河。疏浚南河，固然是一个办法，但能够多留一条出路，像尚文所主张（见前文），更可收到分杀水势的效果。我对鲁下这样的批评，可无须详细辩论，单看鲁塞北河后不久，黄河仍向北突入清河，南方则洪武十六年（一三八三年）复决杞县入巴河，二十四年（一三九一年）又决向颍上，经寿州入淮（均见下节），已尽够证明黄河的水量不是单一条南河所能容，必须再找出路了。可是这一点缺陷，历来批评贾鲁的却没有着眼。

宿胥故渎地势高下，是否适合，胡渭似乎没有联想到。即使可以的话，而鲁所疏凿不过二百八十里（详下文），已说"其功数倍"。向章武入海那条路，须通过一二十县的地面，旧迹早已堙没，更不知费工多少，元末的政治经济情况是否能负担得起？再让一步说，通了宿胥故渎，谁又敢保证黄河便安然无事？胡渭的设想，只可认作经生家的废话。

贾鲁治河，疏、浚、塞三事平列，然疏常兼带着浚，归纳起来，可说只有两件，所以鲁的奏报也称"疏、塞并举"。塞的问题，在古代仍有赞成、不赞成的两派。汉武帝时瓠子决口，经过二十多年，因梁、楚人民诉苦，才决心塞掉。后到北宋，塞或不塞，更成为当日争执的焦点。明清以来，治河兼须顾运，差不多都遵守着一条逢决必塞的原则。我们试从事实来观察，这是应塞、不应塞的问题，而不是必塞、不必塞的问题。比方宋代的商胡，清代的铜瓦厢，新河各已经过二十年，取得有利的条件，如果要恢复故道，不单止花费许多人力、财力及时间，而且花费了之后，能否保证成功，也没有一定把握，那末，就断断不应塞。反之，决口并未冲成新的河形，唯是到处泛滥，受灾的面积很广，那就非塞不可了。简单地说，塞或不塞，要斟酌各个场合的情形。

修《元史》的宋濂等人，是亲见贾鲁修河的。撇去修河的方略不说，单就修河的事来论，《元史》六六所揭，"先是，岁庚寅河南北谣云：石人一只眼，挑动黄河天下反。……议者往往以为天下之乱，皆由贾鲁治河之役，劳民动众之所致，殊不知元之所以亡者，实基于上下因循，狃于宴安之习……所由来久矣。不此之察，乃独咎归于是役，是徒以成败论事，非通论也。设贾鲁不兴是役，天下之乱讵无从而起乎"最为公平。[87] 安乐须从劳动换得来，贾鲁的劳民，当然跟秦始、隋炀有点不同，难道要叫元朝的君臣坐视不理，任百姓日处于水深火热之中吗？何况鲁所征役的民夫，总数不过十五万（见《元史》六六及一八七），比之前代动辄数十万的也很有差别。

欧阳玄"以为司马迁、班固记河渠、沟洫，仅载治水之道，不言其方，使后世任斯事者无所考则"[88]，因作《至正河防记》，却无愧为经世之文（属于技术方面的，这里不详引），但关于浚故道的起止地点，他叙来可不太清楚，所以我趁便在这里替他解释一下。

《记》称"通长二百八十里百五十四步而强"，这个数目系从

（甲）"始自白茅长百八十二里"；

（乙）"乃浚凹里减河通长九十八里一百五十四步"。

两项加合得来。（甲）项的一百八十二里，即：

　　自黄陵冈至南白茅辟生地十里；

　　南白茅至刘庄村接入故道十里；

　　刘庄至专固百有二里二百八十步；

专固至黄固【89】垦生地八里；

黄固至哈只口长五十一里八十步。

五项的总数。（乙）项的九十八里一百五十四步，即：

凹里村缺河口生地长三里四十步；

生地以下旧河身至张赞店长八十二里五十四步；

张赞店至杨青村接入故道，垦生地十有三里六十步。

三项的总数。黄陵冈在仪封、曹两县的交界（《金鉴》一六一引《看河纪程》，黄陵冈在仪封县东北六十里；《锥指》四〇下则作仪封东北五十里，曹县西南六十里。光绪十年修《曹县志》一："贾鲁河绕县西四十里许，自黄陵冈至杨青村。"按《金史》二五考城县有黄陵冈，据最近《亚光图》，则黄陵冈在兰封境内，那当由于两县境互有转移）。白茅参前文注八五（《曹县志》七："旧老堤自北直隶白茅村起"）。刘庄未详。专固就是曹州地面的砖固（见《元史》六五。同上《曹县志》一："砖堌在县南四十里"）。黄固是曹、单两县的交界（见下文）。哈只口属归德府（《元史》六六；《淮系年表》七疑在虞城）。杨青村，《利病书》说在曹县。《水利史》说："其自黄陵冈至哈只口，正引河也。自黄陵冈西凹里村至杨青村，减水河也。"【90】《至正河防记》又说，"白茅河口至板城补筑旧堤长二十五里二百八十五步；曹州板城至英贤村等处高广不等，长一百三十三里二百步；稍冈至砀山县增培旧堤长八十五里二十步；归德府哈只口至徐州路三百余里，修完缺口一百七十处"，也透露了贾鲁河一些内容。惟全河详细经行，只从《明史·河渠志》及别的书里面觅得些零碎记载，【91】现在且把它联缀起来。

封丘金龙口（即荆隆口，在县西南三十余里，【92】《武昌图》作金铃口）。

祥符鱼王口至中滦（永乐八年张信奏："祥符鱼王口至中滦下二十余里，有旧黄河"）。

陈留葛冈（嘉靖六年，戴金奏："自开封经葛冈、小坝、丁家道口、马牧集、鸳鸯口至徐州小浮桥口，曰汴河。"现行地图，陈留东南有葛冈）。

仪封黄陵冈（宣德六年，"浚祥符抵仪封黄陵冈淤道四百五十里"，弘治六年，刘大夏"浚仪封黄陵冈南贾鲁旧河四十余里"，又"自洼泥河过黄陵冈，亦抵徐州小浮桥，即贾鲁河也"。洼泥河属仪封县，亦作艺泥河，在北岸。《金鉴》五六引《小谷口荟蕞》称："贾鲁河在黄陵冈南二里。"同书一六一引《看河纪程》同）。

东明（《金鉴》一七引《直隶通志》："贾鲁河在东明县南六十里断头堤，元漕运所也。"按金、元东明县在今东明县南三十里，见前十一节。《金鉴》三二引《河防一览》："长垣、东明二县旧有长堤一道，延亘一百三十里，东至山东曹县白茅集，西至河南封丘县新丰村止。堤外即有淘北河一道，相传即黄河故道也"）。

曹县新集、梁靖口及武家口（嘉靖"三十七年七月，曹县新集淤，新集地接梁靖口，历夏邑、丁家道口、马牧集、韩家道口、司家道口，至萧县蓟门，出小浮桥，此贾鲁河故道也"。又五年刘栾奏"曹县梁靖口南岸旧有贾鲁河，南至武家口十三里，黄沙淤平，必宜开浚。武家口至马牧集、鸳鸯口百十七里，即小黄河，旧通徐州故道，水尚不涸，亦宜疏通"。《锥指》四〇下以新集属商丘，《淮系分图》二二说在商丘东北三十里。《行水金鉴》二一引弘治中徐恪疏："南经曹县梁靖口，下通归德丁家道口。"梁靖亦作梁进）。

虞城马牧集、鸳鸯口（马牧集，《淮系分图》以为在虞城西，或即《武昌图》之马牧平台，近图，虞城西南有马牧集。《中国考古学报》二册八六页李景聃测图列马牧集于商丘县城之东稍北，不入虞城境）。

单县黄固口（万历二十一年五月，"河决单县黄堌口"；又光绪十年修《曹县志》一："黄堌在县南三十里"，想是两县交界的地方。《河防一览》作牛黄堌）。

夏邑 （见前曹县条，《河防一览》称"夏邑以北"）。

商丘小坝及丁家道口（见前陈留及曹县条。小坝在今商丘西北。《锥指》四〇下，丁家道口属商丘，应即近世地图之丁道口，在商丘东北，与虞城接界。《利病书》三九引明《曹县志》："贾鲁堤……自本县张家湾东南至丁家道口，凡九十余里。"又《图书集成·职方典》三九一引《归德府志》："黄河在府城北三十里丁家道口。"按《续金鉴》三引《清一统志》，自金哀宗正大元年蒙古军决河攻归德之后，河在府城西南，至顺后河在府城北，明正统十三年河又在府城南，依《集成》所引《府志》，则河在府北，不知是何时再改流的）。

砀山韩家道口、司家道口（均见前曹县条。《水利史》作"韩司道口"**【93】**，韩司道口或即韩家道口、司家道口之合称。近图，夏邑东北与砀山交界处有韩道口。万历二十五年杨一魁奏："黄河南旋至韩家道、盘岔河、丁家庄，俱岸阔百丈，深逾二丈，乃铜帮铁底故道也。"铜帮铁底即指贾鲁故道。又嘉靖三十二年工部奏，由潘家口过司家道口，至何家堤，经符离，道睢宁，入宿迁，出小河口入运，是名符离河。潘家口去丁家道口十余里，见下节注一六四，司家道口正对李吉口，其东北方为何家营，也见下节，何家营当即何家堤）。

萧县北蓟门（见前曹县条。《锥指》四〇下引《河渠考》作冀门集或冀门渡。按《方舆纪要》称，故大河至萧县北三里之冀门渡，又东三里至两河口，与山西湖之委流合）。

萧县赵圈口、将军庙及两河口（万历二十七年刘东星奏："河自商、虞而下，由丁家道口抵韩家道口、赵家圈口、将军庙、两河口，出小浮桥下二洪，乃贾鲁故道也。自元及我朝，行之甚利。……由韩家道口至赵家圈百余里……由赵家圈至两河口直接三仙台新渠，长仅四十里。"以上引文据《明史》八四；《金鉴》四〇引《实录》则作"由赵家圈寻老黄河故道开挑，由东镇、曲里铺、石将军庙至两河口，直接三仙台新渠，计长仅四十里。"即是说，"自赵家圈至两河口四十里"，《明史》加以省略，便欠明白。赵家圈在萧县西二十里，《淮系分图》二二误作西六十余里。将军庙亦称石将军庙，见前文及《明史》八四。又万历二十四年杨一魁奏："一小支分萧县两河口出徐州小浮桥"）。

徐州小浮桥及二洪（小浮桥在州城的东北，见《锥指》四〇下。《宋史》九六称："徐州、吕梁百步两洪湍浅险恶，多坏舟楫。"洪或作谼，见《元史》六四；又称洪石，见《明史》八五。《锥指》三二称："百步洪在（徐）州东南二里，泗水所经也。水中若有限石，悬流迅急，乱石激涛，凡数里始静，俗名徐州洪。"又"吕梁在彭城县东南五十七里"，按徐州……《州志》，"吕梁山在州东南五十里，由下即吕梁洪也，有上下二洪，相距凡七里，巨石齿列，波涛汹涌"）。

邳州（万历六年潘季驯奏："黄水入徐，历邳、宿、桃、清，至清口会淮而东入海。淮水自洛**【94】**及凤，历盯、泗至清口会河而东入海。此两河故道也"）。

宿迁（见上条）。

清河骆家营（清河今淮阴。万历二十二年牛应元奏："黄、淮交会，本自清河北二十里骆家营折而东，至大河口会淮，所称老黄河是也。陈瑄以迁曲，从骆家营开一支河，为见今河道，而老黄河淤矣"）。

将整个河道寻味一下，便觉得贾鲁挽河使南流，大致系循着明昌五年（即一百五十余年前）"灌封丘而东"的旧道（见前节）。但在曹县至商丘之间，并不完全是黄河旧道，故自白茅至哈只口百八十余里间，须得加工。至《元史》称鲁开黄河故道，关于"故道"的意义，前文我已略为解释。大凡黄河溃决，往往冲刷成几条新道，有的较宽，有的较狭，有的较深，有的较浅，有的完全是新道，有的经过一段新道后，又和旧有的水系合流，有的能够维持相当长的时间，有的不久便完全干涸，在黄河冲决的范围之内，水系就因而发生大混乱，现下黄河流域留着许多港汊，便属于这一类的遗迹。贾鲁当日的用功，并不是专浚故道，也有开垦生地。至正三、四年河连决白茅，水势向东，他要把河流挽向归德出徐州，所以在白茅附近开始用功，经过百八十二里而合于归德故道。由这，更证明后至元二年所说"黄河复于故道"，确指经归德出徐州那一路。

四、"贾鲁河"

此外尚有一条"贾鲁河"，往往引起人们的误会，如乾隆四十四年九月上谕，"贾鲁河系元时所开，其时黄水即由此河经行，归入江南，必非径穿洪泽湖下注，其后，贾鲁河于何时梗塞，改用今河"[95]，即因将专名之贾鲁河，与贾鲁所修浚的黄河（人们常称作"贾鲁河"），误混而为一。贾鲁河名称的缘起颇为暧昧，据阎咏《目游四海记》："郑州北有贾鲁河自荥泽县流入，又东入中牟县岸，其源有三：……合于张家村，名曰合河，至京水镇曰京水河，又北受须、索二水曰双桥河。元末，命贾鲁疏治以通漕，起郑州至朱仙镇，皆名贾鲁河。"[96]《水道提纲》七："自汜水以东，凡南岸诸山泉并无北注大河者，隔于河堤，引流成渠。自荥阳有索河北流，东折经河阴、荥泽南境，会南来之京河、须河，又东经郑州北，会南来之东京河，又东南会南来之磨河，即古溱、洧诸水，今总名小贾鲁；又东南有栾河自南来会，又东南经中牟县城北，自此以下，俗曰贾鲁河。"又光绪十九年修《扶沟县志》："初惠民河至吕家潭，入蔡河故道，东南直达西华，系元贾鲁奏准浚筑，故名贾鲁河。"乾隆《续河南通志》七，"吕家潭在开封府城朱仙镇"，这句话是有点错误的。吕家潭，《水道提纲》七"荥阳水"条作李家潭，《武昌图》作吕潭集，地属扶沟，在朱仙镇的东南。《水经注》二二"即沙水也，音蔡。许慎正作沙音"。沙水旧是总称，非专指《水道提纲》七俗称沙水的沙河，我们也不要误混。又张含英说："贾鲁河发源荥泽县东，经中牟、尉氏等县，由周家口入沙河，再入淮河，为民国十六年利用民力挑挖者，共开支一万元，如按民夫估计，则须九十万元也，于此可见民力之伟大。"【97】（所谓挑挖，即是浚深旧有的河道，非是新开的，不要因文字发生误会）

可是《元史·河渠志》及《贾鲁传》都没有提及，鲁以至正十三年（一三五三年）五月死。如果这道河确经他修过，则必定与修黄河同时举行，除此之外，再无时间可以安插。至于《图书集成·职方典》三九一引《归德府志》，"贾鲁河在府城西北四十里，元工部尚书贾鲁督修，因名"，与及《禹贡锥指》《明史·河渠志》常提及的"贾鲁河"，都指贾鲁所修复的黄河，跟这条专称为"贾鲁河"的毫无关系。

这一条贾鲁河，在元代以前有无它的历史，也须趁此交代清楚。考《水经注》七《济水》：

> 济水又东，索水注之，水出京县西南嵩渚山，与东关水同源分流，即古㴉然水也。……索水又东北流，须水右入焉。济水右合黄水……世谓之京水也。

又同书五《河水》：

> 汜水……北流合东关水，水出嵩渚之山，泉发于层阜之上，一源两枝，分流泻注，世谓之石泉水也。东为索水，西为东关之水。

是索、须、京各水，在古代本为济渎（即黄河的分支）的支流。又《宋史》九三《河渠志》称：

> 太祖建隆二年春，导索水自㴉然，与须水合入于汴。

是索、须二水为汴渠（亦即古代的济渎）的枝渠（康熙末，徐潮查勘汴河故道，也特地举出，自中牟至太和入淮的贾鲁河，可参看前文注77）。贾鲁既要挽河东流，自然须把那些水堵住，免使黄河倒灌；一方面又须替那些水系别谋出路，免致河堤内溃，所以说贾鲁修浚，是相当可信的。欧阳玄当日没有记下，《元史》也就因而失载。

其实，贾鲁当日如能略仿王景的遗意，把这一条贾鲁河应用为有限制的宣泄，于治河未必无所帮助。乾隆四十四年九月上谕曾说："昨岁豫省漫下之水，赖有贾鲁河容纳，黄流不致旁溢，是贾鲁河未尝不可留以有备。"【98】正见到这一层。

五、其他元人的治河言论

贾鲁之外，元人留下来的治河言论，我们知道的很少。但也有一两节值得摘下来的，如至大三年，河北河南道廉访司奏：

> 东至杞县三汊口，播河为三，分杀其势，盖亦有年。往岁归德、太康建言，相次堙塞南北二汊，遂使三河之水，合而为一，下流既不通畅，自然上溢为灾。由是观之，是自夺分泄之利，故其上下决溢，至今莫除。……水监之官，既非精选，知河之利害者百无一二，虽每年累驿而至，名为巡河，徒应故事；问地形之高下，则懵然不知，访水势之利病，则非所习，既无实才，又不经练，乃或妄兴事端，劳民动众，阻逆水性，翻为后患。为今之计，莫若于汴梁置都水分监，妙选廉干深知水利之人，专职其任，量存员数，频为巡视，谨其防护，可疏者疏之，可堙者堙之，可防者防之，职掌既专，则事功可立。【99】

前一段完全说明分泄的重要。涡河本是很小的水道，万万不能容纳黄河的全量，再要把两汊河封闭，那就无怪乎连年溃决了。延祐元年，各视察官公议，"今相视上自河阴，下抵归德，经夏水涨，甚于常年，以小黄口【100】分泄之故，并无冲决，此其明验也。……若将小黄村河口闭塞，必移患邻郡"【101】，也说明分泄的必要。贾鲁治河之短处，就在只知浚、塞，不知分泄，所以仅仅支持了数年之后，河患仍像前时一样。

末一段说明治河的人员，须要懂得水利，懂得黄河历史，这是我们现在所应注重的。

元朝占有黄河流域只一百三十余年，黄河史空页的已四十年，现在所得的结论，对于这初期状况是不能十分确定的。

金末的黄河，据我们所知，系由阳武出封丘，经曹、单，合泗水，下徐、邳而会淮。其改道入涡以会淮，可能在一二三四年那一年，有史以来黄河专从（或应说大量从）涡入淮的还算第一次，这是黄河夺占汴渠中游的前锋，又是黄河河道的大变局。不过除入涡之外，据史料和事实来观察，当日河水还分一部到颍水去。

一三二九年以后，河患又渐渐移向北方，不上数年（一三三六年），再走回金末的故道，走涡河的历史几有八九十年。

之后，河决金堤（一三四四年），元朝特命贾鲁治河（一三五一年），大致仍是恢复金末的故道。他的治河方法，虽以疏、浚、塞三事并举，却注重在塞。他不特塞北河，而且把分流入涡、颍的口都堵住，构成了近世所谓"贾鲁河"，不替黄河暴涨留些宣泄路径，这是他最失策之处。所以毕工之后，仅十二年（一三六三年），河遂冲到寿张，跟着就决入大清河，向来批评他的都没有注意这一点。

明人颇推重贾鲁，试抉其原因，则在维持或恢复贾鲁的故道以照顾徐州洪的漕运，并不是从治河全局来设想。平心而论，贾鲁治河的能力，无疑胜过潘季驯，见地却大大比不上王景。

注释

【1】《宋史》四五二《蒋兴祖传》："知开封阳武县，武，古博浪沙地，大河薄其南。"事在徽宗时，那时候黄河尚未移至阳武之南，它的真意，大约系指黄河从西南方面向阳武流来，读者不要以文害意。

【2】这一节原见《元史》五〇《五行志》。

【3】《锥指》四〇下。淀在开封城北二十里（《黄河年表》六九页）。

【4】《元史》六五《河渠志》。

【5】见本睦州乃睢州之误；《行水金鉴》一六引作睢州。

【6】《元史》一四。

【7】《元史》六五称："汴梁路阳武县诸处河决二十二所。"

【8】本年事都见《元史》一五。

【9】同上一六。张了且文有"至元三年（一二六六年）河决义塘湾，通许被害"一条，赵世遑以为似至元二十七年事，是也。

【10】同上一九。

【11】同前《五行志》。

【12】据同上《五行志》原文。考《元史》五九《地理志》，邳州领下邳、宿迁、睢宁三县，鹿邑则属亳州，其地去邳州很远，不会移归邳州管辖，《元史》此处显有错误，现在姑照原文列表。张了且文有"至元元年（一二六四年）春三月，黄河水大溢，漂没睢柘、鹿各县"一条，赵世遑以为可能是大德元年事。按柘城属睢州，《五行志》虽未拈出，但其北边的襄邑（今葵丘）和南边的鹿邑都有河溢，被夹在中间的柘城很难幸免，而且同是元年三月，其为修志的把"大德"错作"至元"，当无可疑。

【13】《元史》一九。

【14】同前《五行志》。

【15】太原无阳武县,而且隔黄河很远,阳武属汴梁路,大约因本纪前文有"太原之阳曲"而误的。

【16】《元史》二一。

【17】此条见《元史》一三四《也先不花传》,应即下文泰定三年之乐利堤。

【18】武阳是"阳武"的倒置,《金鉴》一六引作阳武。

【19】同前《五行志》。本文之下,有"东昌博平、堂邑二县雨水"一句,《东昌府志》误将上文连读,因有"大德九年六月,河决博平、堂邑二县"的误记(据《图书集成·山川典》二三三引),应删掉。

【20】《元史》六五。《河南通志》(《集成》引)及《明史》八三称,洪武中(据《实录》是十七年八月事)河决杞县入巴河。《明史》八三称,巴河分水处在开封大黄寺。乾隆三十二年修《续河南通志》七:"巴水在杞县,源出覃怀,自仪封南八里,迳县北乌图巴河崖北辰寨,入睢州之黑阳,迳考城,下通徐州洪,今涸,流迳境内仅二十余里;或曰,此亦黄河之支流也。"巴水就是《元史》的巴河。《金鉴》六一引《看河纪程》,巴河在商丘北二十里,今名菓河;睢河在商丘北一里。此外尚有同名的巴河在永城,光绪二十九年修《永城志》二:"巴河在县北一里,本黄河支流,西接夏邑,东入于宿……至睢溪口合睢河。"《武昌图》称为巴沟河,不要误混。董盆口在祥符,见《明史》八三。

【21】同前《五行志》。

【22】《元史》二三。

【23】【24】均同前《五行志》。

【25】同上。《淮系年表》七:"延祐元年六月,河决郑州。"又"延祐二年六月,河决郑州,坏氾水县治"。张了且文只称,"延祐元年(一三一四年)六月,河决郑州,圮氾水县治",没记二年的事。参合比勘,知某些志书误把"二年"写作"元年",所以武、张两家都错。武氏更复出一事为两事。《黄河年表》又说元年事见《元史》本纪(七二页),但本纪并未之见。

【26】同前《五行志》。

【27】《元史》二五。

【28】同上六五。

【29】同上二七。

【30】同上二八。

【31】解说见后。

【32】同前《五行志》。张了且记作"泰定元年(一三二四年)五月,河溢汴梁乐利堤"。三年下却没记出,相信是把三年十月的事误作元年五月。后检《黄河年表》,则两年都记着,且都说发丁夫六万四千往修堤。元年事本自《河南志》(七三页),由是知《通志》实创其误,张文及《年表》

没有细核，故把它相承下来。

【33】据《图书集成·山川典》二三引《淮安府志》，说见后文。乾隆四十三年，萨载说："明弘治六年，河全南行。正德四年，河决曹县，注丰、沛，经邳、宿，自桃源三义镇入口，绕清河会县治后会淮，系在陶庄迤北。嘉靖初，三义口塞，河流南徙，出清河旧治前，与淮水会小清口，即今清口，系在陶庄以南。"（《乾隆东华录》三三）以黄、淮会小清口为明嘉靖初事，又与《淮安府志》不符，参下节注178。复次，《淮系年表》七既列"河决毁清河县城"于泰定初，又列河决入小清口于泰定元年。按清河县治即在大清口，武氏显将一事误复为两事。

【34】均见《元史》二九。

【35】即前文大德八年之落黎堤。乾隆三十二年修《续河南通志》七："乐利堤在（开封）府城水门外正西。"

【36】这是十二月的事，《元史》漏却"十二月"三字，现在替它补上；《金鉴》一六引作十二月。

【37】【38】均见《元史》三〇。

【39】【40】同前《五行志》。

【41】同前《图书集成》引《续文献通考》。

【42】同前《五行志》。

【43】《元史》六五。

【44】同上三六。

【45】同上三七。

【46】同上五一《五行志》。张了且既称至顺"四年（一三三三年）六月，黄河大溢，河南水灾"，又元统元年（一三三三年）"六月，黄河大溢，河南水灾"，也是一事复作两事，因为至顺四年即元统元年。

【47】同前《图书集成》引《续文献通考》。

【48】《元史》五一。

【49】同上三九。

【50】同上五一。

【51】【52】均同前《图书集成》引《淮安府志》。

【53】《元史》四〇。

【54】同上四一。

【55】《元史》四一。上年决白茅口，本年决白茅堤，极像是一块地方。《淮系年表》七称"曹州白茅口"，相当可信（参下注85）。张了且文却称"北决荥泽境之白茅堤"，隔离太远，或因清代曹州府有菏泽而讹作荥泽的。

【56】《元史》六六作至正四年，《贾鲁传》同，惟《续文献通考》作三年，疑是错误。又元代

的武城县现尚同名，在临清的东北，跟其他被灾各县，相隔甚远，河水断不会冲到那里。考元代有成武县，正属曹州（今名城武），在定陶之东北，巨野、金乡之西南，恰当洪水之冲。大抵先讹"成"为"城"，因再倒作"武城"。这个名称很易发生错误，可参看前文第十一节一项戊及本文注80。

【57】《元史》四一。

【58】同上五一。

【59】同上四二。但《河渠志》作"南白茅"，"南达白茅"句不知是否错误？

【60】同上五一。但黄陵冈在曹县西南六十里（据《锥指》四〇下），与永城县相隔颇远，不知是否相关？

【61】《元史》一九八《史彦斌传》。

【62】【63】均《元史》五一。

【64】《元史》四六。"阳"字误衍，元代的范县属濮州。

【65】同上五一。

【66】同上。《元史》四六记在七月下。据宣统元年修《濮州志》一："小流河自直隶东明县导入菏泽县和家庄，入州界……至刘家桥，与瓠子河会。……（在州东南五十里）"到了荡县，小流、瓠子、洪、魏四河合流，就叫作清河。又据《治河论丛》，瓠子自濮阳县南流入濮县南，魏水自濮阳流入濮县南，洪河自濮阳流入濮县南（一七二页）。

【67】《元史》五一。

【68】同前《图书集成》引《山东通志》。

【69】据《地理今释》，北魏有三个县同名"相"，这个相县似属颍川郡，"在安徽境"。

【70】同前引《禹贡》四卷，但张氏没有注明出处。

【71】《禹贡》七卷十期二六页。永乐九年张信称，祥符县鱼王口至中滦下二十余里有旧黄河一道（见下节）。《小谷口荟蕞》称，封丘西南有中滦城，其西为大王庙口（《金鉴》五六）。又据《清一统志》一五八，中栾城在封丘西南三十五里，明洪武中尝设驿及巡司。

【72】《锥指》四〇下。《水利史》于至元二十五年著"自是全河夺淮矣"一句，是承《锥指》而误。

【73】《水利史》三二页。

【74】《明史》八三，天顺七年金景辉奏："国初黄河在封丘，后徙康王马头，去城北三十里。"又洪武"二十四年四月，河水暴溢，决原武黑洋山，东经开封城北五里。"那末，汴渠在开封城北那一小段或者是洪武末始被黄河侵占，也未可定。

【75】《元和志》八"阳武县"：汴渠"西南自荥泽、管城二县界流入。"可见汴在阳武之南。

【76】《金鉴》五六。

【77】康熙四十三年四月，徐潮奏查勘汴河，其故道惟贾鲁河，自中牟县经祥符等县至江南太

和县达淮，今虽通流，但不甚深广，应加挑浚。再郑州之北新庄地方有一支河，可通黄河（《康熙东华录》一五），这是指广义的汴河。

【78】《锥指》四〇下："元至元中，河屡决汴梁路，遂出兰阳、仪封之南，而长垣、东明界中无河矣。"至元是指"前至元"，但看这段记事，则胡氏的话怕未必确。

【79】元世祖跟顺帝都曾用"至元"纪年，所以顺帝的至元，常被称作"后至元"以示区别。

【80】武城是成武的误倒，见前注56，那末，成武当日应边近黄河。又《元史》六五，至顺元年济阴县报告，有"元与武成、定陶二县分筑魏家道口"的话，元代没有武成县，武城县则属高唐州，非黄河所经，而且隔济阴、定陶很远，故知"武成"也应乙作"成武"。

【81】《经世文编》九六。

【82】《水利史》三五页。

【83】《经世文编》九六《论贾鲁治河》。

【84】《锥指》四〇下。

【85】《利病书》三六引《谷山笔尘》，白茅属曹县。按《金鉴》三二引《河防一览》，亦称白茅集属曹县。

【86】《元史》六五。

【87】同前引《论贾鲁治河》："《元史》因石人一眼之事，竟坐以亡元之罪则过矣。"靳辅没有看清楚《元史》。

【88】《元史》六六。

【89】《明史》八四作黄堈。

【90】《水利史》三四页。

【91】《锥指》四〇下所说，"谨摭近志各州县界中见行之河"，系清初现行的河道，与元末的河道当然有出入。

【92】同上《锥指》。《续河南通志》作二十里。

【93】《水利史》三四页。又《经世文编》九九，雍正四年河南副总河稽曾筠疏著录南岸考城之司家道口，是同名不同地。

【94】《水经注》三〇："淮河又右纳洛川于西曲阳县北……洛涧北历秦墟下注淮，谓之洛口，《经》所谓淮水迳寿春县北、肥水从县东北注者也，盖《经》之谬矣。"自洛的洛即指洛涧。

【95】《续行水金鉴》一九。

【96】《金鉴》一七。《淮系年表》七，至正十六年下称："贾鲁自郑州引京水双桥之水，经朱仙镇下达以通颍蔡许汝之漕（后人亦名为贾鲁河）"，此一段必武氏根据阎说或其他书本而以己意演成的，试检《元史》一八七鲁本传，则鲁已死于十三年五月，他哪能够在十六年还治河呢？

【97】《治河论丛》二三六页。

【98】《续金鉴》一九。

【99】《元史》六五。

【100】据《元史》六五。是年，河南行中书省的奏疏称开封县小黄村，但五年河北河南道廉访副使的奏又称杞县小黄村，想当是两县交界的地方。

【101】同上。

第十三节　明代河患的鸟瞰（上）

一、黄河史的研究跟通史有点不同

先近代而后古代，详近代而略古代，那是研究一般历史的通则。我对于黄河变迁的研究，却有点循着相反的方向前进，这是不是违背通则不合时宜呢？我所以这样子做法，是为着下文列举的三个重要理由：

（1）黄河是自然界的一员，它的行动受着自然条件所范围、束缚的；它不能从低洼地面，忽然逾越丘陵；它不能从建瓴趋势，忽然临崖勒马；它不能改变地质、土壤来便利自己的通行，遇着坚冰溶解、霖雨连旬，它不能减少它的收容；要是冱寒冻结，赤地千里，它不能加增它的流动。有时用劳动虽可给以改进或限制，但总须体察着、顺从它的本性，才易收效，不能任人们为所欲为。简单地说，它的历史大致是自然的，并非像社会政治一级一级的向上发展，而是经过很长久时间，依旧固定不变的。比方每年的甚么时候会涨，[1] 甚么时候会落，就往日的经验和粗略的统计，总可大概推定。统计的原则是根据越长的时期，结果越近于的确，所以黄河历史的研究，除开我们无法了解的之外，时期越长越好，不能偏重于任一阶段。

（2）近世的历史、地书及方志，不单是著作很多，而且材料丰富，又多半能保存下来，对于黄河的变迁，人们不难取得正确观念，即使记录间有错误，也容易比勘改正。明代以前可不同了，地书、方志那一类著作，少之又少，能够传到现在的又常常残缺不全。历史虽或附入河渠的部门，而编纂的人大抵缺乏眼光，偏重言论，忽略事实。黄河在甚么地方溃决？溃向哪一方面去？新河或旧河经过哪些县份？决口有无堵塞？旧河到甚么时候才完全干涸？在元末以前任何时期拈出任一个问题，靠现有的史料，都很难得到明确的答复，这是记载贫血的困难。

后世也有少数学者感觉不满，花去许多光阴，专心研究，希冀弥补这种缺陷。然而中古留下来的材料，既是残缺不全，遇着困难的地方，就不得不加以推测；推测未必尽数合拍，于是研究的结果，便夹着不少错误，甚至一着错而全盘皆错。更晚一辈人以为他们是权威，自己没有经过深入探讨，轻易不敢推翻前人的成案，于是弄到人云亦云，以讹传讹，这是研究的障碍。

我们生于二十世纪时代，最要是利用科学方法，从中古以前的蒙昧史料，探索多一点前人所未知的消息，纠正前人一部分的错误。简单地说，就是廓清旧有的疑团，增加后来的认识。

（3）从现在我的认识，汉以前没有整个计划的治河，北朝及唐很少谈及治河，两汉、北宋、金、元的治河，大要不外新道、旧道的抉择，到明却添了一层大大的障碍了。叶方恒说：

> ……其时专议疏塞而已。自至元二十六年开会通河以通运道，而河遂与运相终始矣。盖至元以前，河自为河，治之犹易；至元以后，河即兼运，治河必先保运，故治之较难。[2]

明邵宝（字国贤）说：

> 今北有临清，中有济宁，南有徐州，皆转漕要路；而大梁在西南，又宗藩所在，左顾右盼，动则掣肘，使水有知，尚不能使之必随吾意。况水，无情物也，其能委蛇曲折以济吾之事哉？[3]

胡渭又说：

> 谓河北而会通之漕不废则大非。明之中叶，河屡贯会通，挟其水以入海，

而运道遂淤，河之不可北也审矣。向使河北而无害于漕，则听其直冲张秋，东北入海，数百年可以无患矣，奚必岁岁劳费而防其北决耶？[4]

看看这几节的言论，我们就可领会明代，甚至清代人的治河方针，先存着"黄河必不可听其北行""黄河要维持着南行"的种种成见。换句话说，他们治河，不从"顺水之性"这一重点着眼，而要十分施用压迫手段，使其就范。黄河譬如一个民族，强加压迫，未尝不可暂时制服，然而它终究要抵抗的。屈服时期的长短，则看环境的条件，临到忍无可忍，便一发而不可收拾，明、清治河，或以为成绩很可观，我却要提出异议。胡渭说过："南行非河之本性，东冲西决，卒无宁岁，故吾谓元、明之治运，得汉之下策，而治河则无策。何也？以其随时补苴，意在运而不在河也。设会通有时而不用，则河可以北。"[5]南行是否河的本性，这里暂且撇开，我引胡氏的话，只在断章取义，以为"治河无策"的批评，应该移赠于明、清，更为适合而已。自铜瓦厢改道之后，南方粮食，循海而上，部分的运河已变为麦田，加之，海轮陆铁，交通大便，即使整条运河仍可利用，也由往日的一等全国运输性降作次要的地方运输性，四五百年来治河必先治运的顾虑，可以根本肃清，这是今后治河方法的一个大转变。我们既有这点认识，愈觉得黄河变迁的研究，用不着偏重近代。

我不认为元代治河无策，自有我的理由，要阐明这一点，不可不趁便补叙元人使用会通河的经过。

二、会通河

《元史》六四《河渠志》称：

> 会通河起东昌路须城县安山[6]之西南，由寿张西北至东昌，又西北至于临清，以逾于御河。至元二十六年，寿张县尹韩仲晖、太史院令史边源相继建言，开河置闸，引汶水达舟于御河，以便公私漕贩。……首事于是年正月己亥，起于须城安山之西南，止于临清之御河，其长二百五十余里，中建闸三十有一，度高低、分远迩以节蓄泄，六月辛亥成，凡役工二百五十一万七百四十有八，赐名曰会通河。

这会通河是不是元代的重要运道呢？据元人（顺帝时）余阙说：

> 自宋南渡至今，殆二百年，而河旋北。议者虑河之北则会通之漕废，当筑堤起曹，南迄嘉祥，东西三百里以障遏之，不使之北。

似乎元人很重视会通的漕运。但潘季驯却说：

> 元漕江南粟，则由扬州直北庙湾入海，未尝溯淮。[7]

关于粮食的接济，并不是完全利用会通。胡渭说：

> 明洪武初，命徐达自曹州东引河，至鱼台入泗以通运，永乐九年，又命宋礼自曹疏河，经濮州，东北入会通河，是北流犹未绝也。迨迁都之后，仰给于会通者重，始畏河之北，北即塞之。[8]

傅泽洪《行水金鉴序》也说："今之运河，则自元、明始，然元创之而不用。"明人重视会通，亦不过永乐以后的情形。胡渭批评贾鲁，说"鲁为会通所窘，河必不可北，其所复者仍是东南入淮之故道"[9]，对当日的实情，未免有点失察。又咸丰五年崇恩奏，"元至元二十六年会通河成，而黄河始全注于淮"[10]，也是错的。

三、明代的河患分期

明代享国二百七十六年，比清长八年，比北宋约长五分之二。但河道之混乱，比清或宋厉害得多，初读黄河史的，往往毫无头绪。万历二十五年（一五九七年），总河杨一魁上过一本奏疏，分析明代二百三十年黄河的变迁，大致还不错，现在且引在下方以作引子，庶几阅者读过后，对于各期的叙述，较容易地取得了解。

> 洪武二十四年（一三九一年），决原武黑阳山，经开封城北，又东南经项城、太和、颍州、颍上，至寿州正阳镇入淮。行之二十余年，至永乐九年（一四一一年），河稍北，入鱼台塌场等口。未几（一四一六年），复南决，由涡河经怀远

县入淮，时两河合流，经凤阳历泗州以出清田。……嗣后又行之四（应作三）十余年，至正统十三年（一四四八年）间，河复北决冲张秋。至景泰初（一四五五年，"初"字误），先臣徐有贞塞之，河乃复涡河东入淮。……嗣后又行之二（应作三）十余年，至弘治二年（一四八九年），河复北决冲张秋，先臣白昂、刘大夏相继塞之，复导河流，一由中牟至颖、寿，一由亳州涡河入淮，一由宿迁小河口会泗，时则全河大势，纵横于凤、亳、颖、泗之郊，而下且漫溢于符离、睢、宿之境矣。……惟正德三年（一五〇八年）以后，河渐北徙，或由小浮桥入漕，或由飞云桥入漕，或由谷亭入漕，全河大势，始尽趋徐、邳出二洪，运道虽稍得其接济之利，而亦受其泛溢之害矣。至嘉靖十一年（一五三二年，实应嘉靖六年即一五二七年，说见下文），而河臣建议分导者，始有涡河一支中经凤阳祖陵，未敢轻举之说……然当时间有浚祥符之董盆口，宁陵之五里铺，荥泽之孙家渡，兰阳之赵皮寨，又或决睢州之地丘店、界牌口、野鸡冈，宁陵之杨村铺，俱入旧河，从亳州、凤阳等处入淮，南流尚未绝也。……至嘉靖二十五年（一五四六年）以后，南流故道始尽塞，或由秦沟入漕，或由浊河入漕，五十年来全河尽出徐、邳，夺泗入淮，而当事者方认客作主，日筑堤而窄之，以致河流日壅，淮不敌黄，退而内潴。[11]

他批评他人的话，是否适合，现在暂且不论。最要是前人文字，往往用些双关名词，我们别要发生误会。"故道"字样，我在前后文经屡次指出，含义往往不同，即如潘季驯主张复故道系指元末以至明初的"贾鲁故道"，而一魁疏所称旧河及故道，却指洪武以后入颖、入涡的河道，两个"故道"迥然不同，如果呆板地来读，便如堕入五里雾中了。

宗源瀚曾称，明代河防兴大役五十余次，清代至光绪十四年止，除平漫不计外，夺溜大工亦三十九次，[12]固然是时代越后则记录越详，然另一方面也反映着明、清两代治河之实在无策。

前头已说过我治黄河史的方法，对古代材料贫乏的，要把它拉成详细一点；对近代材料丰富的，要把它精简淘汰，使读者不全感觉太繁。根据着这个观点出发，所以将明代的河患划分为五个时期。因事情复杂，列表有许多不便的地方，这里改用叙述式。

第一，明初及洪武会颖的时期。

洪武元年（一三六八年），决曹州东之双河口，[13]入鱼台。徐达方北征，

乃开塌场口【14】引河入泗以济运。【15】

　　六年（一三七三年）八月，河水自齐河溃商河、武定境南。【16】

　　八年（一三七五年）正月，决开封府大黄寺，挟颖入淮。【17】

　　十四年（一三八一年）决原武、【18】祥符、中牟。

　　十五年（一三八二年）七月，决荥泽、阳武。【19】

　　十七年（一三八四年）【20】八月，决杞县入巴河。

　　二十四年（一三九一年）四月，决原武黑洋山，【21】东经开封城北五里，【22】又东南由陈州、项城、太和、颖州、颖上，东至寿州正阳镇，全入于淮，贾鲁河故道遂淤。【23】新流称为大黄河，旧流（即贾鲁故河）称小黄河，是时，阳武已在河北，原武仍在河之南。【24】又由旧曹州、郓城两河口漫东平之安山湖，会通河亦淤。

　　二十五年（一三九二年）正月，决阳武，泛陈州、中牟、原武、封丘、祥符、兰阳、陈留、通许、太康、扶沟、杞十一州县。

　　三十年（一三九七年）八月，决开封。十一月，蔡河南徙入陈州。先是河决，由开封北东行，至是，下流淤，又决而之南。

　　永乐九年（一四一一年），工部侍郎张信访得祥符县鱼王口至中滦下二十余里有旧黄河，岸与今河面平，浚而通之，俾循故道，则水势可杀，【25】从之。七月，宋礼引河复故道，自封丘金龙口下鱼台塌场，会汶水，经徐、吕二洪，南入于淮。

　　由至正二十五年（一三六五年）至永乐十三年（一四一五年），共五十一年。这期之初，黄河入海系分为（甲）合淮水而入海及（乙）不合淮而入海的两道。（甲）又再分为（a）（b）两途，（a）正流，经徐州东流合淮，即贾鲁河故道。（b）由（乙）分出，先会泗而后入淮，即徐达所引。（乙）分流，从北清河入海，即至正二十五年所冲开的新道。

　　到洪武二十四年（一三九一年），河水直东南合颖入淮，这是黄河一次大变动。还有一点，我们不要误会，永乐九年所称复故道，只限于贾鲁河的下游，并不是恢复整个贾鲁河的故道。例如《明史》八四说，"永乐九年，河北入鱼台"，又八五说，"（金）纯复浚贾鲁河故道，引黄水至塌场口会汶，经徐、吕入淮"，又《世宗实录》，嘉靖九年十一月总河潘希曾奏，"黄河由归德至徐入漕者，故道也；永乐间浚开封支河达鱼台入漕者，以济浅也"。均可以互证。【26】

　　第二，永乐以后入涡、入颖及东冲的混乱时期。

永乐十四年（一四一六年），[27]决开封州县十四，由涡河经怀远入于淮。

宣德六年（一四三一年），浚祥符至仪封黄陵冈之淤道四百五十里，是时，金龙口渐淤。[28]

正统二年（一四三七年）八月，决濮州范县。

是年，颍州黄流始绝。[29]

三年，决阳武，又决邳州，灌鱼台、金乡、嘉祥。[30]

十三年（一四四八年）七月，[31]河改流为二道：一决新乡八柳树口，[32]由故道东经延津、封丘，漫曹、濮、阳谷，[33]抵东昌，冲张秋，[34]溃寿张沙湾，坏运道，东入海。

一决荥泽孙家渡口，漫流原武，抵祥符、扶沟、通许、洧川、尉氏、临颍、郾城、陈州、商水、西华、项城、太康，至寿州入于淮，[35]又东南由陈留入涡口，经蒙城至怀远入淮，[36]但存小黄河从徐州出。河又分流大清，不端向徐、吕，二洪遂浅涩。

十四年（一四四九年）三月，工部侍郎王永和修沙湾堤大半而不敢尽塞，置分水闸，放水自大清河入海，又请停八柳树塞工，从之。

景泰元年（一四五〇年）五月，寿张河决。[37]

二年（一四五一年），河决濮州。[38]

三年（一四五二年）五月，工部尚书石璞筑沙湾堤成。六月，[39]复决沙湾北岸，掣运河之水以东。

四年（一四五三年），徐有贞上治河三策：[40]一置水闸门；二开分水河；三挑深运河。于是起张秋金堤之首，[41]逾范暨濮，又西数百里，经澶渊接河、沁，设渠以疏之，筑九堰以御河流旁出者，六年七月功成，赐渠名广济，沙湾之决始塞，河复由涡河入淮。[42]

这一期至景泰六年（一四五五年）止，前后共四十年，可说是黄流最混乱的时期。永乐十四年（一四一六年）虽由涡入淮，但正统二年（一四三七年）决范县，系向东北冲去。三年（一四三八年）又决邳州，是贾鲁故道也未全淤。到正统十三年（一四四八年）的溃决，可更复杂了。《续文献通考》说："正统十三年……七月，河又决荥阳，东过开封西南，经陈留，自亳入涡口，又经蒙城至怀远界入淮。"又说："至是（正统十三年），又决荥阳，过开封城之西南，而城北之新河又淤，自是汴城在河之北矣。"[43]那末，黄河在这时最少有三枝分流了。

洪武二十四年入颍之后，约经过二十年（永乐九年，一四一一年），宋礼挽河北行，仅仅五年（永乐十四年，一四一六年），河又夺涡入淮。可据前头所引的记载，正统二年（一四三七年）虽说颍州黄流已绝，但十三年（一四四八年）河又分由颍、涡入淮，景泰六年（一四五五年）河复由涡入淮，这个时期，河流似乎很不正常的。而且入涡至哪年为止，也很难作出清楚的划定。又宣德十年（一四三五年）特开金龙口旧渠，分引黄水通张秋济运，[44]东北流也没有完全截断。明代河流在这一时期弄得如此混乱，简直是无可区分的了。

第三，景泰末入涡至刘大夏治水的时期。

成化十四年（一四七八年）七月，河决延津西奡村，又明年，徙之县南。十八年（一四八二年），河决太康。[46]

弘治二年（一四八九）五月，河决，水入南岸者十三，入北岸者十七。南决者自中牟杨桥至祥符界析为二支：一经尉氏等县，合颍水，下涂山，入于淮；[47]一经通许等县，入涡河，下荆山，入于淮。[48]又一支自归德州通凤阳之亳县，亦合涡河入于淮。[49]北决者自原武经阳武、祥符、封丘、[50]兰阳、仪封、考城；其一支决入封丘金龙等口，至山东曹、濮，冲入张秋漕河。至冬，决口已淤，因并为一大支，由祥符翟家口合沁河，出丁家道口下徐州。[51]合颍、涡二水入淮者水脉颇微。[52]

三年（一四九〇年），户部侍郎白昂引中牟决河经阳（前文作杨）桥以达淮，[53]浚宿州古汴河以入泗，[54]又浚睢河，自归德饮马池，经符离桥（在宿州北）至宿迁小河口[55]以会漕河，[56]使河入汴，汴入睢，睢入泗，泗入淮以达海。又自东平北至兴济（今青县东南）凿小河十二道，入大清河及古黄河以入海，河口各建石堰，以时启闭。

五年（一四九二年）七月，河势北趋，自祥符孙家口、杨家口、车船口、兰阳铜瓦厢（又作简瓦厢）决为数道，冲黄陵冈，犯张秋戴家庙，掣漕河与汶水合而北行。

七年（一四九四年），副都御史刘大夏浚仪封黄陵冈贾鲁旧河四十余里，由曹县（梁靖口）出徐以杀水势；浚孙家渡口，[57]导河由中牟、颍川、寿州东入淮；又浚祥符四府营淤河，由陈留至归德分为二：一由宿迁小河口会泗，一由亳州至涡河，俱会于淮。然后筑塞张秋决口，改张秋为安平镇。

八年（一四九五年）正月，大夏以黄陵冈决口广九十余丈，荆隆（即金龙）决口广四百三十余丈，河流至此，宽漫奔放，于是筑塞黄陵冈、荆隆等口七处。其大名府之长堤，起胙城，历滑县、长垣、东明、曹州、曹县，抵虞城，凡三百六十里，名太行堤。[58]西南荆隆等口新堤起北岸祥符于家店，[59]历铜瓦厢、东桥，[60] 抵仪封东北小宋集（今考城县东）凡一百六十里，于是上流河势复归兰阳、考城，分流迳归德、宿迁，南入运河。

这期至弘治八年（一四九五年）止，共四十年。自景泰六年（一四五五年）至弘治元年（一四八八年）的三十余年当中，黄河没有甚么大变动，可算是徐有贞治河的后果。[62] 关于刘大夏治河之后的河道，顾炎武说："丘仲深谓以一淮受黄河之全，然考之先朝徐有贞治河，犹疏分水之渠于濮、泛（泛误，应作范，即范县）之间，不使之并趋一道。自弘治六年（应作八年）筑黄陵冈，以绝其北来之道，而河流总于曹、单间，乃犹于兰阳、仪封各开一口而泄之于南。"[63] 所说南泄大约指祥符四府营那一条水道。据前弘治七年下的引文，大夏治河后黄河仍分作四股：（一）经曹、单过徐，会泗入淮。（二）由中牟会颍入淮。（三）入睢而会泗入淮。（四）入涡会淮。《明史》八三所称，"刘大夏往塞之，仍出清河口"，固然是概括的说法。杨一魁疏只列举中牟、亳州、宿迁三道（引见前），也有挂漏。

胡渭祖述丘（仲）深的见解，在《锥指》四〇下曾说："元末河复北徙，自东明、曹、濮下及济宁而运道坏。明洪武初，命徐达自曹州东，引河至鱼台入泗以通运。永乐九年，又命宋礼自曹疏河，经濮州，东北入会通河，是北流犹未绝也。……弘治中两决金龙口，直冲张秋，议者为漕计，遂筑黄陵冈支渠而北流于是永绝，始以清口一线受万里长河之水。"他又在《锥指例略》里面，把弘治筑断黄陵冈列作黄河第五大变。按前文引杨一魁疏及《明史》八三和八五，同称永乐九年宋礼引黄至鱼台会汶。如果引黄自曹经濮，势必直冲张秋（参下文），很容易牵汶水而同归于海，这是明人治运所最忌之一点，也就是刘大夏急于筑断陵冈的要因，宋礼治运，未必敢冒此危险。胡氏所说自曹疏河经濮，不审得他有甚么根据？[64]

复次，以一淮受黄河之全，实始于金大定中（约一一八〇年），前文十一节已有过详细说明。此后，至正二十五年（一三六五年）河决须城、东阿、平阴，达于大清河，又洪武六年（一三七三年）河自齐河溃商河、武定，是分流北出的短短时期。但自这之后，金龙口至张秋的水道，在大夏筑断以前，并非时常通流，即使通流，也有节制，跟宋人之引河济汴，有点相像。现在试把搜得的史料汇录如下：

宣德五年（一四三〇年）陈瑄言，自临清至安山漕河，春夏水浅舟涩，张秋西南有河通汴，旧常遣官修治，遇水小时于金龙口堰水入河，下至临清，以便漕运。比年缺官，漕运实难，乞仍其旧，从之。

十年（一四三五年）开金龙口旧渠，分引黄水通张秋济运。

正统元年（一四三六年）漕臣会议，金龙口水接张秋，是引水迫（？通）运之处，宜令工部委官巡视，遇有淤塞即浚。

十年（一四四五年）九月，河决金龙口、阳谷堤。

十三年（一四四八年）七月，河冲张秋，决大洪口，诸水从之出海。

十四年（一四四九年），王永和请于沙湾堤启分水闸二孔，放水由大清河入海。

景泰四年（一四五三年）十月，以沙湾累修累决，命徐有贞治河。七年（一四五六年）四月，沙湾堤成。

弘治二年（一四八九年）河冲张秋，命白昂塞之。

五年（一四九二年）河溃黄陵冈，东北入漕河，六年（一四九三年）命刘大夏往治，八年（一四九五年）二月，塞决成功。【65】

更如《明会典》称，景泰四年，"复于开封府金龙口、铜瓦厢等处开渠二十里，引河水东北入运河"。《行水金鉴》一九于其后注称："至景泰七年，始塞河（沙误）湾之决而张秋运道复完。"引河入运，须要开渠，更见得黄河的北流，在前确已中断。及景泰六年（一四五五年）有贞将沙湾堵塞之后，下至弘治二年一段时间，黄河显然没有分入大清。由是，我们对那些史料，可以取得五点解：（一）在明初八十年间（一三六八——一四四七年）明人并不是不能把金龙口筑塞。他们留着这条水道，系豫备救济临清一段运河之春夏间浅涩。（二）陈瑄请派官修治，显因那时候金龙口渐淤（见《明史》八三），同时，从祥符到黄陵冈的贾鲁正道，也要浚淤四百余里。那末，贾鲁河的分支金龙口没有多大水量通过，自可不言而喻。（三）金龙口的水道时常需用人力保持，非自然通流。（四）初时知有利不知有害，故予以保留，至一四四八——一四五六年期间累修累决，才恍然于利少害多，断然筑塞。（五）筑断早在一四五六年，刘大夏之筑堤，事因再决，且在上游更加一重保证。

总而言之，由金大定中至弘治八年的三百一十余年当中，黄河流入渤海都是间歇性的，不是继续性的，胡渭用"北流犹未绝"那种含糊句法来表示黄河长时期的变迁，已犯了分析历史不清的大毛病。再看，刘健所撰的《黄陵冈碑》：

弘治二年，河徙汴城东北，过沁水，溢流为二：一自祥符于家店经兰阳、归德，至徐、邳入于淮；一自荆隆口、黄陵冈东经曹、濮，入张秋运河。……六年夏大霖雨，河流骤盛，而荆隆口一支尤甚，遂决张秋运河东岸，并汶水奔注于海。【66】

我们首先认识到，弘治八年治河后，河势复归兰阳、考城，即是保留着二年所决祥符那一路；筑塞黄陵冈、荆隆等口，即是截断了东经曹、濮入张秋那一路。黄陵、荆隆两处在前虽许有旧决口留存，像近世的串沟之类，但河水并不经常通流。这一次之为害，实由于二年的新决，六年的再决，筑塞了新决的缺口，是黄河史上惯见的事，没有充分理由可以列作一次大变。

其次，二年之决，只是冲入运河，并未冲断运河，它的余水当然南流会泗而入淮。六年冲断运河，才由北方奔进出海。我们更须晓得，贾鲁的故道系由荆隆口出曹、单而下徐州，宋礼引河复故道，系自荆隆口下鱼台，出徐、吕会淮。天顺七年金景辉也说，国初黄河有二支河，一由沙门注运河，一由金龙口达徐、吕入海（引见后），是经荆隆口的黄河也可南下会淮，不定是北入渤海。胡渭用北流字样来表示性质不同的事件，又是分析不清的一个例子。

综括一句，我们是毫无理由可以把弘治八年列作黄河一大变的。但胡氏的谬论，直至现在，仍未肃清，如张含英说："河道五徙于一四九四年（弘治七年），三百年间治理不得其道，至刘大夏始筑大行堤，使河南流。"[67]又郑肇经说："自黄陵冈筑断而北流绝，大河正流乃夺汴入泗合淮，遂以一淮受莽莽全黄之水，河之一大变也。……世称黄河大徙之五。"[68]怎样叫作"徙"？以前的屡次夺颍、夺涡，变迁不为不大，为甚么不通通列作"徙"呢？"徙"的名称，最要是限用于黄河的自然行动。如果施用人工挽河流使恢复其一部分的故道，这配称作黄河大徙吗？黄河夺汴，从严义来说，应划分为好几个时期，我在前节已有过说明，绝不是迟至弘治方开始"夺汴入泗"，郑肇经的话也不能不作为"大徙"的要证。有人说，大徙的关键在北流断绝，但照这样说，则河的北徙，本上溯于至正二十六年（一三六六年），贾鲁治河成功时是没有的，为甚么不把一三六六年列作黄河大徙呢？

第四，黄河中下游窜扰至潘季驯治河时期。

弘治十一年（一四九八年），决归德小坝、侯家潭等处，与黄河别支[69]会流，经宿州、睢宁，由宿迁小河口流入漕河；[70]其小河口北抵徐州，水流渐细，[71]徐、吕二洪惟赖沁水接济。

十三年（一五〇〇年），丁家道口上下河决十二处，淤三十余里。兖州知府龚弘奏："今秋[72]以来，王牌口（在归德州迤北）分水不由丁家道口，而逆流东北[73]至黄陵冈，又自曹县入单县，南连冀（虞误）城。"[74]

正德三年（一五〇八年），河西北徙三百里，[75]至徐州小浮桥入漕河。

四年（一五〇九年）六月，河又西北徙[76]一百二十里，至沛县飞云桥入漕河。是时，南河故道淤塞，水势北趋单、丰之间。[77]同年[78]九月，河北徙仪封小宋集，冲黄陵冈，入贾鲁河，决曹县梁靖、杨家二口，[79]直抵丰沛；兰阳、仪封、考城故道淤塞。[80]

工部侍郎崔岩奉命修理黄河，浚祥符董盆口、宁陵五里铺，引水由凤阳达亳州。浚荥泽孙家渡，引水由朱仙镇至寿州。又浚贾鲁河及亳州故河各数十里。[81]

八年（一五一三年）六月，复决黄陵冈，自是，开封以南无河患，而河北徐、沛诸州县，河徙不常。

嘉靖五年（一五二六年）六月，[82]河溢，东北至沛县庙道口，[83]截运河注鸡鸣台口，入昭阳湖，[84]汶、泗南下之水从而东，河之出飞云桥者漫而北，淤数十里。[85]

六年（一五二七年），章拯奏荥阳北孙家渡、兰阳北赵皮寨[86]皆可引水南流，但二河通涡东入淮，又东至凤阳长淮卫，经寿春王诸园寝，为患巨测。惟宁陵北岔河一道，通饮马池，抵文家集，又经夏邑至宿州符离桥，出宿迁小河口，自赵皮寨至文家集（今商丘之东稍南有文集）凡二百余里，浚而通之，水势易杀，乃命刻期举工。[87]

八年（一五二九年），决溜沟太港，淤赤龙潭，飞云桥之水北徙鱼台谷亭。[88]

九年（一五二九年）六月，河决曹县胡村寺东，东南至本县贾家坝入旧黄河，由归德州丁家道口至徐州小浮桥入运。又决胡村寺东北，分为二支：东南支经虞城、砀山合旧黄河出徐州；东北支经单县侯家林至鱼台塌场口漫为坡水，由县之谷亭镇口入运。[89]

十一年（一五三二年），总河戴时宗请委鱼台为受水之地，言河东北岸与运道临，惟西南流者一由孙家渡出寿州，一由涡河口出怀远，一由赵皮寨出桃源，[90]一由梁靖口出徐州小浮桥，往年四道俱塞，全河南（？东）奔，[91]故丰、沛、曹、单、鱼台以次受害。今患独钟鱼台，宜弃以受水。至塞河四道，惟涡河经祖陵，未敢轻举，其三支河颇存古迹，故宜乘鱼台壅塞，逼使河水分流，并前三河共为四道以分泄之。

十三年（一五三四年）正月，总河朱裳奏今梁靖口、赵皮寨已通，孙家渡方浚，[92]自赵皮寨支流开挑后，黄河大势尽徙而南。一股自亳州涡河入淮，一股自宿州符离桥至小河口入运，鱼台、沛县决口相继自塞，梁靖口旧河注二洪之水，亦被挚而南。[93]

河自赵皮寨南徙，由兰阳、仪封、归德、宁陵、睢州、夏邑、永城经凤阳地方入淮，【94】谷亭流绝，【95】庙道口复淤。【96】已而河忽自夏邑大丘（在永城南）、回村等集冲数口，转向东北流，经萧县下徐州小浮桥。【97】

十四年（一五三五年），总河刘天和自曹县梁靖口东岔河口筑压口缕水堤，复筑曹县八里湾至单县侯家林长堤八十里。【98】

十六年（一五三七年）六月，决仪封三家庄，由考城趋归德城下。又决归德北岸郑家口，亦趋归德，二水俱经曹村口入北黄河下二洪。又决睢州南岸地丘店、界牌口二处及宁陵杨驿铺，俱南入亳州涡河。睢水自饮马池以下淤一百八十里。总河于湛于地丘店、野鸡冈口上流开一河，通桃源集【99】旧河故道，东北至丁家道口入旧黄河，将趋涡之水，截入北河以济二洪。【100】

十七年（一五三八年），【101】总河胡缵宗开考城孙继口、【102】孙禄口（今民权县东南有孙六口）黄河支流，以杀归、睢水患。

十九年（一五四〇年）七月，【108】河决野鸡冈，由涡河经亳州入淮，【104】旧决口俱塞。其由孙继口至丁家道口、虞城入徐、吕者，仅十之二。【105】

二十一年（一五四二年），督河王以旂等于野鸡冈上流，浚孙继口、扈运口及李景高口三支河，由萧、砀以达小浮桥，凡六百余里，济徐、吕二洪。【106】未几，李景高口复淤（属仪封）。

二十四年（一五四五年），由野鸡冈决而南，至泗州会淮入海，遂溢蒙城、五河、临淮等县。【107】

二十六年（一五四七年）【108】七月，河决曹县，漫金乡、鱼台、定陶、城武，冲谷亭，是后南流故道始尽塞。【109】

三十一年（一五五二年）九月，【110】河决徐州房村（徐州东南岸有房村）至曲头集（在睢宁县），凡决四处，淤四十余里。【111】

三十六年（一五五七年），河决原武，经流山东，决开北大堤，由城武、金乡入运。【112】

三十七年（一五五八年）【113】七月，曹县新集淤，河决东北，趋单县段家口，析而为六，曰大溜沟、小溜沟、秦沟（在丰县东三十里华山之北）、【114】浊河、【115】胭脂沟、飞云桥，俱由运河至徐洪。【116】又分一支，由砀山坚城集（在砀山西南）下庞家屯、郭贯楼，析而为五，曰龙沟、【117】母河、【118】梁楼沟、杨氏沟、胡店沟，亦由小浮桥会徐洪。【119】其新集至小浮桥故道二百五十余里不可复，遂淤。【120】自后河忽东忽西，靡有定向。

四十三年（一五六四年），黄河统会于秦沟，余六股皆淤。【121】

四十四年（一五六五年）七月，河决萧县（西六十里）赵家圈，【122】泛溢而北，至丰县南（二十里）棠林集，【123】分为二股。南股绕沛县戚山（在县西南三十里）入秦沟；北股绕丰县（东南）华山漫入秦沟，【124】同下徐洪。其北股复自华山向东北分出一大股，出沛县飞云桥，更散为十三支，或横截，或逆流入漕河，至湖陵城口，散漫湖坡，运道淤二百余里。未几，复决新集及庞家屯，亦东出飞云桥，其砀山郭贯楼一支遂淤塞。【125】

四十五年（一五六六年）六月，工部尚书朱衡依嘉靖总河盛应期开凿之故迹，开昭阳湖东新运河，自鱼台南阳闸引水经夏镇，抵沛县留城，凡百四十二里，【126】避河冲。又浚旧河，自留城以下，抵境山、茶城【127】五十三里，【128】与黄河会，并筑石堤遏河之出飞云桥者，专趋秦沟以入洪。九月，水南趋秦沟，飞云桥始断流。【129】

隆庆元年（一五六七年）正月，河南冲浊河鸡爪沟入洪。【130】

三年（一五六八年）七月，河决沛县，自考城、虞城、曹、单、丰、沛抵徐州，俱受其害，茶城淤塞。【131】

四年（一五七〇年）八月，【132】河决邳州，正流自睢宁曲头集起至宿迁小河口淤百八十里。【133】

五年（一五七一年）四月，因茶城至吕梁黄水为淮水所束，不能下，复决邳州王家口；【134】自灵璧双沟（灵璧北境，在南岸）而下，北决三口，南决八口，【135】大势下睢宁出小河，而匙头湾（邳城地面）八十里正河悉淤。

万历三年（一五七五年）八月，河决砀山及邵家口（丰县）、【136】曹家庄、韩登家口而北，淮亦决高家堰（淮阴县西南四十里）而东。

四年、五年（一五七六——一五七七年）之秋，河屡决崔镇（属桃源，即今泗阳县北）。【137】四年秋，又决曹、丰、沛三县，淹及单、金乡、鱼台、徐州、睢宁等处。

五年（一五七七年），秦沟淤，河自崔家口历北陈、雁门集等处至九里山，出小浮桥，其一支自九里沟、谊安山历符离，出小河口，而崔镇大决。【138】

七年（一五七九年）十月，工部左侍郎潘季驯治河工成，计筑高家堰堤六十余里以蓄淮刷黄，归仁集遥堤四十余里，【139】截睢水入黄河，马厂坡（在桃源南岸，见《河防一览》）遥堤四里余以阻黄淮出入之路，塞崔镇等决口五十四。【140】高堰初筑，清口方畅流，连数年无大患。季驯又请复新集至小浮桥故道，因廷臣等不可而止。

这一期时间最长，计至万历七年（一五七九年）止，共八十四年，并不是一个显然地划断的时期。不过潘季驯治河的策略和功绩，很为清代——甚而近年的学者及治河人员所赞颂，因之，我们不可不将它划断，以便对于季驯治河的后果，容易作考量的比较。

刘大夏着力的地方，大致在当日河南的东部及直隶的南部，只就黄河常常为患的区域来说，可以称作"中游"（不是全河的中游）；再往东去便是下游。嘉靖中叶（自十八年至二十四年），归（商丘）、睢虽一度受害，但最惨的及长期的还是下游的上段，北而曹、单、金乡、鱼台，南而丰、沛、徐州、砀山，在这一个大区域里面，或南或北，随时窜扰，跑到南边去，不几年又还到北边，转还北边来，不几年又跑回南边。用句简单话来表示，就是黄河度不惯被压迫的生活，所以屡屡要跳槽了。坚固堤防未尝不可收多少临时的效果，然而这种效果是有限期性的，光靠堤防而不谋别的方法来补救，那并不是治河持久的完善方法。

第五，季驯治河后大势转窜上游以迄明末的时期。

万历十年（一五八二年），秦沟淤。【141】

十五年（一五八七年），【142】河决祥符刘兽医口、兰阳铜瓦厢，又决封丘金龙口，冲决长垣之大社集（长垣、东明二县几至漂没），并溃曹县白茅村长堤。【143】

十七年（一五八九年），河决兽医口，漫李景高口，入睢陈故道，又冲入夏镇（在吕孟山之北）内河。复决双沟及单家口（南岸，在灵璧）。【144】

二十一年（一五九三年）五月，河决单县黄堌口。【145】一支由虞城、夏邑、永城接砀山、萧县、宿州、睢宁至宿迁出小河口、白洋河（在归仁集北）；【146】一小支分萧县两河口，出徐州小浮桥，相距不满四十里。【147】鱼台、巨野、济宁、汶上皆被水。【148】

二十四年（一五九六年）十月，总河杨一魁开桃源黄家坝【149】新河，起黄家嘴（桃源东南十余里），至安东五港【150】（今涟水东北）、灌口，长三百余里，分泄黄水入海，辟清口沙七里。【151】

二十九年（一六〇一年）七月，【152】河决商丘萧家口，【153】全河东南注，商丘南岸蒙墙寺【154】移为北岸。【155】一由夏邑、永城、宿州，仍出白洋河、小河口；一由沙岗、固镇、五河与淮河合流。至三十年，尽由沙商（岗）河、泡浍河与淮合而为一。【156】黄固断流，时李吉口【157】淤垫日高，北流遂绝。

三十一年（一六〇三年），总河曾如春开挑王家口【158】新河；【159】四月，新河水涨，冲鱼、单、丰、沛。【160】

七月，【161】河大决单县苏家庄【162】及曹县缕堤，又决沛县，灌昭阳湖，入夏镇，横冲运道，全河北注者三年。

三十二年（一六〇四年），工部疏称，河自归德而下，合运入海，其路有三：由兰阳道考城，至李吉口，过坚城集，入六座楼，出茶城而向徐、邳，是名浊河，为中路。[163]由曹、单，经丰、沛，出飞云桥，汛昭阳湖，入龙塘，出秦沟而向徐、邳，是名银河，为北路。由潘家口[164]过司家道口，至何家堤，经符离，道睢宁，入宿迁，出小河口入运，是名符离河，为南路。南路近祖陵，北路近运，拟请开复中路。

八月，河决朱旺，[165]由昭阳湖穿（夏镇南的）李家港口，出镇口，又上灌南阳；单县苏家庄决口复溃，鱼台、济宁间平地成湖。

三十四年（一六〇六年）四月，总河曹时聘挑朱旺口工成，[166]自朱旺、坚城集达小浮桥，长百七十里，[167]河归故道。

四十四年（一六一六年）[168]五月，河复决徐州狼矢沟（在徐州东南二十里，又东为磨脐沟），[169]由蛤鳗（在泇口镇外）、[170]周、柳诸湖（周湖、柳湖接邳州东直河）入泇河，出直口，复与黄会。

六月，[171]决祥符陶家店、张家湾，下陈留，入亳州涡河。

四十七年（一六一九年）九月，决阳武北岸脾沙堤，由封丘、曹、单至考（虞误）城，复入旧河。[172]

天启元年（一六二一年），河决灵璧双沟、黄铺，由永姬湖出白洋河，小河口，仍与黄会，故道湮涸。

三年（一六二三年），决徐州青田、大龙口（俱在徐州东南三十余里），徐、邳、灵、睢之河并淤，上下百五十里悉成平陆。

崇祯四年（一六三一年）夏，河决原武湖村铺，又决封丘荆隆口，败曹县塔儿湾太行堤，趋张秋。

十五年（一六四二年）九月，[173]河南巡抚高名衡决朱家寨（在开封西北十七里），李自成决祥符马家口[174]互相灌，水冲开封城，直走睢阳，入涡水。[175]

十六年十一月，工部侍郎周堪赓塞朱家寨及马家口两处决口。[176]

这一期计至明末崇祯十六年（一六四三年），共六十四年，即潘季驯治河以后的一个时期，除去人工破坏之外，大决在中游的占了半数，下游也不算少（因为这与淮河有关，不单是黄河的事，所以没有列出），这是对季驯治河方针的重要考验。我们虽不愿专以成败论人，然而事实彰彰，固无可讳饰的。

《禹贡锥指》四〇下曾就明末清初的河道，作过一个详细考证，现在把它撮在下面，以当总结。

> 武陟县南。原武县北。【177】阳武县南。延津县南。祥符县北。封丘县南。
> 陈留县北。兰阳县南。仪封县南。睢州北。考城县北。商丘县北。曹县南。
> 虞城县北。夏邑县北。单县南。砀山县北。丰县南。沛县南。萧县北。徐州北。
> 灵璧县北。睢宁县北。邳州南。宿迁县南。桃源县北。清河县南。山阳县北。
> 安东县南，东北入海。

关于黄、淮会口，也不可不略叙一下。据说，黄河初自桃源三义镇历清河县北，至大河口（叶家冲）会淮，是为老黄河，长八千余丈，别有济运河在清河县南，只系一条支河。至嘉靖初年，三义镇口淤，黄河遂夺支河，改趋清河县南与淮会。【178】这些话是综合陈世宝、王士性两人之言。牛应元说，"黄淮交会，本自清河北二十里骆家营折而东，至大河口会淮，所称老黄河是也。陈瑄以其迂曲，从骆家营开一支河，为见今河道，而老黄河遂淤矣"【179】，跟他们的话有些不同。如果依照《淮安志》，老黄河的淤塞更早在元末泰定年代了。

还有一种疑似的说法，更须加以辨正，如陈潢说："元时运道，漕船由江入淮，由淮顺流出庙湾海口，从海道北运，是淮原未尝与黄合流入海，而元时河患仍未息也。迨明初，平江伯陈瑄始增修高堰，开清口导淮入黄。"【180】按淮从安东入海，据《锥指》四三考证，两汉时已是如此，黄河经徐州东出合淮入海，也有宋、金、元的书说可证，陈氏固有名的治河专家，竟以为黄、淮至明初才合同出海，真是一个大大的误会。

注释

【1】《宋史》九一："二月、三月桃华始开，冰泮雨积，川流猥集，波澜盛长，谓之桃华水。春末芜菁花开，谓之菜华水。四月末垄麦结秀，擢芒变色，谓之麦黄水。五月瓜实延蔓，谓之苽蔓水。朔野之地，深山穷谷，固阴沍寒，冰坚晚泮，逮乎盛夏，消释方尽，而沃荡山石，水带矾腥，并流于河，故六月中旬后谓之矾山水。七月菽豆方秀，谓之豆华水。八月荻乱华，谓之获苗水。九月以重阳纪节，谓之登高水。十月水落安流，复其故道，谓之复槽水。十一月、十二月断冰杂流，乘寒复结，谓之蹙凌水。"

【2】《经世文编》九六。

【3】《锥指》四〇下引。

【4】【5】同上《锥指》。

【6】同上《锥指》："元顺帝至正四年……六月，又北决金堤，濒河郡邑，皆罹其害，水势北

侵安山（在砀山县南）。"以安山为在砀山县，是大大的错误。

【7】《明史》八四。

【8】【9】同前《锥指》。关于北流未绝的讨论，别详下文。

【10】《历代治黄史》五。

【11】《金鉴》三九。

【12】《再续行水金鉴》一五八《筹河论》。

【13】《利病书》三八引《兖州府志》，双河口一曰灉河，黄河自曹县入界，至曹州城东，折而北流，分为二支：一支入雷泽，一支入郓城，谓之双河口。

【14】光绪十五年《鱼台县志》一："黄河故道，旧自曹州双流（河）口经嘉祥、巨野，出县境塌场口入运。……塌场者，南阳（湖）上流也，其旁曰钓鱼矶。"《利病书》三八引《兖州府志》，塔章河在嘉祥城北十里，与塌场字音相类，恐即一口，是也。

【15】关于"明代分期的河患"的史料，除别有注明外，均采自《明史》八三至八七《河渠志》。

【16】据《图书集成·山川典》二三四引《山东通志》。

【17】挟颍入淮系据《金鉴》一八引《目游四海记》。《利病书》五〇作七年决开封，张了且文有七年五月决开封堤，又有八年决大黄寺堤，颇疑同是一事。

【18】康熙十九年《封丘县志》一："洪武初，河决原武，经开封北、封丘南入淮，北道遂绝。后又徙开封南朱仙镇。及弘治二年，乃复徙封丘县南。"作"洪武初"误。"北道"字可有几种解法：（一）贾鲁的故道，（二）分入北清河的水道，（三）汲、胙的故道，或（四）综合上三种而言。但我们须认清，贾鲁故道那时候还未完全断绝。

【19】《天下郡国利病书》五〇、《明史·本纪》（三）及《河渠志》（一）均作十五年七月，惟《金鉴》一八引《太祖实录》作十六年六月乙卯，按六月癸酉朔，月内无乙卯，十五年七月戊申朔，月内有乙卯，而《明史》卷三作"七月乙卯"，那可信记在十六年之不合。又考乾隆十二年修《原武县志》五："至明洪武十五年，河决阳武，由东南三十里入封丘至考城，自此河出阳武之南。"

【20】同前《集成》引《河南通志》作十六年，今据《实录》。复次，《利病书》引《通志》称："十六年秋八月戊辰。"按十六年八月壬申朔，月内无戊辰，惟十七年八月丙寅朔，则十三为戊辰，是亦可证明十六年之误。

【21】同前《集成》引《淮安府志》，"原武"误"阳武"，又"黑洋"作"黑阳"，黑洋旧时在南岸。《明景帝实录》，景泰四年八月户部主事钟成奏"原武北自旧黄河黑羊山界，南自古汴陈桥铺界，相去五十余里，水皆浸灌，县居其中，于今巳六年矣"。又景泰三年四月，迁原武县治于相隔十余里之古卷县址（均据《金鉴》一九引）。《小谷口荟蕞》称阳武"东有脾沙冈，西有黑洋山，河决后皆沦于河"（同上卷五六）。

【22】同前《集成》引《续通考》："旧黄河在开封城北四十里，至洪武二十四年，河决原武，

307

东经开封城北五里。"又《明史》八三，天顺七年下称："国初黄河在封丘，后徙康王马头，去城北三十里。"

【23】此一段与《集成》二二六引弘治间徐恪疏，又二二四引郑晓说略同。

【24】末两句据同前引《原武县志》，参前注19。

【25】《明史》八三附八年下，兹据《利病书》五〇引《通志》及《集成》引《续通考》附入九年。

【26】《实录》文据《金鉴》二三。《水利史》说，宋礼"引河自开封北入徐州小浮桥故道，分流由封邱金龙口……"（三七页），是很大的误会。郑氏未经细读《明史·河渠志》各卷的文字，又不晓得旧史的"故道"字常有广义、狭义之不同。其实，宋礼引河，只是经过开封、封丘间，东出鱼台，会泗而下小浮桥，并不是同时自开封引河经归德出小浮桥，又分一支自封丘经鱼台出小浮桥。如果不然，杨一魁不应单说"河北入鱼台"，《明史》八五也不应单称"引黄水至塌场口"了。参下注28及注35。

【27】同前《集成》引《淮安府志》，又《明史》二八及八三均作十四年。《水利史》（三七页）作十三年，误。

【28】是时金龙口出鱼台之路口渐淤，所以把贾鲁河的淤塞开浚，这也反映出永乐九年并不是恢复整个贾鲁故道。即如《水利史》说："浚祥符抵仪封黄陵冈淤道四百五十里以通其流，然无堤以束之，水平缓无力，新开之河不能敌暴冲之溜，开未竟而即淤塞。"（三八页）称作"新开"，不见得二十年前（永乐九年）已经恢复（参前注26引《水利史》），如果曾经恢复，更不致旋开即淤，是郑书已不免自相矛盾。据我的观察，洪武二十四年以后，贾鲁河故道偶然有水量通过，那才是实在情形。试看洪武三十年下称"先是河决，由开封北东行，至是下流淤，又决而之南"，东行当指贾鲁故河。

【29】《淮系年表》八引《颍州府志》。

【30】《水利史》说："河南决阳武，邳州。"（三八页）依前文，洪武二十四年阳武已在河北，《水利史》误。

【31】《集成》引《明会典》及《明史》八三均作十三年；惟《集成》引《续通考》作"十二年七月"，"二"实"三"之误笔。《水利史》于正统十年下说："盖其时寿州入淮之水，既以新冲而不能持久。"（三八页）按河从寿州入淮系洪武二十四年事，计至正统初已四十余年，"新冲"两字，太易令人误会。

【32】今图，新乡县西南（不是东南）有八树，在旧黄河的北岸。《金鉴》一六二引《看河纪程》，新乡西行四十余里至八柳树店。

【33】阳谷，据《集成》引《明会典》补入。

【34】在东阿县西南六十里。

【35】本条参据景泰四年王暹奏疏及《集成》引《续通考》。又《集成》二二四引郑晓说："又决荥泽，东经汴城，历睢阳，自亳入淮。"（与《集成》二二六引弘治间徐恪疏略同，《续通考》也是这样说，

引见下文）与《原武县志》五所称"正统十三年,河决荥阳姚村口南徙,过开封西南,经陈留入涡口,原武始在河之北",大致相合。但《明史》八三并未记是年河决入涡。至《水利史》（三九页）于正统十三年下称："贾鲁河故道复湮（自永乐九年河循故道,至是复湮,凡三十七年）",是并不十分正确的记载,已于前注26、28各条辨正。景泰二年王暹奏"自正统十三年以来,河复故道,从黑洋山后径趋沙湾入海",可见"复故道"一词,不能呆板作"复贾鲁故道"解。

【36】《利病书》五〇引《河南通志》,也见下引《续文献通考》。

【37】同前《集成》引《兖州府志》。

【38】同前《集成》引《东昌府志》。

【39】同前《集成》引《山东通志》作五月。

【40】《淮系年表》八作五年十一月上三策,下文又称"阅五百五十日功成"。如此说,岂不是动工于上策之前?《年表》的错误当系承袭《安平镇志》（见《利病书》四〇）而来的。

【41】《明史》八三:"起张秋金堤之首,西南行九里至濮阳泺,又九里至博陵陂,又六里至寿张之沙河。"那是本自徐有贞的《河功记》,显然,博陵在张秋西南十八里,寿张沙河东北六里。《水利史》不知根据哪种二三等史料,误以"博陵陂"为博陵,说在张秋西北,即"今山东博平县西北三十里"（三九页）,跟博陵陂相去约百里之外;郑氏既不根据一等史料,又未检对《明史》,所以造成这样严重错误（据《安平镇志》:"沙河去镇四十五里,从范县寿张入阳谷,雨后则会水北流,至东昌龙湾入运"）。

【42】末句据《明史》八四杨一魁的奏疏。

【43】同前《集成》引。

【44】《黄河年表》（八三页）引《英宗实录》。

【45】此据《金鉴》一九引《河南通志》。同书一六二引《看河纪程》则称,黄河故道在延津县（北）二十八里,明天顺间迁于于家店。按于家店在延津南（参下注59）,比《通志》所记早十余二十年。又张了且文以为"自延津南徙入封丘"。

【46】道光八年《太康县志》三。张了且文称河溢开封府州县,由通许县北李道岗直趋太康。

【47】张了且文称:成化"二十三年（公元一四八七年）河徙于汴之北,自朱仙镇分流,经通许县西四十里,复汇于扶沟",是弘治二年之前两年,河已入颍了。

【48】《水经注》三〇:"淮水又北,沙水注之,《经》所谓濊荡渠也。淮之西有平阿县故城……《郡国志》曰,平阿县有当涂,淮出于荆山之左,当涂之右,奔流二山之间……杜预曰,涂山在寿春东北,非也。"据《锥指》四三,涂山在怀远县东南八里,荆山在县西南一里。

【49】嘉靖六年戴金奏:"弘治间涡、白上源堙塞,而徐州独受其害。"或指弘治末年的事。

【50】参前注18。

【51】《集成·山川典》二三四引《兖州府志》:"河徙汴城东北,过沁水,溢流为二:一经兰阳、

归德至徐、邳入淮；一自金龙口、黄陵冈东经曹、濮，决张秋运河。"

【52】《问水集》称："孙渡在今荥泽，正统间全河从此南徙，弘治二年淤；弘治六年至今凡十余年矣……卒莫能通，嘉靖癸巳（十二年）秋，浚百五十里，甲午夏水大涨，一淤而平。"（《金鉴》二四引）孙家渡即入颍的口门。

【53】《明史》八三："引中牟决河出荥泽阳桥以达淮。"按黄河先经荥泽而后东南过中牟，《明史》这一句修辞殊欠稳当。《水利史》沿《淮系年表》九（但删中牟字）改作"引决河自荥泽杨桥，经朱仙镇下陈州，由涡、颍达淮"（四〇页），更因误会而脱离现实。依照白昂奏疏及现行地图，杨桥系在中牟境内黄河南岸，不属荥泽。又同前《集成》引《江南通志》，"弘治二年命侍郎白昂导河由寿达淮"，与《明史》均未说明导入涡河。按弘治六年陈政奏"河之故道有二：一在荥泽孙家渡口，经朱仙镇直抵陈州；一在归德州饮马池，与亳州地相属，旧俱入淮，今已淤塞。"后一道是入涡的道，则"经朱仙镇下镇州"只是入颍的道。叶方恒《全河备考》称，昂"导南河自原武、中牟下南顿，至颍州，由涂山达于凤阳故道合淮"（南顿旧县在项城北），又称，"其故道自汴城西南杏花营入涡河者则淤淀矣"，也没有说导河合涡。

【54】明吴宽撰《白昂传》："又浚宿州古睢河入运道以分徐州之势。"谷应泰《明史纪事本末》，"浚宿州古睢河以达泗"（均据《金鉴》二〇引），都不称浚汴河。我初时很疑心"古汴河"字有错误，后来细想，通济渠一名汴河，经过宿县（见前九节二项甲），然则所谓"古汴河"犹之说"古时的汴河"（即隋以后的汴河），并非指一般所称的"古汴河"，即隋前的汴河。

【55】万历三十年工部奏："小河口乃睢水出泄故道。"（《金鉴》四一）《荟蕞》说："睢水自宿州灵璧东流而下，入睢宁界，历孟山、潼郡至朱仙镇，经埡头，过庙湾，绕县治后，再东抵高作、耿卓而尽于小河口，入黄河。自天启二年，崇祯二年黄河冲决，故道遂埋。今小河自孟山东下，历县治南界，由扶沟而东南入祠堂湖口。"又《一统志稿》称，睢水"今自河南陈留县东北与汴河分流，经永城县南而入徐州砀山县界，下流至邳州宿迁县东南而会于泗，谓之泗口，亦曰小河口"（同上五九）。据《武昌图》，小河口在白洋镇之北；又据《利病书》二七引《淮安志》小河口在宿迁县治西南十里。

【56】《集成·山川典》二二三引明人《黄河治法》："黄河上源支河一道，自归德饮马池历虞城、夏邑、永城、宿州、灵璧、睢宁出宿迁小河口，弘治中侍郎白昂浚之，一杀河势，一利商船，今淤。"

【57】嘉靖十四年刘天和奏："孙家渡自正统时全河从此南徙，弘治间淤塞，屡开屡淤，卒不能通。"《集成》二二四引郑晓，"荥泽孙家渡口旧河东经朱仙镇，下至项城、南顿，犹有河流，淤浅仅二百余里"，与弘治间徐恪疏同。

【58】《经世文编》九六。

【59】据刘健《黄陵冈碑》及《集成·山川典》二三四引《明会典》。《明史》八三讹为"于家店"。《金鉴》一六二引《看河纪程》，阳武古伦集东四十里于家店，十五里荆隆口镇。

【60】东字误，《明孝宗实录》作陈桥。

【61】当即前文七年下所称由陈留至归德分为二道。《明史》八四杨一魁奏："弘治二年，河又北冲，白昂、刘大夏塞之，复南流，一由中牟至颍寿，一由亳州至涡河入淮，一由宿迁小河口会泗。"

【62】《明史》八三的批评是："亦会黄河南流入淮，有贞乃克奏功。"《水利史》（三九页）因以为天幸，都无非承袭《安平镇志》之说（"先是沙湾之决垂十年，时侥有天幸，河南徙入淮，势少杀，故贞得竟其功。"见《利病书》四〇），失持论之平。尤其《古今治河图说》既责有贞不塞八柳树为舍本逐末（三〇页），对大夏筑断黄陵冈，却又以为变本加厉，造成完全夺淮之局（三一页）。须知八柳树或黄陵冈的决道都是冲向张秋，为甚么一个应塞而别一个又不应塞呢？

【63】据《锥指》四〇下引。

【64】清末李鸿章称，"明弘治中，荆隆口、铜瓦厢屡次大决，皆因引黄济张秋之运，遂致导隙滥觞"（《清史稿·河渠志》一），大约也指宋礼自金龙口下鱼台那一回事，但当日所济的并不是张秋，李鸿章之误会，与胡渭同。

【65】《安平镇志》说，"自国朝以来，张秋决者三，而弘治（六年）癸丑为甚"，见《利病书》四〇。又《淮系年表》九于《弘治六年》下称，"工方兴，张秋复决东堤百丈"，复于《七年》下引《方舆纪要》称，"二月，河复决张秋沙湾"，这明明是同一回事，而《纪要》误六年为七年。此外，《年表·六年》下已历叙大夏的治法，使得读者乍看好像大夏竣功后张秋复决，行文也先后失序，其实大夏的方法，应序于七年才合。

【66】《集成·职方典》一四三。"六年夏"殆"五年夏"之讹。

【67】《治河论丛》八六页。

【68】《水利史》四二页。

【69】《水利史》说："即白昂引汴入睢之道。"（四三页）

【70】《明史》八三"迨河决黄陵冈，犯张秋，北流夺漕，刘大夏往塞之，仍出清河口。十八年，河忽北徙三百里，至宿迁小河口……"一段，本抄自《实录》，但因文字小有省略，便令读者不易明白。《明武宗实录》本作"初黄河水势自弘治七年修理后，尚在清河口入淮。十八年，北徙三百里，至宿迁小河口。正德三年，又北徙三百里，至徐州小浮桥。今年（正德四年）六月，又北徙一百二十里，至沛县飞云桥，俱入漕河"（据《金鉴》二二引）。系以"入淮"与"俱入漕河"相对举，其意即是修理之后，已不夺漕，其后又陆续夺漕了。《明史》不应该省去"入淮"两字的，而且作"十八年"，则与《明史》前文弘治十一年那一条不相照应。《淮系年表》九杂采《金鉴》及《实录》，十一、十八两年之下均书河由宿迁小河口入漕河，又是同一事之复出。

【71】《明史》八三称："于是小河口北抵徐州水流渐细。"因为徐州在上流，小河口在下流，《明史》这句修辞不妥，令人看来难懂。黄河当日的正流从睢河出，所以由曹、单经徐州小浮桥那一支流渐细，如改为"于是徐州东南至小河口一段水流渐细"，便易于明白了。

【72】据《弘治实录》一五九，龚弘的奏疏系十三年二月所上，则"今秋"是十二年秋间事，《黄河年表》引《孝宗实录》作十二年秋（九八页），甚合。《曹州志》称"今年八月以来"于十一年下（《利病书》三九），当误。

【73】丁家道口在商丘东北三十里（见前节），即黄陵冈的东南，"逆流东北"应改正为"逆流西北"。《金鉴》二一引《实录》三月己巳条，作"不由丁家口而南至黄陵冈，入曹、单、虞城诸县"，更与地势不合。

【74】见本《弘治实录》讹冀城，《金鉴》二一所引不误，《利病书》三九及《明史》八三亦作虞城。

【75】【76】《明史》作"北徙"，均应改正为"西北徙"。

【77】《明史》八三，嘉靖九年潘希曾曾奏："黄由归德至徐入漕，故道也。……自弘治时黄河改由单、丰出沛之飞云桥，而归德之故道始塞。"但据各种记载，河出沛是正德初事，不是弘治间事；费宏说是正德末，也有错误。

【78】《明史》八三于四年下作"明年"，惟《集成》引《江南通志》作"四年，河决曹县杨家口，奔流沛县"。又《金鉴》二二引《通漕类编》，四年，"河东决曹县杨家口，趋沛县之飞云桥入运"。《明史》的"明年"应是"其年"之误。

【79】《淮系年表》九，杨家口在曹县西，梁靖口在曹县东南。《集成》二二四引郑晓作梁靖口，徐恪疏同。又《利病书》三九引《曹州志》："至四年九月，复决侯家洼，北徙三里至杨家道口……经曹县，东南过单县、丰县，东南抵沛，由流（？溜）沟入运河。"按《永夏勘河工议呈稿》称："又自萧家口筑大堤至朱家集、平台集、侯家洼，断其南溢会亭之水。"（《利病书》五四）侯家洼亦应是曹县地方。

【80】《利病书》三九引《曹州志》："黄河自梁靖口东南至夏家道口，旧水贾鲁河八十余里遂淤塞。"

【81】参据《金鉴》二二引《河南通志》。同上《曹州志》说："所浚贾鲁河亦随淤塞。"

【82】《明史》八三称："嘉靖五年……六年冬……是年……明年……其冬……七年正月，"依所叙显多出一年。考《嘉靖实录》八二，嘉靖六年十一月辛丑，章拯还京，由是知"六年冬以章拯为工部侍郎兼佥都御史治河"，乃"是年冬"之讹，"明年"才指六年。拯既还京，故"其冬以盛应期为总督河道右都御史"，《明史》八五也称六年冬诏拯还京。后再检《金鉴》二二引《实录》，知拯系于五年十二月丙子奉命治河。"六月"系据《世宗实录》。《夏镇漕渠志》："丁亥决曹，由鸡鸣台入昭阳湖，庙道口淤，盛中丞应期……"（《利病书》四〇），丁亥是六年；又"先嘉靖七年河决沛县"（同上），都因应期治河而始言之。

【83】《利病书》三一引《徐州志》，沛县北三十里为庙道口，又二十里为湖陵城。今图，沛县西北境有苗道口寨。又《水利史》说，是年六月，河"又决而三：一自开封经葛冈、小坝、丁家道口至徐州小浮桥，曰汴河；一自小坝经归德城南饮马池，抵文家集，经夏邑至宿迁小河口，曰白河；一自中牟至荆山合长淮，曰涡河"（四四页）。按是时，河并没有南决之事，试看同一年内，戴金请

疏通小坝至宿迁小河，并贾鲁河鸳鸯口、文家集各处的壅塞，杨宏请疏归德小坝、丁家道口、亳州涡河、宿迁小河，便可反证《水利史》的文字，虽然抄戴金的奏疏；但戴金所说黄河入淮有三道，系指旧日的情伏，亦即同时费宏所说正德末以前的三支。郑氏竟然误以为是年河分三道南决，未免粗心。《明史》八三于明年（嘉靖六年）下又称："河决曹、单、城武、杨家、梁靖二口，吴士举庄，冲入鸡鸣台，夺运河，沛地淤填七八里。"性质与本条很相似。因为《明史》这里叙述年份的错误（见前注82），我颇相信是记载重复。重复的原因，则由于《明史》在五年下既抄了《明会典》，六年下又再抄《续文献通考》，但《续通考》作"六年"是错的（《行水金鉴》二二及二三又《淮系年表》九也是同一事而复叙），所以不再采入。又嘉靖十五年，督漕都御史周金奏，"自嘉靖六年后河流尽南，其一由涡河直下长淮，而梁靖口、赵皮寨二支各入清河"。我们试综合下举三事：（一）六年章拯的奏请，（二）七年八月潘希曾报告赵皮寨开浚未通（参看《金鉴》二三），（三）十一年总河金都御史戴时宗奏称孙家渡、涡河口、赵皮寨、梁靖口四道，往年俱塞，今患独钟于鱼台，宜弃以受水，则周金所说六年后河流益南，显非事实。惟十三年正月朱裳（代时宗任总河）奏："今梁靖口、赵皮寨已通，孙家渡方浚，惟涡河一支，因赵皮寨下流睢州野鸡冈淤正河五十余里，漫于平地，注入涡河，宜挑浚深广，引导漫水，归入正河"，才是河流渐南及入涡的时候。周金身任总漕，所说又不过数年前事，而含糊如此，可见旧日的治河无功，半由于人事未尽。

【84】《集成·职方典》七六九"沛县"下称，嘉靖四十四年，黄河北溢，昭阳湖湮。按《武昌图》、昭阳湖在夏镇和珠梅闸之北。

【85】《淮系年表》九在五年下已叙其大致，复于《七年》下称："决河挚飞云桥之水，北漫入昭阳湖，淤庙道口以下漕渠三十余里。"然七年没有河决，无疑是复述五年事。

【86】《小谷口荟蕞》称兰阳"西有赵皮寨，一名张禄口。"（《金鉴》五六）

【87】《集成·山川典》二三五引《明会典》："嘉靖九年……命官浚赵皮寨抵宁陵故道……寻以河流改迁罢役。"按《明史》八三又有"七年……乃别遣官浚赵皮寨、孙家渡……以杀上流"的记载，《明会典》这条显然同一宗事情，惟"七""九"年份稍有不同，应是《明会典》的错误。《河南通志》称："嘉靖五年，都御史盛应期疏赵皮寨河弗就。"（《利病书》五○）年份也错，应期六年冬才总河，见前注82。

【88】《利病书》四○引《夏镇漕渠志》。

【89】据《金鉴》二三引《世宗实录》。又同前《集成》引《续通考》亦作九年"河由单县侯家林决塌场口，冲谷亭"。《夏镇漕渠志》说："嘉靖中河之入漕为便者凡六，其决口历历在谷亭、孟阳、湖陵、庙道口间，而惟庚寅（九年）北徙为害大。"（《利病书》四○）

【90】桃源指桃源县（今改泗阳），跟丁家道口附近之桃源集相去约五六百里；由赵皮寨出桃源即注八七《明会典》所称赵皮寨抵宁陵之道，亦即戴金所谓白河。《水利史》竟改为"由赵皮寨出桃源集"（四五页），实犯了严重的错误，参下注99。至《利病书》三一载嘉靖十五年李如圭奏："黄

河先年由河南兰阳县赵皮寨地方，流经考城、东明、长垣、曹、萧等县，流入徐州。"那又指贾鲁故道，跟赵皮寨抵宁陵之道无涉，我们不要因文面相近而误会。《金鉴》一六一引《看河纪程》，白河在商丘县南五里，源自归德马牧，分流于永城，达于小河口。

【91】《金鉴》二三引《实录》戴时宗奏亦作"南奔"，惟十三年正月下引朱裳等奏作"全河东奔"，"南"字显是笔误。

【92】《明史》八三。

【93】《利病书》三一载嘉靖十六年于湛疏。又四〇引《夏镇漕渠志》，十二年"癸巳冬，赵皮寨河流南向亳、泗、归、宿者骤盛，东向梁靖者渐微，梁靖分河东出谷亭之流遂绝"，也可互参。

【94】据《利病书》三一引嘉靖十五年李如圭奏，亦即朱裳所奏赵皮寨下流注入涡河之事，参看前注83。

【95】据嘉靖十二年朱裳奏："自梁靖口迤东经鱼台入运河，谓之岔口。"（《金鉴》二三引《世宗实录》）又明刘尧诲（嘉靖末人）《治河议》："嘉靖甲午（十三年）间，黄河徙兰阳寨口，直趋亳、泗、归、宿，不复入于徐。"（《集成·山川典》二二七）刘天和《问水集》："嘉靖甲午冬十月，赵皮寨河南向亳、泗、归、宿之流骤盛，东向梁靖之流渐微，梁靖岔河口东出谷亭之流遂绝，自济宁南至徐、沛，数百里间运河悉淤。"（《金鉴》二四）把各条比合观看，才易明了当日河变的真相。《问水集》又称天和躬行相度，"自赵皮寨东流故道凡百二十余里而至梁靖，河底视南流高丈有五尺，自梁靖岔河口东流故道凡二百七十余里而始至谷亭，已悉为平路。"至嘉靖十五年总河李如圭《治河疏略》称："近年自赵皮寨南徙，由兰阳、仪封、归德、宁陵、睢州、夏邑、永城等州县，经凤阳地方入淮。"（同上《金鉴》）"近年"即指十三年。

【96】《问水集》称："嘉靖戊子（七年），沛县庙道口淤三十里，舍漕河而开新河……卒于中止，仍浚漕河以通舟。"（《金鉴》二四）实即承着五年河决那一回事。

【97】《利病书》三一载十六年于湛奏，符离河淤，漫流北溢，泛夏邑县山西坡，仍于小浮桥注二洪，连年运道得以不阻，今山西坡水道亦复淤垫中高，即指此事。张了且的文于"成化十一年"下记称："河决夏邑县北，经永城太丘、回村集，径萧县出徐州小浮桥。"不知根据甚么材料，细看实嘉靖十三年事的错编，应删却。

【98】《水利史》于嘉靖七年下批评潘希曾说："自八里湾以及侯家林上下八十里缺而未合，论者惜之。"（四五页）下文又称，十四年刘天和"接筑曹县长堤八十里"（四六页）。按天和所接筑，即完成希曾未竟之工，而《水利史》没有明白指出，很容易令人误会始终"缺而未合"。何况在希曾后仅七年便已筑成，而此长堤对河工又无怎样大影响，则"论者惜之"的话，未免是多余的批评了。

【99】与桃源县不同，参前注90。

【100】据《利病书》三一载于湛奏。

【101】《金鉴》二四引《实录》，十八年正月乙酉（十六日），赞宗疏言新开各支流，故依《淮

系年表》九移入十七年；《明史》八三作"十八年"，系据报到之日。

【102】依《明史》八三。考城属睢州，故《集成》引《明会典》说："浚睢州孙继口至丁家道口淤河五十里。"

【103】月分据《明史》八五。

【104】张了且的文称："弘治十九年（一五〇六年）河决睢州之野鸡冈，由汴河入淮，于是开李景高口支河，引水出徐，阅二年复溢。"按弘治无十九年，一五〇六年即正德元年，再比观本书嘉靖二十一年的记事，张氏显系将嘉靖十九年的事误记为弘治十九年。

【105】《集成》二二四引郑晓："黄河自野鸡冈而下，分为二股；其自东南涡河而行者则为河身，其自孙继口出徐州小浮桥者则为支流。"大约即指此时之黄河情状。

【106】参据《金鉴》二四引《萧县志》。《黄河年表》（一〇六页）复叙于二十和二十一两年之下。

【107】据《集成》引《明会典》。

【108】据《明史》一八及八三。《水利史》于二十四年下称"俄忽复决而北，至曹县入谷亭，自是河流北趋"，又称，"二十五年（一五四六年），河又决曹县，水入城二尺，漫单县、金乡、鱼台、定陶、城武、冲谷亭"（四七页），显系将一年之事，误分作两年叙出。又《明史》八四杨一魁奏："嘉靖二十五年后，南流故道始尽塞。"《水利史》误以为二十五年事，《金鉴》二五引《明会典》作二十五年（即《水利史》所本）是错的，而且倒"城武"为"武城"（《金鉴》一五六引《明副书》，也作"二十五年，又溢曹县，溢入武城……"）。《历代治黄史》四于二十五、二十六两年均称决曹县，也是复出，那本书叙事的错误很多，不一一纠正。

【109】末句据杨一魁的话，见前条108。

【110】《金鉴》二五引《实录》作"八月乙未"但是年八月辛亥朔，月内无乙未。又《利病书》四〇引《夏镇漕渠志》，"辛亥房村之决"，辛亥是三十年，"癸丑决房村、新集"，癸丑是三十二年，都是错误的。

【111】参据《集成》引《明会典》。

【112】据《集成》引《兖州府志》，张了且的文也称三十六年原武判官村河决。惟《利病书》五〇作三十八年七月河决原武判官村，《淮系年表》九从之，疑《利病书》讹"六"为"八"。

【113】《集成》引《兖州府志》误作二十七年。

【114】据《锥指》四〇下"又东迳丰县南"句的注。《淮系年表》九作"华山之南"。按华山在丰县东南，见《金鉴》五八，又依下注一一六引《利病书》，浊河会漕在秦沟会漕之南，则浊河整个水道必落在秦沟南边无疑。考《徐州府志》，"浊河在丰县南五里，一名白洋河"（据《职方典》七六九引），而《淮系分图》二三所绘秦沟大河，以比例尺计之，应在丰县南五里以上，是秦沟水道反落在浊河之南，故疑《年表》九及《分图》二三均有错误。复检嘉靖末朱衡奏称，"今幸出秦沟，直境山南五里所"（见注124），与注116《利病书》之说相符。

【115】《明史》八四，万历二十七年刘东星奏"嘉靖三十七年，北徙浊河"，这是狭义的浊河。若下文万历三十二年工部奏疏的浊河，则是广义的浊河，《方舆纪要》称丰县东南有浊河口，余可参注116及130条。

【116】《郡国利病书》三一称，泗水由沛县至谢沟入州境，十里至留城，二十里为皮沟，五里受北溜沟水，三里受境山沟水，对岸受南溜沟水，五里受秦沟水，五里又受浊河水，十里为秦梁洪，十七里为三里沟，三里至徐城东北，受汴水合流。《徐州府志》所记里数略异，除谢沟外，均多差十里；又称"南溜沟为北溜沟分流"（参《淮系年表》九），则北溜沟似即大溜沟、南溜沟即小溜沟，惟胭脂沟未详。复次，《金鉴》一六三称，秦沟（口）在徐州东北三里，依前引《利病书》，应是"三十里"之笔误。漕河受浊河水处即茶城。

【117】万历二十五年，杨一魁疏："开唐家口而注之龙沟，会小浮桥入运。"（《金鉴》三九）《集成·职方典》七六九称，龙沟在徐州西北三十余里。

【118】万历二十七年刘东星疏："朱家窝东北有母河旧渠。"（《金鉴》四〇）

【119】《集成》引《江南通志》："向东北冲成大河，出萧县蓟门，由小浮桥入洪。"

【120】《水利史》说："河自贾鲁治后，至嘉靖三十七年北徙，中间二百余岁，虽漫溢靡常，终归故道。"（四八页）好像三十七年前河尚走贾鲁道的。其实二十六年决曹县，冲谷亭，三十六年由金乡入运，北徙已久。贾鲁故道的中段也早有堙塞，《明史》这两句不过指示淤塞之程度，更加厉害，难以恢复罢了。

【121】据《集成》又引《江南通志》。《水利史》四十三年下称："已而北出之六股皆淤，河由溜沟入漕。"（四八页）当系根据汪道昆撰《陈尧墓志》的"会黄河由溜沟入漕"（《金鉴》二五引—《萧县志》作"统会于秦沟"，同书二九引《神宗实录》也称"四十四年，河大决，改由秦沟出口，以致茶城岁患淤浅"。又同书三四引《河防一览》："嘉靖四十一、四十二年，黄水由大小溜沟会漕于夹沟驿南……四十四年，大小溜沟淤断。"那末，四十三年时似非由溜沟入漕。《淮系年表》九在四十三年下称，"按本年大河会漕于夹沟驿之南"，疑是误读"一二"为"三"字。

【122】本条大致据《淮系年表》九引《方舆纪要》。《水利史》称"赵家圈在萧县西二十里"（八四页），当是笔误。

【123】《淮系年表》疑《纪要》作曹县之误；从地图上观之，黄河似断不能逆流至曹县，且东隔丰县太远，所疑是不错的。《利病书》四〇引《夏镇漕渠志》已误作"曹县"。

【124】《明史》八三朱衡奏："改从华山，分为南、北二支，南出秦沟，正在境山南五里许。"

【125】《集成》引《明会典》："四十四年，郭贯楼淤，遂决华山，出飞云桥截沛以入昭阳湖，北泛胡陵城、孟阳泊，至谷亭，南溢于徐。"又《集成》二二七引雷礼《夏镇河工成记》："嘉靖四十四年秋七月，黄河大水异常，淤塞庞家屯，从华山入飞云桥，分七股奔趋沛，自谷亭至境山旧运河数百里，遍成巨浸。"又《河防一览》称："是年七月，河水大淤，全河南绕沛县戚山入秦沟，

北绕丰县华山漫入秦沟，接大小溜沟，泛滥入运河，至湖陵城口，漫散湖陂，从沙河至二洪。"又万恭《治水筌蹄》称："北向分二股；内南之一绕沛县戚山、徐州杨家集入秦沟，至徐州北。一绕丰县华山北，又分二股；南之一自华山东马村集漫入秦沟，接大小溜沟，泛滥入运河达徐。北一大股自华山向东北，由三教堂出飞云桥，而又分十三股，或横截，或逆流入漕河，至湖陵城口，漫散湖坡达徐。"（《金鉴》一五七）又《利病书》四〇引《夏镇漕渠志》："乙丑秋……庞家屯沙淤断流，水俱入此股（即秦沟），至曹（丰误）县裳林集以下，向东分流二股，又分一股向东南流，至戚山以下，三水合为一，向东北流，并入飞云桥趋沛，冲入运河，散漫湖陂，从沙河至徐、吕二洪，无复漕渠之迹。尽下流庞家屯一淤，水遂逆流，实由新集正道先淤，水无所容。"因为当日河道情形很混乱，所以记载也不一致，参合来看，大致自明。泗水经鱼台至沙河入沛县境为沙河渡，又二十里为湖陵城（《利病书》三一）。

【126】里数据《集成》引《吉安府志》。《元和志》九徐州沛县："故留城在县东南五十五里。"

【127】《元和志》九"徐州彭城县"："故坨城在县北二十六里……兖州人谓实中城曰坨。"彭城即今铜山县。《锥指》三二："今徐州北有坨城，坨音茶。"《水利史》："茶城在徐州治北三十里，会漕处名浊河口。"（五〇页）又境山距茶城十里（《明史》八五），在徐州北四十里，其下为境山沟，即地崩沟（《利病书》三一），《职方典》七六九作徐城东北二十里，似不确。

【128】引文与注126同。《夏镇漕渠志》称，"复留城至赤龙潭旧河"。

【129】《利病书》四〇引《夏镇漕渠志》。

【130】此据万恭《治水筌蹄》。《明史》八四，"至嘉靖末，决邵家口，由秦沟出浊河口入运河"（《方舆纪要》，丰县西南有秦沟口，亦曰邵家口）。《明史》八三，"始河之决也支流散漫遍陆地，既而南趋浊河"。又《纪要》称，嘉靖四十五年河决邵家口，出秦沟入运，均是同指这一回事，只放在嘉靖末，比隆庆初小异而已。《河防一览》说："隆庆元年，黄河南徙秦沟，会漕于梁山之北。……二年，黄河冲塞浊河，改至茶城与漕交会。"（据《金鉴》三四）因为那时季驯已丁忧去任，故与万恭所言不符；嘉靖四十四年已南徙秦沟，隆庆元年应是南徙浊河。又浊河会漕处即茶城（参前注127），既说"冲塞浊河"，又说"改至茶城"，恐怕也不实不尽（参下注131）。其次，《徐州府志》说："隆庆初，黄河自秦沟决而南，遂为浊河，其后河复旧流，浊河亦塞。"（据《淮系年表》一〇引）《年表》一〇因于隆庆元年书，"河自秦沟迤南冲浊河一道"，说来都好像隆庆元年才有浊河，很易引起误会；早在嘉靖三十七年已冲成浊河，本年不过是黄河正流由秦沟转入而已。

【131】茶城淤塞即前条注引《徐州府志》之"浊河亦塞"，《明志》也称，茶城淤塞，浊河口淤沙旋疏旋雍，可见《河防一览》"改至茶城"句之难通。《夏镇漕渠志》："境山旧有闸……运舟从此泝浊河入茶城口，隆庆迄万历初，茶城口凡三淤，傅公御史即境山南建梁境闸，其下地崩沟……"（《利病书》四〇）傅即总河傅希挚，建梁境闸当在万历三年，《淮系年表》一〇以为十一年凌云翼才改名梁境，是否待考。

【132】据冯敏功《开复邳河记》（《利病书》二七)，《明史》一九及《河渠志》作九月，系报到之日。

【133】同上冯敏功《开复邳河记》。《明会典》："又决邳州，注睢宁，出小河口。"（《金鉴》二六)《集成》引《江南通志》："隆庆四年九月，河决睢宁县曲头集、王家口、马家浅等处。"按隆庆二年张守约奏称，徐州青田浅，吕梁至曲头集六十里，直河至宿迁小河口七十里，小河口至桃源清河一百四十里（同上《金鉴》)。青田浅，《利病书》三一引《徐州志》同，冯《记》作青羊。

【134】此据《明史》八五。

【135】南决诸口内有曲头集、马家浅、王家口、白粮（浪）浅等处，北决口有直河，见冯敏功《记》及《金鉴》二六引《明史纪事本末》，并参前注133。双沟在徐州东南九十里，见《集成·职方典》与七六九。直河西至邳州五十里，见《利病书》二七引《淮安志》。

【136】参前注130。

【137】《明史》八四，万历五年陈世宝奏："近者崔镇屡决。"吴桂芳奏："自去秋河决崔镇。"又五年八月复决崔镇。《明史》二〇则称四年秋决崔镇，八月复决。至如《集成》引《续通考》，六年决崔镇，尤其《锥指》四〇下引《河渠考》，隆庆四年决崔镇，似乎均有错误；其实崔镇决后未塞，故洪水屡次冲出，这种情形，可从申时行作《季驯传》，"丁丑（万历五年）河决崔镇，淮决高家堰，横流四溢，连年不治"见之。《金鉴》一六一引《看河纪程》，崔镇西南约二十里为古城，又距南岸之桃源三十里。古城西南八九里之对岸为白洋河。

【138】《金鉴》二九引《明会典》。

【139】自归仁集东至桃源于家冈约五十七里（《利病书》三四引《泗州志》)。

【140】此据《河防一览》，《明史》八四作"百三十"。

【141】据《利病书》四〇引《夏镇漕渠志》。

【142】《河南通志》："万历五年秋八月，决刘兽医口。"检各书都没有这段记事，当是十五年的错误，张了且文及《黄河年表》同。又《锥指》四〇下"封丘县"称，"万历五年决荆隆口"，也是"历"下漏去"十"字。

【143】本条参据《集成》引《续通考》及《兖州府志》。《河防一览》说："长垣、东明二县旧有长堤一道，延亘一百三十里，东至山东曹县白茅集，西至河南封丘县新丰村止，堤外即有淘北河一道，相传即黄河故道也。万历十五年，河由……荆隆口决入，挟淘北河冲决本堤之大社口。"（《金鉴》三二)《续金鉴》三引《清一统志》，今有淘北河，一作淘背河，在长垣县南三十里，东流抵纸坊集入河。

【144】末句据《集成》引《续通考》。

【145】《利病书》三六引《谷山笔尘》："万历丙申，黄堌河决，由贾鲁河故道出符离集等处。"丙申系二十四年，应作万历癸巳才合。《春明梦余录》作"万历戊戌"，亦误，并参下注151。

【146】据张兆元（当时的管河同知)《黄堌口归仁堤考》：决口经虞城孔家楼，入砀山刘家集、

王家桥九十余里，又至狐父桥十里，系黄河故道。又至肃县界三十里，又入盘岔河至两河口七十三里，再由山西坡、瓦子口入永堌湖，至宿州徐溪口七十余里，又至符离桥、时村一百一十里，又经灵璧孟山、睢宁庙湾口、宿迁耿车至小河口，俱三十里，小河口迤南有白鹿、邸家二湖（《金鉴》三八）。又万历二十五年八月杨一魁疏称："今黄河南徙，至韩家道、盘岔河、丁家庄，俱两岸阔百丈，深逾二丈，名曰铜帮铁底，故道也。刘家洼始强半南流，得山西坡永涸湖以壑，出溪口入符离河，亦故道也。"（同上三九）同年九月一魁又疏称："归仁之北有白洋河，朱家沟、周家沟、胡家沟、小河口泄入运河，势如建瓴。"（同上）宿迁至白洋河四十里（同上六〇），并参注137。

【147】据万历二十四年杨一魁的奏疏。

【148】据《集成》引《续通考》。又《永夏勘河工议呈稿》称："自黄堌口决后，水向南行，至杨家口，向东行，至赵家口后，遂出东北行。"（《利病书》五四）赵家口即赵家圈，属萧县，又万历三十四年工部奏里面有萧县杨家楼（《金鉴》四三），怕就是这一个杨家口。

【149】《明史》八四讹为"黄河坝"。《金鉴》六〇引《荟蕞》，新河"自三义镇上起，由毛家沟等处达灌口下海"，并参下二条注。

【150】《利病书》二七引《淮安府志》，五港口在安东东北七十里，当团墟河、七里河、官河、遏蛮河五水会处，故名。

【151】《水利史》于本年下曾批评一魁，它说："黄不能入海，淮不能出口，上流徐、沛淤满，南北横流，饮鸩止渴于一时而贻患无穷矣。"（六〇页）按《明史》八四于"二十七年"下称"徐、邳间三百里河水尺余，粮艘阻塞"，是当日徐、沛无"满"的现象，郑书无非先挟有潘季驯为明代唯一能治河的人的成见，所以对于季驯前后的人物，都加以诋毁，持这样态度来批评，是很难得公允的。明《泗州志》："自黄家口而下，至渔沟、浪石，由安东北俱疏为河身，归五港口，使独入海，不趋清口，逼淮令得纵出。"（《利病书》三四）灌口与云梯关相去三十余里。其次，最要辨明的，叶方恒《全河备考》称：万历二十五年，"河复决单县之黄堌口，溢于河南之夏邑、永城界，经宿州之符离桥，出宿迁之新河口，入大河，半由徐州入旧河济运，而二洪告涸"《金鉴》引作《南河全考》）。《明史》八四（记在是年四月下）、《金鉴》三九都没有经过审查，便行采录。我初时也信以为真，后来详阅《金鉴》的前后文，才觉得黄堌自万历二十一年五月决了以后，黄河一直从决口经行，总漕褚铁等主张要塞，总河杨一魁等主张不必塞，两派正在争持不决，所以《明神宗实录》于"二十五年"下称："正月壬寅，时河决黄堌口，有言宜塞者，有言不可塞，不易塞，不必塞者，议未划一。"（同上《金鉴》引）既然未塞，那能说复决？如果真复决，则褚铁一派更大有借口，杨一魁哪能再行坚持？叶氏大概误会"时"字，故以为二十五年又决，但他所记溃河经过的地方，完全和二十一年所记一样，而别的一等史料都没有说及，那可证明他是一事复叙。又《实录》二十五年四月下有"己丑，自河决黄堌，总河尚书杨一魁议开小浮桥……"一条，"自"系追溯道二十一年，叶氏漏读"自"字，遂误为"二十五年四月复决"。再观《实录》"二十五年九月丁巳"

条："杨一魁言今岁春间吕梁二洪浅涸，皆归咎于黄河南徙……漕臣褚𫔶谓黄堌未塞，全河不来。"可见得这一年二洪之涸，系由河水大部走向黄堌，出徐州的止一小支，并不是因黄堌再决。叶氏不了了于当日情形，又多一重误会。总之，叶方恒所著的《全河备考》，错误的地方很多，我们参考时候最要提防着。此外如东兖道杨某《论黄河事宜》称"二十五年河决单县之黄堌口"（《利病书》三九），明《泗州志》称"万历二十三、四年间黄堌又大决"（同上三四），与及《黄河年表》（一二一页）所引的"山东"和《江南通志》，都由于措辞含糊或记载失实所引起的误会，这里无须一一辨正。

【152】此系张问达接河南巡抚曾如春的揭报（《金鉴》四〇引《续通考》），最可信。东兖道杨某《论黄河事宜》，"二十九年冬议塞黄堌……明年春复决于上流蒙墙寺"（《利病书》三九），《全河备考》称三十年三月（《金鉴》四一），都是错的。

【153】《淮系年表》十说"萧家口在黄堌西数十里"。按《明史》八四，是年张问达奏称："萧家口在黄堌上流，未有商舟不能行于萧家口而能行于黄堌以东者。"亦萧家口在黄堌西之证。

【154】《年表》十说："在商邱东北三十里。"

【155】《金鉴》四〇引《世宗实录》。

【156】参据《王家口河工记》及《河工缴册稿》（均《利病书》五四）。又《永夏勘河工议呈稿》称，河徙蒙墙，自徂冬消落之后，始于文家集之上，平台集之下，分为三四股；西南一股经石榴堌、马肠河、龙焕集、固镇驿入会河，至五河县地归淮，余旁溢者仍入永城。东南一股即为白河，狭可三四丈，经桑堌集、何家营，离夏邑城七八里，至胡家桥永城口城出白洋河。东北一股为向水河，至桑堌集与白河会。白河至何家营以下无河身，与前水并归永城，何家营上七八里为苗家桥，苗家桥上距平台集八十里（同上），叙述更为详细，依文来看，何家营似是夏邑地方。

【157】李吉口在黄堌之下游，下去砀山坚城集三十余里。又据前引《勘河工议呈稿》，李吉口正对司家道口（属砀山），司家道口东北为苗家桥，苗家桥之下七八里为何家营。《淮系年表》一〇则称："李吉口在单县东南四十里，西去黄堌口二十里，南去砀山县五十里。"又《续通考》，万历二十五年杨一魁奏称："今若空砀山一邑之地，北导李吉口下浊河，南存徐溪口下符离，中存盘岔河下小浮桥，三河并存，南北相去约五十里，任水游荡，以不治治之。"

【158】据《明史》八四，这个王家口在蒙墙寺之西，《金鉴》四三引工部奏作"曹县黄（王）家口"，当不误。《淮系年表》十说："一云在虞城。"按虞城处商丘之下游，即蒙墙寺之东，显有不合。后再检得朱思明《王家河口工记》称，如春"博访土人，金谓开王家口便，遂商谋于山东……公议于曹之明伦堂"，《永夏勘河工议呈稿》称，"乃若王家口又可易言哉，假道邻封，似居已于逸"（均《利病书》五四），东兖道杨某《论黄河事宜》称，"于曹县黄（应作王）家口开生地二十四里"，又《曹县志》称，"开曹境中地若干里"（均同上三九），曹时聘疏的"即曹县之王家口"（《金鉴》四三引《神宗实录》），都是王家口属曹县之确证。若《河工缴册稿》所称，"河南首阙王家口生地十二里"（同上五四），则因王家口地方接入豫境之故，看前人文字有时总不能太过执泥的。

【159】新河所经，据上引《河工缴册稿》，"河南首辟王家口生地十二里，挑徐家口以下旧河身十二里，山东挑下刘口以下至（单县）苏家庄六十余里，南直隶挑（砀山）坚城集以下至镇口百余里"，又《永夏勘河工议呈稿》称，至徐家口深开十二里，至孙家湾量疏三十六里，自此以下，至张礼口、李吉口，入坚城、镇口。《水利史》说："长约二百里，直抵镇口。"（六〇页）关于这一点，可参看下注167。镇口所在，据《河防一览》说，万历十一年，"改漕河于古洪出口，即今之镇口闸河也"（《金鉴》三四）。又二十七年张朝瑞称，黄河是时分三支；一流镇口，一流小浮桥，一流黄堌（同上四〇）。又《河防志》称，徐州自陡山至子房山缕堤内有镇口闸一座，今沙淤（同上五八）。《夏镇漕渠志》则说，万历十年凌云翼"改河口于茶城东八里，于新渠出口处建闸曰古洪"，十六年杨一魁增建镇口闸（《利病书》四〇）。

【160】新河之冲决，谢肇淛《杂记》以为决河广八十余丈，新开的仅三十丈，故不能容。

【161】据《金鉴》四三引李化龙奏，并参下条注。

【162】东兖道杨某《论黄河事宜》："至秋遂合龙门，而坚城之上八九里单县苏家庄遂大溃决，东北流入沛县。"（《利病书》三九）前文有"三十年冬"字样，是单县苏家庄之决在三十一年，与《明史》八四相合。张了且的文不知据某种误本，却记作"三十年（一六〇二年），河决单县苏庄，水漂荡夏邑田庐"，显然是前差一年。

【163】《明史》八四，万历三十三年，曹时聘奏："河之中路有南北二支；北出浊河，尝再疏再壅，惟南出小浮桥……"

【164】《明史纪事本末》的潘季驯疏，潘家口去丁家道口十余里（《金鉴》二六）。

【165】《淮系年表》一〇，"朱旺口或云在单县，或云在砀山，或云在丰县。"按《利病书》三九引《曹县志》称"单县朱旺口"。八月系据《金鉴》四二引《萧县志》。

【166】《河史述要》称，"曹时聘所挑河仍是曾如春故道"。按三十三年曹时聘疏："自王家口以达朱旺口，新导之河依然在也，因而疏通下流以出小浮桥，所费有限，非复昔比，从此三百里长河，上下条畅。"（《金鉴》四二引《神宗实录》）时聘所挑，实即如春未曾施工那一段。《萧县志》称，万历三十二年河决朱旺口，"荡漾三载，河徙午沟始定。"（《金鉴》四二）又《淮系年表》一〇称，"曹时聘所挑，经坚城集、午沟，又经赵家圈北"。

【167】《水利史》称王家口新河"长约二百里，直抵镇口"（六〇页），似系根据《王家口河工记》"筑东西堤二百里"那句话，但那是堤的长度，非全河的长度。二十七年工部疏，"自李吉口至镇口三百里而还"（《金鉴》四〇引《神宗实录》，李吉口尚在王家口之下），又东兖道杨某《论黄河事宜》，"曹大司空锐意挽河，起自苏家庄，至徐州凡三百里"（《利病书》三九，苏家庄在李吉口稍下），再合观前条引时聘疏，全河长总在三百里以上。

【168】《金鉴》四三于四十四年下，既引《江南通志》及《南河全考》，称"是年河决狼矢沟"，四十五年下单引《徐州志》，又称"河决狼矢沟"，我初稿已疑是同一事件而分载两年。后来检《淮

系年表》十，在"四十四年"下称，"五月，河复决徐州狼矢沟"，"四十五年"下称，"六月，河又决徐州狼矢沟，淹东北各乡村"，其注说：《徐州府志》云，陶家店塞口之后，又决狼矢沟，诸书皆误并四十四年为一事"，对这件事的始末，更得一个明白。在前，万历三十九年"六月，河决徐州狼矢沟，冬，塞之"，又四十三年"河决徐州狼矢沟，塞之"（均见《年表》），那些决口都已堵塞，所以四十四年下得称复决。但四十四年的决口未塞，跟前头单县的黄堌同例，只是河涨时从决口散出为患，不得称作"又决"；即使要表示这一年的水患，也只可称"河又循狼矢沟决口淹东北乡村"而已。此与"决"的定义有关，故不厌详细说明。

【169】《河防一览》称："徐州东岸南去十余里有狼矢沟，又东十五里许有磨脐沟，每岁黄水暴涨，则从狼矢沟直下至磨脐沟，泄出李龙潭，经蟆蛤诸湖、落马湖，出宿迁董、陈二沟，嘉靖年间全河俱从此出，而两洪正河俱为之夺。万历七年，已于本沟筑遥堤一道……随复冲决。"（《金鉴》三五）狼矢沟在徐州东南二十里（同上一六三）。又磨脐沟在吕梁上洪（同上二九潘季驯疏）。

【170】蛤湖在邳州东北十五里，源自武河（《利病书》二七引《淮安志》）。

【171】据《明史》八四，惟《金鉴》四三引《南河全考》作八月，未知孰是。张了且作"四十三年八月，河决陶家店张家湾"，当误。

【172】《金鉴》四三引《南河全考》及《锥指》四〇下阳武县注都作"考城"，但既过曹、单，不应复返西方之考城，显是虞城之误。

【173】《集成》引《河南通志》："崇祯十六年九月，河决入涡河。"其中尽有错误。

【174】《明史》八四，周堪赓奏朱家寨口居河下流，马家口居河上流，相距三十里。

【175】入祸水见《静志居诗话》及《河南通志》。《崇祯长编》载十五年十一月，山东巡抚王永吉疏："大抵水从朱家寨冲决汴城东门，直走睢阳，沟洫东南直下，鄢陵、鹿邑正当其奔啥之冲。"（以上均《金鉴》四五）鄢陵一句只是隔省遥揣的话，《明史》八四改为"直走睢阳，东南注鄢陵、鹿邑"，但鄢陵在开封西南。又明无睢阳县，当指睢州而言。

【176】关于崇祯末年塞决之结果，各说不同：（一）堪赓疏称，十六年四月塞朱家寨口，河大势归东，马家口仅分溜十三，亦于十一月初六合龙，河悉东还（据《水利史》六四页引）。（二）《崇祯长编》称，决水从朱家寨直走睢阳，十二月己卯，命堪赓修治，发银十万两，并准拨钱粮济用。又《明史稿》称堪赓上言，两决口相距三十里，至汴堤外合为一流（据《长编》是十六年二月戊辰所奏），十六年四月，塞朱家寨，其马家口请俟霜降后兴工，未及成而明亡（均据《金鉴》四五；其《明史稿》即《明史·河渠志》所本）。（三）清内阁大库舆图河流海岸之（3）《黄河图》，内注称，朱家二口决后，全黄南逝，散入淮河诸湖，正河淤浅，襄尝可涉。崇祯十六年春，特遣重臣，并发帑金，专督筑塞，二决已完，后又复决，至清顺治五年闰四月决口始塞（据赵世暹君从北京图抄示，疑系顺治五至七年间杨方兴所呈进之图说）。（四）朱云锦《黄河说》称，崇祯十五年决黄金塌口，"帝发帑金十五万，命募夫塞之，河由故道，十六年又决，南入涡河，国朝顺治元年，河自复故道"（《小

方壶斋舆地丛钞》四，朱为嘉，道间人）。综合数说，知开封两决口，崇祯十六年确曾堵塞，然塞而复决，是常见的事，究在十六年年底或十七年（即顺治元年）之初，无从确知。《明史稿》大约没有看见堪赓最后的一疏（《长编》十六年十二月丁卯，尚命堪赓将修涡河工绘图以进），故说工未及成。朱氏则只得其影响，故误把复故道记为十五年。

其次，跟这个问题密切相关的，则为《河南通志》顺治元年"夏，黄河自复故道"之记载（《金鉴》四六）。近人或据周堪赓疏稿，以为崇祯末已复故道（如《水利史》六五页）；或据《豫河志》，宁成勋顺治二年奏称汴口尚未塞，及清内阁大库图说，以为明末堵塞和顺治元年自复故道，都非事实。然而堵塞之后，不能说必无再决，单持堪赓疏稿，固未可否定《通志》。若根据成勋疏及大库图说以否定《通志》，我取图说细绎一番，并旁参当年事实，也觉得未妥。《通志》之误，只在欠修辞工夫，如果写作"夏，黄河大溜复循故道"，那可省去许多葛藤了。其理由如下：据图说，汴城两口至顺治五年闰四月才堵塞完工，又据《目游四海记》，最初决之后兰阳县正河涸如平陆（《金鉴》四五），与图说之襄裒可涉相合，假如说黄河或其一部分未循故道，则在五年闰四月以前，故道上断不会再闹河决，这是显而易明的理论。现在我们试看：（1）二年，决考城流通口及黄家园（当即《河南通志》之考城王家道口）；（2）三年，刘通口（即流通口）决水北徙，午沟自丰县至徐州河流涸竭；（3）四年九月河决，自单入丰，注太行堤，深丈余（原《丰县志》作"河溢"，那种情形还可算作"溢"吗？可见"溢""决"之区分，无非强作解人），考城、单、丰等县都在故道边缘，假如河水不走故道，哪能闹出溃决？更哪能移徙至丰、徐迤北？唯是二至四年，《淮系年表》一一屡著颍、亳等水，也许（但不能确定）受分河的影响，所以我说"大溜复循故道"，措辞比较稳当；否则黄河之水疑从天上来了。午沟见前注166。

【177】参前注35。

【178】《荟蕞》称：清河"县西三十里有三汊河口，泗水至此，分为大、小二清河；大清河经县治东北入淮，俗称老黄河，今湮。其小清河于县治西南入淮，即今之清口也。"（《金鉴》六〇）又称："山阳县即淮安府治，东北至草湾黄河二十五里，北至老坝口黄河三十余里，西北至清口六十里。……黄河自汴至徐，经邳、宿桃源三义镇入口，由毛家沟抵清河县后，谓之大河口，会淮流，过渔沟，达安东下云梯关入海，谓之老黄河。明嘉靖初，三义口塞，南从清河县前，亦与淮合，谓之小清口，经清江浦至草湾，转西南过淮安新城北达安东。万历四年，兵备副使舒应龙开草湾河成，分为两道，各四十余里，复合，过安东，总下云梯关入海。"（同上。末段本自《淮安志》，见《利病书》二七，并参前注34）又据同上《淮安志》，草湾"在郡新城东北二十里，离清江浦东南（应作东北）十五里，离安东县西六十里"。

【179】《明史》一五三《瑄传》也说："永乐十三年，瑄用故老言，自淮安城西管家湖凿渠二十里为清江浦，导湖水入（鸭陈口达）淮。"《明史》八五所记，大致相同。

【180】《经世文编》九八。

第十三节　明代河患的鸟瞰（下）

四、治河主张的分歧及内在的矛盾[1]

　　黄、淮两大流域合作一处出口，很容易发生壅塞溃决，那是必然的事。然而在黄、淮合并的初期，为害尚不甚重要，如万历二十二年张企程说："前此河不为陵患，自隆庆末年高、宝、淮、扬告急，当事狃于目前清口既淤，又筑高堰以遏之，堤张福以束之，障全淮之水，与黄角胜，不虞其势不敌也。"二十五年杨一魁说："洪武二十四年，河决原武东南至寿州入淮，永乐九年，河北入鱼台，未几复南决，由涡河经怀远入淮，时两河合流，历凤、泗以出清口，未闻为祖陵患。正统十三年，河北冲张秋。景泰中，徐有贞塞之，复南流。一由中牟至颍、寿，一由亳州至涡河入淮，一由宿迁小河口会泗，全河大势，纵横颍、亳、凤、泗间，下溢符离、睢、宿，未闻为祖陵患，亦不闻堤及归仁也。正德三年后河渐北迁，由小浮桥、飞云桥、谷亭三道入漕，尽趋徐、邳出二洪，运道虽济而泛滥实甚。嘉靖十一年……然当时犹时浚祥符之董盆口，宁陵之五里铺，荥泽之孙家渡，兰阳之赵皮寨，又或决睢州之地丘店、界牌口、野鸡冈、宁陵之杨村铺，俱入旧河，从亳、凤入淮，南流未绝，亦何尝为祖陵患。嘉靖二十五年后，南流故道始尽塞，或由秦沟入漕，或由浊河入漕，五十年来全河尽出徐、邳，夺泗入淮，而当事者方认客作主，日筑垣而窘之，以至河流日壅，淮不敌黄，退而内潴，遂贻盱、泗祖陵之患。此实由内水之停壅，不由外水之冲射也。万历七年，潘季驯始虑黄流倒灌小河、白河等口，挟诸河水冲射祖陵，乃作归仁堤为保障计，复张大其说，谓祖陵命脉，全赖此堤。"要把黄、淮两大河的流水量，完全迫束着向一个——没有两个——尾闾宣泄，而且要压迫着它俯首帖耳，那是任何理论所不许的。何况淮短而黄长，淮小而黄大，遇着黄河暴涨，淮不能与黄争路，因之壅塞不下，逼着由上流溃散，那又势所必至的。嘉靖十一年朱裳曾说："往时淮水独流入海，而海口又有套流，安东上下又有涧河、马逻诸港以分水入海。今黄河汇入于淮，水势已非其旧，而诸港套俱已堙塞，不能速泄，下壅上溢，便塞运道，宜将沟港次第开浚，海口套沙，多置龙爪船往来爬荡，以广入海之路，此所谓杀其下流者也。"流量则大增，泄口则减少，会不会促成溃决，其理由甚易明白。如果认为束紧水路，它自然晓刷深河床，迅速流去，治水的方法是不是这样简单？张企程、杨一魁两人的言论，都是在潘季驯四任总河后对他的治河方法，加以深刻批评。我们要作治黄的研究，那一派的言论，就不可不加以细密的检讨，所以在这里我先把它详引出来。

明初因沿旧制，治河没有专官，至成化七年，命王恕为工部侍郎，总理河道。总河之设，就自王恕为始。这也是明人对治河比前代更为专注的表现。到万历五年，命吴桂芳为工部尚书，兼理河、漕，遂罢总河都御史不设。十六年四月，因常居敬等的奏请，复命潘季驯为右都御史，总督河道。至二十六年，因总漕褚铁、总河杨一魁各执一说，再以一魁任总河，兼管漕运。但三十年三月仍旧划分为两职，总河驻济宁，总漕驻淮安。[2]清朝的河道总督即沿用明制。又隆庆六年，朱衡奏称："河南屡被河患，大为堤防，今幸有数十年之安者，以防守严而备御素也。徐、邳为粮运正道，既多方以筑之，则宜多方以守之，请用夫每里十人以防，三里一铺，四铺一老人巡视；伏秋水发时，五月十五日上堤，九月十五日下堤，愿携家居住者听。"[3]对于堤夫上防、下防的时间，也作了明确的规定，治河方法可算渐有进步。至河工办事的细则，自有《明会典》那一类专书可考，这里不必细述。

值得特别提出的，飞报水汛之法，至明代始详。万恭《治水筌蹄》说："黄河盛发，照飞报边情，摆设塘马，上自潼关，下至宿迁，每三十里为一节，一日夜驰五百里，其行速于水汛。"[4]但还未应用到潼关以西的地方。

办事既有专责，有头绪，照理治河方略似应跟着进步，但结果却大大不然。提出的计划，无非搬演旧时那一套，正所谓卑之无甚高论。至于潘季驯，向被清代人们极端推崇，大有前无古人，后无来者的气概，但据我看来，即使不是最弱的一环，他的理论也并非无懈可击。这显然表现着我国从前治河的人员,对黄河的历史,绝未加以深入的探讨;以偌大的黄河,变迁又非常之厉害,断应同时施用各种的方法,非专靠某一件就可以成功的。唯献议的人各有偏差,结果遂没有比较完全的计划。

向来治河都夹杂着许多矛盾,在明代尤难以解决。谢肇淛《杂记》称:"至于今日,则上护陵寝,恐其满而溢,中护运道,恐其泄而淤,下护城郭、人民,恐其湮汩而生谤怨,水本东而抑使西,水本南而强使北。""今之治水者既惧伤田庐,又恐坏城郭,既恐防运道,又恐惊陵寝,既恐延日月,又欲省金钱,甚至异地之官,竞护其界,异职之使,各争其利。"这就见得各个矛盾之间很不易调和恰当,而调和得这个,怕又顾不得那一个,万分棘手,可想而知。刘尧海《治河议》中:"弘治间,惧黄河之北犯张秋也,故强北岸而障河使南。嘉靖间,以黄河之南徙归宿也,故塞南岸而障河使东。"[5]不能发现和抓着治黄的重点,作为决定方针的基据,所以终明之世,都患在举棋不定,这是就具体来说。

分开来谈,则最古老残旧的那一套,就是根据经义来治河,像景泰四年,江良材奏:"三代前黄河东北入海,宇宙全气所钟,河南徙,气遂迁转。今于河阴、原武、怀、孟间导河入卫,以达天津,不特徐、沛患息而京师形胜百倍。"[6]嘉靖六年,黄绾奏:"漕河资山东泉水,不必资黄河,莫若浚兖、冀间两高中低之地,道河使北至直沽入海。"(同时霍韬奏请:"今宜于河阴、原武、怀、孟间审视地形,引河水注于卫河,至临清、天津,则徐、沛水势,可杀其半。"主张分黄北出,言论虽有点不同,但所指定的天津海口,却跟江、黄一样)他们的全文没有看见,相信其理想总是从迷信禹河一点而出发。

其次,不合理的就是治河先须顾运,顾运则黄河必不可使北。代表的例子,如嘉靖六年,李承勋说:"又益北则自济宁至临清,运道诸水俱相随入海,运何由通?"这种恐惧心理,在明人是相当普遍的。所以,胡渭批评元人余阙时也说:"谓河北而会通之漕不废则大非。明之中叶,河屡贯会通,挟其水以入海而运道遂淤,河之不可北也审矣。向使河北而无害于漕,则听其直冲张秋,东北入海,数百年可以无患矣,奚必岁岁劳费,防其北决耶?"[7]黄河无论从北出、南出或从山东出,必须向运河拦腰冲过,那是必然的形势;向南冲出,既可建闸来蓄泄,难道向东北冲出,我们就不能利用建闸以阻运河的水外泄吗?大抵晚明人所最忌的是徐、吕二洪浅涩,而黄河北流,必定影响徐、吕;我们又须知徐、吕并不是运道绝对必经的地方(后来开了珈河,就避过了二洪),而且洪武二十四年至正德初一个时期,黄河的主流并不通过徐、吕,已见前引杨一魁的奏疏。同时一魁又疏称:"查得正统年间,参将汤节议于徐、吕洪南口各建闸座,节水通舟,行之有效。嘉靖二十年间,督治漕河侍郎王以旂复请建置。盖运河原不资黄河之水,山东诸泉是运河命脉。"[8]这充分说明黄河可北不可北,要从相度形势来决定。明人那种"必不可北"的论调，未免挟持成见，违背了唯物辩证的方法。反过来胡渭所说："东北入海，数百年可以无患。"又失于偏向别一方面。试看铜瓦厢决后，黄河的趋势如何，便见得胡氏看事太过轻易了。假便真能保证数百年无患，则放河北出，所得尽可偿所失而有余，南方的运道，难道我们不能别筹方法来补救吗？弘治六年，涂升上治河四策："二曰扼塞。既杀水势于东南，必须筑堤岸于西北，黄陵冈上下旧堤缺坏，当度下流东北形势，去水远近，补筑无遗，排障百川，悉归东南，由淮入海，则张秋无患而漕河可保矣。"后二年刘大夏筑断黄陵冈，实是执行涂升的计划。

此外，嘉靖以后，更多一层顾陵牵制。嘉靖六年，章拯奏孙家渡、赵皮寨二河通涡入淮，经寿春王诸园寝，为患巨测；十一年，戴时宗奏："塞河四道惟涡河经祖陵，未敢经举。"十三年[9]朱裳又奏："孙家渡、涡河二支俱出怀远会淮，流至凤阳，经皇陵及寿春王陵，至泗州经祖陵，皇陵地高无虑，祖陵则三面距河，寿春王陵尤迫近。"这正如焦竑所说："方欲引而东，又防黄有决会通之患，及其障而南，又防其为陵寝之患。"[10]但黄、淮出口能够调节得好，那倒不是棘手的问题。还有杨一魁已曾辩称，洪武二十四年河从颍会淮，走了二十年；永乐十四年从涡会淮，走了三十余年；景泰六年再从涡入淮，也走了三十余年，于祖陵并没有甚么损害。妨碍祖陵的话，迟到嘉靖初期才发生的，可见泗州积水不消，总有别些更重要的原因在作祟。

其次，最普遍的算是分泄黄河与疏浚海口。主张分泄的如：

景泰四年徐有贞治河三策之一："一开分水河。凡水势大者宜分，小者宜合，今黄河势大，恒冲决，运河势小，恒干浅，必分黄水合运河，则有利无害。"（六年，有贞开广济渠，就是实现这个计划）

天顺七年，金景辉言："国初，黄河在封丘，后徙康王马头，去城北三十里；复有二支河，一由沙门注运河，一由金龙口达徐、吕入海。正统戊辰决荥泽，转趋城南，并流入淮，旧河、支河俱湮。……今急宜疏导以杀其势，若止委之一淮而以堤防为长策，恐开封终为鱼鳖之区。"

弘治六年，涂升治河四策之一："一曰疏浚。荥、郑之东，五河之西，饮马、白露等河皆黄河由涡入淮之故道。其后南流日久，或河口以淤高不泄，或河身狭隘难容，水势无所分杀，遂泛滥北决。今惟躐上流东南之故道，相度疏浚，即正流归道，余波就壑，下流无奔溃之害，北岸无冲决之患矣。"他的标题虽作"疏浚"，实是主张从上流分泄。

嘉靖五年，费宏奏："河入汴梁以东，分为三支，虽有冲决，可无大害。正德末，涡河等河日就淤浅，黄河大股南趋之势，既无所杀，乃从兰阳、考城、曹、濮奔赴沛县飞云桥及徐州之溜沟，悉入漕河，泛滥弥漫，此前数年河患也。……涡河等河必宜疏浚。"

同年，戴金奏："黄河入淮之道有三：自中牟至荆山合长淮，曰涡河；自开封经葛冈、小坝、丁家道口、马牧集、鸳鸯口至徐州小浮桥口，曰汴河；自小坝经归德城南饮马池，抵文家集，经夏邑至宿迁，曰白河。[11]弘治间涡、白上源堙塞而徐州独受其害。宜自小坝至宿迁小河并贾鲁河鸳鸯口、文家集壅塞之处，尽行疏通，则趋淮之水，不止一道，而徐州水患杀矣。"

嘉靖六年，胡世宁奏："河自汴以来，南分二道：一出汴城西荥泽，经中牟、陈、颍，至寿州入淮；一出汴城东祥符，经陈留、亳州，至怀远入淮。其东南一道，自归德、宿州经虹县、睢宁至宿迁。其东分五道：一自长垣、曹、郓至阳谷出；一自曹州双河口至鱼台塌场口出；一自仪封、归德至徐州小浮桥出；一自沛县南飞云桥出；一自徐、沛之中境山北溜沟出。六道皆入漕河而南会于淮。今诸道皆塞，惟沛县一道仅存，合流则水势既大，河身亦狭不能容，故溢出为患，近又漫入昭阳湖，以致流缓沙壅。宜因故道而分其势，汴西则浚孙家渡抵寿州以杀上流，汴东南出怀远、宿迁、正东小浮桥、溜沟诸道，各宜择其利便者，开浚一道以泄下流。"入漕六道，系合东南一道及东边的五道计算，那末，黄河在明代某一个时间，支流或许多至七八个了。

同时，李承勋奏："黄河入运，支流有六。自涡河源塞，则北出小黄河、溜沟等处。不数年诸处皆塞，北并出飞云桥，于是丰、沛受患而金沟运道遂淤。……臣愚以为相六道分流之势，引导使南，可免冲决。"（金沟见下条）

嘉靖十一年，戴时宗奏："河东北岸与运道邻，惟西南流者，一由孙家渡出寿州，一由涡河口出怀远，一由赵皮寨出桃源，一由梁靖口出徐州小浮桥，往年四道俱塞，全河南（东）奔，故丰、沛、曹、单、鱼台以次受害。今患独钟于鱼台，宜弃以受水，因而道之，使入昭阳湖，过新开河出留城、金沟、[12]境山，乃易为力。至塞河四道，惟涡河经祖陵，未敢轻举；其三支河颇存故迹，宜乘鱼台壅塞，今开封河夫卷埽填堤，逼使河水分流，则鱼台水势渐灭，俟水落毕工，并前三河共为四道以分泄之，河患可已。"赵皮寨至桃源一道，即前文胡世宁所称归德至宿迁一道。新开河指盛应期所开的运河，见下文七项开泇河。

约隆、万间刘尧诲《治河议》上："上流既分，大势自弱，徐、沛之间，虽有祸患不甚。以后治运河者渐失明初作者之意，导口既塞而支流未分，会全河之水以入于徐、泗。"[13]

万历二十年，张贞观奏："泄淮不若杀黄，而杀黄于淮流之既合，不若杀于未合。但杀于既合者与运无妨，杀于未合有与运稍碍，别标本，究利害，必当杀于未合之先。"

焦竑《治河总论》："其始自汴而出者河犹有六……其后或塞或微，或并为二，或合为一，而河之道愈寡，决固宜也。……是河之所以决者，以其专而不分故也。"【14】

上文所引十一条，已够代表明人主张的一斑了。根据黄河变徙的历史来观察，分泄确是治黄的主要办法，张贞观说，"杀黄于淮流之既合，不若杀于未合"，尤为中肯。然而消弭黄河的水患，是要利用各种方法同时并进的，不是专靠某一种方法便可安然无事的。徐有贞说："今请先疏其水，水势平乃治其决，决止乃浚其淤。"虽不是一成的方法，但如果得其意而相机运用，相信当时黄河的出事必不会那么多。但主张不可分的也占相当势力，刘尧海《治河议》中："嘉靖壬子间，都御史詹瀚复请开赵皮寨口，不果行。明年又申前请，遣使视河上，而以工费巨大为辞。"【15】又《河南通志》："初河决曹县，都御史詹瀚欲杀水势，万上疏请开赵皮寨之支河……明年，都御史胡松上疏请开孙家渡之支河……二十五年，都御史方纯乃采金论上疏，其略曰：赵皮寨一开，河性叵测……则又忧在皇陵矣。若疏孙家渡……弘治迄今凡十五浚矣，卒莫有成，似宜罢为便。三十二年漕渠稍滞，议者复申前说，上命侍郎吴雕来视……乃上奏曰：……开复赵皮寨……工费巨大，实难遽图，孙家渡所淤塞者仅六里八十丈……宜行司河者只除淤土四尺七寸，照旧不必开浚。……自是开浚之议遂寝。"【16】那是嘉靖中叶以后明代当局不太主张分疏的事实。

主张浚治海口或河身的如：

嘉靖十五年，李如圭奏："流之急则泥沙并行，流之缓则泥沙并积，而停积则淤之渐矣。……置造大小铁扒、铁锄，分发各该管河官收领，遇有淤塞，即便督率人夫撑驾船只，用心扒浚。"【17】

隆庆六年，吴从宪奏："淮安而上，清河而下，正淮、泗、河、海冲流之会，河漉内出，海潮逆流，停蓄移时，沙泥旋聚，以故日就壅塞；宜以春夏时浚治，则下流疏畅，汛溢自平。"

同年，朱衡奏："国家治河，不过浚浅、筑堤二策。浚浅之法，或爬或捞，或逼水而冲，或引水而避，此可人力胜者。……若海口则自隆庆三年海啸，壅水倒灌，低洼之地，积潴难泄，宜时加疏浚，毋使积塞。"

万历元年，郑岳奏："运道自茶城至淮安五百余里，自嘉靖四十四年河水大发，淮口出水之际，海沙渐淤，今且高与山等，自淮而上，河流不迅，泥水愈淤，于是邳州浅，房村决，吕梁二洪平，茶城倒流，皆坐此也。今不治海口之沙，乃日筑徐、沛间堤岸，桃、宿而下，听其所之，民之为鱼，未有已时也。"因献宋李公义、王令图浚川爬法。

万历五年，施天麟奏："仅完堤工，于河身无与，河身不挑，则来年益高。"

万历十五年，杨一魁奏："善治水者，以疏不以障，年来堤上加堤，水高凌空，不啻过额，滨河城郭，决水可灌，宜测河身深浅，随处挑浚，而于黄河分流故道，设灭水石门以泄暴涨。"

万历二十二年，陈邦科奏："固堤束水，未收刷沙之利而反致冲决。法当用浚，其方有三：冬春水涸，令沿河浅夫乘时捞浅，则沙不停而去，一也。官民船往来，船尾悉系钯犁，乘风搜涤，则沙不宁而去，二也。仿水磨、水碓之法，置为木机，乘水滚荡，则沙不留而去，三也。"

晚明时代的河患，多在徐、邳一带而不在上流，那显然由于近海口的地方壅塞的原故。潘季驯说："海无可浚之理。"海虽难以浚，但近河口的淤积是一天一天在加高，如果趁潮落时候，用人工加以挑挖爬剔，总可减低其淤淀的速度，无论如何，于治河是有利的。杨一魁提议"测河身深浅，随处挑浚"，见解可算更近一步。因为束刷只管束刷，迟早必然而沉淀，平时不设法挑浚，势必至河床日高，为害愈烈，等到沉淀已相当深厚，那时虽欲加工而不可能了。分泄只可抵消暴涨，挑浚才是保固根本。

其间酿成两派争执，比较剧烈的要算万历中叶之分黄导淮。事起于二十一年单县黄堌口溃决，河水一部分改从宿迁小河口而出，尤其是清口淤成"门限沙"，淮流不能畅行。二十三年四月，工部侍郎沈思孝请复挑老黄河以弱黄河之势，使清口方面不致阻碍淮水出路，仍开辟清口沙以通淮流。

同年九月，总河杨一魁与勘河官张企程，遂议定开挑桃源黄家坝新河的计划，分泄黄水入海。理由是，"淮壅由于河身日高，河高由于海口不深，若上流既分，则下流日减，清河之口，淮无黄遏，则泗之积水自消而祖陵永保无虞"；大致同于沈思孝的建议而稍加改变，是为"分黄"的主张。总漕褚铁却反对这个办法，以为黄家坝工程重大，应先行泄淮，是为"导淮"的主张。工部核覆说："导淮分黄，势实相须，不容偏废，宜将导淮分黄……工程逐一举行。"然时人的意见各有所偏，其赞成泄淮而走向极端的，更提出渐开高堰的主张，幸而工部极力维持原议，黄家坝新河卒之挑成。同时仍于泾河通武家墩之下流，由射阳湖入海，于子婴沟分周家桥，高良涧之下流，由广洋湖入海，又于全家湾、芒稻河开一新渠，引余水入江，不废导淮的主张，以二十四年夏完工，这项争执才暂告一个段落。[18]

两派既挟有成见，本来是很难根绝的，所以导淮分黄之争执刚完，又再起一波，酿成黄堌宜塞不宜塞之争执。褚铁站在"塞"那一边，"谓黄堌旁泄太多，徐、邳之河几夺"；杨一魁站在反对的立场，谓堌口深涸难塞，议浚小浮桥沂河口以济徐、邳运道，如"欲自黄堌挽回全河，必须挑四百里淤高之河身，筑三百里南岸之长堤，不惟所费太多，还恐后患无已。"不久，褚罢职，杨亦调入为工部尚书，到二十九年七月，河决上游的商丘，黄堌断流，塞与不塞的是非，便更难审判了。至于张朝端诋斥杨一魁分黄导淮有三失，所见太过幼稚，杨一魁自己已逐层辨明，不必再浪费我们的笔墨。[19]

唯是，最初分黄导淮的争执，谁是谁非，究于治河方针有关，我们应该给它一个批判。推原泗州所以积水，系因淮水不能通流，淮水何以壅制，系因清口淤垫，而淤垫又由于黄河倒涨，那是一连串相扣着的环节。如果不把头一个环节解开，枝枝节节，即使暂收效于目前，究非根本医治的方法，牛应元所称，"若清口之壅如故，则病根固自在也"[20]，正是破的之论。我们固不敢保证分黄就可根除淮水的壅滞，但如果向黄河方面打主意，则林熙春所说："积水为患，淹及祖陵者淮也；流行不驶，致有退缩者非淮也。障淮不东，令无旁泄者(高家)堰也；泥沙日淀，致淮滞留者非堰也。……此导淮固以为淮，分黄亦以为淮。"[21]恰好抉出黄与淮之息息相关。褚铁一派"论黄水则欲其由清口以合淮，至论淮水则又欲其舍清口而南泄"[22]，这样尖锐的矛盾，显然是意气之争，不是就问题的正面来着想了。

如果说分河是好，那末，嘉、万时期分河或七八支，甚者十余支之多，为甚么黄水反至漫流无际？即就分涡、分颍来论，晚明跟明初一样，为甚么晚明河患却比明初特多？这些问题，稍为读过明代黄河史的总会连续提出。我们要解释疑团，首先须郑重地声明，分河并不是无条件的而是要有标准的；不是任何时间都可以分，不是任何地点都可以分，更不是可随便分至无数支，我们讨论时别要从字面上来钻空子。比方潦水在一两天内暴涨数丈，那是时间上不应不分的，又黄河经过重重束缚，忽然奔放，那是空间上不应不分的。合两项来说，分水也应有节制，总求立积可以相容，绝非可任便分作多支的。嘉、万时期分流多至七八或十余支，这样毫无规则地乱冲直撞，只能说是"漫流"不能拿它比分流，此其一。当汴渠未消灭以前，黄水可能有时分流到涡、颍流域，相信为量不多，大量或全量入涡、颍的还算从蒙古朝为始，那时它们没有多大受黄土淤塞，而且清浊并行，力还足以助冲刷，故元代和明初河患不很厉害。晚明可不同了，经过长期夺流，涡、颍、睢各水受黄患已深，能够容纳的黄水分量大不如前，黄水即使冲到那边去，也不久淤塞，丧失了清浊并行的要路（例如嘉靖十三年经人工开凿赵皮寨之后，引河的一支从涡入淮，十六年却将趋涡之水，截入徐州。仅三年，即十九年，河又决野鸡冈入涡，可是二十一年河员仍于野鸡冈上流开三支河引水入徐、吕。到二十四年河虽再由野鸡冈南决，然而不上两年，即二十六年，河决曹县，入涡和其他南流故道于是尽塞）。另一方面黄河正流要通过徐、萧的狭路，兼之海口淤塞，去水不通畅，结果遂弄成倒灌清口，再影响为更居上流的徐、沛捣乱，此其二。总括来说，明末分流之多，是河道不治的自然恶果，非是河道不治的主动基因，我们不要把因果倒置。

五、批评潘季驯的束水攻沙

现在要把潘季驯的计划来单独讨论了。同时的人直接攻击季驯的，如张企程、杨一魁，我在前文已引过他们一大段议论。后人对他的印象又怎样呢？胡渭的批评说"观其所言，若无赫赫之功，然百余年来治河之善，卒未有如潘公者"，又说，"自汉以来，治河者莫不以分水为长策，唯张戎之论不然，潘公深得其意"[23]。这与他在半页之前"始以清口一线受万里长河之水"句下，引顾炎武弘治六年虽筑断黄陵冈，犹于兰阳、仪封各开一口南泄（顾说引见前文）的话，似乎意见有些不固定了。但那是胡渭自己的矛盾，跟季驯无关。

《明史纪事本末》曾说："季驯之治水，惟求复故道而已。"[24]系指他万历六年七月所上的黄流艰阻疏。疏称："河从潘家口出小浮桥，则新集迤东一带，河道俱为平陆。……河身深广，受水必多……河从南行，去会通河甚远……秦沟可免复冲而茶城永无淤塞之虑。"[25]大意是保固运道，拯救丰、沛，在当日的局面看来，我们尚不能加以诋毁。

李协的批评是："黄、淮既合，则治河之功，惟以培堤堰闸是务，其功大收于潘公季驯。潘氏之治堤，不但以之防洪，兼之束水刷沙，是深明乎治导原理者也。"但他又曾说："以堤束水，其意甚善，若但以防泛滥，则宽缩无律，沙之停积失当，必致河道荒废也。"[26]我们试问，潘季驯所筑之堤，是否比别人所筑的确能束水刷沙？是否宽缩合律？我们虽可赞同束水刷沙之有些合乎治水原理，但他的整个治河计划，未见值得我们过分推许，否则不至数年之后，黄河仍频频为患了。

钱穆论《水利与水害》，对季驯颇不满意，他说："若把潘徐（贞明）比论，潘之主张近于贾让之所谓下策，而徐则近于贾让之中策……若说上流水分则下流水缓，与束流刷沙之理不合，则据最近（一九三五年）从事河工人员之目验，显见此次河灾由于上流水盛，下流河窄，而河床填淤日高之患尚在其次。则可见束流刷沙之论实不如徐氏引水分流的见解更为治黄策之根本了。"[27]

郑肇经的批评是："宋、明以来，司河者惟知分河杀势，如庸医之因病治病而不寻其本原；季驯天才卓越，推究阃奥，发前人所未发，成一代之殊勋，神禹以来，一人而已。"[28]对于季驯，可谓推崇备至。唯其赞扬者多，我们对于季驯的方略，愈不可不做严密的批评，这并不是吹毛求疵，只是想从前人的经验，寻求出比较完善的理论。

季驯一生共办过河务四次：第一次在嘉靖四十四年（一五六五年）十一月，明年十一月便因丁忧离职。第二次在隆庆四年（一五七○年）八月，五年十二月被雒遵弹劾免官。第三次在万历六年（一五七八年）二月，至八年秋，擢南京兵部尚书，这一回办的工程最多。第四次在万历十六年（一五八八年）五月，至二十年（一五九二年）三月罢去，在职期间，以这一回为最久。

他所著有《河防一览》，大要在："筑堤障河，束水归漕，筑堰障淮，逼淮注黄，以清刷浊，沙随水去。合则流急，急则荡涤而河深，分则流缓，缓则停滞而沙积，上流既急，则海口自辟而无待于开。其治堤之法，有缕堤以束其流，有遥堤以宽其势，有滚水坝以泄其怒。"他注重固堤，则说："河亦非可以人力导，惟当缮治堤防，俾无旁决，则水由地中，沙随水去，即导河之策也。频年以来，日以缮堤为事，顾卑薄而不能支，迫近而不能容，杂以浮沙而不能久，是以河决崔镇，水多北溃，为无堤也，淮决高家堰、黄浦口，水多东溃，堤弗固也，不咎制之未备而咎筑堤为下策，岂通论哉？"他反对分水，则说："上流既旁溃，又歧下流而分之，其趋云梯入海口者譬犹强弩之末耳，水势益分则力益弱，安能导积沙以注海？……使黄、淮力全，涓滴悉趋于海，则力强且专，下流之积沙自去，海不浚而辟，河不挑而深，所谓固堤即以导河，导河即以浚海也。……而当事者未考其故，谓海口壅闭，宜亟穿支渠，讵知草湾一开，西桥以上正河遂至淤阻。夫新河阔二十余丈，深仅丈许，较故道仅三十之一，岂能受全河之水？……黄、淮既无旁决，并驱入海，则沙随水刷，海口自复，而桃、清浅阻又不足言，此以水治水之法也。"（末两段据《明史》八四转录他万历六年的奏章）他的全部主张，简括来说，就是：（一）从固堤出发，固堤即黄、淮力专，便可安然无事，跟万历五年施天麟的奏"未有不先黄河而可以治淮，亦未有不疏通淮水而可以固堤"，出发点恰恰相反。（二）眼光只注重黄、淮下游，是否可以应用于治理整个黄河，使人不能不发生疑问。黄河上流前代非无坚固的堤防，而河水仍不时溃决，原因又在哪里呢？

束水刷沙的方法，人们往往以为发前人所未发。《四库全书总目》六九曾说："考《汉书》载，王莽时，征治河者大司马史张戎，已有水自刮除成空语，是借水刷沙，古人已露其意，特从未有见诸行事者。"据我所见，在潘季驯稍前，则"或逼水而冲"，朱衡隆庆六年的奏章已经提及（引见前文）。又《宋史》九三，嘉祐六年都水曾请为木岸狭河，扼束水势令深驶，可见得束刷还是旧法，季驯不过专主罢了。然而"筑堤束水，未收刷沙之力"（见前引陈邦科的奏疏），清口遂淤而形成门限沙（万历二十二年，牛应元的话），事实上正给季驯政策以当头的棒喝，强烈的反攻。朱泽沄《治河策》上："夫季驯之策，束水不得北徙，并驱入海，可以暂行，不可经久。盖桃、清黄河阔止二三里，二水陡发，必不能深，上决崔镇，下决安东、马逻，可料而知，且黄强淮弱，周家桥不能骤泄，高堰、六坝安能无虞？"[29]又张伯行《宿迁骆马湖坝说》称："宿迁以上之黄河，果谁为刷之乎？而何以不闻其遂淤也。岂不淤宿迁以上之黄河，而独淤宿迁以下之黄河乎？"【30】均给季驯以适当的批评。就中徐旭旦的话,尤为痛快。他的《治河挑浅策》说:"前此治河者创为束水涤沙,岁增长堤若干丈,遂筑堤坝若干处,即为治河得善策矣,而不知此朝三暮四之术也。所谓束水涤沙者,果遂能涤之以归于海乎? 无论旋涤于此,复停于彼,且河暴发,并前堤坝尽化而为河身矣,此与载土实河者何异,河身安得不日高也? "【31】

我们再了解一下当时河身的情况。据刘天和《问水集》说:"孟津而下,夏秋水涨,河流甚广(荥泽浸溢至二三十里,封丘、祥符亦几十里许),而下流甚隘(一支出涡河口,广八十余丈。一支出宿迁小河口,广二十余丈。一支出徐州小浮桥口,亦广二十余丈。三支不满一里)。"【32】又黎世序说:"豫省河身皆宽二三十里,江境丰、砀一带河身亦尚宽一二十里。至徐城一带,南系城郭,北尽山冈,河身仅宽八十余丈,较上游容水不及十分之一,平日归漕之水,尚可流行,一遇淫潦不时,非常汛涨,即有壅遏抬高之患。……自徐城以下至邳、宿、桃、清、山、海一带,河身亦仅宽二三百丈及五六百丈不等。"【33】下游的河身,宽或不及中游十分之一,其天然的束缚,已不算不紧,是否就收刷深之效。何况豫西以上,河既饱受束缚的痛苦,入豫东后向阔面展开,如果河身的宽度一路相同,相信决溢的事件,总可减少。乃进到江苏不久,忽然被约束得很厉害,激成它的反抗自是意中的事。筑堤束水以攻沙,在一般理论上虽非毫无意义,可是里面还有更重要的问题,即特殊环境,处于"一束一放又一束"的最后一个环节,中间没有宣泄的旁支,是否可以应用那个理论呢? 季驯批评人家时曾说过:"新河阔二十余丈,深仅丈许,较故道仅三十分之一,岂能受全河之水? "将新河比旧河无异于将下游比中游,依此推理,岂不是下游"较中游仅三十多分之一,岂能受全河之水"吗? 他在《两河经略书》又说:"让远而勿与争地,于是乎堤可固也。"【34】放宽河道和应用滚水坝,实际就与分泄几无以异。季驯未详审下游的实际,只知普通的理论,即是没有从实践去进行认识,所以碰到泗州城积水不消,便束手无策,这件事给予我们以极好的教训,我们要细细体味它啊。元至治元年瞻思(清改沙克什)《重订河防通议》说:"盖由河堤太狭,一川不能兼受数河之任,虽增高堤防,劳费百倍,而亦不能(? 免)溃决之患耳,此必决之势一也。"既有天然之束,复加以人工之束,一再扼迫,要它不铤而走险,是难乎其难的。

黄和淮并无必须同路出海的理由,黄河固然含多量的沙泥,但当黄河独自出海时,又何尝靠别的水来替它刷沙,所以张企程之主张分淮,林熙春之主张分黄(都是万历二十二年事),本来值得考虑的。现在且慢谈这一层,单就季驯的迫淮注黄来说,那就同于驱群羊敌猛虎;群羊的力量能否抵抗猛虎,我们事前应有过精密的计算,如果只是一味蛮逼,群羊的结果也就不问而知。当黄河并无分泄,到大涨的时候,淮水断不能跟它争胜,这是无人敢于否认的事实。王士性说:"自徐而下,河身日高而为堤以束之，堤与徐州城等，东益急，流益迅，委全力于淮而淮不任，故昔之黄、淮合，今黄强而淮益缩，不复合矣。"（万历十五）张贞观说："淮之由黄达海者惟清口，自海沙开浚无期，因而河身太高，自河流倒灌无已，因而清口日塞，以致淮水上浸祖陵，漫及高宝。"（万历二十年）都未尝不道中当日黄、淮交斗的多少利病，否则依季驯的计划，门限沙自应逐渐消除，为甚么季驯四任河务以后，依旧阻塞？照这样看法，季驯之筑堤障淮，逼淮敌黄，其总结果反使得淮不得出而倒灌为患了。总括一句，逼淮敌黄，于理论和事实上都是走不通的。

胡渭又说："且淮之旁流日多，则正流日弱，于是刷沙无力而黄水益横，清口就淤，势不得不倒灌淮南。"【35】须知问题的重点是全淮能否敌全黄，如其不能，则清口之内，河必多少倒灌，倒灌而遇着抵抗，则流室泥停，跟黄、潮相遇的情势一样，因而造成清口的淤塞。古语说"不度德，不量力"，季驯之逼淮敌黄，就陷于这个毛病。但当日既无法使黄、淮不会，会合的地方终久又闭合淤塞，所以根治的办法，依当时可能做到来说，清口就非挑浚不可。有人问我，清口何以至嘉靖而后淤？这也须略加解释，明代初期黄河之入淮，更有经颍、经涡的两途。换句话说，自清口流出的水量，是黄、淮合并体，其势强，经过清口外的黄河不过黄河之一支，其势弱。但自弘治以后，颍、涡不常受黄河，经过清口外的黄河逐渐加强，所以，嘉靖十三年，朱裳便已提出清口淤塞的警告。前头的话，我初时以为只个人私见，后检得万历五年吴桂芳复政府书，才晓得他的看法早已如此，他说："历宋元我朝正德以来，经五百年，黄河自淮入海而不壅塞海口者，以黄河至河南，即会淮河同行，循颍寿至凤泗，清以涤浊，泥淳得以不停，故数百载无患也。盖是时黄水循颍寿者十七，其分支流入徐州小浮桥者才十三耳。近自嘉靖中，徐州小浮桥流经徐、吕，二洪屡涸，当事者不务远览，乃竞引黄河全部徐、邳，至清河始与淮会，于是河势强而淮流弱，涤荡功微，故海口渐高而泛滥之患岁亟矣。"【36】

从现实来讲，任何的河口如有淤淀，那必一天一天向外扩展着，如伊朗的幼发拉的河，我国的长江、珠江，尤其是现在的黄河口，都是明显的实例。季驯以为"上流既急，则海口自辟而无待于开"，好像是有点外行的话（难道不会横决吗），跟他自己所称"纵乘潮退施工，而一没之后，浊流淤泥，随复如故"，更相矛盾（末几句比较尚有理由）。而且据我们所了解，刷沙也有其限度，靳辅曾说，"河身淤土有新、久之不同，三年以内之新淤，外虽版土，而其中淤泥未干，冲刷最易。五年以前之久淤，其间淤泥既干，与版沙结成一块，冲刷甚难，故必须设法疏浚"【37】，是治淤本身不能专靠束刷。复次，《行水金鉴》卷首说："在宋则有疏浚黄河司官。明天顺初，河道三年一挑浚。嘉靖中，奏准凡临河州县，各造上、中、下三等船，并置铁扒、尖锄，疏浚淤浅。……自隆、万间创以堤束水以水攻沙之说，而黄河遂不言疏浚矣。"那末，疏浚之废弛，季驯实负一部分的责任，惟其所见太偏，故有"但当防水之溃，无虑沙之塞也"【38】那一类极端的话。

吴从宪说："河潦内出，海潮逆流，停蓄移时，沙泥旋聚，以故日就壅塞。"（引见前文）《淮南水利考》也说："海口本自无淤，近日之淤，以黄沙而然。正口减半入旁口，旁口数十道不啻也。盖海水潮汐日二至，每入也以二时，其出也以二时，二时之出系淮水，二时之入则海水，海水遏淮水不得流者每日有八时，黄沙能无停乎？"【39】故无论上流怎样急，遇到海潮逆上的抵抗力，沙泥必然停下，《水利考》所说，"海之深不知其几千万丈，而沙出其上，人工所去，每日不能尺寸，而潮汐一至，顷刻而平"【40】，就是这个道理（袁黄以为"海沙逆上"【41】，是误会的）。可见海口自辟，纯是唯心的幻想。徐乾学治河说："论者曰，堤防既立，水必归漕，借以冲刷海口，可不浚自开。然沙壅日久，土坚且厚，即决已塞，而欲用水攻沙，正恐下流难达，其势必将别溃。"【42】康熙十三年，江苏布政慕天颜疏称："或谓海口广阔，凡二三十里，狭者亦十余里。从来无浚海之法，盖止用水攻之为愈。不知古之决与淤，不尽如今之甚，用古法而莫识变通，又胶柱刻舟矣。"【43】陈璜说："若曰海口竟不可施工，印川之说，不无漏议焉。"【44】卢法尔说："海口必须有机器挖沙，不能待水自刷。"【45】那些都是针对现实的话。若胡渭所说，"云梯关海口渐淤，亦由旁口太多，苟非借水攻沙，而恃人力以通之，则海口终不能开也"【46】，无非引申潘季驯的论调。但旁口的构成，是淤淀的结果，人们如果无法阻止淤淀，就无法消灭旁口，潘季驯、胡渭两家都以为不须依恃人力——劳动，海口自通，生在目下唯物辩证法昌明的时代，其荒谬更不必详辩。又潘季驯拈出草湾一开，西桥以上正河遂淤，作为海口不应开支渠的反证，似乎振振有词。然而近海的地方，即使不参加人工，旁口亦尽多，已详前文，现下黄河口的正流，也随时变迁无定。而且据万历四年，吴桂芳说："草湾地低下，黄河冲决……去岁草湾迤东自决一口。"那末，西桥以上正河之淤塞，也许因河床过高，水性就下的影响，当日水文的情势，已无法检查，潘季驯所驳，就不能信为确立。

分黄、分淮当日非毫无成效，最低限度亦以救了目前之急。胡渭说，万历"二十一年，淮复决于高良涧（在淮安府西南七十里，志云九十里），【47】凡二十二口，旋筑塞之。明年，黄水大涨，清口沙垫，阻遏淮水，不能东下，于是挟上源阜陵（"在高堰西南二十余里"）诸湖【48】与山溪之水，暴浸泗州陵，州城淹没，科臣张企程请导淮分注江、海以救祖陵。二十三年，淮复决高堰、高良涧诸处，寻筑塞之。明年，河臣杨一魁以黄、淮冲溢，乃议分黄导淮，辟清口沙七里，达淮之经流。建武家墩（"在高堰北十五里"）、【49】泾河闸（泾河在宝应县北三十里）以泄淮之旁溢。又建高良涧减水石闸，子婴沟（在宝应南六十里）、周家桥（"北去高堰五十里"）减水石闸，一自岔河下泾河，一自草子湖（在宝应县西南五十里）、[50]宝应湖下子婴沟，俱通广洋湖（在宝应县东南四十里）及射阳湖[51]入海。犹虑淮水宣泄不及，南注各湖为患，又开高邮西南之茆塘港（在州西南六十里），通邵伯湖，开金家湾下芒稻河（在扬州府东三十里）入江以杀淮涨（一魁所举行，大抵本企程之说），自是淮患渐平"。[52]同时，又"开桃源黄河[53]坝新河，起黄家嘴至安东五港、灌口，长三百余里，分泄黄水入海以抑黄强。"这种事实，取与"祖陵被水，季驯谓当自销，已而不验"，不是一个强烈的对照吗？朱泽沄《治河策》上："刘大夏之治河也，使不分河由中牟至颍州，由亳州入涡口，虽有昨城、徐州之长堤，吾恐金龙口之决必不能塞，黄陵冈之溃必不能止。不使不分河由宿迁小河入淮，则济、沛、邳、徐必不免于冲决。……上流既可分而为三，下流独不可分而为二乎？……夫黄至清河，其必分者势也，开封而东，或二或三，时淤时浚，分不一道，独至清河则归于一，黄至清河，将入海之处也，犹九河亦将入海之处也。……今合淮、黄而为一，欲黄不灌淮，淮不东溃，得乎哉？"[54]

固堤更是季驯治河的出发点，他"以淮水北岸有王简、张福二口，淮水每从此泄入黄河，致淮水力分而清口淤浅，且黄水泛涨，亦往往有此倒灌入淮，于是并筑堤捍之"[55]（堤在清口西三里。王简亦称王家口。今洪泽湖的东北尚有张福口引河）。牛应元讥其"置全淮正流之口不事，复将从旁入黄之张福口，一并筑堤塞之，遂倒流而为泗陵患"（万历二十二年）。《明副书》也称："然堤堰虽坚，而疏浚无法，以致流沙日壅，清口日淤，泗陵水患，实基于此。"[56]其实这等地方未尝不可设闸宣节，像胡渭所说："后议者又以束淮太迫，于张福堤洼处黄韶、王简二口，置减水闸二，淮溢则从之外出，黄溢则遏其内侵。"[57]后来季驯刚刚离职，淮水便自决张福堤（万历二十年）。王士性曾谓："数百万生灵之名，讬之一丸泥，决则尽成鱼虾。"专恃堤以为固，不单止危险性颇大，实还未算尽了治河的人事。刘寰伟尝说我国河道有七特点，其一即"从来以堤防为唯一之治水方法，未尝谋及河身之开浚及水流之利便，每溃决必谋增高，而不知堤防愈高，水势愈凶，而灾象亦愈险。"[58]刘氏又说："我国堤防之用，由来久矣，学者佥以为莫善之良法。其说谓以堤束水，以水刷沙，似此以水治水，较诸人工挖掘，事半费省而功倍。殊不知堤防之为患，正以其束水，正以其刷沙；沙既被刷而起，继必沉淀于下流，下流因沉淀而寖高，上流又因刷削而寖低，是全河之斜度日寖少，而平均速率日减，由是全河之沉淀分量日益增而河底日益高矣。"[59]季驯似未联想到那一方面。更其是，季驯自己有时也不能不采用泄的方法，如万历十八年，徐州城积水逾年，"季驯浚魁山支河以通之，起苏伯湖至小河口，积水乃消"（今徐州东南有奎山，山南有奎河），便是一个例子。季驯曾说，"若令河决上流，固宜用疏"（《全河备考》引他万历六年的奏疏），是他承认上流当用疏。他又说："黄河之浊，固不可分，然伏秋之间，淫潦相仍，势必暴涨，两岸为堤所固，不能泄则崩溃之患，有所不免。"【60】言外之意，更觉得下流有时也需要宣泄，且证明"杀黄于淮流之既合，不若杀于未合"了（见前引张贞观的话）。

吴应明说："先因黄、淮迁徙无常，设遥、缕二堤束水归漕，及水过沙停，河身日高，徐、邳以下居民，尽在水底。今清口外则黄流阻遏，清口内则淤沙横截，强河横灌上流，约百里许，淮水仅出沙上之浮流，而潴蓄于盱、泗者遂为祖陵患矣。"（万历二十二年）查宋以前已有遥堤、缕堤（司马光奏沧、德界有古遥堤，见《宋史》九一。又熙宁七年刘瑾请筑缕河堤，见《宋史》九二）的名目。贾让说，"齐地卑下，作堤去河二十五里，河水东抵齐堤，则西泛赵、魏，赵、魏亦为堤去河二十五里，虽非其正，水尚有游荡"【61】，就是最古的遥堤记录。嘉靖初，总河龚弘奏："臣尝筑堤起长垣，由黄陵冈抵山东（单县）杨家口，延袤二百余里。今拟距堤十里许再筑一堤，延袤、高广如之，即河水溢旧堤，流至十里外，性缓势平，可无大决。"是季驯之前四十余年，已有人兼用遥、缕二堤来治河，不是季驯所创始。【62】兼用遥、缕二堤，即兵法的第一、第二道防线，应明对遥、缕二堤的不满未免有点过火。可是中溜的流速，往往急于两旁，像牛应元说："当事者计无复之，两岸筑长堤以束曰缕堤，缕堤复决，更于数里外筑重堤以防曰遥堤，虽岁决岁补而莫可谁何。"（万历二十二年）黄水挟沙量以暴涨时为最多（泾、渭流量最大，渭又挟沙最多），水过缕堤，势必一缓（龚弘所说），那末，遥、缕二堤的中间就很容易淤高，是遥堤与束水攻沙原包含着内在的矛盾。

再看季驯其他的行事，当他初任总河那一次，朱衡监理河、漕，主张开凿新河，他则主张恢复留城【63】故道，跟朱衡不和。及再任总河时，翁大立"以开泇口、就新冲、复故道三策并进，且言其利害各相参"，他仍然坚持其往日的主张，要恢复故道。郑肇经对朱、潘两人的不同意见，曾有过一个批评如下：

> 衡意循盛应期之旧迹，季驯思复贾鲁之故道，其说皆是而意各有主。衡以治漕为先，季驯以治河为急，当时所急者惟在于漕，从衡之言，漕可不为河侵，从季驯之议，力将忧其不继，故舍驯而从衡也。至权其轻重，则河尤重于漕，盖河可以兼漕，可循轨而漕不为患，漕不能兼河，河横决而漕亦受冲，惜当时帑藏空虚，故贾鲁故道力不能复。【64】

他说"舍驯从衡"，首须作一点补充，据《明史》八三，嘉靖四十五年二月，遣何起鸣往勘河工。起鸣还奏，旧河之虽复有五，宜用衡言开新河，而兼采季驯言不全弃旧河。"衡乃开鱼台、南阳抵沛县留城百四十余里，而浚旧河自留城以下抵境山、茶城五十余里，由此与黄河会。又筑沛县马家桥堤三万五千二百八十丈，石堤三十里，遏河之出飞云桥者，趋秦沟以入洪，于是黄水不东侵，而沛流断。"若季驯所主复的则为沛县留城以上至曹县新集的故道（新集淤于嘉靖三十七年），工程较长，也不尽是贾鲁的故迹（贾鲁的河不经沛县，可参前节）。然而这不是讨论的焦点，我以为河重于漕，郑说并不误，但明代治河的最难处就在治河必先顾运。换句话说，就是处理第一等问题时，总被第二等的问题纠缠着，容易使人轻重倒置。朱衡的计划本系要把运河移到较安全的地带，不至受黄河改变的影响，固然多半为漕设想，但其间接结果，却可使黄跟漕渐渐离立，河不受漕的束缚，于治河是很有利的。复次，衡的新开河仍下接留城，在保漕方面，未算彻底，然为后来开泇河铺下一条先路，利用至于清末（参下文）。根据这两项理由，我的意见所以要倒向朱衡那方面。如果依照季驯的主张，这一段运道总要跟着黄河来走，黄河稍有变，漕即受阻，岂不是治河的人自讨苦吃？季驯第二次总河时，以"漕船行新溜中多漂没"而被罢免，就是吃这种眼前亏了。总之，季驯不设想将漕和河分离，偏要坚持着漕和河的合并，我们不能不认是他的短视。

　　最后，前文胡渭对季驯的总评，也不可不辩论一下。他以为百余年来治河之善，没有人像得季驯，但善在哪里？却缺乏实证。季驯第三次办理河务后，不及十年，上游之祥符、兰阳、东明、长垣同时冲决，我批评他的计划，非顾到整个黄河，并没有过火。当万历十六年他四任总河时，虽曾奏称，"河南黄河上流三门、七泽而下，地土平疏，每易冲决，特非运道所经，往往忽视，以为无虞，而不知上源既决，运道未有不阻者，故修守之法，在河南尤属紧要"【65】，却未见怎样实际施行。娄枢说："若导河南之水南入淮，河北之水北入卫，虽非至计，比之开支河则工省而易成，导黄河则势小而易制耳。三十年来，工多施于曹、单之下，而遗于汴省之上。"【66】末两句恰能道着潘季驯的短处。又同时，徐州积水逾年不消，也是罕见的现象。人们所以推崇王景，无非因为他施工之后，经过七八百年，黄河无大变动。而季驯的成绩又怎样呢？阎若璩《潜丘札记》虽称《河防一览》为平成之书，但他也说："考万历六年潘司空季驯河工告成，其功近比陈瑄，远比贾鲁，无可移易矣。乃十四年河决范家口，又决天妃坝，二十三年河、淮决溢，邳、泗、高、宝等处皆患水灾，天启元年河决王公堤，安得云潘司空治后无水患六十年？"（范家口在淮安府城东十五里。王公堤在山阳南岸，万历三年漕督王宗沐筑）这段话无异是对潘季驯的成绩挑战。我国历史不少随声附和的怪象，比方某人获得若干名人推许，便可久享大名。张贞观奏，"海口之塞，则潮汐莫窥其涯，难施畚锸，惟淮、黄合流东下，河身涤而渐深，海口刷而渐开，亦事理之可必者"（万历二十年），那是赞成束水刷沙最早的言论。后来再经胡渭、靳辅一辈的称颂，季驯治河的盛誉也就因而确立了。

　　郑肇经于季驯三次离职时，又有"及（张）居正败，言者交劾，遂以党庇居正落职，而河事自是复梦矣"【67】的批评,这种轻松的批评,即有失实的地方,也令人不易发觉。据《明史》八四及二二三,季驯已于万历八年秋升为南京兵部尚书,不复管理河务,而改由督漕的兼办,于时"高堰初筑,清口方畅流,连数年河道无大患",则河事还算不得"复梦"。至万历十四、十五年冲决才渐多,然十六年季驯便四出总河,连任至四年之久,河事即复梦,有充裕的时间给他整理,是万历二十年前后河工之坏,季驯断不能完全卸责。郑氏惟知替季驯惋惜,遂至忽略了当日的事实。进一步说,享大名如季驯,光是"连数年河道无大患"能够满足我们的愿望吗?

《治河论丛》曾说,"潘季驯氏倡以堤束水、以水攻沙之议,一改疏、浚、塞并行之说,开明、清治河之新途径,潘氏对于治河研究之精深,为历代最"【68】,似仍憧憬着季驯的大名。但在别篇论文里面又说,"潘氏论堤之重要,极为精辟,足征堤防不可尽废,惜只有堤防,仍不足以治黄河也"【69】,"例如束水攻沙之策,颇可采用,然欲解此问题,则流量、速率、冲击、糙率、地形、切面等等,无一不需长时期之研究,若仓卒就事,则难免遗误将来"【70】,立论较为平稳。潦水猝至,淹没庐舍,堤不可废,是任何人皆知的;水急则泥沙的沉下减少也合乎理想,然无论如何,总不能达到完全不淀的程度,问题只在淀的缓急与多少和最后沉淀的地点,所以奉固堤为唯一的主要的治河策略,我们总不能无疑。

总而言之,季驯晓得说"必先求河水自然之性",而却未能抓着自然性最重要的一点。他晓得说"治河无一劳永逸之道,惟有补偏救弊之策",而却一成不变,未能做到随时补偏,没有把理论和实践密切联合,是他认识不真所致。

六、表扬刘天和

季驯之外,明代治河值得表扬的却有一位,就是刘天和。天和,湖广麻城人,《明史》二百有传。正德戊辰进士,嘉靖十三年,代朱裳为总河,十五年改兵部侍郎,总督三边军务,后来因病退休,死于二十四年。

刘天和治河虽没有赫赫的功劳,却工于心计,如"用平准以测浚之浅深"("水平法,用锡匣贮水,浮木其上,而两端各安小横板,置于数尺方棹之上,前坚木表长竿,悬红色横板而低昂之,必于匣上横板平准以测高下,凡上下闸底高地及所浚河底浅深,悉借此以度之")、"施植柳六法以护堤岸"("曰卧柳、低柳、编柳、深柳、漫柳、高柳"。十四年春天,"植柳二百八十余万株")。浚梁靖口以东故道共一百九十余里,"乃测淤浅深,渡河广狭,淤以尺计,工以日计",不足三个月,便告成功（"淤之浅深，自数尺以至丈有九尺，通融计算，各淤深一丈二尺九寸，议止浚一丈为准。复度河中心至岸，广狭自三十余步至四十五步，一以四十五步为准。复置方斗，深广各一方，取泥实之，称重一百四十斤，每一筐以泥百斤为准。浚河则以面广十丈、底广五丈通融折算，七丈五尺为准。浚河工每长一尺，广七丈五尺，即得泥一千五十筐为准。复计春月每日可行百里许，抬泥止以往回五十里为准，余为休息。以每里三百六十步计之，二人每日可抬泥二百筐，然四人抬泥，即一人取泥，五人总计，各得泥八十筐，仍减十筐，止计七十筐。一人用工两月，内以一月为阴雨天，泥水妨工，止计实工一月，是一人可抬泥两千一百筐，即该分工二尺"）。他自己能勤奋爱劳动（"躬亲测量，暴露风日，行泥淖中，遍历诸闸"），对于作工的又很能爱护（"植庐舍以便居处，给医药以疗疾病"），"盖惟计工以定役，故为力甚简；视徭役之成数以定役，吏胥无所容其奸，故民不扰；顾值惟计工不计日，故为费甚省；画地分工，完即散遣，故人自为力；庐舍、饮食、器具、医药，劳勉周全，故民不知劳"。他又曾自己手制乘沙量水等器；在陕西时，尝造单轮车、防火器、三眼枪等，著有《问水集》，[71]比之只读死书的强得许多，不能不算是明代一个出色的人物。

在天和之前，明人提倡沿河种柳的还有陈瑄、[72]白昂（吴宽撰《昂传》："又修汴堤，今高广如一，上树万柳，使不崩颓。"）[73]和陶谐（吕本撰谐墓志："嘉靖初，为河南副使，管理河道；立法沿河植柳固堤"），[74]并附记于此。

七、开洳河

治黄先须顾运，假使能把黄、漕离立，或使漕的一段不受黄的影响，减少黄与漕的接触摩擦，不单止漕运安全，从治黄方面来看，也是再好没有的事。所以开洳河的经过，不可不连带叙述一下。

关于会通河的起源，前文曾大略说过，元末已废弃不用。[75]洪武元年，河决曹州双河口入鱼台，时徐达方北征，因开鱼台的塌场口，引河入泗以济运，始把会通河向南延伸着。二十四年，河决原武，漫安山湖而东，会通河遂淤。永乐九年，命宋礼复开会通河，礼用汶上老人白英的计策，筑坝遏汶水尽出南旺湖（济宁西北），以漕河西边的南旺、安山（在南旺湖西北）、马场（疑即马常泊，在蜀山湖之南）、昭阳四湖为水柜，豫备汇合山泉水来接济漕河，东边则设置陡门以便宣泄涨水。又引黄河之塌场口，会汶水经徐、吕二洪入淮。运河这一段，明人称作闸河[76]（又称闸漕），北至临清与卫河会。南出茶城口（即镇口附近）[77]与黄河会。自南旺北至临清三百里，设闸二十一（此数据《明史》八五。《锥指》四〇下引袁黄说作十七。按《明史》下文也称宋礼时置闸三十八，那末，二十一当是后来增加的数目），南至镇口三百九十里，设闸二十七（袁黄作二十一，再加十七，恰是三十八）。旧日运道，自南而北出清口，经桃源、宿迁，溯二洪入镇口，所经黄河五百余里，[78]所以黄河稍有溃溢、改变，转运便很受影响。

开泇河之议，《明史》八七以为"始于翁大立，继之者傅希挚，而成于李化龙、曹时聘"。我以为它的动机，可上溯到嘉靖六年，是时胡世宁曾奏："为运道计，则当于（昭阳）湖东滕、沛、鱼台、邹县间独山新安社地，别凿一渠，南接留城，北接沙河，不过百余里，厚筑西岸以为湖障，令水不得漫，而以一湖为河流散漫之区，乃上策也。"同时，李承勋的意见也和世宁一样。[79]七年正月，总河盛应期依照世宁的计划，于昭阳湖东凿新河，自江家口南出留城口，长百四十里，工程仅仅做了一半，因同年七月应期免官，遂停顿下来。[80]到四十五年，[81]朱衡监理河、漕，查得应期所开新河的故迹尚在，地势较高，黄河水至昭阳湖后，不能再东决，隆庆元年五月，才把工程完成，[82]那已经替开泇河的计划豫备一条先路了。旧运河系"自留城以北，经谢沟、下沽头、中沽头、金沟四闸过沛县，又经庙道口、湖陵城、孟阳、八里湾、谷亭五闸而至南阳闸"；新运河则"自留城而北，经马家桥（在沛县微山湖西）[83]、西柳庄、满家桥、夏镇、杨庄、硃梅、利建七闸，至南阳闸合旧河，凡百四十里有奇。"[84]

隆庆三年，朱衡及总河翁大立皆请于梁山之南，别开一河以通漕运，避秦沟、浊河之险。[85]大立说："按行徐州，循子房山，过梁山，至境山，入地滨沟，直趋马家桥，上下八十里间，可别开一河以漕。"[86]（这个梁山，与梁山泊的梁山同名不同地）不久，漕运复通，遂未执行。[87]万历三年，总河傅希挚旧事重提，大致说："上起泉河口（即泗水），水所从出也，自西北至东南长五百三十里，比之黄河近八十里，[88]河渠、河塘，十居八九，源头活水，脉络贯通，此天之所以资漕也。诚能捐十年治河之费以成泇河，则黄河无虑壅决，茶城无虑填淤，二洪无虑艰险，运艘无虑漂损，洋山之支河可无开，境山之闸座可无建，徐、吕之洪夫可尽省，马家桥之堤工可中辍，今日不赀之费，他日所省抵有余者也。"往下，主张开泇河的人越多。二十二年，舒应龙开韩庄（在微山湖东）泄湖水，泇河始通。[89]三十一年，总河李化龙再度议开泇河，与邳州的直河相接。[90]递年正月，工部核复说：开泇有六善、二不疑，"泇河开而运不借河，河水有无听之，善一。以二百六十里之泇河，[91]避三百三十里之黄河，善二。运不借河，则我为政，得以熟察机宜而治之，善三。估费二十万金，开河六百二十里，视朱衡新河事半功倍，善四。……"由是泇河遂以是年八月大致完工。但那时粮船不知新河实际情形，只有一部分行走，[92]又碰着同时黄河决丰县，由昭阳湖穿李家港口出镇口，[93]数年之间，或舍泇由黄，漕运阻滞，执政方面大有举棋不定之势。三十八年，苏惟霖疏请专力于泇，大略说："黄河自清河经桃源北达直河口，长二百四十里，此在洳下流水平身广，运舟日行仅十里，然无他道，故必用之。自直河口而上，历邳、徐达镇口，长二百八十余里，是谓黄河。又百二十里方抵夏镇。其东自猫儿窝（按今《武昌图》，宿迁西北有猫儿窝，靳辅《治河余论》说"猫儿窝迤西彭家河至荆山口，约长一百三十里"）、洳沟达夏镇，止二百六十余里，是谓洳河。东西相对，舍此则彼，黄河……无一时可由者，溺人损舟，其害甚剧，洳河计日可达，终鲜风波……数百年之利也。"以后粮艘北上，遂多走洳河，惟因河身狭窄，冬春回空时仍取道黄河。【94】

总括来说，洳河约长二百六十里，置闸十一，运舟不复出镇口，从直河东南经宿迁之黄墩湖、骆马湖，由董、陈二沟入黄河，避去二洪的艰险；开了之后，漕运要经的黄河不过二百余里。【95】说洳河之利而语最深切的，莫如工部的覆奏，它指出运不借河，则可听任河水之有无，而且处主动地位，更易于相机处理。至剩下的黄河二百余里，我以为也可别想办法来替代（清康熙二十六年，靳辅自张庄闸起，经骆马湖口，绕过宿迁县北，至清河县西仲家庄，开挑新河行运，【96】即避开这一段黄河的艰险）。靳辅《治河要论》说："议者莫不以为治河即所以治漕，一似乎舍河别无所谓漕也。虽然，水性避高而就下。地为之，不可逆也，运道避险而就安；人为之，所虑者为之或不当耳。有明一代治河，莫善于洳河之续。"【97】不推季驯而推洳河，确是靳氏的卓识。孙嘉淦在他的《请开减河入大清河疏》里面，批评明人的治河，也说："河用全力以争之，必欲北入海，人用全力以堵之，必使南入淮，不能别筹运道而亏国计、害民生、逆水性以为此，亦可谓拙于谋矣。"【98】由这，可见季驯当日治理黄河，并没有抓得重点而自寻烦恼，他的见解还是在同时的朱衡、翁大立之下。然而季驯治河的能力，歌颂至于不衰，开洳河的重要，很少有人提及，哪能令人不怪责历史家的短视呢？孙承宗说："刘公大夏治其上法，在以河避运，于是塞黄陵冈以保张秋。朱公衡治其中法，在以运避河，于是开南阳湖以安徐、沛。近开洳河，稍仿南阳。"【99】那是明人论治河较为简要的话，但我的私见，以运避河易，以河避运难，工程当从易的着手，以运避河，还应列为上法。

明代河务一团糟，是有史以来最坏的一个时期，不易把握全局，现在只好摘些重点，作简括的结论。

明代，尤其中叶以后，治河兼须顾运，更晚一点，又须顾陵。顾陵的问题倒容易解决，顾运却非常棘手了。运河由江北直达天津，黄河自陕、豫东向大海，无论怎样走法，两者必须相交于一点，但人们总存着黄必不可北的成见，治河就给治运纠缠住。胡世宁首倡以运避河（一五二七年），卒之事隔七十余年（一六〇四年），洳河才大致开成。无疑运道要靠黄河的还有二百余里，然而已脱离了徐、吕二洪三百多里的束缚，对于治黄总减去许多阻碍。孙承宗认以河避运为上策，以运避河为中策，只是明人的见解；靳辅以为"有明一代治河，莫善于洳河之续"，批判是正确的。

金人南侵，汴河失其效用，又碰着黄河原日自荥泽东北向滑、浚的干线，逐渐摆回南方，把千余年来作为黄河支流的汴渠西段，恢复其千余年前作为黄河正流的真面（就实际上来讲，汴河并没有消灭）。蒙古初期，首演变名夺涡、夺颍（及夺睢）的新剧，其实那只是旧剧翻新而已。到蒙古末期及贾鲁治河的结果，开封以东黄河所走的路，大致同于金明昌五年以后的河道，再追溯上去，又大致同于隋以前的汴河（参前第九节），所以明人也称贾鲁故河作"汴河"（见嘉靖五年戴金奏）。更因为黄河的一部最少曾行走了这条路千余年（或不知多少年），人们又认它是"铜帮铁底"。

万历二十五年（一五九七年）以前，黄河的变迁，大致已见所引杨一魁奏疏，现在不在复叙。以后，除四十四年（一六一六年）一度入涡，又崇祯十五年（一六四二年）人工溃决之外，河患几全数发生在商丘之东。

黄河会淮的路，除去贾鲁故道不计，从西边数起，可有四支：

（1）颍水　河自荥泽孙家渡经中牟、陈州、颍州，至寿州正阳镇入淮。

（2）涡水　河出兰阳赵皮寨，经睢州野鸡冈及亳州，至怀远入淮。

（3）白河或白洋河（睢水）　同前自赵皮寨出宁陵北，经归德饮马池南，过夏邑、宿州（北符离桥）及睢宁，至宿迁小河口会泗入淮（小河口及睢水出泄故道），也有人称为符离河。

（4）从曹县梁靖口出鱼台塌场口，会泗入淮。

此外冲开的支流，名目非常之多，不单止遗迹已湮，书本上也难以考证，如要用一句话来形容它的混乱状况，直可说是"黄河复古"。

潘季驯四任治河，是河史中很有名声的人物。他极力主张固堤束水以刷沙，他又要应用遥堤，本来含着内在的矛盾，卒之泗州城积水经年不消，无法处理。推其原因，则由于清口（即黄和淮的会口）淤塞，黄水倒灌，淮不得出，淹浸各地。然而黄河侵入淮系，早在十二纪末，为甚么经过三百多年清口不塞，至十六纪初忽然严重起来呢？这个疑问，往日未有提出过，我们试检查一下黄河历来会淮的路径，曾发生甚么变化，哑谜就易于解答了。据前一节，元代河由涡会淮的时期，约占八九十年，又据杨一魁疏，明代正德以前河由颍、涡会淮的时期，在百年以上。换句话说，过去黄淮系先会合而后出清口，所以清口不塞。正德后在清口以西，黄、淮各走一途，黄强淮弱，淮不敌黄，所以清口倒灌。季驯没有明白这种道理，唯是蛮横地迫淮敌黄，早已注定他的失败。清自乾隆末年起，治河人员对于清口闭塞，束手无策，也是同样缺乏认识。简单说一句，季驯的见地还赶不上朱衡和翁大立，偏偏独享大名，正所谓吠影吠声了。

注释

【1】本项及下一项的史料，除有特别注明外，都是从《明史》八三及八四搜集来的。

【2】《金鉴》四〇及四一，又《明史》八四。

【3】《淮系年表》十于隆庆六年下称："三里一铺，铺十夫。"按《集成》引《续通考》，六年正月。礼科雒遵请"三里置铺，铺置十夫"，《明史》八五也说，"六年，从雒遵言，修筑茶城至清河长堤五百五十里，三里一铺，铺十夫，设官画地而守"，跟《明史》八三朱衡所请每里十人不同。

【4】《金鉴》二八。

【5】《利病书》四一。

【6】《明史》八七。

【7】《锥指》四〇下。

【8】《金鉴》三九。

【9】《明史》八四，万历二十五年杨一魁奏"嘉靖十一年朱裳始有涡河一支，中经凤阳祖陵，未敢轻举之说"。今依《明史》八三，则朱裳之奏在十三年，十一年奏的是戴时宗，而且早在六年，章拯已把这个问题提出。

【10】《图书集成·山川典》二二三引《治河总论》。

【11】光绪二十九年《永城县志》二："旧黄河在县北二十里，其水西自夏邑白河入本县甫城乡，东入宿州界，达于淮，明嘉靖十二年疏。"

【12】金沟口在昭阳湖及沛县之南，见《明史》八七及八五。

【13】《利病书》四一。

【14】同前《集成》引。

【15】《利病书》四一。按决曹在二十六年，据《金鉴》二五引《世宗实录》，瀚奏倒在二十七年正月癸未，刘记为嘉靖壬子即三十一年，其误一。刘所称"明年又申前请"，依下引《河南通志》，实是二十七年胡松请开孙家渡，非詹瀚再请开赵皮寨，其误二。"遣使视河上"即《通志》三十二年之吴雠，事隔五六年，刘混为同年之事，其误三。

【16】《利病书》五〇。所记比刘尧诲的论文错误较少，但"二十五年"应依《金鉴》改正为二十八年，"方纯"改为方钝。

【17】《利病书》三一引《徐州志》。

【18】《金鉴》三六及三七。

【19】同上三八至四〇。

【20】同上三八。

【21】同上三七。

【22】同上三九《张企程疏》。

【23】《锥指》四〇下。

【24】《金鉴》二六。

【25】同上二九及三〇。

【26】同前引《科学》八九八及九〇二页。

【27】《禹贡》四卷一期七一八页。

【28】《水利史》五九页。

【29】《经世文编》九七。

【30】同上一〇〇.

【31】同上一〇二。徐是顺治康熙时人。

【32】《金鉴》二四。

【33】《经世文编》一百。

【34】《金鉴》二七。

【35】《锥指》四〇下。

【36】《利病书》二六。

【37】《经世文编》九八。

【38】《金鉴》二九。

【39】【40】【41】均据《锥指》四〇下。

【42】《经世文编》九七。

【43】同上九九。

【44】同上九八。

【45】《再续金鉴》一三九。

【46】《锥指》四〇下。

【47】在洪泽湖的东边。

【48】洪泽湖亦称富陵湖（《锥指》四三），即阜陵的音转。

【49】当即近世图之武家镇。

【50】《武昌图》，宝应县的西边有草泽河。

【51】万历二十三年祝世录称："射阳名为湖，实则为河，阔仅二十五丈。"（《金鉴》三七）在那一带地方往往"河""湖"通用，前条注草子湖又叫草泽河，也是一个例子，并参下注 91 引雒遵的奏语。

【52】《锥指》四〇下，凡附有""符号的，都是从同书别一段的注抄入。

【53】应作"黄家"，见前十三节上注 149。

【54】《经世文编》九七。

【55】《锥指》四〇下。

【56】《金鉴》一五六。

【57】《锥指》四〇下。

【58】《科学》五卷九期九三四页《水利刍言》。

【59】同上八期八二六页。

【60】《河防一览》。

【61】《汉书》二九.

【62】刘天和奏，"上自河南之原武，下迄曹、单、沛上，于河北岸七八百里间，择诸堤去河远且大者及去河稍远者各一道,内缺者补完……务俾七八百里间均有坚厚大堤二重"（据《治河论丛》二四页转引），亦是兼用遥、缕二堤，刘于嘉靖十四年任总河，也在季驯之前。

【63】《利病书》三七，泗水由沛县至谢沟入徐州境，十里为留城，有闸，又七十八里至徐城。参十三节上注126。

【64】《水利史》四九页。

【65】《金鉴》三二引《神宗实录》。

【66】《利病书》三九。

【67】《水利史》五五页。但居正死后夺官籍家在十一二年，季驯于十一年正月改刑部尚书，也不是从河务落职。

【68】《治河论丛》二二页。

【69】同上五五页。

【70】同上七三页。

【71】《金鉴》二四及二五。

【72】《经世文编》一〇一。

【73】《金鉴》二〇。

【74】同上二二。

【75】《明史》八五。

【76】《锥指》四〇下。

【77】据《明史》八五，汶、泗之水本在茶城会黄河，隆庆时浊流倒灌，移黄河口于茶城东八里，建古洪、内华二闸，漕河从古河出口。后黄淤益甚，万历十五年，杨一魁改建古洪闸；神宗又听常居敬的话，于古洪外增筑镇口闸,距河仅八十丈。又《明史》八七，镇口北至夏镇百二十里。《夏镇漕渠志》则以为万历十年，凌云翼改漕河口于茶城东八里，建古洪、内华二闸，十六年杨一魁增建镇口闸（《利病书》四〇），疑《明史》八五有错误，参十三节上注159。

【78】本段史料除有特注的外，均见《明史》八五。按《明史》八四，万历元年郑岳称，运道自茶城至淮安五百余里，又《明史》八七，万历三十八年苏惟霖称，自清河达直河口二百四十里，自直河口达镇口二百八十余里，相加为五百二十余里，均与本文五百余里相合。惟《明史》八七，万历三十二年工部覆奏，"以二百六十里之泇河，避三百三十里之黄河"，三百三十比二百八十余多

四十余里，或所计的起止地点互有不同。

【79】《明史》八三。

【80】《明史》八五。

【81】同上称："其后三十年朱衡……"按自应期罢官，至是已三十八年。

【82】《明史》八三。

【83】清人称微山湖为宣济山东八闸及江南邳、宿运河的水柜，见《咸丰东华录》四〇。

【84】《明史》八五。满家桥就是《淮系分图》五三的满家闸；分图在珠梅（即砵梅）闸之北，又有满家桥，是异地同名。

【85】《明史》八三。跟朱衡同时的刘尧诲却主张"当以黄河远运河，不当以运河远黄河"（《图书集成·山川典》二二七引他的《治河议》），意见恰恰和朱衡相反。

【86】《明史》八五。《图书集成·山川典》二三五引《续通考》又说，"由马家桥至境山四十里，由境山之（至）徐州洪四十五里"，此道不经茶城（即是说，境山在茶城之东）。地滨沟亦作地崩沟，见前十三节上注 127。

【87】《明史》八五。

【88】两数相加为六百一十里，又与前注 78 所引各说不同。

【89】同前《利病书》引《夏镇漕渠志》。

【90】《明史》八四。

【91】同上八五："自直河之李家港二百六十余里。"又同前《集成》引《续通考》，隆庆六年闰二月雒遵奏："泇口河从马家桥东过微山、赤山、吕孟等河，逾葛圩岭而南，经侯家湾、良城至泇口镇，又涉蛤鳗、周、柳诸河，乃达邳州直河以入黄河，凡二百六十里。"与下文所引苏惟霖的话也相同。惟万历三十三年李化龙奏，"以三百六十里之淤途，易而为二百六十里之捷径"（《金鉴》四二引《神宗实录》），则又与下句"三百三十里"不合。

【92】《明史》八七。

【93】同上八四。

【94】同上八七。

【95】参据《明史》八五及八七。靳辅《治河要论》说："后直河口塞，改行董口，及董口复淤，遂取道于骆马湖，由汪洋湖而西北行，四十里始得沟河，又二十余里至窑湾口而接泇。"（《经世文编》九八）

【96】《水利史》二二六页。

【97】《经世文编》九八。

【98】同上九六。

【99】《锥指》四〇下。

第十四节　清代的河防（上）

　　清人治河的技术，无疑比明人较为考究，较为周密，但从大体上来讲，方略依然是守着明人的成规——治河必须顾运，并没有甚么新的发掘。还有一层，他们更偏差地注重在筑堤那方面，成立了每年增高五寸之规定。《清史稿·河渠志》一说："至荥阳以东，地皆平衍，惟赖堤防为之限，而治之者往往违水之性，逆水之势以与水争地。"又张含英说："总之，有清一代皆遵潘季驯遗教，靳辅奉之尤谨。及其后也，虽渐觉仅有堤防不足以治河，但无敢持疑意者；即减坝分导之法，亦未能实行，不得已而专趋防险之一途，故河防之名辞，尤盛于清朝也。"[1] 由这，可以看出清人治河的轮廓。

一、清代河患的分期【2】

（1）清初时期

顺治元年 （一六四四年）	夏，河复行故道。【3】 秋，决北岸小宋口，漫曹、单、金乡、鱼台，由南阳入运。【4】	秋，命杨方兴总督河道，驻济宁。
二年 （一六四五年）	夏，决考城之流通集；一趋曹、单及南阳入运，一趋塔儿湾、魏家湾，【5】侵淤运道。	
三年 （一六四六年）	由汶上决入蜀山湖。	刘通口决水北徙，午沟自丰至徐河流涸竭。【6】
七年 （一六五〇年）	八月，决封秋荆隆口、北岸朱源寨，【7】溃张秋堤，挟汶由大清河入海。	
九年 （一六五二年）	决封丘北岸大王庙，【8】由长垣趋东昌，坏安平堤，【9】北入海。	于上游祥符时和驿一带，多开引渠，引溜南趋以分其势。【10】
十六年 （一六五九年）	决归仁堤，入洪泽湖，灌高、宝。	
康熙元年 （一六六二年）	六月，决开封黄练集，【11】灌祥符、中牟、杨武、杞、通许、尉氏、扶沟七县。 七月，再决归仁堤，挟睢湖诸水自决口入洪泽，直趋高堰，冲决翟家坝，流成大涧九，淮、扬自是岁告灾。【12】	
四年 （一六六五年）	四月，决虞城之土楼、待宾寺，灌永城、夏邑。	
七年 （一六六八年）	两决桃源，河下流阻塞，水尽注洪泽，高邮水高几二丈。	自八年以后，下游几于无岁不决。
十五年 （一六七六年）	五月，久雨，河倒灌，决口数十，诸水直注运河，冲高邮之清水潭。	

关于表列事实，都是沿着以前各节的处理方法，所不同的，时代愈近，史料愈富，只可择影响地域较大的河患记录下来，若小小的决溢，都略去不提以省篇幅。清人治河，大致以"有决必塞，维持故道"为原则，朝廷方面拿这点来作定针，员工方面自然萃其精力于堵塞的工作，所以决口的塞合，往往不出一二年以上，在改道以前的表内也就略去而不记了。

这一期自顺治初至康熙十五年，计共三十三年。计自顺治八年为始，总河杨方兴已注意筑堤，继任的朱之锡（顺治十四年）设因地远近以次调夫的办法，所筑更多，由顺治八年至康熙二十九年，四十年中，共筑一百八十三处。[13]

大致上来讲，前半期河患偏向山东，后半期偏向江苏；所以偏向江苏的原因，据靳辅说："今日河身之所以日浅者，皆因顺治十六年至康熙六七年间所冲之归仁堤、古沟、翟家坝、王家营、二铺、邢家口等处[14]各决口不即堵塞之所致也。盖归仁一堤，原以障睢水并永堌、邸家、白鹿诸湖之水，不使侵淮，且今由小河口、白洋河二处入河，助黄刷沙者也。[15]自顺治十六年归仁堤冲决之后，睢湖之水，悉由决口侵淮，不复入黄刷沙，以至黄水反从小河口、白洋河二处逆灌。……河、淮两水俱从他处分泄，不复并力刷沙，以致流缓沙停，海口积垫，日渐淤高。"[16]似乎较能总括当日的大势。唯《水利史》说："盖自茆良口七年不塞，山、安一带所在冲决，黄水漫散四出，海口流缓沙停，云梯关积沙成滩，大河迂回入海。"[17]（茆良口在安东县东二十里，四年决，由灌河入海，十年塞）[18]专归咎于茆良一处，则只见其偏而未得其全。茆良是近海口的地方，但自康熙六年，清河"三汊河以下，水不没骭"（见《河渠志》一），黄河既多从清河以上泄去，不能到达安东，即使茆良口早塞，于大局也未必有甚么补救。

清初黄河所经，《淮系年表》十曾有论及，它说："《河防一览图》，大河行经坚城集南，砀山县北，又经赵家圈、旧萧县北，又经茶城、塔山、张谷山南，孤山、九里山北，又经镇口入徐洪，其孤山、九里山南有小浮桥故道，伏秋大涨，仅出三分之一。曹时聘所挑，经坚城集、午沟，又经赵家圈北，旧萧县北，又下出徐州小浮桥；午沟在砀山县北，北距丰县城五十里。……时聘所大挑，或与故道不无小异，所可断定者，此河大势在贾鲁故道之北，秦沟河及浊河之南。朱旺之决，一支由浊河，一支由故道，筑塞朱旺，浊河断流，专行故道，清代黄河仿佛由之。"按《河工缴册稿》记万历三十三年挑河有"首辟王家口生地"字样，[19]则时聘挑成之河不尽与《河防一览图》相同，已绝无疑问。贾鲁故道系经萧县蓟门，蓟门在萧县北三里（参前文第十二节三项）；又据《锥指》四〇下，"及万历三十四年河归故道，自是萧去河裁十五里"，而萧县新城在旧城南十里（《方舆纪要》），依此来计算，则就这萧县小小一段来说，时聘所挑不见得必在贾鲁故道的北边，或者可以说，相差不过一二里。由于贾鲁故道缺乏详细记载，长程的比较现在实无法进行。

（2）靳辅、张鹏翮治河时期

康熙十六年 （一六七七年）	二月，[20]以安徽巡抚靳辅为河督；首挑清江浦历云梯关至海口一带河身之淤土，因取土以筑南北两岸之堤。挑河用"川字沟"法，筑堤则南岸自白洋河至云梯关约长三百三十里，[21]北岸自清河至云梯关约二百里；又自云梯关至海口，除近海二十里外，其余约八十里亦一体疏浚。	驻清江浦。
二十四年 （一六八五年）	辅于南岸砀山毛城铺、徐州王家山、十八里屯、睢宁峰山、龙虎山等处，建减水闸坝共九座，[22]内因山根为天然闸者居其七，由睢溪口、灵芝、孟山等湖入洪泽。	
二十七年 （一六八八年）	辅以改挑皂河后，自清口达张庄运口，黄河尚长二百里，重运北上，迟者或两月方能进口，于二十五年建议，在遥、缕两堤之内，挑中河一道，上接张庄运口，下历桃、清、山、安，入于安东之平旺河，约长二百七十里，运道一出清口，即截黄河而北，由清河县西之仲家庄进中河以入皂河，避黄河之险一百八十里，历黄河者仅七里，至是年正月工竣。[23] 三月，以王新命代辅为河督，革辅职。[25]	先是，康熙初，漕运由宿迁经董口。后董口淤，遂取道骆马湖，由汪洋湖西北行四十里得沟河，又二十余里至窑湾口而接泇。十九年，辅于宿迁西北四十里皂河集挑开皂河以迁窑湾。二十年，又将皂河下口改在皂河东十五里之张家庄。[24] 明年三月，南巡阅河回京，复辅原品。[26]
三十一年 （一六九二年）	二月，复起辅督河。[27]	十一月，辅以病乞休，是月卒。[28]
三十五年 （一六九六年）	河决安东[29]童家营，河督董安国筑拦黄坝于云梯关，又于关外北岸马家港导黄由北潮河出灌河入海，去路不畅。[30]	
三十九年 （一七〇〇年）	三月，以张鹏翮为河督。[31] 五月，鹏翮请将于成龙、徐庭玺拆除未尽之拦黄坝三十七丈三尺，尽行拆去，计黄河水面宽八十三丈，堵塞马家港引河，复归故道，赐名大通口。[32] 九月，鹏翮改高堰六坝[33]为滚水坝。[34]	先是三十八年十月，于成龙议将茆家围等六坝改为四滚水坝。[35]
四十七年 （一七〇八年）	十月，鹏翮入为刑部尚书。[36]	

这一个时期前后共三十二年，算是清代河务办理最善而黄河又比较安靖的时候。除去中间几个督臣之外，靳辅及张鹏翮办事最久，他们俩在清代治河史上都很有名气，靳连任至十一年，连同再次出山，差不多达十二年，张也连任至八年半。[37]靳辅治河的得失，下文别有专论，这里只略为比较两人的优劣。

张的成绩，据他自己所述，不外治清口、[38]塞六坝、修归仁堤、[39]逢湾取直[40]四件事。康熙帝曾对张鹏翮说："加筑高家堰堤岸，闭塞减水六坝，使淮水尽出清口，非尔之功。修治挑水坝，逼黄水流向北岸，非尔之功。堵塞仲庄闸，改建杨家闸，使淮水尽出清口，非尔之功。"又说："比年以来，幸而水不甚大，当年靳辅、于成龙在任时水势甚大，若张鹏翮当此，河工必致不堪。张鹏翮惟有一长……朕前以河务一一指授，皆能遵行。"[41]总括起来，张的治河，系由上面发纵指示，张只执行细节，跟靳受任于河事最扰乱之际，无成规可守，凡事要自己拿定主意，其难易大不相同。

张鹏翮与靳辅最相反对的，就是闭六坝。试专就六坝应开不应开来立论，清帝虽说过："前靳辅虑高家堰堤岸危险，开唐埂六坝，以致洪泽湖水偏向六坝而流，此靳辅误处。后黄河倒灌清口，朕令闭塞六坝，始能敌黄。"[42]但在不久以前，四十年十二月他曾说："倘高家堰一有冲决，淮、扬一带地方，俱不可保，其为患甚大……昔于成龙任总河时不塞唐埂六坝，非无所见。"[43]翌年七月又说："今闭唐埂六坝，目前虽有裨益，设高家堰一决，扬州、淮安、宿迁等处百姓俱不可问矣。"[44]四十四年夏，古沟、唐埂、清水沟（在蒋家坝尽头处）、韩家庄（在安东南岸）四处堤岸冲决时，他又说："开六坝虽民田略有冲没，淮、扬地方断无可虞，如以为利益民田而闭六坝，万一大水骤涨而堤决，淮、扬大有可虞矣。是以前总河靳辅开六坝以注水；张鹏翮但知闭六坝，则运河、民田均有利益，而不知为淮、扬之大患，高家堰之所关，甚为紧要也。"[45]可见六坝的应开或应闭，在清帝的胸中还是一件很为踌躇的事，只有"看何处关系紧要，便保守何处，不可执一"[46]，采取临时变通的办法。

清口之淤塞，据张鹏翮的论文，系完全归咎于开六坝，但淤塞的原因是不是这样简单呢？李世杰说："查《河防志》载康熙间，前河臣董安国等创筑拦黄坝，使由马港河，旋至黄水倒灌，清口淤塞，上游溃决，淮扬常受水患。"[47]《河防志》相传为张氏的遗稿（由张希良编），却说黄河下流不畅通，以致清口淤塞。

三十八年三月南巡上谕："行视清口、高家堰，则洪泽湖水低，黄河水高，以致河水逆流入湖，湖水无从出，泛滥于兴化、盐城等七州县。"[48]这是说淮身比河身低，以致黄河倒灌。

同一上谕又说："黄、淮二河交会之口，过于径直，所以黄水常逆流而入；淮水近河之堤，亦迤东湾曲拓筑，使之斜行会流，则黄河之水不至倒灌入淮矣。"这是说黄、淮会口太直，以致倒灌而淤塞。

三十九年三月，清帝又说，"前靳辅任总河十有余年，河务整理，但自修归仁堤之后，[49] 清水势弱，黄河之身渐高，清水不得流出，浑水益倒灌，清河河工废坏，亦由于此"[50]，却又以为修归仁堤而清水势弱，致使浊水倒灌。

清口之淤塞，有怎样复杂的说明，虽未必完全无误，总可觉得每逢发生一种弊窦，里面总有好几个原因。有人又说，这些原因也许跟着开六坝而来；那又须知初时建闸，启闭以时，尺寸有度，闸内横以石键，不便通舟，闸下引河翼以长堤，减去之水，不致漫潴，其后商贩规避榷税，官司徇纵，视若通津，[51] 遂至大背原来设立的用意。减水坝跟减水闸的设备虽然不同，但能够依法使用，根本上并无差别。而且靳辅的旧制，毛城铺宽止三十丈，其余峰山等闸皆不过数丈，正所减泄有余，节宣在我。后来毛城铺坝竟放宽至五十丈，[52] 这都由于河防出事的处分太严，承办官员一遇水涨，唯恐怕堤岸失事，于是不惜提前尽量开放，专制时代的章程搞得不好，无怪乎法立而弊生。单说开六坝就令清口淤塞，实在未能深入了解这件事的真相。

逢湾取直又有甚么利弊呢？据光绪五年，朱采《论逢湾取直》称："河性溜势，亘古不变，今年直而明年湾矣，再数年而湾如故矣，是以取直之说，只行于一时。"[53] 比工程师卢法尔也称："裁湾取直则路近，路近则低率增，即地势高低之数增，低率增则速率亦增，速率增则过水之数亦增，于盛涨时，尤宜并上下游通行筹算后，方可裁去一湾，盖裁湾能生他险，不可不虑。"[54] 又刘寰伟说："最近欧西水利学者咸以裁湾为含有危险性之方法，且具有引河法之种种弱点，初必沉淀淤泥于下流，继必增涨水之高度于上流。"惟"使裁湾之一段逼近海隅，而裁湾所增之水势其力又足以达于海岸，其后又有水库以裁制水流，则裁湾法诚属最良。"[55] 但从另一方面来看，如《水道编》说："明英宗天顺中，河自武陟徙入原武而获嘉流绝，自是改大湾曲为东西直流，即今荥泽县黄河。"金、元、明时黄河南徙，先离开浚、滑，次离开汲、胙，又次离开新、获，那一段河路，经过数百年的自然调整，卒之由曲线变作直线，岂不是黄河本有取直之性，所谓黄河九曲只由于山岭阻隔吗？由此可知，某一个裁湾是否利多弊少抑或利少弊多，除非生在当时，是无法作出合理的判决的。

康熙帝是一个聪明人，当时的官员都非他的敌手，结果遂至"九卿诸臣但以朕可者可之，否者否之"[56]。即如四十六年溜淮套工程一案，交在外督抚议，都说必要请亲临指示；交在内九卿议，也说必要请亲临指示，便是当日廷臣揣摩意旨最著的例子。看来，鹏翮也逃不出这个圈套。

四十六年五月，六次南巡后，清帝批评靳辅说："开中河而粮船免行一百八十里之险，此可以寻常目之乎？前后总河皆不能及，地方官军民俱有为靳辅立碑之意，但畏张鹏翮耳。"[57]又四十九年十二月说："靳辅善于治河，惟用人力……张鹏翮但遵旧守成而已。"[58]寥寥几句话，可算是靳、张优劣的定评。

（3）康熙末至乾隆末时期

四十八年 （一七〇九）	六月，决兰阳雷家集、仪封洪邵湾，俱在北岸。	
六十年 （一七二一年）	八月，[59]决武陟詹家店、马营口、魏家口等处，[60]北注胙城、长垣、滑、东明及开州，至张秋，由盐河入海。[61]	在张秋迤南赵王河口[62]漫溢，由五孔桥入盐河。[63]
六十一年 （一七二二年）	正月，再决马营口，仍经张秋由大清河入海。[64]	
雍正元年 （一七二三年）	六月，决中牟十里店、娄家庄，由刘家寨南入贾鲁河。 九月，决郑州来童寨。	
三年 （一七二五年）	六月，决睢宁朱家海，[65]东注洪泽。 七月，决仪封南岸大寨、兰阳北岸板厂。[66]	
七年 （一七二九年）	三月，以孔毓珣为江南河道总督；嵇曾筠为河南山东河道总督，兼管山东境内运河。[67] 七月，令定河堤每年加修五寸。	东河分治此始。[68] 根据《河防一览》每岁加高五寸之法。
八年 （一七三〇年）	六月，山东蒙阴、沂州、郯、费、滕、峄各地山水发，直注邳州，决宿迁、桃源。[69]	
乾隆元年 （一七三六年）	四月，决砀山毛城铺。[70]	永城及宿、灵、虹、盱、泗等均被灾。[71]
二年 （一七三七年）	高斌浚毛城铺下之郭家口、定国寺两支河，分泄黄水，经由灵璧之杨瞳、灵芝等五湖以入洪泽。[72]	
七年 （一七四二年）[73]	七月，决丰县石林、黄村二口，坏沛县堤，入微山湖。[74]	
十年 （一七四五年）	七月，决南岸阜宁陈家浦。[75]	
十六年 （一七五一年）	六月，[76]决阳武，自封丘分二股：一入直隶，一入张秋。	入张秋之一股，从东明之魏河，[77]经濮、范、寿张。[78]
十八年 （一七五三年）	决阳武[79] 九月，决铜山张家马路，直趋灵、虹、睢诸邑，入洪泽。	
二十一年 （一七五六年）	八月，[80]决铜山孙家集，入微山湖。	

续表

二十六年 （一七六一年）	七月，沁、黄并涨，决中牟杨桥，直出尉氏贾鲁河，[81]分入涡、泲会淮。[82]	沁、洛等河涨水一二丈，宁夏又三次报涨水丈余。[83]
三十一年 （一七六六年）	八月，决铜山韩家堂，注洪泽。	
四十三年 （一七七八年）	闰六月起，决祥符南岸时和驿，历陈留、杞县、柘城之横河、康家河、南沙河、老黄河，均归贾鲁新河，下达亳州之涡河。又决仪封十六堡，一由考城盘马寺入北沙河，至商丘邓滨口，由陈两、沙河入涡；一由宁陵马三河，亦会陈两、沙河入涡。[84]	
四十五年 （一七八〇年）	六月，决睢宁郭家渡，由沈家河入五湖，归洪泽。[85] 九月，决考城南岸张家油房（或作油坊）。	
四十六年 （一七八一年）	闰五月，[86]决睢宁魏家庄，注洪泽。 七月，决仪封八堡迤东焦桥一带，北岸决曲家楼，[87]注青龙冈。	青龙冈浸口二分由赵王河、沙河归大清河入海；八分由南阳、昭阳等湖汇流南下，归入正河。[88]
五十一年 （一七八六年）	七月，决桃源司家庄。[89]	
五十二年 （一七八七年）	六月，[90]决睢州十三堡，[91]经宁陵、商丘，从涡、泲诸水入淮。	

这一期计至乾隆六十年（一七九五年）止，共八十七年，并不是一个显然划分的时期。但自嘉庆初年以至铜瓦厢改道，大致是借黄济运，无论如何，漕运方法既那样子改变，总与黄河下游有关，所以把嘉庆至咸丰别列为一时期，也有其相当理由的。

最可注意的，这期内的重要决口，多数落在河南省内，计有四回归入贾鲁河、涡河（雍正元年、乾隆二十六年、四十三年及五十二年），四回冲出张秋或大清河（康熙六十年及六十一年，乾隆十六年及四十六年）。就中乾隆四十三年仪封之决，历时两载，费帑五百余万，[92]堵筑五次，才得合龙，为清代河工较困难的一次；虽然，这个数目恐怕过半以上是中饱在贪吏的私囊的。[93]

雍正七年，规定河堤每岁增修五寸，这对于河防有甚么影响呢？按《河防杂说》称："自宿迁至清河县黄、淮交会之处，计程一百八十里，其间旧堤未尝不高也，只因河底屡垫，故河滩亦随之垫高；河滩既已垫高，则堤工每被淤没，是以其低耳。……而由堤内民地而观，则巍然高峻。"[94]这明白地显出每岁增高河堤，非设想长期的计划，除非我们能根绝黄土的流下。因为堤越高，河底也跟着越高，只属于消极性的防御。我们试检查一下，万历二十年间，开封河高于地丈余，[95]康熙至乾隆，夏骃所见"开封河南高于内者丈余"[96]，靳辅所见"淮安城堞卑于河底"[97]，陈世倌所见"清口以上至徐州黄河数百余里，河底高于内地丈许"[98]，是怎样危险！康熙三十八年三月南巡时，清帝曾称，"治河上策，惟以深浚河身为要，诸臣并无言及此者"[99]，必系有所见而发。

《河史述要》推原乾隆后半叶的河患，以为是"乾隆中黄河大势，大抵前三十年遵循靳辅遗规，有整理，无变革，河势可称小康。及废云梯关外大堤不守而尾闾病，陶庄改河、仪封改河而中脘病。行水不畅，河底淤高，水平堤则易溃决，两岸减水坝闸亦不似从前之安稳。黄高于清，清口倒灌，减黄助清，迄无大效，河病而淮亦病。然犹殚精竭虑于河、淮交会之地，于补苴中求苟安，危而不败，盖亦由人力矣。"[100]这样的批评是不是切中当日的弊病呢？

首先论到海口废堤一事，包世臣也说："文良之犹子文定[101]奏废云梯关外修防，使河多故，江、淮居民之毒高氏，或以此而追诬其先。"[102]见得当日河患，大家都归咎海口不修堤防。按高晋请废海口堤防，事在乾隆二十九年四月，清帝曾谕称："云梯关一带为黄河入海尾闾，平沙漫衍，原不应设立堤岸，与水争地。而无识者好徇浮言，或以上流清口泄水分数较多，遇海潮盛时，或不免意存顾虑，因有子埝堤防之议。殊不知清口畅泄，其收利在下河州县者不可数计。至云梯关附近，不过阜宁、安东二邑所辖地面，以此衡彼，其轻重大小，不待智者而知，即令一时偶值盛涨，所侵溢者不敌百分之一二耳。"[103]审度情词，反对废堤最力的显在安东、阜宁三数县。因为那些地方有堤便可以比较安居，无堤则水涨时常被淹浸，他们很热烈地争取修堤，固然有其苦衷，但从整个黄、淮下游来看，海口修堤是不是利多害少，倒要从长计议（参下文）。至于河南省内南岸及北岸的溃决，江南省内洪泽的被侵（雍正三年及乾隆十八年），都是海口堤未废以前的事，我们难道也可以此为借口吗？嘉庆五年民人蒋淦禀请复修，经费淳、吴璥议驳，十三年铁保、徐端再行提出时，莫瞻菉亦称"徒多靡费之烦，恐未必即获束刷之效"[104]，尚非毫无所见。

其次，谈到陶庄引河。原来早在康熙己卯（三十八年）南巡时，清帝为求远避清口、免除倒灌起见，即下令开凿。其后庚辰（三十九年）、辛巳（四十年）、壬辰、甲午（五十一年至五十二年）以及雍正庚戌（八年），经过数次开挑，都不久便淤。到乾隆四十一年九月，河督萨载再兴工，至明年二月引河告成。清帝的《陶庄河神庙碑记》说："新河顺轨安流，直抵周家庄，始会清东下，去清口较昔远五里。"[105]是黄、淮两水的新会口，比旧日清口只远了五里，似乎不会发生怎样大影响。《河史述要》却说："然而河身紧缩，减宽度泰半，水势拘挛，雍而易淤，黄、淮会处，亦颇蒙不利，或更影响及于全局，河工书无专论之者，亦可怪矣。"【106】这样的批评并未能揭出影响大局的毛病（后来武氏的大治黄河议说："今若大开引河……一如……清乾隆中兰阳改河，清口陶庄改河之故事，即可永庆安澜。"【107】可以见他的观点已有改变）。还有《述要》的撰人武氏，对于引河情形，好像没有作过全面的探讨。据四十六年六月的诏书说："江、豫二省黄河，自乾隆四十二年开陶庄河以来，连岁冲溢……江南土性坚实，何以上年郭家渡甫经漫决，此次又有魏家庄之事？况上年春间命阿桂在南河会勘，展宽陶庄新河四十丈，今春又令在彼会勘，因九里冈一带河中，冈沙横亘，复于北岸挑挖引河一千余丈，南岸又将沈家窑河身展宽三十丈……何以此次忽又有漫溢之奏？况现在清、黄交汇处所离清口较远，清口得以畅出，海口又复深通，何以转致如此？且从前并非每岁必有水患，而自开放陶庄新河以来，转年年不免漫溢……是否或因陶庄开放引河致有纡回格碍之处？详晰讲求审度，据实具奏。"【108】同月，萨载等覆奏："河工连年漫决之故，总由漫溢一次，则下游正河淤垫一次，以致河底日渐淤高，大溜趋向无定，实非陶庄引河纡回格碍所致。"【109】清廷当日对此引河还算刻意讲求，如果说开了这引河便为害于中游，甚至说影响全局，总未免带着欲加之罪的神气。

再说到仪封改河，事在乾隆四十七年。因当日青龙冈（在铜瓦厢之下）决口屡塞屡塌。是年四月，阿桂奏请自兰阳三堡老堤起开挖引河，至商丘七堡出堤，归入故道，共长一百六十余里，【110】至翌年三月开放新河，曲家楼漫口始行合龙。【111】贺长龄于阿桂原奏后跋称："穷则变，变则通，至今四十余年，所行者仍文成（阿桂谥）所改之河也，有非常之人，然后有非常之举，谅哉！"【112】《古今治河图说》却称："陶庄引河，本苦迫狭，今其上游，又增一兰阳引河，当时司河者专为运谋，河淮之成败，皆所弗计。"【113】殊不知这两个引河用处不同，兰阳引河只是另挑了一小段新河，放弃了别一段旧河，放水之后，那引河便成了正河的河身。其实河身这样子无关重要的小小改变，断不会发生大毛病的。

关于这一期的河患，我以为可分开几点来讨论：

第一，黄河挟带着许多沙泥，流慢而淤垫，固无待论。即使流率极速，也不是绝对无淤垫，所差只在淤垫的多少、迟速及淤垫在甚么地方，是程度的问题。主张云梯关修堤的人，除上文所指出他们的目标之外，极其量不过把淤垫较多的地点，往东面挪移；他们的理想，以为这样子做法，河水的沙泥便可全数流入大海之中，不至对河口发生障碍。像刘寰伟说，有潮河的尾闾，因河流与潮水之冲突，常有沙洲等构成，治导的方法，例由河口上溯，建筑平行防浪堤以让河口潮流之自由行动，堤间的广狭须与天然河道相适应，自海以上渐次减缩，堤必直伸入于海，全堤视高潮为高。【·114】

就是偏向海口堤之有利来立论。然而据乾隆四十一年萨载的询访，从前海口在王家港地方，自雍正年后又接生淤滩长四十余里。[115]又道光二十二年敬征等奏："开山从前孤悬海外，距灌河口十余里，因历次黄水下注，逐渐澄淤，现在潮河南岸淤滩，潮落时已接开山。"[116]由此可见河泥不淤在上游，其势必带到下游，沙泥遇着海潮的抵抗，结果大量仍淤垫在河口的附近，云梯关虽然减少，河口却同时加速，对于上流的影响，没有甚么大差异。反之，云梯关如不修堤，则平沙漫衍，淤面展宽，暴涨之洪水快消，淤层之加厚减速，淤垫之为害少缓，清帝所说"侵溢者不敌百分之一二"，尚不失为权衡轻重的话。番禺方恒泰《论粤东水利》曾称："向因海口宽，河面阔，故无水患。嗣渐民利淤积，日望海变桑田，于是就沙尾筑石角以阻淤沙……东以斥卤报，西以工筑升，增一顷沙田，即减一顷河面，田愈多，河愈窄，沙愈滞，水愈高，近水村庄不得不筑基围以自卫。围筑遇涨奔驶益紧，涨大逢潮冲激尤横，潮与涨敌而坚围溃矣。"[117]黄河海口筑堤的动机固与方氏说有异，但无论哪一条河的河口，筑堤虽非必绝对无利，而就长远设想，其流弊总是不免的。

其二，清口因黄河倒灌而淤塞，这种现象，早见于明代嘉、万时期，不是清代才有。靳辅之治河成绩，就在挑川字沟而把河身挖深，不在乎抠土来筑堤，那是我们观察时所应抓着的重点。怎奈清人大半醉心于季驯的理论，完全依赖自然势力，以为蓄清即可刷黄，不从疏浚方面着眼。哪晓得清弱黄强，靳辅之成绩只可维持一个短短时期，经过数十年后，河底淤垫日高，超出清口之上，黄河哪能不倒灌（乾隆三十三、三十五两年《清河县志》已有倒灌的记录）？简单地说，河身的淤垫系与时间为正比例，河流即使通畅，淤垫仍然不免，人工疏浚实是旧日的补救良法。若说："废云梯关外大堤不守而尾闾病，陶庄改河，仪封改河而中脘病"，都是得不到要领而随便抓来的话柄，我们不要受其摇惑。

其三，单就筑堤而论，也应照顾到全面，黄河发生大变局，往往落在河南境内荥泽以下，那是治河者所应深入了解的事。在后头，我将要提出靳辅注意到河南，季驯则实际上毫未加工，以评定潘、靳的优劣。清自康熙以后，朝廷都把全副精神放在南河，康、乾两代的六次南巡，也只阅视江南的河工，在封建时代办事，上头不注重，下面自更付诸脑后了。尤其雍正七年，将上下游河务划归南河、东河两个总督分管，失却统筹全局之机能，造成事务偏重之恶习，东河的员工惯于坐享太平，不懂得事先防备，哪又何怪屡次出险呢？康熙四十一年上谕："明朝治河俱自徐州以上在河南地方修筑，我朝自康熙元年以来，俱在徐州以下修筑。然治下流必须预防上流，若上流溃决，下流必致壅滞。嗣后徐州以上地方，河臣亦当留意。"[118]又阿桂说："自曲家楼一带经上年累涨之后，冲成沟槽坑坎，纵横无数，败坏决裂之状，屡见叠出，是此二百余里内受病已深，即使堵筑合龙，亦不过目前急则治标之计，竭力补偏救弊，终不能保一二年无虞。"[119] 由他们的话细心体味，豫境内堤防废坏，便完全呈现在目前，早就伏着铜瓦厢大决的因素了。

（4）嘉庆至铜瓦厢改道时期

嘉庆元年 （一七九六年）	六月，决丰泛六堡，一由丰县清水河入沛县食城河，[120] 散漫而下。一由丰县北赵河分注昭阳、微山各湖。	
二年 （一七九七年）	七月，决曹县北二十五堡，分道由单、鱼、沛下注邳、宿。	
三年 （一七九八年）	八月，决睢州，分流一入睢东十八里河，东南过宁陵西，至鹿邑，经亳入洪泽。一西南自仪封入杞、睢交界之惠济河，绕至睢南，仍归十八里河。[121]	
四年 （一七九九年）	七月，决砀山南岸邵家坝。[122]	
八年 （一八○三年）	九月，决封丘衡家楼，[123] 东北出范县达张秋，穿运河东趋盐河，经利津入海。[124]	七、八、九等年，南河河底淤高八九尺至一丈不等。[125] 塞工用帑一千二百余万两。
十一年 （一八○六年）	五月，因开放外河北岸之王家营减坝，大溜直注鲍营河、张家河，入六塘河归海。[126] 七月（甲戌），决宿迁郭家房。[127] 是岁借黄济运。[128]	
十二年 （一八○七年）	七月，决阜宁南岸陈家浦，大溜由五辛港入射阳湖注海。	
十三年 （一八○八年）	六月，决山安马港口、张家庄，分流由灌河入海。[129]	
十四年 （一八○九年）	六月，闭御黄坝，自是清不刷黄而入运，非遇清高于黄，则黄、淮隔绝。[130]	
十五年 （一八一○年）	冬，复筑海口新堤，北岸自马港口尾至叶家社长一万五千余丈，南岸自灶工尾至宋家尖长六千八百余丈。[131]	
十六年 （一八一一年）	三月，决阜宁北岸倪家滩，归俞本套。[132] 五月，决王营减坝，由东北入海。 七月，决邳北棉拐山。又决萧南李家楼，入洪泽。 是岁，再展筑海口南、北堤。	

续表

年份	灾情	经费
十八年 （一八一三年）	九月，决睢州，由亳涡入淮达洪泽，清口畅流。	
二十四年 （一八一九年）	七月，决仪封、兰阳，经杞县[133]由涡入淮。 又决祥符、陈留、中牟。 八月，决武陟马营坝，经原武、阳武、辉、延津、封丘等县，下注张秋，穿运注大清河，分二道入海。[135]	豫省河水陡涨二丈余。[134]一小股经获嘉、新乡、汲县入卫。[136]拨款九百六十四万两。[137]
二十五年 （一八二〇年）	三月，又决仪封三堡，下流入洪泽。[138]	
道光四年 （一八二四年） 至五年	御黄坝分溜倒灌，自清口至淮、扬，淤为平陆。[139]	
十二年 （一八三二年）	八月，决祥符。	
二十一年 （一八四一年）	六月，决祥符，在开封东南十余里之苏村口，分南北两股：北股溜止三分，由惠济河经陈留、杞、睢、柘城、鹿邑入涡，再经亳、蒙城，至怀远荆山口会淮。南股七分，经通许、太康，至淮宁、鹿邑界之观武集西，漫注清水河，茨河、[140]灌河入皖，至宋塘河又分为二，一由西淝河至硖石山会淮；一由大沙河即颍河至八里垛会淮，两股均下流于洪泽。[141]	明年二月塞，用帑六百十余万两。[142]
二十二年 （一八四二年）	七月，决桃源北岸萧家庄，漫水由六塘河经安东、沭阳、海州至项冲河，穿运盐场河，分归灌河口、埒子口入海，计程三百六十余里。[143]	
二十三年 （一八四三年）	六月，决中牟，分二支：正溜由贾鲁河经尉氏、扶沟、西华入大沙河会淮。旁溜亦分为二：一由惠济河经祥符、通许、太康、鹿邑、亳州入涡会淮，另一支由祥符经开封城西南，又东至陈留、杞，南入惠济河尾归涡河。[144]	明年十二月塞，用帑一千一百九十余万两。[145]
咸丰元年 （一八五一年）	八月，决砀山北蟠龙集，[146]食城河淤，由沛县之华山、戚山冲为大沙河，分入微山、昭阳等湖，又东溢出骆马湖，由六塘河归海。	明年二月塞，用帑四百万两。[147]
二年 （一八五二年）	二月，复决上年决口。[148]	用帑三百万两。[149]
三年 （一八五三年）	五月，再决已塞决口。[150]	

续表

五年 （一八五五年）	六月，决兰阳铜瓦厢，至长垣兰通集，溜分二股：一股出曹州东赵王河及曹州西陶北河，漫定陶、曹、单、城武、金乡五邑（九年时已淤）；一股由小清集至东明曾家庄，再分二支：一支出东明南经曹州，与前一股合；一支出东明北，经茅草河，过濮州、范、寿张。二股同至张秋而穿运，决五空桥入大清河（俗名盐河，此处口宽九十五丈，深三丈余），东至铁门关北牡蛎嘴出海。至十年、十一年河溜专走东明南之一支。【151】	据同治六年查勘，铜瓦厢至河口长一千三百余里，张秋至齐河二百八十里，齐河至河口五百七十五里。【152】

这一个时期前后共六十年，大致来说，是借黄济运时期，淮水已被黄河窒息到喘不过气来。到咸丰五年之决，遂任其自流，不复引归故道，因之，人们便称这一次为黄河大徙之六。黄河徙道自有史以来，是不是那么少？又"大徙"跟"小徙"有无明确的界说及范围？我在前文各节里面已提出过不少的讨论。还有一层，我们对铜瓦厢的溃决，不要过分重视其决定性，即是说，不要以为黄河到那时已无法使其复行南流的可能。假使当日不是恰遇着太平军起义的风云，清廷还拥有较松裕的财力，那末，黄河的北流恐怕又会再移后若干年。《历代治黄史》六曾说："铜瓦厢决口若即行杜塞，黄河至今不由山东入海，亦未可知。"是不错的。远的不必说，嘉庆八年决封丘衡家楼，趋盐河，经利津入海，二十四年又决武陟马营坝，注大清河入海，如果清廷不力塞决口，黄河改道又何尝不可提前四五十年呢？总计由清初至咸丰五年止，溃入大清河的共有六次，南溃入贾鲁等河的共有九次，依理论说，也不能不认是黄河的改道。惟是各处都不久——最多不过数年——便用人力堵塞，倘若呆板地统统归入改道来计算，就不胜其麻烦，结果更会钻入牛角尖去。所以我对于历来河道变迁，不主张用胡渭的编号方法。

总而言之，在较早的时代，人们尚未十分了解黄河本身挟带着的恶根性（沙泥），治河的方法又方初期发展，所以遇到黄河溃决，或长时间听任其自流（如汉武），或对于旧道、新道之利害，各执一说（如北宋），因而改道的次数比较特多。后来到了明、清，维持旧道说占了优胜，碰着决口，随时立即堵塞，防河技术固然是时代越后越为进步，然而观点改变，也于河道变迁的次数多少有相当影响，这是我们研究黄河史时所应该晓得的。

黄河到这一个时期不安其居，已表现得非常明显，关于此点，可分作三段来观察。

（甲）中游

又可再分为两项：（1）决入涡水等河而会淮，如嘉庆三年、十八年、二十四年、二十五年，道光二十一年及二十三年共六次。（2）冲出张秋，如嘉庆八年、二十四年共两次。

（乙）下游的上段

也可分作两项：（1）北岸决曹、丰、砀一带，横冲运河，如嘉庆元年、二年及咸丰元年共三次。（2）南岸决萧县入洪泽，如嘉庆十六年。

（丙）下游的末段

海口改变，属北岸的如嘉庆十一年、十三年、十六年，道光二十二年及咸丰元年计五次，属南岸的如嘉庆十二年。

那种较重要的变迁，平均每三年就发生一次，海口当然有毛病，但从前头分析的结果来看，受病的地方显然不专在海口，上游河南的堤防败坏（见前引阿桂奏疏），也有其招致溃决的原因。办理河务人员，理应统筹全局，才足以应付当前紧张而危急的局面，可是人们的目光多偏注于海口，自嘉庆八年以后，提出这一类改河动议的总有五六次之多，[153]也终于没有实行。

原来这一类改海口的论调，也不始自嘉庆，乾隆中叶早已有人提出，如裴曰修说："安东、海州、沭阳之境，有南、北二股河焉，即昔之石䃮湖也。西距沭阳，东逼东海，约三万四千五百余顷，其黄河东归之正道乎。诚由清河北境，导河达湖，由湖东盐河左开数支河以播于海，上溯九河、八河之遗法，是所谓疏也。"[154]乾隆五十一年，阿桂、李奉翰又实行于下游北岸开挖二套引河，冀黄水由南、北潮河入海，因地高土硬，旋即淤闭，仍由原路归海。[155]又嘉庆十一年，戴均元议令黄河循盐河、六塘，东至灌河口入海。[156]这一个问题，嘉庆十六年，百龄的《勘海口筹全河疏》讨论得较详细，他说："查前明臣潘季驯治河时，河决崔镇，我朝康熙初年，河决茆良口，皆由灌河入海，或一二年，或三数年，俱因不能畅达，旋即挽归旧路。迨康熙三十五年，前河臣董安国创议改道，筑拦黄坝，开通马港河，导黄由北潮河出灌河入海，而连年河决四次。……迨三十九年，河臣张鹏翮堵闭马港，尽拆拦黄坝，挽归故道……数年之后，河患始平。且查灌河一路，为山东蒙、沂诸水下游，而海州之五图河、六塘河及沭阳、赣榆、安东之水，俱从彼入海，若使黄河串入其中，诸道河渠皆为淤垫，安东迤下水无节宣，沿河诸邑势必汇为泽国。"结论则"黄河之利病，亦不全系于海口"，及"全河之势，尚须从上游讲求"，贺长龄赞为"此二语皆深得要领"。[157]百龄又称从北潮河出灌河一路，"该处积沙高下停滞，并无河槽……询之土人云，下系胶泥，前黄水漫注两年之久，不能冲刷深通，因地势宽敞，听其散流入海"，主张仍用旧日的海口。[158]按黄水由灌河出海，向无十年以上之历史，百龄说灌河底系胶泥，尤征该处非黄土冲积的领域。论者必欲强迫黄河经行其地，直是拂水之性，知识未免太过幼稚了。

总括来看，他们提议的新道，无非局限在苏省下游，即使能够实行，对全河的大势也未必就会发生好的转变，结果还是徒劳无功，加深人民的困苦罢了。即如张井的安东改河议，注重在导河绕避高淤，[159]然而这种的绕避，可以维持多少年呢？经过多少年后，因为黄河常挟着大量的泥沙，从前低洼的又逐渐变成高淤了。张井的办法固然可补救于一时，但究非向比较长久那方面去着想，包世臣惊为豪杰，[160]未免推许过分。

嘉庆十年，两江总督铁保有过一篇《筹全河奏疏》，大致说："河防之病，论者纷如聚讼，有谓海口不利者，有谓洪湖淤垫者，有谓河身高仰者。"他对第一说的反驳，以为"从古无浚河口之法，亦无别改海口之地"，对第二说的反驳，以为"清水之敌黄，所争在高下而不在深浅"，而归重在专心清口。[161]《水利史》的批评说："其言明晰扼要，然而清口倒灌如故，沙淤屯积，河事益岌岌矣。"[162]试问清口为甚么倒灌？无非黄高于淮。黄何以高？即为河身高仰。依这样联系来推论，可见要根除清口倒灌，无疑要针对着河身高仰来想法。我们再看铁保对于第三说是怎样反驳呢？他说：

> 惟河身淤高，诚有此病，询之在工员弁、兵夫及濒河士庶，佥称嘉庆七、八、九等年，河底淤高八九尺至一丈不等，[163]是以清水不能外出，河口之病，实由于此。但黄河之通塞靡常，变迁无定，历考载籍，有时上滞而下通，有时上深而下浅，并有时上下皆通而中段忽然浅涩，实黄河自然之势……且大河辽远，巨浸茫茫，亦万无水底挑捞之理。

接着拈出潘、靳的专心清口为例，他又说：

> 目下受病之处，与昔正同，虽在河身淤高，亦由历久之闸坝多伤，各处之支河渐塞，以致清口日淤，下游受害，治法总以复清口旧规，疏洪湖归路为目下刻不容缓之急务。[164]

一方面不敢不承认淤高的结果，使清水无法外出；他方面却急急拨转马头，说专治清口便得，这是不是合于辩证方法？清口外的河身既然比清口内的淮身较高，试问淮水哪能冲出？贺长龄指出他的"置河身淤高于不问而专事清口，则主持太过。河身不低，则清口且无出路，虽出亦弱，尚安望刷黄攻沙之力乎？且潘、靳二公亦岂不治河身者？"【165】批评是不错的，我还要补充一点，靳辅治河得力的地方，全在乎用川字沟来刷深河底，铁保只看作专治清口，直是倒果为因，抓不着重心了。总括一句，铁保的言论，包含着非常对立的矛盾，"扼要"两字，万万不敢恭维。

先一年（嘉庆九年），吴璥的奏疏曾说："黄河挟沙而行，趋向莫测。东坍则西涨，此浅则彼深，水性使然，变迁靡定。即能将淤处挖去，不能禁其水过复淤；即能将浅处挑深，不能禁其他处又浅。"【166】跟铁保的论调可说完全相同，乍然看来，很容易被它所摇惑。但我们试套着吴氏的语气来作一句反质，"即能将决处塞好，不能禁其来年复决，也不能禁其他处又决"，我们是不是可以根据这样的理论而任听决口自流呢？不，那末，浚就断然是治河各种必要方法的一件。不过往日讲求治河的人，心里总存着一劳永逸的希望；哪晓得黄河先天带着恶根性，必须永远用人类的血汗、劳动、智慧来和自然界作斗争，如若不然，人类便被水所战胜了。"无水底挑捞之理"，真是废话。

清口何以至明嘉靖而后淤塞，我在前节中批评潘季驯治河时，已提出个人的意见，以为明代初期自清口流出的水量，是黄、淮合并体，其势强。弘治以后，颍、涡跟黄河的联系常常中断，全淮水势大大减弱，淮力已不足敌黄，所以清口渐塞。然而那不过从明代的河变来推测，后来我读到清代河史这一期，才无意中找出一个平行的实证。当嘉庆十八年的时候，"全黄澄清入淮，洪泽湖饱满，畅出清口。清口以下，黄河刷深……为南河一大转机。"【167】清口能够畅出，完全因为黄河大溜决睢州夺涡入淮，是一件极其明白的事，试看睢工塞了仅过三年（嘉庆二十四年），清口便闹倒灌，尤为绝好的反映。可惜当日筹划河务的人没有注意和利用，而唯循守着"凡决必塞"的教条，近世研究河史的也没有推阐到这个转机会发生甚么影响。我们试设想，假使睢州决口能保留为分泄之用，清口似乎不至弄成那么糟，最低限度，也可以展缓黄河的变化。潘季驯的"蓄清敌黄"，清代二百年间多奉为治河不易之成规，但这句话是经不起科学分析的。以一敌百，人事上尽有这样可能，在自然科学上，要用少量的力来抵抗和战胜多量的力，那是违背了力学的原理。我们试问集合淮、睢等水的流量，能够抵敌着——尤其是当盛涨时候，万里长河之水吗？可见蓄清"敌"黄，只是人们的理想，没有联系到实际方面，理论的原则虽然不错，实际却收不到效果。"减黄助清以敌黄"，可说是向实际上推进一步了。然而，（1）所减的只是毛城铺等坝闸，为量有限，实力仍不足以敌黄。（2）减出的地方下在砀、徐、睢一带，来势不够长而猛。我以为结合理论和实际的办法，应该是"从中游减黄助清以敌黄"。减在中游，一可解除豫东一部横决的威胁，二可助长清流方面猛烈的来势，实兼有两种作用。争奈治河者始终挟着漕运一小段仍须靠黄的成见，殊不知这一小段并非绝无改造的办法。他们又不晓得向汉、唐、宋吸取调节汴口的经验，无怪乎清口淤阻问题，直延至铜瓦厢改道，还没找出解决的办法了。吴璥说："考古证今，总以蓄清敌黄为第一要策，其次则减黄助清，尚属补救之一法。"[168]所见正是百尺竿头，尚差一步。

最末，谈到铜瓦厢改道，则明人万恭的话也有一提之必要。他说："若不为饷道计，而徒欲去河之害以复禹故道，则从河南同瓦相一决之，使东趋东海，则河南、徐、邳永绝河患。"[169]看他的话，便感到（一）前人治河，一面是束手无策，另一面仍憧憬着长治久安，归根不外依赖自然；即潘季驯最有名的束河刷沙，也从这一点出发。（二）万恭的话好像已洞见到二百年后的情状，其实从历史经验来看，黄河不南出徐、淮，便北走山东，是必然的道理，惟是出事地点恰恰在铜瓦厢，令人觉得有点巧合罢了。

清初谈改河的，都承袭着汉、宋人经义治河的旧解，即如顺治九年，河患方亟，言官许作梅、杨世学、陈斐等交章请勘九河故道，使河北流入海，[170]胡渭的《禹贡锥指》也承袭这一派人的余论。当日总河杨方兴曾驳他们说："黄河古今同患，而治河古今异宜。宋以前治河但令入海有路，可南亦可北。元、明以迄我朝，由清口至董口二百余里，必借黄为转输，是治河即所以治漕，可以南不可以北。若顺水北行，无论漕运不通，转恐决出之水，东西奔荡，不可收拾。今乃欲寻禹旧迹，重加疏导，势必别筑长堤，较之增卑培薄，难易晓然。且河流挟沙，束之一，则水急沙流；播之九，则水缓沙积。数年之后，河仍他徙，何以济运？"[171]大抵改河之说，如发在河水决出新路之后，则是顺已然的局势，还值得考虑。但假使要开挑数千百里的新河，糜费固然很大，而挑成后能不能顺利引溜？新河经过的地方可不可以比旧河经过的地方减少伤害？都是毫无把握的动作，所以这一派的论调，可称为书生之见。

其确然主张改入大清河的，有孙嘉淦和嵇璜。[172]孙氏的请开减河入大清河疏（乾隆十八年）大致说："大清河者，绕泰山之东北，起东阿而迄利津，乃济水之正道。……张秋并非河岸，而史屡言决张秋者，以黄河北决，必经张秋以溃运河。……张秋之东，不及百里，即东阿之安山，下即大清河，黄河决水不能逾山东走，自必顺河北行，故凡言决张秋者皆由大清河以入海。……盖以大清河之东南，皆泰山之基脚，故其道亘古不坏，亦不迁移。从前南北分流之时，已受黄河之半，嗣后张秋溃决之日，间受黄河之全。然史但言其由此入海而已，并未闻有冲城郭、淹人民之事，则此河之有利而无害，亦百试而足征矣。"[173]他的主张实即恢复古代黄分流（即河、济并行）之局，是一个比较可行的办法，如果遇到河水北决时不把决口堵塞，就可达到目的，也不需加甚么人力。不过北流的变化，从历史经验来看，或会侵入河北。从近年事实来看，山东下游亦非毫无损害，孙氏所称有利无害，却流于过分乐观。

（5）铜瓦厢改道以后至清末

年份		
咸丰十年 （一八六〇年）	六月，裁南河总督及所属官兵。[174]	
同治二年 （一八六三年）	六月，决兰阳，一股直下开州，一股旁趋定陶、曹、单、考城、菏泽、东明、长垣、巨野、城武、濮州、范、寿张等均被淹。[175]	六月，僧格林沁奏，寿张之梁山见隔黄水以南。[176]
五年 （一八六六年）	七月，决河南上南厅胡家屯。[177]	
七年 （一八六八年）	六月，[178]决荥泽房庄，入郑州、中牟、祥符、陈留、杞，下注颍、寿，入洪泽。[179]秋，决郓城赵王河东岸之红川口（或作溛河红船口）、霍家桥，大溜渐移安山，由安山入大清河。[181]	八年正月塞，用帑一百三十万两。[180] 九年，再由沮河头溢入济河，下注牛头河[182]（沮河在郓城、牛头河在嘉祥）。红川口十年已淤塞。[183]
十年 （一八七一年）	八月，决郓城沮河东岸侯家林，东注南旺湖，又由嘉祥牛头河泛滥济宁，入南阳、微山等湖，淹巨野、金乡、鱼台、铜山、沛等县。[184]	明年二月塞，用帑只三十二万余两。[185]
十一年 （一八七二年）	浚徒骇河。[186]	
十二年 （一八七三年）	闰六月至七月中旬，决东明之岳新庄、石庄户（在司马集东二十余里），溜分三股：南溜最大，由石庄、张家支门（与石庄相对）冲漫牛头河、南阳湖入运，经金乡、嘉祥，趋宿迁、沭阳等处，入六塘河；中溜由红川口入沮寿河；北溜由正河北注，折入郓城、张。[187]	正河断流二十余里。光绪元年三月，筑塞石庄户下十余里南岸之贾庄（属菏泽），引归旧河，用帑九十八万余两。[188]
光绪四年 （一八七八年）	决白龙湾，入徒骇河。[189]	
六年 （一八八〇年）	九月，决东明高村，漫菏泽、巨野、嘉祥数县。[190]	十一月塞。[191]
八年 （一八八二年）	七月，决历城北岸之桃园，由济阳入徒骇河，经商河、惠民、滨州、霑化入海。[192]	十一月塞，用帑三十四万余两。
九年 （一八八三年）	五月，决齐东、利津及历城。[193] 十月，决齐东、利津及蒲台。[194]	

续表

十年 (一八八四年)	闰五月，决齐东南岸萧家庄、阎家庄，历城南岸霍家溜、河套圈及利津南岸等处。【195】	
十一年 (一八八五年)	五月，决河赵家庄，入徒骇。又决章丘南岸郭家寨，入小清河。【196】 六月，决寿张孙家码头，分两股：小股漫阳谷。大股穿陶城埠，趋东阿、平阴、肥城，抵长清赵王河，半由齐河入徒骇，半由五龙潭出大清河。【197】 七月，决长清大码头，入徒骇。【198】	
十二年 (一八八六年)	正月，决济阳、章丘交界之南岸何王庄，分溜约十分之三，半由枯河、坝河仍归正河，半出蒲台至利津宁海庄入海。【199】 三月，决惠民北岸王家圈、姚家口，均入徒骇。【200】又决济阳北岸安家庙、章丘南岸吴家寨。【201】 六月，决齐河北岸赵庄，入徒骇。又决历城南岸河套圈，入小清。【202】	
十三年 (一八八七年)	六月，决开州大辛庄，灌濮州、范、寿张、阳谷、东阿、平阴、茌平及禹城。【203】 八月，决郑州，溜分三道，经中牟灌入贾鲁河，东过祥符朱仙镇，南经尉氏，由歇马营折向正东会涡河。南注周家口，经扶沟、华、商水、淮宁、项城、沈丘各县，循颍西入于淮。旁及洧川、鄢陵、通许、太康、鹿邑等县。正河断流。【204】	明年十二月塞，用帑约一千一百万两。【205】
十五年 (一八八九年)	六月，决章丘之大寨、金王等庄，分溜由小清河经乐安入海。【206】 七月，决齐河之张村，分溜入徒骇河。【207】	十月塞。 九月塞。
十八年 (一八九二年)	闰六月，决惠民北岸白茅坟，归徒骇河入海。又决利津北岸张家屋。 七月，又决济阳北岸桑家渡及南关灰坝，水汇白茅坟归入徒骇。【208】 又决章丘南岸之胡家岸，由小清河之羊角沟入海。【209】	十一月塞。【210】 均九月塞。【211】
二十一年 (一八九五年)	正月，决济阳北岸高家纸坊，入徒骇。【212】 六月，决利津北岸吕家洼。又决齐东南岸北赵家，由青城南趋，直灌小清河。又决寿张南岸高家大庙，直趋沮河，复绕东南至梁山、安山一带，仍入正河。【213】	
二十二年 (一八九八年)	五月，决利津北岸赵家菜园，与吕家洼倒漾之水相接。【214】	

续表

二十三年 （一八九七年）	正月，决历城、章丘交界之小沙滩、胡家岸，由郭家寨经齐东、高苑、博兴、乐安等县入海。[215] 五月，决利津两口，汇由迤南丝网口入海，东抚李秉衡请留为入海之路。[216] 十一月，决利津北岸姜庄、马庄，由霑化之沵河入海。[217]	明年正月塞。[218]
二十四年 （一八九八年）	六月，决历城南岸杨史道口，夺溜十之五六，经高苑、博兴、乐安一带，由小清河入海。[219] 决寿张杨庄，由郓城穿运，仍入正河。[221] 决东阿王家庙，分溜十之一，由茌平、禹城等直入徒骇。[223]决济阳桑家渡，分溜十之四，由商河、惠民、滨州、霑化等经徒骇直趋沵河入海。[225] 七月，裁东河总督，九月复置。[227] 冬，李鸿章带比工程师卢法尔勘东河，估工三千二百万两。[228]	十二月塞。[220] 明年正月塞。[222] 九月塞。[224] 十月塞。[226]
二十六年 （一九〇〇年）	五月，决滨州张肖堂家，历惠民、阳信、霑化、利津，由沵河入海。[229]	三月塞。[230]
二十七年 （一九〇一年）	六月，决惠民北岸五杨家。 又决章丘南岸陈家窑。	九月塞。[231] 十一月塞。[232]
二十八年 （一九〇二年）	正月，裁东河总督。[233] 六月，决利津南岸冯家庄。	十月塞。[234]
二十九年 （一九〇三年）	决惠民刘旺庄。 六月，决利津小宁海庄。	二月塞。[235] 十二月塞。[236]
三十年 （一九〇四年）	正月，决利津北岸王庄等处，由徒骇入海。[237] 六月，决利津北岸之薄庄，穿徒骇至老鸹嘴入海，以水行较畅，故不塞。[239]	二月塞。[238]

这一期自咸丰五年（一八五五年）改道起至清末宣统三年（一九一一年）止，仅五十七年。

从前河水合淮出海的时代，提倡改道的多数以为把它转移到山东方面，中游（河南及山东西部）便可安然无事。然而事实告诉我们，这种想象过于奢望，过于倚赖，是不能兑现的。仅仅六十年的当中，冲破中游而注入淮河的有了两次（同治七年及光绪十三年），冲漫中游而灌入苏省的也有了两次（同治十年及十二年），平均起来，每十四年总会发生一次，黄河离开淮水后之为患，何尝比合淮时代特别减少。

光绪十三年，翁同龢、潘祖荫奏："自大禹之后，行北地者三千六百一十余年，其南行者不过五百一十九年。"[240]这个统计大大错误，我在导言内已有说明，这里不用复出。他俩都是江苏人，地方主义色彩很浓厚，所以不愿意河回到南边，而作出强词夺理的话。此外，当时主张北行的还带着一种错误观察，以为河入东省后没有或很少溃决（例如宗源瀚《筹河论》）。我们须知那十余年间，黄河"在直境者约一百五十余里，在东境者九百余里，未穿运以前，直东共约三百余里，并无河身，系泛滥于民地，溜势每年变迁，南北宽至百余里，悉趋洼地，均在曹属境内。计历十四五年，洼地多已淤高，同治八九年渐有漫溢，波及兖、济"（据潘骏文《现议山东治河说》，约光绪十七年作）【241】。它并不是不决，只是从破堤的冲决变形为没堤的漫决，这一点断不能作为北行胜过南行的论据。及到了东省上游堤渐修缮，下游就几于无岁不决（光绪前半叶），这可以作为反证。

它的弊病是甚么？光绪二十二年三月，任道镕奏河有三大病，曰曲、曰淤、曰窄。咸丰改道时，大清河身仅宽里许，并有不足一里者，节节坐湾，【242】这已经够说明山东河患所以特多的原因了。光绪十二年，陈士杰曾举出，"黄河东徙以来三十二年中，南决入小清河者四次，北决入徒骇河者二十余次"【243】。自这以后至清末止，据我们所知，入小清河的最少还有五次（光绪十五年、十八年、二十一年、二十三年及二十四年），入徒骇的六次（光绪十五年、二十一年、二十四年及三十年，又十八年两次），入洚河的三次（光绪二十三年、二十四年及二十六年），入老鸹嘴的一次（光绪三十年），光是山东东部，人民的受苦已不堪设想！

更有当注意的是黄河入海的河口。计自转入山东以后，仅及六十年，海口已经过好几回变迁。因为没有随时勘查，详细经过，不尽晓得，现在把见于记载的钩稽参比，也还可以知其大略。最初系经铁门关、萧神庙牡蛎嘴入海。【244】到同治六至十二年间，牡蛎嘴已成泥滩，自二河盖向正东（？）冲开一口门，名新河门，至太平湾入海。【245】光绪七年，新河门又塞，黄河仍走旧河口。【246】十五年三月，决利津之南北岭庄，由下游韩家垣至毛丝坨入海，【247】东抚张曜即把旧口截断，以此为入海之路。【248】奈海潮顶托，淤高而不畅流，二十一年六月，决铁门关上游之八里庄、吕家洼，溜分两大枝，一经正北丰国镇迤下各盐滩引潮官沟入海；【249】韩家垣正流淤塞，一绕出南支杨家河入海。【250】李秉衡初拟留吕家洼作海口，惟二十二年五月又决利津北岸之赵家菜园，由左家庄经邢家南注、后洼等庄，直趋利国镇，刷开王家小河，流入徒骇河下游之洚河；又东行一股至季家屋子，与吕家洼之水汇合，由庆定沟会入洚河。【251】吕家洼渐淤干，乃改拟挖陈家庄至李家灶新河以达萧神庙旧河，施工未毕。【252】二十三年【253】五月，决利津南岸之北岭子及西滩，向东由永阜庄趋南禹庄、辛庄，经杨家河折向南行，顺二道岭，计约七十余里至丝网口入海。东抚李秉衡以韩家垣已淤塞，请留作入海之路。【254】这是光绪二十四年以前的大略情形。据那时候卢法尔勘查的意见，二个海口之中，铁门关（红头窝）海口向东北，走了三十余年，自盐窝至海口约一百一十里；韩家垣海口向正东，走了八九年，自盐窝至海口约一百里，两口均有拦门沙；丝网口向东南，水流散漫，并无河道，自盐窝至海口约九十里。他以为尾闾最宜妥定，前两口即均淤塞，后一口又无河槽，究宜择地何处，主张不一，但在黄河未治之先，总不宜使它并入徒骇。[255]

果然到光绪三十年，丝网口又淤，是年六月，决利津北岸之薄庄（在盐窝下），水分两股：一趋东北入铁门关故道归海。[256]一稍偏北经虎滩西，由泽河归海，这一支自薄庄东北四十里入霑化境之徒骇河，又行六十里达海（老鸹嘴），东抚周馥以为此路比旧有三口更畅达，遂不复塞。[257]三十二年，自虎滩东岸分为小岔河，东北至霑化县岔河入海；岔河南有岔河枝津，名叫面条沟。[258]宣统元年十二月，决薄庄下南岸之八里庄，分溜约五成，东北由萧神庙入海。[259]明年九月，决利津南岸新冯家堤，东趋杨家河老河身，分为二股：一由丝网口旧道入海，一由毛丝坨旧道入海。[260]

海口为甚么屡改呢？张曜早说过："海口之淤，由黄水与海潮相击，黄水每为海潮顶托，是以日久必淤。"[261]李秉衡也说："黄河变迁无定，因势利导，舍此别无良图。"[262]如果我们尚无法把黄土的下流减至最低限度，又无法避免海潮与黄水相顶托，海口之淤高是必然的。即如黄河故道的海口，旧日本无云梯关的名称，靳辅时才有关内、关外之别，筑堤止至十套而止。到道光初仅一百四十余年，十套以下，又有俞家滩、倪家滩、沈家滩、叶家社、孟家社，直至龙王庙、丝网滨、望海墩，计程二百余里（据道光初范玉琨《论海口铁板沙》）[263]。后来黄河改经大清河，仅仅二十年（同治末），拦门淤沙已至太平湾，计淤出七八十里（据同治末朱采《治河刍言》）[264]。由这来推理，知道任何海口，即使是最低洼的地方，经过日积月累，都可以变为高仰，而前时高仰的至此或反变为较低，海口频频轮转，就是这个道理。然而海口不稳定、不适合，便会牵累到中游，这一点值得我们密切注视着。

至于从现有水文来看（如我国的珠江），或从历史记载来看（如《禹贡》播为九河），河口往往不止一个。但近世某些科学家却不主张，据刘寰伟说，增辟尾闾为汤森所反对，因为辟尾闾后堤防仍不能免，堤防的高度虽可略减，然高度所省的不足抵偿长度的所耗，而且新旧两尾闾水流的速率很难保其均衡，过大过小，都有不利。[265]

注释

【1】《治河论丛》二九页。

【2】以下各表内所列举的事实，除别有注明外，均参据《清史稿·河渠志》一。

【3】详细的考证见十三节上注176。

【4】《黄河年表》一三三页，惟《清史稿》分叙在二年之下。复查内阁舆图称，小宋口元年决，二年闰六月筑塞。

【5】二年夏决考城，系据《金鉴》四六引《淮安府志》，也就是《河渠志》之二年夏决考城。《淮系年表》一一已于三年记"河决曹县刘通口……或作顺治二年决考城流通集"，其补遗又据《河渠志》补"二年夏河决考城"，则是同一事而于两年下复出。今图，考城东南及曹县西北有魏湾，《利病书》三九引《曹县旧志》，魏家湾在县西七十里；又《行水金鉴》二二引《明史纪事本末》，明正德七年，总河刘恺"筑大堤，起魏家湾，亘八十余里，至双堌集……曹、单以宁"。塔儿湾初属曹县，见前节崇祯四年下，乾隆后属考城，见《续金鉴》四五。黄宗羲的《今水经》系康熙三年甲辰自序，它说：河水"至兖州府曹县界，分为二派，其一，东北流过濮州境东南六十里，同北清河（一名会通河）合卫以入海"，似系指顺治二年的情状。复查内阁舆图称，流通集二年七月决，四年四月塞。

【6】这一条系据《河渠志》记载，《黄河年表》引《河南通志》作"自午沟至徐州一带河流涸竭"，及注称，"去年决口尚未塞，自午沟至徐州之古道乃涸竭"（一三四页），与《河渠志》语意恰恰相反。

【7】《金鉴》四六，顺治七年下引《河南通志》作封丘朱源寨；但九年下引《目游四海记》又作祥符朱源寨，《清史稿》同。《目游四海记》作为九年之事，殆误。

【8】《小谷口荟蕞》称封丘西南有中栾城，其西为大王庙口（《金鉴》五六）。

【9】《清史稿》误倒为平安堤。

【10】《经世文编》九七，阿桂疏。

【11】《金鉴》四七引《河南通志》也作开封，但引《淮安府志》又作中牟黄练集。

【12】《清史稿》讹作"淮阳"。

【13】据《再续金鉴》一五七，刘成忠《河防刍议》。

【14】王家营在清河北岸，二铺口、邢家口在安东北岸。《清史稿》以为均康熙十五年决。据《金鉴》四七引《清河县志》，王家营是十二年三月决（依《黄河年表》，则元年、四年、六年、九年都有决）。又《金鉴》六〇引《河防志》："邢家湖等决口在康熙十年，今郡县志载十五年者误。"（《清史稿·河渠志》一大约系本《淮安府志》）又《经世文编》九八，清口至周桥九十里，周桥至翟坝三十里。

【15】史奭《归仁堤考》："其上流来源自徐溪口，历萧县、灵璧等处二百余里，合永堌、姬村湖水，由宿迁之符离沟，经邳之睢河而汇于埠子、白鹿等湖，从白洋河东西两沟入黄河。"（《金鉴》五九）并参前第十三节上注55。

【16】《经世文编》九八。

【17】《水利史》六七页。

【18】嘉庆十五年，百龄疏："灌河一路，为山东蒙、沂诸水下游，而海州之五图河、六塘河及沭阳、赣榆、安东之水，俱从彼入海。"（《经世文编》九九）又十一年，戴均元疏："自减坝口门放舟随溜而下，经张家河、三汊口入南北六塘河，水势汇为一片，大溜直冲海州之大伊山，从大伊山之东，穿入扬

河，平漫东门、六里、义泽等河，合注归海。其尾闾入海之处有三：南为灌河口，中为五图河，北为龙窝荡。……但系平坦荡地，向无河槽。其灌河则本系海口，较为宽深。"（同上九七）

【19】《利病书》五四。

【20】《康熙东华录》五。

【21】《淮系年表》一一误作"二百三十里"。

【22】《东华录》九称，二十四年正月，辅请于毛城铺建减水闸一，王家山、十八里屯减水闸三，北岸太谷山减水闸二，平日闭闸束流，遇有大涨，则启闸分泄以保徐城以上堤工。又河下行至睢宁，两山夹峙，仅宽白丈，流又一束，应于峰山、龙虎山（均南岸）旁凿减水闸四。靳辅《治河余论》所称："于黄河南岸砀山毛城铺、徐州王家山、十八里屯、睢宁峰山、龙虎山等处为减水闸坝共九座。"（《经世文编》九八）系除去北岸太谷山二闸不计而加入毛城铺先建之减水坝，故得九座之数。陈世倌乾隆二十一年，《筹河工全局利病疏》误以为都是二十一年所建（《经世文编》一〇〇），官文书有时也靠不住的。又天然闸迤东数里地名十八里屯，靳辅建石闸二座，该处有一小石山，中峰两旁有山缝二道，闸即建于山缝之内，见《嘉庆东华录》二五。

【23】参据《经世文编》九八及《水利史》二二六页。

【24】参《经世文编》九八。按《利病书》二七引《通济新河记》，骆马湖去宿迁县十里，水涨时分作三支会黄；一为陈家沟，去县一里许，一为董家沟，一为湖口。又引《淮安志》，自董、陈二口入骆马湖抵泇河，事在天启三年。《历代治黄史》五称，康熙七年董口淤，运道改由骆马湖。

【25】【26】均《东华录》一〇。

【27】【28】同上一一。包世臣称："二十九年，于勤恪公接任。"（《经世文编》一〇二）凡有两误。于成龙接任不在二十九年，误一；这个于成龙谥襄勤，不谥勤恪，误二。

【29】此据《清史稿》，惟《淮系年表》一一作山阳童家营。

【30】此据嘉庆十五年百龄疏（《经世文编》九九）。惟《清史稿》及《金鉴》五二均作南潮河，《金鉴》载会议奏疏："于云梯关下马家港地方，挑挖引河一千二百余丈，导黄河之水，由南潮河东注入海。"

【31】嘉庆八年，吴璥疏称："三十八年，河臣张鹏翮复将马港口堵闭，拆去拦黄大坝。"（《经世文编》九七）按三十八年张尚未任河督，吴疏误。

【32】《清史稿》误作"大清口"。

【33】明万历二十四年（张鹏翮误为二十二年），总河杨一魁建周家桥减水闸，由草子河径子婴沟以达广洋（张作广陵）湖，高良涧减水闸由三汊河径泾河以达射阳湖，又武家墩减水闸由永济（张作通济）河径涧河亦入射阳湖。清康熙时，靳辅废高闸、武墩二闸，于唐埂（《明史》作塘埂）改设六坝（参据《明史》八四及《经世文编》一〇〇，张鹏翮《论塞六坝》）。

【34】九月工成系据鹏翮《论塞六坝》（《经世文编》一〇〇）。《东华录》一四，是年六月工部

等议覆原奏，有"覆加相度，地段相去不远，并为三滚水坝，于坝下就原有之草字河、塘漕河开为引河，并筑顺水堤"等语，但同书一六，载四十四年十月谕工部，又有"宜于高堰三坝之下，挑浚一河，两旁筑堤，束水入高邮、邵伯诸湖，湖外亦量筑土堤，不使浸溢"之指示。翌年正月九卿等议覆照行；是三坝下的引河，鹏翮当日虽曾拟议，后来并未办理，所以隔了八年又旧事重提，试观鹏翮的塞六坝文也未提及引河，正可互证。

【35】《东华录》一四。

【36】同上一七。

【37】《水利史》说，"张鹏翮治河先后亦经十年"（七四页），是错的。

【38】治清口的方法，据鹏翮自述，系于张福口及其南之张家庄、裴家场共开三引河相会，再南又开烂泥浅引河，与武家墩北旧有之三岔河相会，逼淮水三分入运，七分敌黄：淮水复在张福、裴场之间，酾为二河，名曰天然河及天赐河，于是得引《河凡》七（《经世文编》一〇〇，治清口二）。

【39】《经世文编》一〇〇。

【40】同上一〇二。

【41】【42】《东华录》一六，康熙四十六年二月。

【43】【44】《东华录》一五。

【45】同上一六，康熙四十四年七月。

【46】同上四十六年二月。

【47】《经世文编》九七。

【48】《东华录》一四。

【49】事在康熙十九至二十年。据张鹏翮说，明潘季驯修筑此堤，系在阻止睢、汴及邸家、白鹿诸湖之水，不使阑入洪泽（见《经世文编》一〇〇），所以清帝说修归仁堤后清水势弱。

【50】《东华录》一四。

【51】《经世文编》一〇〇。

【52】靳辅一段见《经世文编》一〇〇，嘉庆十五年部覆减坝堰工疏。张鹏翮说，六坝共宽二百八十丈（见同前《论治清口》二），平均每坝约宽五十丈，不知是否靳辅的旧制。若庄亨阳说，辅"开毛城铺一百二十丈"（同上《文编》），则为错误无疑。《郎潜纪闻》九称，亨阳字元仲，康熙五十七年进士，知徐州府时上书当路，大略谓方今急务，宜开毛城铺以注洪泽湖，则徐州之患息。辟天然坝以注高、宝，则上江之患息。开三坝以注兴、盐之泽，则高、宝之患息。开范公堤以注之海，则兴、盐、泰诸州之患俱息。当路不能用，颇韪其言。今检《文编》所载亨阳《河防说》，知写成于乾隆八年，文内只主张急开毛城铺，并无天然坝三节，是否传闻异辞，抑别有上当路书，待考。

【53】《再续行水金鉴》一五五。

【54】同上一三九。

【55】同前引《科学》五卷九期。

【56】《东华录》一四，康熙三十九年十月。

【57】同上一六。

【58】同上一七。

【59】《淮系年表》一一作六月，《清史稿》作八月；按是年八月二十八直督有报到京，《续金鉴》四五也作八月。

【60】刘成忠《河防刍议》以为河南堤成之后，直至康熙六十年，止决詹家店一处（《再续金鉴》一五七），显有点错误，四十八年决兰阳、仪封，已是河南地面了。

【61】参据《东华录》二一。

【62】《淮系年表》一四称，赵王河头在考城县北，后渐淤。长清有赵王河，见《再续金鉴》一一七。《续金鉴》九〇称，由长清五龙潭至平原锡培口马颊河头，计经过徒骇、巴公、范公、赵王、赵牛正岔等河。又《治河论丛》说：赵王河自考城流迳东明，入菏泽（一七二页）。至安徽亳县也有赵王河（一九五四年《文物参考资料》八期六页），只是同名的。

【63】《续金鉴》四。

【64】《黄河年表》（一六三页）引《河防纪略》。

【65】据《续金鉴》六；《河渠纪闻》说"朱家口本名朱家海"（同上引）。

【66】《续金鉴》六。《清史稿·河渠志》一误作二年六月，又误板厂为"板桥"。

【67】《雍正东华录》七。

【68】《河渠纪闻》称东河分治始于雍正二年。据《东华录》二，雍正二年闰四月，以曾筠为河南副总河，驻武陟，南河、东河尚未完全分治，所以七年二月上谕有"齐苏勒练达老成，深悉河工事务，是以授嵇曾筠为副总河，专管北河，而令齐苏勒兼理南、北两河之事。今尹继善新管河务，朕意欲令其与嵇曾筠分任南、北两河。又思治河之道，必合全河形势，通行筹划，方可疏导安澜，若分令两员管理，恐有推诿掣肘之处"（《东华录》七）。

【69】《雍正东华录》八。

【70】晏斯盛《河淮全势疏》写作"茅城铺"，见《经世文编》九九。又《文编》题此疏作乾隆三年。按疏称，"今年春黄水溢砀山县之茅城铺"，二年四月甲子上谕说，"从前邵基、晏斯盛等所奏，尚不过狃于众论，拘于识见"（《东华录》二），又同年二月张廷玉等奏也有《前经臣等议覆晏斯盛条奏》的话，是此疏实上于乾隆元年，不是三年。

【71】同上《文编》九九。

【72】《乾隆东华录》二年四月及《文编》九九。庄亨阳《河防说》称："自乾隆三年毛城铺闭，水势无所分。"（《文编》一〇〇）乾隆十年九月尹继善等覆奏："濉河二股，俱发源于河南，一自永城，一自夏邑至濉溪口，会毛城铺减下之水，由符离集、灰谷堆入五湖，再由小河口下达安河，汇归洪

375

泽湖，迂回数百余里，经江南萧、宿、灵、虹等州县，即古所谓滇荡渠也。"（《东华录》七）高斌所浚，即是这一路的下游。郭家嘴属徐州南岸，定国寺属砀山南岸，均见《金鉴》五八。灵芝也写作"林子""陵子"，《续金鉴》十引《河渠纪闻》，五湖的名称为杨疃、林子、土山、孟山和崔家。

【73】乾隆二十一年陈世倌疏："查乾隆六年巡漕御史都隆额奏称，黄河自石林、黄村二口北趋……流入微山湖。"（《经世文编》一〇〇）按石林二口之决在七年，此作六年，误。

【74】参据庄亨阳《河防说》（《经世文编》一〇〇）。

【75】《乾隆东华录》七，乾隆十年九月。《水道编》误为嘉庆中决。

【76】张了且的文误为十六年八月。

【77】据朱采同治十二，治河私议："今之沙河即古魏水，起东明之李连庄，至河（？）湾大坝入运，长三百五里，汇范、濮等五州县合四小河二坡之水。"（《再续金鉴》一五五）

【78】《续金鉴》一二。

【79】同上一三引《河渠志稿》，八月，原武一带漫滩之水，决阳武十三堡。按十八年孙嘉淦疏亦称："今年阳武方决，决出之水，现在张秋境内，其所经由，不过长垣、东明一两县耳。"（《经世文编》九六）

【80】据《续金鉴》一三刘统勋奏，当是八月，不是闰九月。

【81】《东华录》一九。

【82】《续金鉴》一四引尹继善奏。

【83】《经世文编》九九。

【84】《东华录》三四。

【85】同上三五。

【86】【87】【88】同上三六。查雍正五年河在北岸雷家寺决开一支河，经宋家营、徐家堂、曲家楼等处，直至三家庄出口，计五十余里，见《经世文编》九九。据嵇曾筠疏，三家庄属仪封。又《小谷口荟蕞》称，仪封"黄陵冈相近有三家庄堤"（《金鉴》五六）。

【89】据《道光东华录》二六。

【90】《东华录》四一。

【91】《黄河年表》（一九三页）引《睢宁厅册》，十三堡地名张六口。

【92】《续金鉴》一九及《清史稿》。

【93】参包世臣所著《中衢一勺》的《郭大昌传》。

【94】《金鉴》五九。"堤内"应改正作"堤外"，参十四节下注164。

【95】《金鉴》三四引《河防一览》。

【96】《经世文编》九六。

【97】同上九八。

【98】同上一〇〇。

【99】《康熙东华录》一四。

【100】据《水利史》八三页引。

【101】按高斌谥文定，其侄晋谥文端；若谥文良之高其倬，并非河督，包氏误记（可参《经世文编》姓名总目一）。

【102】《经世文编》一〇二。《淮系年表》一一误为张鹏翮的事。

【103】《乾隆东华录》二一。

【104】《经世文编》一〇〇。

【105】《乾隆东华录》三三。

【106】据《水利史》八〇页引。

【107】《古今治河图说》一一九。

【108】【109】《乾隆东华录》三六。

【110】《经世文编》九七载阿桂原奏称，筑堤挑渠"两项工程计长一百六十余里"，《乾隆东华录》三七同，但同录载四十八年三月上谕又称一百七十余里，《淮系年表》一二则称筑堤长一百四十九里。

【111】同上《东华录》。按道光六年，东河总督张井奏："由兰阳县五（三）堡起，至商丘县九（七）堡止，于南面另筑新堤二百余里，仍入原走河道，中间仪封、考城两县均沦没河身，其余集镇更不可计。"又别一疏称："从前阿文成公改挑豫省新河，中间仪封、考城两县均在两堤之中，虽放河时是否适当其冲，无可稽考，而现在故址无存。"（均见《经世文编》九七）阿桂原奏也有"考城一县亦须迁移"的话，可参前十一节注27。

【112】《经世文编》九七。

【113】《古今治河图说》四二页。

【114】同前引《科学》五卷九期。

【115】《黄河年表》一八六页引《河渠纪闻》。

【116】《再续金鉴》八四。

【117】凌扬藻《蠡勺编》二六。

【118】《黄河年表》一五八页引《江南通志》。

【119】《经世文编》九七。

【120】今沛县西南有石城集。

【121】《续金鉴》二八。

【122】据《续金鉴》二八引《南河成案续编》，事情实是七月下旬发生，八月初才奏报。

【123】《淮系年表》一三说："衡家楼在荆隆口东。"张了且的文误作决在九年。

【124】据《再续行水金鉴》一五一范玉琨《言河》。又据同书九七《宋学篇》称，是年黄流由

禹城赵牛河入徒骇，趋霑化久山口出海，殆下流分作两支，与二十四年同。按齐河境内，除大清河外尚有温聪、赵牛、倪伦三河，自南而北，毗处其间，见《再续金鉴》九三。

【125】参《经世文编》一〇〇铁保疏及吴璥《清口大挑无益疏》。

【126】王营减坝约在中运河口东北十里，减坝分黄入盐河，又由鲍营、张家等河泄入六塘河。康熙时于骆马尾闾马陵断麓建减水桥六座，兴筑堤塘，始有六塘河之名（均见《水道编》）。又《再续金鉴》八四载潘锡恩奏："山东之水由江南归海者分二支：一为沭河，源出沂山，经莒州阖山、郯城各县入邳宿境为总沭河，又分为前后沭河，归海州入海。一为六塘河，上游总汇艾山、燕子、武河、白马、墨河等派，潴为骆马湖，由尾闾各引河泄入六塘河，是谓总六塘河；至小房子分为南北六塘，再由潮河趋灌河口入海。"

【127】《嘉庆东华录》二二。

【128】《经世文编》九七，张井安东改河议。《清史稿·河渠志》二以为始于乾隆五十年。按《续金鉴》一〇二载，乾隆五十年六月萨载、李奉翰奏称："先将苏家山水线河开放，旋因黄水消落，引河不能过水，复将茅家山镶做钳口坝启放，引黄由彭家河入运接济。"《河渠志》的话，大致是对的。再要追溯上去，则乾隆二十三年八月谕称："据白钟山奏中河水浅，将临黄、临运二坝开放，引黄济运，恐不免利少而害多。引黄入运虽权宜之法，但黄水多挟泥沙，一入运河，易致淤垫，非甚不得已，不可轻为此迁就之计。"（《续金鉴》四〇）又三十九年，河督姚立德以微山湖存水未充，别无来源，徐州北岸潘家屯旧有河形，请开渠引黄助湖以济漕运。经高晋勘查，潘家屯原定徐城水志消至六尺，始行开放，俾过水二尺入湖；若徐城志桩长至七尺以上，即行堵闭，不至吸动大溜，遂准开办（《乾隆东华录》三〇），那都是借黄济运的滥觞。至于借黄之弊，当日也非无所知，如嘉庆十五年十一月谕："黄水高于清水，清水不能畅出，转受倒灌之累，迨漕船至此，浅阻不能挽渡，又辄以黄济运。借黄一次，河口淤垫一次，河口愈高，清水愈不能畅出，是与开门揖盗何异。"（《续金鉴》三七）只晓得借黄，不晓得挑浚，简直是饮鸩止渴了。还有嘉庆十年十一月丁巳上谕已称："乃自上年回空阻滞，经姜晟、吴璥等奏启祥符、五瑞等闸，掣减黄水，权宜济运。本年回空则全系借黄济运。"（《嘉庆东华录》二〇）张井的疏没有提及九、十两年，大约因只系用于回空时候吧。《淮系年表》一三于嘉庆八年才记借黄济运，也不是最初的记录。复次，倒塘灌放的办法系跟着借黄济运而发展，有人说，权兴于嘉庆九年，至道光九年而其制始备（《再续金鉴》一五五），又有以为创行于道光七年（同上六七及《道光东华录》一五），《淮系年表》一三则首记于嘉庆十二年，道光六年下又记灌运新制，其经过实在情形，尚难考定。"其法坚筑两塘，始以漕船放入近淮之南塘内，将塘之南坝堵闭，然后决开塘之北坝，使两塘灌水相平，乃以漕船放入近黄之北塘内，将北塘之南坝堵闭，然后决开黄河之南堤，使黄流与塘灌水相平，乃以漕船放入黄河，北渡而入中河口，如是者为一批。则又再堵堤再灌塘而放第二批"（《再续金鉴》一五四）。以后三批、四批……都是循着这样办法。道光二十二年采用中河灌塘，则因"黄流穿运，自萧家庄以下，中河断流，新筑临黄堰以下塘河三百

余丈，系引黄水灌送，由新建草闸至杨家庄几及百里，无水浮送，而清口放出之水，只能流至杨庄，即与湖水相平，河势往西渐高，势难使水倒漾，现系刚开北堤，将埽前积水引入中河，复用夹塘积水接济"（同上八四敬征等奏）。又"导洪湖之水，倒漾灌塘，方始渡黄，每灌一塘，闸坝既启闭更番，帆樯亦守候累日"（同上八五雷以諴奏）。

【129】据《经世文编》一〇二吴璥《河复故道疏》（《水利史》八五页同），《清史稿》误作十二年六月。《续金鉴》三六引铁保等奏："（嘉庆）八年，豫省衡（家楼）工失事，下游复淤……十一、二、三等年又有王营减坝、郭家房、陈家浦、马港口等工旁溢之事，正河益淤，海口益仰，倒灌亦因之愈甚。以三十余年河势通塞之故考之，其因漫溢为患，凿凿可据。"又《嘉庆东华录》二六，十三年十二月下称，北潮河汇流马港口、张家庄等处，漫水业已数月。至十五年十二月马港决口才堵塞，复由故道归海（同上录三〇）。

【130】此据《古今治河图说》四三页所记，但检《嘉庆东华录》三一载，陈凤翔奏于十六年三月初一日开放御黄坝，帮船行走顺利。那末，御黄坝在十四年六月之后，并非永远闭塞，恐怕读者以文害意，故有附加说明之必要。道光八年十二月张井等奏："从前乾隆年间，湖高于河，自七八尺及丈余不等，一交夏令，拆展御坝至一百数十丈，故能泄清刷淤，秋冬始收蓄湖潴济运。后因河底渐垫，至嘉庆年间改御坝为夏闭秋启，已与旧制相反，虽亦时启御坝，而黄水偶涨，即行倒灌。今又积垫丈余，纵遇清水能出，亦止高于黄水数寸及尺余，且或暂开即堵，仅能免于倒灌，不误漕运，殊未能收刷涤之效。"（《道光东华录》一八）

【131】这条是据《续金鉴》三八，但考《嘉庆东华录》三二，嘉庆十六年七月才议百龄奏请将灶工尾以下接筑新堤，这项工程似并非全于十五年冬施工。又《续金鉴》有叶家社、张家社两种写法，叶家社在倪家滩之东约十余里，见《水道编》。

【132】《经世文编》九七，嘉庆十二年徐端疏称："陈家浦迤下北岸地方有名俞本套者，距海六十余里，现有窄小河形，通湖达海。"

【133】同上，吴璥《安东改河议》。

【134】同上一〇〇，道光五年张井疏。但据嘉庆二十四年七月孙玉庭等奏，陕州万锦滩自六月二十二至七月初八涨水七次，沁河涨水一次，共涨水一丈七尺八寸（《续金鉴》四三）。

【135】《淮系年表》一三作九月，今据是年九月癸酉吴璥等奏，河决武陟王家沟，汇注马营坝，实是八月二十八日的事（《续金鉴》四三）。王家沟在广武山下（同上四五）。决河的一支由惠民哨马口入徒骇，至霑化久山口出海（《再续金鉴》九七）。

【136】《续金鉴》四三。

【137】《嘉庆东华录》四八。

【138】《续金鉴》四四。

【139】《道光东华录》一〇载四年十二月潘锡恩奏，是年张文浩将御黄坝运堵以致倒灌停淤，

又辄开祥符（五瑞二）闸，减黄入湖，坝口已灌于下，闸口复灌于上，湖底淤垫极高。

【140】"茨""芡"字形相类而读音不同，两河复很相近，容易误混。据《淮系年表·水道编》，茨河（名见《提纲》七）于阜阳县境入颍，即《水经注》之细水。芡河上通亳县，即《水经注》之濮水，东南至荆山南入淮。

【141】《再续金鉴》八二，并参《道光东华录》四四。

【142】《再续金鉴》九二李钧奏。

【143】同上八三。

【144】同上八六。

【145】同上九二李钧奏。

【146】褚绍唐二十二年黄河大泛及其治导，引《申报》："高寨在砀山东境故河道之北岸，再东数里即为盘集，逊清道光年间黄流曾于盘龙决口，北经丰、沛之间，灌入昭阳、微（山）湖。"（《地学季刊》一卷四期六四页）按盘龙即蟠龙，是咸丰元年事，不是道光事，它的下文引萧阳代表呈文也作咸丰元年。

【147】《再续金鉴》一五四金安清文。

【148】据《咸丰东华录》一三，《再续金鉴》九一似误作五月。

【149】《再续金鉴》一五四。

【150】同上九一。

【151】同上九二至九四。又五年七月，东河总督李钧查覆称："黄流先向西北斜注，淹及封丘、祥符二县村庄，复折转东北，漫往兰仪、考城及直隶长垣等县村落，复分三股；一股由赵王河走山东曹州府迤南下注，两股由直隶东明县南北二门分注，经山东濮州范县至张秋镇汇流穿运，总归大清河入海。"（《咸丰东华录》三四）

【152】《再续金鉴》九七。

【153】如道光五年，河督严烺拟改由王营减坝入灌河口，六年，河督张井拟由东门工沿北堤改至丝网浜仍入旧海口。十二年，尚书朱士彦拟由桃源北岸改至安东仍归旧河（据《再续金鉴》八四潘锡恩奏），余如嘉庆十一、十二、十三各年都有提议，可参《淮系年表》一三。

【154】【155】【156】均《经世文编》九七。

【157】同上九九。

【158】《续金鉴》三八。

【159】《经世文编》九七。

【160】《水利史》八九页。

【161】《经世文编》一〇〇。

【162】《水利史》八五页。

【163】嘉庆二十三年，黎世序奏徐州堤顶有高过城垛的。又咸丰二年魏源《筹河篇》称，两堤中间高于堤外四五丈（《再续金鉴》一五八）。

【164】【165】《经世文编》一〇〇

【166】同上一〇二。

【167】《古今治河图说》四三页，并参《清史稿·河渠志》一。

【168】《经世文编》九九。

【169】《图书集成·山川典》二二三。《锥指》四〇下也说："纵河所之，决金龙，注张秋而东北由大清河入于渤海，殊不烦人力也。"

【170】【171】均《清史稿·河渠志》一。

【172】乾隆四十六年，秘璜面奏令黄河仍归山东故道，阿桂等议覆称，山东地高于江南，若导河北注，揆之地形之高下，水性之顺逆，断无是理等语（《乾隆东华录》三六）。又《清史稿·河渠志》一，李鸿章疏："此外裘曰修、钱大昕、胡宗绪、孙星衍、魏源诸臣议者更多。"按裘氏只认引入大清为次策，见《经世文编》九七《治河策》下。胡宗绪著《对河决问》，见十四节下。孙星衍《禹厮二渠考》，同上《文编》九六。又魏源《筹河篇》见他的文集。

【173】《经世文编》九六。

【174】《咸丰东华录》六三，或误作十一年六月。

【175】参《同治东华录》二三。《淮系年表》一四误为三年事。

【176】同上《东华录》二六。

【177】同上五六。上南辖荥泽、郑州及中牟的一部。

【178】据《再续金鉴》九八。《黄河年表》作七月（二三五页），乃依报到日期。

【179】参据《同治东华录》七四。

【180】《再续金鉴》九八。

【181】同上。霍桥南三里为红川口（同上九九）。

【182】同上九九。牛头河在南旺湖之南，入南阳湖，见《水道编》。

【183】《再续金鉴》九九。

【184】参据同上九九。《同治东华录》九一称，由王家桥窜牛头河，入南旺湖，赵王河水又灌入牛头河。《再续金鉴》九九又载蒋作锦《导河引卫通运图说》称，张秋南"有秦汉时大堤一道，经寿张、范县、濮州、开州诸境。大堤东有魏河、洪河、小留河、瓠子河，总汇岔河口，统名沙河。沙河东有赵王河，均为黄水入大清河故道，同汇注于张秋之沙湾"。铜瓦厢决后，"诸溜均在大堤以东、赵王河以西北，注张秋，东入大清河。迨至由连家楼（霍桥西八里）东决赵王河堤之洪川（即红川）、霍桥等处，则黄流渐归郓城东之沮河，北注戴家庙，由斑鸠店入大清河。嗣又东决沮堤之新兴屯（在郓城东北），北注安山三里堡，至清河门入大清河。此二口门水流不畅，旋即东决沮堤之侯家林（在

郓城东），南灌济、徐。"又同书一〇一丁宝桢奏称，黄水（同治十二年）"前数年原自荷泽之阎什口，濮州之张家支门（红川口南二十五里），循赵王河北行。……嗣一决红川口，再决霍家桥，大溜东趋，河身渐改为东西形势。"我们得此，也可以约略晓得铜瓦厢未决前张秋西南一带的情形，和已决后十多年间新河河床不稳定的概况。

【185】《再续金鉴》一〇〇及《光绪东华录》三。

【186】《光绪东华录》三〇。

【187】《再续金鉴》一〇一——一〇二。又同书一〇〇，同治十一年八月下引《郓城志》，大溜直冲县城，又引《山东通志》，"张家支门决口南半入济，北半入沮"。按十二年十一月，丁宝桢奏，是年六月底支门之溜，直抵郓、巨（同上一〇一），可是这一年内，《再续金鉴》并未引《郓城志》被灾情形，是否那两种材料系前差一年，须检对《郓城》《山东》两志，才能决定。

【188】同上一〇二——一〇三及《光绪东华录》三。

【189】见光绪五年九月周恒祺奏（《东华录》三〇），但十二年三月陈士杰奏又称，决惠民北岸姚家口，冲开陈家庙、任陈庄大堤，向东北约二十里入徒骇河，"此即光绪元、二年白龙湾、黄毛坟决口由徒骇河入口之故道也"（同上七五）。检手头各书，都未见这一记事，是元二年或四年，尚待查考。

【190】《再续金鉴》一〇八。《治河论丛》（二〇一页）误作四年。

【191】《再续金鉴》一〇八。但七年六月李鸿章才奏报堵东明高村竣工（《东华录》四一），《淮系年表》一四于《六年》下也称"明春塞"，这一条怕有错误。

【192】《再续金鉴》一〇九。

【193】《光绪东华录》五四。

【194】同上五六。

【195】同上六二。据同书七八，光绪十二年九月张曜奏，十二年决河套圈之水，行郭家寨入小清河，由章丘至乐安等八县入海。

【196】《再续金鉴》一一七。据福润奏称，古之小清河，自历城、章丘起即承济水、漯水，直注海口为一大干河。康熙年间上截干涸，即从军张闸起专泄浒山泺，以獭水为来源（按均在邹平西南）。乾隆年间高苑境内又干涸四十余里，遂引济水由绣江河（章丘北）灌往大清河而小清淤。光绪八年鲁抚陈士杰拟自历城黄台桥开浚上新河，引水注支脉沟，因事中废。嗣十七至十九年在张曜、福润两任内，首从寿光海口起挑至博兴金家桥，长一百十余里。再由金家桥向西取直，就支脉，预备两河套内，择其洼区，接开正河，历博兴、高苑、新城、长山、邹平五县，至齐东曹家坡止，长九十七里半；又在金家桥迤下循预备河故址，浚支河二十四里至柳桥，以承麻大湖上游各河之水。又次齐河、章丘、历城三县境内柴家庄至流苏镇一段，原河曲折高仰，须取直生开，计长一百四十七里有奇（《光绪东华录》一一〇及一一六）。

【197】【198】均同上《再续金鉴》。又《光绪东华录》七五载光绪十二年三月的上谕，有"上年何王庄决口"的话，似十一年何王庄也曾决过，但不知哪个月的事，或者十二年正月的记载只据报到之日，也未可定。

【199】《再续金鉴》一一九。

【200】据《东华录》七五是年三月陈士杰奏，王家圈系与惠民毗连的地方。又据同书七六是年五月同人所奏，从姚家口入徒骇，至滨州裴家口分为两道：一由徒骇河（一名宽河），一由止河流钟口，于大年庄汇合入海。

【201】《再续金鉴》一二一。又《光绪东华录》八三载十三年六月张曜奏，"上年滑县漫溢，开州、濮、范等处即被淹及"。"上年"不知是否指十二年，附记以待考。

【202】《历代治黄史》五。

【203】同上。

【204】《再续金鉴》一二一——一二二。

【205】同上一二七。惟一三五任道镕奏作一千二百万。

【206】【207】均同上一二七。大寨之决，《古今治河图说》（五三页）误作十四年。

【208】均《光绪东华录》一一一。《清史稿·河渠志》一："又决利律张家屋、济阳桑家渡及南关灰坝，俱汇白茅坟，水归徒骇河。"今考东抚福润奏之"又利津北岸王庄迤下之张家屋地方……"系自为一节，地在下游，其漫水并不是倒漾白茅坟。《水利史》称张家屋在利津南岸，也是错误。

【209】同上《东华录》。

【210】【211】均同上一一二。

【212】《历代治黄史》五。

【213】参《东华录》一二八及《历代治黄史》五。

【214】据《东华录》一三四，系五月十八日出险，《历代治黄史》五作"七月"，是错的。

【215】《东华录》一三九及《历代治黄史》五。

【216】《历代治黄史》五，《水利史》（九六页）误为二十四年。

【217】【218】【219】【220】【221】均《再续金鉴》一三八。

【222】同上一三九。惟《黄河年表》引《治水述要》作二十五年三月（二四五页），检《东华录》一五二，则二十五年二月杨庄合龙已有保案，作三月误。

【223】【224】【225】【226】【227】均《再续金鉴》一三八。

【228】同上一三九。

【229】《光绪东华录》一五八。

【230】同上一五九，《黄河年表》（二四七页）误作次年正月。

【231】【232】均同上《黄河年表》。

【233】《再续金鉴》一四一。《清史稿》误作二十七年。

【234】同前《黄河年表》。

【235】同前《历代治黄史》。

【236】同前《黄河年表》。

【237】【238】均《再续金鉴》一四三。《治河论丛》一九九页也作三十年正月,惟一九四页误为二十三年。

【239】《再续金鉴》一四三,惟一四四录杨士骧奏误作八月。

【240】《光绪东华录》八五。

【241】《再续金鉴》一五六。

【242】《光绪东华录》一三三。张曜又称,洑口两岸相去九十七丈九尺,惟上下游均较洑口为宽,有至三四百丈者,见同上七八。

【243】同上七五。《再续金鉴》一一九引文误作三十余次,惟同书一二六,光绪十四年十一月下引林绍年奏正作二十余次。

【244】据光绪十三年张曜奏,铁门关原去海口四十余里,萧神庙东即旧海口,三十年来已日就淤垫,现在海口去铁门关已九十余里(《再续金鉴》一二三;所谓现在海口,即同书一三六,光绪二十二年李秉衡奏之红头窝),但同书一二七,光绪十五年同一人奏又作五十及一百二十余里。红头窝,《黄河现势测图》同,《水道编》误作红颜窝,说在牡蛎嘴东三十余里。

【245】《再续金鉴》九七及一○一。

【246】同上一○八。

【247】同上一二七。惟同书一三五载李秉衡奏:"光绪十三年南岭子决口,即有人建由此入海之议。""十三"是"十五"之误。

【248】同上一三八。

【249】同上一三四。

【250】《历代治黄史》五。

【251】《再续金鉴》一三六。

【252】《历代治黄史》五。

【253】《水利史》九六页误作二十四年。

【254】《再续金鉴》一三七。

【255】同上一三九。

【256】此据周馥七月所奏:是年九月,周又奏称:"分入铁门关之水,仍系由丝网口之路,半道窜入,现在丝网口之河,淤成平陆"云云(同上一四三)。

【257】同上一四三。

【258】《淮系年表·水道编》。

【259】《再续金鉴》一四六。

【260】同上一四七。陡崖头在毛丝坨潮水界（《论丛》二二一页），则后一股疑即亚光舆地学社《山东分县详图》之顺江河。又道光六年三月张井奏："海防山安一带河滩高堤内至一丈四、五、六尺，而至海口之丝网滨等处，则皆滩面相平。"（《再续行水金鉴》六三）从前故道的海口有"丝网滨"这个名称，现时山东海口也有"丝网口"的名称，那正是群众对于河口冲积的自然描写，所以相隔千里，不约而同。

【261】《光绪东华录》八〇。

【262】《历代治黄史》五。

【263】《再续金鉴》一五一。

【264】同上一五六。

【265】同前引《科学》五卷九期。

第十四节　清代的河防（下）

二、靳辅比潘季驯如何？

　　靳辅是清代治河最有名的一个，世人常潘、靳并称，靳辅究竟比潘季驯如何，这不可不作专题来讨论。

　　滚水坝相传是潘季驯的创造，他自己也称它作减水坝，最近所筑溢洪堰就属于性质相近的建设。靳辅治河，是不主张闭减水坝的，单就他的治河方法而论，最受攻击的就是这件事。他曾于南岸砀山毛城铺建减水坝、闸各一，铜山王家山天然减水闸一，十八里屯减水闸二，睢宁丰山附近减水闸四，都减水入睢河；归仁堤五堡减水坝一，减入洪泽湖。又于北岸铜山之西石林、黄村二口建减水坝各一，减入微山湖；大谷山减水坝一，苏家山减水闸一，都减由荆山河入运河；又骆马湖尾减水坝桥六，叫作六塘，减湖、黄之水入石项湖。[1]康熙二十六年，汤斌面奏称："今云梯关与前不同，若塞高家堰之坝，则淮水尽入黄河，黄水无倒入淮河之理。从前河堤单弱，不筑减水坝则黄河必致溃决；今堤既高坚，若塞堤坝，使水归一路，则沙不停壅，河身渐深。今靳辅惟恐黄河溃决，于南岸毛城铺等处筑减水坝，令黄河之水入洪泽湖，洪泽湖不能容，又于高家堰筑减水坝令入运河，运河不能容，又于高邮州等处筑减水坝令入七州县。"[2]逐层诘驳，颇为尖利。又后来陈世倌的批评，首引康熙十六年七月，靳辅自己的奏疏："黄河南岸一决，必由邸家、白鹿等湖以入洪泽，助其滔天之势，撼击高家堰一带堤工，各堤即坚固如铁，亦必从顶漫过，下淹高、宝等七州县田亩，淮流仍旧旁泄，仍不能助淮刷沙，清口以下，仍必淤垫。"[3]但相隔不多时，辅又于康熙二十一年[4]在南岸之毛城铺、王家山、峰山，北岸之大谷山、苏家山，各建减水坝闸。陈世倌根据这两种事件，以为辅言行不相顾，无非因为"徐家湾、萧家渡之决，议以革职赔补，故于两岸分建闸坝，以分水而保堤"[5]，也属以矛攻盾。然而二十五年六月，汤斌面奏，固自承不知河道情形，因见减水坝"旧时止有四处，今增至三十余所，目前若竟行堵塞，恐黄河冲决，堤岸民田仍受其害。若不行堵塞，恐水势分散，河流缓弱，则河底渐高，运道有碍。臣愚欲将减水坝稍筑加高，若水大仍可分泄，水小俱使归道，则河底日逐刷深，水无泛滥之患，减水坝亦渐可堵塞"[6]，仍不敢坚持立即堵闭。若陈世倌以为辅纯因避免赔补起见，却不尽然。徐家湾、萧家渡两处之决，在二十一年（未尝不与北岸杨家庄完全堵塞有关），毛城铺、石林、黄村、大谷山四处的减水坝，则早建于十八年。而且据《东华录》七所载，二十一年冬，九卿等会议萧家渡决口一案，原拟令靳辅赔修；奉上谕，责令赔修，恐致贻误，仍准动用钱粮，赔修的事似乎没有实行。我以为当日不得不应用减水，原有两个理由：

（一）《河防杂说》称：徐州"河身宽不过六七十丈，束水至急，若不于上流稍留宣泄之地，则一逢异涨，势必灌淹州城。……今于砀山县南岸毛城铺地方建三十丈宽减水石坝一座，又于徐州北岸大谷山地方建三十丈宽减水石坝一座……其所减之水，先贮砀山县南岸之小神湖内，逐渐流入濉河。"又称："从前虽百计堤防，而堤高水亦高，常被漫溃，一经漫溃，则水尽旁泄，正河淤垫……不得不建减水坝以泄其非常之势。"[7]按黄河自荥泽以下，宽十余里至二三十里不等。下达徐州，两岸群山夹峙，"其至宽者莫能过百丈"[8]，下口猝被紧缩，则来水难以制消。既过徐、睢，则又像怒马脱缰，奔腾激荡，一遇伏秋大涨，徐州上下均极易出险，止靠守堤，并不是稳健的方法。换句话说，减水就是靳辅当年抵抗溃决的最后一件法宝。清帝："河务甚要，若另补一人，必塞减水坝，减水坝一塞，则河堤万不能保，尔等可有两全之良法否？"[9]可算明了其中为难的情形。又三十三年正月，清帝亲询于成龙减水坝可塞与否？成龙面覆："于今观之，实不可塞。"随谕以"尔排陷他人则易，身任总河则难。"[10]治河是一件很困难复杂的工作，未曾设身处境，就容易陷于任意批评的态度。当二十六年正月，辅入京备询的时候，他的答辩无疑露出左支右绌的窘态，然而他止允将高堰闸坝堵塞一年，清帝即依议办理，[11]那就因消水尚无良法，如果立时断定永远闭塞，又恐怕河堤再发生乱子，倒不如暂维现状了。

（二）减水因为河身不能容，假使黄、淮同时并涨，淮又能够容纳吗？徐州以下，黄、淮大致是平行的，入淮的黄水流至清口所需的时间，跟黄水由正道流至清口所需的时间，不会差得很久，那末，到清口黄、淮会合以后，水量减去仍不多，谁又敢保证清口以东不闹溃决呢？还有一层，黄水减入淮，则淮身自不免停蓄黄泥而垫高（陈世倌说，小神、侍丘、白鹿、林子、孟山等湖早已淤平），结果总是妨碍着保堤蓄清的整个计划。陈潢[12]曾说："低田一经黄水所淤，水退而土即垫高，次年必获倍收，损益亦正相等耳。要之，设减坝则遥堤可保无虞，保遥堤则全河可冀永定，减坝与堤防又相为维持者也。"[13]靳辅减水入七州县的民田，[14]多半根据这个道理。

二十八年三月，清帝南巡时，对河督王新命说："黄河险工，靳辅修减水坝令水势回缓，甚善。"[15]又嘉庆二十年，黎世序疏称："历代河渠诸书及前时明潘季驯经略两河各疏，无不以多建减水闸坝为防险保堤之计。康熙年间，前河臣靳辅在徐城以上建设……徐城以下又建设……盛涨之时，相机启放，水落即行堵闭，是于束水攻沙之中，并用防险保堤之法，权宜变通，并无偏倚，实为全河最要机宜。奈近年河道情形，日久更变，毛城铺以下之洪滩河，[16]太谷山、苏家山以下之水线河，均已淤成平陆，黄河亦渐淤高，闸坝口门，有建瓴掣溜之虞，减泄之水，无循序分泄之路。……仅存天然、峰山两处闸座，泄水无多，以致大泛水长，□积不消，黄河两岸，节节生险……其病皆由于有堤防而无减泄，不能保守异涨也。"[17]才算是客观的平心批评。可惜减泄之法，用于临近危急的地方，不用于上游豫省，所见未免不远，辅之可议，却在此而不在彼。

前人批评靳辅之治河，往往误以为他谨守潘季驯的遗法（如晏斯盛说："墨守潘法"，又李协说，"其治导原理亦一本诸潘氏……无非以潘氏为师"[18]），但细从事实来看，靳跟潘最少有两点不同的地方：

潘治河四次，除修太行堤外，没有施工到中游的山东、河南，所以他离任后不久，便决单县。靳辅呢，他于二十四年九月请筑考城、仪封等县堤长七千九百八十九丈，又封丘县荆隆口大月堤三百三十丈，[19]这是一点不同。

潘说："未至海口，干地犹可施工，其将入海之地，潮汐往来……海无可浚之理。"[20]靳之《治河第一疏》便称："治水者必先从下流治起，下流疏通，则上流自不饱涨，故臣又切切以云梯关外为重，而力请一例筑堤以绝后患。"[21]筑堤即就当地的河心来取土，把浚口、筑堤两事做成统一的工作，这是两点不同。[22]

《四库全书总目》七五称："明潘季驯《河防一览》详于堤坝之说而不言引河，（崔）维雅独申引河之说，盖当河流悍激之地，不得不浚此以杀其势耳。"维雅当顺治、康熙间身历河工二十余年，写成《河防刍议》一书，不能说他没有一点经验，他指斥靳辅的减水坝为不可用，也非毫无理由。减水如果没有现成的去路或贮积的低地，那确不如引河为好了。

总之，拿潘、靳两人来比较，潘在督河任内，泗州的积水无法消泄；靳承河务最坏之后，连任十年，除去视事未久的杨家庄决口之外，徐家湾、萧家渡两处决后不久即塞，再没有出过甚么险工，那正像清帝所说："数年以来，河道未尝冲决，漕运亦未至有误，若谓靳辅治河全无裨益，微独靳辅不服，朕亦不惬于心。"[23]单从这一点，已见靳之治河，比潘胜得多。

三、清代初期治河的意见

除去沿袭前代的烂熟旧调之外，较为标新立异的，有如下数种：

（1）沟洫法[24]

明陆深《续停骖录》说："今欲治之，非大弃数百里之道不可，先作河陂以潴漫波。其次则滨河之处，仿江南墟田之法，多为沟渠，足以容水。"[25]嘉靖二十二年，总河周用上理河疏，言河患由于沟洫不修，"一言以蔽之，则曰容水而已。……天下皆修沟洫，天下皆治水之人，黄河何所不治，则荒田无所不垦。"[26]徐贞明《潞水客谈》说："当夏秋霖潦之时，无一沟一浍可以停注，于是旷野横流尽入诸川，诸川又会入于河流，则河流安得不盛。……今诚自沿河诸郡邑……疏为沟浍，引纳支流，使霖潦不致泛滥于诸川，则并河居民得资水成田，而河流亦杀，河患可弭。"又焦竑《治河总论》说："又于青、兖、冀、豫可田之处，各正沟洫以引水之溉而杀其势，则治田亦以治河也。"[27]那些都是利用沟洫来治黄的笼统言论，但没有拈出具体办法。清初，休宁人施璜著《近思录发明》，才提议以五省之地，容五省之水，五省之人，治五省之水，估计甘、陕、晋、豫四省三千方里内，可容沟洫二万万丈，"如使淤泥散入浍洫，每亩岁挑三十尺以粪田亩，则地方二十里，岁去淤土六百四十八万尺，余水注入中流，刷深河底，虽逢水消，仍得畅流"[28]。又沈梦兰（乾隆四十八年举人）《五省沟洫图说》称："伏秋水涨，则以疏泄为灌输，河无泛流，野无燥土，此善用其决也。春冬水消，则以挑浚为粪治，土薄者可使厚，水浅者可使深，此善用其淤也。"又称："河流涨发，时忧冲决，使五省遍开沟洫，计可容涨流二万余千丈……涨流既有所容，河堤抢筑岁费，渐次可裁。"[29]按宋神宗曾大行淤田（今称灌淤）的方法（参《宋史》九三及九五），只没有应用于黄河，如果上游能推行尽善，当然是防淤的治本方法，也就是防河的治本方法之一。惟张含英认沈氏的沟洫说不是为灌溉而是为免患，[30]则又不尽然。沈虽谓"沟洫之制，非专为灌溉设"，但他的目标实在兴水利，仍是两面兼顾的。

（2）引淮入江

这一说也是倡自明人。乾隆八年，庄亨阳的《河防说》，又有过下面一段话："论者又谓闭天然减水坝以蓄清敌黄，既大害于凤、颍、泗，壅之而溃，又大害于淮、扬，不若塞断清口，别于天长、六合间凿山隙六百余里，导淮入江，一劳永逸。"[31]这一提议如果地势许可，劳费固在所不惜；然引入长江后，于江那方面会发生甚么损害，是不容易估计的；也就是说，这个提议的价值，是不轻易随便估评的。再查万历五年汤聘尹提议导淮入江时，[32]潘季驯的驳论是："向有欲自盱眙凿通天长、六合，出瓜埠入江者，无论中亘山麓，必不可开……淮若中溃，清口必塞，运艘将从何处经行？"[33]在依靠淮运的明、清时代，更无法实行。又万历二十四年，张企程疏："欲泄之出江，查得江岸反高于诸湖。万历五年以前，淮水南注，高、宝告急，不得已辟仪、扬通江诸路，乃高邮之水仅减二尺，而扬州往来船只阻浅者几三十里，地势高下，迥然可知。……即近日金家湾，芒稻河之开，竟不能大泄湖水出江，其故可知也。"[34]各地海拔的高低，手头没有材料来比较，如果企程的话不错，自然的阻碍，在往日越难克服了（康熙中，张鹏翮总河时，亦尝疏人字、芒稻等河，引运河水入江，所得效果如何，尚待详考）。

（3）河南分泄

乾隆四十四年九月谕称："昨岁豫省漫下之水，赖有贾鲁河容纳，黄流不致旁溢，是贾鲁河未尝不可留以有备。"[35]四十九年，又以豫工连年漫溢，堤外无宣泄之路，饬阿桂等查勘，可否就势建减水坝，俾大汛时有所分泄。阿桂等覆称：

> 豫省黄河自荥泽下至虞城，计程五百余里，堤长共九万四千三百丈，向无分泄之路，似属前人办理未周。然建坝必须胶泥，引河尤须倒勾，庶不致掣动溜势。……今查豫省堤工，荥泽、郑州境内土质尚坚，距广武山甚近，堤头至山脚一千四百余丈，其无堤之处，遇黄河水势长至一丈以外，即由山脚漫滩，归入贾鲁河下注，是此一带本无庸再设减水石坝。……其堤南泄水各河，除睢水河久经淤塞，惟贾鲁河一道系泄水要路，发源于荥泽县之大周山，由郑州、中牟、祥符、尉氏、扶沟、西华等州县，至周家口入沙河，自沙河经裔水入江南太和县境，至正阳关淮河，入洪泽湖。又惠济河一道，即贾鲁河之分支，历中牟、祥符、陈留、杞县、睢州、柘城、鹿邑，入江南亳州境内之涡河，可达淮河，亦归洪泽湖。此二河离黄河大堤，

自十三四里至四五十里不等，绵长数百里至千余里不等，现俱窄狭，间有淤垫，如须减黄，必应大加挑浚……非一时所能集事。[36]

这个问题就此搁下不谈。我们试看阿桂所说，黄河水涨，便漫滩归入贾鲁河下注，就可见人们虽未替黄河筹宣泄，而黄河自身早已别谋宣泄之路。我们所要求的不定是大量减黄，只求于大雨暴涨的时候，使它多一分旁泄，就可减轻一分溃决的危险。宣泄次数既多，贾鲁、惠济等河自然非常加挑浚不可。但在狭窄的支河，用功总比在大河为易，以视发生了溃决之后，损失无数生命、财产，又要耗费很多财力来办理善后，比较那一条路上算，实不待智者而知。不过河工人员多是畏难苟安，所以没有想着因势利用罢了。

（4）两河轮替互用

赵翼说："河之所以溃决者，以其挟沙而行，易于停积，以致河身日高，海口日塞。……今欲使河身不高，海口不塞，则莫如开南北两河，互相更换：一则寻古来曹、濮、开、滑、大名、东平北流故道，合漳、沁之水，入会通河，由清、沧出海，一则就现在南河大加疏浚，别开新路出海，是谓南北两河。……所谓开两河者，虽有两河，而行走仍只用一河，每五十年一换，如行北河将五十年，则预浚南河，届期驱黄水而南之，其北河入口一处，呕为堵闭，不使一滴入北。及行南河将五十年，亦预浚北河，届期驱黄水而北之，其南河入口之处，亦呕堵闭，不使一滴入南。如此更番替代，使汹涌之水，常有深通之河，便其行走，则自无溃决之患，即河工、官员、兵役亦可不设，芦秸、土方、埽木之费，亦可不用……此虽千古未有之创论，实万世无患之长策也。……或谓地势北高南下，既已南徙，必难挽使北流，此不然也。……宋之南徙，盖亦因北河淤高，不得不别寻出路耳。今南河亦淤高矣，高则仍使北流，是亦穷变通久之会也。或又谓挽使北流，将不利于漕运，此亦非也……"[37] 从赵氏的出发点来看，他已领悟得北方的河床高，必会徙到南方，及至南方的河床较高，必会徙还北方；他又解决了黄河即使北徙，漕运不怕中断的问题，那都可算他比别人有进一步的认识。但从整个计划来看，他异想天开，脱离现实，却跟西汉的齐人延年一样。最高的洪水水位，现在还有疑问，[38] 应深至怎样程度，在那时更不易估计。赵氏也知道河沙易停积，然河性稍遇阻滞或对方抵抗力弱，它就会横冲直撞，我们哪能够保证一点没有淤积？并不是堵闭了入口，便可高枕无忧。依照黄河史的记录，它冲成一道新河之后，往往相隔不久，它又舍弃了新河，另向别处溃决，是不是我们豫备了一条河道，它就依着来走，不会作出越轨的行动呢？赵氏的理想，无非以为"深通"便没有乱子，哪又须知"冲积之事，有关于切面之形状、降坡之大小、流量及流速之数量者至巨，若弃而不言，仅就加宽加深方面着力，则宽足以缓流，缓足以致淀，而深亦不能生其效"，【39】关系是很复杂的。

此外，雍正三年，河决睢宁，胡宗绪著《对河决问》一卷，大旨以为通河于卫，归河于海，为河、运两利之道。【40】未见其文，无从批判。

四、改道后治河的主张

当咸丰改道的初期，太平天国起义风云正紧，清廷方力求镇压，无论百姓怎样痛苦，都已付诸脑后。又碰着豫、鲁交界还未十分刷出河身，黄水到处泛滥，下游受害较少。到同治初年民间的堰埝逐渐圈筑起来，十一年以后渐有溃溢，始筑上流的南堤，光绪八年后更普筑两岸大堤，河患也跟着日甚一日。在这时期之内，提出治河策略的倒也不少，现在且把它大别为十类来论述：

（1）三路出海

当改道那一年，鲁抚崇恩即奏称，往日运河盛涨之时，掣泄归海的路有三条，一入徒骇，二入马颊，三入大清。那三道河间断淤浅，而全黄水势浩瀚，断非它们所能尽泄，"若能因势利导，使横流别有归宿，则惟寻金时故道，尽废运河诸闸，一使之由济宁迤南，会泗水达淮徐入海，一使之由东昌临清以北，会卫水归天津入海，再以东岸之大清、徒骇、马颊三河为旁泄之路，由利、霑等县入海以分其势，或可免旁趋之患"【41】。依照他的提议，直是恢复荒古时代鲁豫大平原尚未十分形成的黄水横流的现象，无疑是绝不能行的。

（2）复故道

较早的同治七年胡家玉请浚故道，【42】跟着十一年丁宝桢、文彬也力主这一说，【43】此外还有游百川。

反对复故道的人倒不少，最初如张亮基、黄赞汤，【44】后来又有蒋作锦、【45】曾国藩、李鸿章、张曜及成孚等（光绪十二【46】），其中也有挟着地方主义的，像前文所指出的翁同龢等。不过事情隔上二十年，故道方面经过许多变化，要来恢复是一件几于不可能的事，这里把同治十二年李鸿章的奏疏抄出一些以作代表：

见在铜瓦厢决口宽约十里，跌塘过深，水涸时犹逾一二丈；旧河身高决口以下水面二三丈不等，如欲挽河复故，必挑深引河三丈余，方能吸溜东趋。……十里口门进占合龙，亦属创见。……且由兰阳下抵淮、徐之旧河身，高于平地三四丈，年来避水之民，移住其中……若挽地中三丈之水，跨行于地上三丈之河，其停淤待溃、危险莫保情形，有目者无不知之。……查嘉庆以后清口淤垫，夏令黄高于清，已不能启坝送运。道光以后，御黄坝竟至终岁不启，遂改用灌塘之法，自黄浦泄黄入湖，湖身顿高，运河水少，灌塘又不便，遂改行海运。今即能复故道，亦不能骤复河运。……大清河原宽不过十余丈，今已刷宽半里余，冬春水涸，尚深二三丈，岸高水面又二三丈，是大汛时河槽能容五六丈，奔腾迅疾，水行地中，此人力莫可挽回之事。[47]

光绪十二年，张曜也称复故道有三难：1.工费太大。2.夺人民已垦之地。3.洪泽湖水势因此而越弱。[48]经过这些辩论，复故道之主张，业已失势。十三年郑州之决，虽仍有人旧事重提，但以清末财政支绌，即使有此设想，也终被经济问题所约束住了。

（3）减水

黄河入山东之后，至鱼山（属东阿）以西，河面还算宽广，渐向东则渐窄，宽的只一二里，窄的更不到一里（据光绪十年吴元炳奏）[49]，所以那时候提出的计划，多主张开河减水（如恽彦彬）。按咸丰五年崇恩奏："在常时运河盛涨，掣泄归海之路有三：其在张秋以上为东昌，兖州属之阳谷、聊城交界，开龙湾减水闸，泄入徒骇河，东北经博平、高唐、茌平、禹城、齐河、临邑、济阳、商河、惠民、滨州，至霑化之久山口入海。又其上为东昌府属之堂、博、清平交界，开魏家湾减水闸，泄入马颊河，东北经清平、高唐、夏津、恩县、平原、德州、乐陵、庆云，至海丰之沙土河入海。[50]其一则开东阿之五孔桥，即泄入大清河，至利津县之牡蛎口归海。"[51]运河来源不大，也要分减，黄河不能不减，联系实际者定必无人起而反对（空谈者不算）。然而分到甚么地方？从哪些地方分起？则各人的意见不尽相同，大概可别为三种：

（甲）分入徒骇　同治二年，[52]河督谭廷襄奏，张秋以下，狭不能容，本年尤甚，宜设法疏浚徒骇、马颊二河。递年，朱学笃请浚徒骇，俾黄流分入。[53]到同治十一年曾浚过一次。[54]光绪五年，夏同善以开通支河入徒骇为治河三策之一，[55]九年，陈士杰也有相类的条陈。[56]同时，游百川会勘东省河患后，曾提议分减黄流，他说："济一受黄，其势岌岌不可终日。查大清河北，徒骇最近，马颊较远，鬲津尤在其北。大清河与徒骇最近处，在惠民白龙湾，相距十许里，若由此开筑减坝，分入徒骇河，其势较便。再设法疏通其间之沙河、宽河、屯氏等河，引入马颊、鬲津，分疏入海，当不复虞其满溢。"[57]事实上系拟从历城的杜家沟引河入徒骇，又从长清的五龙潭引河入马颊。但因黄河本身在惠民、滨州等处，已渐淤塞，再行分泄，怕漫溢为害，其议遂寝。十六年，张曜于齐河以上之赵庄，建分水闸，卒因徒骇节节堙淤（或说由于地方人民反对），没有开放。[58]据周恒祺说，徒骇宽约五六十丈，深只五至七尺。[59]据张曜说，徒骇北岸至霑化流钟镇地方，其河阔五六十丈，深二丈三四尺，又七十里至陈家庙，又七十四里至海口，自临邑田家口至流钟，计长二百三十里。[60]又据卢法尔调查，徒骇河形颇弯曲，孔家庄距海口约七十里，河面约宽九十丈，小水时约六十丈，大水时离岸尚约低八尺，上游禹城以下，全已淤塞。[61]

（乙）分入马颊　说已附见前条。据李鸿章查覆称，直隶地势低下，恐开引后侵入京畿，事遂不行。[62]

（丙）分入南河　张曜虽说故道难复，他却主张分入南河，他说："议者每谓黄河不宜分流；汉时河入千乘，王景治之，德棣之间，播而为八，[63]无河患者数百年，此分流之明效也。近如荥泽、中牟、丰北以及铜瓦厢，前后十六年间四次漫口，此河不分流不能无患之明证也。"[64]又"减水与决口情形迥不相同，决口则大溜骤然旁泄，水势顿缓，自必因之停淤。若减水则于汛涨之时，逐渐分流，正河溜势畅行，无虞停淤之患。"[65]这一主张得游百川之赞同。

总括来说，处汛水暴涨和紧急万分的时候，减水是必须的一项方法，张曜又曾说过："减水必居上游，乃能得势。"[66]故无论分减入徒骇或马颊，专就鲁省着想，虽然不失为救急之一法，但就全河着想，分水的第一步断应设在荥泽或其附近，我觉得是毫无可疑的。

（4）测量地势高低另辟新道

这是冯桂芬的主张（冯死于同治十三年）。他著有《改河道议》，请下绘图法于直隶、河南、山东三省，遍测各州县高下，缩为一图，乃择其洼下远城郭之地，联为一线以达于海。[67]在理论上似乎很过得去，实际上则未免过于高调。我们不能保证黄河不出事，更不能保证泥沙完全不淤淀，任有一样，即所谓"洼下联合线"便尔改观，很难保持其经久不变的。我们纵使有如许的人力、财力，是否能够取得相当的收获呢？

（5）疏浚或浚海口

张曜说："治河之法，总以疏浚之策为上，历因疏浚为难，专事堤防，又因堤防屡溃，遂议分减。盖水底疏浚，固难为计，若上游决口，下游河身干涸，乘时挑挖，人力应所能行。"[68]他的话确未可厚非的，挟带多量泥沙像黄河，我们如果不能想出一种怎样可以疏浚甚至可以利用的方法，在治河史上总留着极大的遗憾。

疏浚云梯关海口，在前行走南河的时候，谈过的人已不少，现在转到山东来，海口又一样闹淤塞，可见这是泥河而又兼逆河的必然性。首先是光绪五年，夏同善以浚海口为治河三策之一。[69]同年，朱采《论治河口》称："海口新河口一带，向分东西两溜，中即板沙，去岁秋汛甚大……板沙冲去不少。"又十二年《复朱桂卿书》称："凡河水出口之交，海水逆潮而上，彼此顶托，水势一阻，其行必缓，沙泥下沉，即成土埂一条。积而久之，愈积愈多……靳文襄所以有海口迤上筑堤之举，盖取其有所约束，能聚以攻沙。"[70]跟着就有许多海口筑堤的言论，如潘骏文《现议山东治河说》称："此时欲拦沙之不碍海口，须入海之溜势力专，欲溜势之力专，须有收束，使无散漫，是非接长堤身不可。"[71]卢法尔也以为先筑海塘，"接长河堤入海，则水力益专，能将沙攻至海中深处，为海口必不可少之工程。"[72]更如二十五年，东抚毓贤奏称："尾闾之害，以铁板沙为最，全河挟沙带泥，到此无所归束，散漫无力，经以风潮，胶结如铁，流不畅则出路塞而横流多，故无十年不病之河。拟建长堤直至淤滩，防护风潮，纵不能径达入海，而多进一步即多一步之益。"又宣统三年，东抚孙宝琦奏："下游至海口，尚有数十里无堤，南高则北徙，北淤则南迁，数十年来入海之区，已经数易，长此不治，尾闾淤垫日高，必至上游横决为患。"[73]从实际来看，这些都无非靳辅在云梯关外展筑缕堤的遗意，但筑堤能不能够阻止停淤，还有待于事实的证明。就算可以，比方能推至数十里以外，而河口的伸展却还同时进行着，则经过若干年后，推出海中之泥土，又变成拦河之沙。归根结果，可说是暂救目前，还未能图谋久远。卢法尔曾援引美国密西西比海口、法国仙纳海口及比国麦司海口数个例子，强调海塘的大用。按各河所含之泥沙量，我未经详细查考，但据张含英说，以重量计，黄河为四九分之一（陕州）或九四分之一（泺口），密西西比河为一五〇〇分之一，就平均流量计，后者虽比黄河大二十倍，而含泥量则远不及之，[74]是施之密西西比河而有效的，未必施之黄河而亦有效。

游百川说："黄初入济，尚能容纳，淤垫日高，至海口尤日形淤塞。沙淤水底，人力难施，计惟多用船只，各带铁篦、混江龙上下施刷，使不能停蓄，日渐刮深，疏导之方，似无逾此。"[75]惟据光绪二十二年李秉衡奏报，卒以笨重难行，未能见效。又十三年张曜购入法国挖泥机器船，嗣在利津太平湾和天津蛮子营试验，只能吸水，不能挖泥，将货退还。李氏以为因黄水挟带泥沙，机器难以旋转，且浚河器具，轻则入水不深，未能得力；重则陷入泥底，行驶维艰，均之难收实效。[76]不过《庚子条约》仍议定在天津、黄浦江两处置船挖治，又刘寰伟说，挖泥为最不经济之计划，虽用最新机械，仍然耗费很大，且每每旋挖旋积，贻地方以无穷之担负，如果是广阔大河，更为经济上不可能之事。[77]张含英也说，挖泥船只可施用于局部，如果尽量挖出，输至堤根，其费用将不可胜计，[78]是挖泥器非全不可用，只在费用问题。何况机械日异月新，利用戽、槽等项，转输亦断不像往日的艰巨，能够挖去多少，就可替河道减去多少阻塞，免构成河身高于屋顶那样危险；另一积极方面又可对田土填淤，增长生产。由于这些原因，我以为淤积即使可以保证不再增加，挖泥也应该继续进行的。

（6）筑堤束水

同治末年，蒋作锦、乔松年就有过这项提议，丁宝桢、李鸿章都以为于济运无把握。[79] 李秉衡又说："大清河自东阿鱼山而下，至利津海口，原宽不及一里，深至四五丈，束水可谓紧矣。自咸丰五年铜瓦厢东决以来，二十年中，上游侯家林、贾庄一再决口，而大清河以下尚无大害。然河底逐年淤垫，日积日高，迨光绪八年桃园决口以后，遂无岁不决，无岁不数决，虽加修两岸堤埝，仍难抵御。今距桃园决口又十五年矣，昔之水行地中者今已水行地上，是束水攻沙之说，亦属未可深恃。"[80] 按束水攻沙是潘季驯的老调，前文已谈过好几次，大约谨守束水攻沙而不知变通的莫如刘鹗。他一方面晓得潘说之弊为易溢，须要善用；另一方面却又以为"黄河初至山东，大清河身仅三十余丈而已，而历十余年无漫溢之患者，河狭束水故也。至同治初年，人始争言展宽河面矣，于是十年遂有侯家林之工，十二年遂有贾庄之工，至光绪八年桃园工后，言展宽河面者乃百口一声，而河患亦骎骎日甚。十年遂漫河套圈及李家岸（李家岸属齐河），十一年遂漫陈家林（属齐河）及傅薪庄（属章丘），十二年遂漫王家圈及姚家口（属惠民），十四年乃尽废济阳以下南岸民堰而退守大堤，河面遂展宽至一千余丈，可谓极矣。窃考潘印川之时，河面不过宽三百丈……靳文襄时中游河面不过宽二百八十丈，下游河面不过宽一百二十丈。……是以十五年遂一漫于韩家垣，再漫于大寨，三漫于纸坊（历城），四漫于张村。十六年……终不免高家套（齐河）之溢。"[81] 把山东的河患归咎于河面太宽，是不是正当理由呢？黄河初入山东，没有刷开完整的河身，到处泛滥，它不是不决，只是漫决（可参前引潘骏文"现议山东治河说"），刘氏反谓"无漫溢之患"，这是观察错误的第一点。黄河自孟津以下，逐渐展开，最狭的也及十里，山东河面即展至一千余丈，还未能与豫省最狭的相等，刘氏所举例并未计及河南，这是观察错误的第二点。黄河无论走江苏或山东出海，平均来说，下游的溃决总比豫省为多，而且豫省境内的溃决也常常由下游壅滞所引起，刘氏以为河宽便多决，在历史上还未找出正确的根据，这是观察错误的第三点。总括来说，"过宽则停淤，过窄则易溢"[82]，面宽固然流缓易淤，使河身抬高，然而有宽来补救，其为害缓。狭则实不能容，势必趋于溃决，一经溃决而溜慢，河床就比面宽的急剧增高，其为害速。一速一缓之间，我们应该如何取舍呢？

（7）开直河湾

这是夏同善三策之一。[83] 毓贤曾说："坐湾之处，一湾一险，如上游之贾庄、孙家楼，中游之胡家岸、霍家溜、桑家渡，下游之白龙潭、北镇、宋家集、盐窝，均著名巨险，其余险处甚多，此固非裁弯取直不可。然亦须相度形势，如坐弯过大，引河工长，上口无收吸之势，下口直逼冲岸，则去一险复生一险。必引河上口能迎溜势，下口直入河心，既可避无数险工，又不至顾此失彼，方为得计。"【84】湾多固然易出险——尤其旧日的土堤不固，又可延滞涨水的消退，但河太直也有它的毛病，前文已提过了。不过，据我历史上来观察，在较长的地段和较长的时间之内，黄河本身确自然地进行其取直性，最古而约略可考的就是济水（黄河故道）中游的淤断。其次则历金、元以至明初，黄河由浚、滑向南摆动，形成原武至封丘的直线。最近则咸丰铜瓦厢溃决后，河水初时走菏泽阎什口，濮州张家支门，循赵王河北行，嗣一决红川口，再决霍家桥，河身渐改为较直的形势。这些都是突出的例子，惟进行较慢，使一般人不知不觉，这是研究河性所应该紧记的。至于黄河上游的"九曲"，显受自然山脉所束缚，小段里面的坐湾，也当个别有其特殊的原因，似乎不能看作黄河的本性。

（8）移上源流向南海

"光绪黄河郑州决口，董毓琦上固本、清源二策。所谓固本者，舍芦苇杂泥之旧，效船政铁柱之坪，固其本而千年不拔。清源者穷其源于青海，合金沙、雅龙、沧、怒江入于南海，分水势而中流干，终古永无河患。"【85】然而如所周知，黄水暴涨的来源发生在灵、夏以东，我们能够那样做，对河患也不见得有甚么大补救的。

（9）让地

光绪二十五年李鸿章的筹议，说泺口下段四十余里，要险极多，十余年间已决九次，拟弃埝守堤；北岸自齐河至利津三百二十里之民埝，逼近河干，致河面太狭，或宽不及一里，亦应弃埝守堤，奈北堤残缺，无可退守，拟暂照旧守埝，将来再废埝守堤。【86】三十年决利津薄庄，东抚周馥履勘后报称，漫口以下，测量水深一丈数尺至二三丈，奔腾浩瀚，就下行疾，入徒骇后势益宽深，较铁门关、韩家垣、丝网口尤畅达，与其逆水之性，耗无益之财，救民而终莫能救，不如迁民避水，不与水争地，而使水与民各得其所。【87】按周氏佐李幕多年，无疑是由同一的见解所推衍。李氏曾拈出当日开封河宽十余里，又山东上游河面宽于中下两游，均决溢较少，从前徐州之下河形较窄，决溢颇多，作为明证。但从科学眼光来看，不知道过水量多少，实无从断定河面宽窄和堤距远近，【88】不过弃埝守堤，放宽河面，用意与分水无殊，究是明智之举。

（10）卢法尔的条陈

根据近世科学方法而研究治黄的，要算卢法尔为最先。他说，下游停淤之沙，系从上游拖带而来，一过荥泽，一派平原，水力遂杀，流缓则沙停，沙停则河淤，河淤过高，水遂改道。黄河以开封为中心，自辟半径之路，于扬子江北中间千五百里扇形之地，任意穿越，虽在山东为患，而病原不在山东。天之生水，原以养人，何尝以害人？

良由治水仅顾一隅，不筹全局，故就中国治黄河，黄河可治；若就山东治黄河，黄河恐终难治。这一段概论可谓要言不凡，我国旧日治水名家多未能道得出的。

治河应行先办之事，他指出三件：（一）测量全河形势，凡河身之宽窄、浅深，堤岸之高低、厚薄，以及大水小水时之浅深，均须详志。（二）测绘河图。（三）分段派人查勘水性，较量水力，记载水志，考求沙数，并随时查验水力若干，停沙若干。凡水性、沙性，偶有疑义，必须详为记出，非此无以知河水之性，无以定应办之工，无以导河之流，无以容水之涨，无以防患之生也。这些事件，都是解放后我们治河工作人员所已急切讲求的。

论到当时山东的河身，他说水少时约宽九十至一百五十丈。河底则深浅不一，因之河身亦俯仰不一，故流水速率，处处不同。且下游之地极平，每里高低不逾五寸，河流甚缓，容水之地日隘，淤垫日高，堤外之地，或较堤内之滩低至七八尺。总之，不知过水之数，断难规定河面宽窄、堤岸远近之数。

关于一般的办法，他分别指出堤陂要种草，草根最能护堤。要种柳、种藤，柳根最能固堤，用柳条、藤条以编埽，坚固远胜于秸料，且可就近取材。土堤筑造坚实，护以柳树、草片，亦足以御寻常水力，不必尽用石堤。防异常盛涨，则须讲求减水坝，坝后所挑之河，或已有之河，应筑坚堤约束，亦须宽深，不甚弯曲，且低于黄河，其河身实有容水之地，方能合用。小清河仅足自容，再将黄河灌入，恐淹及济南，还以徒骇为宜。至于黄河上游，应否建设闸坝以拦沙，择大湖以减水，山岭应如何栽种草木以减水势，在在均当考求。[89]之外，卢法尔更提到增卑培薄、展宽堤距、改正海口几个问题，这些都是我国治河人员所已见到或且实行过的，所差的只是施行时能否切实及适合而已。

五、清人治河的技术

（1）挑水坝

包世臣说："或曰：子言防河之不足为治，信矣，请问治要。答曰：深其槽以遂河性而已，请问治方。答曰：相势设坝以作溜势而已。……故能言治者必导溜而激之，激溜在设坝，是之谓以坝治溜，以溜治槽。"[90]又说："宜测水线，得底溜所直之处，镶做挑水小坝，挑动溜头，使趋中泓，而于溜头下趋之对岸，复行挑回，渐次挑逼，则河槽节次归泓，而两岸险工可以渐减。"[91]这种坝创于何时呢？包氏以为"挑水坝，

潘氏所创，止用于塞决。……近世善用坝者推嵇文敏公，世称白堤、嵇坝，不及百年而故老无能指其基、言其法者。"【92】

包氏推原挑水坝于潘季驯，据我看来，他并没有细考。汉贾让说："河从河内北至黎阳为石堤，激使东抵东郡平刚，又为石堤使西北抵黎阳、观下，又为石堤使东北抵东郡津北，又为石堤使西北抵魏郡昭阳，又为石堤激使东北。百余里间，河再西三东，迫阸如此，不得安息。"【93】汉人虽称它作"堤"，可是古代名称简单，【94】它既有激水的作用，保不住就是西汉时代的挑水石坝。其次，明袁黄称："淮河入海之处，平旷无山，而海沙逆上，尤易壅塞。陈平江（瑄）就山阳之满浦坊（在淮安府城西北四里）累石为山，蜿蜒千尺，即古锯牙遗制（锯牙见《宋史》），水得翻腾踊跃以入海，俗谓之矶嘴，取相激而名，今皆没于土中。"胡渭对袁说加以补充，他称："袁氏以为陈平江所创，或云，天顺间遣都水郎中督工于满蒲坊，作石锯牙，未知孰是。矶嘴为治河要策，万历初漫入水中，微露形迹，今清江浦尚有之。"【95】是挑水坝的创始，最低限度，也可推至宋或宋以前。

说到清代，靳辅著的《治河工程》有逼水坝的名称，系用以"回其溜而注之对岸"【96】。张鹏翮又称："凡黄河迎溜之处，宜建筑挑水坝，又名顺水，又名矶嘴，又名马头，其功最大，如清河县内之运口，每为黄水急溜直逼卞家汪，关拦清水，不得畅出，以致运口淤垫。……于运口迤西筑挑水坝一座，将黄水挑逼北徙，清水得以畅出，陶家庄引河得以成功。"是曾筠之前，靳、张两人都曾应用过挑水坝来治河。又百龄称："后齐苏勒等俱各奉行。……此坝亦名顺水，其建坝之法，须顺溜占厢，不可逆流横筑，坝头须作圆式，不可使有方棱。盖顺则不致激怒，易于防守，圆则转水下行，不虞撞掣。两岸上下遥置，河流逼在中间，洵足收束水攻沙之效。询在工日久之河兵及长年三老，皆称数十年前各厅常用此法，俗名当家坝。……康基田前在徐州防汛，尝用此法，彼时一年之中，黄河刷深丈余。"【98】齐苏勒系与曾筠同时，基田系乾、嘉间治河人员，那末，曾筠同时及曾筠之后，也有人应用挑水坝的，世臣所言，总多不实不尽。

挑水坝的好处，近世也有人论及，如光绪十五年，河督吴大澂疏称："筑堤无善策，镶埽非久计，要在建坝以挑溜，逼溜以攻沙，溜入中洪，河不堤则堤身自固，河患自轻。……咸丰初，荥泽尚有砖石坝二十余道，堤外皆滩，河溜离堤甚远。"【99】又如李协说："黄河挟沙之盛，淤垫之速，决非浚渫所可及。惟以溜攻沙为最良之法。作溜之法，惟有筑坝。所谓坝者，即英文所谓 dyke，德文所谓 Buhuen 及 parallewerk 等是也"【100】，惟是"河流善徙，数年中必一变，伏秋之时，则一日中且数变"【101】。溜势既变，原来的坝有无发生不良的影响？如要保持其不变，似非随时运用严密的科学方法来管理不可。

挑水坝也非绝对无害的，光绪八年，河督梅启照疏称："若河面本狭，南北岸各厅皆挑坝以逼大溜，当其挑成之时，非不立见速效，化险为平。然南岸挑之则逼溜使北，北岸挑之复逼溜使南，日积月累，河愈逼而愈窄，溜愈激而愈怒，本以求顺轨之方，而反增溃堤之患。"[102]跟贾让的话相同。至作坝之法，应用树枝或石块，卢法尔以为应随时斟酌情形办理，惟秫料不能经久，且无劲力，则不可用。[103]

（2）木龙

始于宋之陈尧佐，凿横木，下垂木数条，置水旁以护岸，比埽较为灵便。乾隆四年，高斌曾于清口设木龙以挑溜，然能挑顺溜而不能当急溜。[104]

（3）埽和埽料

汉武帝塞瓠子，命从臣将军以下皆负薪，薪少，乃下淇园之竹以为楗，那就是我们所知道的最古的捲埽。[105]但"埽"的名称，到宋才见于记载。[106]潘季驯和靳辅治河时，遇险要地方，都靠埽来守御，没有提出埽可引溜生工的话。埽之制造，据《治河方略》说，"必柳七而草三……柳多则重而入底，然无草则又疏而漏"；又"柳遇水则生，草入水而腐"。乾隆十九年，尹继善奏称："柳入水经一二十年不腐，秫（高粱）至一二年后朽坏无存，柴不如柳，然优胜于秫。"所以明代埽皆用柳，柳少则用苇代替，没有用秫的。到康熙二十年民柳渐少，始提倡官种，二十六年以后河工所用，就大半靠官柳供给，不足时也以芦苇代替。康熙四十九年，总河赵世显疏犹称："河南堤上柳株寥寥，倘遇险工，凭何取用。"[107]雍正三年总河齐苏勒也称："埽以柳为骨，柳多则工坚而帑省，若柳不敷用，势必以苇代之，不惟工不坚固，且多费帑金。"[108]河工用秫秸，见于官文书的以雍正二年为始[109]（可是雍正以前，汴省河工很少用埽），同年，李卫又揭发从前两岸柳地，被河官作为种田，收租分肥，[110]清朝于是再申官地种柳的命令，惟是积习难反，旧规终不能恢复，乾隆八年遂定南河铜、沛二厅专用秫秸之例。[111]至道光时代，河工几不复知埽本用柳，遂无三年不换之埽，糜费极大，变为利少害多之物。这是改古法用柳为用秫的经过。[112]刘成忠（同治十三年河南候补道）《河防刍议》称："自来防险之法有四：一曰埽，二曰坝，三曰引河，四曰重堤。四者之中，重堤最费而效最大。引河之效，亚于重堤，然有不能成之时，又有甫成旋废之患。……坝之费比重堤、引河为省，而其用则广，以之挑溜则与引河同，以之护岸则与重堤同。……埽能御变于仓卒而费又省……然不能经久，又有引溜生工之大害……合数岁言，则费极奢矣。"[113]早指出用埽的害处。据卢法尔的视察，险工地方用磨盘埽居多，以秫料覆土，层迭为之，形如磨盘，或紧贴于岸，或接连于堤，高低厚薄，各个不同，错落参差，绝不相连，中仍走水，使之三面受敌。且料埽入水，削如壁立，不作斜坡，适足当冲，不能使水滑过。秫料中心质如灯草，最能吸水，易于腐烂，一经盛涨，必至漂累民埝，名为抢险，实是养疵。诚能多种藤、柳，数年后便可足用，毋须以巨万金钱，造此不经久之事。为今之计，埽工应先行改式，傍岸者使之联成一片，作斜坡入水以导其流，并须多用木桩，牵连于岸，以坚固麻绳系之。【114】他的话跟刘成忠所论顺埽改为丁埽及埽不钉长桩之流弊，【115】大致相同，而立说则更简而易明。

（4）石堤

康熙四十一年六月，以永定河南岸修筑石堤，甚有裨益，饬查看黄河南岸，自徐州以下至清口，可否修筑。当时河督张鹏翮覆称，自清口至徐州，南岸长六万六千余丈，约需银一千二百八十万两，北岸除去山冈外，长五万四千余丈，约需一千万两，工巨费繁，告成难以预料。【116】这问题就此搁下不再提及。按西汉时已有石堤，见前引《汉书·沟洫志》。明万历二十年，舒应龙曾就宿迁的归仁堤修石三千余丈，鹏翮在河督任内，也续有增修，黄河岸修石堤，只是封建时代劳动及财力无法解决的问题，非是不可能的。

（5）抛碎石或抛砖

埽前抛用碎石，明代也曾办过。到康熙、乾隆年间，徐州护城石工以外，抛用碎石，收有成效。嘉庆初年以后，南河多事，柴秸不敷，黎世序于是大量应用碎石，行之有利无弊。【117】道光十二年四月谕称："东河碎石工程，起于道光二年严烺试办，仅抛两段而止，自道光五年至十一年已抛碎石共用银六十五万余两。"【118】十五年栗毓美督东河，以河南惟巩县、济源产石，在某些工程把砖来代替，收效与石无异；因建议改用砖工，经过多回论辨及覆查，卒之没有完全实行。【119】现在石之外还有三合土，运石亦较前利便得多，石和砖的优劣比较，已不成问题。不过就那时的客观情形来论，如果存石有限，一时缓不济急，用砖来应变，或是在较和缓的工程中，用砖以节省用石，那也未尝不是权宜的办法。【120】而且埽的秸料，易于朽腐，用不得其当，还足以引溜而生险，栗氏的观察正合于科学。反对的又以为砖经冰冻而溶碎，然而砖的原料是泥，溶碎之后，变为土坝，仍然不失其用处，比之秸埽朽腐而漂流，那可同日并语。我们试细参蒋湘南、梅曾亮、蒋作锦几家的撰文，【121】和卢法尔的查复，【122】大致可以弄个明白了。

（6）放淤

施行的方法有点跟水戗相类（水戗法详见《河防一览》），但多用于无溜的地点，从上口灌入，从下口放出，每岁可淤高三四尺。靳辅在他的《河工守成疏》内称："曾将邳州董家堂、桃源县龙涡二处险工，择埽台上下，建设涵洞，引黄灌注，复于月堤亦建涵洞，使清水流出月堤之外，堤里洼地，不久淤成平陆，不但堤根牢固，而每年取土亦易。"重点放在治河方面，从那时起，放淤法逐渐推行（如乾隆二十一年之石林，二十九年之夏家马路，三十年之孙家集，三十一年之蔡家楼，三十三年之徐家庄，嘉庆二十一年之李家庄都是）【123】。刘成忠以为"若相度形势，于有圈堰之地，内外皆设洞闸，俾堤前平漫之水，从闸洞放至平地，其水归入贾鲁河，所挟之淤，必留于经过之处。谚云，紧沙漫淤，凡漫水未有挟沙而行者，沙压之地，皆昔年之急溜也。如是行之，数年之后，斥卤变为膏腴。岁增民食、官租，以巨万计，真无穷之大利。"[124] 则重点放在生产方面。

（7）谷坊等

乾隆八年有御史名叫胡定，曾上《河防事宜十条》，全文未见，但从白钟山奏所略引，[125] 其中一两条颇有见地，如称，"黄河之沙，多出自三门以上及山西中条山一带破涧中，请令地方官于涧口筑坝堰，水发，沙滞涧中，渐为平壤，可种秋麦"。那就是现代所谓谷坊、拦坝之类。又称："武陟地方向有十八里空余之地，足容黄河汗漫之水，自挑沁敌黄以致河身逼窄……请亟改正。"那是缓冲黄沁交斗的办法，可惜当日都被白氏驳下。

（8）种柳

《管子·度地》篇说："地高则沟之，下则堤之，命之曰金城，树以荆棘。"又说："令甲士作堤，大水之旁，大其下，小其上，随水而行，地有不生草者必为之囊，大者为之堤，小者为之防，夹水四道，禾稼不伤，岁埤增之，树以荆棘，以固其地，杂之以柏杨。"那是上古种树固堤的记载。关于宋人的办法，已见前第十节。之后，金刘玑称："河堤种柳，可省每岁堤防之费。"[126] 高霖请"并河堤广树榆柳，数年后堤岸既固，埽材亦便，民力渐省"。[127] 明代则陈瑄首倡沿河种柳。[128] 弘治初，白昂"修汴堤，令高广如一，上树万柳，使不崩颓"。[129] 嘉靖初，陶谐"为河南副使，管理河道，立法沿河植柳固堤"。[130] 清初，对于这件事也相当注重。顺治时，河督杨万兴请责成印官，于河干按汛栽柳，分别劝惩。[131] 康熙十五年，定出劝栽议叙之法，举行不过三数年；[132] 二十三年，靳辅劝令河官种柳。[133] 雍正三年，齐苏勒定文武官栽柳八千至三万二千株的分别纪录。[134] 乾隆三年，白钟山奏改为"沿河文武捐柳五千株至二万株者分别议叙，殷实之民种柳二万株者给与顶戴"。然行之日久，新旧淆混，遂多冒滥；十九年，尹继善因请停官民捐栽。[135] 嘉庆六年，吴璥也奏称派民种柳，有损无益。璥又以为种柳不宜太近堤，其理由是："近河之堤，其上多沙，树根贯穿入土，年久根空，易生罅隙，往往水浸堤根，辄致渗漏，千金之堤，溃于蚁穴，不可不慎。是以栽柳之法，俱应于沿堤五丈内外种植，不使逼近堤根，此黄河大堤非可借柳保固之情形也。"[136] 他的见解又与一般的不相同。光绪中，张曜令山东黄河两岸一律种柳，至今繁密，人呼为张公柳。[137]

（9）塞串沟

乾隆元年，白钟山请堵塞豫东黄河两岸支河，以为豫东黄河沙滩土松，一遇汛水涨发，漫滩而上，刷成支河，引溜注射大堤，堤工漫决，多由于此。[139] 栗毓美称，"治河者称暗险难防。暗险者即堤前之暗沟隐患"，又称，"历来失事皆在无工处所"。[139]"串沟者在堤河间，其始但断港积水而已，久之，沟首受河，又久之，满尾入河而串沟遂成支河，于是以远隔十余里之河，变为近堤之河。"[140]串沟也呼作串滩，同治十三年丁宝桢称，铜瓦厢下注之水，经祥符、兰仪、长垣等县，尚少旁溢，惟南岸至东明何店以下，有串滩支流数道，故本年夏秋漫水，仍至东明城东北二三十里。北岸在开、东分辖之茅茨庄以下，有串滩支流八九道，迤下汇成支河二道，下注濮、范，本年秋后支河普漫，直至金堤之南，水面宽至数十里。直隶南岸，宜自何店筑堤，属于菏泽，南岸始固，北岸宜自茅茨庄筑堤，属于濮州，北岸始固。[141]

（10）浚船、混江龙等

康熙二十六年设浚船，二十九年裁撤。雍正六年，议近海诸河设犁船、混江龙以疏积沙。乾隆八年，白钟山奏复浚船、铁扫帚。又嘉庆九年试造扬泥车，均以兵夫奉行不力而停止。[142]混江龙系排列铁齿，长至尺许，坠以大石，始达河底，当乾隆初期，各人对此种工具，意见不一，白钟山以为施用颇有明效，刘统勋以为无益。乾隆二十一年，陈世倌曾提出改造的方法："铸铁轴一具，约长六尺，上铸铁齿，长三寸而锐其角，凡三齿，共列五周，两端贯以铁锁，务使直沉至底，用船一只、夫四名，首横木梁，将铁锁分系木梁之上，用夫牵挽而行，沿路滚翻。"[143]

（11）水报和水志等

飞报水汛法，明代已渐有条理（见前十三节下）。关于测候水涨的情形，焦竑《治河总论》也说："岁当夏秋，信水既涨，而忽有非时之客水乘之，则其溃也必，故平准之候人宜议选也。"[144]清康熙四十八年十一月，曾令饬河督知会川陕总督及甘肃巡抚，遇黄河水大涨时，即星速报知总河，预为修防。[145]因为宁夏以上，也非无暴涨的时候，例如"乾隆二十六年七月沁、洛等河涨水一二丈，水头甫至，宁夏又三次报涨水丈余，同时并下"。[146]其后，乾隆三十年，南河总督李宏又规定于陕州、[147]巩县及沁河地方，分立水志；每年自桃汛日起至霜降日止，按日查明涨落尺寸，据实具报。如伏秋汛内各处水势，遇雨旋涨至二三尺以外，即由地方官迅速报告。[148]

明刘天和用平准以测高下，说见前十三节下。靳辅曾称："相得皂河迤东二十余里张家庄，其地形卑于皂河口二尺余，而黄河上下水势，大抵每里高低一寸，自皂河至张家庄二十余里，黄水更低二尺余。"[149]那是清初对于黄河比降很粗陋的猜测，即是说，张家庄附近之比降约为○·○○○○五六，比之现行黄河所测寿张十里铺以下之比降○·○○○一一○，[150]小了一半，但张家庄在江苏近海的平原，比降特小，也是意中之事。雍正三年七月，遣测算官员携仪阅河，[151]大约就是平准器吧。

（12）测绘河图

光绪八年，东河梅启照饬员测绘河图。[152]十五年正月，河督吴大澂等调测绘生测量自阌乡至利津之河道，十六年三月图成。[153]

（13）捕獾

乾隆五年，豫省奏称，野獾性狡善走，宵行昼伏，一窟藏身，一窟贮食，其洞伏于堤根，一遇水到，即成大患。惟伺其游行尾追，先驱狞犬逐斗，随用铁叉擒获，拟每汛设捕獾兵二名，专司捕獾。[154]

（14）其他

光绪十四年，郑工始用铁轨运土，后来推行于山东。同时，又设电灯助工，石坝灌缝用塞门德土（即三合土）[155]。三十年，山东省设全河电线。[156]

六、清代治河的行政

康熙四十四年三月，诏直隶、山东河道一应工程事务，与总河相距甚远，应照河南例各交与该省巡抚就近料理，[157]这是南河、东河分治的滥觞。雍正七年二月谕称："治河之道，必合全河形势，通行筹划，方可疏导安澜。若分令两员管理，恐有推诿掣肘之处。"（引见第十四节上注68）本已洞见这件事的利弊，但是年三月终于实行两河分治，清代河防无整个计划，此是其重要原因之一。

河工各段的划界，清初河督下，在江南沿河的，分为徐属、邳睢、宿虹、桃源、外河（即近海口那一段）、山安等厅。沿运河的分为里河、高堰、山盱、扬河、江防、安清中河、宿桃中河等厅。[158]河南开封府辖下的，南岸属南河同知，北岸属北河同知；归德府南岸属归德府管河通判，北岸系曹、单两县界，属兖州府黄河同知。[159]

河工一项，弊窦最多。顺治十六年，总河朱之锡因此曾有过剀切的条陈，他条上工程、器具、夫役、物料的八弊。又言："因材器使，用人所亟，独治河之事，非澹泊无以耐风雨之劳，非精细无以察防护之理，非慈断兼行无以尽群夫之力，非勇往直前无以应仓猝之机，故非预选河员不可。因陈预选之法二：曰荐用，曰储才。谙习之法二：曰久任，曰交代。"[160]那些话都是讲究河防所应参考的。

明代初期运河里面，设立三十三浅，浅有浅夫，使之不时捞浚。[161]清代定制，"沿河州县俱设有浅夫，原为挑河而设，如夏镇额夫一千二百五十四名，徐州额夫三千五百一十六名，邳州额夫八百三十五名"[162]，少的河夫或百名至数十名不等。[163]

靳辅治河时，以由砀山下至海口一带，缕、遥、月、格等堤统共四十五万四十丈，而河兵止七千二百名，每兵除常役之外，当岁修六十余丈，应付不来，提议令每兵许其招募帮丁四名，各给以堤内[164]空地，使他们耕种自食，免纳征粮，惟课以加高堤土五寸。[165]但这样做法，也有人反对，如乾隆四十六年，胡季堂奏称，黄河南、北两堤，相距二三十里及数十里不等，近日堤内[166]村庄甚多，并耕种麦苗，有碍河身，应饬令依居堤外；有诏依议切禁。[167]

光绪十七年六月张曜奏称，山东河防，旧令民间派夫助守，经年在堤，几废农事。嗣改为二月后添雇短夫，发给口粮，至霜清始分别裁减，所费亦不支。因改令近河村庄择用首事庄长，雇定民夫，编造名册，无事各居本庄，遇有附近出险，立赴河干，帮同运土搬料，按口发钱，工竣遣令回家，既有益河防，亦无妨农事，民间极为乐从。[168]这是关于守堤征用民夫的办法。

办理河工，主要须依靠群众集体的力量，清人也有所阐明，如栗毓美称："河营武官多系防汛兵丁出身，兵丁等久历河干，历年河势如何迁徙，并各河臣道厅办理之善与不善，皆所目击，为河臣者但肯逐处虚心咨访，汇全局于胸中，再参以近日情势，斟酌办理，以身先之，自可集思广益，不至遗误公事。"[169]又如吴大澂《郑工合龙碑记铭》擘首便说，"兵夫力作劳苦久"，末句又说，"臣何力之有"[170]不管他实行至怎样程度，然而懂得群众力量的重要，不自骄傲，总是我们所应该效法的。

七、清代河工的浪费

清代用于河工的正常支出，大约乾隆以前，"江南河库供抢修名曰部拨协济者，约银四十七万六千余两，供俸薪、兵饷名曰外解河银柴价者，约银二十二万六千六百余两，二共七十万二千六百余两，皆江南每年常额。河东河库及兴举大工之费俱在外。"[171]迨嘉庆十一年加价两倍，岁修、抢修二项每年用银至一百四十余万。[172]例如嘉庆二十三年工部奏：十一年未加价前，南河岁修额定用银五十万两，加价后每年几及一百五十万。又十一年另案挑培各工用四百六十余万，十三年五百九十余万，十五年、十七年均五百六十余万，其余最少的年分亦三百六七十万。查乾隆末至嘉庆八、九年止，除嘉庆十年用至四百六十余万外，其余最多的约三百二十万，最少的只七八十万。总计自乾隆五十九年至嘉庆十年，除南河大工等约三百八十万外，另案挑培各工，用约二千七百万，十一年至二十一年止，除去大工约一千二百五十万外，另案各工用至四千九百万。[173]到道光时代，还继续增加，八年十月曾谕称："近年例拨岁修、抢修银两外，复有另案工程名目，自道光元年以来，每年约共需银五六百万两。昨南河请拨修堤、建坝等项工需一百二十九万，又系另案外所添之另案。而前此高堰石工以及黄河挑工，耗费又不下一千余万之多。"【174】十五年三月又谕称："东河自道光元年至十年，每年动用正项钱粮多至（在？）一百万两以内，其用至百万以外者不过三四年，惟十一年抢办险工用银一百十四万，今吴邦庆任内十二年、十三年、十四年俱用至一百十万两以外。"【175】独咸丰改道以后，特别缩小，计清末山东一省的黄河修守经费，连俸薪、饷项在内，每年只额定银六十万元，【176】那因为当日军费占第一位，疆吏不敢随便请款的缘故。

说到大工用费，可无一定，这要看工程的大小、难易，时间的久暂，与及督办人员之廉洁程度、能否核实开支而互有不同。清廷所用的河防经费，我敢说是超过任何以前一代的，是比较不惜工本的。他们多少懂得点民为邦本的道理，他们尤注意保持所能剥削到的人民膏血的数量，但他们却不关怀人民的生活安定；他们不敢不或必要这样做，完全是隐藏着一般所传"石人一只眼，挑动黄河天下反"的害怕。贪官污吏钻着这个空子，遂有恃而无恐，视河工如利薮，实支跟报销的相较，比之"天一半地一半"的俗语，还有过之而无不及。贪污的事迹，这里不必胪列，只消略读包世臣所写的《郭君传》，也就够了。

除此之外，更有外省的摊征帮价，例如嘉庆三年的曹工，共用例帮价银七百十九万余两，内销例价银占二百五十六万余两，摊征帮价银占四百六十三万余两；【177】"内销"即由政府作正开支的。因有这样复杂关系，所以用项多少，记载往往差异，即如乾隆四十八年青龙冈工，旧称用帑一千一百九十余万两，而同治十二年李鸿章疏却作二千余万。【178】又嘉庆九年，封丘工用帑九百六十余万两，【179】但据二十四年十月吴璥等奏，则称例帮价银用至五百四十余万两，连大坝、挑坝等工，共用银一千万余两。【180】那些不同的数目，都很难清算出来。据魏源《筹河篇》说，乾隆以前例价不敷的要摊征归款，青龙冈之决，经三年才堵塞，除动帑千余万外，尚有夫料加价银千一百万，当时免予征收，自后摊征成为空名。【181】

八、道光二十三年大水的官方文报

从方志记载，民间传说和一九五二年十月经过洪水痕迹的实地调查，张昌龄、陈本善两家推定道光二十三年（一八四三年）为近世最大的洪水。他们的书本根据大致是：

……禹庙高于三门一丈有余，居民佥称向年盛涨，三门出水尚有丈许，本年七月十四日河水陡发，直漫三门山顶而过，禹庙亦被冲刷。由三门达陕州万锦滩六十里，滩在陕州北门外，陕州城高河滩十余丈，滩距水面二丈余。……陕州万锦滩居三门山上游，每岁清明始立志桩，霜降即撤。黄河水报必于此者，以下有三门阻扼，水去不能迅疾，极马之力，可以行于水前，是全河咽喉不在万锦滩而在三门山，若三门山则因天之设险以蓄河势。（《豫河志》引道光二十三年邹尧廷报告）

道光二十三年七月黄河暴发，溢过庙南，栋宇将颓，金像被损。（《东河清大王庙道光三十年碑》）

七月十四日河水暴涨，溢五里余，太阳渡居民半溺河中，沿河地亩尽为沙盖，河干庐舍塌毁无算。（《平陆县志》）

民间传说则有：

道光二十三，黄河涨上天，冲了太阳渡，捎了万锦滩。（平陆太阳渡民谣）
道光二十三，水淹金家湾，冲走了万锦滩。（陕州南岸金家湾民谣）

此外灵宝、八里胡同、狂口等处，尚有很多相类的民谣。水迹发见也不少，通过分析和推算，张、陈两家假定是年陕县洪水流量为三六，〇〇〇秒公方，比之向称最大洪水的一九三三年大了近乎一倍。如以陕州水位比，则高了十公尺之多。这样大的洪水如果到来，结果是很难想象，在将来工程设计上，对于洪水的估量须要十分慎重。[182]他们有着种种根据，当然是可靠的事实，现在试把当年官方报告的情形，辑录在一起，看看有无可供研究之处：

七月初一日壬寅（这是发出奏报的日子），东河总督慧成奏："据陕州呈报，万锦滩黄河于六月二十一日巳时涨水五尺五寸，黄沁厅呈报武陟沁河于初八、初九并初十日巳、申、亥三时及二十日寅、午、亥三时，二十一日午、酉两时十次，[183]共涨水一丈五尺三寸。……偏值二十六日大雨一昼夜，二十七日黎明……（中牟）九堡堤身顿时过水，全溜夺入南趋，口门当即塌宽一百余丈。"（《再续金鉴》八五。按是年六月小建）同日汴抚鄂顺安奏略同，惟称"由东南下趋"（同上），小异。

初九日庚戌（奏发的日子），慧成奏："中河口门因土性沙松……是以刷宽二百余丈。……至溜势现由东南下注，其经过州县并由安徽省何处为宿于洪泽湖，抚臣已委员确查。……再据报万锦滩黄河于六月二十八日涨水三尺五寸，武陟沁河于六日（月）二十五、六并七月初二、初三、初五等日六次共涨水一丈二尺八寸。"（同上）

十八日己未（奏发的日子），慧成奏："据甘肃宁夏府呈报，硖口黄河于七月初八至初十日共涨水七尺四寸，入硖口志桩七字四刻迹。陕州呈报，万锦滩黄河于七月初三、初五、初七、十三等日共涨水十二丈二尺四寸。[184] 黄沁应呈报武涉沁河于初七、十一、十三等日四次共涨水六尺一寸。巩县呈报，洛河于初二日涨水二尺六寸"。（同上）

同日上谕南河总督潘锡恩奏，"黄河现已断流"。（同上）

二十日辛酉（奏发的日子），钦差户尚敬征等奏："于七月十五日行抵东河北岸之庙工，次日西行，拟由祥符之十三堡迤下断流之河，陆行而南，不料夜间涨水，漾入正河，水深竟不能渡，遂即折回。十七日复由庙工东行，自兰仪口渡河，始达南岸。……现查口门宽三百六十余丈，中泓水深二丈八九尺不等。……自十七日寅刻以后，口门陆续落水丈余。……口门外溜势八分，由中牟以东，祥符以西，趋朱仙镇东南行走。因七月十六日口门涨水，间有漫过护城堤顶，溜势二分。……漫口以后，水由中牟、祥符、通许、太康、扶沟各等县行走。"（同上）

同日谕，据皖抚程楙采奏："中牟漫口黄水下注，现在皖省之淝河；水势陡长六尺。"（同上）

二十六日丁卯（奏发的日子），慧成奏："缘万锦滩黄河于七月十三日巳时报涨水七尺五寸后，续据陕州呈报，十四日辰时至十五日寅刻，复涨水一丈三尺三寸，前水尚未见消，后水踵至，计一日十时之间，涨水至二丈八寸之多，浪若排山，历考成案，未有涨水如此猛骤。"（同上）

闰七月初一日辛未（奏发的日子），敬征等奏："河水经过州县，续据抚臣鄂顺安咨称，中河漫口大溜，系由中牟县之东北向东南直趋，历祥符县所属之朱仙镇及通许、扶沟、太康等县，下达安徽出境。漫水泛至阳武、尉氏、陈留、杞县、西华、淮阳等县，内陈留现被水围，最为灾重。……惟查此次河水漫口，自十九日以后，溜势日渐平缓，而前此（按即指十七日）又陡落丈余。"（同上。按鄂顺安黄水经过地方的奏报，早于六月二十七日到京）

十一日辛巳（奏发的日子），敬征等奏："兹据阌乡、陕州、新安、渑池、武陟、郑州、荥泽等州县禀报，各该地方于七月十四等日，沿河民房田禾，均被

冲损等语，是上游滨河州县均有湍激分流之水，以致口门水势陡落。"（同上）

九月初一日庚午（奏发的日子），程楙采奏，中牟决堤黄水漫入皖境支河，汇注于淮，并入洪泽湖，凤阳一带水势旋长旋消，临淮驺路仍系一片汪洋，水面宽六十余里，非舟不渡。泗州五河等州县于闰七月上旬及十三、十四等日大雨如注，加以黄淮汇注，平地积水数尺。太和县自七月二十三日以后，水势渐消，闰七月十五日黄水复涨，计续长水二尺有余。（同上八六）

初五日甲戌（奏发的日子），潘锡恩奏，据委查员回报，"闰七月二十二日，行抵豫省中河厅，探量口门中泓水深一丈五尺，溜分两股：由贾鲁河经开封府之中牟、尉氏，陈州府之扶沟、西华等县，入大沙河，东汇淮河，为洪泽湖，此正溜也。由惠济河经开封府之祥符、通许，陈州府之太康，归德府之鹿邑，颍州府之亳州，入涡河，南汇淮河，为洪泽湖，此旁溜也。旁溜自祥符境之泰山庙，东经开封城西南，又东至陈留，杞县，南入惠济河尾归涡河，此旁溜之分支也。正溜旁溜，分股远绕，其中两溜旁汇交通，则陈州府之淮宁县、颍州府之太和县为四面受水之区。正溜单行，径沙河入淮，水道宽辟，故溜势湍涌，夺全黄之七。旁溜由鹿邑南经白沟、清水、茗、茨、霍、淝诸河入淮，丛支曲港，溜势停回，故仅夺全黄之二三。正溜、旁溜之分流，自祥符朱仙镇始；正溜至沙河八里垜入淮，旁溜自淝河峡石口及涡河荆山口入淮为合流；淮河经寿州之峡石山，怀远之荆山、涂山，盱眙之浮山、巉石山，溜势至此，腾束而下，至盱眙山北为入湖之口，过龟山、老子山，浩无涯岸，入湖之腹，此漫水之归宿。总计漫水经过豫、皖各境，共受水最重者，豫省之中牟、祥符、尉氏、通许、陈留、淮宁、扶沟、西华、太康，皖省之太和；其次重者，豫省之杞县、鹿邑，皖省之阜阳、颍上、凤台；其较轻者，豫省之沈丘，皖省之霍丘、亳州；其波及旋涸、勘不成灾者，豫省之郑州、商水、项城，皖省之蒙城、凤阳、寿州、灵璧；其本受淮水侵占，黄水因以波及者，怀远、五河、盱眙；此漫水经过各州县之情形也"。（同上）

根据上述的材料加以分析，我们最想了解的是六月二十七日中牟溃决的后果和七月十四日洪水高峰的后果，能不能够区别出来。又陕县万锦滩七月中旬所报涨水数目可不可以跟一九三三年的数目作出比较。据官方报导，万锦滩七月十三日巳时长水七尺五寸，十四日辰时至十五日寅时复长一丈三尺三寸，共长水二丈八寸。[185]惟是在一九三三至一九四二年陕州的水准基点曾有过变动，[186]要作出比较，那非通过实测和严密推算不可，这里且撇开不谈。

中牟之决，依照慧成七月初一和初九两次奏报，是黄、沁同时并涨，沁水尤其涨得厉害，拿来跟乾隆二十六年七月沁、洛等河涨水一二丈，结果决破中牟杨桥，经贾鲁河分入涡、沘（见十四节上），有点相像。大抵沁水会黄之后，向东南斜射，故中牟首当其冲。

敬征等七月二十日奏报已称水由祥符、通许、太康（属旁溜）、扶沟（属正溜）各县经行，足知这两路的冲开，致正河断流，断然是六月二十七日决河的结果，不是七月十四日以后的事。惟旁溜的分支是否后来扩大，因无详细材料，尚难决定。然则七月十四日的高洪峰对下流究有甚么影响呢？依于材料分析，可得到如下三点：（一）陕州以下洛阳以上沿河的渑池、新安等县已受泛滥之害。（二）中牟之决，正河本已断流，但到七月十五日夜洪水复漾入正流，至水深竟不能渡，则分水面积除正旁溜三支之外，一部分复以黄河正道为归宿，共有四支。（三）依官方报告，陕州暴洪的时间似乎仅及两天（十三日己至十五日寅），又由于泛滥面广，故祥符附近之大水只支持约一天半（十五夜至十七寅），至此便陡落丈余。一九三三年情势所以不同，就因为豫省境内河道尚宽，故未闹出乱子，来至豫冀之交，河道一束，无所宣泄，无怪乎决口多至五十以上了。

本节的结论如下：

清代治河的方略，大致依然墨守明人的成规，没有甚么进步。顺治一朝及康熙初叶河务最坏，下游淤塞。十六年，用靳辅为河督，他靠着幕友陈潢的赞助，多筑减水闸坝。同时在近海口处筑堤，就当地河心来取土，无意中把疏浚、堤防两事，统一起来。他也能分神注意到上游的山东、河南。由于他应付较为得宜，河事安定了二十多年，比之潘季驯总胜一筹。

然而这种效果，是不能维持很久的。何况（1）上下游是息息相关的，而南河跟东河分治，各不相顾，治河缺乏全盘的计划。（2）朝廷偏重南河，令到东河方面，得过且过。（3）每岁加高堤顶五寸的规定，只作消极抵御，无积极的预防。到雍、乾两朝，河务已呈竭蹶之势，弄成黄高于淮，清口淤塞。最可惜的，他们失了两次好机会：（甲）乾隆四十三年，河决祥符，漫水归入贾鲁河，不能趁势在上游豫东筹宣泄之路，只凭一纸官书，便即搁置，没有再作深入的考察。（乙）嘉庆十八年，河决睢州，由涡入淮，清口畅流，没有注意和利用，唯是守着逢决必塞的旧规。计那一百三十多年中（自康熙六十年至咸丰四年），决入贾鲁、涡河的十回，冲出张秋的五回，在没有良好对策的封建时代，改道总是迟早的事了。

咸丰五年（一八五五年）铜瓦厢未决以前，人们或憧憬着河能北徙，便比较安靖，而问题却不是那么简单的。从改道至清末，五十七年间侵入淮河计两次，中游冲漫或灌入苏北计四次，这是我们应该注视、严防和妥筹对策的。

注释

【1】《古今治河图说》三九页。

【2】《康熙东华录》九。州县指高、宝、兴、盐、山、安、泰而言。

【3】《经世文编》一〇〇。

【4】这是陈世倌误记，参十四节上注22。

【5】《经世文编》一〇〇。

【6】《康熙东华录》九。

【7】《金鉴》五八及五九。

【8】《经世文编》九八。

【9】《康熙东华录》九。

【10】同上一二。《水利史》又说，是年"毛城铺减水坝倒卸，总河于成龙重建，放宽口门，泄量增多（毛城铺旧坝仅宽三十丈，是年于旧坝之北，重建大坝，放宽口门为一百三十五丈）"（七三页）。

【11】《东华录》九。

【12】靳辅的幕友。辅撤职时，奉旨解京监候。《淮系年表》一一误陈茫。偶翻邓之诚《骨董琐记全编》，有一条说潢之死被某人所毒，怕不是事实。

【13】《经世文编》九八。

【14】《东华录》一二，康熙三十三年正月，"谕大学士等曰，于成龙……又奏靳辅放水以淹民田，百姓苦累。朕问从何处放水？所淹者何处之田？奏曰：臣未曾亲见，原是侍郎开音布管理下河工程时，曾奏参闸官开高邮州南减水闸，放水冲淹民间麦田。朕后至其地观之，开闸泄水，断不至淹害麦田。及问开音布所开何闸？致淹麦田，亦无辞以对。此不过附会于成龙之说耳。"从这，可以晓得减水太多，固然害田，但有时也言过其实。

【15】同上一〇。

【16】光绪二十一年张之洞奏，河南黄河支流之减水河洪河，自虞城、夏邑、永城经砀山、萧县达宿州、灵璧、泗州之睢河而注于洪湖，其间河港纷歧而皆下汇于睢河。乾隆时以睢不能容，导为北、中、南三股，中股为睢河正流。咸丰初黄河日淤，豫、江、皖各河亦逐段阻塞，年年水潦，民不堪其患。是年，之洞乃导北股达于灵璧之岳河，中、南两股入宿州之运粮沟以达于浍河，沟恐不能容，则治陀河、梁沟以复其旧（《光绪东华录》一三一）。参下引乾隆四十九年阿桂的奏疏。

【17】《经世文编》一〇〇。

【18】同上九九及前引《科学》八九九页。

【19】《东华录》九。

【20】《明史》八四。

【21】《经世文编》九八。

【22】在靳辅之前的，如顺治九年顷王永吉、杨世学均称："治河必先治淮，导淮必先导海口；盖淮为河之下流，而滨海诸州县又为淮之下流，乞下河、漕重臣，凡海口有为奸民堵塞者，尽行疏浚。"（《清史稿·河渠志》一）靳辅"治水者必先从下流治起"的主张，也不外这个意义。

【23】《东华录》一〇，康熙二十七年四月。

【24】史书上最明确的沟洫记录，以郑为最早，《左传·襄公十年》（元前五六三年）："初子驷为田洫，司氏、堵氏、侯氏、子师氏皆丧田焉，故五族聚群不逞之人，因公子之徒以作乱。"开田洫就是子驷被杀的原因之一。跟着襄公三十年（元前五四三年），子产执政，使"田有封洫，庐井有伍"，经过了一年，国人对这种设施还很不满意，有"孰杀子产，吾其与之"的诅骂。到了三年之后，才作出"我有田畴，子产殖之"的歌诵。由这来看，如果真有禹开沟洫那一回事，隔了千多年，成效尽已彰彰，郑国的人怕没有那样子顽梗不化吗？让一步说，禹开沟洫是真，然禹兴于西羌（据《史记》），前人都认沟洫创行于西北，徐中舒以为水利事业之发达，系由齐鲁以入郑及韩、魏（《历史语言所集刊》五本二分二六八页），所指的传播方向，与旧说不能符合。总括一句，上古的开沟洫是为灌溉，不是为治河的。

【25】《金鉴》一七。

【26】《图书集成·山川典》二二六。

【27】同上二二三。

【28】《治河论丛》六三页，又同前引《科学》九二一页。

【29】《经世文编》一〇六。光绪二十四年赵巨弼也请开沟洫以散水力，见《再续金鉴》一三八。

【30】《治河论丛》六三—六四页。

【31】《经世文编》一〇〇。

【32】《明史》八四。

【33】《金鉴》三五。

【34】同上三九。

【35】《续金鉴》一九。

【36】《经世文编》一〇〇。

【37】据《蠡勺编》二六引。

【38】一九五二年《新黄河》七月号第三三—四〇页。

【39】《治河论丛》五六页。

【40】据《图学季刊》十卷三期四四六页引。

【41】《历代治黄史》五。

【42】《同治东华录》七五。

【43】同上九五。

【44】《再续金鉴》九二一九三。

【45】《历代治黄史》五。

【46】《光绪东华录》八〇。

【47】《清史稿·河渠志》一。

【48】《光绪东华录》七五。

【49】《再续金鉴》一一五。

【50】据光绪十年李鸿章疏，马颊河经十一州县，有德平、禹城、齐河、长清而无清平、夏津。又称，自平原县锅培口马颊河头至海丰沙土河海口止，共长四百十三里（《经世文续编》九〇）。

【51】《再续金鉴》九二。

【52】据《同治东华录》二九。《古今治河图说》四五页误作三年。

【53】《同治东华录》四一。

【54】见《光绪东华录》三〇。

【55】同上。

【56】同上七五。

【57】《清史稿·河渠志》一。

【58】《历代治黄史》五，参《治河论丛》二二五页，赵庄作胡庄。同时，黄熙也主张分入徒骇二河。

【59】《光绪东华录》三〇。

【60】同上七五。

【61】《历代治黄史》五。

【62】《光绪东华录》五九。

【63】这是没有根据的话，辨见第八节六项。

【64】《光绪东华录》七五。

【65】同上七八。

【66】同上七五。

【67】《经世文续编》八九。

【68】《光绪东华录》七八。

【69】同上三〇。

【70】《再续金鉴》一五五。

【71】同上一五六。

【72】《历代治黄史》五。

【73】《清史稿·河渠志》一。

【74】《治河论丛》一〇八——一〇九页。

【75】《清史稿·河渠志》一。

【76】《历代治黄史》五。

【77】同前引《科学》五卷九期。

【78】《治河论丛》五八——五九页。

【79】《同治东华录》九七及《历代治黄史》五。

【80】《历代治黄史》五。

【81】《再续金鉴》一五八。

【82】张曜的话，见《光绪东华录》七八。

【83】同上三〇。

【84】《历代治黄史》五。

【85】据《图书馆学季刊》十卷三期四五一页茅乃文的选文。

【86】【87】【88】均《历代治黄史》五。

【89】《再续金鉴》一三九。

【90】《经世文编》一〇二，《说坝》。《科学》李协的文引作嵇曾筠的话（九〇二——九〇三页），是弄错的。

【91】《经世文编》一〇二，对坝逼溜说。

【92】同前引《说坝》，嵇即曾筠。

【93】《汉书》二九《沟洫志》。

【94】近世英文字典尚译英文之 dike 为"堤"。

【95】均《锥指》四〇下。

【96】《经世文编》一〇一。

【97】同上一〇三。

【98】同上九九。

【99】《清史稿·河渠志》一。

【100】同前引《科学》九〇三页。

【101】《再续金鉴》一五七引刘成忠《河防刍议》。

【102】《经世文续编》九〇。

【103】《历代治黄史》五。

【104】《续金鉴》一〇。

【105】同上——白钟山奏。

【106】《再续金鉴》七八。

【107】《续金鉴》三。

【108】同上六。

【109】【110】均同上五。

【111】同上一一。

【112】以上大致参《再续金鉴》一五七刘成忠文。

【113】同上。

【114】同上一三九。

【115】同上一五七。

【116】《经世文编》一〇二，并参《康熙东华录》一五。

【117】据《再续金鉴》七八严烺《复桂良函》。

【118】《道光东华录》二五。

【119】《再续金鉴》七六—八一。

【120】并参同上一二六，光绪十四年十月吴大澂奏。

【121】同上一五三。

【122】同上一三九。

【123】并参《续金鉴》一〇，乾隆四年鄂尔泰奏黄河事宜。

【124】《再续金鉴》一五七。

【125】《续金鉴》一一。

【126】《金史》九七《刘玑传》。

【127】同上一〇四《高霖传》。

【128】《经世文编》一〇一。

【129】《金鉴》二〇引吴宽撰《白昂传》。

【130】同上二二引吕本撰《陶谐墓志》。

【131】同上四六。

【132】《续金鉴》六雍正三年《齐苏勒奏》。

【133】《经世文编》一〇一。

【134】《续金鉴》六。

【135】同上一三。

【136】《经世文编》一〇三。

【137】《历代治黄史》五。

【138】《续金鉴》一〇。

【139】《再续金鉴》七九。

【140】同上七六引《栗恭勤公年谱》。

【141】《历代治黄史》五。

【142】《续金鉴略例》及卷七。

【143】同上一三。

【144】《图书集成·山川典》二二三。

【145】《康熙东华录》一七。

【146】《经世文编》九九李宏疏。

【147】由三门达陕州万锦滩计六十里，滩在州北门外（《再续金鉴》八七）。

【148】《经世文编》九九李宏疏。

【149】同上九八。

【150】《治河论丛》一一七页。

【151】《淮系年表》一一。

【152】《经世文续编》九〇。

【153】《再续金鉴》一二七—一二八。

【154】《续金鉴》一一。

【155】《淮系年表》一四。

【156】《历代治黄史》五。

【157】《康熙东华录》一六。

【158】《金鉴》五四引《河防志》。

【159】同上五六引《河防志》。

【160】《清史稿·河渠志》一。

【161】《经世文编》九八靳辅《治河余论》。

【162】同上一〇二。

【163】《雍正东华录》一元年七月下。

【164】堤内、堤外的解释，著名学者如李协也曾弄错，他说，"靠河一边曰堤外"（《科学》七卷九期九一四页）。今且引《清史稿·河渠志》一为例。光绪二十五年，李鸿章奏："拟迁出埝外二十余村，弃埝守堤，离水稍远，防守易固。"埝比堤更近河床，弃埝不守，须把埝外的民村迁出，可见"埝外"系指埝与堤中间的地方，即埝不靠河那一边。奏又说："自长清至利津四百六十里，埝外、堤内数百村庄……埝外地如釜底……且埝破堤必破，欲保埝外数百村，并堤外数千村同一被灾，尤觉非计"；更见得"埝外"即是"堤内"，而"堤外"有数千村，是"堤外"即堤不靠河那一边。我

最初读"内""外"字，也跟李氏一样的误会，但文不可通，取别的治河书说来比勘，才晓得"内""外"系以河身为主体而立言，不是以民居为主体，故无论堤或埝，凡靠河一边谓之"内"，不靠河一边谓之"外"，旧日治河书说都是这样的用法。

【165】同前引《治河余论》。

【166】参前注164。

【167】《乾隆东华录》三六。

【168】《光绪东华录》一〇四。二十五年李鸿章奏称，山东防汛兵夫额设四千余人，分防南北两岸一千四百余里，仅合每里三人，平时巡水查漏，已去其半（《历代治黄史》五）。

【169】《再续金鉴》七六引《栗恭勤公年谱》。

【170】同上一五九．

【171】《经世文编》九七。

【172】同上一〇三。

【173】《续金鉴》四二。

【174】《道光东华录》一八。

【175】同上三一。

【176】《治河论丛》二三二页。

【177】《续金鉴》二八引《豫东事宜册》。

【178】《清史稿·河渠志》一。

【179】《续金鉴》四五。

【180】同上四三。

【181】《再续金鉴》一五四。

【182】《新黄河》五三年四月号四四—四八页。

【183】合计只是九次，不是十次。

【184】比观下文，只是二丈二尺四寸，刊本作"十二丈"是严重的错误。

【185】前十八日慧成奏"七月初三、初五、初七、十三等日共长水二丈二尺四寸"，系连初三、初五、初七等涨水计入，故比这里的"二丈八寸"多出一尺六寸。

【186】同前引《新黄河》四五页。

第十五节　自辛亥革命至抗战前

这一期虽然短短二十余年，但黄河仍经过近代史中极剧烈而罕见之巨变。抗战期间黄泛区的情形，因以前所见多是反动派的宣传，手头上没有确实的完整报道，故暂缺而不载。

一、河患表

一九一三年 （民二年）[1]	七月，决濮阳北岸双合岭[2]循铜瓦厢决口之北股，过张秋，至陶城埠复归大河，淹濮、范数县。[3]	四年四月塞，用款四百万元。[4]
一九一七年 （民六年）	河口自老鸹嘴南徙于大洋铺。[5]决长垣南岸范庄、小庞庄。	九月塞。[6]
一九二一年 （民十年）	决利津县西约二十里之北岸宫家坝，口门宽至四百五十丈，淹利津、霑化、滨三县。[7] 八月（？），决长垣南岸皇姑庙。	十二年五月塞。[8] 十月塞。[9]

续表

一九二二年 （民十一年）	七月，决濮阳廖桥。	九月塞。[10]
一九二三年 （民十二年）	决长垣南岸郭庄。[11]	十月塞。
一九二四年 （民十三年）	海口自大牡蛎分支，由混水汪出岔河口。[12]	
一九二五年 （民十四年）	河徙虎滩，西北流，穿徒骇河旧道，又穿钩盘河，下合大沙河，由滔二河漫至无棣县境入海。[13] 七月，决濮县李升屯，至寿张分为二股：一股北入正河；一股东经安山，穿运河入东平凹地，折而东北流入坡河，出东阿庞家口归入正河。[14]	明年四月塞，用款六十七万元。[15]
一九二六年 （民十五年）	黄河自利津八里庄东冲一口，溜分七成，由铁门关故道入海。[16] 八月，决东明南岸刘庄，入巨野县赵王河，淹金乡、嘉祥二县，分南北二支：北小支穿运河达庞家口。南大支直灌济宁、鱼台，由微山湖南注，徐、淮、海均被灾。[17]	
一九二八年 （民十七年）	二月，决利津棘子刘、王家院。	本年塞。[18]
一九二九年 （民十八年）	二月，决利津扈家滩。[19] 八月，决濮阳南岸黄庄。[21] 秋，决利津南岸纪庄，改从宁海东南，经鱼鳞嘴、丝网口，由太平湾入海。[23]	明年六月塞。[20] 九月塞。[22]
一九三三年 （民二十二年）	从八月起，豫冀交界北决数十口，分为两大股：一股由封丘县贯台[24]北出至长垣大车集，[25]破堤东北流。一股由长垣县冯楼北出石头庄，破堤东北流，由夹河至陶城埠，[26]复归正河，即咸丰所决之北股故道。又由长垣南岸庞庄漫兰封、考城，并由铜瓦厢旧口溃小新堤及四明堂，[27]分入黄河故道，流至砀山高寨、盘龙集，阻于旧堤，折北经丰、沛大沙河入南阳湖，达微山湖，因流量无多，旋即浅涸。[28] 决近海的乱荆子，水向东北流，循韩家垣旧道，至陡崖头附近入海。[29]	
一九三四年 （民二十三年）	八月，河下游改从盐窝迤上左庄南、宁海庄北、转东南入海。[30]	

续表

一九三五年 （民二十四年）	七月，决鄄城县董庄，[31]分正河水十之七八，东流折而南，分为两股：小股由赵王河穿东平县运河，合汶水复归正河。大股漫菏泽、郓城、嘉祥、济宁、巨野、金乡、鱼台等县，经南阳、昭阳、微山等湖，淹丰、沛、铜山，又灌邳及宿迁，由中运河注六塘河、沭河、泗阳、淮阴、涟水、沭阳、东海、灌云各县均被灾。[32]	次年三月塞。[33]
一九三六年 （民二十五年）	海口乱荆子、寿光圩子两处裁湾取直，引溜十分之七下注引河，故道只占十分之二，乱荆子旧口占十分之一，几有恢复太平湾出海之势。[34]	
一九三七年 （民二十六年）	决蒲台郑家寺，分流至寿光小清河入海。[35]	次年自塞。[36]

这一期中，河患以民二十二年八月为最厉害，“水位之高，流量之巨，[37]超过历来测量记录。豫、冀两省黄河漫决五十余处。被灾面积六千三百五十九平方公里，被淹村庄四千处，冲毁房屋五十万所，灾民三百二十万人，灾害惨重，为七八十年来所未有”[38]。

海口的变迁，则民国六年自老鸹嘴南徙于大洋铺。十三年，自大牡蛎分支，由混水汪出岔河口。十五年，自八里庄东冲一口，溜分七成，由铁门关故道入海。[39]十八年，改从宁海庄东南经鱼鳞嘴、丝网口，由太平湾入海。二十二年，决乱荆子，水向东北流，循韩家垣旧道，至陡崖头附近入海。[40]二十三年，又改从盐窝以上左庄南、宁海庄北，转东南入海。[41]但不久又北移，冬间复创开新道，出利律，入广饶，绕刘屋子庄至南旺口入海，距小清河口之羊角沟仅十里。[42]二十五年，经过一度裁湾取直，太平湾旧道变为引溜独多。[43]平均计三年一次，变化之多，至可惊人。如果连清末的计入，则八十年中可知者十九次，平均约四年一次。

《古今治河图说》曾列出尾闾十一变，计开：

咸丰五年初次。

光绪二十三年再变。

光绪三十年改入徒骇，三变。

光绪三十二年四变。

民六年五变。

民十三年六变。

民十四年由滔二河入海，七变。

民十五年八变。

民十八年九变。

民二十二年十变。

民二十六年由小清河入海，十一变。**[44]**

这样统计，我觉得不太妥当，依陈士杰的考查，自咸丰五年至光绪十二年那三十二年当中，南决入小清河的四次，北决入徒骇河的二十余次（引见前节），如果把它算入，岂止十一变那么少。依我所统计的海口变迁，则以原日大清河流为准，凡南入小清河或北入徒骇河、泽河、滔二河的都剔去不算，依此，则可知的约如下十九次：

咸丰五年，铁门关。

同治六至十二年，太平湾。

光绪七年，铁门关。

光绪十五年，韩家垣至毛丝坨。

光绪二十一年，一出丰国镇迤下，一出杨家河。

光绪二十三年，丝网口。

光绪三十年，一支出铁门关。

光绪三十二年，小岔河（又作小叉河）。

宣统元年，萧神庙。

宣统二年，丝网口及毛丝坨。

民国六年，自老鸹嘴**[45]**南徙大洋铺。

民十三年，出岔河。

民十五年，铁门关。

民十八年，太平湾。

民二十二年，韩家垣至陡崖头附近。

民二十三年夏以前，宁海庄东南。

同年北移，实况未详。

同年冬间，南旺口。

民二十五年，太平湾占溜独多。

之外，其北侵的有民国初年之徒骇河（参上注45），十四年之滔二河，南侵的有二十六年之小清河，又二十二年淹漫丰、沛，十五年及二十四年夺占淮系。单就北方而论，则以十四年无棣境的滔二河为最北。查自汉至唐，黄河的海口，本与现在的海口很相近，到景福二年（八九三年），海口北徙无棣，后来卒之冲往乾宁军去（一○四八年），即今天津附近，这些经过，更值得我们谨慎地提防着。

这一期承袭着清代的秕政，河防之责，分属于豫、冀、鲁三省河务局。李协早就提议："特设一总机关，畀之以黄河行政之全权，可以指挥各省于河务有关系各地之县知事。由此总机关，畀各省水利局以分权，以督促其进行。"【46】黄河流域犹如整个人身，是不是可以分作数部分而各自指挥其动作呢？除潼关以上不计，黄河通过的地域，以河北省为最短，即有溃决，大率向下流山东泛滥，所以目前清改道以来，冀省无论为官为民，往往如秦越人之视肥瘠，对河务漠不关心，其流弊正如《治河图说》所指出："冀豫鲁之交，犬牙相错，往往堤在此而决溢之害在彼；此方不关痛痒，彼方坐失事机，以故决溢之灾，最为惨烈。"【47】就让一步说吧，各省都能自尽其力，然而某人的病，请一个医生来医头，一个来医脚，一个担任诊治腹心，恐怕很难收集体之效的。

二、二十多年间有甚么发展

这些年头，黄河流域都处于军阀割据时代，反动派握政权，当然干不出甚么有关治河的事务，但由于群众的努力，也未尝无多少可以值得记载的，兹约举数件如下：

（1）水文测量

黄河水文测量，始于民国八年。顺直水利委员会于陕县、泺口设水文站两处，测验流量、水位、含沙量、雨量各项，十年八月均改为水标站，专测水位。又八、九、十一、十三数年，先后在太原、平遥、寿阳、泽州、汾州各地，设雨量站。惟泽、汾两站，于十六七年相继取消，寿阳雨量也自十六年起记载中断。【48】

十七年冬及十八年夏，华北水利委员会把陕县、泺口两站恢复为水文站，并于开封增设水文站一处，潼关、巩县、姚期营（属武陟）、兰封、寿张、濮县等处各设水标站。嗣十八年十月，仍改陕县站为水标站，开封站也于年底取消，其泺口站则于下年一月移交山东建设厅，新设之各水标站，是年亦次第裁撤。惟未废的雨量站，仍继续维持，且于同年恢复寿阳雨量站，并陆续增设郑州、寿张、利津、汶上各雨量站。【49】

（2）测绘河图

民国八年二月至七月间，运河工程总局制黄河堤岸实测图，西起沁河口，东至鱼山、坡河及姜沟，比例二十万分之一，执行测务的为外人总工程师李伯来（J.Ripley）、副工程师卜乐棣（H.Brodie）等。[50]十年，河南河务局长吴筼孙编《豫河志》，附印该局所制之河南全省黄河形势图。十二年，顺直水利委员会用导线测量自山东周家桥至泺口以下一段黄河，面积约一,〇三〇方公里，水准线二三七公里。所测地形仅及河身左右一二公里，计共绘成万分一简图四十余张。[51]十五年七月，山东河务局详勘入海形势，成《黄河尾闾图》，同时《山东黄河三游详图》也告成[52]（直河局有《直隶河图》，也是这时以前绘制的[53]）。十七年十一月，华北水利委员会自豫境黄河铁桥起向下游施测。沿河两岸地则测至外堤以外数公里为止，至递年春而中辍。所用系三角网法，成五千分一地形图八十九张，约八二〇方公里。[54]

（3）堵口方法

我国旧法系自决口两端放料填塞，逐渐向中泓进行，名叫"进占"。口门越窄则溜越急，料物往往被水冲走，不特耗费，而且无功。十二年，宫家坝堵口工程，由美商亚洲建筑公司包办，价一百五十万元。合龙应用西法，即横过决口打入平行木柱，钉以横板，外蒙铁丝网，于中抛填石料。俟石既出水，桩木上架以横梁，铺轻便铁路，把石料由轨道倒下，渐次填高，先成水面下拦河坝一道，以后渐臻合龙。[55]当施用此法时，河工人员多反对，且料其无成。《治河论丛》说："进占之法，欧西亦采行之，柳石等料，吾国久已用之，是皆为堵决方法之一种，不得强以新旧名之也。至于二者究应采用何种为宜，又须以当时之情势，与经济之状况以为断……交通困难之区，若必坚持以采用柳石，固属不可，而在适宜环境之中，必曰秸土胜于柳石，乌得谓宜？若今年之长垣冯楼堵口，乃新旧方法合用者也。先目两方进占，以至合龙，料物则用砖、石、柳枝，然亦告成功矣。"[56]按"新""旧"之争，固然表示国人保守性重，也可能与舞弊问题有关，[57]不能自办而要包给美商，更见得反动政府之毫无振作。

光绪十七年，历城北岸师家坞决口，因工料缺乏，乃采用挂柳之法，东省之用此法，就自那时为始。[58]其法把木桩打入水中，或单排，或双排，绕以铅丝，以防水冲；桩与桩间插柳枝，梢向下，干向上；柳枝间也用铅丝层层扎紧，流水通过时因柳枝阻碍，泥沙沉淀，决口因而逐渐淤塞。二十二年堵冯楼串沟四处，如用石则物价、时间，两不经济，遂改用这种缓溜落淤法，第二沟口仅二日即自动断流，一、四两沟亦不出二十余日便淤成平陆。[59]

（4）抽水和虹吸

十七年，开封附近装汽油机、抽水机各二，吸水以溉堤外民田。[60]十八年，郑上汛头堡安设虹吸管，[61] 径约十五公分，引黄灌田有成绩，淤塞亦轻，后来人民又自动增加一管。[62] 二十二年十二月，历城南岸王家梨行安装虹吸管，预算每日可灌田一百五十至二百亩。[63] 据说管线稍短，致进口水接近堤身，凿池取水，一经淤垫则失效。[64] 又河南建设厅计划由开封南岸柳园口引黄入惠济河，拟以旧决口洼地为滤水池，自河堤至开封干渠宽八十英尺，于西郊分作二支：一向南至西南城角折而东，入惠济河，一向南经朱仙镇至歇马营（尉氏西北）入贾鲁河，宽五十英尺，闸口之进水量为每秒二千立方英尺，供灌溉及航行之用。[65] 据二十三年黄委会调查，进水池已为泥沙淤平，河去堤远，能否引水，亦属疑问。[66] 按上项设施的主要目的，固在灌溉，然未尝不可利用以应变，"既无开堤之险，且收分水之效，亦属得计。"[67]

（5）加速报汛

十八年，河南南岸险工由黄委会经柳园口、东漳（中牟）、来童寨至京水镇（均郑县），共长二百零四里，架设电话五部。[68]

三、这期内治河的主张

治河必须先懂得河性，知河性然后能抓紧重点，针对病源，而施以相当的设计，不至于无的放矢。亦惟晓得河性，然后对于各种治河方案，能应用客观审察，给以相当的估价，斟酌缓急来排定施行的先后程序。近世科学日新，国人谈治河的已能从河性入手，《古今治河图说》曾就黄河之水流、泥沙两项，指出症结有九，约其大要，可简为三端，兹先介绍它的概略，有时也旁证他书，加以补充，使读者多少心中有数，对于各家所提种种方法，才有鉴别的可能，不至于目迷五色而无所适从了。

（1）雨和雨量

"河水之来源，由于雨量，雨量之成灾，多在夏季"[69]。《淮安府志》说："自黄河来水，多四五月发，凤、泗来水，多七八月发。"[70] 那是黄、淮两流域的雨季不相同。可是气象还未能为人力所制驭，更未能完全预测，民十年山东方面"夏季雨水之多，为数十年来所未有，自夏历六月初以迄七月望，四十余日几无一日放晴，每日必雨，每雨必大。"[71] 就是特殊的例子，而河患也往往跟着发生。

地面的雨量，有蒸发、渗漏和径流三种去路，据经验所得，径流与雨量的最大比例，不能超过百分之四十。黄河流域面积，郑州以上，七十五万六千平方公里，潼关以上，七十一万二千平方公里，禹门口以上，五十一万五千平方公里，兰州以上，二十一万六千平方公里，面积虽大，却很少同时普遍降雨。[72]但二十二年的大水，据吴明愿说："是年七月中下旬，上游各省暴雨。七月十七日，暴雨阵头奔入绥远，十七、八、九三日，在河套一带下二百零五公厘之雨量。暴雨阵头继转绥南及陕境，二十日夜及二十一日一昼夜间，下三百公厘有余之雨量。暴雨阵头再向东移，二十四日晚蓝田大雨，平地水深数尺。雨线转向东北，入山西，二十六日晚太原大雨，山洪冲毁公路桥梁。在受雨区域之渭、泾、汾、洛四大支流，与干河同时并涨。"[73]又是一个例外。

雨量的来源究竟以哪方面为多呢？据黄委会的估计，黄河洪量来自河套、绥远的占百分之十五，汾河占百分之二十，泾、渭占百分之六十，伊、洛、沁等河占百分之五。[74]又张光廷说：二十二年"八月七日，太原汾河为六千秒立方公尺，八月八日，大荔洛河为二千三百秒立方公尺，同日，张家山泾河为一万一千二百秒立方公尺。渭河虽未实测，依八月七日咸阳水位及断面估计，为六千秒立方公尺，合之已达二万五千余秒立方公尺。"[75]又依张含英估计，八月十日晨二时陕县流量约二万二千六百秒公尺，来自渭河的四千秒公尺，径河一万二千秒公尺。[76]大致来说，泾、渭两支占总量百分之六十至七十，那末，防洪就得先从这两支流着眼。

（2）暴涨暴落

向来黄水最低为十二月，一月凌汛，二月桃汛，汛过水落，五月暴降，六月涨发，至八月而达最高峰，至十一月半退尽。历年最高水位，陕县二九八公尺二三（二十二年八月十日），泺口三〇公尺三五（同上八月），最低水位，陕县二八八公尺八九（十七年十二月十二日），泺口二三公尺五（八年五月三日），高低之差，自二丈一尺至二丈八尺，然为时均暂。常水位，陕县为二九〇公尺，平均约达六个月，泺口二五公尺，平均约达六个半月。[77]除此之外，涨落均骤，如二十二年大水，据安立森报告，八月七日正午，陕县流量仍为二，五〇〇秒立方公尺，以后逐渐上升，十日晨二时已涨至二三，〇〇〇立方公尺，然其最高峰仅保持一刹那，十三日晨[78]又落至六，〇〇〇立方公尺。即是说，洪水所经时期不足六日，而最危险之洪水约一〇，〇〇〇秒立方公尺，所占时间不足六十小时。[79]又据万晋说，二十四年鄄城董庄决口，七月七日以前，中牟流量未超过二，一〇〇秒立方公尺，但至次日上午十二时忽涨至三，〇八〇秒立方公尺，及夜半十二时至一六，六〇〇秒立方公尺，是一日之增加，相差至一三，〇〇〇秒立方公尺。其退落之速亦如之，九日午十二时即退至一一，五〇〇秒立方公尺，十一日下午八时继退至四，〇六〇秒立方公尺，几如普通流量，洪水前后为时仅四日。[80]至于洪峰能保持多久，又与黄河洪流传播率有着密切关系，吴明愿根据民八至十八年陕县泺口间之水文观测，其平均率为每小时四公里三，黄河上游斜度较陡，假定为每小时四公里五，则皋兰至陕县一，九〇二公里，需时十八天，宁夏至陕县一，五一〇公里，需时十四天，包头至陕县一，〇二〇公里，需时约九天，河曲（山西）至陕县七三二公里，需时约七天，陕县至泺口六二〇公里，需时约六天六小时。[81]但张含英说："渭、泾诸河流域凡十二万方公里，若有暴风雨，则涨水一二日抵潼关。"[82]是知能够求出各区域流速之比较确率，再和各流域之降雨量及降雨时日来结合推算，未尝不可测得下游之最高洪峰及其保持的时间。综括来说，治黄固是长期的斗争，而就每一次防暴洪来看，又是短期的斗争，我们应该抓着这种特性而设法加以击破。

（3）泥沙分析

黄土为第四纪（quarternaire）中期之堆积。"黄土层有不同的成因，如果认为到处黄土都是风成，这是不正确的。如三门峡的黄土及黄土状土壤就是洪流和河流混合作用所造成的。一般的风成黄土也是从洪积黄土经风力吹扬而造成的，所以黄土的形成过程是很复杂的。……黄土造成的土壤很肥沃，但易受侵蚀破坏，因此对农业生产和水利均有极大的关系。"[83]大抵黄壤之分布，兰州以上占六万方公里，兰州至宁夏五万五千方公里，渭、泾、洛、汾四流域五万三千方公里，西安至观音堂（河南）一千方公里，南洛流域二千方公里，沁水流域二千方公里，其他一万五千方公里，合共十八万八千方公里，约当其流域面积四分之一。[84]黄壤层积之厚，恒至数百公尺。[85]到汉族西来，垦殖生息，不遗余力，往日的丰草长林，渐至摧废，土壤暴露，水既不能存蓄，土亦随流以去。每当大雨之后，在处发现无数蛛网状小沟，深自一寸至数寸，彼此结合，形成广谷，一遇山洪暴发，奔腾四溢，辄成巨灾。[86]不过冲刷下来的泥和沙，性质不同。泥细而浮于水中，其来去都可能很远，沙粗而沉于水底，其来去往往不远，故俗语称勤泥懒沙。绥远水流宽放，沙常留滞，豫境也多沙，山东则不然。又沙毁田而泥肥田，河南延津今犹积沙没踝，田不可耕，当系旧日某次决徙的要点，[87]盖决口之水多沙，漫溢之水多泥，同一黄河而决和溢的利害就不同，同一河决而上下游所蒙之后果也不同。[88]至于上游含沙，据绥远水文观测，罕超过重量百分之二，又据径河水文观测，春令稍涨，沙重可至百分之三十，复季盛涨，竟至百分之五十，洛河情形亦同。大致来说，潼关以下黄河之含沙，渭河流域实为其主要来源。黄委会曾计算京汉路铁桥下每年平均流量一，二一〇秒立方公尺，含沙量为流量百分之三．三，又泺口每年平均流量一，二〇〇秒立方公尺，大致同京汉路桥，而含沙量为百分之一．五，差至半数以上。[89]可知黄河上游挟带之泥沙，半沉淀于京汉路桥与沁口之间。【90】总之，黄河挟带着大量泥沙，结果必令河床一天一天淤高，两岸的居民就好像筑垣居水，是再没有更危险的事，所以从长期治黄着想，应该怎样消弭或处理泥沙又是最突出最严重的问题。

（4）脆弱环节

这一点《治河图说》没有提出，我以为应该列入的。黄河当冲或坐湾的地点，即河务人员所谓险工，也就是常常出事的地点。比方明代的荆隆口屡次冲决，又明万恭早说，如把铜瓦厢决开，就可使黄河东趋东海，【91】而后来咸丰改道恰在铜瓦厢，那都不是偶然性的，因为它是冲往张秋的路线所必经的地点。就黄河整个大势来论，汜水以西，山岭夹束，没有给它分流的机会。再往东则地势坦缓，尤其是南岸，古汴渠即从此分支，一路下至兰封，凡夺涡、夺睢、夺颍的演出，都在那一带找寻口门，这是黄河最弱的一环。东周以后，明初以前，黄河本从原武东北去，不经郑州、开封，其左岸的濮阳即数回北出天津的起点，这是黄河次弱的一环。再回说黄河南岸，自东明至鄄城，如有失事，必冲曹、单、金乡、鱼台，下达丰、沛，这也是黄河很弱的一环，所异的总未见过冲出正常的河道。这个问题向来没有人提出过讨论，据我的管见，当洪水时期黄河往正东流去，被鲁西诸岛当头挡住，水势倒漾，迫得向两边分泄，同时，鲁西朝西的山谷所受的雨量，以西边为倾泻地，黄河泥沙受到冲刷，多不能在此停留，所以那一区域至今还是极低洼的地方，有着一系列的清水湖环绕着它的东边沿线。唯其低洼，故黄水只有平漫，没能够冲开一条河道了。

专就鲁省而论，则长清、齐河、历城、济阳、惠民、滨县、利津的北岸决口都可以溃入徒骇，历城、章丘、齐东、蒲台的南岸决口都可以溃入小清，而就已往的事实作统计，又以入徒骇为特多，故北岸是黄河较弱的一环。

世界上各大流域的河床虽有时发生小变迁，总不会相差很远。《禹贡锥指》四〇中下说："或问：……水未治以前，河从何处行？曰：尧时从大伾山南东出，或决而北，或决而南，泛滥兖、豫、青、徐之域。"这是设想荒古时黄河纵横的情况。但自有史以来二千余年，黄河也没见得比前安静，它的出海口门北可以达天津，南可以抵安东，直距在千里以上，比之别个流域是多么不同。

黄河既有好几种特殊性，我们如能够掌握得住，那末，做实践工作时自然可能判定了先后缓急，即在研究别人的计划之时，也可看出其能行或不能行，切要或非切要了。

这一期内所提的黄河治法，是多式多样的，然按其性质而归类，仍不外如下六端，间有复述旧说而在以前各节曾经过讨论者，这里只略揭其目，不再繁叙。

（甲）保持土壤

这可算最根本的治黄方法。光绪间陈虬提出治河三策，认河源广设水闸以杀上游水势而缓下游之流为下策，【92】似未免本末倒置。万晋屡言防制土壤冲刷之必要，大致以为主要原则须节制水之急流，以减少土壤之移动，其办法是：1. 种植丛密草类，据各国试验结果，草地上层土壤须经三千九百年，才被雨水移去，苜蓿地更支持至五千五百年，径流可减至百分之三强。2. 拦河蓄水。3. 凡险峻土地宜停止种植农作物，以草木代之。【93】保土不特与治河有关，尤与陕、甘、晋三省人民生活有关，是双重严重的问题。至于森林保壤，罗德明以为在黄河流域言，虽二百年尚无把握，【94】似乎言之太过。又刘寰伟说："治水者苟能不违经济适宜原则，借森林为协助则可，若恃森林为独立之治水主要计划，则未见其有当。"【95】恃为独立计划当然是不对的。

（乙）改河说

从表面来看，有点似近于根治的办法，其实则不切实际，对河患能否消弭，毫无把握。其提法又可约分为下列两种：

1. 陕甘改河　田桐谓根本治沙在徒河远避河套之沙漠，主张自宁夏开口，东出花马池，经定边、靖边，平地开河六百里，分为二支：南支接周水，入北洛，至华阴入河。东支接杏子河，入延水，至延长入河。更有人主张于狄道（今临洮）渭源间沟通洮、渭，远避塞外沙漠。这些提议的不可行，正如《治河图说》所评，黄壤分布不限于河套，沙来自河套的本不甚多，狄道高出洮河约四百公尺，人力亦无可施。尤其田氏说："晚唐五季以前，阴山之南，河套之地，绝无沙漠，故河水不挟泥沙。"【96】对历史非常隔膜，难怪他的条议之脱离实际了。

2. 陈桥改河　这是宋澎提出的，办法把开封北岸陈桥的大堤决开，引溜东北出封丘，循二十二年的决道，沿金堤下达陶城埠，复归正河。他的根据是，陈桥当日河床高度为七三公尺，堤外地面高度为六七公尺五，改道后河床可降低至一丈五尺以上。水行低地，南岸为已经淤高之故道，北岸又有金堤，地势亦较高亢，如是，则三十年内豫、皖、苏三省及冀鲁的一部可免河决之忧。李仪祉（即李协）也有类似的主张。【97】对此问题，我们首先要记取豫河决口，不少在开封以西，陈桥改道是否能保证豫、皖、苏必无河患？其次，李鸿章也曾说过，势难挽地中三丈之水，跨行于地上三丈之河（引见前文第十四节下），然而二十二年的决水的一部就由铜瓦厢旧口流入故道，改河后是否能保证南岸必不闹溃决？如果收效只限三十年，倒不如仍旧贯而不必改作了。

说到这里，不妨趁便谈一下把黄泛区恢复为山东出海的问题。主张山东河道仍可支持数百年，应挽归故道，如果不含有政治作用，我们是不反对的。不过他们所持理由，总带着多少偏差的地域成见，想要为治黄求出正确理论，是不可不加以澄清的。

第十五节　自辛亥革命至抗战前

即如说："自黄河南流以后，数年以来，对于农田水利运输，则发生种种不良影响；据山东省公署报称，决口以前，每年平均降雨六百公厘，今只四百公厘，以致连年亢旱。附近河流湖沼，水位低减，灌溉不足。"[98] 地有河流，无疑空气湿度会较高，可疑的鲁境蒸发之水汽，是否也像人们挟持着地域成见要把全量降回山东境内而不被大气卷之他往呢？咸丰五年以前，北流断绝最少有三百五十年，是否那一时期之内，山东农事蒙受种种不利，我们未得到材料来证实，是不能随便接受的。尤其旧日有一种颇为普遍的传说，认金人以宋为壑，利河之南而不欲其北，跟上头所举的理由很相冲突。诸青来又谓"汴口分流，旧有口门。……王景治之，复其旧迹。……然分流之利，仅属一时。分流既久，终致改道，以成后日元、明、清三朝夺淮之变局。"[99] 按自纪元之初，黄河正流专走山东，事经千年，至一〇四八——一一八〇年（宋庆历八年，金大定二〇年）的时期，则迁徙于鲁、冀之间，以后转柁南行，汴渠早已中断（参前文"导言"）。今欲把元、明、清南徙之局，归咎于千余年前的汴口，酷吏周内，何以过之。他说"并无方域之见"，而不知方域之见跃然纸上。

（丙）固定河床

这是李仪祉所谓小康之策，注重控制洪水流向，亦即旧曰束水归槽之意。其细节则设固滩工程（清光绪年间吴大澂已有"守堤不如守滩"之说），打木桩于滩地，单行或双行，与河流方向构成七八十度，向上游挑着。橛上编柳枝篱笆，[100] 或橛间添柳枝用石块镇压，并加铅线牵锁。此种坝工，相距每五百至一千公尺。惟李氏指出固定河床，最费斟酌的就是两岸之宽度，可先从改除险堤入手：一为改缓兜湾，二为裁湾取直。[101] 按黄河自孟津以下，两岸堤距或仅一二公里，或至十五六公里，[102] 豫冀之交，距宽至二十五公里，鄄城南堤北去高堤口金堤可三十五公里，至黄花寺渐缩至十二公里左右（范县至寿张一段，水面有宽达二三十里的），十里铺（陶城埠东南）堤距七八公里，齐河以东则逼窄异常，仅一公里上下，[103] 河槽固无取其太阔，然以这样不规则的河槽，要想把它整齐划一，是为自然条件所限制住的。何况黄河的溜势，有时卧北，有时卧南，遇着急流暴冲，甚至同一日中也发生变动，如要河床保持规律，势非岁岁调整不可。即如兰封三义寨附近，十九年七月因河流陡变，水势南圈，原有的石坝、石垛，多已消灭无迹；又三十余年前蒲台原在南岸，筑有石坝，自后河身南徙，石坝遂成废物。[104] 我们即使不惜工费，也常会失去作用。张含英曾说，无充分之测勘研究，此事不易办理。[105] 就令做出计划，还要经过长期实验，才有把握。故"固定中水位河槽"，说来似颇动听，执行却委实不易。

（丁）分疏

《孟子·滕文公上》："禹疏九河，沦济、漯而注诸海。"朱熹注，"疏，通也，分也"。

《史记·河渠书》称禹"厮二渠",厮,现在的《汉书》作醨,司马贞《索隐》:"厮,《汉书》作灑,《史记》旧本亦作灑,字从水。按韦昭云,疏决为灑字,音疏跬反。厮即分其流,泄其怒"。我们现在既晓得上古并没有大禹治河的事实,从我国社会发展史的客观体察,公元前二千余年的时代也不需要那么细致的工作,则分作"九"河或分作二渠都无非表示黄河的自然趋势。有一定的水量,应有一定的相当容积,否则必会漫溢,这是极浅而易知的物理,所以就一般的治河方法来论,就任何时河水已达到饱满程度(对堤防而言)必需救急来论,分疏应占居最首要的位置。不过分疏的方法有多种多样,其中某些,近世常别立名目以免混乱,但从原则上说,都由"不与水争地"的观点出发而属于分疏的性质,以下就依近世的称谓,列作四类:

1. 分河和减河 是分疏最简单的方式。[106] 宋、明以后,人们渐深彻地了解黄河淤塞性的严重,在理论上反对分河的往往占多数,然而治河有名的人,却很少绝对地反对分泄。《至正河防记》引贾鲁说:"减水河者水放旷则以制其狂,水疆突则以制其怒。"[107] 靳辅说:"平水之法奈何,量入为出而已","又为闸坝涵洞以减之,务令随地分泄,上既有以杀之于未溢之先,下复有以消之于将溢之际,故堤得保固而无冲决也"。[108] 甚至力主束水攻沙的潘季驯也得承认"黄河之浊。固不可分,然伏秋之间,淫潦相仍,势必暴涨。两岸为堤所固,不能泄则奔溃之患有所不免"。[109] 近年研究水利学的像李协、张含英等,也认为河非绝对不可分。[110] 尤其重要的,我以为王景惟能应用有节制的分疏,所以取得辉煌的成绩。其次,谈到分在甚么地方的问题,大约可分为两种。有拟分在冀、鲁的,李仪祉曾议在北岸长垣石头庄决口开一减河,接入金堤南之清水河,至陶城埠复归正河。又议在东明刘庄开口,分水通宋江河和清水河,出东平湖,由姜沟归入正河(以上两策,可参看《治河图说·三十五图》上)。历城以下,则议减入徒骇,安立森也有同样的建议[111](并参第十四节下四项"分入徒骇"条)。有拟分在河南的,即于郑县京水镇等处建筑溢流堤(亦可称分流提),因黄河最大流量之周期约为五六年,这种溢流堤只分泄超过某种高水位后之最高洪水量的一部分,不是分泄平水,也与析河成两股有点不相同。[112]

2. 滚水坝 已在十四节下二项约略谈过。安立森主张建于山东南岸鄄城临濮集下金堤和官堤之间,洪水时引水量约二万五千万立方公尺,使平漫于一千六百平方公里之面积,计算水深不过二公寸半,近堤与水深之处可达二三公尺,经一周后又复尽归正河,只损失一次秋禾。这类情事每五年才发生一次,总比决口之全被淹没,胜过许多。而且滚水坝所过的水多含细沙,有益于农田,费用又较引河为省。[113] 武同举则称豫、冀之交,河势渐缩,[114] 应就迤上北岸濮阳堤建立滚坝,减水由引河汇入古大金堤南面之夹河,并添筑南堤,束水至东阿,仍归正河(与前引李仪祉的石头庄减河大致相同)。又鲁河中下两游的北岸也建滚坝数座，坝下开引河筑堤，减入徒骇。[115]李协对滚坝有过批评，他说："潘氏创设滚坝（即 over-flow weir）以减水，所减者盛涨之水也。河床日高，则堤培之益高，而滚坝之底日形其低，不足以范常流，故必以土封之。迨水涨抉去土封，则不惟涨水泻而常流亦移，而致水分歧矣。"[116]按滚坝跟减水实同一原则，故溢流堤也可称滚水坝，[117]李氏固主张减河（见前条），他只是反对滚坝在技术观点上表现的缺陷。张含英对滚坝是赞成的，他说："于水位达一定高度，水即可漫坝而分其流，既免淤积之弊，且收分水之效。"[118]据拙见来批判，滚水坝比之分河（指利用现成的川流而说），似乎害多而利少，所因坝后仍开引河，则无论在经济或占地，均耗费过大。如果不开的话，滚过之水便四围散漫，直可称作"变相的人工溃决"，靳辅所以大受攻击，这是最要的理由。我们研究治黄的目标，无非想把灾害减至最低的限度，若照安立森说，每约五年便损失大量的田禾，显然跟我们的要求不相合。再论滚坝的作用，须待洪水来到坝前，才生效力，也不像减河可以灵活地运用，预先抽去底水。顾一柔说："滚水石坝及格堤之法，即斗门回注之意。"[119]从实际运用来看，这两种方法是有其相当距离的。更有一点，诸青来以为潘、靳治河任堤防不任减坝，[120]也须加以澄清。潘氏《河防一览》说："今有遥堤以障其狂，有减水坝以杀其怒，必不如往时多决。"治河最坏是溃决，而潘氏所倚赖的最后武器，就是溢出缕堤以外有着减水作用的遥堤与减水坝，靳氏大受各方责备，也只答允停放减水坝一年（见十四节下二项），可见一发千钧之际，潘、靳的最后武器还是靠滚水坝，哪能认为他们不任减坝呢？

3. 水库 用意跟分河相类而方式不同，刘寰伟说，水库有二种，天然的与人造的。天然的如湖沼、河身等，人造的大别之为常流的和积储的，前者的排水甬道适合一种比例，使最大且急的水流不逾下游河道之容量。他又分析水库的利益，大致归纳为四项：（一）影响之远及救济面积之广为他计划所不及。（二）随地形之适宜，可建筑于干流或支流。（三）不独能阻肥土之冲蚀，且每次水退后多一层肥土，增加沿库区域之生产力。（四）能增加蒸发、吸收和渗入的分量以减少逝流。[121]按水库，宋人呼作水匮，或加木旁作水柜（参前文第十节九项）。明永乐九年，宋礼"于汶上、东平、济宁、沛县并湖地设水柜、陡门，在漕河西者曰水柜，东者曰陡门，柜以蓄泉，门以泄涨"。如南旺、安山、[122]马场、昭阳、[123]蜀山和淮北射阳，江南的开家，[124]都是明人设在运河沿岸的水库，但目的注重济漕助运，而不是减洪，且没有推广到黄河流域。自然蓄水池则现在我国长江的洞庭、鄱阳，淮水的洪泽，都具有调节水量的作用，黄河系在古有荥泽、巨野，荥泽湮没甚早，巨野到元末也淤平（见前文第八及第十二节）。余阙说："中原之地，平旷夷衍，无洞庭、彭蠡以为之汇，故河常横溃为患。"[125]丘浚《大学衍义补》说："曩时河水犹有所潴，如巨野、梁山等处。"陆深（弘治时人）《续停骖录》

说："今欲治之，非大弃数百里之道不可，先作河陂以潴漫波。"刘天和以"旁无湖陂之停潴"为河患原因之一。[126]又刘尧诲《治河议》说："河性至湍悍，有以潴之，则缓其性而不为暴，有以分之，则杀其势而不为厉，古今治河无出此二者。"[127]这一派的言论早已强调黄河应设水匮，可惜明、清治河人员都没有付诸实行。[128]民二十四年顷，黄河水利委员会打算在黄河上中游各支流分设水库，停蓄过量的洪水（渭蓄百分之三十；泾，百分之四十五；北洛，百分之十五；汾，百分之十；又沁、洛也各蓄若干），使下游只纳每秒六千五百立方公尺。据安立森《查勘孟津至陕州间拦洪水库地址报告》略说，水库功用与有出口之湖或坝相似。黄河流域在京汉路桥以上为七十三万方公里，最大流量可至二万五千秒立方公尺，但试比观流域略相等之长江，最大流量可至七万秒立方公尺，美国密西西比河可至八万秒立方公尺，则黄河流量问题本不严重。惟是黄河涨落，异常突兀，最危险的洪水约一万秒立方公尺，所占时间不足六十小时，全部水量不过十一万万立方公尺，如能于宽六百公尺，坡度千分之一的河上，建一高六十二公尺的水坝，就能容纳，而流量可节制为一万秒立方公尺。它又说，经过水库储蓄，经遇孟津的流量可达一万三千秒立方公尺，再加入洛、沁的二千秒立方公尺，共为一万五千秒立方公尺，但各支流涨落或不同时，再兼库上建节制闸门，[129]则全河流量总不致超过一万五千秒立方公尺。同时又查勘建库地址，谓以孟津上七十五公里之八里胡同为最宜，另有孟津上三十五公里之小浪底，百二十公里之三门峡，[130]都各有缺点。至泾、渭上流，依李仪祉《陕西泾惠渠报告》："泾河上游歧分二股，西股名泾，北股名环。"[131]环河流域黄土层之广厚，冠于西北，该处累经地震，原崩土裂，川遏谷壅，夏季水涨，随流冲下，而泾河最大洪量，由计算推测，可达每秒一万五千至一万六千立方公尺，黄河洪水与泥沙之为患，多由于此。"经过查勘，库址则以邠县上游石桥头为最优。[132]总之，停蓄不过分河的变相，两者不同之点，前者是点的宣泄，后者是线的宣泄；前者是先后的宣泄，后者是同时的宣泄。换句话说，同是从"不与水争地"的原则变化出来。至于黄河水库有没有缺点，李协的意见是："治水之法，有以水库（reservoir）节水者，各国水事用之甚多，然而用于黄河则未见其当，以其挟沙太多，水库之容量减缩太速也。"[133]张含英虽指出"按永定河官厅拦洪库之计划，预计三十年可减少其容量三分之一，黄河各支流如建水库，或亦似之"。但他又以为如应用沟洫制度来治黄，五十年后必有可观，到那时即使水库失效，也没甚要紧。[134]按黄河沙粒极细，约有百分之八十以上可漏过二百号筛子，[135]为长久计，这一点也应顾虑到的。

4.沟洫　倡议沟洫治水的经过，已见前第十四节下三项，论其用意，与水库同是减少河流的水量，所异的，水库是聚川流的水于一个连绵的广大面积，沟洫是保留田中原有的雨水（不是导引河流以开沟洫）于无数的细小面积。这种方法，李协极力赞成，[136]

他在论水库的短处（引见前条）之后，接着说："然若分散之为沟洫，则不啻亿千小水库，有其用而无其弊，且有粪田之利，何乐而不为也。"【137】张含英也表示同样的意见，【138】大致认为"若沟洫增加，以占地亩之面积百分取二计之，则五公分之雨水，可以尽容纳于沟洫之中矣"。不过他仍提出"西北阶田必须以政府之力，督令人民平治整齐，再加沟洫，方为有效"【139】。可是依席承藩最近发表的意见，梯田问题还须等待考验。【140】吴君勉对这种治法的评价，则谓"只宜行之于黄河上游。若中游以下，堤身高于地面，武陟以下，绝鲜入黄支流。虽有沟洫，于黄河之防洪防沙无与也"【141】。据我的看法，沟洫如应用于水利灌溉，自当别论。如目的在用以治黄，则洪流的来源既常发自泾、渭，洪流的酿成又由于短期间的急风暴雨，那末，下游沟洫对防河所生作用，当然不会很大。上游处于急雨骤流的恶劣情况下，其作用也怕因而减低，牺牲百分之二的田亩，只来支援两三日的危险，似乎不太值得，何况它的收效还须经过实地试验呢。回忆一九五〇年八月苏联部长会议曾决定："不用永久性灌溉渠制，而代之以临时水渠，这种水渠仅在灌水时期运用，过后便予填平，以符合动力耕种和种植农作物之需"。【142】可知，用沟洫法来治黄是有问题的。

上古曾否利用过沟洫来治黄，这里不可不附带加以讨论。李协曾说："昔者禹治降水，兼尽力乎沟洫。后世儒者颇有谓禹釃二渠，后至周定王五年，凡千余年而河始一徙，且当时未有堤防，其所以能安澜不犯者皆沟洫之功。而河之敝也，亦自周衰井田废，沟洫之制始弛。此说也，虽未或尽然……"【143】现在且勿论沟洫制是否可以治黄，我们先须确切指出旧观点的错误，才能扫清前途的障碍。"二渠"是黄河的两支，不是沟渠的"渠"。《禹贡》本非治河实践的记录，只因后人误信为真，于是恢复"禹河"的争执，经历了二千余年而仍未打破。如果今人又误认黄河千年不变确是治沟洫的成效，则当讨论这种制度时候，总会带先入为主的成见，不可不彻底辨明，其故即在此。我们固知"禹"是人化的神格，但依据传说的性质，未尝不可作为"先民"解释，住在黄河上游的汉族祖先，从现在一般田间习惯来看，相信有过用沟洫灌田的工程（但不是周礼那种整齐呆板的沟洫，即，"井间广四尺、深四尺谓之沟……成间广八尺、深八尺谓之洫"），正如《禹贡锥指》三七所说："禹尽力乎沟洫，导溪谷之水以注之田间，蓄泄以时，旱潦有备，高原下隰，皆良田也。"可是他们的目标只用沟洫来灌田，不是用来治黄，那时的部族各据一方，遇有水患，方谋以邻为壑，断不能有怎样高度互助的精神，开沟洫以替下游减除水患的。因此，沟洫是否可以防黄河大涨，我们不能据已往的传说来判断。

（戊）堤防

潘季驯《河防一览》引《禹贡》"九泽既陂"，以为禹治河已用堤，但《禹贡》不是真实记录，这个证据应该存疑。相传埃及第十二朝的亚门能哈帝曾想出办法，使得尼罗（Nile）河整个流域得以种植，且建筑两岸的长堤，把河水宣泄于莫里司（Moeris）湖，是世界上最早的河堤记录，确可追溯到元前二千年顷。齐桓公葵丘之会，时当元前七世纪中叶，有"无曲防"的禁戒，[144]算是我国最首见的河堤，其次则《韩非子》的"白圭之行堤也，塞其穴"。大约上古时地广人稀，群众摸准了黄河的汛期，可先期躲避往高处，事实上无筑堤的必要。后世生殖日繁，人稠地狭，"不与水争地"的呆板做法，就难以继续施行。再从地势来说，"砥柱以东，峭壁横河，水从石出，名曰三门，总而计之，宽不过七八十丈，关锁洪流，势甚湍急"[145]，也无须乎堤。但"至孟县，两岸渐无山冈，河面宽阔，约计数里，北岸之武陟县，南岸之荥泽县，始有堤工防卫"[146]。尤其到了力求增加生产的今日，堤防虽属消极性的抵抗，其万不可缺，已尽人皆知，往日对堤防是非的争论，[147]我们已用不着多费唇舌。要讨论的只是堤防应怎样运用的问题。

贾让以"只知筑堤"为下策（说见第八节），独至潘季驯则专主"以堤束水，借水攻沙"，但他的《河防一览》又说，"堤欲远，远则有容而水不能溢"，"束水"之见，已涉动摇（参第十三节下五项）。李鸿章早疑其未可深恃，诸青来却以为"后之治者……莫之能易"[148]，对治河史显未经过深入的了解。武同举还看出束缚之害。[149]李仪祉所论更结合实际，他说："当二十二年非常洪水之时，平汉桥上游河床之冲刷亦颇甚。惟开封附近，反多淤淀之处。兰封以下，淤垫尤多。本会水文观测，亦颇能证明龙门淹关河床渐淤，有恢复洪水前旧状倾向。彼龙门以下，河床之宽，仅六百公尺，两岸壁削，尚且如此。故知流量含沙及河床之纵坡，在在均与河床之高度有关，不仅河宽而已，专事增培堤身，是否足以长保输沙入海，维持河防于不败，实为疑问矣。"[150]此外山东河务局又发表过一篇《冀鲁豫三省黄河根本修治办法》，大致称，由孟津附近起至鲁省防守下界止，长约一千二百里，就现有的堤防，留用一岸，其余一岸另筑新堤，主旨无非修堤束水，逼溜冲刷。[151]工程很艰巨，而能否收到预期的成效，实在毫无把握。

"虽有坚厚石堤，能保河之不决，不能保河之不溢。"[152]《河防一览》虽作出每岁加高五寸的补救，清雍正七年，也有同样规定，结果必筑垣居水，只是挖肉补疮，非长期之计（参第十四节上一项）。张含英曾提出"如能将沿堤身高度作有规律之增加，亦可为拦洪之用"，但他跟着说，"两岸之滩，经一次漫流，必淤高一次，而堤顶亦必随之而增，仍非根本之图"。而且他提出这种意见，系在"陕县以上既无蓄水之设备以资拦束暴洪"的前提之下，[153]显见加高堤身之无补于事，不必再行辩论。

堤的方式，就堤距来区别，有遥堤和缕堤。贾让称齐地作堤去河二十五里，赵、魏亦为堤去河二十五里，[154]司马光称沧、德界有古遥堤，[155]那是古代传下来的遥堤。缕河堤的名称首见于《宋史·河渠志》，熙宁七年，欧阳玄《至正河防记》称作缕水堤，后来又省称缕堤。这两种堤式之合并，近世称复式河槽，李协说："河流之横断面，有所谓单式（single profile）、复式（double profile）之别焉。低水洪水同纳于一槽者名曰单式，寻常水位纳于一槽（名曰本槽），洪水或非常洪水令回旋于较宽之槽者名曰复式。"【156】单、复怎样应用，大抵须看环境地势为取舍。

堤何以决？陈潢认为："皆由黄水暴涨，下流壅滞，不得遂就下之性，故旁流溢出，致开决口。"【157】这虽然是河决的一个理由，却不是河决的唯一理由。当涨水浩浩而来，本挟有万夫不当之势，如非严重的壅滞，阻不了它的来头。然而黄河溜势常常在变动，遇着溜势顶冲，有一处的堤防力量挡不住，便会决口。这样的决口，乘着巨洪奔腾，就很容易牵动大溜，酿成改道，即使下游畅通，有时亦无所补救。所以固堤的工作仍然松懈不得，其中最要的是杜截串沟，张含英已有详说，【158】这里不再复述（参看第十四节下五项之9）。

以上所说防河不可无堤，系从一般性出发，海口要不要筑堤又是另一个问题。黄委会《工作纲要》称："于泥沙入河之后，应使之携淀于海"【159】，好像淤垫在海口便万事大吉，这个问题牵涉太广，必须从长计议，万万不可操切从事。黄河虽已改由山东出海，然拿云梯关的往事来比观一下，未尝不是无益的。靳辅治河时，南北两堤都筑至云梯关，乾隆二十九年高晋奏废海口堤防，【160】阜宁、安东的人民对他大肆攻击。后到嘉庆十五、十六年，又将海口堤一再展筑，【161】贺长龄以为"海口长堤之功，现有成效"【162】，他的意思大约指恢复之后，阜宁、安东、山阳方面渐告安靖。可是自嘉庆十八年（一八一三年）至道光二十三年（一八四三年），三十年间豫省共闹了大决六次，卒演成咸丰五年（一八五五年）之改道，是不是下游太过紧束因而牵累到上游呢？关于云梯关海口的淤垫过程，靳辅说："云梯关者不知名自何时……往时关外即海；自宋神宗十年黄河南徙，距今仅七百年，【163】而关外洲滩远至一百二十里，大抵日淤一寸。"【164】海滨父老言，更历千年，便可策马而上云台山，理容有之，此皆黄河出口之余沙也。"【165】陈世倌说："海口，每日潮汐二次，以堤束水，潮至则沙随水进，潮退则沙留堤根，日积一寸，积数十年计之，其沙日引日长，愈久愈坚。……今自云梯关至四木楼海口，且远至二百八十余里。夫以七百余年之久，淤滩不过百二十里，靳辅至今仅七十余年，而淤滩乃至二百八十余里。"【166】又徐端说："自乾隆四十三年迄今（嘉庆十年），历二十八年，其间漫溢频仍，得保安澜者仅止八年。……查云梯关以下……海口淤沙渐积，较康熙年间远出二百余里。"【167】就中徐端的数目许有错误，今比较靳、陈所报告，由康熙中到乾隆二十一年，海口实伸出一百六十余里，但这正是海口有堤的时期，我们能不能够就此判定海口筑堤可以避免淤塞呢？有人在问，这短短六七十年，为甚么冲积特别加速？有没有信值？我的答复如下：康熙中靳、张相继治河，河流通畅，出事较少，也许那时候流量携带之沙泥，多被推送到海口去。反之，黄河中途出事越多，则顿挫越多，大量沙泥已于半路上垫下，试检阅（第十四节下）当日河事表，就可体会出这种情形了。更推论到海口何故淤垫？前人或谓海沙逆上，是误会的；明吴从宪说："河潦内出，海潮逆流，停蓄移时，沙泥旋聚。"[168]《淮南水利考》说："海口本自无淤，近日之淤，以黄沙而然。……海水遏淮水不得流者每日有八时，黄沙能无停乎？"[169]陈潢说："河挟沙而海潮逆上，安得不垫？傍岸洄溜，尤易停淤。"[170]又《河渠志稿》说：大通口（即康熙年间称黄、淮出海之口）"潮汐往来，黄水交接之处，淤沙势所不免。"[171]再观珠江三角洲当潦水时期，每逢朔望潮盛，洪水之消退即大受阻滞，那可见海潮阻力非常之巨。潘季驯以为"上流既急，则海口自辟而无待于开"[172]，不但有点外行，也与他自己所称"纵乘潮退施工（挑浚），而一没之后，浊流淤泥，随复如故"[173]互相矛盾。

黄河的山东海口又怎样呢？自光绪五年以后，如朱采、潘骏文、卢法尔、[174]毓贤、孙宝琦等都主张海口筑堤（见第十四节下四项之5），李协的意见跟他们很接近，[175]惟德国方修斯的"黄河治导计划"却以为海口之修治，如但为治导下游，排除水患计，则非必要之事，且引法国的塞因河、英国的克莱得河为例。[176]民二十三年《黄委会查勘海口报告》说："利津以下，洪水比降渐陡。由宁海至河口，其平均降度约为六千五百分之一（泺口至利津约为一万分之一）。其最下之三十公里，比此数更大。距河口二十公里处，其比降为五千七百分之一。此诚世界河流中特殊情形。……河水至此，便如入海，尚有何不畅之可言？至于小庞庄、石头庄等处之决口，决不能归咎于尾闾之不畅。因在此等处决口时，洪水之前波，尚未达到济南，遑云海口？"[177]后来武同举也说："河出盐窝，骤解钳束，放水四出，尚嫌不畅。若再加钳束，抬蓄水势，与海潮争高下，结果如何，殊难逆料。……嘉庆又接筑新堤至大淤尖海口，堤距缩小，则真钳束矣。嘉庆以后，河迄不利，水壅不下。清安一带，河底淤高至二三丈，非其明验耶？"[178]对海口竟可不治，说得非常透彻。还有可虑之处，依前文所引"傍岸洄溜，尤易停淤"的，恐怕河沙又结集于海堤的两旁，容易积成高滩，结果还是加速了海口的淤垫；假使河口又徙向别处，筑堤用过之劳动、财力，岂不是白费？又假使以堵塞来强迫河水仍走原口，是不是顺水之性？而且这样子做法，利害比较如何？李仪祉以为利津以下，不用筑堤，[179]他的见解显比往日已有改进了。

海口筑堤一事，所关不止于海口方面，且牵动到上游。安立森认为"河身愈延长，坡度愈趋平坦，将使上游河槽，更为难治。"[180]又张含英剖析咸丰改道以后的大势说："光绪九年以前，山东中下游既无堤防，故无所谓冲决，只有漫流而已。……夫如是则上游之患自少。故河南虽在清代河患最烈，然自北徙而后，除民国二十二年外，仅有三次。[181]嗣以山东之堤防渐固，而决口之次数递少。民国而后，渐移至冀鲁之交矣。今则又上移而至于冀豫之交，不数年后，或更进而完全至于豫省，亦未可知。"[182]即是说，下游束紧，上游宣泄必减慢，宣泄不灵，必至溃决。其次，从单纯的经济观点来看，淤地日积似乎可以增加生产，但同时河口日向外延伸，流域越长，则宣泄越滞，而内地灾害也会越多，为千百年长时期打算，怕还是害多利少的。

归纳起来说，我以为海口不必筑堤，应听任黄河自流。如果它抛弃了甲口而徙赴乙口，那可能是甲口淤高不合水性，我们当趁隙把甲口加工挑浚，等到乙口不适于它自流的时候，它总会复寻到甲口来。如此往复循环，实行下游浚治的方针，似可以减慢河口的冲积，是较为持久的办法。

（己）淤的问题

海口之淤，具详前文，但一般河身的淤，又怎么办呢？黎阳河高出民屋，淇口（那时淇水还南入黄河）水出地上五尺，[183]西汉末期河身的淤高，已颇为严重。到了明末清初，开封河比地高丈余。[184]近世改道之后，鲁河在光绪元年时河身去水尚高二丈及一丈四五尺不等，不及十年，两岸高者离水不过四尺，低者仅二三尺。[185]光绪二十五年卢法尔报告称，堤外地较之堤内之滩，低一尺至七八尺。[186]又先一年齐东旧城崩陷入河，至民二十三年时，其魁星楼拱门高出地面仅五尺，由此推计，平地淤高应不下一丈。[187]又据张含英民二十一年调查所见，黄河铁桥北岸西边的水面，比堤外背河地面高出三公尺余，再东而开封北岸之陈桥，水面更较地面高六公尺。[188]有人说，拿张氏所见跟明末清初来对比，还不算怎样严重。我们又须知经过一回大汛，旧淤也可能刷去多少，然而刷于此者聚于彼，甚或送至海口，并没有减轻河身的负担。所以如何对付——即使以后能大大减少沙泥的冲下，旧淤的问题，我们仍不可不开动脑筋的。

对付积淤，在理论上，挑浚本来是积极的正宗法门，《春秋》鲁庄公九年（元前六八五年）冬，浚洙。贾鲁治河，以疏、浚、塞三事并举，[189]古人不是不讲求挑挖的。明嘉靖之后，治河的人却不太主张，万恭《黄河治法》称："旧制列方舟数百如墙，而以五齿爬、杏叶杓疏底淤，乘急流冲去之，效莫睹也，上疏则下积，此深则彼淤。"[190]这种浚船爬沙（又称搜沙）的方法，当然徒劳无功，我们也不赞成。潘季驯所顾虑的是"沙底深者六七丈，浅者三四丈，阔者一二里，隘者一百七八十丈，沙饱其中，不知其几千万斛？而以十里计之，不知用夫若干万名？为工若干月日？所挑之沙，不知安顿何处？"[191]浚确比疏塞难于见功，加之，他提倡以堤束水以水攻沙，自隆万起遂无人讲求浚治。[192]清康熙帝曾称："治河上策，惟以深浚河身为要，诸臣无言及此者。"[193]必是他感觉到河身高出地面的非常危险，才发出这种言论。武同举曾说："黄河塞决大工，修堤之外，并须挑河。平时河流不涸，未闻有大挑者，惟大决夺流之后有之。

盖河骤决则流缓沙停，决口以下之全部，往往垫淤，故须通体大挑，以畅去路。"【194】张含英对挑浚，大致表示不赞同。【195】我则以为将来的防淤，固须注重科学方法，但对于已成的旧淤和现时过渡的新淤，从彻底治黄着想，要不应置之不理。森林培植、谷闸建设等等只能减少大部分的冲刷，还不能根绝泥淤，森林又非刹那即办，陈潢所说"疏浚乌可竟废"【196】，究是经验有得的名言。总之，时期越久之淤积，施治越难，处过渡时期，仍应一面试行分淤、简化挑浚、采取有限度的施工等工作，像武同举所说，"如将河槽测有纵横断面，则可知其各部分停淤之状况，而间段施以挑工"【197】，不可过于松懈。至于季驯所提的理由，在封建时代委实难以解决；可是群众觉悟现既逐渐提高，加之工具进化，交通便利，他觉得不可能的已变成次要问题了。

这一时期虽然短短的二十多年，可是民二十二年那一次河患，其水位之高，流量之巨，直超过历来的测量纪录，豫冀两省交界地方的决漫口，竟至有五十余处之多，生命、财产的损失严重，为七八十年来所未有。

海口的变迁，除去决入徒骇河、滔二河、小清河等不计外，据搜集的材料，最少也有八九次，表示近海的河道，很不安定。黄河之侵向北方，则以民十四年转向无棣县滔二河出海为最可注意。

这一时期，也曾经开始了小小的水文测量工作，由于反动派政府没有当作一回事，不久便以次裁废。

同时有一派知识分子还算相当努力，或从科学观点出发，提供此后治黄的意见，或搜集历史上固有的材料，写制成种种书说图表，作为河务人员的参考资料，就最低限度讲，总可说已构成今后大力治黄的一个雏形。不过群众虽已向知无不言那方面迈进，反动派政府全没有关怀人民的痛苦，全没有重视人民的生命财产，全没有替国家培养实力，只知自私自利，剥削侵吞，言尽管言，却没有想去行，所以治黄那种任务，还是要等待解放后，等待中华人民共和国成立后，才能够担负起来和大力执行。

注释

【1】《水道编》误为民国元年（一一二页）。

【2】《水利史》说："决处在东明县治东北约二十里许。"（九七页）《治河论丛》一六八页附图把双合岭绘在习城集之东，跟姚联奎《记序》称"习城集迤西"方向不符。继检《治黄史》的《山东河务局山东上游河道图》，其双合岭的位置也与《治河论丛》一样，又同书的《直隶河务局直隶黄河全图》及《黄河志》的《濮阳决口形势图》，在习城集的西边，都没有记下双合岭，其异同的原因，尚待详考。

【3】参姚联奎《濮阳河上记序》及《古今治河图说》四八页。姚序又说："胜国咸丰乙卯，河

决铜瓦厢，奔流至濮南界，同治三年，北徙抵金堤，六年，复南徙司马、焦丘、习城一带为正流。”按司马、习城二集均见上引《论丛》附图。

【4】徐世光《濮阳河上记后序》。

【5】《光绪会典图说》称，徒骇河流至霑化富国场，东北经大洋口入海（《再续金鉴》一四八）。

【6】本年事均见《古今治河图说》(五四页)。

【7】参《历代治黄史》六及《水利史》九八页。《治黄史》又说：“下游难心滩一段河道原分南北两股，自民国八年北股淤塞，大溜全走南河，直冲宫家迤上之河套李家，宫家已变平工。比及水势过大，北河又复刷开，两河交汇，逼溜下移，直冲宫家，立成巨险。”

【8】同上《治黄史》。

【9】同上引《治河图说》。

【10】同上引《治黄史》。

【11】同上引《治河图说》。惟《治河论丛》二〇二页,《水利史》九八页均作十三年事,疑《治河图说》误。

【12】《淮系年表·水道编》一一一页。

【13】同上。

【14】《黄河年表》二五二页。又《治黄史》六称,九月二十日晚决开寿张黄花寺,依运堤东向,阳谷、东平、东阿、汶上数县被淹，东省官吏乃掘开运河南岸堤五处，导水由土山洼经东阿之姜沟入河；李升屯决口分溜十分之七。又据《淮系年表·水道编》，汶水涨时，从汶上东北右岸越戴村坝而西北流的名大清河；经东平，左合安山镇运河支水而北流的名坡河，又名盐河，至庞家口入黄河。

【15】同上《治黄史》。

【16】据《治黄史》称,是年七月山东河务局因入海口门改变,派员详勘,是此事发生于七月以前。

【17】《水道编》一一二页，据称，刘庄在李升屯西南约三十里。

【18】《黄河年表》二五三页。

【19】【20】同上二五五页，在县城下二十余里。

【21】【22】均同上，惟《治河图说》作七月决，八月塞，不知是否因阴阳历而不同。

【23】参《治河图说》五五页。

【24】亚光社《平原省分图》有贯台,在北岸封丘之东南,又作观台;但同社《河南省分县详图》将其地划入开封县。据《治河论丛》图则又地属陈留。

【25】在长垣县之南，与封丘接界。

【26】在张秋东北，地属东阿。

【27】四明堂、蔡村铺均属开封，见张了且文，但又写作蔡楼铺。此外豫省决口，张氏还举“九

股路"一处，按其地属长垣，决在民二十三年八月，见《治河论丛》二〇三页。

【28】《水利史》九九页。

【29】同前《治河图说》。

【30】《水利史》九九页。据《治河图说》转载《黄河志》第三篇黄河略图（即三十七图下），盐窝在利津县东北，左庄在盐窝之稍西，均属北岸；宁海在盐窝之南稍东，即利津东三十余里，属南岸。二十三年十二月张含英的撰文说："今夏以前之河口，则在毛丝坨与鱼鳞嘴之间，今年变迁特多，夏初南徙，旋又北移，过旧河口而入海。现则已届严冬，河口又有南迁之消息；据山东下游分段段长季葆仁之报告：新河道出利津入广饶，绕刘屋子庄至南旺口入海，距小清河之羊角沟仅十里。"（《论丛》九六页）所谓"夏初南徙"，应即本条的记事。"过旧河口而入海"可能指韩家垣故道。那末，本年的河口，先后计共有四处了。

【31】《水利史》，在濮县李升屯南数里（九九页），可参看《治河论丛》二〇六页附图。

【32】【33】《水利史》九九——一〇〇页。

【34】【35】【36】均《治河图说》五五页。

【37】当日估为二万三千秒公尺，日本谷口三郎拟定为三万秒公尺（参看《治河图说》一一七页），这个问题现在还有疑问。

【38】同上四九页。

【39】以上均据《水道编》。

【40】均《治河图说》五五页。

【41】《水利史》九九页。

【42】《治河论丛》九六页。

【43】《治河图说》五五页。

【44】同上五四—五五页。

【45】老鸹嘴原属徒骇流域，何时徙入，无记录可考，当是民国初年事。

【46】同前引《科学》九二三页。

【47】《治河图说》五九页。

【48】《黄河年表》二五〇页。

【49】同上二五四—二五五页。

【50】详说可参《历代治黄史》附图。

【51】《黄河年表》二五二页。

【52】《历代治黄史》六。

【53】同上"凡例"。

【54】《黄河年表》二五四页。

【55】参《历代治黄史》六及《治河论丛》二一九页。

【56】同上《论丛》七〇页。

【57】同上二一六页说："用石料则不易出险，不出险则无发财之机会。"

【58】同上一九八页，《黄河年表》（二四三页）引《山东通志》作"史家坞"。

【59】《治河图说》四五一五〇页。

【60】同上九一页。

【61】《黄河年表》二五六页引《豫河三志》。

【62】《治河论丛》二四三页。

【63】《黄河年表》二六〇页。

【64】《治河图说》九八页。

【65】《治河论丛》二四二页

【66】《治河图说》九一页。

【67】《治河论丛》一八六页。

【68】《黄河年表》二五六页引《豫河三志》。

【69】《治河图说》六三页。

【70】《利病书》二七。旧历四月即今历五月，与近人的观察不同，可参下文《暴涨暴落》条。

【71】《历代治黄史》六。

【72】《治河图说》六四页。

【73】同上六四一六五页引《二十二年黄河水灾之成因》。

【74】同上六六页。

【75】同上引《汾洛渭泾与黄患之关系》。

【76】《治河论丛》五二页。

【77】《治河图说》六六一六七页引张含英《黄河志》第三篇《水文工程》及吴明愿《黄河之汛期及其六级水位》。

【78】《治河论丛》六七页作"十四日午时又降为六千之数"，与此相差一日；按同书九三页又称"至十四日又落至五千秒立方公尺"，则"六千"许是"五千"的误笔。

【79】《治河图说》六五页引安立森《查勘河南孟津至陕州间拦洪水库地址报告》。

【80】同上引万晋《防止土壤冲刷为治理黄河之要图》。

【81】同上六七页引《二十二年黄河水灾之成因》。

【82】《治河论丛》五二页。

【83】《科学通报》一九五五年三期四一页《关于四纪地质的科学研究工作》。

【84】《治河论丛》九八一九九页引《中国地质学会志》十卷二四七页。

【85】《治河图说》六八页引德人恩格斯《制驭黄河论》。

【86】同上六八一六九页参据万晋《黄河流域之管理及防止土壤冲刷为治理黄河之要图》。

【87】同七〇页引韩止石《随轺日记》，以为"河南延津为汉代大河所经，距今二千年，犹积沙没踝，田不可耕"。这一观察怕不甚正确，汉河所经，不特延津，何以延津独受其害？李协说："一八九八年河堤决口，山东境内王家梁地为黄沙所掩，地面占三百方公里。"（同前引《科学》七卷九期）张含英说：由东明"至考城，沿途极为荒凉，流沙遍地，草木不生，宛如沙漠"（《治河论丛》二三五页）。又二十三年黄委会勘查报告称，洪水由开封北岸西坝头倒灌数十里，平地淤高三四尺，良田尽成瘠土（《治河图说》九四页）。那些都是路当决口变成沙地的例子，所以我把原文略加修改，也跟《图说》下文所称"决口之水多沙"，互相照应。

【88】或说："因为黄河下游的河道，古来常为迁徙，或南或北，本无一定。当其泛滥所及，砂泥沉淀，则土质肥美；一旦河流他迁，砂砾弥漫，则地多不毛。故积土的肥瘠常视黄河变迁为转移。"又"如有河水冲积渗透，亦能使碱质下潜。故黄河泛滥，自另一方面说，固为有害，然自压潜碱质作用，使土壤便于农作言，并不是毫无利益的"（《禹贡》二卷五期二一页《禹贡土壤的探讨》），那都是片面的观点。

【89】据《治河论丛》九四页估计，陕县全年平均含沙量为百分之二.〇二，泺口为百分之一.〇六。

【90】《治河图说》六九一七〇页。据张含英说："以二十三年全年计，经过陕县之携沙总量约为十四万五千万（一，四五一，八五二，一一五）立方公尺……若以此泥土筑高厚各一公尺之堤，可围地球赤道三十六周。"（《禹贡》六卷一一期《黄河释名》）

【91】《图书集成·山川典》二二三。又俗语说"危险在落水"，就因为洪来时坝根摇撼，洪去后正溜顶冲，故仍有溃决之患，见《治河论丛》九三页。

【92】据《国学季刊》十卷三期四五一页引。

【93】《治河图说》七四页，并参看《科学通报》一九五五年四期七三页《席承藩再谈陕北黄土丘陵区修梯田的问题》。

【94】同上《治河图说》。

【95】同前引《科学》五卷九期。

【96】《治河图说》七二页。

【97】同上七九页。

【98】同上一一八页引张一烈《黄河中牟堵口概况》。

【99】同上一二五页引《论黄河不宜分流书》。

【100】似即同上书九九页所说的"柳箔"。

【101】同上八四页。

【102】明刘天和《问水集》说，荥泽县漫溢时至二三十里，封丘、祥符亦十余里。

【103】同上九〇、九四、九七、九九等页载《黄委会报告》。

【104】同上九二及一〇〇页。

【105】《治河论丛》六九页。

【106】刘寰伟说：引河法"为另凿一引河使与原道并行。以分助流通一部分之水者有，无论何时均开通者亦有。仅于水涨时开通者，其目的在增加水之通路以容纳分外之水量，亦有引河于下流与原道合流者，惟大多数则以水分注于邻近缺水之河焉。"（《科学》五卷八期八三〇页《水利刍言》）

【107】《元史》六六。

【108】据《治河图说》六一及一二八页引。

【109】《河防一览》。

【110】同前引《科学》九〇二页及《治河论丛》四九页。

【111】《治河图说》五二及八二—八三页。张含英说，徒骇河纳十五县之坡水，于二十年疏浚之后，上游穿运处可容流量一三〇秒立方公尺，下游最窄处亦可容三五〇秒立方公尺，如能于寿张挑引河十五公里引黄入古赵王河（即徒骇河上游之南支），尽可容三十秒立方公尺之水（《治河论丛》一八五页）。按刘寰伟《水利刍言》论支流改向法曾说："所择之支流必无斜度或斜度甚微，而其所择以受水之邻河又必为前此水量甚少之河道，其效果乃有可见。"（同前引《科学》五卷九期）

【112】同上《图说》一二六页。

【113】同上八三页。

【114】这一点似与前（丙）固定河床条所引黄委会的报告有些不符。

【115】同前《图说》一二二页。日人谷口三郎称习城集至陶城埠间河幅特宽，可作洪水时期之调节池（同上一一七页），用意也与濮阳减水相同。

【116】同前引《科学》九〇三页。

【117】见《治河图说》一二六页。

【118】《治河论丛》一二页。

【119】《锥指》四〇下。

【120】同上《图说》一二九页。

【121】同前引《科学》五卷九期。

【122】安山湖属东平，在运河西岸，周围六十五里，明永乐九年创设，成化中工部侍郎杜谦急拟恢复，正统三年曾一度挑浚，旋又淤废。清雍正三年，何国宗议复建安山水柜，也没有实行，见《经世文编》一〇四。

【123】昭阳湖到嘉靖十九年已淤成高地，见《明史》八五，三十四年，依吴鹏的奏，把昭阳柜外余田召民佃种，见《金鉴》二五引《世宗实录》。

【124】《明史》八五。

【125】《治河论丛》六六页引。

【126】《图书集成·山川典》二二四。

【127】同上二二七。

【128】《永定河续志》载同治十二年邹振岳请上游置坝节宣水势禀说："……其病源在上游之水来势太骤。……若于上游段段置坝，层层留洞以节宣之，使其一日之流，分作两日、三日，两日、三日之流，分作六日、七日，庶其来以渐，堤堰可以不致溃决。"《治河图说》以为此论移于治黄，尤为确切（七一页）。

【129】报告说："拦洪水库之异于滚水坝者，以拦洪坝下，例设多数空洞，不设闸门。"（据《图说》七六页引）

【130】谷口三郎也曾主张在三门峡附近筑高堰，贮留三分一之洪水，见《图说》一一七页。

【131】据《水道提纲》六，泾水流至长武县，有马连河北自庆阳府合环县、合水、宁州、真宁诸川来会，水势始盛，此水源多流巨，与泾水埒。马连河之一支名环河，出环县东北。按报告所称的环河，系包全马连流域而言。

【132】由二十四年至此一段，均见《图说》七五一七六页。

【133】同前引《科学》九二〇页。

【134】《治河论丛》六七一六八页。

【135】同上一〇七页。

【136】他在《华北水利月刊》四卷五期及《陕西水利月刊》所发表的文章，我手头无本，据《治河论丛》（六四页）说，"其论沟洫之体与用，又似由排水而转变为灌溉"。

【137】同前引《科学》九二〇页。

【138】详细可参《治河论丛》六〇一六五页。

【139】同上四〇页。

【140】《科学通报》一九五五年四期七三页。

【141】《治河图说》七四页。

【142】一九五〇年八月二十一日北京新华社电。

【143】同前引《科学》九一八页。

【144】《孟子·告子篇》下。

【145】【146】均《经世文编》九九李宏疏。

【147】嘉庆十四年六月铁保等奏："自昔谈河，必以疏导为上策，以堤防为下策，此论诚然。前古地广人稀，不与水争地，随处皆可疏导，听其流行。迨后城村稠密，岂能移民以让地？加之漕运往来，尤须多方调剂，地势既不能不争，则堤防又安能不重？今之从事堤防，势有不得已也。"（《续金鉴》三六）

【148】《治河图说》一二四页。

【149】同上一二〇页。

【150】《治河图说》七八页引《黄河概况及治本探讨》。

【151】《图说》七八页。

【152】《经世文编》九七裘曰修《治河策》下。

【153】《图说》七七页。

【154】《汉书》二九。

【155】《宋史》九二。

【156】同前引《科学》九一四页。

【157】《经世文编》九八。

【158】《治河论丛》一六九——一七五页。

【159】同上三八页。

【160】《乾隆东华录》二一。

【161】《清史稿·河渠志》一。

【162】《经世文编》一〇〇。

【163】按熙宁十年（一〇七七年）的决口，递年即塞断，河之长期会淮，实始于金世宗大定二十年（一一八〇年，见前十及十一节），比熙宁更后百年，计到靳辅死那一年（一六九二年），也不过五百一十余年。

【164】如依靳辅作七百年计，每年连闰三六五日，（365×700）共得二五五，五〇〇日，每里一百八十丈即一万八千寸，一百二十里共得二，一六〇，〇〇〇寸，以前数除后数，每日应淤八寸以上，靳氏所称日淤一寸，显有错误。如改为五百年计算，则每日约淤一尺二寸。据张含英的估计，"约二年又六个月可使长六十五公里之海岸进海中一公里"（《治河论丛》一〇六页），是每日可推进三尺四寸有奇。

【165】《经世文编》一〇一。康熙二十七年三月清帝问靳辅海口淤塞从甚么时候起？辅答称："初土人云，从明代隆庆年淤塞至今，每海潮来一次，即增一叶厚之沙，故渐至壅塞。"清帝说："此言甚属虚妄；凡内河遇海潮来时，水壅逆流，及潮退则壅积之水，其流甚疾，即微有停蓄之物，亦顺流刷出，何有沙之存积耶？"（《康熙东华录》一〇）其实河水被海潮顶住，沙便停下，潮退时断不能把停下之沙，完全刷去，否则海口不致有淤了。

【166】同上《文编》一〇〇。

【167】《续金鉴》三三。

【168】《明史》八四。

【169】《锥指》四〇下引。

【170】《经世文编》九八。

【171】《续金鉴》一七。

【172】《明史》八四。

【173】《河防一览》。

【174】他固然主张接长河堤入海，将沙攻至海中，但他又说："今无论挑在何处，其海口必须有机器挖沙，不能恃水自刷。"论据上也有矛盾。

【175】同前《科学》九一六页。

【176】《治河论丛》一六〇页。

【177】《图说》八六页。

【178】同上一二〇页。

【179】同上八七页引《黄河概况及治本探讨》。

【180】同上八七页。

【181】依十四节上一项之5，计同治二年、同治五年、同治七年及光绪十三年共四次，张氏漏计同治二年。

【182】《治河论丛》二〇三页。

【183】《汉书》二九。

【184】《河防一览》及《经世文编》九六。

【185】《历代治黄史》五引光绪九年陈士杰奏。

【186】同上《治黄史》五；又同卷二四页注称："黄河夺大清至今六十余年，逐年淤垫，已高出河身十余丈矣。"显有错误，实是河身比地面高二至十公尺不等。

【187】《图说》九九页。

【188】《治河论丛》二四四及二四〇页。

【189】《元史》六六。

【190】《图书集成·山川典》二二三。

【191】《河防一览》。

【192】《金鉴》卷首。

【193】《康熙东华录》一四，康熙三十八年。

【194】《图说》一二一页。

【195】《治河论丛》五七一六〇页。

【196】《经世文编》九八。

【197】《图说》一二一页。张含英在陈桥渡口所见岸壁切面，最上层黏土约厚七公寸，次为四公寸之沙，又次为二公寸之黏土，又次为二公寸之沙，又次为一公尺之黏土，又次为二公尺之沙，又次为三公寸之土，至于水面（《治河论丛》二四〇页）。

第十六节　结　论

从地面有流水时期起，直至现在，已不知经历了几千百万年，反之，黄河有史文可考的时代，不过二千余年，比例起来，恐怕还不到千分之一，这真是少得可怜了！说要研究黄河变迁的历史，谈何容易。然而这种缺陷，不单止黄河为然，宇宙内自然界任何一物，它的历史，都处于相同的境况，生物学家、地质学家，以及许多其他科学家，却不因存在着缺陷而退缩，而停止研究。反转过来，更奋勇地、忍耐地向前去探索，以期揭开宇宙的秘密。那末，我们要探讨黄河的历史，并不是冒昧的事。比方能从已知的记载，得出黄河变迁的一个结论，按着唯物辩证论来推演，则要显影它过去的模糊阴影，倒也不难。

现在，我们且慢谈荒古时期的变迁，先谈一下有史文以来的变迁。在我未着手研究的时候，脑海中满以为前人们，尤其是清代的朴学家，对于河务研究，已经有了相当成绩，剩下来留给我们的工作，只把它集合起来，稍稍加以整理，便可得到一个轮廓，用不着九牛二虎之力。可理想还是理想，不通过实践是不了解内中的曲折的。前人的成绩虽然是有，但中间却留下好几段空白；最大的空白要算北朝初期，幸而那时河患确然很少，倒不要紧。其次，由北宋递到金，由金递到元，都各各空白了好几十年，对于黄河变迁的实况，关系很大。又如北宋文献，传下来的材料还算丰富，可是冲开的游、金、赤三道河，从哪处地方起，到哪处地方止，我们总弄得不太明白，那因为宋人偏重理想，不重现实，所以留下了缺陷。

这些缺陷是不是无法弥补呢？我们如从手头所有的材料，认真详细分析，再加上合理的推断，也未尝不可了解它的大致状况，至于详细情形，则无法补充了。前贤曾有话，读书须从无文字处领会；清代的学者像胡渭们，探讨非不用功，可是在补缺方面，却未尽他们的能事。现在我们就特别注意这一点，就是想把黄河变迁的历史，弄得更完整些，更清楚些。

另一方面说，读书又不要太泥。《公羊传·文公十二年》，"河千里而一曲也"。《尔雅·释水》，"河出昆仑虚，色白，所渠并千七百一川，色黄，百里一小曲，千里一曲一直"，只说千里一曲。谶纬书的《河图》却说："黄河出昆仑山东北角刚山，东以北流千里，折西而行，至于南山，南流千里，至于华山之阴，东流千里，至于植雍，北流千里，至于下津，河水九曲，长者入于渤海。"[1]又《淮南子》"河水九折注海而流不绝"，才说河有九曲。然而，据汪中的话，古代的"九"是虚数，也就是复数的表示，并不一定有九个曲。依照现代的实测地图来看，除去古代所称黄河的重源不计，甘肃以西虽有两三折，却非先秦人所能了解，甘肃以东，大曲实在只有三个（宁夏、陕北及陕东）。如加上黄河古道济水的二曲（乘氏、寿张），也不过五曲。至如清代治河人员常常以为黄河性爱坐湾，这也许是专就短距离来论，因为黄河那五个大曲，完全被自然山脉所束缚而形成，并非黄河的本性如是。

人们既认河性坐湾，因而有"逢湾取直"的处治方法。但从长期的河史来看，黄河自身也有"取直"的本性，跟一般的"水性"无异，这是向来所没有人注意到的。黄河的取直性，以河南东部表现得最为明切。在荥泽以上，河仍多少被两岸的山势所束缚，当然不能十分透露它的个性，一入豫东，便可不同了。豫东又可划分三段来讲，即上段、中段及下段。

河自东周在荥泽附近冲开一条新道（见前第七节），经过后世的原武、阳武、获嘉、新乡、汲、胙城、滑、浚等州县，向东北而去，这段总干路一直行走了一千六七百年，并没有甚么变动。其变动的枢纽，则在金大定六、八两年（一一六六——一一六八年）之河决，经过那两回河变，黄河已渐固定其出曹、单而东南会淮的趋势。然而从荥泽东北至滑、浚，又东南折向曹、单，就地形来看，实构成一个九十度的直角，是多么弯的路，是多么逆水之性，自然而然，那段总干要发生动摇了。动摇的开始，先见于豫东的下段。

"下段"所指是浚、滑、汲及胙城（今延津北三十五里）。宋代的"北流"（即流向今天津出海那一段路）约于金大定二十年（一一八〇年）断绝了，黄河离开浚、滑，也可说是同时的事。[2]后到明昌五年（一一九四年），灌封丘而东，河更离开汲、胙。换句话说，河既改向东南出海，那总干的尾部便逐渐向南摆移，省去拐弯而采取较直捷的路。

"中段"单指延津。河床既离开胙城，便又南向延津靠拢，《看河纪程》称黄河故道在延津县（北）二十八里，明天顺间（一四五七——一四六四年）迁于于家店。于家店在阳武古伦集东四十里（参前文第十三节上注45及59），即今图封丘西南河岸之于店，《河南通志》则以为成化十五年（一四八〇年）河才徙出延津县南（参前文第十三节上）。按贾鲁治河时（一三五一年）河已从封丘荆隆口经过（参前文第十二节），即今图封丘西南之荆隆宫，在于家店东十五里（参前文第十三节上注59），由延津北边折向荆隆，系一条拐弯的路，今南摆向于家店至荆隆，是再直没有了。

"上段"包括新乡、获嘉、阳武、原武那几个县。《锥指》四〇下疑黄河离开新乡是至元间事（一二八六或二一八八年），尚没有找出确据。《获嘉县志》称黄河旧在县南四十里，天顺六年（一四六二年）才淤；《原武县志》却以为早淤于洪武十五年（一三八二年），两说不同（以上都见前第十二节）。阳武、原武旧日俱在河的北边，洪武十五年河始徙出阳武之南（见前文第十二及第十三节），正统十三年（一四四八年）再徙出原武之南（见前文第十三节上注35）。

由前引各种材料，见得这段总干的转变，开始于一一六六年，约完成于一四六二年或一四八〇年，经过三百年的长远时间，是慢性的取直，人们所以总没有注意到。其转移的开始，在最东的下段，中间隔开了约百年，才牵动到上段，又再经过约二百年，然后完成上、中两段的转变。其转变过程及结果，则由原武、阳武、获嘉、新乡、汲、胙城、滑、浚等东北向的走线，改而为原武、阳武、郑、中牟、延津、开封、封丘等东向的走线。试把这段新总干的纬度检查一下，即见得它所取的途径，总不出北纬三十四度五十三分至北纬三十五度之间。即是说，南北相差不过七分，就使用人工来施行取直，结果恐怕不会更好。这一个改变，显然表现着自然的规律性，从改定以后至现在止，快要近五百年。

再看一看咸丰五年以前，会淮的路线，从兰封东南折向清口，大势并不算弯曲。会淮后，才跟着淮水东北折而入海。夺涡则较为弯曲了，所以比较少见。夺颍比夺涡拐弯越大，故夺颍更少。总之，无论夺涡、夺颍，路途都是迂曲（固然还有别的原因），时间不会很长。

更来看铜瓦厢改道后的东北路线，下至利津为止，大致仍可说是取直的。其转变较多的，只是将近海口那一小段，因为那里无堤，所以它随时拣着最合适的路线来走。明白了海口变迁的原因，就晓得堤防是万不可少的消极防御（但海口除外），不过治河却不能专靠堤防而已。

综合前头的讨论，我认为在长距离的地域之内，除非遇着天然阻格，黄河自己会保持着取直的本性。前人所称河性坐湾，最高限度，只可适用于短的距离。

我们又不要被一种似是而非的材料所迷惑；例如《黄河年表》有过黄河决溢的统计，《中国水利史》把它列成两个表，表（甲）以河道变迁为次，表（乙）以朝代为次，两表里面都分开"溢""决""决河""大水"四个项目，[3]固然是努力作出的成绩，研究黄河史的人们得着也很有用处，然这样的统计，表现实际到甚么程度，我们可以不可以过分重视呢？清代《东华录》曾说过，"溢"是漫堤而去，"决"是溃堤而出，河防官员应受的处分，后种比前种厉害得多，所以除决口夺溜无可掩饰之外，每遇真"决"的时候，清官也当作"溢"来申报，其实堤防到后世已相当加高，"溢"是很少见的。论到古代，许多地方或还没有筑堤，那末，"溢"就自然比后世较多。古人用字又不像后世那样严格，"溢"跟"决"可有甚么分别呢？新垣平对汉文帝说，"河溢通泗"，依后世"溢""决"的区别，就应解作"河决通泗"（参前文第八节）。何况史志上所记的"河溢"，有时更与黄河无关呢（见前文第十二节）。

"决"跟"决河"有时也无法划分的，"决口"若不是立时堵住，总会冲开一条去路，它跟"决河"就只程度上和时间上的不同。黄河上游没有很宏伟的冰山，据近世人考察，它的暴涨，都是由于河套以下各支河流域的霖雨所酿成的结果，在堤防未修的地方，就会随处泛滥；换句话说，跟着是"溢"。那末，"溢"在上游又颇为常见的。

因为那些项目，本来没有甚么严格意义上的区别，根据着来观察，也不容易得到可靠的理论。再论到分期观察，怎样才叫作黄河大变，我在导言里面已提出疑问了。"变"或"不变"其间夹杂着许多人事的问题，非把它清除出去，就无从看见黄河的真相。

分朝代来观察又怎样呢？那更令人难以满意。然而我在以前各节，大致不是分朝代来叙述吗，那又怎么说？这正是我需要再次郑重声明的一件事。写本篇的主旨，只在先把历朝史志剩下来的黄河史料，有时并旁参私家的著述，整理清楚——当然不容易做得圆满——供治河者参考。原来错误的加以辨明，原来含糊的替它申说，原来缺乏的设法补充。为便利进行及讨论起见，所以不得不暂采断代分期的办法。总而言之，这不过第一步的试探性研究，还未踏上讨论整个黄河真相的轨道。如果要做第二步的工夫，即使将有史文时期的三千余年并作一期，像前头所说，也未免觉得太短。现在，谈中国政治史的，大家都承认往日断代的叙述，不能代表国家性、民族性、社会文化性，难道自然界的历史，还可跟着封建时代来作片段的割裂吗？

其次，以前的黄河著述，大致是收集的性质多，辩论的性质少。胡渭的名著《禹贡锥指》，本来是经解，不是专论黄河，但关于黄河那部分，即附论历代徙流一卷，可说具有融合性、创作性的优点。话虽如此，综合起来，总不免有些偏差，别的著作更无容论了。这种弊病，种根在过信前人而缺乏怀疑性，《禹贡》一篇尤蒙盖了上古黄河的真相，发生很大的障碍。它的写成大约最早不出元前五世纪，而人们看作元前十八世纪的事实；它记黄河的经行，应是东周（元前五六世纪）以后的实况，而人们看作商代以前的实况；它本来参杂着神话、理想和现实而构成，人们信作确有其人、确有其事。这样先后倒置，真伪混合，它如何影响我们的真实社会发展史，现且不论，单是对于治河论的发展，阻力已很不少了。

关于黄河的专著和杂著，这里不能也无需一一加以批评，唯清人所著《行水金鉴》及《续行水金鉴》，其中一部分是综合性的编年体裁，倒不可不略谈几句。《金鉴》溯源上古，明以前的材料，在势必须加以剪裁；至明代的事实，虽以《实录》为主，但仍杂采明、清人的著述，读者对于某一年黄河发生过甚么事变，尚能一览而知，就现在而论，还算它是河史参考的佳本。《续金鉴》继《金鉴》而作，包括雍、乾、嘉三朝的事情，奈编辑技术，远不像原书那样高明，只有把官文书汇在一起，毫无条理，又不会将黄河的重要事变，分年作为提要而揭出。如果所辑入的官文书没有揭出某一事件，或虽揭出而非始末具备，读者就无从得知，简直不合于编年史的体裁。今后学者们倘有意续纂，那本书就非大加删汰及添补不可。

黄河的利用，从近世的眼光来看，比之长江流域，总落后得多，难怪人们都觉得它只是我国的败家儿，它的光荣历史似乎已成过去了，没有复兴的希望了。汉族的文化以黄河流域为摇篮，随着部族势力的伸展而伸展，那时候地理环境的影响还相当大，它在上古具有加速汉文化发展的势力，这是人所皆知的。古人传下"四渎"的名称，他们所知，是不是恰止四个，这里不要讨论。但《尔雅》说："江、淮、河、济为四渎"，更晚的学者或说"江、淮、河、汉"，汉只长江中游的一道支流，汉可以当一渎，那末，对上游的金沙江、嘉陵江又怎么办呢？

渎的真义不是"独流入海"，我在第七、第十节中已有辨正，然而总必源远流长，才会派济水充任一渎的位置。济，古文作泲，据《汉书·地理志》，它到河南郡荥阳县，分流为狼汤渠，行七百八十里而入颍；又甾水出泰山郡莱芜县，东至博昌入泲，汶水出莱芜县，西南入泲，如水出齐郡临淄县，西北至梁邹入泲，泗水出鲁国卞县，西南行五百里至方与入汶。[4] 济水在《禹贡》又称沇水，据《汉书·地理志》，出河东郡垣县东北的王屋山，东南至武德入河，轶出荥阳北地中，又东至琅槐，行千八百四十里而入海。总括起来，它的上游能分出一支流，行七百多里的狼汤渠，它的下游又接受了甾、汶、如、泗好几道的支水，它的本身更走了一千八百多里才入海去，这样的巨川，到了唐代，忽然不能维持下去，断绝了，在古今中外水文篇里面，再找不着别个相等的例子，那是多么的怪事！俗语说得好，"见怪不怪，其怪自败"，妖怪不过人们心理误会所造成。同理，历史的怪事，也相信是误会所造成。我们不必作冗长的讨论，只就前面所引几条《汉书》剖解一下，便得出如下可疑的两点：（一）济水跟黄河会合后，才分出一道狼汤渠，以大括小，我们是不是应该说黄河分出为狼汤渠，才与事理相合。（二）济水不能自黄河左岸，潜伏在黄河下面；或更直捷地说，冲开黄河——到了黄河右岸，还自成为一个专流的道理。但如果说黄河分流为济水，那便毫无问题。依着这两个疑问，寻求解决，我相信东周以前的黄河，本来流经荥泽，形成一个蓄水湖，跟济水入河的会口恰相去不远。过了荥泽，河的正流循着开封那条线，东北向广饶县附近入海，中间再分出支流，通入颍、涡各水（即狼汤渠等）。到东周河徙后，正流打荥泽北岸冲开一条新道，流向现在的河北省，同时，荥泽—开封的旧道，仍保持着相当流量，但大流已改趋东北，"河"的名称渐被其专占，剩下来旧道的分口，因跟济水会河点相近，人们遂误会旧道系上接济水，因而替它加上"济水"的名称，且引起伏流的传说。日子过得久了，旧道的流量不足，中间断绝了一段，唯下流仍然接纳甾、汶、如、泗各水，自成一流域，水文的现象改变，前人没法了解，于是更引起再伏再见、三伏三见的妄说。简单来讲，济就是东周以前的旧黄河，《禹贡》的"河"只是东周以后的新黄河，"河""济"不过黄河的两支分流，并不是"两渎"，二千多年来路不明的怪物"济水"，到现在可算揭出它的真相，没有蕴藏着丝毫秘密。

由黄河右岸分出的支水，经常是侵入淮河流域。元末，虽筑断了贾鲁河的上流，但遇南决的时候，仍然靠着淮水作去路。乾隆末年，阿桂曾说："荥泽、郑州境内土性尚坚，距广武山甚近，堤头至山脚，一千四百余丈，其无堤之处，遇黄河水势长至一丈以外，即由山脚漫滩，归入贾鲁河下注。"[5] 这可见黄河下游与淮水的关系，怎样密切。最近，徐近之写的《寿县古淮河道》，大致说在寿县东边发现古淮河道，它的存在可能远在第三纪以前，其南有瓦埠湖，当淮河水涨或黄河泛滥来到时，洪水灌进瓦埠湖，水退后全区被普遍淤塞，[6] 又是黄、淮镠辖的一个重要说明。总之，黄、淮二水的下游，在上古及其以前常纠缠不清，淮水下游是黄水南侵的地带，同样，现在的河北省，在某些时间也是黄水北侵的地带，当秦朝尚未统一，在汉族的势力范围圈内，只可说有三渎，河、淮与江。

近世人的看法，江、河比重，当然江胜于河，可是比量它们旧日的历史，则无论政治上、经济上，江所负的使命都远赶不上河那么重要，活跃的时间也不像河那么长久。除了最近百年以外，只有从东晋南渡起到隋文平陈止及南宋一朝，江才算对南朝充任了两个时期的艰巨任务。

黄河呢，它的光荣日子太长了。西汉都长安，"漕从山东、西，岁百余万石，更底柱之艰"[7]，这是关中要靠黄河运输来供给粮食的凭证。东汉迁居洛阳，同样利用黄河，不在话下。两晋时代王濬伐吴，杜预给他的信说，"自江入淮，逾于泗、汴，自河而上，振旅还都，亦旷世一事也"[8]；桓温北征，"以谯、梁水道既通，请徐、豫兵乘淮、泗入河"[9]；苻坚南侵，"运漕万艘，自河入石门，达于汝、颍"[10]；又刘裕伐魏，大军入河，自河浮渭，既取长安，又自洛入河，开汴渠以归彭城，[11]这些事实都显得河、汴、淮的交通，在那时成为南北战争运兵、转饷的大动脉。隋炀帝开运河，无非扩大前人的成绩，在南方他经营通济渠，避免迂绕徐州，缩短汴口、江都间的水程，在北方他把沁水连接到卫河，可以直航涿郡，黄河更握着贯通南北的枢纽。以后经历了唐代三百年，关中的取给，一天没有汴河便感受到严重威胁。北宋的情形，差不多跟李唐一样。由金而元，黄河正道继续着南移，最后遂河、汴（包括着古代济水最西那一段）合并，汴水的故迹才不可复见，然而黄河又再起来担任别一处的任务。自明之永乐，直至清之咸丰，北京取给于江浙的大米，经过四个半世纪，都要靠黄河下游的一段，作为漕运衔接线。如用更明显的字句来表示，则两汉、隋、唐、北宋和明、清七大朝代，黄河皆担任着艰巨的任务，其间较为沉寂的，只有北朝及金、元两时期各约二百年，光荣的历史那样悠久，长江能够比得上吗？

二十世纪的交通工具，突飞猛进，黄河往日的任务，好像一去不复回，然而一方面的退缩，就会形成别方面的突进，例如黄河由接济长安、开封，到明代忽变而接济北京，那就是一个例子。何况运输之外，黄河还可充任其他的职务，所以我们相信黄河的将来，总不会比以前为落伍。如果对付黄河，能够做出较稳定的设计，使它不至于随处横决，单是消极方面，我们的生命、财产已是获益无限量了。

综合这回编撰所得的理论，有几点值得再提一下。钱泳《履园丛话》四《水学》里面说："治水之法，既不可执一，泥于掌故，亦不可妄意，轻信人言。盖地有高低，流有缓急，潴有浅深，势有曲直，非相度不得其情，非咨询不穷其致，是以必得躬历山川，亲劳胼胝。昔海忠介治河，布袍缓带，冒雨冲风，往来于荒村野水之间，亲给钱粮，不扣一厘，而随官人役，亦未尝横索一钱，[12]必如是而后事可举也。如好逸而恶劳，计利而忘义，远嫌而避怨，则事不举而水利不兴矣。"那一串话是往日治河人员所常常做不到的。

汉武帝临瓠子决口，"令群臣从官自将军以下，皆负薪填决河"[13]。元世祖时，"复置都水监，俾守敬领之，帝命丞相以下，皆亲操畚锸倡工，待守敬指授而后行事"[14]。明嘉靖四十四年，朱衡督河，"庐于河畔，抚循十万众，与同甘苦"[15]。康熙二十三年，清帝巡视清口，"步行阅视十余里，泥泞没膝"[16]，同时，"于成龙监修河务，尝身立淤泥中，竭力督催，故人皆奋勉"[17]。乾隆末，河南青龙冈西坝猝蛰，河水大溜下注，河督李奉翰竭力抢护，跌入金门，被缆格伤，几至陨命。[18]又清代治河人员的生活，"凡督官员所住之屋，皆系草舍，简陋不堪，盖一以自罚，一以示与民同甘苦也。总办之屋，仅秸墙茅顶，天寒之时，重障一席足矣，至营哨等官之所居，则只有窝铺而已"[19]。从这些例子来看，又知道治河领导者，必须身亲力为，与群众同其甘苦。

论到运用人民劳动，现在群众知识逐渐提高，大家都晓得非劳动不能争存，卫国才可保家，动员百十万人民来防河，比之往日，固然不算一件难事。然而贾让曾指出，"民常罢于救水，半失作业"为三害之一，[20]金世宗大定五年，尚书省奏调夫数万浚运河，世宗谕以"方春不可劳民，令官籍监户、东宫、亲王人从及五百里内军夫浚治"[21]。又张曜改革山东民夫经年在堤的旧制。[22]我们对于积极的增加生产，更不可不设法兼顾，应该怎样一面可以使大汛时比较安定，另一面又可减少上汛的人夫，自是今后急须商讨的方案。

扫除主观，深入群众，则如陈潢所称："臆度之言，又不若经历之言之亲切而已试也，故凡田夫、老役，有所陈说，皆宜采听，以备参详。"[23]明宋礼截汶入运，正靠汶上老人白英的指授，可作深入群众一个最好的榜样。

最要的是宁夏以东，整个河防应有统一的领导，然后事权专，事权专然后不容易发生乱子。金藻说："欲水患消除，必专任大臣而辅之以所属，责成于守令而雇办于粮里，不宜他官分督而有失厚利。某处系上游水汇，某处系下流支港，应分某水以杀其势，应阔某岸以缓其冲，应浚某河以会其流，某处闸坝宜修，某处塘堰宜筑，应复旧，应新开，非专官而能之乎？"[24]对于治河权不宜分割，说得颇为透切。最近中央人民政府政务院任命董必武同志为中央防汛总指挥部主任，[25]确是一件极高明的设施。

涉于这事，李协早年也提议过，他说："若政局统一，特设一总机关，畀之以黄河行政之全权，可以指挥各省于河务有关系各地之县知事。由此总机关，畀各省水利局以分权，以督促其进行，又于陕州、大庆关、兰州等地，各设河务学校一所，指授讲洫、畔柳及道路之方针，一年毕业，每县各派学生四人至十人，视其辖境之大小，及与河务关系之广狭，毕业归里，授以田畯之职，优其俸饩，使之指挥农民。"[26]现在水利部与各省区的职权，如何划分，我毫无所知，只以为李氏之意见，是值得参考的。

我觉得治河领导之统一，对于扫除旧日地域恶性，尤有极大功用。上古堤防少，河之所至，便成灾害，人们恨不得其自行远离。何况封建时代，多挟着自私自利、损人益己的观点，每遇问题发生，便各执一说，势不相让，流弊遂酿成黄河之肆虐，阻碍治河之进行，下面试举出几个例子，以作炯鉴。春秋初期，齐桓公会诸侯于葵丘，申明约束，无曲防就是五命中的一项。《孟子》斥白圭"以邻国为壑"。[27]东汉明帝永平中议修汴渠，"或以为河流入汴，幽、冀蒙利……议者不同，南北异论"。[28]元成宗大德元年，河决杞县的蒲口，派尚文前往视察，他回奏主张不塞；"会河朔郡县、山东宪部争言，不塞则河北桑田尽为鱼鳖之区，塞之便，帝复从之。明年，蒲口复决，塞河之役，无岁无之。"【29】明时长垣、东明二县原有三坝，"在长垣利在泄水，不肯闭塞，在东明惧其受淹，坚欲堵截，两相掣肘。"【30】"唐家口为黄河要害，在考城、曹县之间，两省居民，互相盗决。"【31】又万历三十一年苏家庄之决，"或谓先淤后决，或谓先决后淤，南直、山东，交相推诿"【32】。近世铜瓦厢之决，故道虽不可复，但当时翁同龢、潘祖荫等不主张复故，【33】内容实带着地域意味。更有"异地之官，竞护其界"【34】，如万历二十九年河决商丘，"时议皆欲勿塞，山东、河南二中丞议论不合，廷推即以河南中丞曾如春总督河道，不使齐人有异议也"【35】。最甚的则持极端个人主义来对付治河，汉武帝元光时，河决瓠子，东南注巨野，通于淮、泗，"是时，武安侯田蚡为丞相，其奉邑食鄃，鄃居河北，河决而南，则鄃无水菑，邑收多。蚡言于上曰：江河之决皆天事，未易以人力为强塞。……于是天子久之不事复塞也。"【36】又"（王）莽恐河决为元城冢墓害，及决东去，元城不忧水，故遂不堤塞"【37】。总括来说，正所谓"小民各私其身家，水有利则遏以自肥，水有患则邻国为壑，是其胜算矣，孰肯揆地形之大局，为永远安澜之计哉？"【38】

就使撇开那些最坏的影响不论，领导不统一，对于治河也有许多窒碍。张含英曾痛快地说："治河犹脉络也，一处不畅，则全体停滞，应统筹全局，断不能节节为之。然黄河下流河南、河北、山东三省之河务局，分别成立，各不相谋。即以冀、鲁之交而论，出险之次数最多，而其最大原因，厥为口决河北而患在山东。山东以职权所限，不克越界整理，河北以利害较轻，鲜能促起注意。"【39】又说："刘庄为第一险工……地在河北，决口则尽淹山东，故山东人民极注视之。以地域关系，莫可如何。近数年来刘庄、李升屯、濮阳等工莫不如是。冀省则以利害之较小也，关系又不若是之切。鲁省府既不能修冀省之堤……"【40】换句话说，治河行政，应自甘肃以东，下至海口，通全流域为一区，各地区固不能不授以协理之权，但究应如何调节，自应详细讲求，作为长远可行之规制，庶不至因小节而贻累大局也。

一九五二年九月九日广州中山大学

注释

【1】《初学记》六。

【2】某时代黄河离开某地，多是大略的估计，可参看前文第十一、十二、十三各节。

【3】一〇一——一〇四页。

【4】沛原讹作"沛"，据段玉裁说校正。按《北齐书》二三，"或国之肺腑"，可见"弟"和"市"是常会互讹的。

【5】《经世文编》一〇〇。

【6】《科学通报》二卷六期六三八—六四〇页。

【7】《汉书》二九。

【8】《晋书》四二。

【9】同上九八。

【10】同上一一四。

【11】《宋书》二。

【12】《明史》二二六《海瑞传》并没说他担任过治河事务。

【13】《史记》二九。

【14】《元史》一六四《郭守敬传》。

【15】《经世文编》九六。

【16】《康熙东华录》一七"康熙四十九年十二月"下。

【17】同上一四"康熙三十九年七月"下。

【18】《乾隆东华录》三八。

【19】《治河论丛》一九六页。

【20】《汉书》二九。

【21】《金史》二七。

【22】见第十四节下六项。

【23】《经世文编》九八。

【24】钱泳《履园丛话》四。

【25】新华社北京一九五二年五月三十日电。

【26】同前引《科学》九二三页。

【27】均《孟子·告子篇》。

【28】《后汉书》二。

【29】《元史》一七〇《尚文传》。

【30】《金鉴》三六引《河防一览》。

【31】同上三二万历十六年引工部覆奏。

【32】同上四二。

【33】《清史稿·河渠志》一。

【34】谢肇淛《杂记》。

【35】《金鉴》四二引《河南通志》。

【36】《史记》二九。

【37】《汉书》九九中《王莽传》。

【38】《折狱奇闻》三。

【39】《治河论丛》七七页。

【40】同上二三〇页。

附　　录

一、关于利用贾鲁、惠济二河来临时防洪和将来交通的管见

　　一九五二年的秋间，我曾用《从黄河变迁的研究得出一项治黄的管见》的题目，写成一篇底稿寄给《新黄河》，后得函复，已打印数份分送各处参考。今年七月根治黄河的综合规划已经公布，我们自无事喋喋。不过邓子恢同志的报告说："但是为了防备在这些（三门峡等）工程完成以前发生比一九三三年更大的洪水，还必须在下游采取一系列的临时防洪措施。"又傅作义在人民代表大会上说："……同时要防止在三门峡水库完成以前黄河发生严重的决口和改道。这五六年的时间，非常重要……"[1]是这几年时候下游的防洪措施，依然不能丝毫松懈的。另一方面，据程学敏说："当报告中所拟的工程全部实施以后……黄河全河的通航以及由黄河连结淮河、卫河的计划都将成为可能。"[2]周立三也说：三门峡水力枢纽建成以后，"黄河下游干流也将可通航轮船，而卫河、运河及淮河支流与黄河水运扩大沟通，构成一个四通八达的水路网，来分担这个地区不断增长的铁路货运"。[3]是三门峡水库筑成以后，专家们都以为黄、淮应有通航的可能。由于这两点的提示，我再检阅旧稿，觉得除删去芜辞繁

节之外，还可把它以临时防洪措施和黄、淮经济交通的姿态而提出，下文就是删削旧稿而成。

在咸丰五年改道以前，黄、淮的沟通直可追溯到有史文记载的初期，或更再上溯不知若干年，它俩的汇口或在淮的中游，或在淮的下游，关系本来很密切的。据古代记录，除去屈指可数的几度大决之外，黄河并没有怎样搞乱淮河的水系，其搞乱实始于元而酷于明、清，内里本带着不少人为的原因。经过八百年的灾难，江淮之人对黄河就感情很坏，大有市虎相惊的神气，这也怪不得的。

在未提出我的管见之前，先得说明我并未做过黄河的实践工作；可是我所根据的理论，也并非完全出自玄想，而是从几千年来黄河自然的趋势和前人治河确有成绩的经验，观察出来的。而且它能够切合我国现时的经济条件，不需要怎样伟大的工程，那末，我们多做一点防洪豫备，总会多一点好处。

这项管见，大致说来，是"有限制地减黄入淮"。或人问我，淮系被黄河侵占，将及七百年，幸而铜瓦厢改道，黄、淮分家，正是一件欲求不得的好事。最近，在毛主席的英明领导之下，通过千百万群众的劳动、血汗，治淮快要完工，你却提出分黄入淮，不是无视大势而且是极之冒险的计划吗？我们须知黄是淮的一个邻人，同时也是一个敌人，如果不将那个邻而兼敌的黄河，安顿妥帖，淮总不能有一刻安枕无忧的。明人"治河即以治淮"的口号，依我看来，目下还十分适用着，不过含蕴的意义不同罢了。本不相通的伏尔加和顿河，先进的苏联已连接起来，互通运输，引沁入卫，明人反对的很多，[4]现在却已完成引黄济卫；何况黄之分流入淮，向来多系自然的而非人工的呢。

李协说："今之欧美治河者，大抵宗自然之论。……然所谓自然之论，非舍弃科学，乃正需科学以阐明自然，因乎自然以改良水道。所谓自然者无他，即《孟子》所谓水之道，而今之所谓水性也。"[5]《黄河变迁史》经过全部整理之后，我开始感觉得黄河确有向东南分流的自然性，故将一部分暴涨减向淮系的提议，是顺水之性而不是逆水之性。

李氏又说："故善治河者在与河以机会，使之自治，非钳制束缚之也。"[6]将暴涨减入淮系的提议，即在黄河脱离束缚后的第一个关头。再给它以自治的机会而不是给它以钳制。

我说前人确有成绩的就是东汉王景，读过历代河渠书志的可说无人不知，但得力在甚么地方？从来很少人搔着痒处，这是治黄而不能深入了解黄河变迁史的一个大讽刺。景以永平十三年（七〇年）治河功成，《后汉书》一〇六本传记载得很简单，只说："十二年夏，遂发卒数十万，遣景与王吴修渠筑堤，自荥阳东至千乘海口千余里。景乃商度地势，凿山阜，破砥绩，直截沟涧，防遏冲要，疏决壅积，十里立一水门，令更相洄注，无复溃漏之患。"又同书二《诏书》只称"今既筑堤理渠，绝水立门，河、汴分流，复其旧迹"。后人批判的遂各立一说，有以为急于漕运，[7]有以为使民随高而处，[8]有以为用长堤间隔河、汴，河得以束水攻沙，[9]似乎都未抉出王景成功的秘诀。

经过王景施工，八百多年，黄河并未闹过甚么大乱子，直至唐景福二年（八九三年），始从千乘改向较北之无棣入海。[10]从这来推测，景的遗迹，唐代仍当多少存留。今考后汉乾祐三年（九五〇年），卢振请沿汴水访河故道陂泽处置立斗门（斗又写作"桓""窦""陡"，意义相同，广义即是后世之"闸"），水涨溢时以分其势；[11]宋太平兴国八年（九八三年），视河官请于滑、澶二州立分水之制，节减暴流，一如汴口之法；[12]又元丰六年（一〇八三年）都提举司言，今近京惟孔固斗门可以泄水下入黄河，[13]大约都是所见或所闻的汉人遗法，也就是说，五代、北宋的人尚能认识汴渠有分减黄河暴流的作用。王景之水门洄注，最要是使汴跟黄的水量增减，能够随时互相调整。元祐四年（一〇八九年）梁焘奏："闻开汴之时，大河旷岁不决，盖汴口析其三分之水，河流常行七分也。……既永为京师之福，又减河北屡决之害。"[14]他说得不错。汴、济都是无源之水，整理好汴、济而黄河便得安堵，那不是靠合理的分洪靠甚么？但附带着就起了减少正流泥沙的作用。[15]

现在再来谈谈减黄入淮的理由。光绪年间修的《曹县志》七："大抵汉唐以前，河、济、汴三水分流，各有归圩，五代以后，三水合一，无所容受，是以历年冲决坍没，泛滥洋溢。"历史事实正好用来说明理论。由东汉到六朝前半叶，黄河的分流有济、汴，济之北大支自行出海，南小支会泗入淮，汴除本系会泗入淮外，中途再分入颍、涡和睢，在我国历史中分流最多而广的时代，黄河偏偏最安靖。后世谈治河的却混囵其说，以为黄河断不可分，那就因不深入研究黄河史，所以理论跟事实相背驰。

我急要郑重声明的，分减当然不是随处可以适用，王景得力的地方，完全在分减于上游。陈潢《论审势》说："重与急之患，又非即于患处治之也，必推其所以致患之处而急图之。……如有患在下而所以致患在上，则当溯其源而塞之，而在下之患方息。……又有患在上而所以致患者在下，则当疏其流以泄之，而在上之患自定。譬如困贼于围中，而不开一面以分其志，以缓其愤，则将激其必死，一旦溃围而出，不可收拾。……势之为言亦不一，有全体之势，有一节之势。"[16]上游来势很凶，力足以牵动大局，那就是全体之势。黄河刚从豫西峡谷被解放出来，正要度着它的放浪自由生活，一不如意，就摧毁了人工的、软弱的拘制而任意胡行。比方黄河夺颍或夺涡入淮，并不是非这样不行，但南岸既被冲破，水势自然向那边转进。如果不在上游分流，泄其愤怒，那就无异乎困贼于核心，逼令溃围。因此，釜底抽薪的方法仍应用之上游，只谋下游的疏解，真是远水不能救近火了。李协说："今后之言治河者，不仅当注意于孟津—天津—淮阴三角形之内，而当移其目光于上游。"[17]张含英说："治下游所以防患，治上游所以清源。……能于上游拦阻洪水而下游增固堤防，则漫溢冲决之患自免矣。"[18]王景治河的得力，即在注重上游，以分流来宣泄，用意也是拦阻洪水，兼顾下游。至如朱熹所说，"下面之水既杀，则上面之水必泄"，[19]那只可适用于平时，不可适用于突变的洪涨。

一方面由于黄河分流入淮，确有过二千多年不断的历史；另一方面由于认识到王景的成功，实在整理上游的汴、济，我所以建议在豫省中部分洪入淮，即以这两项为重要根据。同时，也因为这样子办，才可以消除其暴涨的威胁，根于此一观点，分洪当然越近西边越好。但荥泽以上，北岸都无可分的尾闾，汴渠又早已消灭，所以我要在南岸的贾鲁、惠济二河打主意。

乾隆四十九年（一七八四年）阿桂的《豫境河道难建减水坝疏》称："豫省黄河，自荥泽下至虞城，计程五百余里，堤长共九万四千三百丈，向无分泄之路。……今查豫省堤工，荥泽、郑州境内土性尚坚，距广武山甚近，堤头至山脚一千四百余丈，其无堤之处，遇黄河水势长至一丈以外，即由山脚漫滩，归入贾鲁河下注。……其堤南泄水各河，除睢水河久经淤塞，惟贾鲁河一道系泄水要路，发源于荥泽县之大周山，由郑州、中牟、祥符、尉氏、扶沟、西华等州县，至周家口入沙河，自沙河经裔水，入江南太和县境，至正阳关淮河，归洪泽湖。其又惠济河一道，即贾鲁河之分支，历中牟、祥符、陈留、杞县、睢州、柘城、鹿邑，入江南亳州境内之涡河，可达淮河，亦归洪泽湖。此二河离黄河大堤，自十三四里至四五十里不等，绵长数百里至千余里不等，现俱窄狭，间有淤垫，如须减黄，必须大加挑浚。"[20]细读这段文章，我们首先见到清代虽没有明文规定减黄入涡、入颍，而实际确有那一回事。其次，这事不过偶然一提，可惜的是不再作深入研究，付诸实施，也许实施之后，于清代的河患，能够有多少补救。回头再说正文。那二河既逼近黄河，挑挖二三十里的接通新道，实际无甚困难。现时虽没有汴渠，然而这二河就是往日汴的分流所经，减黄入贾鲁和惠济，跟旧日分黄入汴，并无不同之处。

武同举说："开封上下二三百里间，以南岸为最险，最险地域，安可分流？设如立坝，开坝减水，势必崩溃。即不崩溃，淮胡能受？"[21]这些话似乎言之成理。首先要辨明的，我所提的只减暴涨部分之水，不是随时分流，则第一点可不必论。减水坝的方法，古今中外都曾应用，未闻开坝必会崩溃。而且现在所提的减水闸，隋、唐、宋行之数百年，何尝闹过夺溜的大变？则第一点实属过虑。下游洪泽存水若干，往日探查须时，现在电讯刹那即达，同时淮水流域各地的雨量又可随时报告，可能减水多少及抵达下游所需期日，都能够立刻计算出来，第三个疑点尤不难以人力克服。我们试问，为甚么南岸最险？不是黄河有趋向那边的自然性吗？如果不错的话，我们就不该完全拦阻着它，应给它以多少自行其道的机会，光和它作死对头，打硬仗，是费力而不讨好的。

一般人所谓南岸最险，大致不外如张含英所说："河南一段河身甚宽，河挟泥沙而至，必淤淀于斯，[22]河流必极散漫，洪水一来，则生危险。故黄河六大变迁决口之处，皆在河南东部。"[23]不过六大变迁皆在豫东之说，实有误会。胡渭所标黄河五大变，包含着许多错误，我已有别文论及。明弘治七年一次断不能算作河徙，王莽始建国三年及宋仁宗庆历八年两次都发生在旧日河北省地面，不属豫东，只有东周、金大定（约大定二十年，不是明昌五年）和清咸丰那三回，才算大变，发生于豫东区域。我们更须知黄河大变迁常在豫东，几乎是必然性（那就是前人所说的"豆腐腰"）。黄河出口只得渤海和黄海两途，譬如由渤海移到黄海，或由黄海转入渤海，当然属于重要的变徙，然而渤海与黄海的中间，被山东半岛各山脉所隔绝，黄河是没法通过的。因之，它出了豫东后，要从北向南，就只有巨野那一条路，汉武帝元光三年河决瓠子（今濮阳北），东南注巨野，通于淮、泗，即从这条路经过，反之，它要自南方转向北方，也不外这一条路，旧时济水的正道，即从巨野北出寿张。黄河如再进至冀中或苏北，它的变动范围，越受自然条件所限制。始建国三年的变动，河口系自今天津附近南移到鲁北，又庆历八年的变动，河口系自鲁北徙向今天津附近，都在渤海的范围，并不是渤海与黄海的出口交换。我们由此更觉悟得黄河重要变迁之常从豫东发动，纯受地文环境所规定，与河身之宽，泥沙之淀，倒无多大相关。这些黄河变迁动因的认识，极关紧要，因为在汴渠一千五百多年的历史当中，浚、滑以西，黄河并未闯过大乱子，同时也并没有因分流之故冲入汴渠而造成普遍灾害的纪录。我们由此推理，不能不认汴渠之存否，与黄河南决有密切相关，如果减黄入贾鲁、惠济来替代汴渠，未见得是冒险。假使认为冒险，难道汉、唐、宋的长期经验还不能作保证吗？《汉书·沟洫志》曾载贾让的话，他说："议者疑河大川难禁制，荥阳漕渠足以卜之，其水门但用木与土耳。"古人治水的技术、工具，平均标准较低，行之数百年间尚未出过岔，难道二十世纪科学昌明时代，还不能作有节制有限度的泄黄而保证其安全吗？我未通过科学调查，断不敢据片面的认识（参看"导言"），遽然强调黄河有一半偏向东南流的特性，然如最近莫尔札也夫同志所说，"A.H.科兹洛夫在他《卓越的中亚游移河》一文中，已经提到罗布泊变迁的原因在于孔雀河始终要向东流这个特性。罗布泊后来的历史已经证实了这预言"（《地理知识》一九五五年十一月号三四一页），是川流中可能有偏向某方流的特性的。

张含英的大旨系不主张分水，但他却又说过："（民国）十八年之最大流量，开封、泺口较陕县为小，其间且有汾水[24]及伊、洛各河之流入。十八年之平均流量亦然，即泥沙量亦复如是。八年最大流量，陕县亦较泺口为大，且亦无决口之事发生。于此可见河南一段河身之宽，已作蓄水及澄清池之用，其影响于治河者如何，是堪注意者也。"[25]河宽已能发生这样的影响，上游能够再减泄，则有益于下游更可知。况据张氏调查，巩县大水时，洛水受黄河倒灌至黑石关，约五十里，[26]武陟西的潫河，有黄河一部分的水流入，夏季黄、潫不分，[27]再东为沁河，也曾受黄河倒灌的影响，[28]在河道逐渐放宽，还表现那么严重的现象，正说明宣泄以越西为越好。河患"若一发决，即为害江北"[29]，治黄即以治淮，那末，用淮救黄是很应该的。

有人提出异议，说长垣已有溢洪堰，豫备分减暴洪期内多余之水，犯不着在南岸最险的河南，再来一个分减，以免发生意外。这一说也言之成理，但从黄河的历史和近世讨论治黄的各家言论来看，黄河北岸也不见得没有险处。早在光绪十一年，延茂已奏称："泰山之阴，南高北低，愈淤则北愈下，设一旦夺运河而趋天津，合之直隶七十余水，同一尾闾，倒灌之患，不堪设想。"[30]辛亥革命之后，提出相类的意见的倒还不少，李协说："昔河夺大清，深入地内，今则复现墙头行舟之状，若不根本图治，奔突溃决，不南病徐淮，即北犯冀州。南则皖苏之灾，不堪设想，北则天津商埠，将成泽国。"[31]《历代治黄史》六说："设在上游北岸溃决，必夺北运而直趋津沽，南岸溃决，必灌汶泗而祸及江淮。"又《淮系年表·水道编》说："综之，豫燕鲁三省黄河，断无久而不变之理，北徙南徙，皆在意中，北徙夺运，必达天津，南徙夺运，必达江苏与淮接，如南徙夺涡、颍、睢，则直接夺淮。"是北徙和南徙同有一样的可能。长垣溢洪堰至东阿陶城埠才归入正河，要通过濮阳的南边，濮阳恰是北徙必经之地，就整个国家的利害而说，我们要照顾南方，跟同时要照顾北方是应该一样看待的。此外，听说长垣溢洪堰的应用年度，是颇为短期的，[32]如果它已失效而上游的拦淤、蓄水的工程还未完成或尚未充分发生效用，则我们多作一个救急预备，对河患那样严重影响于国家和人民经济的，不是浪费而是必须。还有一层，长垣溢洪堰所通过，当然有些是串沟遗址，但并非历史传下来不可缺少的川流。不拿来做溢洪堰，尽能利用做耕地，以增加生产的。贾鲁二河可就不同，它有它的长久历史，它担负着那方面的排水工作，平时缺少不得，我们只求借它来分担一种它可能担负的任务，不是浪费地面，更不至于妨碍生产。两相比较，减黄到贾鲁二河，可以救豫中之急，减黄到长垣溢洪堰，可以救豫省极东端和冀、鲁之急，各有其作用，两不相妨，算不得是多余的工作。张昌龄曾说，从孟津以下进入平原，河道加宽，如伊、洛河不发生洪水，由陕州而下，洪峰应逐渐降低，一般在陕州的一万至一万二千秒立方公尺的洪水，到泺口时，可减低到七八千。[33]那末，洪峰到长垣当然不比荥泽那么高，亦即是长垣减洪已比不上荥阳那么吃紧。我们对防洪最好是多备些抵抗工具，一关之后，继以二关、三关，就使有主要、次要之分别，次要也是不可忽略的。

或者又说，北岸已有沁黄滞洪区，地点不相上下，岂不是具备同等的效用？按沁黄滞洪区的界限怎样，应用怎样，我手头没有丝毫材料，无从比定，相信是在沁水口附近，可无疑问。如果不错，则与引黄济卫区域相隔很近，后者会不会受到它的影响？论到尾闾，沁黄滞洪区是没有的，如果一时滞水太多，能不能够作安全保证？北岸滞洪的生产损失似总比减入贾鲁二河为大，不从南岸着想而从北岸着想，大概也系挟着扰乱淮系的害怕，但我觉得那是不必要的。

所顾虑的，黄河水多带泥沙，会有人提出清代嘉庆末年"毛城铺以下之洪滩河，太谷山、苏家山以下之水线河，均已淤成平陆"[34]，来作严重的教训，那岂不是大有碍于已成的治淮工程？按乾隆二十六年七月河决中牟，分入涡、泗，裴曰修奏，"黄水至颍，毫已无甚泥浊"[35]，即是说，泥淤多已垫于涡、泗的上游，不至侵入淮河正干。我们虽不强调那个例子，但依近世治河的理论，减和决不同，减水的势缓，浮泥很易沉淀，则裴氏的话不会大错。总之，我们治河的希望，只求劳动、财政做到最高限度的节约，并非要求不劳而获或一劳永逸。唐代宗时，刘晏写给元载的通信说："河汴有淤，不修则毁淀，故每年正月，发近县丁男塞长茭，决沮淤，清明桃花以后，远水自然安流。"[36]宋人治汴淤的详情，也有《宋史》九三可供参考，尤要的是，大中祥符八年（一〇一五年）定令汴河淤淀，每三五年一浚。这里对前文必须作重要补充的，我们表扬王景治河的成功，并不是说经过他的施工，后世就七八百年坐享其成，在这长时期当中，南北朝及唐、宋仍需要群众无数量的血汗劳动来继续支持着王景的功劳，只是他最初抓紧重点，给后来作一个好的成规而已。

依同样的理由，分减黄河入贾鲁、惠济，淤垫是必不可免的，我们并不否认，反而以为这样一来，于正河淤垫问题，也未尝无所补救。黄淤既多停留在豫东，而豫东河面宽广，挑浚较难，现在把黄河暴涨的一部分，也是周年携淤最多的部分，分到贾鲁二河，使淤的面积变成长狭的线形，等到每年浅涸时期，截断进水，施行挑挖，那末，关于人夫的征发，施工的分段，挑出来的泥沙怎样调拨，怎样利用，以粪壅沿岸的田亩，都比之挑挖黄河正干，便利许多。沈梦兰《五省沟洫图说》称："每岁须挑淤三五十尺，二不便。然河淤足以肥田，故并河淹地，年来多得丰收。今东南种地，冬春必罱河泥数次以粪田亩，以间时三五日之功，而获终岁数倍之入，实二便也。"[37]恰可借来说明分淤于贾鲁二河之有利。

减流入贾鲁、惠济二河，除灌溉、航行外，更有一项好处，就是可以减少凌汛的灾害，为前人所没见到的。凌汛多在二月（如一九五一年利津土庄之决），汛期较短，含沙量几是全年中最小的时候，流量甚小，溜势也缓，[38]它何以会酿成灾害呢？据张氏的解释："黄河流域气候不同，其在潼关约为北纬三十四点六度，东行，出河南境则转向东北，海口约为北纬三十七点九度。故河中冰解之期，断难相同。河南冰解则顺流而下，将近海口则天气严寒，朔风紧吹，冰尚难溶，而所来之冰块势必壅积不下。且或重行冻结，因之阻止河流，水位逼高，时有泛溢之患"，"设堤不坚固，经此漫溢，或即再生溃决之险"[39]。张氏因谓"若能将此量之一部引导他流，则凌泛之险，可以安然渡过"[40]。现在利津的溢水堰，固可替下游减去危害，但上游如有贾鲁二河分流，实际更可多一度拦阻。这二河的最北极端，都在三十五度以南，下游更继续向南流去，泛水进入，不会再度冰结。张氏从前所拟引用的徒骇河，[41]上源在三十六度之北，以后更向东北流，比较似不如贾鲁二河之稳当。揣测张氏不敢提贾鲁二河的原因，当为那时淮系受病已深，恐怕分黄入淮，越增加淮系的痛苦，现在可不同了。在毛主席的英明领导之下，淮系整治快报成功，凌泛时候，黄河含沙量甚少，淮系各支源也在低水位季节，即使分入较多之水，不会发生甚么大害，我提出这一项意见，算不上冒险吧？

其次，道光二十三年的最大洪水量系因黄、沁同时并涨，结果经中牟向南泄去（见前十四节下），先从荥泽减水，就可避免其下冲中牟，总可算应付最大洪水办法之一。

又其次，溢洪堰的应用，现时还有缺陷的，比方东平湖滞洪区可分洪三千秒公方，但据说，"去年只用过一次，迁洪口和出洪口都立刻发生了严重的淤塞现象"[42]。我们多作些意外之备，也不见得毫无益处。

更从经济和交通来说，河、淮转输，自春秋前起至咸丰改道止，几乎未有断绝过，历史足计二千多年。苏联本不相通的伏尔加河和顿河，也连接起来以利转运，我们原有通运很久的河、淮，反要把它堵绝，岂不是一件极其可惜的事！引黄济卫原以利便中北两部的经济交流，减黄入淮更可以利便中东两部的经济交流，如果减黄入贾鲁二河，与引黄济卫的进口相去不远，再把它俩连接为一起，便构成北、中、东三部的一条大动脉，可代替着明、清的南北运河。简单地说，济卫不怕冒险，难道减黄入淮偏生是冒险吗？

最末，本篇的结论是：黄河的特殊性在暴涨及多淤。两事比较，暴涨是急性的，可以使黄河改道，破坏力很大，但能躲过一时，便可平安无事。多淤是慢性的，不断地作祟，结果也可使得黄河改道，人们对它的警惕很少，其实就长期来论，它的破坏力量比暴涨更大。从另一方面来看，黄河出事的时候，可能北侵，也可能南侵，不过依历史统计所指示，南侵的机会特别多，我们的防御应侧重南方。鲁之裕曾说："蒗荡渠即大禹所辟以通淮、泗之路者，河至是借淮以相为疏理，河、淮之合，从来旧矣。"[43]

黄既可常为淮患，那末，保黄即以保淮，借淮保黄是很合理的事。潘季驯谁也晓得他是极力反对分黄的，可是万历六年他上的奏疏也说，"若令河决上流，固宜用疏"。我们趁上流未决而用疏，又是合理不过的。关于处理沙淤的方法，除植林、谷坊等之外，携带下来的淤，最好不任它停滞在一点，尤其不令输送到下游及近海的地方，以便于清除及利用。综合这几个观点，我所以提议在临时防法措施当中，为万一之备，减黄到贾鲁、惠济二水。减水之法，大致系仿古代汴口石门的例，应用闸门管制，有效调节。当黄河上游快要暴涨或凌泛开始时，如淮系不同时报涨（现时淮河已有水库，这似不成问题），即先缩小存底，把原来流量的一部分，宣泄到减河里去，迎头打销其怒气。现行黄河与这二河上源相隔不过数十里，工程不会很大。这样做法，一可以消弭意外暴涨的威胁，二可以削低凌泛之危险，三可以减轻黄河正流中、下游的淤塞，四可以避免洪水同由一道出海，五可以免除一部分占用地带之浪费。至于分河所积的淤，则规定每年趁低水位时候挑挖，作为减河沿岸田亩的加肥。这个办法，即使现在不办，将来三门峡水库筑成后，黄河的泥淤大部肃清，到那时候，黄、淮二千多年的转运成绩，似不能终久废弃不复，现时先办，固可以备不虞之急需，也可以替两河沟通打下基础，不至于废而无用。所略为踌躇的，黄河整个水量本来不敷，把它减了一部，似乎不能达到尽量利用的目标，然而事情的重要与否自有其后先位置，碰着水势紧急可以发生大灾害的危险，则利用问题已摆在次要地位了。这些不成熟的意见，是否适用于目下的实践，那就需要身上河防前线的同志来讨论及决定。

注释

【1】一九五五年八月号，《新华月报》。

【2】一九五五年七月二十一日《光明日报》，《黄河综合利用的伟大计划》。

【3】一九五五年八月八日《光明日报》，《技术上最可靠、经济上最合算的治黄方案》。

【4】《明史》八七。

【5】同前引《科学》七卷八九五页。

【6】同上九〇三页。

【7】《锥指》四〇下。

【8】同前引《科学》七卷九〇一页。

【9】《水利史》一一页。

【10】《锥指》四〇下。

【11】《图书集成·山川典》二三〇引《河南通志》。

【12】《宋史》九一。

【13】同上九三。

【14】同上九四。

【15】参《再续金鉴》一五八引刘鹗《治河续说》及前文第八节注102。

【16】《经世文编》九八。

【17】同前引《科学》九〇五页。

【18】《治河论丛》三二页。

【19】《锥指》四〇下引。

【20】《经世文编》一〇〇。

【21】《治河图说》一二二页。

【22】一九二九年陕县之最大含沙量为百分之二十二点六二,开封为百分之三点八二,张氏据此,认为大部之沙必尽淀于河南(《治河论丛》二四三页)。张氏后来又估计陕县全年平均含沙重量为百分之二点〇二,泺口为百分之一点〇六,其差数即尽沉于两地之间(同上第九四页)。

【23】同上二二〇页。

【24】"汾水"或系"沁水"的误笔。

【25】《治河论丛》一〇一页。

【26】同上二四八页。

【27】同上二四五页。《图书集成·职方典》四一八记灉水的一支,"自莽山来,或呼为莽河,俗作蟒"。又《金鉴》一六一引周洽《看河纪程》称,白涧水即灉的一支,自莽山来,或呼莽河。漭河即旧日的莽河,也就是现代济水的南派。

【28】同上《论丛》二四四页。

【29】同上二四三页。

【30】《光绪东华录》八〇。

【31】同前引《科学》九〇〇页。

【32】《地理知识》一九五二年十月号二五九页称,只能用十余年。

【33】《科学通报》一九五三年七期二五页。

【34】《经世文编》一百《黎世序疏》。

【35】《续金鉴》一四乾隆二十六年九月。

【36】《旧唐书》一二三《刘晏传》。

【37】《经世文编》一〇六。

【38】《治河论丛》一七九页。

【39】同上及一七六页。

【40】同上一八三页。

【41】同上一八五页。

【42】一九五五年八月八日《南方日报》，《华山、黄河大堤》。

【43】《经世文编》九七。

二、河源问题

一九五三年《新黄河》元二月号刊出《黄河河源查勘报告摘要》（下文简称《摘要》），当时董在华先生曾向我征询意见，我于三月下旬曾复他们一函，并附《河源查勘报告对于旧日记载的可能比定及其讨论》一篇，函文如下：

一、逆叙固然是根于实际行动，但"左""右"字样一时或易误会。此次难能可贵的探查，不特与治河有关，抑亦可供全国各等学校讲授地理之根据，希望再写一短篇，从河源起顺叙而下（适合于往日习惯），只把各支源流及其要点揭出；另附一草图（大小约如《新黄河》全页），把重要地名通通记入（原图有漏略），未实测者绘虚线。只就全国史地授课言，已获益甚巨，更不必论及治河计划矣。

二、我国研究之通病，往往古今不能打通，各自成一套。康熙间及乾隆四十七年阿弥达之探查，虽属草率，其成绩究不能抹煞。惟是他们当日的向导似系蒙古人，地名几全用蒙语，此次的向导系西藏人，地名几全为西藏语，因之，事实上极难两相比定。将来如有再次探查，能够添觅外围的蒙人（而且事先准备好）向导，是最所希望的事。所因那些地方平日人迹罕到，临时觅请，是否完全可靠？亦许偶然编造些地名，强不知以为知，即如"喀喇哦尕拉着马"说是"白脸女神"（原七页），但蒙语"喀喇"是"黑"，这就是可疑的一例（我不懂藏语）。总之，地名的真确，或需要多一两回的比验，不可遽作断定。

三、因之，在正式写定时，关于札陵、鄂陵两名，似乎还依照旧日的排列，只于每个名下头记着这回考查的不同，较好。一则免发生凌乱，二则康、乾经过两回考查，一回的考查未必即能把它打消，而且还许经过一二百年后，藏人或把它颠倒过来，因为据旧日的解释，这两个名字的意义是很相近的。

四、调查得的藏语名称，除已有解释的之外，是否都没有意义，这一点似乎应作相当的说明。又那些地方恐怕不止一种方言，《西藏图考》六说"黄"曰"谢布"或"温布"，我不知它是否藏语。

五、关于译名的还有两点小意见：

（1）"左谟""左谟雅朗""左谟马朗"之"左"字，或改作"佐"字，因为不加引号的时候，便容易与"左右"之"左"相混。

（2）"扎合拉各之古"（三及八页）、"约古扎哈拉各之古"（六页）及"约古支哈拉各之古"（图），"喀喇哦尕拉着马"（七页）、"喀喇哦尕拉左马"（一八页）及"喀喇哦尕左马山"（图），又"左谟雅朗"及"左马雅朗"（八页），似均应改从一律。

讨论一篇原文约三千多字，不再繁录，这里只揭其大要。篇首说，没有康熙、乾隆两朝内府图检对，时间匆促，案边只得《水道提纲》《河源纪略》两书，据齐召南自序，其书写成于乾隆辛巳（一七六一年），已追溯到阿尔坦河及噶达苏七老。自序又说，他的本据是康熙内府图。"乾隆帝为要表现他的天才，修《河源纪略》的人便阿顺意旨，牵入别的问题，指摘齐氏误以巴颜喀喇山为昆仑，'加以臆测''考核未精'，硬把前朝的成绩一概抹煞，专制帝王对于他的'圣祖'还这样不客气地来争功夺名，那无怪一般群众的收获都被他剥削净尽了。"以下的比定，分为八项：

（一）河源

阿尔坦或阿勒坦即突厥和蒙古语 altan 的音写，摘要说藏人叫星宿海以上为"马涌"，"马"是"黄"，"涌"是"滩"的意思（八页），名义大致相同。

《摘要》说，"约古扎哈拉各之古""在各山顶上有突出的灰白色岩石露头，高十余公尺，在东边山上露出的白石，远望似几个白色帐篷搭在山上"（六页）。又周鸿石说，约古宗列四周的山不甚高，"仅在其北面有四个白色岩石露出的山头"（同上五〇页）。好像跟高四丈的噶达苏七老峰有点相关。惟流泉百道的天池是否真实现象，还待查考。

噶达素齐老山或是现在的"喀喇哦·尕拉左马山"的疑问（《摘要》一八页），可不容易成立，因为《纪略》卷二的《阿勒坦郭勒重源图》把前者绘在星宿海的正西，跟"雅达拉达合泽山"的地位相同，后者据现图却在星宿海之南，很难把它俩拉作一起。一七九八年松筠著《西招图记》前藏至西宁路程有如下的一段："……巴彦哈喇，右九站系西宁属之玉舒本番目游牧。噶嘎，喇嘛托隆谷，噶达苏赤老（黄河源见此一带），噶尔马汤，右四站系西宁属之番目那木错多玛游牧。"巴彦哈喇即巴颜喀喇，噶达苏赤老即噶达苏齐老，可见这个名称在二百多年前颇为通行。

"据说黄河的水从地下经过，流入约古宗列渠"（《摘要》六页），这也许是某些地方的实在情况，也许是理想的传说。在西伯利亚、中亚、西亚和外蒙古，很古以来都有同样的传说（见本书第二节）。

（二）星宿海

地理图上把它画成一个小海子（《摘要》一八页），那只是近年的粗制品，比如前引《纪略》的《重源图》和武昌的《一统舆图》都用许多圈儿来表示，甚而童世亨的图，也表现为湖泊群。

（三）查灵海或扎凌淖尔

藏人称作"错鄂朗"，"错"即"湖"，"鄂朗"即"鄂陵"的音转（《摘要》一八页）。按名称调换，在地理考古上也会偶然碰见，《纪略》一二说西番语扎凌，黎明之象，鄂凌为晨光，那么，两名意义很相近，是前人调查错误抑近世传讹，还待考定。

（四）鄂灵海或鄂凌淖尔

藏语叫"错加朗"，"加朗"即扎凌的音转（《摘要》一八页），说见前条。《摘要》又说，听见绕错加朗一周须要三马站（一马站等于四五十公里），错鄂朗要两个半马站（一八页）。据《纪略》一二，鄂凌淖尔"东西一百里，南北八十里"，扎凌淖尔"东西长百里，南北广四十里"，两湖的大小比较，尚属相近。《提纲》称鄂灵海形如匏瓜，与《摘要》称错加朗略呈三角形（四页）相符合。

（五）喀喇渠

《摘要》说这渠从右岸流入黄河的正流，它本身又有支流瑞马渠出自巴颜和欠山及瑞马山之间（七页）。按此渠应即《提纲》所称从哈喇答尔罕山（答上或衍"阿"字）北流来之支水，"哈喇"（qara）是"黑"，蒙语"答尔罕"（darqan）本自突厥语的 tarxan（唐译"达干"），系带兵首领的官衔。《提纲》说："阿尔坦河东北会诸泉水，北有巴尔布哈山西南流出之一水，南有哈喇答尔罕山北流出之水，来会为一道（土人名此三河曰古尔班索尔马）。"古尔班（gurban）是蒙语的"三"，索尔马就是《摘要》的"瑞马"。

（六）多渠

《摘要》说，自右岸汇入（五页），"渠"是藏语"河"的意思（十八页）。按《提纲》，黄河自查灵海东南流出，"五十里，有一水合三河自南来会（一曰色纳楚河，一曰多河，俱出查克喇峨山北……）"，多渠无疑就是多河，惟多渠"入黄河的位置在鄂陵湖以下约十公里"（《摘要》七页），比"五十里"相差颇大，也许关于扎凌湖的尽点，各人看法不同。查克喇峨有点像是《摘要》的"喀喇哦尔左马"，不过多渠上游还没有踏勘，尚待证明。《纪略》不见"多河"的名目，应该相当于它的"灰福（又作"胡"）尔巴彦哈拉岭水"。

（七）直合拉个渠

《摘要》说"左马（读）雅朗"汇入了黄河后，这渠从左岸流入黄河（八页）。按《纪略》一二，在黄河未到星宿海之先，"有齐克淖尔水正南流屈曲来注之"，齐克淖尔，《提纲》作"七根池"，"直合"和"齐克"我以为是同语的音转。

（八）括鲁公喀鲁峰及巴颜和欠山

峰在星宿海下口的左面，山在海的右面（《摘要》六页）。据《提纲》称，星宿海众山环绕，有布呼吉鲁肯山、巴彦和硕山等；布呼吉鲁肯即拉锡的"布胡珠尔黑"，《武昌图》作"布呼集鲁肯"，位置在海的东北即下口的左面，"吉鲁肯"跟"括鲁公"似是同语的音转。巴彦和硕山，依《纪略》一二系在南边，它说："蒙古语，巴彦，富厚也；和硕，喙也"，就是《摘要》的巴颜和欠了。巴彦，旧史常作"伯颜"，即bayan的音写。

以上八项比定，相信不会大错，此外还有两点可以提供参考。

（九）左谟马朗

这条河从"左谟列世泽"东面的山沟向东北流到马涌滩上（《摘要》七页）。按《武昌图》，星宿海西南有"朗马隆"支河，字面有点相像，位置亦大约相当，是否同一，还待证明。

（十）哈姜盐池

在黄河沿的西北，黄河的南岸（《摘要》附图）。按《纪略》一二，河水出鄂凌淖尔后，"东流五十里至值尔吉巴……过此折东南流，其南有一淖尔水相望，不入河"，这个无名的淖尔很可能是指哈羌盐池。

以上是讨论的概略，五月中旬得《新黄河》编委会复函，属我送别的刊物发表，我觉得已向当事人提过，也无发表的必要，就把它搁下。到同年七月，董氏在《科学通报》发表了《黄河河源初步研究》一文，读了之后，又得赵世暹兄把徐近之的文抄寄，我于一九五四年春初写《隋唐史讲义》时再补充了一点意见（油印本交流讲义一七一——一七二页），现在也只记其大要：

1.《新黄河》编委会的同志似不认"马涌"为阿尔坦河，我据徐氏撮录台飞的概图，仍以为阿尔坦郭勒（Altan.Gol）与马涌地实相当（但那时我还未明白阿弥达所到的阿尔坦河与《提纲》的并不相同，故辨论之处，未得要领）。

2. 康熙五十九年上谕："西番谓之梭罗木，中华谓之星宿海。"（徐氏文谓，黄河上游蒙名索罗马"Soloma"，是蒙名或藏名，待考）徐氏引台飞，"星宿海藏名喀尔玛塘（Karma Tang），意谓"星之平原"，而《摘要》却称，"星宿海藏名错尕世泽"（六页），三说不同，可见名称问题，须再三复核。

3. 查灵又写作扎凌、扎樗或萨陵，鄂灵又写作鄂凌、鄂樗或鄂陵，潘昂霄的"阿剌脑儿"似是二泽同名，原语应为Ala Nor（今苏联齐桑脑儿南边也有Ala Kul），与鄂凌无关，董文以为"当时叫鄂樗诺尔"（十六页），言音并不相对。董氏又认旧日的名字可能颠倒，引吴景敖、彭汉宗两家的谈话及私函作证（二〇页），充其量仅能证明近年藏人确如此称呼，不能证明数十年甚至二百多年以前的记录都属错误。而且，外人曾到其地的有俄人蒲瑞哇尔斯基、科兹洛夫及喀士纳可夫，德人费士勒及台飞，何以都没有异议？费士勒说，蒙语又称扎凌为瑟克淖尔（Ceke Nor），意为"透明沙岸"，鄂凌为瑟格淖尔（Cege Nor），意为"透明水"，又"Patermanns Mitteilungen"称扎凌的藏名为Tso-tsarag，鄂凌的藏名为Tso-tsoora，Tso-tsarag跟"错加朗"显然同名异译，最可注意。其次，"透明沙岸"跟"透明水"意义很接近，Ceke 跟 Cege 不过末音清浊微差，在前我以为因意义相类而易于颠倒，这也是一个旁证。

4. 据台飞说，星宿海段"又东约四十公里许，有楚尔莫扎陵水（Tsulmo Tsaring Chu）由西南流注"，合《提纲》和《摘要》三说相比勘，喀喇渠即《提纲》的哈喇（答尔罕）山水，亦即台飞的楚尔莫扎陵水，可谓绝无疑义。"渠"实相当于藏语之 chu，清人多译作"楚"，"左谟"或"瑞马"，无非 Tsulmo 的音转，《摘要》没有指出，要属事先准备不够，事后又调查不周。总之，喀喇梁与哈喇山水之地位同，特点同，音译亦同，绝无理由不认为同一流域。董文所以毫不提及，无非要坐实雅合拉达合泽是新发现的真河源，于是不得不把噶达素齐老硬向喀喇渠推去了（以上的意见，我曾于一九五五年二月抄送三联书店编辑部参考）。

之后，傅乐焕在一九五四年《科学通报》十月号发表《关于黄河源的问题》（八四—八九页），黄盛璋又在一九五五年九月《地理学报》二一卷三期发表《论黄河河源问题》（二八七—三〇三页），河源的讨论展开了。我先试述对傅、黄两文的意见。

阿弥达的"阿尔坦河"跟《水道提纲》的"阿尔坦河"是不同的两条河，确属傅氏的创见，我往日看不出这一点，所以对"马涌"的辩论，不得要领。傅文的理由有三点：（1）阿弥达的是三条水中的西南一条，而《提纲》的却是中间一条，中间一条正是约古宗列渠的位置。（2）《提纲》那一条没有喀喇渠伏流入地的情形。（3）《提纲》的北面有西拉萨山水、七根池等来会，喀喇渠没有。因而推定《提纲》的"阿尔坦河"即现在的约古宗列渠（三八页）。黄氏的驳论是："《水道提纲》说这里有三条河，河源阿尔坦河是中间的一条。据这次勘查，这里主要有两条河，《水道提纲》的河源不是南面那条是肯定的，可我们怎能证明它就是来自西北的约古宗列渠呢？倘论位置，它很可能是，也可能不是。"（二八八页）黄氏之意，大约以为喀喇渠外还有两条，但我们须知北边那一条或者水量很少，配不上有河源的资格，所以得不到勘查队同志的重视（同时台飞的图也没记出它的名字）。那么一来，具备河源资格的就只得两条，于理二者之任一，不是甲便是乙，傅文的缺陷在说得不透辟，倒不是不充分。黄文的推证怎样呢？它首先拿台飞的文章和这回报告比证，再拿《水道提纲》和台飞的文章比证，来断定约古宗列渠即《提纲》的阿尔坦河（二八九—二九二页），即是采用甲等于乙，丙又等于甲，故乙等于丙的推证办法，也不是直接证定。

其次，傅文引清末民初的地图已出现"马楚河"的名称，认当时的人已知道黄河的正源（三九页）。着实有点语病。马楚本自藏语 rma chu，最古的音写是"抹处"，明洪武十五年（一三八二年）僧宗泐《望河源诗》自记："番人呼黄河为抹处。"[1] 其实藏语的 chu 与汉语的"渠"为同源，《尔雅·释水》："河……所渠并千七百一川。"《史记·河渠书》：“禹厮二渠。”古语“河”“渠”通用，渠就是河川，不是沟渠，《摘要》称，藏民把黄河叫“马渠”，可证。Chu 之一词，流行颇广，像哈萨克共和国的 bhu 河，我们翻作“吹河”，就是一例。一般水道的名称，或以上游概括下游，或以正源概括支流，中外习惯相同，徒知“马楚”之名，不能作为已认识了黄河的真源的。

傅文还有一处错误应该指出的，它引《纪略》二四“与笃什之奉使探寻”一句，下注称“指阿弥达探寻”（八六页）。按笃什即元史“都实”的异译，并不指鄂弥达而言，寻绎原文便可见。其他当于下文讨论时再涉及之。

黄氏的文搜采闳博，给予河源研究者以许多助力，这是它的好处，然而材料越丰富，势必掌握越困难，可以商榷的地方，反为不少，兹就管见所及，提出三点如下：

（甲）入藏道路　黄文首列出一个入藏站次比较表，现只截取其有关讨论的部分：

《西宁新志》	《西藏考》	《西招图略》[2]
且克脑儿 ……	且克脑儿 （即星宿海脑） ……	噶尔玛汤
五〇里哈麻胡六太 ………	四〇里哈麻胡六太	
五〇里哈拉河 （北即星宿湖） ……	四〇里哈拉河 ……	噶达苏赤老 （黄河源见此一带）
五〇里乌兰伏哩 （北星宿海）		
六〇里阿拉台奇 （北星宿海脑）	六〇里道塞勒河	
六〇里喇嘛托洛海 （北星宿海） ……	八〇里喇嘛托洛海川口 ……	喇嘛托隆谷
五〇里一克白彦哈喇 ……	五〇里白彦哈拉	巴彦哈喇

黄氏以为自康熙五十九年后，自西宁入藏大路没有多大变改，“噶尔玛汤即藏语星宿海，见《水道提纲》跟台飞的报告”。因之，《图略》的噶达苏赤老在星宿海之西，喇嘛托隆谷之东，“其地位不成问题是在喀喇渠沿岸，也就是阿弥达所探河源的地方”。再拿这个考证结果来对照《西宁新志》和《西藏考》的程站，“可以肯定哈拉河就是

喀喇渠"（二九二—二九三页）。按黄氏对傅文的批评很严格，临到自己却颇为随便，实有点令人不能满意。《提纲》内没见噶尔玛汤这个名称，犹是小误。据拉锡回报，"古尔班吐尔哈山下诸泉，西番国名为噶尔马塘"，所指又是喀喇渠（说见下文），不是星宿海，盖羌、蒙语言简质，往往同一名，可以适用于数处。入藏路程，无疑是大端相近，但小段上却有改变，《西宁新志》跟《西藏考》的站名，固可说无大差异，但据《西藏图考》四所载："自西宁出口，至前藏路程（诸书同）……七十里至黄河渡。六十里至纳木噶。六十里至和多都。五十里至气儿撒托洛海。六十里至和牙拉库兔儿查都。七十里至白儿七儿。六十里至喇嘛托洛海。五十里至巴彦哈拉那都。"自黄河渡以西至喇嘛托洛海以东，都没有一个站名跟前举两种书相同（说见丙项）。而且据同书说，自西宁至前藏"共计程四千一百二十里"，而《西招图略》由前藏至西宁路程"共计七十五站，约五千余里"，相差至千里，改变还不大吗？此其一。《西招图略》在噶达苏赤老下注称，"黄河源见此一带"，关于噶达素齐老的位置，黄氏一方面猜为约古宗列滩北面的灰白色岩石（二九二页），并引据《提纲》明明说，此峰在河源北面，而乾隆上谕则说，在河源的西头，显有矛盾，这一上谕的噶达素齐老，是出于附会（二九六页），则黄氏明明否定噶达素齐老之在喀喇渠，并否定阿弥达曾到过噶达素齐老了。由此推论，松筠所经过的"真噶达素齐老"断不应落在喀喇渠，为甚么黄氏又说拿表中两种哈拉河"跟松筠路程对照、正好就是黄河源见此一带的噶达素齐老的地位；阿弥达到达之地，明明就在这里"（二九三页）呢？同一噶达素齐老，忽而说在约古宗列渠北边，忽而说在喀喇渠，岂不是一个大大的矛盾，此其二。黄氏的看法，好像提到喇嘛托隆谷，就必定指喀喇渠沿岸，殊不知《水道提纲》固说，"当河源南岸……又有拉母拖罗海山，稍崇峻"，"有拉母拖罗海山水自南……来会"，因为约古宗列渠跟喀喇渠很接近，故这个山可以分属于两方，此其三。由松潘至藏，经古尔分索罗木（或骨路半所利骂），《西藏图考》注："即黄河，合西宁进藏之大路。"又《西藏考》等注："交西宁进藏大路苦苦赛。"黄氏据《提纲》"土人名此三河，曰古尔班索尔马"，作出"可见这三条河，都可以叫做索罗木的"（二九五页）推论，未免有点勉强了，"它很可能是，也可能不是"（借用黄评傅文的话）。他于是迁而断定"喀喇渠即阿弥达的河源，也不成问题叫做索罗木"，"西宁入藏，既然走南面喀喇渠，松潘在星宿海的东南，由此合西宁进藏大道，一定是指走这里……由此合苦苦赛，指的只能是喀喇渠"（同上页）。按索罗木现译"左谟"，左谟山即巴颜喀喇山脉的一部（《摘要》三页），所以约古宗列渠右岸的支流有叫左谟雅朗的，有叫左谟马朗的（《摘要》六—七页），依理，古尔分索罗木应该指三河会合的星宿海上口，不合专指喀喇渠。说到苦苦赛，据《西藏图考》四，则巴彦哈拉那都（名引见前）再西四站，共二百四十里才是苦苦赛渡，又据《西藏考》，苦苦赛是余（玉）树的小卡，更不能说苦苦赛是指喀喇渠，宁藏路和川藏路的会点在乾嘉时代怕有过改变，此其四。黄氏又说："约古宗列渠一向不当孔道，自西宁入藏没有理由取向西南以后，又改向北，绕道从这里走。"（二九八页）这一点似因黄氏未参考过《报告摘要》，故不能切合实际。据说，"（扎陵，即旧日的鄂陵）湖的西面紧靠着山……在山的半坡上便是从黄河沿顺着黄河左岸上来的大路……在离湖下口沿湖西侧上行至七八公里处，有一臂形半岛……入藏大路由第一个半岛转入巴颜朗马山中"（《摘要》四—五页）。再向西进，据说，"入藏的大路，有一股从巴颜朗马山沟中直到鄂陵（即旧日的扎陵）湖出口过黄河，还有一股，沿着湖的东南边山坡经过……大路仍傍湖行；在离鄂陵（即旧扎陵）湖入口约二十公里处起……入藏大路，则在山与湖沿之间"（同上五页）。过了星宿海之后，《摘要》说："左谟雅朗在黄河正源约古宗列渠出山口以上，约四公里处汇入了黄河。……左岸的山就是与约古宗列渠的分水岭……傍山有入藏大路。"（六页）由此来看，入藏大路明明循着约古宗列渠右岸或者穿过左谟山而西迁了。再西，《摘要》又于《喀喇渠》下称："喀喇渠有南北两个源，北源的源头出于喀喇宾那山，也是巴颜喀喇山系的一支。正源仅隔着一个牙壑（山岭较低的山口子）通到左谟雅朗的上源头，入藏大路，即沿此支流向南前进。"（同上七页）惟董在华的初步研究（十七页）说，"入藏大路，从巴颜和欠来者，沿喀喇渠左岸，非常明显"，似乎是揣测之辞（尤其《摘要》未提及）。无论如何，依前引《摘要》五页），总见得长途山行，常有岔路（参下〔丙〕项），《西招图略》之路程，既经《西藏图考》指出其"与《西域志》《卫藏图识》《西藏志》诸书不同"。换句话说，松筠所行那一段路可能与《西宁新志》《西藏考》不同，黄氏遽比定噶达苏赤老于哈拉河，理由是很不充分的。依我管见，松筠的噶尔玛汤应相于喀喇渠的最下游（据拉锡报告）与巴颜和欠山的西北麓，川藏路末站古尔班索罗木，也应在该处附近。涉渡后，穿行于约古宗列渠右岸与左谟山之间，塞外地名很少，往往一名可管数十里，故噶达素齐老虽在河北，而河的南边亦得以此为名。由是再西，至左谟雅朗上源附近，南折转向喀喇渠北源（依《摘要》六及七页），也就是喇嘛托隆谷了。依此来了解，噶达素齐老才得到合理的位置，我们不应该向喀喇渠寻它的。

（乙）喀喇渠　黄文说："拿中间那条索罗木也可叫阿尔坦河来类推，南面的索罗木当然也可叫阿尔坦河。"（二九五页）按喀喇渠有无单称作"索罗木"的事实，尚成问题，其详（甲）项，更须知某一个名称之成立，系基于群众习惯，原因很复杂，是不能应用类推方法的，"索罗木"的类推还未确定，那能再进一步来类推"阿尔坦河"。阿尔坦的原义是"金"，可拿来比喻"正"和"孔道"，喀喇的义是"黑"（即我国古典的"黑水"），拿来比喻"偏"和"荒僻"，顾名思义，喀喇渠似乎不应一名"阿尔坦河"。《乾隆十三排图》能否作证，黄氏既自己提出疑问（同上页注2），那可不论，不过我以为年代即使十分确定，也无作证的信值，其理由详下（丙）项。

黄文又说，"喀喇渠……是最早被发现的黄河源"（二九七页），这一断论显然错误。按黄文在前面曾指出，"河源的发现……最初就该是羌族"（二九六页），那是对的。其次则唐人确实到过，可惜《吐蕃黄河录》片纸不传（见本书第二节）。现在见到最初记载黄河真源的汉文献，我以为应数元朱思本的译文，它是根据羌族帝师所藏梵文（可能实是西藏文）图本翻出的，比较可靠，它说："河源在……帝师撒斯加地之西南二千余里，水从地涌出如井，其井百余，东北流百余里，汇为大泽曰火敦脑儿。"黄文引此，以为"河源尚在其（星宿海）西南百余里，所指也该是来自西南那一支上源（喀喇渠）"（二九八页），在文献比证方面，实在有点疏略。《水道提纲》不说吗，"星宿海……阿尔坦河自西南来皆会"，"东北"系指河源与星宿海上口的相对位置，可见"西南百余里"不定指喀喇渠。还有一层，台飞说，河源的"谷中又有无数无出口水潭散布"。周鸿石说："约古宗列渠是在一个广大的锅形地带中间，水从各个小水池中渗出，由无到有，由小到大。……它中间的这些小水池在沮濡地上星罗棋布，很类似星宿海的情形，这才是黄河最远的水源了。"【3】这就是所谓"其井百余"。喀喇渠上源没见有那种现象，怎能硬指为喀喇渠呢？因此，黄文认约古宗列渠到康熙才发见（三〇〇页）那一节，已无需再为辩论。

（丙）阿弥达的"阿尔坦河"　黄文据阿弥达的奏覆，走到喀喇渠后，"询之蒙、番等，其水名阿勒坦郭勒，此即河源也"，因谓要是当时这条河不叫阿尔坦河，他不能匆忙回去（二九五页）。这固然有点道理，但事情经过，却不是如此简单（说见下文）。它又说，根据拉锡探源材料而绘制的《福克司河源图》，"南面那一支河，注有阿尔坦河字样，这就是阿弥达所探的'阿尔坦河'的位置，此名不见于拉锡等的报告中，也许这一次就发现这条河的名称。他们（拉锡等）在河源区停留两日，这里既当入藏通道，他们当然首先就顺着通道来考察河源"（二九九页）。认拉锡等曾到过喀喇渠考察，且知道它名叫"阿尔坦河"，果真是这样，我们要问，为甚么他们不同时到约古宗列渠去看看（因为只停两天，可信他们没去过）？而且据黄氏说，西宁入藏大路，开辟在拉锡探源后十余年（二九二页），拉锡去的时候，喀喇渠是不是当着入藏通道？三支河的各别名称，在拉锡等回奏是有的，"古尔班吐尔哈山下诸泉，西番国名为噶尔马塘，巴尔布哈山下诸泉，名为噶尔马春穆朗，阿克塔因七奇山下诸泉名为噶尔马沁尼"【4】，并不见"阿尔坦河"，可证黄说，是没有详细读过《康熙东华录》而纯出臆测的。《福克司河源图》的阿尔坦河断不许是喀喇渠，还有别的反证，拉锡回奏说："南有山名古尔班吐尔哈……西有山名巴尔布哈，北有山名阿克塔因七奇。"【5】三方面的山系、水系分列得很清楚，"吐（又作图）尔哈"和"托（又作拖）罗海"同是蒙语 tolghoi（头也）之异译，今查《福克司河源图》(二九九页)有"孤儿班图尔哈图河"(末一"图"字为蒙语"有"之义)无疑即南支之"噶尔马塘"，也就是现时的喀喇渠。若同图内的"阿尔坦河"则出自西面的巴尔布哈山，无疑是指现时的约古宗列渠。黄氏以这图的阿尔坦河为南支，完全由于失考。

　　其次，噶尔马塘三名是藏语，"阿尔坦河"一名则是藏语，末一名并不见于拉锡回奏之内，究从哪里得来的呢？我以为是本自康熙末年另一回探测的结果，也就是《水道提纲》所根据的一部分，只消看图内各名的音写，与拉锡回奏相近而不尽同，便流露出些线索。它的绘制年代是否如福克司(Walter Fuchs)考定的一七○七——一七一七年，还待研究。进一步来看，黄氏更有自己矛盾的地方，他说："台飞所谓黄河真源，实际上就是《水道提纲》所记康熙末年探查的河源阿尔坦河，这只要一对照台飞实测的图跟《皇舆全览图》中的河源部分，就可以看得出来。"(二九一页)这里说的图是指《木刻河源图》(同上页)，与《福克司河源图》不同。按木刻图中凡通名的"山""河"都改用了满洲语的"阿林""必拉"，与福克司图各为一套，南面有一长源，出自"哈拉阿达拉克阿林"，显然即《提纲》"哈喇答尔罕山"的异译，则这一条就是现时的喀喇渠。换句话说，无论福克司图的"阿尔坦河"或木刻图的"阿尔坦必拉"，都是现时的约古宗列渠，黄氏却以前者为喀喇渠，后者为约古宗列渠，岂不是大相矛盾？这里须顺带指出的，傅文说，"拉锡探源结果认为黄河发源于星宿海"(八五页)，也与事实不符，未免贬低拉锡等探查的价值。

　　黄文又引李彩的《藏纪概》，记康熙五十九年他随军入藏的行程，自第四十墩"前索罗木"起一直到五十六墩"黄河祖源阿尔坦河"，都是沿黄河行走，五十二及五十三墩是星宿海，五十六墩是"黄河祖源阿尔坦河边喇嘛托洛海冈"，"跟以后的入藏程站情形一致……这个黄河祖源阿尔坦河不成问题是南面那一支，即今喀喇渠的位置"(三○一—三○二页)。按黄文这一段漏洞很多，后来入藏都不经星宿海，而这回却经过，哪能说"情形一致"？喇嘛托洛海不专属喀喇渠，喀喇渠不定是通道所经，已辨见前文（甲）项，黄氏挟着入藏路程没有变改和喀喇渠在康熙时已一名"阿尔坦河"的成见，遂不惜造为曲说，谓"自康熙五十九年以后……喀喇渠正为通道所经"，当地的蒙古族人民也把它当作黄河一支源头，来往西藏的人当然对它特别熟悉，因此就都认为黄河源就在这里。这个说法在当时一定很有势力，所以对《乾隆十三排图》河源部分，宁愿根据这些人带回的材料，而不根据《皇舆全览图》(三○二页)。然而正源在何处，据梵文图本，元代以前的当地羌族早已知之(见前〔乙〕项)，这种认识，与我们远地人不同，等闲不会丢失，认为正源由中支转作南支，似客观所不许。就使他们认喀喇渠为河的一源，也不见得阿尔坦的名称一并移转。黄氏很重视《乾隆十三排图》，照我的看法，它既合扎凌、鄂凌两淖尔为一个，又于东南方面重绘一个鄂凌淖尔，巴颜哈拉（达巴汉，蒙语"岭"之义）应在河源的西南，而它却绘在东北，实是东拼西凑的粗制，只可供参考，不能据以解决疑难。黄氏也晓得这个图"不是经过实测得来"，现在试看图内只得一条河，我们又凭甚么样的标准以决定它的阿尔坦河"位置不在中部而在南部"呢？（均三○○页）黄氏一口咬定"入藏通道正是从这里经过"，举出图中的"拉玛托洛海一站，正位于阿尔坦河的南边"作证（三○○—三○一页），然而拉玛托罗海，也可属于约古宗列渠，入藏通道不是没有改变，前头已提驳论，何况图内还绘出两个"拉玛托罗海"，没表现着甚么确定位置的作证价值呢。

黄氏更引法人窦脱勒依图，说此图的黄河有三支上源，是不错的，但他以为它的"阿尔坦河"是南支，就是阿弥达到过的"阿尔坦河"，即今喀喇渠，注称"马楚河"的是中支（三○三页），那可有点糊涂了。法图在星宿海以上绘有自南流来的一支，注为"克尔马唐河"，前文已指出它是现时的喀喇渠，图内绘得流域很短，当因法人没有全条测勘之故。尤要的，注作"阿克（尔）坦河"那一条，北边记着"噶达素齐老山"及"西拉沙托落海山"（即《提纲》的西拉萨山），又有"齐克淖尔"（即《提纲》的七根池）的支水自北来会，都与《提纲》的阿尔坦河完全符合，怎能认是阿弥达的"阿尔坦河"即喀喇渠呢？剩下注作"马楚河"的一支，无疑是北支了，它跟"阿克坦齐钦山"相接，又合于拉锡报告的"阿克塔因七奇"。三支既分别考定，则黄氏"南支叫阿尔坦河"的前提已根本推翻，以此为基础而引伸的考证更无从成立了。

细阅了法图之后，我还有三点触发：其一，图在北边的路线上记着"喇嘛托落海"站。南边路线的东南记出"喇嘛托罗海山"，路线上又有"拉玛托罗海山口"及同称"拉玛托罗海"者两处，可见这一个名称管摄颇广，我说不能据以证定喀喇渠所在，得法图而益明。

其二，图于"噶达素齐老山"的东边记着"喀达沁齐老"一个地名，无疑是同名异译，我在前头说这个名称可管到数十里外，又有了证据。

其三，图内北线所注的程站，由东而西，系和多都、气儿撒托洛海、和牙拉库兔儿查都、白儿七儿、喇嘛托落海及巴颜哈拉那都，与《西招图略》合（见前〔甲〕项）。南线所注的程站为拉玛托罗海、库库吊阿、松产拉萨、鄂敦他拉海、隆玛郎（应乙正为"朗玛隆"）、色乌苏穆多及拉玛托罗海，与本自内府图之《大清一统舆图》相合，这是入藏路程有岔道的明据。

以上只就傅、黄两家的文章提问题，还有我个人的见解，顺便提出如后：

一、阿弥达奉使的动机　这是进行考证时一个重要关键，如果不能弄清楚，考证时就会引生许多误会，黄文的缺点就在于此。派阿弥达出使系"务穷河源，告祭河神"，即是叫他不要随便"望祭"，要去到河源尽头，才可行礼，并不是疑心康熙朝考察未确而叫他再去踏勘（说已详本书第二节）。唯其这样，故《河源纪略》一二称："迨今日特颁虎节，秩祀河宗，业契合符，乃彰灵迹。"犹之乎说，派人去致祭河源，河神感应，就把真河源显露出来，如果动机为探河源而去，操笔的人就不应如此记叙了。唯其这样，阿弥达觉得黄河以"黄"著名，寻到的南支水色既"黄"，条件恰合（他还没有认识到上源和下游不一定同色），他于是泝流到尽处举行祭礼，自问已无负委任，不必再向其他两支察视，便即赶回北京复命。假说原意是派他去覆勘河源，他怕不敢如此潦草毕事，也逃不过察察为明的清帝所谴责的。

阿弥达虽然不是奉派探勘河源，但他的职责是要找河源来致祭，那末，他奉命之后，当然要检查一下故事，看看河源有甚么特征。因此，我们可以合理地推想，像朱思本的涌井百余，拉锡的三山流出三支河，齐召南的河源名阿尔坦河及其地有噶达苏七老峰等等记录，他总会多少看过而且拿来作认识标准。好几个疑难问题就在这里开始发生了，即是：

二、阿弥达奏覆的噶达素齐老　只说噶达素齐老地方是通藏大路，西面一山，有黄色的泉流出，而乾隆上谕却说，阿尔坦河西巨石高数丈，名阿勒坦噶达素齐老，"其崖壁黄赤色，壁上为天池，池中流泉喷涌，洒为百道，皆作金色"，正如黄氏所说，"两者之间显然有些出入"（二九五页），傅文又提出《水道提纲》只说噶达素齐老是落星石，疑上谕的叙述，不够正确（八七页），都是应有之疑问。我们对此，首先应经过客观体察，凡奉命出外办理特种事件，回来时候少不免要召见询问，那些对答当然比文报详细一点，阿弥达之使命系务到河源处致祭，河源怎样表现又当然是谈话中的重点。旧日所有关于河源的重要描写，为量无多，不特阿弥达必曾参考，即清帝方面亦未尝不浏览一下，这是毫无疑义的。河源所在，除去前学朱思本和《水道提纲》所记外，别无其他明确的指标，阿弥达的奏报单说"噶达素齐老地方"，可能不是这"石"的在处（即前文所说一个名称可以管摄几十里），但如果清帝要询问"石"的现象，他就不能不依本书"高数丈……紫赤色"来回答以证实自己所祭确是"河源"了。黄氏曾强调"要是一旦被发觉其伪造，他的头就难保住"（二九四页），这是一面的看法；可是他如果干脆地回答没有见到或不依《提纲》的孤证来回答，那末，简直自己招认没有到达了"河源"，罪名是很大的，掉谎可以避去目前的生命危险，将来会不会被人发觉已摆在次要问题。何况口头对答，没有记录，即被发觉，也可以支吾不认；更何况"连他自己也不清楚他所发现的居然跟《水道提纲》的阿尔坦河全不是一回事"（用黄文二九五页的话）呢。

三、同上的"阿尔坦河"　奏覆说："询之蒙、番等，其水名阿勒坦郭勒，此即河源也。"[6] 黄氏强调"弘历把他这次探源，当作很大一件事来宣扬，要是当时这条河不叫'阿尔坦河'，他正好据实把真名报上，其发现岂不更大，弘历岂不更为欢喜"（二九四页），又"真河源这句话，显然也是当地蒙、藏人民告诉他的"（二九七页）。这一连串的话也是只看见一面而没看见到别一面。我们首先要记着阿弥达的使命是"致祭河源"而不是"覆查河源"，在初时无论阿弥达尤其是清帝都没有要推翻拉锡前功的观念，"圣祖"已是再三派人探过了，如果说他们探查不确，总算丢了"圣祖"的面子。阿弥达果真要翻案，依专制君主一般心理来看，保不住不以为功而反以为罪的，所以他只求证明自己到了河源，便已完成任务。河源的标准，在当时最明白不过的莫河名"阿尔坦"（即《提纲》所固定的说法），阿弥达以为蒙番都称喀喇渠为"阿尔坦"，也许被询者的误传，也许像噶达苏齐老一样，阿弥达依书本报上以求交差。他绝无翻案的念头，他只牢守着照书行事的成见，不然的话，他尽要跑去其他两支来看看的，而且如果证据不足，非徒无功，反而有罪，他又何苦来呢？黄氏总替他担心"欺君"会杀头，其实专制史上"欺君"的事多至无量数，指鹿为马不是最显浅的例子吗。至于"此即河源也"一句，亦或阿弥达以私意凑足，否则可了解其意为"此是河源之一"，无决定性作用。

四、扎凌湖别名且克脑儿　据前文引台飞，蒙语又呼扎凌为 Ceke Nor，按《西藏考》说："哈麻胡六太至且克脑儿四十里（且克脑儿即星宿海脑）。且克脑儿至锁里麻九十里（此一带即黄河源，锁里麻黄河沿）。"黄河沿，今同名，距扎凌亦约九十里，是且克脑儿即 Ceke Nor 的音译。陈克绳《西域遗闻》（书内有乾隆十八癸酉纪年，大约二十年左右写成）说："蒙古名敖敦他拉，番名苏罗木，又名且克脑儿，译音星宿海也。且克脑儿至锁里麻九十里，汉名曰黄河沿。"大约当时人对于星宿海的上下分界，不甚清楚，故而扎凌湖的别称也被当作星宿海的异名了。

五、上谕的天池　这一点为拉锡报告和《提纲》所无，依照阿弥达使命的主因，清帝似不会凭空设想怎样特殊的景象，据我的窥测，很像是阿弥达口述目击的情形。周鸿石说："越过一个很低的土岭，土岭上也是小池很多，拔海已是四千四百公尺上下。再向西走就是雅合拉达合泽主峰……"[7]可见那边确有岭上天池百道的迹象。《摘要》说，喀喇渠下游有左谟山，山阴面常年积雪，"山的外围有较低的土山或沙岭，沙岭以下即为滩面，遍是沮濡地，大小的海子甚多，和星宿海差不多一样"（七页）。那边的土壤渗透性很大，相信约古宗列渠土岭的光景，在喀喇渠总也会碰到，不过阿弥达奏对时会张大其辞，起草谕旨时又会辞不达意，遂弄成好像巨石之上发见天池了。清帝《河源诗》注："询之阿弥达，则称河源皆土山，无石。"这可证明噶达素齐老与天池并非联系在一起的。

六、清帝为甚么翻案　清帝初意不是为检查河源，前头已够说得明白了，然则为甚么他忽然掀起翻案的大波呢？无疑是由于天池流泉百道所引起的。清史记下来的河源材料，由于这一回的比证，上源三支是对了，一支是名叫阿尔坦，巨石也有了，光是流泉百道，清人没有提过，帝师梵本的短短描写，记自当地之羌族，根本可靠，清帝应该了的，现在听见阿弥达所报，恰与之合而又为清代作品所未见，于是触着他自高自大的"雄心"，甚至于索性抹煞他的"圣祖"的功绩，这是出乎他的初意之外，阿弥达更梦想不及了。事情一经宣扬开去，就变为他的"发见"，而不是阿弥达的"发见"，就使有人知道错误，总不会作无情的揭发，因为贬低他的祖宗来替他捧场，他还可觍颜接受，但揭穿他的黑幕，抹他的脸子，他可容忍不住了，所以经过这一回变化，阿弥达真假参半的报告，反而被固定下来。修篡《纪略》诸人承其意旨，不指出梵文图本早有相当说明，正所谓欲盖弥彰了。

七、三源的问题　清代河史的曲折，大致已讨论过，现在再应该就上源问题，阐述一下。认识星宿海以西河有三支而且举出它们名称的以拉锡为最早，但除噶尔马塘即喀喇渠前文已经考定外，其余噶尔马春穆朗和噶尔马沁尼两名，至今还没有人再次提及。《水道提纲》虽一样说三支，但它只揭出阿尔坦及三支源头的山名，如就星宿海来说，则：

拉锡　南有古尔班吐尔哈山，西有巴尔布哈山，北有阿克塔因七奇山。

《提纲》　南有哈喇答尔罕山，北有巴尔布哈山，西有巴颜喀喇山。

或山名不相同，或山名同而方位不同（文末再有说明）。黄盛璋曾说："这次查勘这里只有两条河，要是约古宗列渠的上面（北面）还有一条河，那这次河源查勘就没有完全尽到责任。"（二九八页）这些批评多少是对的，不过在《黄河河源形势略图》[8]里面，北边那一支是有绘出的，可惜没带着名称。台飞说："源东五十余公里内，北岸有三大支自西南来会（勉按："西南"是"西北"之误）……又东约四十公里许，有楚尔莫扎陵水由西南流注，会口以下二三公里，即星宿海鄂博，同时北岸亦有大水来会。"黄氏以为"台飞记北岸三大支流，也就是董文的直合拉个渠、更营渠、康列将各渠"，可说毫无疑义。惟依《形势略图》和台飞图看，北岸三支之外，还有一支系在约古宗列渠与喀喇渠未会以前就流入约古宗列渠的，所差者台飞称它为"大水"，而《形势略图》却画得很短。法图似乎叫它做"马楚"（说见前），可是"马楚"之下北边还有一支，实际上有无错误或混乱，非待将来整个区域测竣之后，无从判定。

黄氏又建议把这三支分别叫作黄河南源、中源和北源（三〇三页）。按源头问题，无论如何，总应该根据长度、水量等而决定，现在青藏公路已通，测勘比较容易，既有了基础，大约不久就可以弄明白，似不必多此一举，免乱观听。

八、星宿海一带各山的异称　这些山岭的名称，有不少为清人记出，而这回查勘却没听见的，蒙、藏称谓不同大约就是最要的原因。专就清代记载论，译音又常彼此互异，现把它们分别比定，间附鄙见，固可约略窥测各图说异同之迹，即于将来编河源专志时也不无小补吧。

甲、古尔班吐尔哈山（拉锡）。古尔板蒙衮拖罗海山（《提纲》，当河源南岸，三峰相并）。孤尔班图尔哈图（河。拉图，即黄文二九九页附图，下同）。古尔班蒙衮托罗海（《纪略》。蒙语，古尔班，三也；蒙衮，银也；托罗海，头也，峰头色白银者三）。古尔班图尔哈图山（《武昌图》，河源西北）。按拉图和《武昌图》最末的"图"字，即蒙语"有"也，但山的地位，两图绝对不同。

乙、布胡珠尔黑山（拉锡，西南）。布呼吉鲁肯山（《提纲》，河源东北）。布呼朱尔黑山（拉图，海南）。波呼几鲁恳阿林（木刻图，即黄文二九一页附图，下同。海西北）。布古济鲁肯山（《纪略》，海东北；蒙语，布古，鹿也；济鲁肯，心也。山居群峰之中而多鹿）。布呼集鲁肯阿林（《十三排图》，即黄文三〇一页附图，下同。海北）。布呼集鲁肯川（《武昌图》，海东北）。按《摘要》说，星宿海"左面的山有一主峰，平顶方正，名括鲁公喀鲁"（六页）。在前文我已证"括鲁公"为"吉鲁肯"的音转，那末，拉锡说在西南，拉图放在海南，木刻图放在海西北，都是不正确的，大致应为海东北。

丙、巴尔布哈山（拉锡，西）。巴尔布哈山（《提纲》，海东北）。巴拉波喀阿林（木刻图，海东北）。巴尔布哈山（《纪略》，东北。蒙语，巴尔，虎也；布哈，野牛也）。巴尔布哈山（《武昌图》，河源北）。如从众则拉锡与武昌两图为不确。

丁、阿克塔因七奇山（拉锡，北）。阿克塔齐钦（《提纲》，海北）。阿克坦齐禽（拉图，海西北）。阿克塔齐沁（《纪略》，海东北，蒙语，阿克塔，骟马也；齐沁，牧马人也）。阿克坦齐钦（《武昌图》，海西北）。

戊、乌兰杜石山（拉锡，北）。乌蓝得齐山（《提纲》，阿克塔齐钦之东）。乌蓝得西山（拉图，海北）。乌蓝得西阿林（木刻图，海东北）。乌兰得锡山（《纪略》，海东北。蒙语，乌兰，红也；得锡即特什，盘石也。地有盘石红色）。乌兰德锡山（《武昌图》，海东北）。

己、拉母拖罗海山（《提纲》，河源南）。拉母拖罗海（木刻图，河源南）。拉母托罗海山（《纪略》，河源南。蒙语，拉母即喇嘛，山头旧有喇嘛居之）。拉玛托罗海（《十三排图》，名两见，南边一带）。拉玛托罗海（《武昌图》，海西南）。拉玛（喇嘛）托罗海山（又喇嘛托落海；法图，即黄文三〇二页附图，下同，南边一带）。此山所出之水，由《提纲》勘之，应即《摘要》（六页）之左谟雅朗，为约古宗列渠之右岸支流，故知这一山即《形势略图》之左谟山。

庚、西拉萨山（《提纲》，河源北）。西拉萨拖罗海（木刻图，河源北）。西拉萨山（《纪略》，河源北。西番语，拉萨，佛地也。山上有佛祠）。奇尔萨托罗海（《武昌图》，河源北）。西拉沙托落海山（法图，河源北）。据《提纲》，这山水系在七根池之西，自北流入约古宗列渠，但《形势略图》并未绘出（参下辛条），怕是很小的一支，又《西藏图考》四宁藏路程有站名"气儿撒托洛海"，显是同语的音写，惟地位不同。

辛、七根池（《提纲》，河源北）。七根鄂谟（木刻图，河源北）。齐克淖尔（《纪略》，蒙语）。齐黑淖尔（《十三排图》，海北）。齐黑池（《武昌图》，河源北）。齐黑淖尔（法图，河源北）。从音写来看，应即《摘要》（八页）的"直合拉个渠"发源于"约古扎（直）哈拉各之古山"。

壬、马尼图山（《提纲》，乌蓝得齐山之东）。马尼图山（《纪略》，海东北。蒙语，马尼，咒文也，如意之谓，旧刻咒文于石上）。《摘要》说，旧扎陵湖出口处"右面的山名错尕世泽……河边上有一块长约三公寸的长方石片上刻着佛像，背面刻着音读牟尼的藏文，其它大大小小青石片都刻着藏字经文，山腰上码（？）着一垛石片……石片上满刻着藏文"（五页），颇疑与这个山有关。

癸、哈喇答尔罕山（《提纲》，海南）。哈拉阿达拉克阿林（木刻图，海南）。哈喇阿答尔罕山（《纪略》，海南。蒙语，哈喇，黑色）。

子、巴彦和硕山（《提纲》，海南）。巴颜和朔山（拉图，海南）。巴彦和硕山（《纪略》，海南。蒙语，巴彦，富厚也；和硕，喙也，山喙高大）。按《摘要》说，星宿海右面的山名巴颜和欠（六页），就是这个山。

由上综合比较所得的结论，是《十三排图》最坏。拉图和木刻图并非完全根据拉锡等报告，而这两图也非由同一材料所绘成。《武昌图》在阿克坦河注称"河源"，犹循守《提纲》之说，其下绘出南、北二支，跟木刻图大致相同，比之他图，还算清楚。拉图河系混乱，许是较前的制品。法图显露拼凑痕迹，价值如何，须待将来判定。台飞图所绘北支，来源很长，如果不错，则这回查勘有点美中不足了。

回头再说三源的山。拉锡报告跟《提纲》不合，前文六项已经指出。现将各山的位置大致考定，我才觉得他所说那三个山，实际都在阿尔坦河源附近；换句话说，他把河源附近的山错指为南北两支的源头，其后必经过覆查纠正，《提纲》的山名与他的报告不同，其原因即在于此。

一九五五年十二月六日，广州。

注释

【1】《河源纪略》二四。

【2】黄文作《图考》。

【3】同前引《新黄河》五〇页《河源查勘见闻记》。

【4】《康熙东华录》七四。

【5】同上。

【6】黄文引作"此即真河源也"（二九五页），但傅文八五页引文及我所见"玉简斋本"都没有"真"字。

【7】同前注3。

【8】《科学通报》一九五三年七月。

三、参考书目

只据别书引文而未检原本的都不收入，其论文散见于各学报、杂志者仅举报刊期数，篇名则有附注可考，故不复罗列。

秦前及秦

《尚书》　　　《毛诗》　　　《穆天子传》　　《逸周书》

《春秋左氏传》《春秋公羊传》《春秋谷梁传》　《国语》

《论语》　　　《列子》　　　《管子》　　　　《尸子》

《庄子》　　　《墨子》　　　《孟子》　　　　《荀子》

《周礼》　　　《礼记》　　　《战国策》　　　《山海经》

《尔雅》　　　《吕氏春秋》　《周髀算经》

两汉至六朝

《淮南子》　　司马迁《史记》　班固《汉书》　　范晔《后汉书》

桓谭《新论》　许慎《说文》　　陈寿《三国志》　《晋书》

沈约《宋书》　魏收《魏书》　　郦道元《水经注》李百药《北齐书》

令狐德棻《北周书》　　　　　　《隋书》　　　　李延寿《北史》

唐

释道宣《释迦方志》　　　杜佑《通典》　　　　李吉甫《元和郡县志》

徐坚《初学记》　　　　　李翱《李文公集》　　郑綮《开天传信记》

沈亚之《下贤集》　　　　《旧唐书》　　　　　《唐会要》

《新唐书》

宋

乐史《太平寰宇记》	《太平御览》	《册府元龟》
欧阳修《新五代史》	宋敏求《春明退朝录》	王存《元丰九域志》
王谠《唐语林》	司马光《资治通鉴》	《资治通鉴考异》
沈括《梦溪笔谈》	曾巩《南丰集》	楼钥《北行日录》
程大昌《禹贡山川地理图》	夏僎《尚书详解》	欧阳忞《舆地广记》
傅寅《禹贡说断》	蔡沈《尚书集传》	叶隆礼《契丹国志》
陆游《老学庵笔记》	李心传《建炎以来系年要录》	《宋史》
李焘《续资治通鉴长编》	薛尚功《历代钟鼎彝器款识》	罗沁《路史》
王应麟《困学纪闻》	《诗地理考》	《河渠考》

金元明

《金史》	马端临《文献通考》	瞻思《河防通议》
乃贤《河朔访古记》	《元史》	《弘治实录》
《嘉靖实录》	朱国桢《涌幢小品》	彭大翼《山堂肆考》
艾南英《禹贡图注》	朱谋㙔《水经注笺》	夏允彝《禹贡合注》
《明史》		

清

《康熙东华录》	《雍正东华录》	《乾隆东华录》
《嘉庆东华录》	《道光东华录》	《咸丰东华录》
《同治东华录》	《光绪东华录》	康熙十九年《封丘县志》
乾隆十二年《原武县志》	乾隆二十一年《获嘉县志》	乾隆三十二年《续河南通志》
道光八年《太康县志》	光绪五年《东平州志》	光绪十年《曹县志》
光绪十五年《鱼台县志》	光绪十九年《郓城县志》	光绪十九年《扶沟县志》
光绪二十九年《永城县志》	宣统元年《濮州志》	宣统三年《山东通志》
孙承泽《春明梦余录》	黄宗羲《今水经》	傅泽洪《行水金鉴》
顾炎武《日知录》	《天下郡国利病书》	高士奇《天禄识余》
胡渭《禹贡锥指》	阎若璩《四书释地续》	《释地余论》
万斯同《昆仑河源考》	《图书集成》(《山川典》《职方典》)	
蒋廷锡《尚书地理今释》	齐召南《水道提纲》	汪中《述学内篇》

《河源纪略》　　　　　　　《四库全书总目提要》　　　　王念孙《读书杂志》

孙星衍辑《括地志》　　　　梁玉绳《史记志疑》　　　　　钱大昕《廿二史考异》

焦循《禹贡郑注释》　　　　郑懿行《山海经笺疏》　　　　段玉裁《说文解字注》

王端履《重论文斋笔录》　　洪亮吉《东晋疆域志》　　　　《春秋左传诂》

许缵曾《东还纪程》　　　　朱枫《雍州金石记》　　　　　朱右曾《诗地理征》

毕亨《九水山房文存》　　　程恩泽《国策地名考》　　　　包世臣《中衢一勺》

金鹗《求古录》　　　　　　章宗源《隋经籍志考证》　　　胡克家《资治通鉴外纪注补》

钱泳《履园丛话》　　　　　汪远孙《汉书地理志校本》　　程大中《四书逸笺》

黎世序《续行水金鉴》　　　赵一清《水经注释》　　　　　贺长龄《皇朝经世文编》

李兆洛《历代地理志韵编今释》　　　　　　　　　　　　　李惇《群经识小》

凌扬《藻蠡勺编》　　　　　黄沛翘《西藏图考》　　　　　《小方壶斋舆地丛钞》

周寿昌《汉书注校补》　　　陶葆廉《辛卯侍行记》　　　　陈康祺《郎潜纪闻》

孙诒让《籀庼述林》　　　　《墨子间诂》　　　　　　　　杨守敬《隋书地理志考证》

《清史稿·河渠志》　　　　葛士濬《皇朝经世文续编》

一九一二年以后

《无棣县志》（一九二五）　丁谦《穆天子传考证》　　　《汉书西域传地理考证》

《水经注正误举例》　　　　张星烺《中西交通史料汇编》　张鹏一《阿母河记》

顾实《穆天子传西征讲疏》　朱芳圃《甲骨学商史篇》　　　武同举《淮系年表》

武同举、赵世暹等《再续行水金鉴》　　　　　　　　　　沈怡、赵世暹等《黄河年表》

林修竹《历代治黄史》　　　吴君勉《古今治河图说》　　　张含英《治河论丛》

郑肇经《中国水利史》　　　《黄河志二篇》　　　　　　　王国维《观堂集林》

郭沫若《两周金文辞大系考释》《十批判书》　　　　　　　《奴隶制时代》

强运开《说文古籀三补》　　吕振羽《中国社会史纲》　　　翦伯赞《中国史论集》

侯外庐《中国古代社会史》　吴景敖《西陲史地研究》　　　沈焕章《说青海概况》

陈国达《中国海岸线问题》　范行准《中国预防医学思想史》《折狱奇闻》

《科学》五卷八、九期，七卷九期

《中大语言历史周刊》四九—五一期

《古史辨》第一册　　　　　《清华国学论丛》一卷一号

《禹贡》一卷一、四、五、六、八、九期，二卷三、五期，四卷一、六、九期，六卷十一期，七卷一、

二、三期合刊及十期

《燕京学报》十一期　　　　　　　　　《历史语言所集刊》五本一分及二分

《安阳发掘报告》一期　　　　　　　　《六同别录》中册

《史学集刊》一期　　　　　　　　　　《地学杂志》一九三一年二期

《地学季刊》一卷二、四期　　　　　　《地理学报》十五卷二、三、四期合刊

《中国考古学报》二册　　　　　　　　《图书馆学季刊》十卷三期

《新亚细亚》十二卷五期　　　　　　　《沈阳博物院汇刊》

《申报·中国分省新图》

《科学通报》二卷六期，一九五三年七期，一九五五年三、四、六期

《新黄河》自二卷十一月号至一九五三年六月号

《新黄河的锥探工作》　　　　　　　　《文物参考资料》二卷五期及一九五四年八期

《历史教学》三卷一期及一九五五年四期

《文史哲》一九五四年十一期　　　　　《地理知识》一九五二年十月号

《考古通讯》三期

　　此外，还有散见于新华社各地通电，广州《南方日报》，北京《光明日报》和香港《大公报》的。

本书著者的旧稿，已刊的有

《水经注卷一笺校》

《隋书·州郡牧守编年表》

《东方杂志》四十一卷三、五、六、十七、十九、二十一和四十四卷一号的撰文

《秦代已流行佛教之讨论》

《阐扬突厥族的上古文化》

《华族西来说得到第一步考实》

《昆仑一元说》

《历史教学上应怎样掌握黄河的材料》（一九五二年《历史教学》十六号，又同年《新黄河》十月号）

《隋唐史》

《西周社会制度问题》

未刊的有

《汉书西域传校释》　　　　　　《穆天子传地理考实》　　　　　　《唐史讲义》

外人的著译有

H.von Heidenstam：Growth of the Yangtse Delta，JRAS N-C，vol.53，1922.

Nagen，Ghose：The Aryan Trail in Iran and India.

沙畹著，冯承钧译《西突厥史料》

斯文·赫定著，徐芸书译《漂泊的湖》

白鸟库吉著，王古鲁译《塞外论文译丛》二辑

青山定男《唐宋汴河考》(《东洋学报》二期）

《支那学》三卷十二期（大正十四）

四、地名摘要索引

本书所见地理名词，在现时甚么地方，许多不易查考，尤其有些已经沦没了。要把它全数列表，是一件极之繁难的事，而且各朝的州县名称，有现成的《地理韵编今释》可查，也用不着注入。现在我编这个表，只取（一）较为重要的，（二）名同而地不同或地点已有移动的，（三）有过考证的，（四）含着疑问的，（五）有两种或两种以上写法或叫法的，按第一字笔画的多少和《康熙字典》部首，依次分列。名下所记数字指"节"的数目，"导"指导言，因编在付刊之前，故无从记出页数，收效虽没有那么圆满，也未尝不可略备检查啊。

五画

朱家海一四

朱家寨一三

朱源寨一四

百尺集（沟）八、九

百步洪一二，即徐州洪

百济河一〇

圪泥河一二，即洼泥河

羊角沟一四、一五

老子山七

老黄河（淮）一二、一三

老鸹嘴一四、一五

考城一一

西平昌一〇

西河故渎一〇，即邺东故大河

吕梁洪一二、一三　吕孟山一三

吕（家）潭一二

成安九　成武七、一二

红川（船）口一四

红荆口九

邢四

邢家口一四

孙村一〇

孙家口号一三

孙家渡一三

孙禄口一三

孙继口一三

许家港一〇

阴沟七

华山（丰县）一三、一四

阳平九

阳武一二、一三、一六

阳信一〇

阳城七

阳夏七

阳谷九

会川一一

会河九、一三，即浍河

会通河一二、一三

厌次六、九、一〇

邬八

刘兽医口一三，即兽医口

兴济一三

观城一〇

七画

判官村一三

何家堤（营）一二、一三

利六、七

吴桥镇九

宋州九

宋城九

岔口，同下条

岔河（曹）一三　又（淮）一三　又（霭化）一四、一五

扶乐七

李吉口一三

李固渡一一

李家港一三

李家潭，即吕家潭

李景高口一三

杞（县）一二　　　　　　　　　　杏花营一三

沇水七　　　　　　　　　　　　　汴七、八、九、一〇、一二

汴州九　　　　　　　　　　　　　汳水，即汴，七、八、九

汶水七　　　　　　　　　　　　　沙水（或河）七、一二、一四

沙丘四　　　　　　　　　　　　　沙谷口一〇

沙河（寿张）一三、一四　又（杞）一二　又（留城北）一三

沙店一一，即武城镇　　　　　　　沙湾导、一三

沁水七、九　　　　　　　　　　　沂水九

牡蛎嘴一四　　　　　　　　　　　皂河集一四

芒稻河一三、一四　　　　　　　　赤河一〇

赤岭二　来童寨一四　　　　　　　两河口一二、一三，卷七、一三

沛水七　邵家口一三，即秦沟口　　阿木麻缠母孙大雪山二

阿木奈玛勒占木逊二　　　　　　　阿难河九

时和驿一四　　　　　　　　　　　坚城集一三、一四

张六口（？张禄口）一四　　　　　张秋一三、一四

张家支门一四　　　　　　　　　　张家油房（或坊）一四

张家屋一四　　　　　　　　　　　张家庄一四

张家湾一三　　　　　　　　　　　张福一三

张禄口（赵皮寨）一三　　　　　　张泽泺一〇

陈家浦一四　　　　　　　　　　　陈沟一三

陈桥一二、一三、一五　　　　　　杨史道口一四

杨村铺一三　　　　　　　　　　　杨青村一二

杨家口（祥符）一三　　　　　　　杨家口（曹县）一三

杨家河一四　　　　　　　　　　　杨刘一〇

杨（或作阳）桥一三、一四　　　　邹平七、九、一〇

饮马池一二、一三　　　　　　　　寿张七、一二、一三、一六

谷亭导、一三　　　　　　　　　　谷城七

谷阳九　　　　　　　　　　　　　谷熟九

闵河一〇　　　　　　　　　　　　郓四、六、八

郓东故大河五、六　　　　　　　　鸡鸣台一三

苏村（浚州）一〇　　　　　　　　苏村（开封）一二

苏家庄一三　　　　　　　　　　　灵八

九画

十一画

十二画

十三画

穆陵七

薄洛八

獭水一四

薄四

薄庄一四

十七画

濮水七

濮阳八、九

襄国四

魏（州）九

魏家道口一二

濮州七、八

襄邑九、一二

魏（县）九、一○

魏河一二、一四

魏家湾一四

十八画

覆釜（河）六

爵九

蟠（盘）龙集一四、一五

二十画

灌（河）口一三、一四

二十一画

灅河一三、一四

注：

原书地名按繁体首字笔画数排序，今版以简体重排，故以简体首字笔画数为序。

附　图

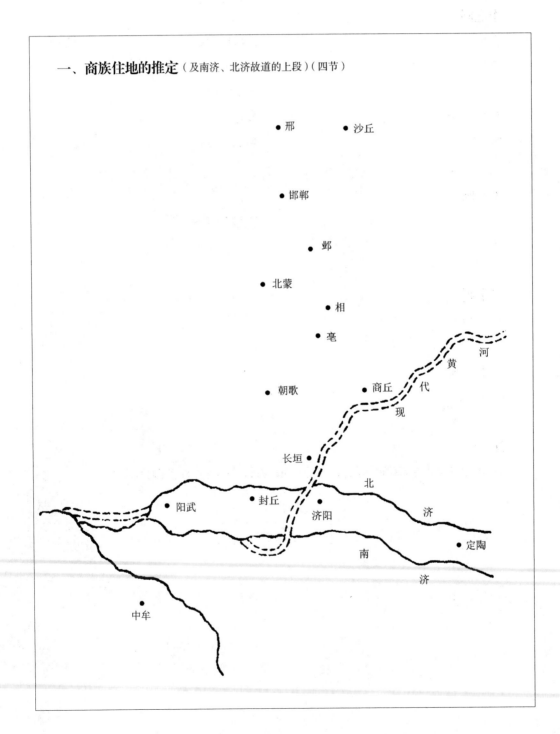

一、**商族住地的推定**（及南济、北济故道的上段）（四节）

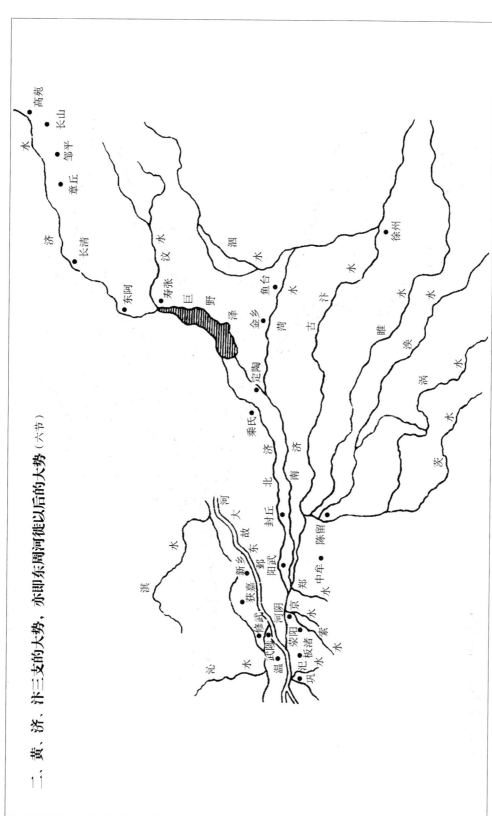

二、黄、济、汴三支的大势，亦即东周河徙以后的大势（六节）

说明：邺东故大河下游的详细经行，不能确知，故未绘出。

三、东周河徙以前黄河的大势（七节）

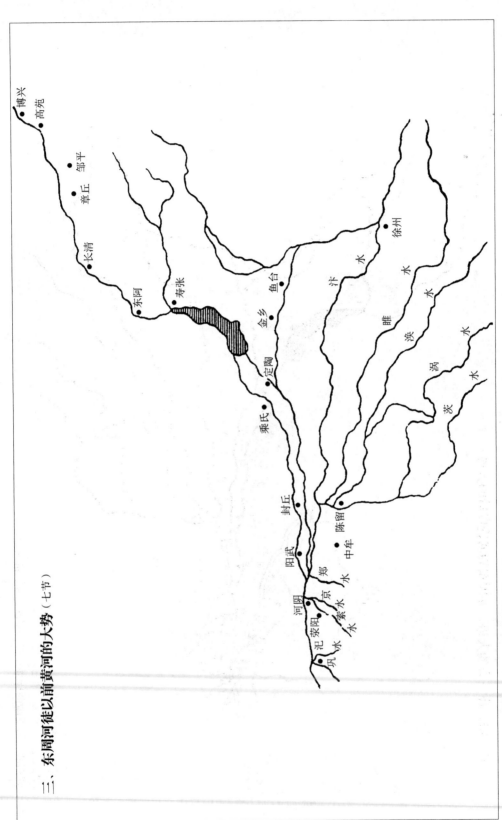

说明：南济、北济合而为济水，即那时黄河的正流。

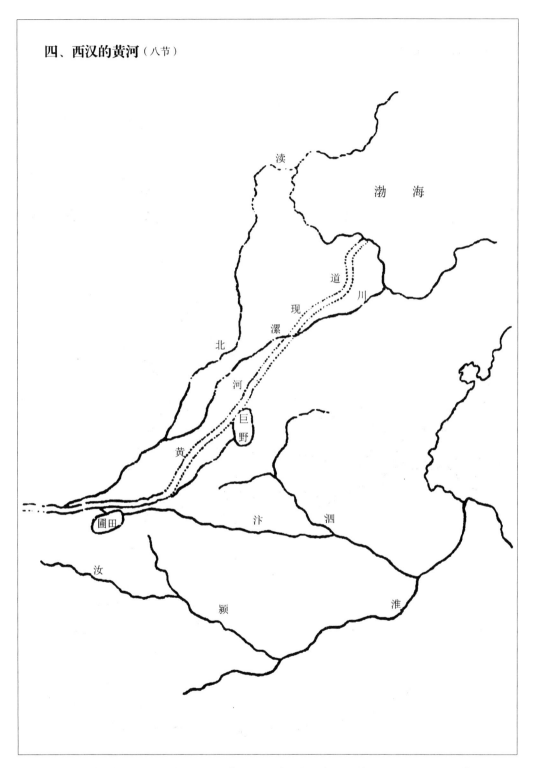

四、西汉的黄河（八节）

说明：旧日所称郏东故大河，战国时早已断流，汉武元光三年（元前一三二年）以前，黄河在北方专行漯川。元光三年河决顿丘，冲开另一条北渎，也叫作王莽河，正流走北渎，余波仍入漯川。王莽始建国三年（一一年）北渎断绝，河复行漯川。

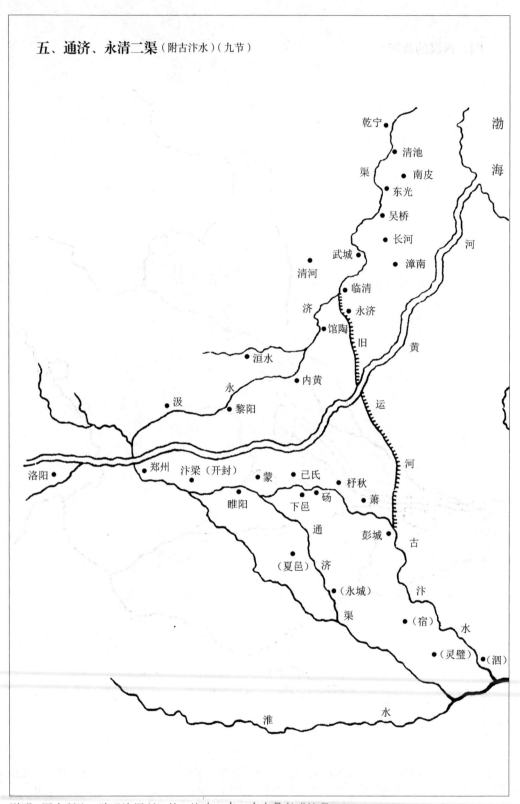

五、通济、永清二渠（附古汴水）（九节）

说明：图中所注，除通济渠所经外，皆隋、唐、宋之县名或地名。

六、唐代黄河的下游（九节）

说明：唐时黄河河道用实线，现在河道用虚线。

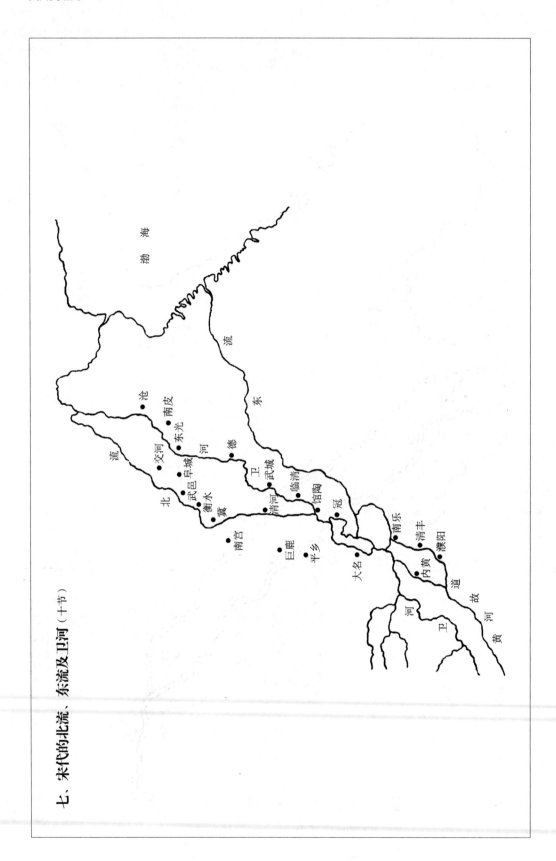

七、宋代的北流、东流及卫河（十节）

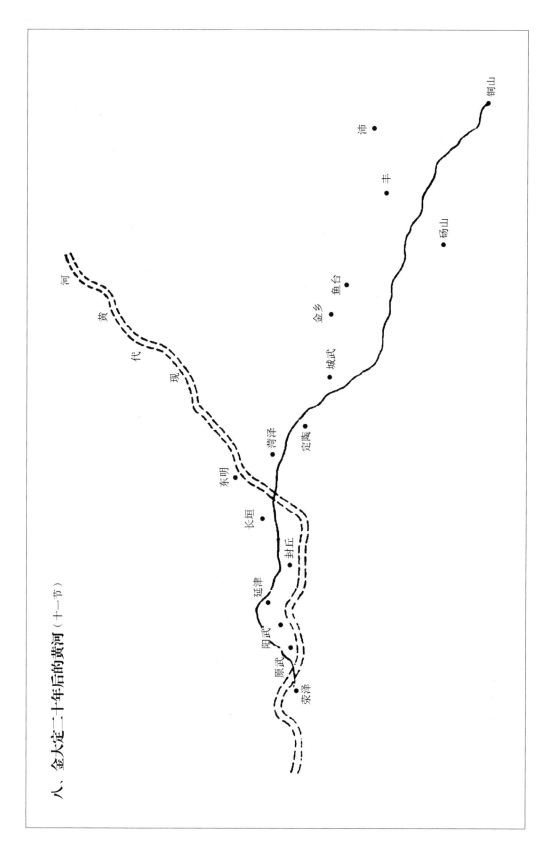

八、金大定二十年后的黄河（十一节）

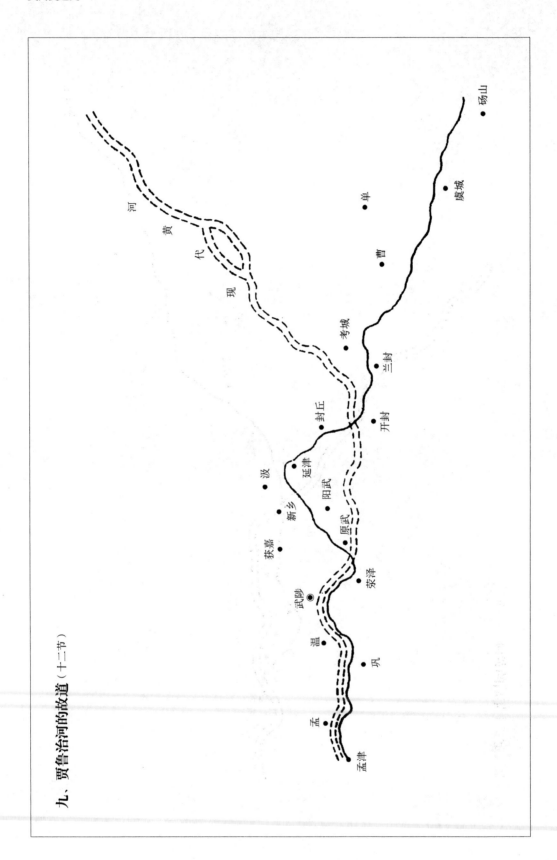

九、贾鲁治河的故道（十二节）

黄 河

砀山

虞城

单

曹

考城

兰封

封丘

开封

延津

汲

新乡

阳武

获嘉

原武

武陟

荥泽

温

巩

孟

孟津